园林绿化工程施工质量控制手册

袁东升　陈召忠　孙义干　主编

中国建筑工业出版社

图书在版编目（CIP）数据

园林绿化工程施工质量控制手册/袁东升等主编. —北
京：中国建筑工业出版社，2014.5
ISBN 978-7-112-16502-5

Ⅰ.①园…　Ⅱ.①袁…　Ⅲ.①园林-绿化-工程施工-质
量控制-手册　Ⅳ.①TU986.3-62

中国版本图书馆 CIP 数据核字（2014）第 038984 号

责任编辑：李　阳
责任设计：张　虹
责任校对：张　颖　刘　钰

园林绿化工程施工质量控制手册

袁东升　陈召忠　孙义干　主编

*

中国建筑工业出版社出版、发行（北京西郊百万庄）
各地新华书店、建筑书店经销
北京红光制版公司制版
北京市密东印刷有限公司印刷

*

开本：850×1168 毫米　1/16　印张：40¾　字数：1170 千字
2014 年 7 月第一版　2014 年 7 月第一次印刷
定价：98.00 元（含光盘）
ISBN 978-7-112-16502-5
（25325）

本书编委会名单

主　　编：袁东升　陈召忠　孙义干

参编人员：王丽艳　李　英　韦小云　尹静蓓

　　　　　贾　磊　魏小鸎　袁红玉　张　政

　　　　　刘　欣　李睦瑶　徐建军

前　言

　　园林绿化工程是城市环境与生态建设的重要组成部分，创建高质量、高水平的良好城市生态环境，加强城市园林绿化建设工程的施工与质量管理，是园林工作者的重要任务。为适应园林绿化建设工程的迅速发展，需要有系统的园林绿化工程施工及质量控制方法指导工程实践。我们在认真学习有关政策、法规的基础上，总结园林绿化工程施工与质量管理的经验，参考了住房和城乡建设部新近修订发布的《园林绿化工程施工及验收规范》（CJJ 82—2012）以及其他相关的标准和规定，编写了《园林绿化工程施工质量控制手册》。

　　本手册的内容包括工程施工准备、园林绿化工程材料验收及检验、绿化栽植工程施工及质量检验、园林建筑物和构筑物及小品工程的质量检验、园路和铺装工程施工及质量检验、园林水景工程施工及质量检验、假山和置石工程施工及质量检验、园林灌溉和排水工程施工及质量检验、园林供电照明施工及质量检验、园林绿化工程质量验收等十章，本着实用性、针对性、可操作性强的原则，力求理论简练、要点突出、详实、全面。

　　本手册重点突出园林绿化分项工程施工工艺和质量验收标准、施工过程的质量控制以及工程质量验收资料管理表格的应用，对于保证园林绿化、园林建筑、园路铺装、小品、水景、置石、水电等工程的质量，合理控制工程工期、造价起到一定的指导作用。可作为园林绿化工程施工及监理人员的工具用书，也可作为园林绿化工程施工技术人员培训学习的参考资料，以及大专院校相关师生的学习参考书。

　　随着园林绿化工程建设的不断改革和深化发展，对工程施工质量要求还会不断地提出新的调整、更新；同时，由于编撰时间仓促及编者水平所限，手册内容可能会有遗漏或者不够准确，尤其对一些特殊专业遗漏更是难免，敬请有关专家和读者提出宝贵意见，批评指正，使本手册得以不断充实、完善、提高。

　　在此，对曾经为本书提供资料及校核的同仁，以及天津市园林建设工程监理有限公司的帮助支持，表示感谢！

目　　录

第一章　工程施工准备的质量控制 ································· 1

第一节　组建施工项目机构 ································· 1

第二节　熟悉施工合同文件 ································· 4

第三节　设计图纸会审 ····································· 5

第四节　现场踏勘 ··· 6

第五节　编制施工组织设计（方案） ························· 6

第六节　施工测量放线 ····································· 7

第七节　技术交底 ··· 8

第八节　工程分包施工单位资质审查 ························· 8

第九节　工程项目开工条件核查 ····························· 9

第十节　施工准备用表 ····································· 9

第二章　园林绿化工程材料的质量控制 ······················· 28

第一节　基本要求 ·· 28

第二节　园林工程常用材料、成品、半成品取样及检验 ········· 30

第三节　园林工程材料、成品、半成品检验报告及验收表 ······· 52

第四节　绿化材料的质量控制 ······························· 92

第三章　绿化栽植工程的质量控制 ··························· 105

第一节　栽植前土壤处理（一般栽植基础）的质量控制 ········ 105

第二节　栽植穴、槽挖掘的质量控制 ························ 107

第三节　植物材料的质量控制 ····························· 108

第四节　苗木运输和假植的质量控制 ························ 110

第五节　苗木修剪的质量控制 ····························· 110

第六节　树木栽植的质量控制 ····························· 111

第七节　大树移植的质量控制 ····························· 113

第八节　草坪及草本地被栽植的质量控制 ···················· 114

第九节　花卉栽植的质量控制 ····························· 116

第十节　水湿生植物栽植的质量控制 ························ 117

第十一节　竹类栽植的质量控制 ··························· 118

第十二节　设施空间绿化的质量控制 ························ 119

第十三节　坡面绿化的质量控制 ··························· 121

第十四节　重盐碱、重黏土土层改良的质量控制 ·············· 122

第十五节　施工期植物养护的质量控制 ······················ 124

第四章　园林建筑物、构筑物、小品工程的质量控制 ··········· 125

第一节　土方工程的质量控制 ····························· 125

第二节　地基与基础工程的质量控制 ························ 129

第三节　地下防水工程的质量控制 ·························· 137

第四节　园林建筑物、构筑物、小品主体混凝土结构工程的质量控制 ……………………… 143

第五节　园林建筑物、构筑物、小品的砖石砌体工程的质量控制 …………………………… 156

第六节　温室、笼舍、膜等钢结构工程的质量控制 ………………………………………… 160

第七节　木结构工程的质量控制 ……………………………………………………………… 171

第八节　竹结构工程的质量控制 ……………………………………………………………… 172

第九节　门窗安装工程的质量控制 …………………………………………………………… 173

第十节　装饰工程的质量控制 ………………………………………………………………… 179

第十一节　屋面工程的质量控制 ……………………………………………………………… 188

第十二节　园林设施安装工程的质量控制 …………………………………………………… 195

第五章　园路铺装工程的质量控制 ……………………………………………………… 198

第一节　园路铺装基土（路基）工程的质量控制 …………………………………………… 198

第二节　园路及铺装基层的质量控制 ………………………………………………………… 199

第三节　园路铺装结合层的质量控制 ………………………………………………………… 202

第四节　园路铺装面层的质量控制 …………………………………………………………… 202

第六章　园林水景工程的质量控制 ……………………………………………………… 213

第一节　水池工程的质量控制 ………………………………………………………………… 213

第二节　喷泉工程的质量控制 ………………………………………………………………… 215

第三节　小型水闸工程的质量控制 …………………………………………………………… 217

第四节　园林驳岸工程的质量控制 …………………………………………………………… 219

第五节　园林叠水工程的质量控制 …………………………………………………………… 220

第六节　园林汀步工程的质量控制 …………………………………………………………… 221

第七章　假山、置石工程的质量控制 …………………………………………………… 222

第一节　假山工程的质量控制 ………………………………………………………………… 222

第二节　塑山及塑石工程的质量控制 ………………………………………………………… 224

第三节　置石工程的质量控制 ………………………………………………………………… 225

第八章　园林灌溉及排水工程的质量控制 ……………………………………………… 226

第一节　灌溉工程的质量控制 ………………………………………………………………… 226

第二节　排水工程的质量控制 ………………………………………………………………… 231

第九章　园林供电照明工程的质量控制 ………………………………………………… 236

第一节　低压直埋电缆工程的质量控制 ……………………………………………………… 236

第二节　电线导管、电缆导管和线槽敷设的质量控制 ……………………………………… 237

第三节　电线、电缆穿管和线槽敷线的质量控制 …………………………………………… 239

第四节　电缆头制作、接线和线路绝缘测试 ………………………………………………… 240

第五节　成套配电柜、控制柜（屏、台）和动力照明配电箱（盘）安装的质量控制 …… 241

第六节　园林照明灯具安装的质量控制 ……………………………………………………… 246

第七节　插座、开关安装的质量控制 ………………………………………………………… 248

第八节　接地装置安装的质量控制 …………………………………………………………… 249

第九节　照明通电试运行 ……………………………………………………………………… 251

第十章　园林绿化工程质量验收 ………………………………………………………… 252

第一节　基本要求 ……………………………………………………………………………… 252

第二节　质量验收的划分 ……………………………………………………………………… 253

第三节　质量验收 ……………………………………………………………………………… 253

　　第四节　质量验收的程序和组织 ································· 254

　　第五节　工程资料的整理和验收 ································· 255

附：《园林绿化工程施工及验收规范》CJJ 82－2012 ·················· 610

参考文献·························· 642

第一章 工程施工准备的质量控制

工程施工准备工作是整个园林绿化工程施工的首要环节，是加强工程质量预控制的重要手段，是正常施工的根本保证。承担园林绿化工程施工的单位，在工程开工之前必须做好施工的一切相关准备工作。

第一节 组建施工项目机构

一、园林绿化工程施工前，施工单位必须与建设单位签订施工合同。依据合同约定，确保园林绿化工程的质量、进度、造价目标的实现。

二、施工单位在履行委托施工合同时必须组建施工项目部。

三、施工项目部应按施工合同约定，按时进驻现场。

四、施工项目部应配置项目经理及各类专业技术、管理人员，明确施工项目部人员的职责分工。

五、施工项目部的人员数量配置应根据施工合同的约定及服务内容、工程规模、技术复杂程度、工期、环境等因素确定，且应满足各专业施工需要。

六、施工单位应在施工合同签订后任命项目经理并填写《项目经理授权通知书》，书面通知建设单位和监理单位。当施工单位对项目经理需要调整时，应在征得建设单位同意后，再次书面通知建设单位和监理单位。

七、项目经理应在施工合同签订后，填写《施工项目部人员配置（调整）通知书》，书面通知建设单位和监理单位。当专业技术人员调整时，也应再次书面通知。施工项目部人员名单应公布张贴上墙。

八、施工单位应根据工程类别、规模、技术复杂程度，配备满足施工需要的常规检测设备和工具。

九、施工项目部的人员岗位职责

1. 项目经理的职责

（1）对建设单位委托施工合同的实施负全面责任，贯彻执行国家法律法规、方针、政策和强制性标准，执行企业管理制度，维护企业合法权益。

（2）负责管理施工项目部的日常工作。

（3）确定施工项目部人员的分工和岗位职责。

（4）检查和监督施工人员工作，根据工程项目进展情况进行人员的调配，对不称职人员进行调换。

（5）主持编写工程项目的施工组织设计（方案），建立质量、安全、文明施工管理体系并组织实施。

（6）检查施工日记、组织编写签发施工周报、月报、施工阶段报告、专题报告和施工工作总结。

（7）主持项目施工信息和施工资料的管理工作。

（8）主持施工工作会议。

（9）签发项目施工机构重要文件。

（10）组织审查分包单位、供货单位、试验单位资质，提出审查意见。

（11）签认分部工程和单位工程的质量验收记录。

（12）主持审查单位工程竣工情况，申报单位工程竣工预验收申请，参与竣工验收。

（13）对工程变更情况进行审查，提出申报意见。

（14）搞好项目施工的内、外部组织协调。

2. 专业工程师职责（技术负责人）

（1）负责编制本专业工程项目施工实施细则。

（2）负责本专业检验批、分项工程检查验收和隐蔽工程的报验申请。

（3）负责编写施工组织设计（方案）中本专业部分内容。

（4）负责实施本专业的计划、方案、申请、变更，并向项目经理提出意见。

（5）负责对本专业进场的材料、设备、构配件等工程物资进行质量验收。

（6）负责本专业工作的实施，填写施工日记，参与编写施工月报。

（7）负责本专业工程的计量工作，审核计量成果。

（8）负责本专业施工资料的形成处置工作。

（9）组织、指导、检查本专业施工员的工作，检查施工员的施工日记，当需要调整施工员时，向项目经理提出建议。

（10）向项目经理汇报本专业施工工作，对重大质量和安全问题应立即报告。

3. 施工员职责（质量员）

（1）在专业工程师的指导下，开展现场施工工作。

（2）检查施工过程中投入的人力、材料、主要设备及其使用、运行情况，并做好检查记录。

（3）复核或从现场直接获取工程计量有关数据并签署原始凭证。

（4）按施工图纸及有关标准，落实施工工艺或对施工工序过程进行检查和记录。

（5）按项目经理的分派，担任见证抽样、测试工作，发现问题及时向本专业工程师报告。

（6）做好施工日记有关工作记录。

4. 计划员职责

（1）根据确定的施工总进度计划和分项工程阶段计划，组织实施。

（2）现场巡视，了解每日施工活动，采集相关资料，掌握形象进度，及时统计、汇总工程进度。

（3）建立统计台账，并及时核对工程进度、计划进度情况，负责编制工程进度月报，经项目负责人审核后报送建设、监理单位。

（4）检查分析工程进度计划，根据审定的工程进度计划，与实际工程进度计划对比分析，当发现进度滞后时，应及时建议领导采取纠正措施。

5. 材料员职责

（1）编制植物材料、工程材料供应计划。

（2）负责采购植物和工程材料。

（3）进行材料、成品、半成品等物资的验收。

（4）负责工程物资的组织管理。

6. 安全员职责

（1）贯彻执行安全生产的有关法规、标准和规定，做好安全生产的宣传教育工作。

（2）掌握各种安全生产业务技术知识，不断提高业务水平，做好本职工作。

（3）深入现场检查、督促工作人员，严格执行安全规程和安全生产的各项规章制度，制止违章指挥、违章操作，遇有严重险情，有权暂停生产，并报告领导处理。

（4）参与对项目工程施工组织设计（施工方案）中的安技措施的审核，并对其贯彻执行情况进行监督、检查、指导、服务。

（5）参加安全检查，负责做好记录、总结，签发事故隐患通知书。

（6）认真调查研究，及时总结经验，协助领导贯彻落实各项规章制度和安全措施，改进安全生产管理工作。

（7）协助配合项目技术负责人，做好施工人员教育和特种作业人员的安全培训工作。

（8）当发现有违反安全施工的行为或安全隐患时，可以勒令停止作业并立即报告上级领导或部门。

7. 造价员职责

（1）工程项目开工前必须熟悉图纸、熟悉现场，对工程合同和协议有一定程度的理解。

（2）编制预算前必须获取技术部门的施工方案等资料，便于正确编制预算。

（3）及时掌握有关的经济政策、法规的变化，如人工费、材料费等费用的调整，及时分析提供调整后的数据。

（4）正确及时编制好施工图（施工）预算，正确计算工程量及套用定额，做好工料分析，并及时做好预算主要实物量对比工作。

（5）施工过程中要及时收集技术变更和签证单，并依次进行登记编号，及时做好增减账，作为工程决算的依据。

（6）协助项目经理做好各类经济预测工作，提供有关测算资料。

（7）正确及时编制竣工决算，随时掌握预算成本、实际成本，做到心中有数。

（8）经常性地结合实际开展定额分析活动，对各种资源消耗超过定额标准时，应及时向项目经理汇报。

8. 测量员职责

（1）紧密配合施工，坚持实事求是、认真负责的工作作风。

（2）测量前需了解设计意图，学习和校核图纸；了解施工部署，制定测量放线方案。

（3）会同建设单位一起对红线桩测量控制点进行实地校测。

（4）测量仪器的核定、校正。

（5）与设计、施工等方面密切配合，并事先做好充分的准备工作，制定切实可行的与施工同步的测量放线方案。

（6）须在整个施工的各个阶段和各主要部位做好放线、验线工作，并在审查测量放线方案和指导检查测量放线工作等方面加强工作，避免返工。

（7）验线工作要主动。验线工作要从审核测量放线方案开始，在各主要阶段施工前，对测量放线工作提出预防性要求，真正做到防患于未然。

（8）准确地测设标高。

（9）负责垂直观测、沉降观测，并记录整理观测结果。

（10）负责及时整理完善基线复核、测量记录等测量资料。

9. 资料员职责

（1）收集整理齐全工程前期的各种资料。

（2）按照文明工地的要求及时整理齐全文明工地资料。

（3）做好本工程的工程资料并与工程进度同步。

（4）工程资料应认真填写，字迹工整，装订整齐。

（5）填写施工现场天气晴雨、温度表。

（6）登记保管好项目部的各种书籍、资料表格。

（7）收集保存好相关的会议文件。

（8）及时做好资料的审查备案工作。

十、施工项目部还应结合实际情况建立下列各项规章制度

1．项目现场质量管理制度。

2．项目技术管理制度。

3．项目安全、文明施工管理制度。

4．项目计划、统计与进度管理制度。

5．项目成本核算制度。

6．项目材料、机械设备管理制度。

7．项目组织协调制度。

8．项目信息管理制度。

第二节　熟悉施工合同文件

一、施工人员进场后，项目经理或项目技术负责人应组织有关施工人员熟悉工程委托施工合同。

二、了解施工合同中的主要内容

1．工程范围和工程量，包括全部工程及单项工程的范围（如植树、草坪、花坛等）、数量、规格和质量要求，以及相应的园林设施及附属工程（如土方、给水排水、园路、园灯、山石及园林小品的位置、数量及质量要求）。

2．工程的工期要求，包括全部工程总的进度期限及各单项工程开竣工要求期限。

3．工程的质量目标及质量控制要求。

三、了解施工合同中施工单位与相关各方关系

1．建设单位、施工单位和监理的关系。

2．合同条款所赋予建设单位、施工单位和监理机构的责任、权利和义务。

3．合同事宜的处理原则、处理方法和处理程序。

4．专用条款中对施工单位的特殊规定和处理原则。

四、施工人员应熟悉施工合同中的工程量清单及其说明，以便对工程投资进行控制，了解审核下列内容：

1．清单栏目的划分及其所涵盖的工程项目。

2．单价与数量的乘积与合价应相符。

3．合价的累计应与总价相符。

4．计量依据、计量原则和通用计量方法。

5．工程量清单数量与施工图上所反映的工程量应一致。

五、施工人员应熟悉施工合同中与工程项目有关的技术规范、标准，了解、掌握下列内容：

1．工程项目的范围和主要工程内容。

2．材料试验项目、试验方法和试验频率。

3．施工工艺和技术措施。

4．施工验收和审批程序。

第三节　设计图纸会审

一、施工单位领取图纸后，应由项目技术负责人组织技术、生产、预算、测量、放样及分包方等有关部门和人员对图纸进行审查。

二、施工单位应将提出的图纸问题及意见，按专业整理、汇总后报建设单位，由建设单位提交设计单位作交底准备。

三、图纸会审应由建设单位组织设计、监理和施工单位技术负责人及有关人员参加。设计单位对各专业问题进行交底，施工单位负责将技术交底内容按专业汇总、整理，形成图纸会审记录。

四、图纸会审记录应由建设、设计、监理和施工单位的项目相关负责人签认，形成正式图纸会审记录，不得擅自在会审记录上涂改或变更其内容。

五、园林施工图应审查的主要内容：设计总说明、总平面图、竖向设计总图、园路及广场设计总平面图、工程做法索引、绿化种植施工图、园林建筑小品施工图、结构施工图、给水排水施工图、电气照明施工图等。

六、图纸的会审内容

1. 图纸会审时应重点审查施工图的有效性，对施工条件的适应性，各专业施工图、详图与施工总图的协调一致性等。

2. 园林建筑、小品结构、设备安装等设计图纸是否齐全，手续是否完备，设计是否符合国家有关的经济和技术政策、规范规定，图纸总的做法说明（包括分项工程做法说明）是否齐全、清楚、明确，与园林建筑、小品结构、安装图、装饰和节点大样图之间有无矛盾；设计图纸（平、立、剖、构件布置、节点大样）之间相互配合的尺寸是否相符，分尺寸与总尺寸、大、小样图、建筑图与结构图、土建图与水电安装图之间互相配合的尺寸是否一致，有无错误和遗漏；设计图纸本身、建筑构造与结构构造、结构各构件之间，在立体空间上有无矛盾，预留孔洞、预埋件、大样图或采用标准构配件图的型号、尺寸有无错误与矛盾。

3. 总图的建筑物坐标位置与单位工程建筑平面图是否一致；建筑物的设计标高是否可行；地基与基础的设计与实际情况是否相符，结构性能如何；建筑物与地下构筑物及管线之间有无矛盾。

4. 主要结构的设计在强度、刚度、稳定性等方面有无问题，主要部位的建筑构造是否合理，设计能否保证工程质量和安全施工。

5. 设计图纸的结构方案、建筑装饰，采用新技术、新工艺时，施工单位的施工能力、技术水平、技术装备是否满足要求；所需特殊建筑材料的品种、规格、数量能否解决，专用机械设备能否保证。

6. 安装专业的设备、管架、钢结构立柱、金属结构平台、电缆、电线支架以及设备基础是否与工艺图、电气图、设备安装图和到货的设备相一致；传动设备、随机到货图纸和出厂资料是否齐全，技术要求是否合理，是否与设计图纸及设计技术文件相一致，底座同土建基础是否一致；管口相对位置、接管规格、材质、坐标、标高是否与设计图纸一致；管道、设备及管件需防腐衬里、脱脂及特殊清洗时，设计结构是否合理，技术要求是否切实可行。

7. 绿化种植设计主要审查：植物品种应适合工程所在地区的立地条件，植物品种的规格、习性及与周围建筑物、地下管线距离配置应合理，种植的穴、槽及土壤改良措施应符合园林植物生长习性。

第四节 现 场 踏 勘

一、组织施工人员了解施工现场地上、地下障碍物及管网情况。

二、了解土质情况：当地土壤性质，确定是否需要换土，估算换土量，了解种植土来源和渣土的处理去向，确定土壤改良方案。

三、了解交通状况：现场内外能否通行机械车辆，如果交通不便则需确定开通道路的具体方案。

四、了解水源情况：水源、水质、供水压力等，确定灌水方法。

五、了解电源：接电地点、电压及负荷能力。

六、安排施工期间的生产、生活设施，如办公、宿舍、食堂、厕所、料场、囤苗地点等位置，将生产、生活设施的位置标明在平面图上。

第五节 编制施工组织设计（方案）

一、施工项目部经理应组织有关施工人员编制具有针对性、可操作性的施工组织设计（方案），必须在工程开工前完成。

二、施工组织设计（方案）的主要内容

1. 工程概况：包括工程特点、建设地点及环境特征、施工条件、项目管理特点和总体目标要求。

2. 施工组织：包括施工项目部的人员组成、岗位职责及人员分工等。

3. 施工程序：总体程序可分为清理地上、地下障碍物→整理地形→铺设给水排水及电气管线→修建园林建筑物→道路及广场铺装→种植乔灌木→铺栽地被、草坪→布置花坛，根据以上各单项工程，再制订具体施工流程。

4. 制订施工进度计划：主要内容为施工总进度计划及分项工程进度表，单项工程施工进度计划及网络图，以及进度目标控制措施。

5. 制订劳动力需求计划：根据工程进度和劳动定额及各工序所需的劳动力总数、需用时间，制订需求计划，以及确定劳动力的来源和劳动组织形式。

6. 制订材料、工具供应计划：根据工程进度需要，提出苗木、工具、材料供应计划，包括规格、型号、用量、进场时间。

7. 制订机械运输计划：根据工程进度需要，提出所需用的机械、车辆型号、使用台班数及时间。

8. 制订质量措施：明确质量目标，实行质量责任制。建立工序"三检"交接检验、原材料检验、施工工艺质量控制、质量例会、质量奖罚等质量管理制度。

9. 制订施工预算：以中标报价为依据，结合工程量清单，编制施工预算，制订工程造价控制措施，落实工程造价目标控制。

10. 技术培训：开工前应对参加施工的全部人员进行技术培训，可区别不同情况，进行各种技能和操作规程、规范、标准的技术培训。

11. 制订文明施工和安全生产以及冬、雨期施工措施。

12. 绘制平面图：根据工程规模，绘制施工现场布置图，标明测量基点、临时工棚、苗木假植地点、施工水电布置及施工临时交通路线等。施工单位把投入的各种资源、材料、构件、机械、道路、水电供应网络、生产生活场地及各种临时工程设施合理布置在施工现场，使整个现场能有组织地进行文明施工。

三、施工组织设计（方案）编制完成后应填写《施工组织设计（方案）报审表》，经施工单位技术负责人审查批准后，报建设单位、监理单位签署意见。

第六节　施工测量放线

一、测量与测设是园林工程由项目设计阶段转化为项目施工阶段的第一道工序，测量是将地面上的实物进行量测所取得的数据绘制在图纸上，测设是将设计图纸上的内容包括地形、地物、景物等平面尺寸、标高、位置测放到地面上或相对位置上。

施工测量与测设既是施工准备阶段的重要内容，又贯穿于设计、施工、竣工交付使用的全过程，因此测量与测设精度（质量）决定了工程产品的综合质量，同时也制约着施工过程中各道工序的质量。因此，施工测量与测设控制是施工准备阶段的一项基础工作。在施工过程中必须有专业测量人员从事施工复测控制工作。

二、基准点和地面线的复测

1. 设计交桩：工程开工前，建设单位或设计单位应有监理工程师在场的情况下向施工单位进行现场交桩，提供基准点（导线点和水准点）详细资料，并办理交接手续。

2. 基准点实测：施工单位接到交桩资料后，应在合同规定的期限内组织测量人员对上述基准点进行复测，并延伸到相邻标段基准点。复测后，书面将复测原始记录、计算结果、精度评定、测量人员资质证明、测量仪器鉴定证书等资料上报监理工程师审批。

3. 基准点复核：待监理工程师批复后，应组织测量工程师对上述基准点进行复核，以确保基准点准确无误。当测量工程师的复核结果和施工单位的复测结果均满足设计和规范规定的精度要求时，施工单位方可使用上述基准点。

4. 基准点的使用与保护：经监理工程师批准使用的基准点作为施工单位测量定线的依据，施工单位应对其妥善保护，保证在施工期间不受扰动。

三、工程控制测量网的复测：一般园林工程占地面积大，涉及的地形、地物较复杂；水景岸线、园路地面、花坛树池、种植配置等多变化，为减少施工测量的难度，一般采用方格网来控制整个施工过程和区域，方格控制网和测量质量对工程施工显得尤为重要。测量人员应做好方格控制网测量的复核。

四、工程场地方格网的测设复核要点：方格网主轴线的选定是否与设计总平面图上的方格点位置相吻合，精度是否符合设计要求，埋设的主轴线固定标桩是否符合规范要求，方格网的密度是否能满足设计和施工的要求。

五、自然地形放线的复核要点：挖方工程（挖湖和水系开挖）和填方工程（堆山和微地形塑造）的基面线（边界线）是否与设计相吻合；等高（等深）线与方格网交叉点桩的设置数量和桩的高度是否满足施工和土方工程计量的要求；挖湖工程的岸形和岸线的定点放线是否准确；能否保持水体岸坡的稳定。

六、高程测量的质量控制

1. 高程控制网的布设是否能满足设计和施工的要求。

2. 相对标高参照点的引测质量是否符合设计或合同约定的要求，引测点的位置是否便于监控，且牢固稳定，无下沉和变形之虞。

3. 高程引测工作质量和闭合误差的复核，高程引测不得少于一个测回。高程引测的闭合误差值应符合设计要求；如设计未提出要求时，可采用《工程测量规范》（GB 50026—2007）第321条四款等的规定。

七、园林建筑、构筑物测量复核要点：房屋、构筑物的定位测量、基础施工测量，对建筑物墙体皮数杆的检测、楼层轴线的投测、楼层之间高程传递的检测。

八、管线工程测量的复核要点：场区内的排灌管网与配电线路的定位测量，地下管线的施工检测，架空管线的施工检测，多种管线交会点的高程抽测。

九、主干园路工程测量复核要点：主干园路中线及道路纵、横断面检测，主干园路高程检测。

第七节　技　术　交　底

一、单位工程、分部工程及重点分项工程开工前，应以会议形式进行技术交底，由项目技术负责人主持，必要时通知责任监督机构。

二、参加交底会议主要人员

1. 施工单位的负责人及有关施工人员。

2. 分包施工单位的主要负责人。

3. 现场相关专业操作人员。

4. 建设单位、监理单位代表。

三、项目经理向有关人员交底的内容

1. 设计图纸中的具体要求、工艺做法。

2. 施工组织设计或施工方案的全部内容。

3. 新技术、新工艺、新材料、新设备的有关操作规程和技术规定。

4. 施工中的做法和应注意的关键部位。

5. 进度要求，工序搭接，施工机械的型号、数量、部位，施工小组任务的划分。

6. 相关工程质量标准和安全技术措施。

四、劳务分包施工单位项目经理向班组长及工人交底的内容

应着重交代这个班组所负责操作的分部分项工程（主要包括土方工程、砌筑工程、钢筋工程、混凝土工程、木结构和装饰工程、特殊结构工程、防水工程、给水排水工程、电气工程、苗木吊装和栽植工程、堆山及塑山工程、园桥园路工程、园林小品工程等），并根据不同的工种特点，进行不同内容的技术交底，一般应包括以下一些内容：

1. 有关工程的各项技术要求和质量标准。

2. 必须注意的尺寸、轴线、标高，以及预留孔洞和预埋件位置、规格、数量等。

3. 使用材料的品种、规格、等级、质量要求，以及混凝土、砂浆、防水等各类材料的配比。

4. 施工方法、施工顺序、工种配合、工序搭接、安全操作要求及应注意的事项。

5. 各项技术指标的要求和实施措施。

6. 设计变更情况。

7. 施工机械、机具设备的性能、操作规程及安全使用注意事项等。

五、技术交底应在会前形成施工交底书面文件。

六、技术交底应填写《施工技术交底记录》，并有被交底人的签字确认。

七、安全交底应按照安全管理规定、技术措施的要求与技术交底同步进行。

第八节　工程分包施工单位资质审查

一、工程项目分包，应将分包施工单位的资质上报，经建设单位批准同意，正式签订分包施

工合同。

二、施工项目部对分包施工单位审查的内容：

1. 分包施工单位的营业执照、企业资质等级证书、专业许可证。

2. 分包施工单位的业绩。

3. 拟分包工程的内容和范围。

4. 专业管理人员的资格证、上岗证。

5. 安全生产许可证。

6. 外地企业在本市施工的备案证明文件。

三、施工单位应填写《分包（供货、试验）单位资质报审表》，报监理工程师审核。

第九节　工程项目开工条件核查

一、施工项目部应组织有关施工人员核查工程项目的开工条件落实情况，核查要点如下：

1. 已经具备政府主管部门批准的开工手续或施工许可手续。

2. 施工组织设计和总体工程进度计划已经得到建设单位或监理工程师批准。

3. 施工图会审和技术交底已完成。

4. 质量、安全保证体系已经监理工程师检查合格。

5. 基准点测量复核已经得到监理工程师批准。

6. 施工人员、材料、机具的准备已经满足开工需要。

7. 现场道路、水电、通信、办公和生活设施已达到开工条件。

8. 进场准备和人员已经总监理工程师审核批准。

9. 环保措施、安全技术措施已经制订并准备实施。

10. 安全和现场文明施工已按安全、文明施工管理规定达到标准。

二、当工程项目已经具备总体开工条件时，应在合同规定开工之前填写《工程开工报告》，向建设单位或监理工程师申报，提出总体开工申请。

第十节　施 工 准 备 用 表

为使施工单位工作规范化、标准化，应于施工工作开始之前，设计、制作好各种标准记录用表，以下是施工单位在施工准备时常用的报审表格：

园林绿化工程施工项目部人员配置（调整）通知书 …………………………… 园施 1

园林绿化工程项目经理授权通知书 …………………………………………… 园施 2

园林绿化工程设计图纸会审记录 ……………………………………………… 园施 3

园林绿化工程设计交底记录 …………………………………………………… 园施 4

园林绿化工程设计变更、洽商记录 …………………………………………… 园施 5

园林绿化工程施工组织设计（方案）报审表 ………………………………… 园施 6

园林绿化工程施工组织设计（方案）审批表 ………………………………… 园施 7

园林绿化工程分包施工单位资格报审表 ……………………………………… 园施 8

园林绿化工程技术交底记录 …………………………………………………… 园施 9

园林绿化工程引入基准点测量放线报验申请表 ……………………………… 园施 10

园林绿化工程测量放线单 ……………………………………………………… 园施 11

园林绿化工程施工测量放线复测记录 ………………………………………… 园施 12

园林绿化工程施工测量放线报验单 ……………………………………………… 园施 13

园林绿化工程施工现场质量管理检查记录 …………………………………… 园施 14

园林绿化工程开工报审表 ………………………………………………………… 园施 15

园林绿化工程开工报告 …………………………………………………………… 园施 16

园林绿化工程
施工项目部人员配置（调整）通知书　　　　　　　　　　　　　　园施 1

致：＿＿＿＿＿＿＿＿＿＿（建设单位）：

　　＿＿＿＿＿＿＿＿＿＿（监理单位）：

　　＿＿＿＿＿＿＿＿＿＿工程项目施工部已经组成（施工人员作部分调整），特向贵方发出通知。

项目施工机构人员名单（调整名单）

姓名	性别	年龄	专业	岗位	资格	调整时间

项目施工部（盖章）＿＿＿＿＿＿＿＿＿＿

项目经理（签字）＿＿＿＿＿日期＿＿＿＿＿

签收人	建设单位： 日期：	监理单位： 日期：

园林绿化工程
项目经理授权通知书   园施 2

致：_____（建设单位）

　经授权_____为_____工程项目施工部项目经理。

　项目经理代表我公司履行本工程施工合同，执行工程建设相关规范，并承担相应的法律责任。任期为该工程项目施工合同执行期。

　特此通知

	施工单位（盖章）_____
	法定代表人（签字）_____日期_____

签收人	建设单位：　　　　　　　　　日期：

园林绿化工程
设计图纸会审记录

园施 3

工程名称		地点		建设单位	
工程规模				设计单位	
工程造价				施工单位	
会审时间				监理单位	

（包括图纸编号、提出的问题、会审意见）

技术负责人：	技术负责人：	技术负责人：	技术负责人：
建设单位盖章	设计单位盖章	监理单位盖章	施工单位盖章

注：附设计回复文件。

园林绿化工程
设计交底记录

园施 4

工程名称		共 页 第 页	
地 点		日期	年 月 日

交底内容：

　　（包括工程中的关键性施工图纸存在的问题、保证工程施工质量的施工方法、技术措施和安全措施；施工质量标准及验收规范的有关条文；施工图中必须注意的尺寸、标高、轴线及预埋件、预留孔位置；设计变更的具体情况；质量和安全操作要求等）

各单位技术负责人签字	建设单位		（建设单位公章）
	设计单位		
	监理单位		
	施工单位		

园林绿化工程
设计变更、洽商记录

园施 5

工程名称		日期	年　月　日

记录内容：

洽商内容：

签字盖章栏	建设单位	监理单位	设计单位	施工单位

本表由洽商提出方填写并注明原图纸号，有关单位会签并保存一份。

园林绿化工程
施工组织设计（方案）报审表   园施 6

致：＿＿＿＿＿＿＿＿＿＿＿＿＿＿（监理单位）

　　我方已根据施工合同的有关规定完成了＿＿＿＿＿＿＿＿＿＿＿＿＿＿＿＿＿＿＿＿＿＿＿＿＿＿工程施工组织设计（方案）的编制，并经我单位上级技术负责人审查批准，请予以审查。

　　附：施工组织设计（方案）

施工单位（章）＿＿＿＿＿＿＿＿＿＿＿＿

项目经理＿＿＿＿＿＿＿＿＿＿＿＿＿＿＿＿

日期＿＿＿＿＿＿＿＿＿＿＿＿＿＿＿＿＿＿

专业监理工程师审查意见：

专业监理工程师＿＿＿＿＿＿＿＿＿＿＿＿

日期＿＿＿＿＿＿＿＿＿＿＿＿＿＿＿＿＿＿

总监理工程师审查意见：

项目监理机构＿＿＿＿＿＿＿＿＿＿＿＿＿

总监理工程师＿＿＿＿＿＿＿＿＿＿＿＿＿

日期＿＿＿＿＿＿＿＿＿＿＿＿＿＿＿＿＿＿

（本表由施工单位填报，一式四份）

园林绿化工程
施工组织设计（方案）审批表

园施 7

工程名称		施工单位	

致_____

　　我方已根据施工合同的有关规定完成了_____工程施工组织设计（方案）的编制，并经我单位上级技术负责人审查批准，请予审查和批准。

　　附：施工组织设计（方案）

　　　　　　　　　　　　　　　施工单位：（章）

　　　　　　　　　　　　　　　项目经理：

　　　　　　　　　　　　　　　日期：　　年　　月　　日

审核意见：

　　　　　　　　　　　　　　　专业监理工程师：

　　　　　　　　　　　　　　　　　　年　　月　　日

审核意见：

　　　　　　　　　　　　　　　总监理工程师（或总监理代表）：

　　　　　　　　　　　　　　　　　　年　　月　　日

园林绿化工程
分包施工单位资格报审表   园施8

致：_____（监理单位）

经考察，我方认为拟选择的_____（分包施工单位）具有承担下列工程的施工资质和施工能力，可以保证本工程项目按合同的规定进行施工，分包后，我方仍承担总包单位的全部责任，请予以审查和批准。

附：1. 分包单位资质材料
    2. 分包单位业绩材料

分包工程名称（部位）	工程数量	拟分包工程合同额	分包工程占全部工程
合计			

施工单位（章）_____

项目经理_____

日期_____

专业监理工程师审查意见：

专业监理工程师_____

日期_____

总监理工程师审核意见：

项目监理机构_____

总监理工程师_____

日期_____

园林绿化工程
技术交底记录

园施 9

工程名称		交底时间	年　月　日

交底提要：

交底内容：
（包括工程中的关键性施工技术问题；保证施工质量的施工工艺、技术措施和安全预防措施、施工规范及质量验收标准的有关要求；施工图中必须注意的尺寸、标高、轴线及预埋件、预留孔位置；设计变更的具体情况；质量和安全操作要求等）

技术负责人		交底人		接受交底人	

本表由施工单位填写，交底单位与接受交底单位各保存一份。

园林绿化工程
引入基准点测量放线报验申请表   园施 10

致：_____（监理单位）

我单位已完成了_____工作，现报上该工程报验申请表，请予以审查和验收。

附件：1. 勘察单位的原始报告

2. 引入基准点方位图

3. 测量成果报告

施工单位（章）_____

项目经理_____

日期_____

审查意见：

项目监理机构_____

总/专业监理工程师_____

日期_____

园林绿化工程
测量放线单

工程名称：

技术负责人		测量员		日期	

园林绿化工程
施工测量放线复测记录

园施 12

工程名称＿＿＿＿＿＿＿＿＿＿＿ 日期＿＿＿＿＿＿＿＿＿＿＿ 观测人＿＿＿＿＿＿＿＿＿＿＿

仪器型号精度＿＿＿＿＿＿＿＿＿ 天气＿＿＿＿＿＿＿＿＿＿＿ 记录人＿＿＿＿＿＿＿＿＿＿＿

施工单位		工程部位	
基准点			

附草图：

施工负责人签章：

复测情况：

监理工程师签章：

备注	

园林绿化工程
施工测量放线报验单

工程名称： 　　　　　　　　　　　　　　　　　　　　　　 编号：

监理单位：

　　根据合同要求，我们已完成＿＿＿＿＿＿＿＿＿＿＿＿＿＿＿＿＿＿＿＿＿＿工程的施工放样工作清单如下，请予查验。

　　附件：测量及放样资料

施工单位：＿＿＿＿＿＿＿＿＿＿＿

负责人：＿＿＿＿＿＿ 日期：＿＿＿＿＿＿

工程或部位名称	放样内容	备注

监理工程师审核意见：

查验合格　　　　　□

纠正差错后合格　　□

纠正差错后再报　　□

专业监理工程师：＿＿＿＿＿＿ 日期：＿＿＿＿＿＿

（本表一式三份，建设、监理、施工单位各一份）

园林绿化工程
施工现场质量管理检查记录

园施 14
开工日期：

工程名称			施工许可证号	
建设单位			项目负责人	
设计单位			项目负责人	
监理单位			总监理工程师	
施工单位		项目经理	项目技术负责人	

序号	项 目	主 要 内 容
1	现场质量管理制度	
2	质量责任制	
3	主要专业工种操作上岗证书	
4	分包施工单位资质与对分包单位的管理制度	
5	施工图审查情况	
6	地质勘察资料	
7	施工组织设计、施工方案及审批	
8	施工技术标准	
9	工程质量检验制度	
10	计量设置	
11	现场材料、设备存放与管理	
12		

检查结论：

总监理工程师：
（建设单位项目负责人）　　　　　　　　　　　　　　　　　年　月　日

园林绿化工程

施工现场质量管理检查记录及填报说明

本表一般为一个标段或一个单位（子单位）工程检查一次，在开工前检查，由施工单位现场负责人填写，由监理单位的总监理工程师（建设单位项目负责人）验收。下面分三个部分来说明填表要求和填写方法。

1. 表头部分

介绍园林绿化工程建设各方责任主体的概况，由施工单位的现场负责人填写。

（1）工程名称栏

应填写工程名称的全称，与合同或招标投标文件中的工程名称一致。

（2）施工许可证（开工证）

应填写当地建设行政主管部门批准颁发的施工许可证（开工证）编号或有关上级部门批准文件。

（3）建设单位栏

填写合同文件中的甲方，单位名称应写全称，与合同签章上的单位名称相同。

（4）建设单位项目负责人栏

应填写合同书上签字人或签字人以文字形式委托的代表——工程项目负责人。工程完工后竣工验收备案表中的单位项目负责人应与此一致。

（5）设计单位栏

填写设计合同中签章单位的名称，其全称应与印章上的名称一致。

（6）设计单位的项目负责人栏

应是设计合同书签字人或签字人以文字形式委托的该项目负责人，工程完工后竣工验收备案表中的单位项目负责人也应与此一致。

（7）监理单位栏

填写单位全称，应与合同或协议书中的名称一致。

（8）总监理工程师栏

应填写合同或协议书中明确的项目监理负责人，也可以是监理单位以文件形式明确的该项目监理负责人，此负责人必须有监理工程师任职资格证书，专业要对口。

（9）施工单位栏

应填写施工合同中签章单位的全称，与签章上的名称一致。

（10）项目经理栏、项目技术负责人栏

填写的人名应与合同中明确的项目经理、项目技术负责人一致。

（11）表头部分可统一填写，不需具体人员签名，只是明确了负责人的地位。

2. 检查项目部分

填写各项检查项目文件的名称或编号，并将文件（复印件或原件）附在表的后面供检查，检查后应将文件归还。

（1）现场质量管理制度。主要是图纸会审、设计交底、技术交底、施工组织设计编制审批程序、工序交接、质量检查评定制度、质量好的奖励及达不到质量要求的处罚办法，以及质量例会制度及质量问题处理制度等。

（2）质量责任制栏。包括质量负责人的分工、各项质量责任的落实规定、定期检查有关人员奖罚制度等。

（3）主要专业工种操作上岗证书栏。包括测量工、起重机、塔式起重机等垂直运输司机，钢筋、混凝土、机械、焊接、瓦工、防水工、绿化工、花卉工等工种，电工、管道等安装工种的上岗证，以当地建设行政主管部门的规定为准。

（4）分包方资质与对分包施工单位的管理制度栏。专业承包单位的资质应在其承包业务的范围内承建工程，超出范围的应办理特许证书，否则不能承包工程。在有分包的情况下，总承包施工单位应有管理分包单位的制度，主要是质量、技术的管理制度等。

（5）施工图审查情况栏。重点是建设、监理、施工、设计单位出具的施工图审查及设计交底出具的审查报告。如果图纸是分批交出的话，施工图审查可分段进行。

（6）地质勘察资料栏。构筑物、建筑物具有勘察资质的单位出具的正式地质勘察报告，以供地下部分施工方案制订和施工组织总平面图编制时参考等；绿化工程所处位置的地形地貌、原状土的土质、结构、土壤类别等地质勘察资料。

（7）施工组织设计、施工方案及审批栏。检查编写内容、针对性的具体措施、编制程序、内容、编制单位、审核单位、批准单位，以及贯彻执行的措施。

（8）施工技术标准栏。它是操作的依据和保证工程质量的基础，承建企业应编制不低于国家质量验收规范的操作规程等企业标准。要有批准程序，由企业的总工程师、技术委员会负责人审查批准，有批准日期、执行日期、企业标准编号及标准名称。企业应建立技术标准档案，具备施工现场应有的施工技术标准。可作培训工人、技术交底和施工操作的主要依据，也是质量检查评定的标准。

（9）工程质量检验制度栏。包括三个方面的检验，一是植物材料、工程原材料、半成品、成品、设备、器具进场检验制度；二是施工过程的试验报告；三是竣工后的抽查检测。工程质量检验应在施工组织设计中制订抽测项目、抽测时间、抽测单位等计划。

（10）计量设置栏。主要是说明设置在工地的混凝土、砂浆、土肥等搅拌计量设施的精确度、管理制度等内容。

（11）现场材料、设备存放与管理栏。这是为保持材料、设备质量必须有的措施。要根据材料、设备性能制定管理制度，建立相应的库房、场地等。

3. 检查项目填写内容

（1）直接将有关资料的名称写上，资料较多时，也可将有关资料进行编号，将编号填写上，注明份数。

（2）填表时间是在开工之前，监理单位的总监理工程师（或建设单位项目负责人）应对施工现场进行检查，这是保证开工后施工顺利和保证工程质量的基础，目的是做好施工前的准备。

（3）由施工单位负责人填写，填写之后，将有关文件的原件或复印件附在后边，请总监理工程师（或建设单位项目负责人）验收核查，验收核查后，返还施工单位，并签字认可。

（4）通常情况下一个工程的一个标段或一个单位工程只查一次，如分段施工、人员更换，或管理工作不到位时，可再次检查。

（5）如总监理工程师或建设单位项目负责人检查验收不合格，施工单位必须限期改正，否则不许开工。

园林绿化工程
开工报审表

园施 15

致：_____（监理单位）：

　　由我方承包的_____工程，已完成各项施工准备工作，具备了开工条件，请监理确认并同意开工。

附件：工程开工报告

　　　　　　　　　　施工项目部（盖章）_____

　　　　　　　　　　项目经理（签字）_____日期_____

总监理工程师审定意见：

□报审表格填写不符合要求，现予退回。请重新填表报审。

□施工准备工作尚未全部完成，拟召集专题会议进行研究、协调。

□已具备开工条件，拟同意开工，请建设单位签署意见。

□

　　　　　　　　　　项目监理机构（盖章）_____

　　　　　　　　　　总监理工程师（签字）_____日期_____

建设单位意见：

　　　　　　　　　　建设单位代表（签字）_____日期_____

签 收 人	监理单位：	施工单位：	建设单位：
	日期：	日期：	日期：

园林绿化工程
开 工 报 告

致：＿＿＿＿＿＿＿＿＿＿＿＿＿＿＿＿＿ （监理单位）：

由我方承包的＿＿＿＿＿＿＿＿＿＿工程，已完成以下各项施工准备工作，具备了开工条件：

1．承包单位现场质量管理体系、技术管理体系和质量保证体系已获得项目监理机构确认；

2．设计文件存在的相关问题已经得到解决；

3．施工组织设计（方案）已获得总监理工程师审查确认；

4．有关分包单位的资格已获得总监理工程师审查确认；

5．施工现场管理人员已到位，施工机具、人员进场，主要工程材料已落实；

6．现场施工环境及条件可以满足开工要求；

7．测量放线控制成果及保护措施已获得项目监理机构验收合格；

8．进场道路及水、电、通信等条件已满足开工要求。

请审查

施工项目部（盖章）＿＿＿＿＿＿＿＿＿＿

项目经理（签字）＿＿＿＿＿＿日期＿＿＿＿＿＿

第二章 园林绿化工程材料的质量控制

园林绿化的植物材料和工程物资是园林绿化工程的物质基础，对于工程项目的施工能否正常进行，以及提高工程质量和景观水平，降低工程造价都非常重要。因此，必须加强对园林绿化工程材料的验收和检验。

第一节 基 本 要 求

一、园林绿化工程物资进场采用的主要材料、半成品、成品、器具和设备的品种、规格必须符合设计要求，并应进行现场验收，形成相应的检查记录。

二、根据合同约定需进行选样的，应报请审定。

三、自检合格的主要材料、半成品、成品、器具和设备等，按进场批次填写《工程物资进场报验记录》，报监理单位进行验收。验收不合格的不得投入使用。

四、施工物资进场报验时应提供质量证明文件（包括：质量合格证明文件或检验、试验报告、产品生产许可证、产品合格证、产品监督检验报告等）。质量证明文件应反映工程物资的品种、规格、数量、性能指标、植物种类等，并与实际进场物资相符。进口物资还应有进口商检证明文件。

五、涉及安全、使用功能的下列物资和产品应按各专业工程质量验收规范规定和表 2.1-1 的要求进行复验（复试检验），并取得试（检）验报告。

物资和产品的复验方式及必试项目参照表   表 2.1-1

序号	物资名称	验收批划分及取样方法和数量	必试项目
1	非饮用水	同一水源为一个检验批，随机取样三次，每次取样 100g，混合后成一组试样	pH 值；含盐量
2	原状土	同一区域同一原状条件的原状土每 2000m^2 随机取样 5 处，取样时先除去表面浮土，每处采样 100g，混合后组成一组试样	pH 值；含盐量；有机质含量；非毛管孔隙度；密度
	客土	每 500m^3 或 2000m^2 为一检验批，随机取样 5 处，每处 100g，经混合组成一组试样	pH 值；含盐量；有机质含量；机械组成
	种植基质	200m^3 为一检验批，随机拆开 5 袋取样，每袋取 100g，经混合组成一组试样	湿密度；pH 值；全氮量；速效磷、钾量；有机质量
3	草籽	每 100kg 为一检验批，每袋等量取样，共取 50g，组成一组试样	发芽率

序号	物资名称	验收批划分及取样方法和数量	必试项目
4	热轧钢筋（光圆、带肋）	同一厂别、规格、炉罐号、交货状态，每60t为一批，不足60t也按一批计。每批取拉伸试件3个、弯曲试件3个（在任选的3根钢筋切取）	拉伸试验（屈服点、抗拉强度、伸长率）；弯曲试验
	余热处理钢筋	同一厂别、规格、炉罐号、交货状态，每60t为一批，不足60t也按一批计。每批取拉伸试件3个、弯曲试件3个（在任选的3根钢筋切取）	拉伸试验（屈服点、抗拉强度、伸长率）；弯曲试验
	冷轧带肋钢筋	同一厂别、规格、炉罐号、交货状态，每60t为一批，不足60t也按一批计。每批取拉伸试件1个（逐盘）、弯曲试件3个、松弛试件1个（定期）。每（任）盘中任意一端截去500mm后切取	拉伸试验（屈服点、抗拉强度、伸长率）；弯曲试验
5	水泥	同厂家、同品种、同强度等级、同期出厂、同一出厂编号散装500t、袋装200t为一个验收批。散装水泥：随机从不少于三个车罐中各取等量水泥，经搅拌均匀后，再从中取不少于12kg的水泥作为试样。袋装水泥：随机从不少于20袋中各取等量水泥，经搅拌均匀后，再从中取不少于12kg的水泥作为试样	安定性；凝结时间；强度。
6	砂	同产地、同规格的砂，每400m³或600t为一验收批。取样部位应均匀分布，在料堆上从8个不同部位抽取等量试样（每份11kg），然后用四分法缩至20kg，取样前先将取样部位表面铲除	筛分析；含泥量；泥块含量
7	卵石或碎石	同产地、同规格的卵石或碎石，400m³或600t为一验收批。取样部位应均匀分布，在料堆上从5个不同部位抽取大致相等的试样15份（料堆的顶部、中部、底部），每份5～40kg，然后缩至60kg送试	筛分析；含泥量；泥块含量。
8	木材	锯材50m³、原木100m³为一验收批。每批随机抽取3根，每根取5个试样	含水率
9	防水卷材	柔性防水（隔根）材料；刚性防水（隔根）材料	不透水性

注：本表所列1、2、3、9项应作试（检）验，并进行有见证取样送检，取得试（检）验报告；4、5、6、7、8项所列材料在用于结构工程或大于3000m²的铺装中时应作试（检）验，并进行有见证取样送检，取得试（检）验报告。

　　六、园林绿化工程材料检验的取样必须有代表性，即所采样品的质量应能代表该批材料的质量。在采取试样时，必须按规定部位、数量及采选的操作要求进行。

　　七、园林绿化工程施工物资验收管理流程可按图2.1-1进行。

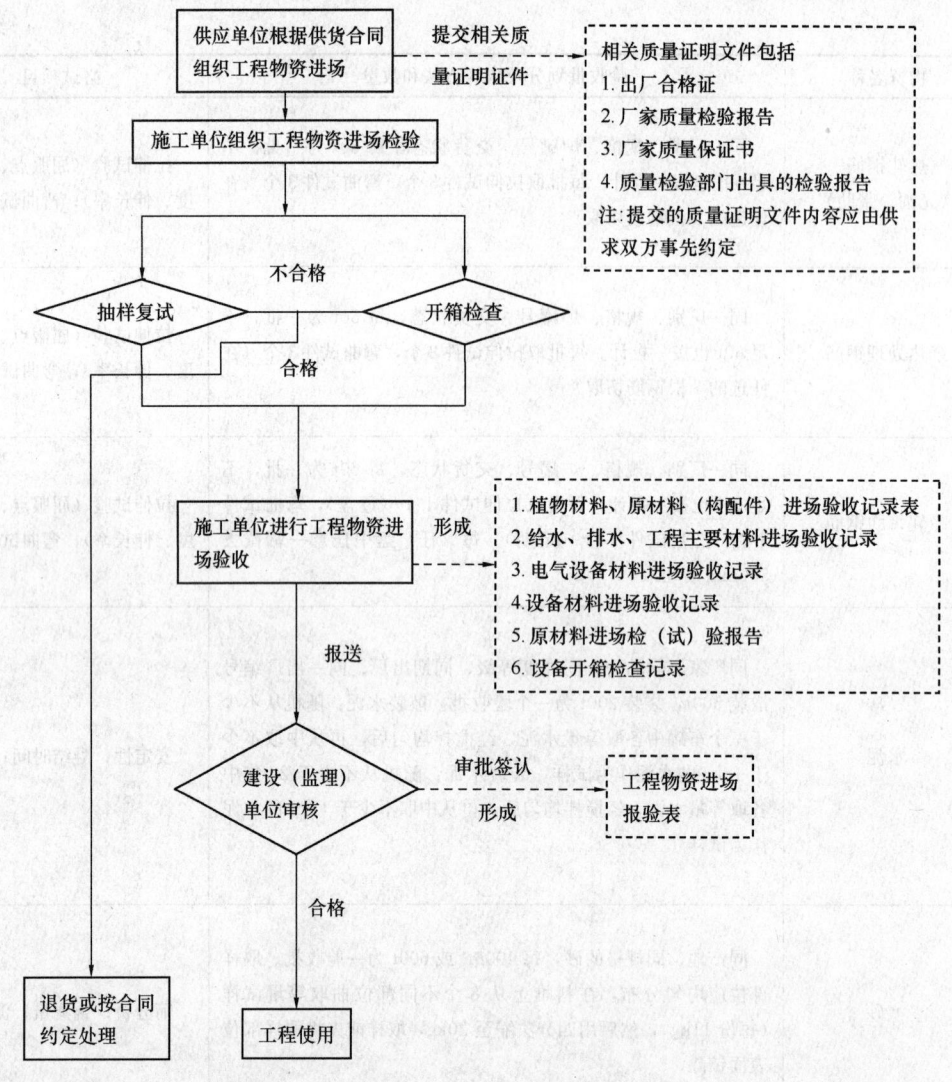

图 2.1-1　园林绿化工程施工物资验收管理流程

第二节　园林工程常用材料、成品、半成品取样及检验

一、天然砂现场取样方法和检验

1. 砂的取样应按批进行，在料堆上取样时，一般以 400m³ 或 600t 为一批。在料堆上取样时，取样部位应均匀分布。取样前先将取样部位表层铲除，然后由各部位抽取大致相等的试份共 8 份，组成一组试样。

每组试样的取样数量，对每一单项试验，应不小于表 2.2-1 所规定的最少取样重量。须作几项试验时，如确能保证试样经一项试验后不致影响另一项试验的结果，可用同一组试样进行几项不同的试验。

每一试验项目所需天然砂最少取样重量　　　　　　　　表 2.2-1

试验项目	最少取样数量（g）
筛分析	4400
表观密度	2600

试验项目	最少取样数量（g）
吸水率	4000
紧密密度和堆积密度	5000
含水率	1000
含泥量	4400
泥块含量	10000
有机质含量	2000
云母含量	600
轻物质含量	3200
坚固性	分成 5.00～2.50；2.50～1.25；1.25～0.630；0.630～0.315 四个粒级，各需 100g
硫化物及硫酸盐含量	50
氯离子含量	2000
碱活性	7500

2. 取得试样后进行包装时，应采用能防止污染和细料散失的容器包装，并附卡片标明试样编号、产地、规格、重量、检验项目及取样方法等。

3. 砂的粗细程度和砂子的颗粒级配是评价砂子的两个因素。砂的粗细程度是指不同粒径的砂粒混合在一起后的总体的粗细程度；砂的颗粒级配由不同粒径砂的含量决定，通常有粗砂、中砂和细砂之分。《普通混凝土用砂、石质量及检验方法标准》（JGJ 52—2006）中规定细度模数 $\mu_f = 3.7～3.1$ 为粗砂，$\mu_f = 3.0～2.3$ 为中砂，$\mu_f = 2.2～1.6$ 为细砂。

二、碎石、卵石现场取样方法和检验

1. 碎石和卵石现场取样应按批进行，取样时一般以 $400m^3$ 或 600t 为一批。在料堆上取样时，取样部位应均匀分布。取样前先将取样部位表层铲除。然后由各部位抽取大致相等的试样15 份（在料堆的顶部、中部和底部各由均匀分布的五个不同部位取得）组成一组试样。每组试样的取样数量对每一单项试验，应不小于所规定的最少取样数量。须作几项试验时，如确能保证试样经一项试验后不致影响另一项试验结果，可用同一组试样进行几项不同的试验。卵石中有机物含量试验取样数量为 1kg，要求颗粒在 20mm 以下。

2. 碎石或卵石的坚固性试验按表 2.2-2 的粒径要求取样。

坚固性试验所需的各粒级试样重量　　　　　表 2.2-2

粒径（mm）	5～10	10～20	20～40	40～63	63～80
试样重（g）	500	1000	1500	3000	3000

注：① 粒级为 10～20mm 的试样中，应含有 10～16mm 的粒级颗粒 40%，16～20mm 的粒级颗粒 60%；
　　② 粒级为 20～40mm 的试样中，应含有 20～31.5mm 的粒级颗粒 40%，31.5～40mm 的粒级颗粒 60%。

3. 碎石或卵石的压碎指标值试验试样一律采用 10～20mm 的颗粒，取样数量为 9kg。其他几项试验最少取样数量见表 2.2-3。

每一试验项目所需碎石或卵石的最少取样数量（kg）　　　　　表 2.2-3

试验项目	最大粒径							
	10mm	16mm	20mm	25mm	31.5mm	40mm	63mm	80mm
筛分析	10	15	20	20	30	40	60	80
表观密度	8	8	8	8	12	16	24	24

试验项目	最　大　粒　径							
	10mm	16mm	20mm	25mm	31.5mm	40mm	63mm	80mm
含水率	2	2	2	2	3	3	4	6
吸水率	8	8	16	16	16	24	24	32
堆积密度、紧密密度	40	40	40	40	80	80	120	120
含泥量	8	8	24	24	40	40	80	80
泥块含量	8	8	24	24	40	40	80	80
针、片状含量	1.2	4	8	8	20	40	—	—
硫化物、硫酸盐	1.0							

4. 取得试样后进行包装时，应采用能防止污染和细料散失的容器包装，并附卡片标明试样编号、产地、规格、重量、检验项目及取样方法等。

三、园林工程用砂石（包括碎石或卵石）含泥量标准

砂石的含泥量是指粒径小于 0.080mm 的尘屑、淤泥和黏土的总含量（按重量计）。

1. 园林工程用砂含泥量标准

（1）高于或等于 C30 的普通混凝土用砂含泥量应小于等于 3％，泥块含量小于等于 1％；低于 C30 的普通混凝土用砂含泥量应小于等于 5％，泥块含量等于 2％；对 C10 和 C10 以下的混凝土用砂含量可酌情放宽。

（2）有抗冻、抗渗或其他特殊要求的混凝土用砂含泥量不应大于 3％。

（3）强度等级大于等于 M5 的混合砂浆或水泥砂浆用砂含泥量不应大于 5％，小于 M5 的混合砂浆用砂的含泥量不应大于 10％。

2. 园林工程用碎石或卵石含泥量标准

（1）高于或等于 C30 的普通混凝土用石含泥量应小于等于 1％，泥块含量小于等于 0.5％；低于 C30 的普通混凝土用石含泥量应小于等于 2％，泥块含量小于等于 0.7％。

（2）有抗冻、抗渗或其他特殊要求的混凝土用石含泥量不应大于 1％，泥块含量应不大于 0.5％。

（3）如含泥是非黏土质的石粉，其含泥量可由（1）款的 1％和 2％分别提高到 1.5％和 3.0％。对等于或低于 C10 的混凝土其含泥量可酌情放宽到 2.5％，泥块含量放宽到 1％。

四、园林工程用热轧钢筋现场取样和物理检验项目

1. 热轧钢筋进场应分批验收，每批由同一牌号、同一尺寸和同一炉（罐）号的钢筋组成，每批重量不大于 60t。取样时从每批钢筋中选取经表面检查及尺寸测量合格的两根钢筋，然后从每根钢筋上取 1 根拉力试样（试样长 $L = 5d \sim 10d + 200mm$）和 1 根冷弯试样（试样长 $L = 5d + 150mm$）两个试件为一组。

2. 拉力试样试验屈服点、抗拉强度、伸长率 3 个指标，其中有 1 根试样的一个指标不符合规定，即为拉力试验不合格。应再取两倍的试样重新测定 3 个指标。在第二次拉力试验中，如仍有一个指标不合格，不论这个指标在第一次试验中是否合格，拉力试验项目也作为不合格，则该批钢筋即为不合格品。

3. 冷弯试样在弯曲后检查试样弯曲处的外面及侧面，如无裂缝、断裂或起层现象，即认为试样合格。如有 1 根试样不合格，即定为冷弯试验不合格。应再取两倍数量的试样重新进行冷弯试验。第二次冷弯试验中，如仍有 1 根试样不合格，则该批钢筋即为不合格。

五、热轧钢筋的化学成分和力学性能、工艺性能标准

1. 钢筋混凝土用热轧带肋钢筋和直条光圆钢筋的化学成分及力学性能和工艺性能见表 2.2-4～表 2.2-5。

热轧钢筋的化学成分　表 2.2-4

表面形状	钢筋级别	牌号	原牌号	化学成分（%）						P	S
				C	Si	Mn	V	Nb	Ti	不大于	
光圆	I	HPB235	Q235	0.14～0.22	0.12～0.30	0.30～0.65	—	—	—	0.045	0.050
带肋	II	HRB335	20MnSi	0.17～0.25	0.4～0.80	1.20～1.60	—	—	—	0.045	0.045
	III	HRB400	20MnSiV	0.17～0.25	0.2～0.80	1.20～1.60	0.04～0.12	—	—	0.045	0.045
	III	HRB400	20MnSiNb	0.17～0.25	0.2～0.80	1.20～1.60	—	0.02～0.04	—	0.045	0.045
			20MnTi	0.17～0.25	0.17～0.37	1.20～1.60	—	—	0.02～0.05	0.045	0.045

热轧钢筋的力学性能、工艺性能　表 2.2-5

表面形状	钢筋级别	牌号	符号	公称直径 a（mm）	屈服点 σ_b（MPa）	抗拉强度 σ_n（MPa）	伸长率 δ_s（%）	冷弯	
					不小于			弯曲角度	弯芯直径
光圆	I	HPB235		8～20	235	330	25	180°	$d=a$
带肋	II	HPB335		6～25 28～50	335	490	16	180°	$d=3a$ $d=4a$
	III	HPB500		6～25 28～50	400	570	14	180°	$d=4a$ $d=5a$
	IV	HPB500		6～25 28～50	500	630	12	180°	$d=5a$ $d=6a$

2. 低碳钢热轧圆盘条的化学成分及力学性能和工艺性能见表 2.2-6、表 2.2-7。

热轧圆盘条的化学成分　表 2.2-6

牌号		化学成分（%）					脱氧方法
		C	Mn	Si	S	P	
					不大于		
Q215	A	0.09～0.15	0.25～0.55	0.3	0.050	0.045	F.b.z
	B				0.045		
	C	0.10～0.15	0.30～0.60		0.040	0.040	
Q235	A	0.14～0.22	0.30～0.65	0.3	0.05	0.045	F.b.z
	B	0.12～0.20	0.30～0.70		0.045		
	C	0.13～0.18	0.30～0.60		0.040	0.040	

热轧圆盘条的力学性能和工艺性能 表 2.2-7

牌号	力学性能			冷弯试验 180° d＝弯心直径 a＝试样直径
	屈服点 σ_s（MPa）	抗拉强度 σ_b（MPa）	伸长率 δ_{10}（%）	
	不小于			
Q215	215	375	27	$d=0$
Q235	235	410	23	$d=0.5a$

六、冷轧带肋钢筋取样和检验

1. 冷轧带肋钢筋检验的试验项目、取样方法、试验方法应符合表 2.2-8 的要求。

冷轧带肋钢筋的试验项目、取样方法及试验方法《冷轧带肋钢筋》（GB 13788—2008）表 2.2-8

序号	试验项目	试验数量	取样方法	试验方法
1	拉伸试验	每盘 1 个	在每（批）盘中随机切取	《金属材料 拉伸试验 第 1 部分：室温试验方法》（GB/T 228.1—2010）
2	弯曲试验	每批 2 个		《金属材料 弯曲试验方法》（GB/T 232—2010）
3	反复弯曲试验	每批 2 个	在每（批）盘中随机切取	《滚动轴承 调心滚子轴承 外形尺寸》（GB/T 288—1994）
4	应力松弛试验	定期 1 个		《金属应力松弛试验方法》（GB/T 10120—1996）《冷轧带肋钢筋》（GB 13788—2008）第 7.3
5	尺寸	逐盘		《冷轧带肋钢筋》（GB 13788—2008）第 7.4
6	表面	逐盘		目视
7	重量偏差	每盘 1 个		《冷轧带肋钢筋》（GB 13788—2008）第 7.5

注：① 供方在保证 $\sigma_{po.2}$ 合格的条件下，可不逐盘进行 $\sigma_{po.2}$ 的试验；

② 表中试验数量栏中的"盘"指生产钢筋"原料盘"。

2. 冷轧带肋钢筋的力学性能和工艺性能应符合表 2.2-9 的要求。

冷轧带肋钢筋力学性能和工艺性能《冷轧带肋钢筋》（GB 13788—2008） 表 2.2-9

牌号	σ_b（MPa）不小于	伸长率（%）		弯曲试验 180°	反复弯曲次数	松弛率（%）初始应力 $\sigma_{con}=0.7\sigma_b$	
		δ_{10}	δ_{100}			100h 不小于	10h 不大于
CRB550	550	8.0	—	$D=3d$	—	—	—
CRB650	650	—	4.0	—	3	8	5
CRB800	800	—	4.0	—	3	8	5
CRB970	970	—	4.0	—	3	8	5
CRB1170	1170	—	4.0	—	3	8	5

注：表中 D 为弯心直径，d 为钢筋公称直径。

3. 冷轧带肋钢盘条的参考牌号和化学成分。CRB500、CRB650、CRB800、CRB970、CRB1170 钢筋用盘条的参考牌号及化学成分（熔炼分析）见表 2.2-10，60 钢、70 钢的 Ni、Cr、Cu 含量各不大于 0.25%。

冷轧带肋钢筋用盘条的参考牌号和化学成分《冷轧带肋钢筋》（GB 13788—2008） 表 2.2-10

钢筋牌号	盘条牌号	化学成分（%）					
		C	Si	Mn	V、Ti	S	P
CRB550	Q215	0.09~0.15	≤0.30	0.25~0.55	—	≤0.050	≤0.045

钢筋牌号	盘条牌号	化学成分（%）					
		C	Si	Mn	V、Ti	S	P
CRB650	Q235	0.14～0.22	≤0.30	0.30～0.65	—	≤0.050	≤0.045
CRB800	24MnTi	0.19～0.27	0.17～0.37	1.20～1.60	Ti：0.01～0.05	≤0.045	≤0.045
	20MnSi	0.17～0.25	0.40～0.80	1.20～1.60	—	≤0.045	≤0.045
CRB970	41MnSiV	0.37～0.45	0.60～1.10	1.00～1.40	V：0.05～0.12	≤0.045	≤0.045
	60	0.25～0.57	0.17～0.37	0.50～0.37	～	≤0.035	≤0.035
CRB1170	70Ti	0.66～0.70	0.17～0.37	0.60～1.00	Ti：0.01～0.05	≤0.045	≤0.045
	70	0.67～0.75	0.17～0.37	0.50～0.80		≤0.035	≤0.035

4. 冷轧带肋钢筋的尺寸、重量及允许偏差见表 2.2-11。

三面肋和二面肋钢筋的尺寸、重量级允许偏差　　表 2.2-11

公称直径 d （mm）	公称横截面积 （mm²）	重量		横肋中点高		横肋 1/4 处高 $h_{1/4}$ （mm）	横肋顶宽 b （mm）	横肋间距		相结肋面积 f_r，不小于
		理论重量 （kg/m）	允许偏差 （%）	h （mm）	允许偏差 （mm）			l （mm）	允许偏差 （%）	
4	12.6	0.099		0.30		0.24		4.0		0.036
4.5	15.9	0.125		0.32		0.26		4.0		0.039
5	19.6	0.154		0.32		0.26		4.0		0.039
5.5	23.7	0.186		0.40		0.32		5.0		0.039
6	28.3	0.222		0.40		0.32		5.0		0.039
6.5	33.2	0.261		0.46		0.37		5.0		0.045
7	38.5	0.302		0.46		0.37		5.0		0.045
7.5	44.2	0.347	±4	0.55	+0.10 −0.05	0.44	−0.2d	6.0	±15	0.045
8	50.3	0.395		0.55		0.44		6.0		0.045
8.5	56.7	0.445		0.55		0.44		7.0		0.045
9	63.6	0.499		0.75		0.60		7.0		0.052
9.5	70.8	0.556		0.75		0.60		7.0		0.052
10	78.5	0.617		0.75		0.60		7.0		0.052
10.5	86.5	0.679		0.75		0.60		7.4		0.052
11	95.0	0.746		0.85		0.68		7.4		0.056
11.5	103.8	0.815		0.95		0.76		8.4		0.056
12	113.1	0.888		0.95		0.76		8.4		0.056

注：① 横肋 1/4 处高，横肋顶宽供孔型设计用。

②二面肋钢筋允许有高度不大于 0.5h 的纵肋。

七、钢材表面外观质量检验

1. 钢材表面外观质量要求

（1）钢材表面如有锈蚀、麻点或划痕等缺陷时，其深度不得大于该钢材厚度负允许偏差值的 1/2。

（2）钢材表面的锈蚀等级应符合现行国家标准规定的 C 级及 C 级以上。

（3）钢材端边或断口处不应有分层、夹渣等缺陷。

2. 进场钢筋外观质量要求

1）钢筋应逐支检查其尺寸，不得超过允许偏差值。

2）应逐支检查：

（1）钢筋表面不得有裂纹、折叠、结疤、耳子、分层及夹杂，表面上其他缺陷的深度或高度不得大于所在部位尺寸允许偏差。

（2）盘条允许在压痕及局部的凸块、凹块、划痕、麻面，但其深度或高度（从实际尺寸算起）不得大于 0.20mm。

（3）带肋钢筋表面凸块不得超过横肋高度。

（4）冷拉钢筋不得有局部缩颈。

3）钢筋表面氧化铁皮（铁锈）重量不大于 16kg／t。

4）带肋钢筋表面标志清晰明了，标志包括强度级别、厂名（汉语拼音字头表示）和直径毫米数字。

八、水泥现场取样方法和检验

1. 水泥试验现场取样的方法。

同一水泥厂、同一品种、同一强度等级、同一出厂批号（编号）散装 500t，袋装 200t 的水泥为一个取样单位；贮存期超过 3 个月或受潮的水泥应以同一保管条件为一个取样单位。每取样单位取样一次，水泥试样应以具有代表性的不同部位的 20 袋（散装水泥 20 处）取等量样品，总数不少于 12kg，试样应用洁净密封袋保存，严禁受潮。

2. 硅酸盐水泥、普通硅酸盐水泥、矿渣硅酸盐水泥、火山灰质硅酸盐水泥和粉煤灰硅酸盐水泥的质量标准，商品水泥的质量应符合国家标准，标准中明文规定凡氧化镁、三氧化硫、初凝时间、安定性中任何一项不符合国家标准的技术要求（表 2.2-12）时均为废品。凡不符合表 2.2-13 和表 2.2-14 其余各项任一项或混合材料掺加量超过最大限量和强度低于商品强度等级的指标时称为不合格品。水泥包装标志中水泥品种、强度等级、生产厂名称和出厂编号不全也属于不合格品。废品水泥不能使用，不合格水泥处理后可用。

表 2.2-12

检查项目的技术要求

项目 品种代号	不溶物	氧化镁	三氧化硫	燃失量	细度	初凝	终凝	安定性
	含量不得超过			不得大于	筛余不得超过	不得早于	不得迟于	沸煮法
P. Ⅰ	0.75%				3.0%			
P. Ⅱ	1.50%		3.5%		3.5%		0.5h	
P. O		5.0%①			5%	45min		合格
P. S			4.0%				10h	
P. P			3.5%		10.0%③			
P. F								

注：① 如果水泥经压蒸安定性试验合格，则水泥中氧化镁含量允许放宽到 6.0%。

　　② 硅酸盐水泥细度指标为水泥比表面积大于 300m²／kg。

　　③ 表中所列细度指标为 80μm 方孔筛筛余不得超过值。

　　水泥品种代号规定：Ⅰ型硅酸盐水泥代号 P.Ⅰ，Ⅱ型硅酸盐水泥代号 P.Ⅱ，普通硅酸盐水泥代号 P.O，矿渣硅酸盐水泥代号 P.S，火山灰质硅酸盐水泥代号 P.P，粉煤灰硅酸盐水泥代号 P.F。

3. 水泥强度等级按规定龄期的抗压强度和 28d 强度不得低于表 2.2-13、表 2.2-14 的数值。

各强度等级水泥早期强度和28d强度（MPa）　　　　　　表2.2-13

强度等级	抗压强度		抗折强度	
	3d	28d	3d	28d
32.5	10.0	32.5	2.5	5.5
32.5R	15.0	32.5	3.5	5.5
42.5	15.0	42.5	3.5	6.5
42.5R	19.0	42.5	4.0	6.5
52.5	21.0	52.5	4.0	7.0
52.5R	23.0	52.5	4.5	7.0

注：本表适用于矿渣硅酸盐水泥、火山灰质硅酸盐水泥和粉煤灰硅酸盐水泥。

各强度等级水泥早期强度和28d强度（MPa）　　　　　　表2.2-14

品　种	强度等级	抗压强度		抗折强度	
		3d	28d	3d	28d
硅酸盐水泥	42.5	17.0	42.5	3.5	6.5
	42.5R	22.0	42.5	4.0	6.5
	52.2	23.0	52.5	4.0	7.0
	52.5R	27.0	52.5	5.0	7.0
	62.5	28.0	62.5	5.0	8.0
	62.5R	32.0	62.5	5.5	8.0
普通硅酸盐水泥	32.5	11.0	32.5	2.5	5.5
	32.5R	16.0	32.5	3.5	5.5
	42.5	16.0	42.5	3.5	6.5
	42.5R	21.0	42.5	4.0	6.5
	52.5	22.0	52.5	4.0	7.0
	52.5R	26.0	52.5	5.0	7.0

九、园林工程木材的取样方法和检验

1. 检验批：锯材50m³、原木100m³为一检验批，或按烘干批次为检验批，每批随机抽取3根，每根取5个试样。

2. 检验项目：品种、规格、材质、防腐、防虫、防火、含水率均应符合设计要求。

3. 含水率检验：建设、监理、设计、施工单位参加对施工现场的原木或规格材烘干后，选有代表性木件，截料头30cm断面处用含水率测量器测试。

4. 园路木铺装的面板和木搁栅的木材含水率应小于12%。

5. 园林仿古工程的大木构件、斗栱构件、外檐木装修、内檐细木装修用料标准应符合表2.2-15～表2.2-18的要求。

大木选材标准　　　　　　表2.2-15

构件类别	腐朽	木节	斜率	虫蛀	裂缝	髓心	含水率
柱类构件	不允许	活节：数量不限，每个活节最大尺寸不得大于原木周长的1/6。死节：直径不大于原木周长的1/5，且每2m长度内不多于2个	扭纹斜率不大于12%	不允许（允许表面层有轻微虫眼）	外部裂缝深度和径裂不大于直径的1/3，轮裂不允许	不限	不大于25%

续表

构件类别	腐朽	木节	斜率	虫蛀	裂缝	髓心	含水率
梁类构件	不允许	活节：构件任何一面，任何150mm长度上所有木节尺寸的总和不大于所在面宽的1/3。死节：直径不大于20mm且每2m中不多于1个	扭纹斜率不大于8%	不允许（允许表面层有轻微虫眼）	外部裂缝深度和径裂不大于直径的1/3，轮裂不允许	不限	不大于25%
枋类构件	不允许	活节：所有活节构件的任何一面，任何150mm内的尺寸总和不大于所在面的1/3，榫卯部分不大于1/4。死节：直径不大于20mm且每延长米中不多于1个，榫卯处不允许有节疤	扭纹斜率不大于8%	不允许	榫卯不允许其他部位外部裂缝和径裂不大于木材宽厚的1/3，轮裂不允许	不限	不大于25%
板类构件	不允许	任何150mm长度内木节尺寸的总和，不大于所在面宽的1/3	扭纹斜率不大于10%	不允许	不超过厚度的1/4，轮裂不允许	不限	不大于10%
桁檩构件	不允许	任何150mm长度上所有活节尺寸的总和不大于圆周长的1/3，每个木节的最大尺寸不大于周长的1/6，死节不允许	扭纹斜率不大于8%	不允许	榫卯处不允许，其他部位裂缝深度不大于檩径的1/3（在对面裂缝时用两者之和）	不限	不大于20%
椽类构件（重点建筑圆椽尽量使用椭圆）	不允许	任何150mm长度上所有活节尺寸的总和不大于圆周长的1/3，每个木节的最大尺寸不大于周长的1/6，死节不允许	扭纹斜率不大于8%	不允许	外部裂缝不大于直径的1/4，轮裂不允许	不限	不大于10%
连檐类	不允许	正身连檐任一面150mm长度上所有木节尺寸的总和不大于面宽的1/3，翼角连檐节尺寸总和不大于面宽的1/5	不允许	不允许	正身连檐裂缝深度不大于1/4，翼角连檐不允许	不允许	不限（制作时）

外檐及普通内檐装修选材标准 表 2.2-16

装修名称 缺陷及指标名称		槅扇、门类槛、框		槅扇、门类边框		仔屉、棂条		裙板、绦环板		备注
		外檐	内檐	外檐	内檐	外檐	内檐	外檐	内檐	
活节	不计个数，直径（mm）	≤20	≤10	≤15	≤10	≤5	≤5	—	—	—
	计算个数，长度在150mm内，直径总和	≤1/2材宽	≤1/3材宽	≤1/3材宽	≤1/4材宽	≤1/2材宽	≤4材宽	≤20mm（个）	≤10mm（个）	板类按面积计
	任1延米的个数	≤4	≤2	≤4	≤2	≤2	≤1	≤5（m²）	≤2（m²）	—

装修名称　＼＼　缺陷及指标名称	槅扇、门类槛、框		槅扇、门类边框		仔屉、棂条		裙板、绦环板		备注
	外檐	内檐	外檐	内檐	外檐	内檐	外檐	内檐	
死节	允许，计入活节总数		允许，计入活节总数		不允许		允许，计入活节总数		内檐装修用同种、色材挖补
髓心	不露出表面的允许		不露出表面的允许		不允许		不允许		—
裂缝	深度及长度不大于厚度及材长的 1/3	1/5	深度及长度不大于厚度及材长的 1/4	1/6	不允许		不允许		内檐装修用同种、色材嵌实
斜纹的斜率（%）	≤15	≤10	≤10	≤6	≤4	≤2	不限	≤15	
腐朽	不允许		不允许		不允许		不允许		—
其他	浪形纹理、圆形纹理（拧丝）偏心及色差允许（内檐硬木装修烫蜡及清油做法色差不允许过大）								
含水率	<15%	<12%	<12%	<10%	<12%	<10%	<12%	<10%	—

昂翘斗栱构件用材标准表　　　　　　　　　　　　　　　表 2.2-17

构件类别	各类木材的缺陷及指标							备注
	腐朽	木节	斜纹的斜率	虫蛀	裂缝	髓心	含水率	
升、斗	不允许	在构件任何一面、任何150mm长度内，所有木节尺寸的总和不得大于所在面的1/2，死节不允许	≤12%	不允许	不允许	不允许	≤18%	斗栱中的受压构件
翘、昂、要头、撑头木、桁绳	不允许	在构件任何一面、任何150mm长度内，所有木节尺寸的总和不大于所在面宽的1/4，死节不允许。刻口卡腰保留部分不允许有木节	≤8%	不允许	不允许	不允许	≤18%	斗栱中纵向向外挑出的悬挑受弯、受压构件
单材栱、足材栱	不允许	在构件任何一面、任何150mm长度内，所有木节尺寸的总和不大于所在面宽的1/4，死节不允许。刻口卡腰保留部分不允许有木节	≤10%	不允许	不允许	不允许	≤18%	斗栱中纵向向外挑出的悬挑受弯、受压构件
正心枋里、外、拽驾枋，挑檐枋，井口枋	不允许	在构件任何一面、任何150mm长度内，所有木节尺寸的总和不大于所在面宽的2/5，死节不允许	≤10%	不允许	不允许	不允许	≤18%	联系一间内各攒头栱悬挑的受弯、受压构件

花罩、博古架等硬杂细木装修用材标准　　　　　　　　表 2.2-18

装修名称 缺陷及指标名称		花罩槛、框	花罩边框	仔屉、棂条	隔板、花板、 牙子板	备　注
活 节	不计个数，直径（mm）	≤10	≤10	≤5	—	—
	计算个数，长度 在 150mm 内，直径	≤1/3 材宽	≤1/4 材宽	≤1/4 材宽	≤10mm/个	板类按面积计
	任 1 延米个数	≤2	≤2	≤1	≤2（m²）	—
死节		允许，计入 活节总数	允许，计入 活节总数	不允许	允许，计入 活节总数	内檐装修用 同种、色材挖补
髓心		不露出表面 的允许	不露出表面 的允许	不允许	不允许	
裂缝		深度及长度 不大于厚度 及材长的 1/5	深度及长度 不大于厚度 及材长的 1/6	不允许	不允许	内檐装修用同种、 色材嵌实
斜纹的斜率		≤10	≤6	≤2	≤15	—
腐朽		不允许	不允许	不允许	不允许	
其他		浪形纹理、圆形纹理（拧丝）偏心允许，烫蜡及清理做法色差不允许过大				
含水率		<12%	<10%	<10%	<10%	

十、烧结普通砖的外观质量标准及检验

以黏土、页岩、煤矸石、粉煤灰为主要原料，经过焙烧而成的实心或孔洞率不大于 15% 的烧结普通砖（以下简称砖）。砖外形应为规则形状的直角六面体。砖进场后除检查合格证复试报告外，还要进行外观质量评定，通常需检查砖的尺寸、弯曲、缺棱、掉角、裂缝程度等。砖分为特等、一等、二等三个等级，其外观指标见表 2.2-19。

烧结普通砖的外观指标　　　　　　　　　　表 2.2-19

项　目	指标		
	特等	一等	二等
（1）尺寸偏差不超过（mm）			
长度	±4	±5	±6
宽度	±3	±4	±5
厚度	±2	±3	±3
（2）两个条面的厚度相差不大于（mm）	2	3	5
（3）弯曲不大于（mm）	2	3	5
（4）杂质在砖面上造成的凸出高度不大于（mm）	2	3	5
（5）缺棱掉角的三个破坏尺寸不得同时大于（mm）	20	20	30
（6）裂纹长度不大于（mm）			
大面上宽度方向及其延伸到条面的长度	70	70	110
大面上长度方向及其延伸到顶面的长度或条、顶面上水平裂纹的长度	100	100	150
（7）颜色（一条面或一顶面）	基本一致	—	—
（8）完整面不得少于	一条面和一顶面	一条面和一顶面	—
（9）混等率（指本等中混入该等以下各等产品的百分率）不得超过	5%	10%	15%

注：完整面——要求裂纹宽度中有大于 1mm 的长度不得超过 30mm，缺棱掉角在条、顶面上造成的破坏面不得同时大于
10mm×20mm。

十一、砌筑砂浆试块强度验收的取样和检验

1. 检验数量：每一检验批且不超过 250m³ 砌体的各种类型及强度等级的砌筑砂浆，每台搅拌机应至少抽检一次。

2. 检验方法：在砂浆搅拌机出料口随机取样制作砂浆试块（同盘砂浆只应制作一组试块），最后检查试块强度试验报告单。

3. 砌筑砂浆试块强度验收时其强度合格标准必须符合以下规定：

同一验收批砂浆试块抗压强度平均值必须大于或等于设计强度等级所对应的立方体抗压强度，同一验收批砂浆试块抗压强度的最小一组平均值必须大于或等于设计强度等级所对应的立方体抗压强度的 0.75 倍。

注：①砌筑砂浆的验收批，同一类型、强度等级的砂浆试块应不少于 3 组。当同一验收批只有一组试块时，该组试块抗压强度的平均值必须大于或等于设计强度等级所对应的立方体抗压强度。②砂浆强度应以标准养护，龄期为 28d 的试块抗压试验结果为准。

4. 凡在砂浆中掺入有机塑化剂、早强剂、缓凝剂、防冻剂等的，应经检验和试配符合要求后，方可使用。有机塑化剂应有砌体强度的形式检验报告。

十二、混凝土外加剂试验项目取样及检验

1. 混凝土外加剂种类较多，且均有相应的质量标准，使用时其质量及应用技术应符合国家现行标准《混凝土外加剂》（GB 8076—2008）、《混凝土外加剂应用技术规范》（GB 50119—2003）、《道路车辆制动衬片盘式制动块总成和鼓式制动蹄总成剪切强度试验方法》（GB/T 22309—2008）、《砂浆、混凝土防水剂》（JC 474—2008）、《混凝土防冻剂》（JC 475—2004）、《混凝土膨胀剂》（GB 23439—2009）等的规定。外加剂的检验项目、方法和批量应符合相应标准的规定。若外加剂中含有氯化物，同样可能引起混凝土结构中钢筋的锈蚀，故应严格控制。

2. 外加剂复试时，其均质性指标应符合表 2.2-20 的要求。

外加剂均质性指标《混凝土外加剂》（GB 8076—2008）　　表 2.2-20

试验项目	指　标
含固量或含水量	(1) 对液体外加剂，应在生产厂控制值相对量的 3% 内。 (2) 对固体外加剂，应在生产厂控制值相对量的 5% 之内
密度	对液体外加剂，应在生产厂控制值的 ±0.02g/cm³ 之内
氯离子含量	应在生产厂所控制值相对量的 5% 之内
水泥净浆流动度	应不小于生产控制值的 95%
细度	0.315mm 筛筛余应小于 15%
pH 值	应在生产厂控制值的 ±1 之内
表面张力	应在生产厂控制值的 ±1.5 之内
还原糖	应在生产厂控制值的 ±3% 之内
总碱量（$Na_2O+0.658K_2O$）	应在生产厂控制值相对量的 5% 之内
硫酸钠	应在生产厂控制值相对量的 5% 之内
泡沫性能	应在生产厂控制值相对量的 5% 之内
砂浆减水率	应在生产厂控制值的 ±1.5% 之内

3. 混凝土外加剂试验及所需数量详见表 2.2-21。

试验项目及所需数量《混凝土外加剂》(GB 8076—2008) 表 2.2-21

试验项目	外加剂类别	试验类别	试验所需数量			
			混凝土拌合批数	每批取样数目	掺外加剂混凝土总取样数目	基准混凝土总取样数目
减水率	除早强剂、缓凝剂外各种外加剂	混凝土拌合物	3	1次	3次	3次
泌水率比	各种外加剂	混凝土拌合物	3	1个	3个	3个
含气量			3	1个	3个	3个
凝结时间差		混凝土拌合物	3	1个	3个	3个
抗压强度比	各种外加剂	硬化混凝土	3	9或12块	27或36块	27或36块
收缩比率			3	1块	3块	3块
相对耐久性指标	引气剂、引气减水剂	硬化混凝土	3	1块	3块	3块
钢筋锈蚀	各种外加剂	新拌或硬化砂浆	3	1块	3块	3块

注：① 试验时，检验一种外加剂的三批混凝土要在同一天内完成。

② 试验龄期参考相关资料（1、3、7、28d）。

1) 取样及编号

(1) 试样分点样和混合样，点样是在一次生产的产品所得试样，混合样是三个或更多的点样等量均匀混合而取得的试样。

(2) 生产厂应根据产量和生产设备条件，将产品分批编号，掺量大于1%（含1%）的同品种的外加剂每一编号为100t，掺量小于1%的外加剂每一编号为50t，不足100t或50t的也可按一个批量计，同一编号的产品必须混合均匀。

(3) 每一编号取样量不少于0.2t水泥所需的外加剂量。

2) 试样及留样，每一编号取得的试样应充分混匀，分为两等份，一份按规定项目进行试验，另一份要密封保存半年，以备有疑问时提交国家指定的检测机构进行复验或仲裁。

3) 判定规则，监理工程师现场抽检时，外加剂的匀质性、各种类型的减水剂的减水率、缓凝型外加剂的凝结时间差、引气型外加剂的含气量及硬化混凝土的各项性能符合表2.2-22、表2.2-23的要求，则判定该编号外加剂为相应等级的产品，如不符合上述要求时，则判该编号外加剂不合格。其余项目作为参考指标。

掺外加剂混凝土性能指标 I《混凝土外加剂》(GB 8076—2008) 表 2.2-22

试验项目		外加剂品种							
		普通减水剂		高效减水剂		早强减水剂		缓凝高效减水剂	
		一等品	合格品	一等品	合格品	一等品	合格品	一等品	合格品
减水率（%），不小于		8	5	12	10	8	5	12	10
泌水率比（%），不大于		95	100	90	95	95	100	100	
含气量		≤3.0	≤4.0	≤3.0	≤4.0	≤3.0	≤4.0	<4.5	
凝结时间之差（min）	初凝	−90~+120		−90~+120		−90~+90		>+90	
	终凝							—	
抗压强度比（%），不小于	1d	—	—	140	130	140	130	—	
	3d	115	110	130	120	130	120	125	120
	7d	115	110	125	115	115	110	125	115
	28d	110	105	120	110	105	100	120	110

续表

试验项目		外加剂品种							
		普通减水剂		高效减水剂		早强减水剂		缓凝高效减水剂	
		一等品	合格品	一等品	合格品	一等品	合格品	一等品	合格品
收缩率比（%），不大于	28d	135		135		135		135	
相对耐久性指标（%），200 次，不小于		—							
对钢筋的锈蚀作用		应说明对钢筋有无锈蚀危害							

掺外加剂混凝土性能指标Ⅱ《混凝土外加剂》（GB 8076—2008）　　　表 2.2-23

试验项目		外加剂品种									
		缓凝减水剂		引气减水剂		早强剂		缓凝剂		引气剂	
		一等品	合格品	一等品	合格品	一等品	合格品	一等品	合格品	一等品	合格品
减水率（%），不小于		8	5	10	10	—	—	—	—	6	6
泌水率比（%），不大于		100		70	80	100		100	110	70	80
含气量		<5.5		>3.0		—		—		>3.0	
凝结时间之差（min）	初凝	>+90		−90～+120		−90～+90		>+90		−90～+120	
	终凝	—									
抗压强度比（%），不小于	1d					135	125				
	3d	100		115	110	130	120	100	90	95	80
	7d	110		110		110	105	100	95	95	80
	28d	110	105	100		100	95	100	90	90	80
收缩率比（%），不大于	28 天	135	135	135	135	135					
相对耐久性指标，200 次，不小于		—		80	60	—				80	60
对钢筋锈蚀作用		应说明对钢筋有无锈蚀危害									

注：① 除含气量外，表中所列数据为掺外加剂混凝土与基准混凝土的差值或比值。
　　② 凝结时间指标，"−"号表示提前，"+"号表示延缓。
　　③ 相对耐久性指标一栏中，"200 次≥80 和 60"表示将 28d 龄期的掺外加剂混凝土试件冻融循环 200 次后，动弹性模量保留值≥80%或≥60%。
　　④ 对于可以用高频振捣排除的、由外加剂所引入的气泡的产品，允许用高频振捣，达到某类型性能指标要求的外加剂，可按本表进行命名和分类，但须在产品说明书和包装上注明"用于高频振捣的××剂"。

4）出厂检验。每编号外加剂检验项目，根据其品种不同按表 2.2-24 的项目进行检验。

外加剂测定项目《混凝土外加剂》（GB 8076—2008）　　　表 2.2-24

测定项目	外加剂品种									备　注
	普通减水剂	高效减水剂	早强减水剂	缓凝高效减水剂	缓凝减水剂	引气减水剂	早强剂	缓凝剂	引气剂	
固体含量	√	√	√	√	√	√	√	√	√	
密度										液体外加剂必测
细度										粉状外加剂必测
pH 值	√	√	√	√	√	√				
表面张力		√		√		√				

测定项目	外加剂品种									备　注
	普通减水剂	高效减水剂	早强减水剂	缓凝高效减水剂	缓凝减水剂	引气减水剂	早强剂	缓凝剂	引气剂	
泡沫性能						√			√	
氯离子含量	√	√	√	√	√	√	√	√	√	
硫酸钠含量										含有硫酸钠的早强减水剂或早强剂必测
总碱量	√	√	√	√	√	√	√	√	√	每年至少一次
还原糖分	√							√		木质素磺酸钙减水剂必测
水泥净浆流动度	√	√	√	√	√	√				两种任选一种
水泥砂浆流动度	√	√	√	√	√	√	√	√		

十三、商品混凝土的取样及检验

1. 商品混凝土使用的前期要求

施工单位与商品混凝土生产厂（站）签订合同前，商品混凝土生产厂（站），必须将生产资质、工艺过程、试验室的等级以及计量装置近期经过国家计量部门检定的资料，报监理审查认可。

混凝土生产厂（站）所用的原材料来源、规格、品种、生产厂家、测试资料，在正式生产前，必须报监理审核。同时，在监理与施工双方共同在场的情况下，随机取样送检测中心测试，在取得测试合格报告后，方可投入生产。

2. 商品混凝土的取样方法及检验见表 2.2-25

商品混凝土的取样方法及检验　　　　　　　　　　　　表 2.2-25

时段	检验规定
出厂阶段	(1) 商品混凝土生产厂（站）负责试件取样和试验工作，将测试报告及时送交驻厂（站）监理人员。 (2) 每组试件（三块）取样应随机从搅拌机的同盘中抽取；并在卸出料达 1/4～3/4 时采样，每次抽取试样量不少于 0.03m。 (3) 取样频率为混凝土的坍落度和强度的检验，每 100m³ 取样试验不得少于 1 次；每台班（批）拌制的混凝土不足 100m³ 时，取样试验亦应保证 1 次。 (4) 特殊工程应加作含气量试验
到场阶段	(1) 商品混凝土到达工地交货检验的取样、试验工作，由施工单位承担。 (2) 混凝土搅拌车到达浇筑地点的 30min 内从出料口由现场监理人员见证取样，制作试件在 30min 内完成。 (3) 取样频率与出厂检验的取样频率相同。 (4) 在交货地点测得的混凝土坍落度值与合同规定的坍落度值之差，应符合表 2.2-26 的要求

3. 混凝土坍落度的允许偏差见表 2.2-26

混凝土坍落度允许偏差　　　　　　　　　　　　表 2.2-26

合同规定的坍落度值（mm）	允许偏差（mm）
≤40	±10
50～90	±20
≥100	±30

十四、混凝土施工质量检验项目及混凝土抗压强度试验

1. 混凝土施工质量检验项目见表 2.2-27

<table>
<tr><td colspan="2" style="text-align:center">混凝土施工质量检验项目</td><td style="text-align:right">表 2.2-27</td></tr>
<tr><td style="text-align:center">时 段</td><td colspan="2" style="text-align:center">检 验 项 目</td></tr>
<tr><td style="text-align:center">施工准备阶段</td><td colspan="2">1. 施工准备、场地及安全设施。
2. 混凝土组成和配合比（含外加剂、掺合料）。
3. 混凝土凝结速度等性能。
4. 基础钢筋、预埋件等隐蔽工程及支架和模板的稳定性</td></tr>
<tr><td style="text-align:center">拌制和浇筑阶段</td><td colspan="2">1. 混凝土拌制，每一工作班至少 2 次，必要时随时抽样试验。
2. 混凝土的和易性（坍落度等），每一工作班至少 2 次。
3. 砂石材料含水率，每日开工前一次，气候有较大变化时随时检测，当含水率变化较大时应及时调整配合比。
4. 混凝土的运输、浇筑方法和质量。
5. 外加剂使用效果。
6. 制取混凝土试件</td></tr>
<tr><td style="text-align:center">养生阶段</td><td colspan="2">1. 养护情况。
2. 混凝土强度。
3. 混凝土外露面或装饰质量。
4. 结构外形尺寸、位置、变形和沉降</td></tr>
<tr><td style="text-align:center">拆模阶段</td><td colspan="2">1. 表面应密实，平整。
2. 如有蜂窝、麻面，其面积不超过结构同侧面的 1%。
3. 如有裂缝，其宽度和长度不大于设计规范的有关规定。
4. 桩顶、桩尖等主要部位无蜂窝、麻面或缺边掉角。
5. 小型构件无翘曲现象。
6. 对蜂窝、麻面、掉角等缺陷，应凿出松弱层，清除浮灰，用水冲洗、湿润，再用较高强度等级的水泥砂浆或混凝土填补抹平，覆盖养护；用环氧树脂等胶凝材料修补时，应先试验后补。
7. 如有严重缺陷，影响结构性能时，应由有关方面共同分析情况，研究处理，不留隐患</td></tr>
</table>

2. 混凝土抗压强度取样及试验

1）施工用混凝土必须按试验室提供的配合比试验单配制

2）取样方法及数量

（1）每一验收批为一取样单位。以同一强度等级、同一配合比、生产工艺基本相同的混凝土，每拌制 100 盘不超过 100m³，每一工作班组成一个验收批。

（2）对预拌混凝土其相同配合比拌制量大于 100m³ 时，其交货检验试验，可以每 200m³ 取一组试块。

（3）施工现场为控制拆模时间、吊装、施工期间的负荷需要，应留置与结构同条件的养护试块。每项同条件养护试块不得少于一组。

（4）构件厂为控制构件的拆模、出池、张拉、放张及出厂等需要，应留置同条件养护试块，不得少于一组。

（5）冬期施工的混凝土试件的留置，除应符合有关规定外，尚应留置不少于两组与结构同条件养护的试件，分别用于检验受冻前的混凝土强度和转入常温养护 28d 的强度。

3）抗压强度

（1）试件制作和养护。按《普通混凝土力学性能试验方法标准》（GB/T 50081—2002）进

行。试件用 150mm×150m×150mm 的试模，在混凝土浇筑地点，随机取样，3 个试块为一组。成型后覆盖表面，在温度为 20±5℃的情况下，静置 1～2 昼夜。然后，编号拆模立即放入温度为 20±3℃、相对湿度 90%以上（或水中）的标准养护室中养护。同条件试块拆模、编号后和结构（构件）同条件养护。

（2）每组试块强度的确定，每个试块测值的确定，标养 28d 的试块进行试压，求得每个试块的抗压强度。

十五、常用园林建筑构配件质量要求及检验方法

1. 构件外观质量要求及检验方法见表 2.2-28

构件外观质量要求及检验方法　　　　　　　　表 2.2-28

	项　目		质　量　要　求	检　验　方　法
1	露筋	主筋	不应有	观察，用尺量
		副筋	外露总长不超过 500mm	
2	孔洞	任何部位	不应有	观察，用尺量
3	蜂窝	主要受力部位	不应有	观察，用百格网测
		次要部位	总面积不超过所有构件面积的 1%，且每处不超过 0.01m²	
4	裂缝	影响结构性能和使用的裂缝	不应有	观察，用尺、刻度放大镜量测
		不影响结构性能和使用的少量裂缝	不宜有	
5	外形缺陷	清水表面	不应有	观察，用尺量
		混水表面	不宜有	
6	外表缺陷	清水表面	不应有	—
		混水表面	不宜有	
7	外表沾污	清水表面	不应有	观察，用百格网测
		混水表面	不宜有	
8	连接部位缺陷	构件端头混凝土疏松或外伸钢筋松动	不应有	观察，摇动

2. 构件尺寸偏差及检验方法见表 2.2-29

构件尺寸偏差及检验方法　　　　　　　　表 2.2-29

项次	项　目	允许偏差（mm）						检验方法
		薄腹梁、桁梁	梁	柱	板	墙板	桩	
1	长	+15 -10	+10 -5	+5 -10	+10 -5	±5	±20	用尺量平行于构件长度方向的任何部位
2	宽	±5	±5	±5	±5	±5	±5	用尺量一端或中部
3	高（厚）	±5	±5	±5	±5	±5	±5	
4	侧向弯曲	L/1000 且≤20	L/750 且≤20	L/750 且≤20	L/750 且≤20	L/1000 且≤20	L/1000 且≤20	拉线，用尺量测侧向弯曲最大处
5	表面平整	5	5	5	5	5	5	用 2m 靠尺和楔形塞尺量测靠尺与板面两点间的最大缝隙

续表

项次	项目		允许偏差（mm）						检验方法
			薄腹梁、桁梁	梁	柱	板	墙板	桩	
6	预埋件插筋	中心位置偏移	10	10	10	10	10	5	用尺量纵、横两方向中心线，取其中较大值
		与混凝土平整	5	5	5	5	5	5	用平尺和钢板尺检查
7	预埋螺栓中心位置偏移	中心位置偏移	5	5	5	5	5	—	用尺量纵、横两方向中心线，取其中较大值
		明露长度	+10 −5	+10 −5	+10 −5	+10 −5	+10 −5	—	用尺量测
		预留孔	5	5	5	5	5	5	用尺量纵、横两方向中心线，取其中较大值
		预留洞	15	15	15	15	15	桩顶 10	
8	主筋保护层厚		+10 −5	+10 −5	+10 −5	+10 −5	+10 −5	±5	用尺或用钢筋保护层厚度测定仪量测
9	对角线差		—	—	10	10	—	桩顶 10	用尺量两个对角线
10	翘曲		—	—	—	1/750	1/1000	桩顶 3	用调平尺在板两端量测

十六、园林建筑给水排水材料、设备验收和检验

1. 给水、排水及采暖工程所使用的主要材料、成品、半成品、配件、器具和设备必须具有中文质量合格证明文件，规格、型号及性能检测报告应符合国家技术标准或设计要求。进场时应作检查验收，并经监理工程师核查确认。

2. 所有材料进场时应对品种、规格、外观等进行验收。包装应完好，表面无划痕及外力冲击破损。

3. 主要器具和设备必须有完整的安装使用说明书。在运输、保管和施工过程中，应采取有效措施防止损坏或腐蚀。

4. 阀门安装前，应作强度和严密性试验，试验应在每批（同牌号、同型号、同规格）数量中抽查 10%，且不少于一个。对于安装在主干管上起切断作用的闭路阀门，应逐个作强度和严密性试验。

5. 阀门的强度和严密性试验，应符合以下规定：阀门的强度试验压力为公称压力的 1.5 倍，严密性试验压力为公称压力的 1.1 倍；试验压力在试验持续时间内应保持不变，且壳体填料及阀瓣密封面无渗漏。阀门试压的持续时间应不少于表 2.2-30 的规定。

阀门试验持续时间　　　　　　　　　　　　　　表 2.2-30

公称直径 DN（mm）	最短试验持续时间（s）		
	严密性试验		强度试验
	金属密封	非金属密封	
≤50	15	15	15
65～200	30	15	60
250～450	60	30	180

管道上使用冲压弯头时，所使用的冲压弯头外径应与管道外径相同。

6. 给水铸铁管的验收

（1）铸铁管、管件应符合设计要求和国家现行的有关标准，并有出厂合格证。

（2）管身内外应整洁，不得有裂缝、砂眼、碰伤，检查时可用小锤轻轻敲打管口、管身，声音嘶哑处即有裂缝，有裂缝的管材不得使用。

（3）承口内部、插口端部附有毛刺、砂粒和沥青的应清除干净。

（4）铸铁管内外表面的漆层应完整光洁，附着牢固。

7. 钢管验收

（1）表面应无裂痕、变形、壁厚不均等缺陷。

（2）检查直管管口断面有无变形，是否与管身垂直。

（3）管身内外是否锈蚀，凡锈蚀管子，在安装前应进行除锈、刷防锈漆。

（4）镀锌管的锌层是否完整、均匀。

8. 塑料管验收

（1）塑料管、复合管应有制造厂名称、生产日期、工作压力等标记，并具有出厂合格证。

（2）塑料管、复合管的管材、配件、胶粘剂，应是同一厂家的配套产品。

（3）管壁应光滑、平整，不允许有气泡、裂口、凹陷、颜色不均等缺陷。

9. 阀门

（1）核对阀门的型号、规格、材质是否与设计要求一致。

（2）检查阀体有无裂缝或其他损坏，阀杆转动是否灵活，闸板是否牢固。

（3）DN100 及以上的阀门应 100％进行强度和严密性试验，若有不合格，应进行解体、研磨，检查密封填料并压紧，再进行试压，若仍不合格，则不能使用。

10. 镀锌钢管的取样方法和试验项目

镀锌钢管按批进行验收。同一牌号、同一规格 1000 根为一验收批。不足 1000 根按一批计算。取样数量：每批钢管截取 4 个全截面管段组成一组试样。

取样方法：每批任取钢管 4 根，从每根钢管的一端处截取全截面管段 4 个，试样尺寸为 150mm 长的管段 2 根，30mm 或 35mm 长的管段 2 根。

检查项目：表面质量；镀锌层均匀性；镀锌层质量。

结果评定：检验项目均符合产品标准规定，判定为合格；某一检验项目不符合产品标准规定时，从同一批钢管中，任取双倍数量的试样进行不合格项目的复验。复验结果（复验后项目实验所要求的任一指标）不合格，则判为不合格。

11. 给水、排水管材的壁厚和允许偏差

给水、排水的塑料管材和铸铁管材的壁厚和允许偏差见表 2.2-31～表 2.2-35。

冷热水用聚丙烯同一截面壁厚偏差（mm）　　　　　表 2.2-31

公称壁厚 en	允许偏差	公称壁厚 en	允许偏差	公称壁厚 en	允许偏差	公称壁厚 en	允许偏差
$1.0<en\leqslant2.0$	+0.30	$9.0<en\leqslant10.0$	+1.10	$17.0<en\leqslant18.0$	+1.90	$25.0<en\leqslant26.0$	+2.70
$2.0<en\leqslant3.0$	+0.40	$10.0<en\leqslant11.0$	+1.20	$18.0<en\leqslant19.0$	+2.00	$26.0<en\leqslant27.0$	+2.80
$3.0<en\leqslant4.0$	+0.50	$11.0<en\leqslant12.0$	+1.30	$19.0<en\leqslant20.0$	+2.10	$27.0<en\leqslant28.0$	+2.90
$4.0<en\leqslant5.0$	+0.60	$12.0<en\leqslant13.0$	+1.40	$20.0<en\leqslant21.0$	+2.20	$28.0<en\leqslant29.0$	+3.00
$5.0<en\leqslant6.0$	+0.70	$13.0<en\leqslant14.0$	+1.50	$21.0<en\leqslant22.0$	+2.30	$29.0<en\leqslant30.0$	+3.10
$6.0<en\leqslant7.0$	+0.80	$14.0<en\leqslant15.0$	+1.60	$22.0<en\leqslant23.0$	+2.40	$30.0<en\leqslant31.0$	+3.20
$7.0<en\leqslant8.0$	+0.90	$15.0<en\leqslant16.0$	+1.70	$23.0<en\leqslant24.0$	+2.50	$31.0<en\leqslant32.0$	+3.30
$8.0<en\leqslant9.0$	+1.00	$16.0<en\leqslant17.0$	+1.80	$24.0<en\leqslant25.0$	+2.60	$32.0<en\leqslant33.0$	+3.40

铝塑复合压力管（搭接焊）基本结构尺寸　　　　　表 2.2-32

尺寸规格	外径（mm）		推荐内径（mm）	壁厚（mm）		内层聚乙烯最小壁厚（mm）	外层聚乙烯最小壁厚（mm）	铝材最小厚度（mm）
	最小值	偏差		最小值	偏差			
0912	12	+ 0.30	9	1.60	+ 0.40	0.7	0.40	0.18
1014	14	+ 0.30	10	1.60	+ 0.40	0.8	0.40	0.18
1216	16	+ 0.30	12	1.65	+ 0.40	0.9	0.40	0.18
1620	20	+ 0.30	16	1.80	+ 0.40	1.00	0.40	0.23
2025	25	+ 0.30	20	2.25	+ 0.50	1.10	0.40	0.23
2632	32	+ 0.30	25	2.90	+ 0.50	1.20	0.40	0.28
3240	40	+ 0.40	32	4.00	+ 0.60	1.80	0.7	0.35
4150	50	+ 0.50	41	4.50	+ 0.70	2.00	0.8	0.45
5163	63	+ 0.60	51	6.00	+ 0.80	3.00	1.00	0.55
6075	75	+ 0.70	60	7.50	+ 1.00	3.00	1.00	0.65

可根据用户需要，由供需双方商定其他外径系列规格

注：本表数据选自铝塑复合压力管（搭接焊）行业标准《铝塑复合压力管（搭接焊）》（CJ/T 108—1999）。

铸铁管材、管件内径和壁厚允许偏差（mm）　　　　　表 2.2-33

规 格	外 径	允许偏差	壁厚	允许偏差
50	59	+1.0 −1.5	4.5	±0.7
75	85	+1.0 −1.5	5.0	±0.7
100	110	+1.0 −1.5	5.0	±0.7
150	161	+1.5 −2.0	5.5	±1.0
200	212	+1.5 −2.0	6	±1.0

冷水用聚丙烯管材管系列和规格尺寸（mm）　　　　　表 2.2-34

公称外径 d_n	平均外径		管 系 列				
			S5	S4	S3.2	S2.5	S2
	$d_{em,min}$	$d_{em,max}$	公称壁厚 en				
12	12.0	12.3	—	—		2.0	2.4
16	16.0	16.3	—	2.0	2.2	2.7	3.3
20	20.0	20.3	2.0	2.3	2.8	3.4	4.1
25	25.0	25.3	2.3	2.8	3.5	4.2	5.1
32	32.0	32.3	2.9	3.6	4.4	5.4	6.5
40	40.0	40.4	3.7	4.5	5.5	6.7	8.1
50	50.0	50.5	4.6	5.6	6.9	8.3	10.1
63	63.0	63.6	5.8	7.1	8.6	10.5	12.7

续表

公称外径 d_n	平均外径		管系列				
			S5	S4	S3.2	S2.5	S2
	$d_{em,min}$	$d_{em,max}$	公称壁厚 en				
75	75.0	75.7	6.8	8.4	10.3	12.5	15.1
90	90.0	90.9	8.2	10.1	12.3	15.0	18.1
110	110.0	111.0	10.0	12.3	15.1	18.3	22.1
125	125.0	126.2	11.4	14.0	17.1	20.8	25.1
140	140.0	141.3	12.7	15.7	19.2	23.3	28.1
160	160.0	161.5	14.6	17.9	21.9	26.6	32.1

实壁 PVC-U 排水管材、管件壁厚及允许偏差　　表 2.2-35

规格（mm）	壁厚（mm）	允许误差（mm）
50	2.0	±0.4
75	2.3	±0.4
110	3.2	±0.6
160	4.0	±0.6

十七、园林供电照明主要设备、材料、成品和半成品进场验收及检验

1. 主要设备、材料、成品和半成品进场检验结论应有记录，确认符合《建筑电气工程施工质量验收规范》（GB 50303—2002）的规定后，才能在施工中应用。

2. 因有异议送有资质实验室进行抽样检测时，实验室应出具检测报告，确认符合建筑电气工程施工规范和相关技术标准规定后，才能在施工中应用。

3. 依法定程序批准进入市场的新电气设备、器具和材料进场验收，除符合规范规定外，尚应提供安装、使用、维修和试验要求等技术文件。

4. 进口电气设备、器具和材料进场验收，除符合建筑电气工程施工规范的规定外，尚应提供商检证明和中文的质量合格证明文件及规格、型号、性能检测报告，以及中文的安装、使用、维修和试验要求等技术文件。

5. 经批准的免检产品或认定的名牌产品，当进场验收时，宜不作抽样检测。

6. 变压器、箱式变电所、高压电器及电瓷制品应符合下列规定：

（1）查验合格证和随带技术文件，变压器有出厂试验记录。

（2）外观检查，有铭牌，附件齐全，绝缘件无缺损、裂纹，充油部分不渗漏，充气高压设备气压指示正常，涂层完整。

7. 高低压成套配电柜、蓄电池柜、不间断电源柜、控制柜（屏、台）及动力、照明配电箱（盘）应符合下列规定：

（1）检查合格证和随带技术文件，实行生产许可证和安全认证制度的产品，有许可证编号和安全认证标志，不间断电源柜有出厂试验记录。

（2）外观检查，有铭牌，柜内元器件无损坏、丢失，接线无脱落、脱焊，蓄电池柜内电池壳体无碎裂、漏液，充油、充气设备无泄漏，涂层完整，无明显碰撞凹陷。

8. 柴油发电机组应符合下列规定：

（1）依据装箱单，核对主机、附件、专用工具、备品备件和随带技术文件，查验合格证和出厂试运行记录，发电机及其控制柜有出厂试验记录。

（2）外观检查，有铭牌，机身无缺件，涂层完整。

9. 电动机、电加热器、电动执行机构和低压开关设备等应符合下列规定：

（1）查验合格证和随带技术文件，实行生产许可证和安全认证制度的产品，有许可证编号和安全认证标志。

（2）外观检查，有铭牌，附件齐全，电气接线端子完好，设备器件无缺损，涂层完整。

10. 照明灯具及附件应符合下列规定：

（1）查验合格证，新型气体放电灯具有随带技术文件。

（2）外观检查，灯具涂层完整，无损伤，附件齐全，防爆灯具铭牌上有防爆标志和防爆合格证号，普通灯具有安全认证标志。

（3）对成套灯具的绝缘电阻、内部接线等性能进行现场抽样检测，灯具的绝缘电阻值不小于 $2M\Omega$，内部接线为铜芯绝缘电线，芯线截面积不小于 $0.5mm^2$，橡胶或聚氯乙烯（PVC）绝缘电线的绝缘层厚度不小于 $0.6mm$，对游泳池和类似场所灯具（水下灯及防水灯具）的密闭和绝缘性能有异议时，按批抽样送有资质的试验室检测。

11. 开关、插座、接线盒和风扇及其附件应符合下列规定：

1）查验合格证，防爆产品有防爆标志和防爆合格证号，实行安全认证制度的产品有安全认证标志。

2）外观检查，开关、插座的面板及接线盒盒体完整，无碎裂，零件齐全，风扇无损坏，涂层完整，调速器等附件适配。

3）对开关、插座的电气和机械性能进行现场抽样检测，检测规定如下：

（1）不同极性带电部件间的电气间隙和爬电距离不小于 $3mm$。

（2）绝缘电阻值不小于 $5M\Omega$。

（3）用自攻锁紧螺钉或自切螺钉安装的，螺钉与软塑固定件旋合长度比小于 $8mm$，软塑固定件在经受 10 次拧紧退出试验后，无松动或掉渣，螺钉及螺纹无损坏现象。

（4）金属间相旋合的螺钉螺母，拧紧后完全退出，反复 5 次仍能正常使用。

4）对开关、插座、接线盒及其面板等塑料绝缘材料阻燃性能有异议时，按批抽样送有资质的试验室检测。

12. 电线、电缆应符合下列规定：

（1）按批查验合格证，合格证有生产许可证编号，按《额定电压 450/750V 及以下聚氯乙烯绝缘电缆》（GB 5023.1～5023.7）标准生产的产品有安全认证标志。

（2）外观检查：包装完好，抽检的电线绝缘层完整无损，厚度均匀。电缆无压扁、扭曲，铠装不松卷。耐热、阻燃的电线、电缆外护层有明显标识和制造厂标。

（3）按制造标准，现场抽样检测绝缘层厚度和圆形线芯的直径；线芯直径误差不大于标称直径的 1%；常用的 BV 型绝缘电线的绝缘层厚度不小于表 2.2-36 的规定。

BV 型绝缘电线的绝缘层厚度   表 2.2-36

序号	1	2	3	4	5	6	7	8	9	10	11	12	13	14	15	16	17
电线芯线标称截面积（mm²）	1.5	2.5	4	6	10	16	25	35	50	70	98	120	150	185	—	—	—
绝缘层厚度规定值（mm）	0.7	0.8	0.8	0.8	1.0	1.0	1.2	1.2	1.4	1.4	1.6	1.6	1.8	2.0	2.2	2.4	2.6

（4）对电线、电缆绝缘性能、导电性能和阻燃性能有异议时，按批次抽样送有资质的试验室检测。

13. 导管应符合下列规定：

（1）按批次查验合格证。

（2）外观检查，钢导管无压扁、内壁光滑。非镀锌钢导管无严重锈蚀，按制造标准油漆出厂的油漆完整；镀锌钢导管层覆盖完整，表面无锈斑，绝缘导管及配件不碎裂，表面有阻燃标记和制造厂标。

（3）按制造标准现场抽样检测导管的管径、壁厚及均匀度。对绝缘导管及配件的阻燃性能有异议时，按批抽样送有资质的试验室检测。

14. 型钢和电焊条应符合下列规定：

（1）按批查验合格证和材质证明书，有异议时，按批抽样送有资质的试验室检测；

（2）外观检查：型钢表面无严重锈蚀，无过度扭曲、弯折变形，电焊条包装完整，拆包抽检，焊条尾部无锈斑。

15. 镀锌制品（支架、横担、接地极、避雷用型钢等）和外线金具应符合下列规定：

（1）按批查验合格证或镀锌厂出具的镀锌质量证明书。

（2）外观检查：镀锌层覆盖完整，表面无锈斑，金具配件齐全，无砂眼。

（3）对镀锌质量有异议时，按批抽样送有资质的试验室检测。

16. 电缆桥架、线槽应符合下列规定：

（1）查验合格证。

（2）外观检查：部件齐全，表面光滑、不变形；钢制桥架涂层完整，无锈蚀；玻璃钢制桥架色泽均匀，无破损碎裂；铝合金桥架涂层完整，无扭曲变形，不压扁，表面不划伤。

17. 封闭母线、插接母线应符合下列规定：

（1）查验合格证和随带安装技术文件。

（2）外观检查：防潮封闭良好，各段编号标志清晰，附件齐全，外壳不变形，母线螺栓搭接面平整，镀层覆盖完整，无起皮和麻面；插接母线上的静触头无缺损，表面光滑，镀层完整。

18. 裸母线、裸导线应符合下列规定：

（1）查验合格证。

（2）外观检查：包装完好，裸母线平直，表面无明显划痕，测量和宽度符合制造标准，裸导线表面无明显损伤，不松股、扭折和断股（线），测量线径符合制造标准。

19. 电缆头部件及接线端子应符合下列规定：

（1）查验合格证。

（2）外观检查：部件齐全，表面无裂纹和气孔，随带的袋装涂料填料不泄漏。

20. 钢制灯柱应符合下列规定：

（1）按批查验合格证。

（2）外观检查：涂层完整，根部接线盒盒盖紧固件和内置熔断、开关等器件齐全，盒盖密封垫片完整。钢柱内设有专用接地螺栓，地脚螺孔位置按提供的附图尺寸，允许偏差为±2mm。

21. 钢筋混凝土电杆和其他混凝土制品应符合下列规定：

（1）按批查验合格证。

（2）外观检查：表面平整，无缺角、露筋，每个制品表面有合格印记，钢筋混凝土电杆表面光滑，无纵向、横向裂纹，杆身平直，弯曲不大于杆长的1/1000。

第三节　园林工程材料、成品、半成品检验报告及验收表

检测报告用表以国标为执行依据，可根据当地行政建设规程的具体情况执行。

一、园林绿化工程普通混凝土用砂检验报告

1. 普通混凝土用砂检验报告是建设单位档案部门长期保管的档案资料，也是城建档案馆保存的档案资料。

2. 普通混凝土用砂检验报告依据的规范是《普通混凝土用砂、石质量及检验方法标准》(JGJ 52—2006)。本标准适用于一般工业与民用建筑和构筑物中普通混凝土用砂的质量检验。

3. 砂的粗细程度按细度模数分为粗、中、细规格，其范围应符合以下规定：

粗砂：细度模数为 3.7～3.1；中砂：细度模数为 3.0～2.3；细砂：细度模数为 2.2～1.6。

4. 配制混凝土时宜优先选用 Ⅱ 区砂。当采用 Ⅰ 区砂时，应提高砂率，并保持足够的水泥用量，以满足混凝土的和易性；当采用 Ⅲ 区砂时，宜适当降低砂率，以保证混凝土强度。

对于泵送混凝土用砂，宜选用中砂。

5. 表观密度——集料颗粒单位体积（包括内封闭孔隙）的质量。大于 2500kg/m³。

堆积密度——集料在自然堆积状态下单位体积的质量。大于 1350kg/m³。

紧密密度——集料按规定方法颠实后单位体积的质量。

孔隙率＝（表观密度—堆积密度）/表观密度×100％。小于 47％。

6.

$$细度模数 = \frac{A_1 + A_2 + A_3 + A_4 + A_5 + A_6 - 5A_1}{100 - A_1}$$

注：A_1 为 4.75mm 筛孔筛余量，A_2 为 2.36mm 筛孔筛余量，以此类推。

7. 砂取样：应以同一产地、同一规格、同一进场时间，按 400m³ 或 600t 为一验收批。不足 400m³ 或 600t 时，按一验收批检测。

当质量比较稳定、进料较大时，可定期检验。

取样部位应均匀分布，在料堆上从 8 个不同部位抽取等量试样（每份 11kg）。然后用四分法缩至 20kg。取样前先将取样部位表面铲除。

8. 普通混凝土用砂主要技术指标见表 2.3-1。

普通混凝土用砂主要技术指标　　　　　表 2.3-1

项　目		指　标	
		大于或等于 C30	小于 C30
含泥量（按重量计,%）		＜3.0	＜5.0
泥块含量（按重量计,%）		＜1.0	＜2.0
云母（按重量计,%）		≤2.0	
轻物质（按重量计,%）		≤1.0	
有机物（比色法试验）		颜色不应深于标准色，如深于标准色，则应按水泥胶砂强度试验方法，进行强度对比试验，抗压强度比不应低于 0.85	
硫酸盐硫化物（%）		≤1.0	
坚固性	在严寒地区经常处于潮湿或干湿交替的混凝土	循环后的重量损失不大于 8%	
	其他条件下使用的混凝土	循环后的重量损失不大于 10%	
氯离子含量（以干砂重量计,%）		≤0.06	

天然砂中的含泥量应符合表 2.3-2 的规定。

天然砂中的含泥量　　　　　表 2.3-2

混凝土强度等级	≥C60	C55～C30	≤C25
含泥量（按重量计,%）	≤2.0	≤3.0	≤5.0

对有抗冻、抗渗或其他特殊要求的小于或等于 C25 的混凝土用砂，含泥量应不大于 3.0％。砂中的泥块含量应符合表 2.3-3 的规定。

砂中的泥块含量　　　　　　　　　　　　　　　　　表 2.3-3

混凝土强度等级	≥C60	C55～C30	≤C25
含泥量（按重量计,％）	≤5.0	≤1.0	≤2.0

对于有抗冻、抗渗或其他特殊要求的小于或等于 C25 的混凝土用砂，其泥块含量不应大于 1.0％。

人工砂或混合砂中的石粉含量应符合表 2.3-4 的规定。

人工砂或混合砂中的石粉含量　　　　　　　　　　表 2.3-4

混凝土强度等级		≥C60	C55～C30	≤C25
石粉含量（％）	MB<1.4（合格）	≤5.0	≤1.0	≤2.0
	MB≥1.4（不合格）	≤2.0	≤3.0	≤5.0

园林绿化工程普通混凝土用砂检验报告

委托单位：　　　　　　　　　　　　　来样日期：　　　　年　　月　　日

检验编号：　　　　　　　　　　　　　报告日期：　　　　年　　月　　日

工程名称				使用部位					
试样编号	种类名称		产地	代表数量	检验日期		检验依据		
					年　月　日				
筛分析									
筛孔尺寸（mm）	10.0	5.00	2.50	1.25	0.630	0.315	0.160	细度模数	粗细程度
标准要求 Ⅰ区	0	10～0	35～5	65～35	85～71	95～80	100～90		
Ⅱ区	0	10～0	25～0	50～10	70～41	92～70	100～90		
Ⅲ区	0	10～0	15～0	25～0	40～16	85～55	100～90	级配区	
累计筛余（％）									

检验项目	标准要求	检验结果	检验项目	标准要求	检验结果
含泥量（％）	≥C30 时，≤3.0 <C30 时，≤5.0		云母含量（％）	≤2.0	
泥块含量（％）	≥C30 时，≤1.0 <C30 时，≤2.0		硫化物及硫酸含量（折算成三氧化硫按重量计％）	≤1.0	
轻物质含量（％）	≤1.0		氯离子含量（％）	钢筋混凝土≤0.06, 预应力混凝土≤0.02	
坚固性（重量损失,％）	≤10		有机物 比色法	不深于标准色	
表观密度			抗压强度比	不应低于0.95	
堆积密度					

结论	抽样单位			抽样人	
	见证单位			见证人	

检测单位		批准		审核		编写	

注意事项	1. 委托检验未加盖"检验报告专用章"无效。 2. 复制报告未重新加盖"检验报告专用章"无效。 3. 检验报告无编写、审核、批准人员签章无效。 4. 检验报告涂改无效。 5. 对检验报告结论若有异议，请于收到检验报告之日起 15 日内提出，以便及时处理。

检验单位地址		电话		邮编	

二、园林绿化工程建筑用石子（碎、卵石）检验报告

1. 碎石、卵石检验报告是建设单位档案部门长期保管的档案资料，也是由城建档案馆保存的档案资料。

2. 本表依据的规范为《普通混凝土用砂、石质量及检验方法标准》（JGJ 52—2006）。

3. 按碎石、卵石粒径尺寸分为单粒粒级和连续粒级。也可以根据需要采用不同单粒级碎石、卵石混合成特殊的碎石、卵石。不宜用单一的单粒级配制混凝土。

4. 对重要的混凝土所使用的碎石、卵石，应进行碱活性检验。

5. 表观密度、堆积密度、空隙率应符合如下规定：表观密度大于 2500kg/m³，堆积密度大于 1350kg/m³，空隙率小于 47%。

6. 主要技术指标见表 2.3-5。

园林绿化工程建筑用石子主要技术指标　　　　　　　　　　　表 2.3-5

项　　目		指　　标	
		大于或等于 C30	小于 C30
针片状颗粒（按重量计，%）		≤15	≤25
含泥量（按重量计，%）		≤1.0	≤2.0
泥块含量（按重量计，%）		≤0.5	≤0.7
卵石的压碎指标（%）		≤12	≤16
坚固性	在严寒地区经常处于潮湿或干湿交替的混凝土	循环后的重量损失≤8%	
	其他条件下使用的混凝土	循环后的重量损失±≤12%	
卵石中有机物含量（用比色法试验）		颜色不应深于标准色，如深于标准色，则应配制成混凝土进行强度对比试验，抗压强度比不应低于 0.95	
硫酸盐硫化物（折算成 SO₃，按重量计，%）		≤1.0	

7. 组批原则及取样：以同一产地、同一规格分批验收，用大型工具（如汽车）运输的按 400m³ 或 600t 为一验收批。用小型工具（如马车）运输的按 200m³ 或 300t 为一验收批。不足以上数量，按一验收批论。

当质量比较稳定、进料较大时，可定期检验。

当最大粒径 10、16、20mm 时一组试样 40kg 或当最大粒径 31.5、40mm 时一组试样 80kg。

取样部位应均匀分布，在料堆上从 5 个不同部位抽取每份 5～40kg，然后缩分到 40kg 或 80kg。

8. 本表由相应资质等级的试验室签发。检验人、审核人、负责人签字，单位盖章。

园林绿化工程建筑用石子（碎、卵石）检验报告

委托单位：　　　　　　　　　　　　　　　来样日期：　　　　年　　月　　日

检验编号：　　　　　　　　　　　　　　　报告日期：　　　　年　　月　　日

工程名称				使用部位			
试样编号	种类名称		产地	代表数量	检验日期		检验依据
					年　　月　　日		

<table>
<tr><td colspan="12" align="center">筛　分　析</td></tr>
<tr><td>筛孔尺寸（mm）</td><td>75.0</td><td>63.0</td><td>53.0</td><td>37.5</td><td>31.5</td><td>26.5</td><td>19.0</td><td>16.0</td><td>9.50</td><td>4.75</td><td>2.36</td></tr>
<tr><td>标准要求（%）</td><td></td><td></td><td></td><td></td><td></td><td></td><td></td><td></td><td></td><td></td><td></td></tr>
<tr><td>累计筛余（%）</td><td></td><td></td><td></td><td></td><td></td><td></td><td></td><td></td><td></td><td></td><td></td></tr>
<tr><td>评定结果</td><td colspan="3">粒级</td><td colspan="2">公称粒级</td><td>mm</td><td colspan="2">最大粒径</td><td></td><td>mm</td></tr>
</table>

检验项目	标准要求	检验结果	检验项目	标准要求	检验结果
含泥量（%）	Ⅰ类<0.5 Ⅱ类<1.0 Ⅲ类<1.5		表观密度 （kg/m³）	>2500	
泥块含量（%）	Ⅰ类＝0 Ⅱ类<0.5 Ⅲ类<0.7		堆积密度 （kg/m³）	>1350	
针片状颗粒含量（%）	Ⅰ类<5 Ⅱ类<15 Ⅲ类<25		空隙率（%）	<47	
坚固性质量损失（%）	Ⅰ类<3 Ⅱ类<8 Ⅲ类<12		碱集料反应膨胀率（%）	<0.10	

<table>
<tr><td rowspan="4">压碎指标（%）</td><td>碎石：</td><td>卵石：</td><td rowspan="4">有害物质</td><td>有机物</td><td>合格</td><td></td></tr>
<tr><td>Ⅰ类≤10</td><td>Ⅰ类≤12</td><td rowspan="3">硫化物及硫酸盐
（按 SO₃
质量计，%）</td><td>Ⅰ类<0.5</td><td rowspan="3"></td></tr>
<tr><td>Ⅱ类≤20</td><td>Ⅱ类≤16</td><td>Ⅱ类<1.0</td></tr>
<tr><td>Ⅲ类≤30</td><td>Ⅲ类≤16</td><td>Ⅲ类<1.0</td></tr>
</table>

结论	

抽样单位		抽样人	
见证单位		见证人	

检测单位		批准		审核		编写	

注意事项	1. 委托检验未加盖"检验报告专用章"无效。 2. 复制报告未重新加盖"检验报告专用章"无效。 3. 检验报告无编写、审核、批准人员签章无效。 4. 检验报告涂改无效。 5. 对检验报告结论若有异议，请于收到检验报告之日起15日内提出，以便及时处理。

检验单位地址		电话		邮编	

三、普通混凝土用石子检验报告

委托单位：　　　　　　　　　　　　　　　　　　来样日期：　　　　年　　月　　日

检验编号：　　　　　　　　　　　　　　　　　　报告日期：　　　　年　　月　　日

工程名称				使用部位		
试样编号	种类名称	产地		代表数量	检验日期	检验依据
					年　月　日	

筛 分 析

筛孔尺寸（mm）	80.0	63.0	50.0	40.0	31.5	25.0	20.0	16.0	10.0	5.00	2.50
标准要求（%）											
累计筛余（%）											

评定结果		单粒级		公称粒级		mm	最大粒径		mm

检验项目	标准要求	检验结果	检验项目	标准要求	检验结果
含泥量（%）	≥C30 时，≤1.0 <C30 时，≤2.0		表观密度（kg/m³）		
泥块含量（%）	≥C30 时，≤0.50 <C30 时，≤0.70		堆积密度（kg/m³）		
针片状颗粒含量（%）	≥C30 时，≤15 <C30 时，≤25		空隙率（%）		
有害物质			碱集料反应膨胀率（%）		
压碎指标（%）					

结论				
	抽样单位		抽样人	
	见证单位		见证人	

检测单位		批准		审核		编写	

注意事项	1. 委托检验未加盖"检验报告专用章"无效。 2. 复制报告未重新加盖"检验报告专用章"无效。 3. 检验报告无编写、审核、批准人员签章无效。 4. 检验报告涂改无效。 5. 对检验报告结论若有异议，请于收到检验报告之日起15日内提出，以便及时处理。

检验单位地址		电话		邮编	

四、园林绿化工程钢材检验报告

1. 钢材化学分析检验报告是建设单位档案部门长期保管的档案资料，也是由城建档案馆保存的档案资料。

2. 盘条表面应光滑，不得有裂纹、折叠、耳子、结疤。盘条不得有夹杂及其他有害缺陷。

3. 有抗震要求的框架结构，其纵向受力钢筋的进场复试，应有强屈比和屈标比计算值。

4. 当使用进口钢材，钢筋脆断、焊接性能不良或力学性能显著不正常时，应进行化学成分检验或其他专项检验，有相应检验报告。

5. 承重结构钢筋及重要钢材应实行有见证取样和送检。

6. 热轧带肋钢筋的牌号由 HRB 和牌号的屈服点最小值构成。H、R、B 分别为热轧（Ho-trolled）、带肋（Ribbed）、钢筋（Bars）三个词的英文首位字母。热轧带肋钢筋分为 HRB335、HRB400、HRB500 三个牌号。钢筋的公称直径范围为 6~50mm，国家标准推荐的钢筋公称直径为 6、8、10、12、16、20、25、32、40、50mm。

7. 盘条应按批验收，组批原则：同一厂别、同一炉罐号、同一规格、同一交货状态每 60t 为一验收批，不足 60t 也按一批计。

8. 盘条的取样数量：

化学分析，1 根；

拉伸试验，1 根；

弯曲试验，2 根（取自不同盘）。

9. 热轧带肋钢筋应按批验收，组批原则：同一厂别、同一炉罐号、同一规格、同一交货状态每 60t 为一验收批，不足 60t 也按一批计。

10. 热轧带肋钢筋的取样数量（在任选的 2 根钢筋中切取）：

化学分析，1 根；

拉伸试验，2 根；

弯曲试验，2 根。

11. 本表依据的标准：《钢筋混凝土用钢　第 2 部分：热轧带肋钢筋》（GB 1499.2—2007）、《钢筋混凝土用钢　第 1 部分：热轧光圆钢筋》（GB 1499.1—2008）、《低碳钢热轧圆盘条》（GB/T 701—2008）。

12. 热轧光圆钢筋的化学成分见表 2.3-6：

热轧光圆钢筋的化学成分　　　　　　　　　　　　表 2.3-6

牌　号	化学成分（质量分数，%），不大于				
	C	Si	Mn	P	S
HPB235	0.22	0.30	0.65	0.045	0.045
HPB300	0.25	0.55	1.50		

13. 热轧带肋钢筋的化学成分不大于表 2.3-7：

热轧带肋钢筋的化学成分　　　　　　　　　　　　表 2.3-7

牌　号	化　学　成　分				
	C	Si	Mn	P	S
HRB335、HRBF335	0.25	0.80	1.6	0.045	0.52
HRB400、HRBF400	0.25	0.80	1.6	0.045	0.54
HRB500、HRBF500	0.25	0.80	1.6	0.045	0.55

14. 盘圆钢筋的力学、工艺性能见表 2.3-8：

盘圆钢筋的力学、工艺性能   表 2.3-8

牌 号	屈服点 σ_s（MPa）	抗拉强度 σ_b（MPa）	伸长率 δ_{10}（%）	冷弯 180° $d=$ 弯芯直径 $a=$ 钢筋公称直径
		不大于	不小于	
Q195	195	410	30	$d=0$
Q215	215	375	28	$d=0$
Q235	235	410	23	$d=0.5a$
Q275	275	540	21	$d=1.5a$

15. 热轧带肋钢筋的力学性能见表 2.3-9：

热轧带肋钢筋的力学性能   表 2.3-9

牌 号	Rel（MPa）	Rm（MPa）	A（%）	Agt（%）
	不小于			
HRB335、HRBF335	335	455	17	7.5
HRB400、HRBF400	400	540	16	7.5
HRB500、HRBF500	500	630	15	7.5

16. 弯曲性能：按表 2.3-10 规定的弯心直径弯曲 180°后，钢筋受弯曲部位表面不得产生裂纹。

弯曲性能（mm）   表 2.3-10

牌 号	公称直径（mm）	弯曲试验弯心直径
HRB335、HRBF335	6～25	$3a$
	28～40	$4a$
	＞40～50	$5a$
HRB400、HRBF400	6～25	$4a$
	28～40	$5a$
	＞40～50	$56a$
HRB500、HRBF500	6～25	$6a$
	28～40	$7a$
	＞40～50	$8a$

17. 本报告由检验单位提供，检验人、审核人、负责人签字，单位盖章。

冷轧带肋钢筋用盘条的参考牌号和化学成分，CRB550、CRB650、CRB800、CRB970 钢筋用盘条的参考牌号及化学成分（熔炼分析）见表 2.3-11，钢的 Ni、Cr、Cu 含量各不大于 0.25%。

冷轧带肋钢筋用盘条的参考牌号和化学成分　　　　　　　表 2.3-11

钢筋牌号	盘条牌号	化学成分（%）					
		C	Si	Mn	V、Ti	S	P
CRB550、CRB650	Q215	0.09～0.15	≤0.30	0.25～0.55	—	≤0.050	≤0.045
	Q235	0.14～0.22	≤0.30	0.30～0.65	—	≤0.050	≤0.045
CRB800	24MnTi	0.19～0.27	0.17～0.37	1.20～1.60	Ti：0.01～0.05	≤0.045	≤0.045
	20MnSi	0.17～0.25	0.40～0.80	1.20～1.60	—	≤0.045	≤0.045
CRB970	41MnSiV	0.37～0.45	0.60～1.10	1.00～1.40	V：0.05～0.12	≤0.045	≤0.045
	60	0.57～0.65	0.17～0.37	0.50～0.80	—	≤0.035	≤0.035

18. 试验方法：

钢筋出厂检验的试验项目、取样方法、试验方法应符合表 2.3-12 和《钢及钢产品交货一般技术要求》（GB/T 17505—1998）的有关规定。

钢筋的试验项目、取样方法及试验方法　　　　　　　表 2.3-12

序号	试验项目	试验数量	取样方法	试验方法
1	拉伸试验	每盘 1 个		《金属材料拉伸试验　第 1 部分：室温试验方法》（GB/T 228.1—2010）
2	弯曲试验	每批 2 个	在每（任）盘中随机切取	《金属材料　弯曲试验方法》（GB/T 232—2010）
3	反复弯曲试验	2		《金属材料　线材反复弯曲试验方法》（GB/T 238—2002）
4	应力松弛试验	1		《金属应力松弛试验方法》（GB/T 10120—1996）、本标准的 7.3 节
5	尺寸	逐盘	—	本标准第的 7.4 节
6	表面	逐盘	—	目视
7	重量偏差	每盘 1 个	—	按本标准的 7.5 节

注：表中试验数量栏中的"盘"指生产钢筋的"原料盘"。

19. 包装、标志和质量证明书：

（1）每盘（捆）钢筋应均匀捆扎不少于 3 道，端头应弯入盘内。

（2）钢筋应轧上明显的钢筋牌号标志，标志间距为横肋间距的两倍，标志间距内的一条横肋取消；钢筋还可轧上厂名或厂标。

（3）每盘（捆）钢筋应挂有不少于两个标牌，注明生产厂、生产日期、钢筋牌号和规格。

（4）钢筋的包装、标志和质量证明书除上述规定外，应符合《钢丝验收、包装、标志及质量证明书的一般规定》（GB/T 2103—2008）或《型钢验收、包装、标志及质量证明书的一般规定》（GB/T 2101—2008）中的有关规定。

20. 检查和验收：

钢筋的检查和验收由供方质量监督部门进行。需方有权进行检验。钢筋的检查和验收按《钢及钢产品交货一般技术要求》（GB/T 17505—1998）的规定进行。

（1）组批规则

钢筋应按批进行检查和验收，每批应由同一牌号、同一外形、同一规格、同一生产工艺和同一交货状态的钢筋组成，每批不大于60t。

（2）取样数量

钢筋检验的取样数量应符合相应的规定。

（3）复验与判定规则

钢筋的复验与判定规则应符合《钢及钢产品交货一般技术要求》（GB/T 17505—1998）的规定。

园林绿化工程钢材检验报告

委托单位：　　　　　　　　　　　　　来样日期：　　　　年　　月　　日

检验编号：　　　　　　　　　　　　　报告日期：　　　　年　　月　　日

工程名称			使用部位			
试件编号	种类名称	规格	牌号	等级	生产厂	

质量证书号	代表数量	检验日期	检验依据	检验条件	
		年　月　日		室温（℃）	
				设备型号	

检验项目	直径（厚度）(mm)	屈服强度(MPa)	抗拉强度(MPa)	伸长率(%)	强屈比		冷弯试验		反复弯曲（次）
					抗拉强度/屈服强度	屈服强度/标准屈服强度	°		
							d=		
标准要求									
检验结果									

检验项目	碳（C）(%)	硅（Si）(%)	锰（Mn）(%)	磷（P）(%)	硫（S）(%)	
标准要求						
检验结果						

结论				
	抽样单位		抽样人	
	见证单位		见证人	
检测单位		批准	审核	编写

注意事项	1. 委托检验未加盖"检验报告专用章"无效。 2. 复制报告未重新加盖"检验报告专用章"无效。 3. 检验报告无编写、审核、批准人员签章无效。 4. 检验报告涂改无效。 5. 对检验报告结论若有异议，请于收到检验报告之日起15日内提出，以便及时处理。

检验单位地址		电话		邮编	

注：本表由检测机构填写，一式三份，检测机构、委托单位、监理单位各留一份。

五、园林绿化工程钢筋混凝土用热轧带肋钢筋检验报告

委托单位：　　　　　　　　　　　　　　　　来样日期：　　　年　月　日

检验编号：　　　　　　　　　　　　　　　　报告日期：　　　年　月　日

工程名称				使用部位	
试件编号	种类名称	规格尺寸	牌号		生产单位
质量证明书号	代表数量	检验日期	检验依据		检验条件
					温度（℃）
					设备编号

检验项目		标准要求	检验结果			评　定
力学性能	屈服强度（MPa）					
	抗拉强度（MPa）					
	断后伸长率（%）					
	最大力下总伸长率（%）					
	钢筋实测抗拉强度与实测屈服强度之比					
	钢筋实测屈服强度与屈服强度标准值之比					
工艺性能	弯曲性能					
化学成分	C（%）					
	Si（%）					
	Mn（%）					
	P（%）					
	S（%）					
尺寸偏差	内径（mm）					
	横肋高（mm）					
	纵肋高（mm）					
	肋间距（mm）					
重量偏差（%）						
结论						
备注	抽样单位			抽样人		
	见证单位			见证人		

检测单位		批准		审核		编写	

注意事项

1. 检验报告未加盖"检验机构资质许可标示专用章"无效。
2. 委托检验，复制报告未新加盖"检验报告专用章"无效。
3. 检验报告无编写、审核、批准人员签章无效。
4. 取样、送样人员对提供的试样真实性和代表性负责。
5. 本机构对检测数据和报告的真实性和准确性负责，检验报告涂改无效。
6. 对检验报告结论若有异议，请于收到检验报告之日起 15 日内提出，以便及时处理。

检验单位地址		电话		邮编	

六、园林绿化工程钢筋混凝土用热轧光圆钢筋检验报告

委托单位：　　　　　　　　　　　　　　来样日期：　　　　　年　　月　　日

检验编号：　　　　　　　　　　　　　　报告日期：　、年　　月　　日

工程名称			使用部位	
试件编号	种类名称	规格尺寸	牌号	生产单位
质量证明书号	代表数量	检验日期	检验依据	检验条件
				温度（℃）
				设备编号

检验项目		标准要求	检验结果	评定
力学性能	屈服强度（MPa）			
	抗拉强度（MPa）			
	断后伸长率（%）			
	最大力下总伸长率（%）			
工艺性能	弯曲性能			
化学成分	C（%）			
	Si（%）			
	Mn（%）			
	P（%）			
	S（%）			
尺寸偏差	直径允许偏差（mm）			
	不圆度（mm）			
重量偏差（%）				

结论				
	抽样单位		抽样人	
	见证单位		见证人	

检测单位		批准		审核		编写	

注意事项	1. 检验报告未加盖"检验机构资质许可标示专用章"无效。 2. 委托检验，复制报告未新加盖"检验报告专用章"无效。 3. 检验报告无编写、审核、批准人员签章无效。 4. 取样、送样人员对提供的试样真实性和代表性负责。 5. 本机构对检测数据和报告的真实性和准确性负责，检验报告涂改无效。 6. 对检验报告结论若有异议，请于收到检验报告之日起 15 日内提出，以便及时处理。

检验单位地址		电话		邮编	

七、园林绿化工程冷轧扭钢筋检验报告

委托单位：　　　　　　　　　　　　　　　来样日期：　　　　年　　月　　日

检验编号：　　　　　　　　　　　　　　　报告日期：　　　　年　　月　　日

工程名称						使用部位			
试件编号	类型		规格尺寸			生产厂		代表数量	
		标志直径		mm					
质量证明书号		检验日期			检验依据			检验条件	
		年　　月　　日						室温（℃）	
								设备型号	

检验项目	外观质量	允许偏差			公称横截面积（m）	抗拉强度（MPa）	伸长率（%）	冷弯	
		轧扁厚度（mm）	节距（mm）	质量（kg/m）				弯心直径 $d=a$	弯曲角度180°
标准要求	无外观质量缺陷	≥	≤	负偏差≥5%		≥	≥		受弯部位表面不产生裂纹
检验结果									

结论					
	抽样单位			抽样人	
	见证单位			见证人	

检测单位		批准		审核		编写	

注意事项	1. 委托检验未加盖"检验报告专用章"无效。 2. 复制报告未重新加盖"检验报告专用章"无效。 3. 检验报告无编写、审核、批准人员签章无效。 4. 检验报告涂改无效。 5. 对检验报告结论若有异议，请于收到检验报告之日起15日内提出，以便及时处理。

检验单位地址		电话		邮编	

八、园林绿化工程钢材焊接性能检验报告

委托单位： 来样日期： 年 月 日

检验编号： 报告日期： 年 月 日

工程名称				使用部位		
试件编号	焊接方法	接头形式	连接钢筋直径（mm）	连接钢筋牌号		焊条型号
操作者	代表数量	检验日期	检验依据	检验形式		检验条件
						室温（℃）	
						设备编号	
检验项目	钢筋牌号	直径（mm）	伸拉检验		弯曲检验		抗剪检验
			抗拉强度（MPa）	破坏部位	弯心 $d=d$ 角度	破坏个数及部位	抗剪力指标（kN）
标准要求							
检验结果							
结论							
备注	抽样单位				抽样人		
	见证单位				见证人		
检测单位			批准		审核		编写

注意事项	1. 检验报告未加盖"检验机构资质许可标示专用章"无效。 2. 委托检验，复制报告未新加盖"检验报告专用章"无效。 3. 检验报告无编写、审核、批准人员签章无效。 4. 取样、送样人员对提供的试样真实性和代表性负责。 5. 本机构对检测数据和报告的真实性和准确性负责，检验报告涂改无效。 6. 对检验报告结论若有异议，请于收到检验报告之日起15日内提出，以便及时处理

检验单位地址		电话		邮编	

九、园林绿化工程焊接材料烘焙记录

工程名称			施工单位			
分包单位			生产厂家			
焊材牌号			规格（mm）			
钢材牌号		烘焙方法		烘焙日期	年　月　日	

序号	施焊部位	烘焙数量(kg)	烘焙要求					保温要求		备注
			烘干温度(℃)	烘干时间(h)	实际烘焙			降至恒温(℃)	保温时间(h)	
					烘焙日期	从 时分	至 时分			

说明：

1. 焊条、焊剂等在使用前，应按产品说明书及有关工艺文件规定的技术要求进行烘干。

2. 焊接材料烘干后应存放在保温箱内，随用随取，焊条由保温箱（筒）取出到施焊的时间不得超过2h，酸性焊条不宜超过4h。烘干温度250~300℃。

施工单位检查结果：	分包施工单位检查结果：
项目专业负责人：　　　　　　年　月　日	项目专业负责人：　　　　　　年　月　日

十、园林绿化工程水泥检验报告

1. 水泥必须有质量证明文件。水泥生产单位应在水泥出厂 7d 内，提供 28d 强度以外的各项试验结果，28d 强度结果应在水泥发出日起 32d 天补报。

2. 混凝土和砌筑砂浆用水泥应实行有见证取样和送检。

3. 钢筋混凝土结构、预应力混凝土结构中，严禁使用含氯化物的水泥。水泥的检测报告中应有害物含量检测内容。

4. 混凝土中，氯化物和碱的总含量应符合规范《混凝土结构设计规范》（GB 50010—2010）和设计的要求。

5. 有下列情况之一的，施工单位必须进行复试：

（1）用于承重结构的水泥。

（2）使用部位有强度等级要求的水泥。

（3）水泥出厂超过三个月（快硬水泥、硅酸盐水泥超过一个月）。

（4）对水泥的质量有怀疑。

（5）进口水泥。

6. 水泥检验报告是建设单位档案部门长期保管的档案资料，并且是由城建档案馆保存的档案资料。

7. 常用水泥标准：《通用硅酸盐水泥》（GB 175—2007），见表 2.3-13。

常用水泥的技术要求　　　　　　　　　　　　　　　　　表 2.3-13

项目 \ 种类	矿渣硅酸盐水泥	普通硅酸盐水泥	复合硅酸盐水泥	硅酸盐水泥
细度	80μm 方孔筛筛余不得超过 10.0%			比表面积小于 300m²/kg
标准稠度	28±2			
凝结时间 初凝	不早于 45min			
凝结时间 终凝	不迟于 10h	不迟于 12h		不迟于 6.5h
安定性	用沸煮法检验必须合格			

注：常用水泥的强度要求参见各规范。

8. 组批原则及取样

散装水泥：

（1）对同一水泥厂生产同期出厂的同品种、同强度等级、同一出厂编号的水泥为一验收批，但一验收批的总量不得超过 500t。

（2）随机从不少于 3 个车罐中各取等量水泥，经混拌均匀后，再从中称取不少于 12kg 的水泥作为试样。

袋装水泥：

（1）对同一水泥厂生产同期出厂的同品种、同强度等级、同一出厂编号的水泥为一验收批，但一验收批的总量不得超过 200t。

（2）随机从不少于 20 袋中各取等量水泥，经拌合均匀后，再从中称取不少于 12kg 的水泥作为试样。

9. 本报告是建设单位档案部门长期保管的档案资料，并且是由城建档案馆保存的档案资料。

10. 本报告由检验单位提供，试验、计算、审核、负责人签字，单位盖章。

园林绿化工程水泥检验报告

委托单位：　　　　　　　　　　　　　　　　　来样日期：　　　年　月　日

检验编号：　　　　　　　　　　　　　　　　　报告日期：　　　年　月　日

工程名称				使用部位		
试样编号	种类名称	强度等级	牌号		生产厂	质量证明书号
出厂日期	进场日期	代表数量	检验日期	检验依据	检验条件	
年 月 日	年 月 日		年 月 日		室温（℃）	
					设备型号	

检验项目		标准要求			检验结果			
凝结时间	初凝	不早于		min		h		min
	终凝	不得大于		h		h		min
安定性		无裂缝、无弯曲			无裂缝、无弯曲			

胶砂强度（MPa）	龄期	1d	3d	7d	28d	1d		3d		7d		28d	
						单块	平均	单块	平均	单块	平均	单块	平均
	抗折												
	抗折												

细度	比表面积(m²/kg)		不溶物含量（%）	
	筛余（%）			
三氧化硫（%）			烧失量（%）	
氯离子含量（%）			氧化镁（%）	
			碱含量（%）	

结论	

备注	抽样单位		抽样人	
	见证单位		见证人	

检测单位		批准		审核		编写	

注意事项	1. 委托检验未加盖"检验报告专用章"无效。 2. 复制报告未重新加盖"检验报告专用章"无效。 3. 检验报告无编写、审核、批准人员签章无效。 4. 检验报告涂改无效。 5. 对检验报告结论若有异议，请于收到检验报告之日起15日内提出，以便及时处理。

检验单位地址		电话		邮编	

十一、园林绿化工程烧结普通砖检验报告

1. 烧结普通砖检验报告是建设单位档案部门长期保管的档案资料，也是城建档案馆保存的档案资料。

2. 本报告适用于烧结普通砖。烧结普通砖按主要原料分为黏土砖、页岩砖、煤矸石砖和粉煤灰砖。根据抗压强度分为五个等级，见表 2.3-14。

烧结普通砖强度等级（MPa）　　　　　　　表 2.3-14

强度等级	抗压强度平均值 $f \geqslant$	变异系数 $\delta \leqslant 0.21$	变异系数 $\geqslant 0.21$
		强度标准值 $f_k \geqslant$	单块最小抗压强度值 $f_{min} \geqslant$
MU30	30.0	22.0	25.0
MU25	25.0	18.0	22.0
MU20	20.0	14.0	16.0
MU15	15.0	10.0	12.0
MU10	10.0	6.5	7.5

3. 强度、抗风化性能和放射性物质合格的砖，根据尺寸偏差、外观质量、泛霜和石灰爆裂分为优等品（A）、一等品（B）、合格品（C）三个质量等级。优等品适用于清水墙和装饰墙，一等品、合格品可用于混水墙。中等泛霜的砖不能用于潮湿部位。

4. 砖的检验报告应包括以下内容：工程名称、取样日期、检验日期、生产厂家、代表数量、强度等级、工程部位、技术性能试验数据等。

5. 组批及取样：同一生产单位、同一时间内生产的砖，多孔砖每 5 万块作为一个取样单位，灰砂砖、粉煤灰砖每 10 万块作为一个取样单位，烧结砖每 15 万块作为一个取样单位。

取样要求：在每个砖垛中随机取样 200 块，再在这 200 块中随机抽样 20 块（必须符合成品砖的质量要求）。其中，10 块作抗压试验，5 块作抗折试验，5 块作抗冻试验。如果试验结果不符合标准规定时，再双倍取样复验。

6. 本报告由相应资质等级的试验室签发。检验人、审核人、负责人签字，单位盖章。

园林绿化工程烧结普通砖检验报告

委托单位：　　　　　　　　　　　　　　　　来样日期：　　　　年　　月　　日

检验编号：　　　　　　　　　　　　　　　　报告日期：　　　　年　　月　　日

工程名称				使用部位		
试样编号	种类名称	强度等级	产品等级	生产厂家	代表数量	规格尺寸

质量证明书号	检验日期	检验依据	检验条件	
	年　月　日		室温（℃）	
			设备型号	

检验项目		标准要求		检验结果		
		样本平均偏差	样本极差	样本平均偏差	样本极差	评定
尺寸允许偏差 （mm）	长度					
	宽度					
	高度					
外观质量 （mm）	两个面高度差					
	弯曲					
	杂质突出高度					
	缺棱掉角破坏尺寸不同时					
	大面裂纹 长度	宽度方向				
		长度方向				
抗压强度 （MPa）	平均值		单块值			
	标准值 （δ≤0.21时）		平均值	变异系数δ		标准值

结论	

备注	抽样单位		抽样人	
	见证单位		见证人	

检测单位		批准		审核		编写	

注意事项	1. 委托检验未加盖"检验报告专用章"无效。 2. 复制报告未重新加盖"检验报告专用章"无效。 3. 检验报告无编写、审核、批准人员签章无效。 4. 检验报告涂改无效。 5. 对检验报告结论若有异议，请于收到检验报告之日起15日内提出，以便及时处理。

检验单位地址		电话	邮编

十二、园林绿化工程砂浆抗压强度试验报告

1. 砌筑工程施工应有按规定留置龄期为 28d 标养试件和同条件养护的试件，作抗压强度试验。

2. 承重结构的砌筑砂浆试块，应按规定实行有见证取样和送检。

3. 砂浆试块的留置数量应符合《砌体结构工程施工质量验收规范》（GB 50203—2011）的规定。

4. 结构砂浆试块出现不合格检验批的，或未按规定留置试件的，应有结构处理的相关资料；需要检测的，应有相应资质检测机构的检测报告。

5. 试件的制作：每组六块，每组试件应从同一盘搅拌机中取出。取出后立即制作。

6. 砂浆试块的养护有标准养护、自然养护和同条件养护等几种形式。

采用标准养护的试件，成型后应覆盖，以防止水分蒸发，并应在室温 20±3℃ 情况下静置一至二昼夜，然后编号、拆模。拆模后的试件，应立即在温度为 20±3℃、相对湿度为 90% 以上的标准养护室中养护。

采用与结构同条件养护的试件，成型后应立即覆盖，试件的拆模时间应与实际结构的拆模时间相同，拆模后仍需保持同条件养护。

采用自然养护的试件，应放置在干燥通风的室内，每两块试件之间留有一定的间隙。

园林绿化工程砂浆抗压强度试验报告

委托单位：　　　　　　　　　　　　　　　　来样日期：　　　年　　月　　日

检验编号：　　　　　　　　　　　　　　　　报告日期：　　　年　　月　　日

工程名称				工程部位		
试件编号	养护条件	试配日期		检验依据	检验条件	
		年　月　日			室温（℃）	
					设备型号	
强度等级	配合比编号	配合比（kg/m³）				
		水泥	砂	外加剂	外加剂	石灰膏
检验结果						
成型日期	试压日期	龄期（d）	试块尺寸（mm）	单块破坏荷载（kN）	单块抗压强度（MPa）	抗压强度（MPa）　达到设计强度等级标准值（%）
年　月　日　年　月　日						
抽样单位				抽样人		
见证单位				见证人		
检测单位		批准		审核		编写
注意事项	1. 委托检验未加盖"检验报告专用章"无效。　2. 复制报告未重新加盖"检验报告专用章"无效。　3. 检验报告无编写、审核、批准人员签章无效。　4. 检验报告涂改无效。　5. 对检验报告结论若有异议，请于收到检验报告之日起 15 日内提出，以便及时处理。					
检验单位地址			电话		邮编	

十三、园林绿化工程砂浆抗压强度试验报告汇总表

工程名称：

序号	试验编号	施工部位	设计要求强度等级	试验成型日期			龄期	实际抗压强度	备注
				年	月	日			
				年	月	日			
				年	月	日			
				年	月	日			
				年	月	日			
				年	月	日			
				年	月	日			
				年	月	日			
				年	月	日			
				年	月	日			

强度评定	同品种、同等级砂浆任意一组试块的强度必须符合设计要求	结论：		
		项目专业负责人		
			年　月　日	

说明：用于现场砂浆抗压强度试验报告的汇总，标养养护和同条件养护试验报告应分别汇总。同品种、同等级砂浆应进行强度评定。

检验单位地址：　　　　　　　　　电话：　　　　　　　　邮编：

十四、园林绿化工程混凝土抗压强度试验报告/混凝土抗渗性能试验报告

1. 防水混凝土和有特殊要求的混凝土，应有配合比通知单和抗渗试验报告及专项试验报告。

2. 承重结构的混凝土抗渗试件，应按规定实行有见证取样及送检。

3. 防水混凝土要进行稠度、强度和抗渗性能三项试验。稠度和强度试验同普通混凝土。防水混凝土抗渗性能，应采用标准条件下养护的防水混凝土抗渗性能的试块的试验结果评定。

4. 有抗渗要求的混凝土应留置检验抗渗性能的试块，留置原则：对连续浇筑混凝土每500m³ 应留置一组抗渗试块，且每项工程不得少于两组，其中至少一组在标准条件下养护。

5. 抗渗等级以每组 6 个试块中有 3 个试块端面呈现渗水现象时的水压（H）计算出的 P 值进行评定。若 6 个试块均无渗水现象，应试压至 $P+1$ 时的水压，方可评为大于 P。

6. 执行的标准：《普通混凝土长期性能和耐久性能试验方法标准》（GB/T 50082—2009）。

7. 混凝土抗渗性能检验报告由有相应资质等级的试验室签发。检验人、审核人、负责人签字，单位盖章。

混凝土抗折强度试验报告

1. 抗折强度试件应符合下列规定：

（1）边长为 150mm×150mm×600mm（或 550mm）的棱柱体试件是标准试件。

（2）边长为 100mm×100mm×400mm 的棱柱体试件是非标准试件。

2. 成型前试模内表面应涂一薄层矿物油或其他不与混凝土发生反应的隔离剂。

3. 根据混凝土拌合物的稠度确定混凝土成型方法，坍落度不大于 70mm 的混凝土宜用振动振实；大于 70mm 的宜用捣棒人工捣实；检验现浇混凝土或预制构件的混凝土，试件成型方法应与实际采用的方法相同。

4. 取样或试验室拌制的混凝土应在拌制后尽量短的时间内成型，一般不宜超过 15min。

5. 采用标准养护的试件，应在温度为 20±5℃的环境中静置一昼夜至二昼夜，然后编号、拆模。拆模后应立即放入温度为 20±2℃、相对湿度为 95％以上的标准养护室中养护，或在温度为 20±2℃的不流动的 $Ca(OH)_2$ 饱和溶液中养护。标准养护室内的试件应放在支架上，彼此间隔 10～20mm，试件表面应保持潮湿，并不得被水直接冲淋。

6. 试件在长向中部 1/3 区段内不得有表面直径超过 5mm、深度超过 2mm 的孔洞。

7. 强度值的确定应符合下列规定：

（1）三个试件测值的算术平均值作为该组试件的强度值（精确至 0.1MPa）。

（2）三个测值中的最大值或最小值中如有一个与中间值的差值超过中间值的 15％时，则把最大及最小值一并舍除，取中间值作为该组试件的抗压强度值。

（3）如最大值和最小值与中间值的差均超过中间值的 15％，则该组试件的试验结果无效。

混凝土抗压强度试验报告

1. 混凝土工程施工应有按规定留置龄期为 28d 标养试件和同条件养护的试件，作抗压强度试验。冬期施工还应有受冻临界强度试件和转常温的抗压强度试验。

2. 承重结构的混凝土抗压强度试件，应按规定实行有见证取样和送检。

3. 抗渗混凝土、特种混凝土除应具备上述资料外还应有专项试验报告。

4. 潮湿环境、直接与水接触的混凝土工程和外部有供碱环境并处于潮湿环境的混凝土工程，应预防混凝土碱集料反应，按混凝土中氯化物和碱的总含量应符合《混凝土结构设计规范》（GB 50010—2010）和设计要求的有关规定执行，由混凝土供应单位出具《混凝土碱总量计算书》等

相关检测报告。

5. 混凝土结构子分部工程，对涉及结构安全的重要部位应进行结构实体检验。结构实体检验用同条件养护试件的强度试验报告，应填写《结构实体混凝土强度检验报告》。

6. 结构实体钢筋保护层厚度的检测由有资质的试验单位，根据规范规定，现场抽检并出具《钢筋保护层厚度检验报告》。

7. 抗压强度试件、抗渗性能试件的留置数量及试验项目见规范。

8. 结构混凝土出现不合格检验批的，或未按规定留置试件的，应有结构处理的相关资料；需要检测的，应有相应资质检测机构的检测报告。

9. 试件的制作：每组三块，每组试件应从同一搅拌盘或从同一车混凝土中取出。取出后立即制作。

10. 混凝土试块的养护有标准养护、自然养护和同条件养护等几种形式。

采用标准养护的试件，成型后应覆盖，以防止水分蒸发，并应在室温 20±3℃ 的情况下静置一至二昼夜，然后编号、拆模。拆模后的试件，应立即在温度为 20±3℃、相对湿度为 90% 以上的标准养护室中养护。

采用与结构同条件养护的试件，成型后应立即覆盖，试件的拆模时间应与实际结构的拆模时间相同，拆模后仍需保持同条件养护。

采用自然养护的试件，应放置在干燥通风的室内，每两块试件之间留有一定的间隙。

混凝土试块强度统计、评定记录

1. 混凝土试块试压后，应将混凝土试块试压报告按施工部位及时间顺序编号，及时登记在混凝土试块试压报告目录中。

2. 结构验收前，按单位工程同品种、同强度等级混凝土为同一验收批，参加评定的必须是标准养护 28d 的试块抗压强度。工程中所用的各品种、各强度等级的混凝土都应分别进行统计评定。

3. 混凝土强度统计评定的方法有：统计评定方法和非统计评定方法。10 组及以上混凝土强度用统计评定方法，10 组以下用非统计评定方法。

4. 混凝土强度检验评定应以同批内标准试件的全部强度代表值进行检验评定。当对混凝土的代表性有怀疑或现场未按要求留置试块时，可委托有资质的单位从结构中钻取试件，或采用非破损的检验方法，按有关规定对混凝土强度进行推定。

5. 凡混凝土强度评定未达到要求的或未按要求留置试块的，均视为质量问题，必须依据法定单位检测后出具的检测报告进行技术处理，结构处理必须经设计单位提出加固处理方案，其处理方案资料必须纳入施工技术资料。

6. 使用资料管理软件可以实施智能化计算，只需输入混凝土强度，计算自动进行，自动显示评定结果。方便、高效。

园林绿化工程混凝土抗压强度试验报告

委托单位：　　　　　　　　　　　　　来样日期：　　　　年　月　日
检验编号：　　　　　　　　　　　　　报告日期：　　　　年　月　日

工程名称						工程部位			

试件编号	养护条件	检验日期		检验依据			检验条件		
		年　月　日					室温（℃）		
							设备型号		

强度等级	配合比编号	配合比（kg/m³）							
		水泥	砂	石	水	外加剂	掺合料		

检验结果

成型日期	试压日期	龄期(d)	试块尺寸(mm)	单块破坏荷载（kN）	单块抗压强度（MPa）	尺寸换算系数	抗压强度（MPa）	达到设计强度等级标准值（%）
年　月　日	年　月　日							

备注	抽样单位		抽样人	
	见证单位		见证人	

检测单位		批准		审核		编写	

注意事项	1. 委托检验未加盖"检验报告专用章"无效。 2. 复制报告未重新加盖"检验报告专用章"无效。 3. 检验报告无编写、审核、批准人员签章无效。 4. 检验报告涂改无效。 5. 对检验报告结论若有异议，请于收到检验报告之日起15日内提出，以便及时处理。

检验单位地址		电话	邮编	

十五、园林绿化工程混凝土试块试验报告汇总表

工程名称：

序号	试验编号	施工部位	设计要求强度等级	试验成型日期	龄期	实际抗压强度	备注

十六、园林绿化工程混凝土外加剂检验报告

委托单位：　　　　　　　　　　　　　　　　　　　来样日期：　　年　月　日

检验编号：　　　　　　　　　　　　　　　　　　　报告日期：　　年　月　日

工程名称				使用部位	
试样编号	种类名称	型号	掺量（％）	生产厂家	质量证明书号

进场日期		代表数量		检验日期	检验依据	检验条件
年　月　日				年　月　日		室温（℃）

检验项目	标准要求	检验结果	检验项目		标准要求	检验结果
总碱量（％）			细度	比表面积（m²/kg）		
				0.08mm 筛筛余（％）		
氯离子含量（％）				1.25mm 筛筛余（％）		
氨的限量（％）			凝结时间（h；min）	初凝		
				终凝		
对钢筋的锈蚀作用			限制膨胀率（％）	水中　7d		
				水中　28d		
				空气中　21d		
氧化镁（％）			抗压强度（MPa）	7d		
				28d		
			抗折强度（MPa）	7d		
				28d		

结论	

备注	抽样单位		抽样人	
	见证单位		见证人	

检验单位		批准人		审核		编写	

注意事项	1. 委托检验未加盖"检验报告专用章"无效。 2. 复制报告未重新加盖"检验报告专用章"无效。 3. 检验报告无编写、审核、批准人员签章无效。 4. 检验报告涂改无效。 5. 对检验报告结论若有异议，请于收到检验报告之日起 15 日内提出，以便及时处理。

检验单位地址		电话		邮编	

十七、园林绿化工程高强度螺栓检验报告

委托单位：　　　　　　　　　　　　　　　来样日期：　　年　月　日

检验编号：　　　　　　　　　　　　　　　报告日期：　　年　月　日

工程名称				使用部位				
设备型号	牌号	产品名称		等级		规格尺寸		生产单位
试验温度	检验日期	检验依据		样品数量		代表数量		质量证明书号
	年　月　日							
高强度螺栓硬度、螺母保证荷载、楔负载检验结果								
试件编号		1	2	3	4	5	6	7	8
硬度 HRC	螺母								
	平均值								
	结论								
	垫圈								
	平均值								
	结论								
保证荷载（kN）									
结论									
楔负载（kN）									
结论									
结论	见证单位				见证人				
	抽样单位				抽样人				
检验单位		批准			审核			编写	

注意事项：
1. 委托检验未加盖"检验报告专用章"无效。
2. 复制报告未重新加盖"检验报告专用章"无效。
3. 检验报告无编写、审核、批准人员签章无效。
4. 检验报告涂改无效。
5. 对检验报告结论若有异议，请于收到检验报告之日起 15 日内提出，以便及时处理。

检验单位地址		电话		邮编	

十八、园林绿化工程高强度螺栓连接副检验报告

委托单位：　　　　　　　　　　　　　　　　　　　来样日期：　　年　月　日

检验编号：　　　　　　　　　　　　　　　　　　　报告日期：　　年　月　日

工程名称			使用部位	
检验日期	产品名称	生产单位	等级	规格尺寸
年　月　日				
质量证明书号	样品数量	代表数量	检验依据	检验条件

高强度螺栓连接副预拉力、扭矩系数检验结果									
试件编号	规格型号	螺栓预拉力规范范围（kN）	实际螺栓预拉力（kN）	施拧扭矩（Nm）	实测扭矩系数	扭矩系数平均值		扭矩系数标准差	
						规范要求	实测	规范要求	实测

高强度螺栓连接副抗滑移系数检验结果					
摩擦面处理方式	摩擦件材质	试件编号	滑动荷载（kN）	抗滑移系数	最小值
		1			
抗滑移系数委托要求	预拉力设计值（kN）	2			
		3			

结论				
	见证单位		见证人	
	抽样单位		抽样人	
检验单位		批准	审核	编写

注意事项	1. 委托检验未加盖"检验报告专用章"无效。 2. 复制报告未重新加盖"检验报告专用章"无效。 3. 检验报告无编写、审核、批准人员签章无效。 4. 检验报告涂改无效。 5. 对检验报告结论若有异议，请于收到检验报告之日起15日内提出，以便及时处理。
检验单位地址	电话　　　　　邮编

十九、园林绿化工程防水卷材检验报告

工程名称				使用部位	
试样编号	种类名称	商标	规格型号		生产厂家
质量证明书号	代表数量	检验日期	检验依据		检验条件
		年　月　日			

检验项目		标准要求	检验结果	
			实测结果	单项结论
低温柔性				
耐热度				
拉力 （N/50mm）	纵向			
	横向			
最大拉力时延伸率（%）	纵向			
	横向			
不透水性				
—				

结论				
	抽样单位		抽样人	
	见证单位		见证人	

检测单位		批准		审核		编写	

注意事项	1. 委托检验未加盖"检验报告专用章"无效。 2. 复制报告未重新加盖"检验报告专用章"无效。 3. 检验报告无编写、审核、批准人员签章无效。 4. 检验报告涂改无效。 5. 对检验报告结论若有异议，请于收到检验报告之日起15日内提出，以便及时处理。

检验单位地址		电话		邮编	

80

二十、园林绿化工程焊接材料检验报告

委托单位：　　　　　　　　　　　　　　　　　　　　　　来样日期：　　年　月　日

检验编号：　　　　　　　　　　　　　　　　　　　　　　报告日期：　　年　月　日

工程名称			使用部位	
试件编号	种类名称	规格型号	生产单位	样品加工情况
质量证明书号	代表数量	检验日期	检验依据	检验条件

质量证明书号	代表数量	检验日期	检验依据	检验条件	
				温度（℃）	
				设备编号	

检验项目		标准要求	实测结果	单项结论
熔敷金属力学性能	屈服强度（MPa）			
	抗拉强度（MPa）			
	伸长率（％）			
	最大力下总伸长率（％）			
	冷弯性能			
焊接金属化学成分	C（％）			
	Si（％）			
	Mn（％）			

结论				
备注	抽样单位		抽样人	
	见证单位		见证人	

检验单位		批准		审核		编写	

注意事项	1. 检验报告未加盖"检验机构资质许可标示专用章"无效。 2. 委托检验，复制报告未新加盖"检验报告专用章"无效。 3. 检验报告无编写、审核、批准人员签章无效。 4. 取样、送样人员对提供的试样真实性和代表性负责。 5. 本机构对检测数据和报告的真实性和准确性负责，检验报告涂改无效。 6. 对检验报告结论若有异议，请于收到检验报告之日起 15 日内提出，以便及时处理。

检验单位地址		电话		邮编	

二十一、园林绿化工程照明开关检验报告

委托单位：　　　　　　　　　　　　　　　　　　　来样日期：　　年　月　日

检验编号：　　　　　　　　　　　　　　　　　　　报告日期：　　年　月　日

工程名称		使用部位	
产品名称		商标	
生产单位		质量证明书号	
规格型号		生产日期	
代表批量		样品等级	
检验条件		检验日期	
检验依据		设备编号	

序号	检验项目	标准要求	实测结果	单项结论

结论				
备注	抽样单位		抽样人	
	见证单位		见证人	

检验单位		批准		审核		编写	

注意事项	1. 检验报告未加盖"检验机构资质许可标示专用章"无效。 2. 委托检验，复制报告未新加盖"检验报告专用章"无效。 3. 检验报告无编写、审核、批准人员签章无效。 4. 取样、送样人员对提供的试样真实性和代表性负责。 5. 本机构对检测数据和报告的真实性和准确性负责，检验报告涂改无效。 6. 对检验报告结论若有异议，请于收到检验报告之日起15日内提出，以便及时处理。

检测单位地址		电话		邮编	

二十二、园林绿化工程插头插座检验报告

委托单位： 来样日期： 年 月 日

检验编号： 报告日期： 年 月 日

工程名称		使用部位		
材料名称		商标		
生产单位		型号/等级		
生产日期		检验日期		
质量证明书号		检验依据		
代表批量		检验条件	温度（℃）	
			设备编号	

序号	检验项目	标准要求	实测结果	单项结论

其他注明				
结论				

备注	抽样单位		抽样人	
	见证单位		见证人	

检验单位		批准		审核		编写	

注意事项	1. 检验报告未加盖"检验机构资质许可标示专用章"无效。 2. 委托检验，复制报告未新加盖"检验报告专用章"无效。 3. 检验报告无编写、审核、批准人员签章无效。 4. 取样、送样人员对提供的试样真实性和代表性负责。 5. 本机构对检测数据和报告的真实性和准确性负责，检验报告涂改无效。 6. 对检验报告结论若有异议，请于收到检验报告之日起15日内提出，以便及时处理。

检测单位地址		电话		邮编	

二十三、园林绿化工程电线、电缆检验报告

委托单位：　　　　　　　　　　　　　　　　　　　　来样日期：　年　月　日

检验编号：　　　　　　　　　　　　　　　　　　　　报告日期：　年　月　日

工程名称		使用部位		
材料名称		商标		
生产单位		型号/等级		
生产日期		检验日期		
质量证明书号		检验依据		
代表批量		检验条件	温度（℃）	
			设备编号	

序号	检验项目	标准要求	实测结果	单项结论

其他注明				
结论				
备注	抽样单位		抽样人	
	见证单位		见证人	
检验单位		批准	审核	编写

注意事项
1. 检验报告未加盖"检验机构资质许可标示专用章"无效。
2. 委托检验，复制报告未新加盖"检验报告专用章"无效。
3. 检验报告无编写、审核、批准人员签章无效。
4. 取样、送样人员对提供的试样真实性和代表性负责。
5. 本机构对检测数据和报告的真实性和准确性负责，检验报告涂改无效。
6. 对检验报告结论若有异议，请于收到检验报告之日起15日内提出，以便及时处理。

检测单位地址		电话		邮编	

二十四、园林绿化工程剩余电流动作断路器检验报告

委托单位：　　　　　　　　　　　　　　　　　　　　来样日期：　　年　月　日

检验编号：　　　　　　　　　　　　　　　　　　　　报告日期：　　年　月　日

工程名称		使用部位		
材料名称		商标		
生产单位		型号/等级		
生产日期		检验日期		
质量证明书号		检验依据		
代表批量		检验条件	温度（℃）	
			设备编号	

序号	检验项目	标准要求	实测结果	单项结论

其他注明			
结论			
备注	抽样单位		抽样人	
	见证单位		见证人	

检验单位		批准	审核		编写	

注意事项	1. 检验报告未加盖"检验机构资质许可标示专用章"无效。 2. 委托检验，复制报告未新加盖"检验报告专用章"无效。 3. 检验报告无编写、审核、批准人员签章无效。 4. 取样、送样人员对提供的试样真实性和代表性负责。 5. 本机构对检测数据和报告的真实性和准确性负责，检验报告涂改无效。 6. 对检验报告结论若有异议，请于收到检验报告之日起15日内提出，以便及时处理。

检测单位地址		电话		邮编	

二十五、园林绿化工程建筑给水排水、采暖、通风、空调工程
主要材料进场验收记录

工程名称		材料名称		商标	管材： 管件：
施工单位		分包 单位		生产 厂家	
进场日期		使用 部位		质量证明文件 名称、份数	
外观检查记录		壁 厚 实 测 记 录						

		规格						
		批量						
		标准值						
		允许偏差						
		实测值 1						
		实测值 2						
		实测值 3						
		实测值 4						
检查结论：		实测值 5						

	规　格	检 验 情 况
试 验 检 验		

生活给水系统材料卫生检疫报告编号		报告日期	

合格证粘贴处	

建设单位验收结论： 项目专业负责人： 年 月 日	施工单位检查结果： 项目专业负责人： 年 月 日	分包施工单位检查结果： 项目专业负责人： 年 月 日	监理单位验收结论： 监理工程师： 年 月 日

二十六、园林绿化工程设备开箱检查记录

工程名称				
施工单位			分包单位	
设备名称			型号、规格	
检查的设备数量/该型设备总量			制造企业	
使用部位			检查日期	
设备检查	1	包装：		
	2	设备外观：		
	3	设备零部件：		
	4	其他：		
技术文件检查	1	装箱单： 份 张		
	2	合格证： 份 张		
	3	说明书： 份 张		
	4	设备图： 份 张		
	5	其他：		
存在问题及处理意见				

建设单位验收结论：	施工单位检查结果：	分包施工单位检查结果：	监理单位验收结论：
项目专业负责人： 年 月 日	项目专业负责人： 年 月 日	项目专业负责人： 年 月 日	监理工程师： 年 月 日

二十七、园林绿化工程塑料管材检验报告

委托单位： 　　　　　　　　　　　　　　　　　　来样日期： 　年 月 日

检验编号： 　　　　　　　　　　　　　　　　　　报告日期： 　年 月 日

委托单位		委托日期	
生产单位		样品来源	
产品名称		检验日期	
工程名称		样品数量	
样品说明			
规格型号			
检验项目			
检验依据			

规格型号

试件序号	检验项目	单位	标准要求	实测结果	结论

检验结论：

| 备注 | 抽样单位：　　　　　　　　　　　抽样人： | |
| | 见证单位：　　　　　　　　　　　见证人： | |

检验单位： 　　　　批准： 　　　　审核： 　　　　编写：

注意事项	1. 委托检验未加盖"检验报告专用章"无效。
	2. 复制报告未重新加盖"检验报告专用章"无效。
	3. 检验报告无编号、审核、批准人员签章无效。
	4. 检验报告涂改无效。
	5. 对检验报告结论若有异议，请于收到检验报告之日起15日内提出，以便及时处理。

检验单位地址： 　　　　　　　　　电话： 　　　　　　　　　邮编：

二十八、园林绿化工程塑料复合管材检验报告

委托单位：　　　　　　　　　　　　　　　　　　　来样日期：　　年　月　日

检验编号：　　　　　　　　　　　　　　　　　　　报告日期：　　年　月　日

委托单位		委托日期	
生产单位		样品来源	
产品名称		检验日期	
工程名称		样品数量	
样品说明			
规格型号			
检验项目			
检验依据			

规格型号

试件序号	检验项目	单位	标准要求	检验结果		结论
				耐压时间（时：分：秒：）	结果	

检验结论：

备注	抽样单位：　　　　　　　　　　　　抽样人： 见证单位：　　　　　　　　　　　　见证人：

检验单位：　　　　　　　批准：　　　　　　审核：　　　　　　编写：

注意事项	1. 委托检验未加盖"检验报告专用章"无效。 2. 复制报告未重新加盖"检验报告专用章"无效。 3. 检验报告无编号、审核、批准人员签章无效。 4. 检验报告涂改无效。 5. 对检验报告结论若有异议，请于收到检验报告之日起15日内提出，以便及时处理。

检验单位地址：　　　　　　　　　　　电话：　　　　　　　　邮编：

二十九、园林绿化工程电气设备、材料进场验收记录

工程名称		分部（子分部）工 程			
施工单位		分包施工单位		检验人员	
设备、材料名称		型号、规格		进场数量	
出厂质量证明技术文件		质量认证文件		抽检数量	
检验项目	检验部位、结果（数据）				
铭牌标识					
外观、接地设施检查					
性能检测					
质量证件粘贴处					
			产品制造单位：		

建设单位验收结论：	施工单位检查结果：	分包施工单位检查结果：	监理单位验收结论：
项目专业负责人：	项目专业负责人：	项目专业负责人：	监理工程师：
年 月 日	年 月 日	年 月 日	年 月 日

三十、园林绿化工程电气设备记录汇总表

工程名称		分部（子分部）工 程	
施工单位		分包单位	

序号	设备名称型号、规格	记录、份数	调试、交接试验、试运行单位	备注

第四节　绿化材料的质量控制

一、栽植土的验收和检验

1. 园林植物栽植土应包括客土、原土利用、栽植基质等，栽植土应满足植物生态习性要求，必须保水、保肥、透气，无沥青、混凝土等垃圾及其他对植物有害的污染物。

2. 栽植土必须见证取样，经有资质的检测单位检测，并在栽植前取得符合要求的测试结果。

3. 栽植土验收批及取样方法：

（1）客土每 500m³ 或 2000m² 为一检验批，随机取样 5 处，每处 100g 经混合组成一组试样。

（2）原状土在同一区域每 2000m² 随机取样 5 处，取样前应清除浮土，每处取样 100g，混合后组成一组试样。

（3）栽植基质每 200m³ 为一检验批，随机取 5 袋，每袋取 100g，混合后组成一组试样。

4. 栽植土的理化指标必须符合下列要求：

（1）土壤 pH 值 5.6～8.0；土壤含盐量 0.1%～0.3%；

（2）土壤密度 1.0～1.35g/cm³；

（3）土壤总孔隙度≥50%；

（4）土壤有机质含量≥1.5%；

（5）土壤块径≤5cm；

（6）土壤石砾砾径≤1cm；石砾含量≤10%。

5. 栽植土按进场批次应填写《工程物资进场报验表》，向监理工程师申请报验。

6. 屋顶绿化的种植基质可选用改良土和轻型有机基质，改良土基质配制的类型和配比可参照表 2.4-1 进行配置。

改良土基质类型配比表　　　　　表 2.4-1

基质类型	主要配比材料	配制比例	湿密度（kg/cm³）
改良土	田园土、轻质骨料	1:1	1200
	腐叶土、蛭石、砂土	7:2:1	780～1000
	田园土、草炭、蛭石和肥	4:3:1	1100～1300
	田园土、草炭、松针土、珍珠岩	1:1:1:1	780～1100
	田园土、草炭、松针土	3:4:3	780～950
	轻砂壤土、腐殖土、珍珠岩、蛭石	2.5:5:2:0.5	1100
	轻砂壤土、腐殖土、蛭石	5:3:2	1100～1300
轻型无机基质	无机介质	—	450～650

二、肥料的验收和检验

1. 有机肥每 200m³ 为一检验批，随机取样 5 处，检查其发酵腐熟程度；对影响市容和产生空气污染的有机肥不得使用。

2. 无机肥料的氮、钾、磷、复合肥料等，必须具有质量合格文件或试验报告，对产品质量有疑义时，可按每种肥料的 50 袋为一检验批，随机拆开 5 袋取样，每袋取 100g，混合组成一组试样测试 pH 值及其元素含量。

三、浇灌用水的取样和检验

1. 同一水源为一个检验批，随机取样三次，每次取样 100g，经混合后组成一组试样。

2. 浇灌园林植物的水质应符合《农田灌溉水质标准》（GB 5084—2005）的要求：pH 值为

5.5~8.5，含盐量≤2000mg/L。

四、园林植物材料木本苗的验收和检验

1. 木本苗出圃基本要求

（1）将准备出圃苗木的种类、规格、数量和质量分别调查统计制表。

（2）核对出圃苗木的树种或栽培变种（品种）的中文植物名称与拉丁学名，做到名副其实。

（3）出圃苗木应满足生长健壮、树叶繁茂、冠形完整、色泽正常、根系发达、无病虫害、无机械损伤、无冻害等基本质量要求。

（4）苗木出圃前应经过移植培育，五年生以下的移植培育至少一次，五年生以上（含五年生）的移植培育应在两次以上。

（5）野生苗和异地引种驯化苗定植前应经苗圃养护培育一至数年，适应当地环境，生长发育正常后才能出圃。

（6）出圃苗木应经过植物检疫，省、自治区、直辖市之间的苗木产品出入境应经法定植物检疫主管部门检验，签发检疫合格证书后，方可出圃，具体检疫要求按国家有关规定执行。

2. 各类型苗木产品规格的质量标准

1）乔木类苗木

（1）乔木类苗木产品的主要质量要求，具主轴的应有主干枝，主枝应分布均匀，干径在3.0cm以上。

（2）阔叶乔木类苗木产品质量以干径、树高、苗龄、分枝点高、冠径和移植次数为规定指标，针叶和乔木类苗木产品质量规定标准以树高、苗龄、冠径和移植次数为规定指标。

（3）行道树用乔木类苗木产品的主要质量固定指标为，阔叶乔木类应具主枝3~5枝，干径不小于4.0cm，分枝点高不小于2.5m，针叶乔木应具有主轴，有主梢。

乔木类常用苗木产品主要规格质量标准见表2.4-2。

乔木类常用苗木产品的主要规格质量标准　　　　　表2.4-2

类型	树种	树高(m)	干径(m)	苗龄(m)	冠径(m)	分枝点高(m)	移植次数(次)
常绿针叶乔木	南洋杉	2.5~3	—	6~7	1.0	—	2
	冷杉	1.5~2	—	7	0.8	—	2
	雪松	2.5~3	—	6~7	1.5	—	2
	柳杉	2.5~3	—	5~6	1.5	—	2
	云杉	1.5~2	—	7	0.8	—	2
	侧柏	2~2.5	—	5~7	1.0	—	2
	罗汉松	2~2.5	—	6~7	1.0	—	2
	油松	1.5~2	—	8	1.0	—	3
	白皮松	1.5~2	—	6~10	1.0	—	2
	湿地松	2~2.5	—	3~4	1.5	—	2
	马尾松	2~2.5	—	4~5	1.5	—	2
	黑松	2~2.5	—	6	1.5	—	2
	华山松	1.5~2	—	7~8	1.5	—	3
	圆柏	2.5~3	—	7	0.8	—	3
	龙柏	2~2.5	—	5~8	0.8	—	2
	铅笔柏	2.5~3	—	6~10	0.6	—	3
	榧树	1.5~2	—	5~8	0.6	—	2

类型	树种	树高(m)	干径(m)	苗龄(m)	冠径(m)	分枝点高(m)	移植次数(次)
落叶针叶乔木	水松	3.0~3.5	—	4~5	1.0	—	2
	水杉	3.0~3.5	—	4~5	1.0	—	2
	金钱松	3.0~3.5	—	6~8	1.2	—	2
	池杉	3.0~3.5	—	4~5	1.0	—	2
	落羽杉	3.0~3.5	—	4~5	1.0	—	2
常绿阔叶乔木	羊蹄甲	2.5~3	3~4	4~5	1.2	—	2
	榕树	2.5~3	4~6	5~6	1.0	—	2
	黄桷树	3~3.5	5~8	5	1.5	—	2
	女贞	2~2.5	3~4	4~5	1.2	—	1
	广玉兰	3	3~4	4~5	1.5	—	2
	白兰花	3~3.5	5~6	5~7	1.0	—	1
	芒果	3~3.5	5~6	5	1.5	—	2
	香樟	2.5~3	3~4	4~5	1.2	—	2
	蚊母	2	3~4	5	0.5	—	3
	桂花	1.5~2	3~4	4~5	1.5	—	2
	山茶花	1.5~2	3~4	5~6	1.5	—	2
	石楠	1.5~2	3~4	4~5	1.0	—	2
	枇杷	2~2.5	3~4	3~4	5~6	—	2
落叶阔叶乔木	大乔木	银杏	2.5~3	2	15~20	1.5	2	3
		绒毛白蜡	4~6	4~5	6~7	0.8	5	2
		悬铃木	2~2.5	5~7	4~5	1.5	3	2
		毛白杨	6	4~5	4	0.8	2.5	1
		臭椿	2~2.5	3~4	3~4	0.8	2.5	1
		三角枫	2.5	2.5	8	0.8	2	2
		元宝枫	2.5	3	5	0.8	2	2
		洋槐	6	3~4	6	0.8	2	2
		合欢	5	3~4	6	0.8	2.5	2
		栾树	4	5	6	0.8	2.5	2
		七叶树	3	3.5~4	4~5	0.8	2.5	3
		国槐	4	5~6	8	0.8	2.5	2
		无患子	3~3.5	3~4	5~6	1.0	3	1
		泡桐	2~2.5	3~4	2~3	0.8	2.5	1
		枫杨	2~2.5	3~4	3~4	0.8	2.5	1
		梧桐	2~2.5	3~4	4~5	0.8	2	2
		鹅掌楸	3~4	3~4	4~6	0.8	2.5	2
		木棉	3.5	5~8	5	0.8	2.5	2
		垂柳	2.5~3	4~5	2~3	0.8	2.5	2
		枫香	3~3.5	3~4	4~5	0.8	2.5	2
		榆树	3~4	3~4	3~4	1.5	2	2

类型		树种	树高(m)	干径(m)	苗龄(m)	冠径(m)	分枝点高(m)	移植次数(次)
落叶阔叶乔木	大乔木	榔榆	3～4	3～4	6	1.5	2	3
		朴树	3～4	3～4	5～6	1.5	2	2
		乌桕	3～4	3～4	6	2	2	2
		楝树	3～4	3～4	4～5	2	2	2
		杜仲	4～5	3～4	6～8	2	2	3
		麻栎	3～4	3～4	5～6	2	2	2
		榉树	3～4	3～4	8～10	2	2	3
		重阳木	3～4	3～4	5～6	2	2	2
		梓树	3～4	3～4	5～6	2	2	2
	中小乔木	白玉兰	2～2.5	2～3	4～5	0.8	0.8	1
		紫叶李	1.5～2.0	1～2	3～4	0.8	0.4	2
		樱花	2～2.5	1～2	3～4	1.0	0.8	2
		鸡爪槭	1.5	1～2	4	0.8	1.5	2
		西府海棠	3	1～2	4	1.0	0.4	2
		大花紫薇	1.5～2	1～2	3～4	0.8	1.0	1
		石榴	1.5～2	1～2	3～4	0.8	0.4～0.5	2
		碧桃	1.5～2	1～2	3～4	1.0	0.4～0.5	1
		丝棉木	2.5	2	4	1.5	0.8～1	1
		垂枝榆	2.5	4	7	1.5	2.5～3	2
		龙爪槐	2.5	4	10	1.5	2.5～3	3
		毛刺槐	2.5	4	3	1.5	1.5～2	1

2）灌木类苗木

（1）灌木类苗木产品的主要质量标准以苗龄、蓬径、主枝数、灌高或主条长为规定指标。

（2）丛生型灌木类苗木产品的主要质量要求：灌丛丰满，主侧枝分布均匀，主枝数不少于5枝，灌高应有3枝以上主枝达到规定的标准要求。

（3）匍匐型灌木类苗木产品的主要质量要求：应有3枝以上主枝达到规定标准的长度。

（4）蔓生型灌木类苗木产品的主要质量要求：分枝均匀，主条数在5枝以上，主条径在1.0cm以上。

（5）单干型灌木类苗木产品的主要质量要求：具主干，分枝均匀，基径在2.0cm以上。

（6）绿篱用灌木类苗木产品的主要质量要求：冠丛丰满，分枝均匀，干下部枝叶无光秃，干径同级，树龄2年生以上。

灌木类常用苗木产品的主要规格、质量标准见表2.4-3。

灌木类常用苗木产品的主要规格、质量标准 表 2.4-3

类别		树种	树高（cm）	苗龄（a）	蓬径（m）	主枝数（个）	移植次数（次）	主条长（m）	基径（cm）
常绿针叶灌木	匍匐型	爬地柏	—	4	0.6	3	2	1～1.5	1.5～2
		沙地柏	—	4	0.6	3	2	1～1.5	1.5～2
	丛生型	千头柏	0.8～1.0	5～6	0.5	—	1	—	—
		线柏	06～0.8	4～5	0.5	—	1	—	—
常绿阔叶灌木	丛生型	月桂	1～1.2	4～5	0.5	3	1～2	—	—
		海桐	0.8～1.0	4～5	0.8	3～5	1～2	—	—
		夹竹桃	1～1.5	2～3	0.5	3～5	1～2	—	—
		含笑	0.6～0.8	4～5	0.5	3～5	2	—	—
		米仔兰	0.6～0.8	5～6	0.6	3	2	—	—
		大叶黄杨	0.6～0.8	4～5	0.6	3	2	—	—
		锦熟黄杨	0.3～0.5	3～4	0.3	3	1	—	—
		云锦杜鹃	0.3～0.5	3～4	0.3	5～8	1～2	—	—
		十大功劳	0.3～0.5	3	0.3	3～5	1	—	—
		栀子花	0.3～0.5	2～3	0.3	3～5	1	—	—
		黄蝉	0.6～0.8	3～4	0.6	3～5	1	—	—
		南天竹	0.3～0.5	2～3	0.3	3	1	—	—
		九里香	0.6～0.8	4	0.6	3～5	1～2	—	—
		八角金盘	0.5～0.6	3～4	0.5	2	1	—	—
		枸骨	0.6～0.8	5	0.6	3～5	2	—	—
		丝兰	0.3～0.4	3～4	0.5	—	—	—	—
	单干型	高接大叶黄杨	2	—	3	3	2	—	3～4
落叶阔叶灌木	单干型	红花紫薇	1.5～2.0	3～5	0.8	5	1	—	3～4
		榆叶梅	1～1.5	5	0.8	5	1	—	3～4
		白丁香	1.5～2	3～5	0.8	5	1	—	3～4
		碧桃	1.5～2	4	0.8	5	1	—	3～4
	蔓生型	连翘	0.5～1	1～3	0.8	5	—	1.0～1.5	—
		迎春	0.4～1	1～2	0.5	5	—	0.6～0.8	—
	丛生型	榆叶梅	1.5	3～5	0.8	5	2	—	—
		珍珠梅	1.5	5	0.8	6	1	—	—
		黄刺梅	1.5～2.0	4～5	0.8～1.0	6～8	1	—	—
		玫瑰	0.8～1.0	4～5	0.5～0.6	5	1	—	—
		贴梗海棠	0.8～1.0	4～5	0.8～1.0	5	1	—	—
		木槿	1～1.5	2～3	0.5～0.6	5	1	—	—
		太平花	1.2～1.5	2～3	0.5～0.8	6	1	—	—
		红叶小檗	0.8～1.0	3～5	0.5	6	1	—	—
		棣棠	1～1.5	6	—	6	1	—	—
		紫荆	1～1.2	6～8	0.8～1.0	5	1	—	—

续表

类别		树种	树高（cm）	苗龄（a）	蓬径（m）	主枝数（个）	移植次数（次）	主条长（m）	基径（cm）
落叶阔叶灌木	丛生型	锦带花	1.2~1.5	2~3	0.5~0.8	6	1	—	—
		腊梅	1.5~2.0	5~6	1~1.5	8	1	—	—
		溲疏	1.2	3~5	0.6	5	1	—	—
		金银木	1.5	3~5	0.8~1.0	5	1	—	—
		紫薇	1~1.5	3~5	0.8~1.0	5	1	—	—
		紫丁香	1.2~1.5	3	0.6	5	1	—	—
		木本绣球	0.8~1.0	4	0.6	5	1	—	—
		麻叶绣线菊	0.8~1.0	4	0.8~1.0	5	1	—	—
		猬实	0.8~1.0	3	0.8~1.0	7	1	—	—

3）藤本类苗木

（1）藤本类苗木产品主要质量标准以苗龄、分枝数、主蔓径和移植次数为规定指标。

（2）小藤本类苗木产品的主要质量要求：分枝数不少于2枝，主蔓径应在0.3cm以上。

（3）大藤本类苗木产品的主要质量要求：分枝数不少于3枝，主蔓径应在1.0cm以上。

藤本类常用苗木产品的主要规格质量标准见表2.4-4。

藤本类常用苗木产品的主要规格、质量标准　　　　表2.4-4

类型	树种	苗龄（a）	分枝数（枝）	主蔓径（cm）	主蔓长（m）	移植次数（次）
常绿藤本	金银花	3~4	3	0.3	1.0	1
	络石	3~4	3	0.3	1.0	1
	常春藤	3	3	0.3	1.0	1
	鸡血藤	3	2~3	1.0	1.5	1
	扶芳藤	3~4	3	1	1.0	1
	三角花	3~4	4~5	1	1~1.5	1
	木香	3		0.8	1.2	1
藤本	猕猴桃	3	4~5	0.5	2~3	1
	南蛇藤	3	4~5	0.5	1	1
	紫藤	4	4~5	1	1.5	1
	爬山虎	1~2	3~4	0.5	2~2.5	1
	野蔷薇	1~2	3	1	1.0	1
	凌霄	3	4~5	0.8	1.5	1
	葡萄	3	4~5	1	2~3	1

4）竹类苗木

（1）竹类苗木产品的主要质量标准以苗龄、竹叶盘数、竹鞭芽眼数和竹鞭个数为规定指标。

（2）母竹为2~4年苗龄，竹鞭芽眼两个以上，竹秆截干保留3~5盘叶以上。

（3）无性繁殖竹苗应具2~3年苗龄，播种竹苗应具3年以上苗龄。

（4）散生竹类苗木产品的主要质量要求：大中型竹苗具有竹秆1~2枝；小型竹苗具有竹秆

3 枝以上。

（5）丛生竹类苗木产品的主要质量要求：每丛竹具有竹秆 3 枝以上。

（6）混生竹类苗木产品的主要质量要求：每丛竹具有竹秆 2 枝以上。

常用苗木产品的主要规格、质量标准见表 2.4-5。

竹类常用苗木产品的主要规格、质量标准　　　　表 2.4-5

类型	竹种	苗龄（a）	母竹分枝数（枝）	竹鞭长（cm）	竹鞭个数（个）	竹鞭芽眼数（个）
散生竹	紫竹	2～3	2～3	＞0.3	＞2	＞2
	毛竹	2～3	2～3	＞0.3	＞2	＞2
	方竹	2～3	2～3	＞0.3	＞2	＞2
	淡竹	2～3	2～3	＞0.3	＞2	＞2
丛生竹	佛肚竹	2～3	1～2	＞0.3	—	2
	凤凰竹	2～3	1～2	＞0.3	—	2
	粉箪竹	2～3	1～2	＞0.3	—	2
	撑篙竹	2～3	1～2	＞0.3	—	2
	黄金间碧竹	3	2～3	＞0.3	—	2
混生竹	倭竹	2～3	2～3	＞0.3	—	＞1
	苦竹	2～3	2～3	＞0.3	—	＞1
	阔叶箬竹	2～3	2～3	＞0.3	—	＞1

5）棕榈类苗木

棕榈类特种苗木产品的主要质量标准以树高、干径、冠径和移植次数为规定指标。

棕榈类等特种苗木产品的主要规格、质量标准见表 2.4-6。

棕榈类等特种苗木产品的主要规格、质量标准　　　　表 2.4-6

类型	树种	树高（m）	灌高（m）	树龄（a）	基径（cm）	冠径（m）	蓬径（m）	移植次数（次）
乔木型	棕榈	0.6～0.8	—	7～8	6～8	1	—	2
	椰子	1.5～2	—	4～5	15～20	1	—	2
	王棕	1～2	—	5～6	6～10	1	—	2
	假槟榔	1～1.5	—	4～5	6～10	1	—	2
	长叶刺葵	0.8～1.0	—	4～6	6～8	1	—	2
	油棕	0.8～1.0	—	4～5	6～10	1	—	2
	蒲葵	0.6～0.8	—	8～10	10～12	1	—	2
	鱼尾葵	1.0～1.5	—	4～6	6～8	1	—	2
灌木型	棕竹	—	0.6～0.8	5～6	—	—	0.6	2
	散尾葵	—	0.8～1	4～6	—	—	0.8	2

3. 检测方法

（1）测量苗木产品干径、基径等直径时用游标卡尺，读数精确到 0.1cm。测量苗木产品树高、灌高、分枝点高或者叶点高、冠径和蓬径等长度时用钢卷尺、皮尺或木制直尺，读数精确到 1.0cm。

（2）测量苗木产品干径当主干断面畸形时，测取最大值和最小值直径的平均值，测量苗木产品基径当基部膨胀或变形时，从其基部近上方正常处测取。

（3）测量乔木树高时，测其从基部地表面到正常枝最上端顶芽之间的垂直高度，不计徒长枝，对棕榈类等特种苗木的树高从最高着叶点处测量其主干高度。

（4）测量灌高时应取每丛3枝以上主枝高度的平均值。

（5）测量冠径和蓬径，应取树冠（灌蓬）垂直投影面上最大值和最小值直径的平均值，最大值与最小值的比值应小于1.5。

（6）检验苗木苗龄和移植次数，应以出圃前苗木档案记录为准。

（7）苗木外观检测。

4. 检验规则

（1）苗木产品检验地点限在苗木出圃地进行，供需双方同时履行检验手续，供方应对需方提供苗木产品的树种、苗龄、移植次数等历史档案记录。

（2）珍贵苗木、大规格苗木和有特殊规格质量要求的苗木要逐株进行检验。

（3）成批（捆）的苗木按批（捆）量的10%随机抽样进行质量检验。

（4）同一批出圃苗木应统一进行一次性检验。

（5）同一批苗木产品质量检验的允许范围为2%；成批出圃苗木产品数量检验的允许误差为±0.5%，见表2.4-7、表2.4-8。

质量检验允许不合格值测定表　表2.4-7

同批量数（株）	允许值（株）
1000	20
500	10
100	2
50	1
25	0

数量检验允许误差值测定表　表2.4-8

同批量数（株）	允许值（株）
5000	±25
1000	±5
400	±2
200	±1
100	0

（6）根据检验结果判定出圃苗木合格与不合格，当检验工作有误或其他方面不符合有关标准规定，必须进行复检时，以复检结果为准。

（7）苗木产品出圃应附《苗木检验合格证书》，一式三份。其格式如下。

苗木检验合格证书

编　号		发苗单位			
树种名称		拉丁学名			
繁殖方式		苗龄		规格	
批号		种苗来源		数量	
起苗日期		包装日期		发苗日期	
假植或贮存日期		植物检疫证　号			
发证单位		备　注			

检验人（签字）：　　　　　负责人（签字）：　　　　　签订日期：　　　　　年　月　日

5. 掘苗

（1）常绿苗木、落叶珍贵苗木、特大苗木和不易成活的苗木以及有其他特殊质量要求的苗木等产品,应带土球起掘。

(2) 苗木的适宜掘苗时期,按不同树种的适宜移植物候期进行。

(3) 起掘苗木,当土壤过于干旱时,应在起苗前3～5d浇足水。

(4) 裸根苗木产品掘苗的根系幅度应为其基茎的6～8倍。

(5) 带土球苗木产品掘苗的土球直径应为其基茎的6～8倍。土球厚度应为土球直径的2/3以上。

(6) 苗木起掘后应立即修剪根系,根径达2.0cm以上的应进行药物处理,同时适度修剪地上部分枝叶。

(7) 裸根苗木产品掘取后,应防止日晒,进行保湿处理。

五、球根花卉种球的验收和检验

1. 球根花卉种球产品出圃的基本条件

(1) 种球应形态完整、饱满、清洁、无病虫害、无机械损伤、无畸形、无枯萎皱缩、主芽眼不损坏、无霉变腐烂。

(2) 种球栽植后,在正常气候和常规培养与管理条件下,应能够在第一个生长周期中开花,开花应达到一定观赏要求。各类标准另行规定。

(3) 种球品种纯度应在95%以上。

(4) 种球出圃的贮藏期不得超过收球后的几个月。如有特殊储藏条件的,亦必须保证在种植后第一个生长周期中开花,且出圃时要注明。

(5) 球根花卉种球出圃产品应按要求包装,并注明生产单位、中文名、拉丁学名、品种(含分色)、规格及包装数量,准确率应大于99%。

2. 球根花卉种球各类规格等级

(1) 鳞茎类种球产品规格、等级标准应符合表2.4-9的要求。

鳞茎类种球产品规格等级标准(mm)　　　　　　　　表2.4-9

编号	中文名称	科　属	最小圆周	种球圆周长规格等级					最小直径	备　注
				1级	2级	3级	4级	5级		
1	百合	百合科百合属	16	24+	22/24	20/22	18/20	16/18	5	直径5
2	卷丹	百合科百合属	14	20+	18/20	16/18	14/16	—	4.5	
3	麝香百合	百合科百合属	16	24+	22/24	20/22	18/20	16/18	5	
4	川百合	百合科百合属	12	18+	16/18	14/16	12/14	—	4	
5	湖北百合	百合科百合属	16	22+	20/22	18/20	16/18		5	直径17
6	兰州百合	百合科百合属	12	17+	16/18	15/16	14/15	13/14	4	为"川百合"之变种
7	郁金香	百合科郁金香属	8	20+	18/20	16/18	14/16	12/14	2.5	有皮
8	风信子	百合科风信子属	14	20+	18/20	16/18	14/16	—	4.5	有皮
9	网球花	百合科网球属	12	20+	18/20	16/18	14/16	12/14	4	有皮
10	中国水仙	石蒜科水仙属	15	24+	22/24	20/22	18/20		4.5	又名"金盏水仙",有皮,25.5+为特级
11	喇叭水仙	石蒜科水仙属	10	18+	16/18	14/16	12/14	10/12	3.5	又名"洋水仙"、"漏斗水仙",有皮
12	口红水仙	石蒜科水仙属	9	13+	11/13	9/11	—		3	又名"红口水仙",有皮

续表

编号	中文名称	科　属	最小圆周	种球圆周长规格等级					最小直径	备　注
				1级	2级	3级	4级	5级		
13	中国石蒜	石蒜科石蒜属	7	13+	11/13	9/11	7/9	—	2	有皮
14	忽地笑	石蒜科石蒜属	12	18+	16/18	14/16	12/19	—	3.5	直径6，有皮，黑褐色
15	石蒜	石蒜科石蒜属	5	11+	9/11	7/9	5/7	—	1.5	有皮
16	葱莲	石蒜科葱莲属	5	17+	11/17	9/11	7/9	5/7	1.5	又名"葱兰"，有皮
17	韭莲	石蒜科葱莲属	5	11+	9/11	7/9	5/7	—	1.5	又名"韭菜兰"，有皮
18	花朱顶红	石蒜科孤挺花属	16	24+	22/24	20/22	18/20	16/18	5	有皮
19	文珠兰	石蒜科文珠兰属	14	20+	18/20	16/18	14/16	—	4.5	有皮
20	蜘蛛兰	石蒜科蜘蛛兰属	20	30+	28/30	20/25	24/26	22/24	6	有皮
21	西班牙鸢尾	鸢尾科鸢尾属	8	16+	14/16	12/14	10/12	8/10	2.5	有皮
22	荷兰鸢尾	鸢尾科鸢尾属	8	16+	14/16	12/14	10/12	8/10	2.5	有皮

注："规格等级"栏中24+表示在24cm以上为1级，22/24表示在22~24cm为2级，以下依此类推。

（2）根茎类种球产品规格、等级标准应符合表2.4-10、表2.4-11的要求。

茎类种球产品规格等级标准（cm）　　　　表2.4-10

编号	中文名称	科　属	最小圆周	种球圆周长规格等级					最小直径	备　注
				1级	2级	3级	4级	5级		
1	西伯利亚鸢尾	鸢尾科鸢尾属	5	10+	9/10	8/9	7/8	6/7	1.5	
2	德国鸢尾	鸢尾科鸢尾属	5	9+	7/9	5/7	—	—	1.5	

根茎类种球产品规格等级标准（cm）　　　　表2.4-11

编号	中文名称	科属	根茎规格等级					备注
			1级	2级	3级	4级	5级	
1	荷花	睡莲科莲属	主枝或侧枝，具侧芽，2~3节间，尾端有节	主枝或侧枝，具顶芽，2节间，尾端有节	主枝或侧枝，具顶芽，1节间，尾端有节	2~3级侧枝具顶芽2~3间，尾端有节	主枝或侧枝，具顶芽，2节间，尾端有节	
2	睡莲	睡莲科睡莲属	具侧芽，最短5，最小直径2.5	具顶芽，最短3，最小直径2	具顶芽，最短2，最小直径1	—	—	同属各种均略同

（3）球茎类种球产品规格、等级标准符合表2.4-12的要求。

球茎类种球产品规格等级标准（cm）　　　　表2.4-12

编号	中文名称	科　属	最小圆周	种球圆周长规格等级					最小直径	备　注
				1级	2级	3级	4级	5级		
1	唐菖蒲	鸢尾科唐菖蒲属	8	18+	16/18	14/16	12/14	10/12	2.5	
2	小苍兰	鸢尾科香雪兰属	3	11+	9/11	7/9	5/7	3/5	1.5	又名"香雪兰"
3	番红花	鸢尾科番红花属	5	11+	9/11	7/9	5/7	—	1.5	
4	高加索番红花	鸢尾科番红花属	7	12+	11/12	10/11	9/10	8/9	2	又名"金钱番红花"
5	美丽番红花	鸢尾科番红花属	5	9+	7/9	5/7	—	—	1.5	
6	秋水仙	百合科秋水仙属	13	16+	15/16	14/15	13/14	—	3.5	外皮黑褐色
7	晚香玉	百合科晚香玉属	8	16+	14/16	12/14	10/12	8/10	2.5	

（4）块茎、块根类种球产品规格、等级标准应符合表 2.4-13 的要求。

块茎、块根类种球产品规格等级标准（cm）　　　　　表 2.4-13

编号	中文名称	科　属	最小圆周	种球圆周长规格等级					最小直径	备注（直径等级）
				1级	2级	3级	4级	5级		
1	花毛茛	毛茛科毛茛属	3.5	13+	11/13	9/11	13+	7/9	1.0	—
2	马蹄莲	天南星科马蹄莲属	12	20+	18/20	16/18	14/16	12/14	4	—
3	花叶芋	天南星科五彩芋属	10	16+	14/16	12/14	10/12	—	3	—
4	球根秋海棠	秋海棠科秋海棠属	10	16+	14/16	12/14	10/12	—	3	6+、5/6 4/5、3/4
5	大丽花	菊科大丽花属	3.2	—	—	—	—	—	1	2+、1.5/2 1/1.5、1

（5）球根花卉各类种球每个等级产品内成堆或计数混合销售时，其规格等级数额不应低于对应等级范围的最小值，包括大于这些等级数值的种球（如做花境或自然种植），都不应低于对应等级范围的下限值。

3. 球根花卉种球分类的质量

球根花卉种球分类的质量标准应符合表 2.4-14 的要求。

球根花卉种球分类的质量要求　　　　　表 2.4-14

质量要求	鳞茎类	球茎类	块茎类	根茎类	块根类
外观整体质量要求	充实、不腐烂、不干瘪	充实、不腐烂、不干瘪	充实、不腐烂、不干瘪	充实、不腐烂、不干瘪	充实、不腐烂、不干瘪
芽眼芽体质量要求	中心胚芽不损坏，肉质鳞片排列紧密	主芽不损坏	主芽眼不损坏	主芽芽体不损坏	根茎部不损坏
外因危害	无病虫危害	无病虫危害	无病虫危害	无病虫危害	无病虫危害
外因污染	干净，无农药、肥料残留	无农药、肥料残留	无农药、肥料残留	干净，无农药、肥料残留	干净，无农药、肥料残留
种皮、外膜质量要求	有皮膜的皮膜保存无损（水仙除外），无皮膜的鳞片叶完整、无缺损，鳞茎盘无缺损，无凹底	外膜皮无缺损			

4. 检测方法

（1）测量种球圆周长用软尺，测量种球直径用游标卡尺，读数精确到 0.1cm。

（2）测量鳞茎、球茎和根茎类种球的圆周长或直径，需待种球风干后，垂直于种球茎轴测其最大圆周长或最大直径的数量值；测量块茎类和块根类种球的圆周长或直径，须测其圆周长或直径的最大值和最小值的平均值。

（3）根据规定，测定筛取各规格等级，通常采用自制的环形网筛，网筛上有合格等级尺寸的网眼，通过此工具筛分种球等级。对于水仙类种球，多按中央主球直径进行手工分级。

（4）出圃球根花卉种球产品应经过植物检疫。省、自治区、直辖市之间的根球花卉种球产品出入行政辖区，须经当地植物检疫主管部门检验，并签发《球根花卉种球检疫合格证书》。其出入境检疫应按国际和国家有关法规的规定进行种球的植物检疫。

5. 检验规则

（1）球根花卉种球出圃的产品，根据购销双方共同约定的地点进行现场检验。

（2）成批量（筐、袋、篓等）出圃的种球产品按5％随机抽样，一次性检验完毕。

（3）同一批种球规格质量检验的合格率应达98％以上，数量检验允许误差为±0.5％。

（4）根据检验结果判定出圃种球规格质量的合格与不合格，需复检时，以复检结果为准。

（5）种球出圃应附《球根花卉种球检验合格证书》，其格式如下。

球根花卉种球检验合格证书

编号		发货单			
中文名称		拉丁学名			
采用标准编号		种球等级		规格	
批号		品种花色		数量	
种球产地及来源		种球培育年限		发货日期	月　　日
掘球日期	月　　日	植物检疫证号			
贮存期	年　月至　年　月	发证单位		（盖公章）	

检验人（签字）：　　　　　　负责人（签字）：　　　　　签证日期：　　　年　月　日

6. 标志

（1）种球出圃应带有明显标志。

（2）标志牌应印注种球品种的中文名称（品种、变种或杂交种名）、拉丁学名、科属、种球产地、花色、花型、等级、数量和标准编号等内容。

（3）标志牌的挂设以球根花卉的品种（或变种、杂交种）为单元。

7. 挖掘

（1）挖掘种球应按球根花卉的不同种球品种、适宜季节（进入休眠期），或在花谢后枝叶开始枯黄时掘起。

（2）掘起种球时应自然出土，尽量不损伤种球，一般不带残土和老根，并要风干消毒。水生球根类消毒前不宜风干。

（3）对种球产品（如中国水仙），在既保障种球存活率高，又不影响土壤检疫的条件下，可允许附带产地泥土，底盘侧鳞茎的护根泥，特级、一级不超过150g，二至四级不超过100g。

8. 包装

（1）种球的包装（箱、袋、篓、筐和庄等）要透气，结实不散。水生球根类的根茎（如荷花）装箱时，应加填充物，以免碰损顶芽，包装应牢固，等级、数量应符合标示等级、数量的要求。

（2）某类种球（如大丽花）可用上光涂料作表面处理，既有防腐贮藏作用，又增加了球面产品的洁净感。

（3）包装应按不同种类、品种、规格、数量，一般选用标准化包装箱（40cm×60cm×160cm）包装。

（4）某类种球产品（如中国水仙）因传统习惯采用以"庄"为包装单位，分特大庄（10粒满箱装）、20庄（20粒满箱装）、30庄（30粒满箱装）、40庄（40粒篓筐装）、50庄（50粒篓筐装）和不列庄（篓筐装）等，采用瓦楞纸箱包装，箱内壁应平滑，纸箱两侧各打若干个直径不小于1.5cm的通风孔。

9. 贮存

（1）种球贮存地要凉爽、通风，贮存室保持常温，应防冻、防潮、防雨、防毒，贮藏室温保持5～28℃，相对湿度60％～80％；或根据不同需要采取贮藏技术措施。

（2）贮存的种球成批量同种、同等级放置在一起，以防混杂。

10. 运输

运输过程中应防振、防压、防冻、防雨雪。

六、露地栽培花苗的验收和检验

1. 一、二年生花卉，株高一般为 10～50cm，冠径为 15～35cm，分枝不少于 3～4 个，植株健壮，色泽明亮。

2. 宿根花卉，根系必须完整，无腐烂变质。

3. 球根花卉，球根应苗壮，无损伤，幼芽饱满。

4. 观叶植物，叶片分布均匀，排列整齐，形状完好，色泽正常。

5. 水生植物的根、茎、叶发育良好，植株健壮。

6. 检验方法：观察、测量。

7. 检查数量：每 100 株检查 10 株，少于 100 株的全检查。

七、草块、草卷的验收和检验

1. 草块、草卷规格必须一致，生长均匀，根系密布无空秃，草高适度。

2. 草块厚度宜为 2～3cm；草卷厚度宜为 1.8～2.5cm。

3. 杂草不超过 2%。

4. 检验方法：观察、尺量。

5. 检验数量：500m² 检查 3 处，不足 500m²，检查不少于 2 处。

八、草坪、草花、地被植物种子的验收和检验

1. 草坪、草花、地被植物种子均应注明品种、品质、产地、生产单位、采收年份等出厂质量检验报告或说明。

2. 草坪种子纯净度应达到 95%。

3. 冷地型草坪种子发芽率应在 85% 以上。

4. 暖地型草坪种子发芽率在 70% 以上。

5. 外地引进种子应有检疫合格证，不得带有病虫害。

6. 选择优良种子，不得含有杂质。

7. 检验方法：观察、发芽实验。

注：植物材料按批次进场应填写《工程物资进场报验记录》。

第三章 绿化栽植工程的质量控制

园林植物具有美丽的姿态、丰富的色彩和四季的变化，构成瑰丽多彩的园林景观，形成良好的生态环境。但园林植物是具有生命的，必须根据园林植物的生态习性，按照绿地设计，进行植物栽植造景，尽快发挥其生态与观赏效果。

第一节 栽植前土壤处理（一般栽植基础）的质量控制

一、一般要求

1. 栽植或播种前应对该地区的土壤理化性质进行化验分析，采取相应的土壤改良、施肥和置换客土等措施，严禁使用含有害成分的土壤。

2. 绿化栽植土壤有效土层厚度应符合表 3.1-1 的要求，栽植层下严禁有不透水层。

绿化栽植土壤有效土层厚度　　　　　　　　　　　　　　表 3.1-1

项次	项　目	植被类型		土层厚度（cm）	检验方法
1	一般栽植	乔木	胸径≥20cm	≥180	挖样洞，观察或尺量检查
			胸径＜20cm	≥150（深根） ≥100（浅根）	
		灌木	大、中灌木、大藤本	≥90	
			小灌木、宿根花卉、小藤本	≥40	
		棕榈类		≥90	
		竹类	大径	≥80	
			中、小径	≥50	
		草坪、花卉、草本地被		≥30	
2	设施顶面绿化	乔木		≥80	
		灌木		≥45	
		草坪、花卉、草本地被		≥15	

3. 园林植物栽植土应包括客土、原土利用、栽植基质等，栽植土必须湿润、排水良好、通气、较肥沃、无渣土、垃圾及其他的污染物。

二、栽植土的质量及检验

1. 主控项目

（1）土壤 pH 值 5.6～8.0 或符合本地区栽植土标准。

（2）土壤全盐含量 0.1‰～0.3‰。

（3）土壤密度 1.0～1.35g/cm³。

2. 一般项目

（1）栽植土层厚度及土层允许偏差符合相关要求。

(2) 土壤有机质含量≥1.5%。

(3) 土壤土块粒径≤5cm。

检测方法：理化性质经有资质的单位测试；土层厚度尺量。

检测数量：500m³ 或 2000m² 为一检验批，随机取样 5 处，每处 100g 组成一组试样。500m³ 或 2000m² 以下取样不少于 3 处。

三、栽植前场地清理的质量检验

1. 主控项目

(1) 现场内的渣土、工程废料、宿根性杂草、树根及其有害污染物应清除干净。

(2) 场地标高及清理程度符合设计要求。

2. 一般项目

(1) 填垫范围内应无坑洼洼积水。

(2) 软土淤泥和不透水泥应处理完成。

检测方法：观察、测量。

检测数量：每 1000m² 检查 3 处，不足 1000m² 检查不少于 1 处。

四、栽植土回填及微地形造型质量检验

1. 主控项目

(1) 对造型胎土、栽植土，应符合设计要求并有检测报告。

(2) 回填土及微地形造型的范围、厚度、标高、造型及坡度均应符合设计要求。

2. 一般项目

(1) 回填土及微地形造型应适度压实，自然沉降基本稳定，严禁用机械反复碾压。

(2) 微地形造型自然顺畅。

(3) 微地形造型尺寸和相对高程允许偏差应符合表 3.1-2 的要求。

微地形造型尺寸和相对高程允许偏差 表 3.1-2

项次	项目		尺寸要求	允许偏差（cm）	检查方法
1	边界线位置		设计要求	±50	经纬仪、钢尺测量
2	等高线位置		设计要求	±10	经纬仪、钢尺测量
3	地形相对标高（cm）	≤100	回填土方自然沉降以后	±5	水准仪、钢尺测量
		101~200		±10	
		201~300		±15	
				±20	
		301~500			

检测数量：每 1000m² 检查 3 处，不足 1000m² 检查不少于 1 处。

五、栽植土改良和表层整理的质量检验

1. 主控项目

(1) 用于土壤改良的改良剂和商品肥料应有产品合格证。

(2) 有机肥必须充分腐熟。

(3) 施用无机肥料必须测定绿化土壤有效养分含量，并宜采用缓释性无机肥。

2. 一般项目

(1) 栽植土表层不得有明显低洼和积水处，花境、花坛栽植地 30cm 的表层土必须疏松。

(2) 栽植土表层石砾、杂物不应超过 10%，土块粒径符合表 3.1-3 的要求。

项　次	项　目	栽植土粒径（cm）
1	大、中乔木	≤5
2	小乔木、大中灌木、大藤本	≤4
3	竹类、小灌木、宿根花卉、小藤本	≤3
4	草坪、草花、地被	≤2

栽植土表层土块粒径要求　　表 3.1-3

（3）栽植土表层与道路接壤处应低于侧石 3～5cm。

（4）放坡设计无要求时宜为 0.3‰～0.5‰。

检测方法：试验、检测报告、观察、尺量。

检测数量：每 1000m² 检查 3 处，不足 1000m² 检查不少于 1 处。

第二节　栽植穴、槽挖掘的质量控制

一、一般要求

1. 栽植穴、槽挖掘前，应向有关单位了解地下管线和隐蔽物埋设情况。

2. 树木与地下管线外缘及树木与其他设施的最小水平距离应符合相应的绿化规划与设计规范及守则的规定。

3. 栽植穴、槽定点遇有障碍物时，应及时与设计单位联系，进行适当调整。

4. 栽植穴、槽底部遇有不透水层及重黏土层时，必须采取排水措施，达到通透。

5. 土壤干燥时，应于栽植前灌水浸穴、槽。

6. 开挖栽植穴、槽，遇有灰土、石砾、有机污染物、黏性土等，应采取扩大树穴、疏松土壤等措施，回填土必须符合栽植土标准。

二、栽植穴、槽的质量检验

1. 主控项目

（1）栽植穴、槽定点放线应符合设计要求。

（2）栽植穴、槽直径应大于土球或裸根苗根系展幅 40～60cm，深度与土根或裸根苗系相适应或符合表 3.2-1～表 3.2-4 的要求。

常绿针叶乔木类栽植穴规格　　表 3.2-1

序号	项　目		土球直径（cm）	栽植穴深度（cm）	栽植穴直径（cm）
1	树高	150cm	40～50	50～60	80～90
2		150～250cm	70～80	80～90	100～110
3		250～400cm	80～100	90～110	120～130
4		400cm 以上	140 以上	120 以上	180 以上

乔木类栽植穴规格　　表 3.2-2

序号	项　目		栽植穴深度（cm）	栽植穴直径（cm）
1	干径	<5cm	50～60	70～80
2		6～10cm	70～80	90～100
3		11～15cm	>80	>120
4		16～20cm	>100	>140

花灌木类栽植穴规格　　表 3.2-3

序号	项　目		栽植穴深度（cm）	栽植穴直径（cm）
1	冠径	50～100cm	40～50	50～60
2		100～150cm	60～70	70～80
3		150～200cm	70～90	90～110

绿篱类栽植槽规格 表 3.2-4

序号	项 目		种植方式	
			单行（深×宽，cm）	双行（深×宽，cm）
1	苗高	50~80cm	40×40	40×60
2		100~120cm	50×50	50×70
3		120~150cm	60×60	60×80

（3）栽植穴、槽遇有不透水层及重黏土层时，必须进行疏松或采取排水措施。

2. 一般项目

（1）穴（槽）挖出好土、弃土应分别置放，穴底回填适量好土或改良土。

（2）土壤干燥时应于栽植前浇灌浸穴、槽。

（3）当土壤密实度大于 1.35g/cm³ 或渗透系数小于 10^{-4} cm/s 时，应采取扩大树穴、疏松土壤等措施。

检测方法：观察、尺量。

检测数量：100 个穴，检查 10 个；100 个穴以下全数检查。

第三节 植物材料的质量控制

一、一般要求

1. 园林植物材料必须生长健壮、枝叶繁茂、冠形完整、色泽正常、根系发达、无病虫害、无机械损伤、无冻害等。

2. 苗木必须经过移植和培育，未经培育的实生苗、野地苗、山地苗一般不宜采用。

3. 非栽植季节栽植时，为提高栽植成活率，园林植物应选择事先经过处理的容器苗。

4. 植物材料按进场批次应填写《工程物资进场报验记录》。

二、植物材料的质量检验

1. 主控项目

（1）植物材料种类品种名称及规格必须符合设计要求。

（2）严禁使用带有严重病虫害的植物材料，自外地引进的植物材料应有"植物检疫证"。

2. 一般项目

（1）植物材料的外观质量要求和检验方法应符合表 3.3-1 的要求。

植物材料外观质量要求和检验方法 表 3.3-1

项次	项 目		等级	质量要求	检验方法
1	乔木、灌木	姿态和长势	合格	树干较顺直，树冠较完整，分枝点和分枝合理，生长势较好	检查数量：每100株检查10株，每株为1点，少于20株全数检查。检查方法：观察、量测
		病虫害	合格	基本无病虫害	
		土球苗、裸根苗根系	合格	土球规格，根系展幅基本达标；土球较完整，包装较牢靠；裸根苗不劈裂，根系较完整，切口平整	
		容器苗木	合格	规格符合要求，容器完整，苗木不徒长	
2	棕榈类植物		合格	主干挺直，树冠匀称，土球符合要求，根系完整，无病虫害	

项次	项 目	等级	质量要求	检验方法
3	草卷、草块、草束	合格	草卷、草块长宽尺寸基本一致，厚度均匀，杂草不超过 5%，草高适度，根系好，草芯鲜活，基本无病虫害	检查数量：按面积抽查 10%，4m² 为一点，不少于 5 个点。不大于 30m² 应全数检查。 检查方法：观察
4	花苗、地被、绿篱及模纹色块植物	合格	株形苗壮，根系基本良好，无伤苗，茎、叶无污染，基本无病虫害	检查数量：按数量抽查 10%，10 株为 1 点，不少于 5 个点。不大于 50 株应全数检查。 检查方法：观察
5	竹类（散生竹、丛生竹、混生竹）	合格	生长健壮、鞭芽饱满、鞭根健壮、分枝较低、枝叶繁茂、无明显病虫害及开花迹象、土球符合要求的母竹，竹龄 1～2 年生；散生竹 1～2 枝/株；混生竹 2～4 枝/株；丛生竹可挖起后分成 3～5 株/丛	检查数量：每 100 株检查 10 株，每株为 1 点，少于 100 株全数检查。 检查方法：观察、量测
6	整型景观树	合格	姿态独特、曲虬苍劲、质朴古拙，株高不小于 150cm，多干式桩景的叶片托盘不少于 7～9 个，土球完整	检查数量：全数检查。 检查方法：观察、尺量

（2）植物材料规格允许偏差和检验方法应符合表 3.3-2 的要求。

植物材料规格允许偏差和检验方法　　　　　　　　表 3.3-2

项次	项 目			允许偏差（cm）	检查频率		检查方法
					范 围	点数	
1	乔木	干径	≤5cm	−0.2	每 100 株检查 10 株，每株为 1 点，少于 20 株全数检查	10	量测
			6～9cm	−0.5			
			10～15cm	−0.8			
			16～20cm	−1.0			
		高度		−20			
		冠径		−20			
2	灌木	高度	≥100cm	−10			
			<100cm	−5			
		冠径	≥100cm	−10			
			<100cm	−5			
3	球类苗木	冠径	<50cm	0	每 100 株检查 10 株，每株为 1 点，少于 20 株全数检查	10	量测
			50～100cm	−5			
			110～200cm	−10			
			>200cm	−20			
		高度	<50cm	0			
			50～100cm	−5			
			110～200cm	−10			
			>200cm	−20			

续表

项次	项目		允许偏差 （cm）	检查频率		检查方法
				范围	点数	
4	藤本	主蔓长 ≥150cm	−10	每100株检查10株，每株 为1点，少于20株全数检查	10	量测
		主蔓径 ≥1cm	0			
5	棕榈类 植物	株高	≤100cm	0	每100株检查10株，每株 为1点，少于20株全数检查	10	量测
			100～250cm	−10			
			250～400cm	−20			
			>400cm	−30			
		地径	≤10cm	−1			
			10～40cm	−2			
			>40cm	−3			

检测方法：观察、尺量。

检测数量：乔灌木、竹类 100 株检查 10 株，少于 20 株全数检查；草坪、地被按面积抽查 10％，4m² 为一个点，不少于 5 点，小于 30m² 全数检查。

第四节　苗木运输和假植的质量控制

一、一般要求

1. 苗木装运前必须仔细核对苗木的品种、规格、数量、质量，外地苗木应事先办理苗木检疫手续。

2. 苗木运输量应根据现场种植量确定，苗木运到现场后应及时栽植，严禁晾晒时间过长。

二、苗木运输和假植的质量检验

1. 主控项目

（1）起吊机具和装运车辆吨位满足苗木运输需要；并有安全操作措施。

（2）苗木运到现场，当天不能栽植的应及时假植。

2. 一般项目

（1）裸根苗运输时应进行覆盖，装卸时不得损伤苗木。

（2）带土球苗木装卸车排列顺序合理，不得散球。

（3）裸根苗可在栽植现场附近选择适合地点，根据根冠大小挖假植沟假植。假植时间较长时，根系必须用湿土埋严，不得透风，根系不得失水。

（4）带土球苗木的假植，可将苗木码放整齐，土球四周培土，喷水保持土球湿润。

检测方法：观察。

检测数量：每车抽 20％的苗株进行检查。

第五节　苗木修剪的质量控制

一、一般要求

1. 苗木栽植前应进行苗木根系修剪，将劈裂根、过长根剪除，并对树冠适当修剪，保持树体地上地下部位生长平衡。

2. 乔木类修剪应符合下列要求：

1）落叶乔木修剪

（1）具有中央领导干、主轴明显的落叶乔木应保持原有主尖和树形，适当疏枝，对保留的主侧枝应在健壮芽上部短截，可剪去枝条的 1/5～1/3。

（2）无明显中央领导干、枝条茂密的落叶乔木，可对主枝的侧枝进行重短截或疏枝并保持原树形。

（3）行道树乔木定干高度宜 2.8～3.5m，第一分枝点以下枝条应全部剪除，同一条道路上相邻树木分枝高度应基本统一。

（4）绿地景观树木的分枝点，可为树高的 1/3～1/2。

2）常绿乔木修剪

（1）常绿阔叶乔木具有圆头形树冠的可适量疏枝，枝叶集生树干顶部的苗木可不修剪，具有轮生侧枝，作行道树时，可剪除基部 2～3 层轮生侧枝。

（2）松树类苗木宜以疏枝为主。

① 剪去每轮中过多主枝，留 3～4 个主枝。

② 剪除上下两层中重叠枝及过密枝。

③ 剪除下垂枝、内膛斜生枝、枯枝、机械损伤枝。

④ 修剪枝条时基部应留 1～2cm 木橛。

（3）柏类苗木不宜修剪，具有双头或竞争枝、病虫枝、枯死枝的应及时剪除。

3. 灌木及藤蔓类修剪应符合下列要求：

（1）有明显主干型灌木，修剪时应保持原有树形，主枝分布均匀，主枝短截长度宜不超过 1/2。

（2）丛枝型灌木预留枝条宜大于 30cm，多干型灌木不适宜疏枝。

（3）绿篱、色块、造型苗木，在种植后应按设计高度整形修剪。

（4）藤蔓类苗木应剪除枯死枝、病虫枝、过长枝。

4. 非栽植季节栽植落叶树木，应根据不同树种的特性在保持树形的前提下适当增加修剪量，可剪去枝条的 1/3～1/2。

二、苗木修剪的质量检验

1. 主控项目

（1）苗木修剪整形应符合设计要求，无要求时修剪、整形应保持原树形。

（2）苗木必须无损伤断枝、枯枝、严重病虫害枝。

2. 一般项目

（1）落叶树木枝条应从基部剪除，不留木橛，剪口平滑，不得劈裂。

（2）枝条短截时，应留外芽，剪口应距留芽位置上方 0.5cm。

（3）修剪直径 2cm 以上大枝条及粗根时，截口必须削平并涂防腐剂。

检测方法：观察、尺量。

检测数量：每 100 株检查 10 株，不足 100 株时全数检查。

第六节　树木栽植的质量控制

一、一般要求

1. 树木栽植应根据树木品种的习性和当地气候条件，选择最适宜的栽植期进行栽植。

2. 非种植季节进行树木栽植时，应根据不同情况采取以下技术措施：

（1）苗木必须提前环状断根进行屯苗或在适宜季节起苗用容器假植处理。

(2) 落叶乔木、灌木类应进行强修剪并应保持原树冠形态，剪除部分侧枝，保留的侧枝应进行短截，并适当加大土球体积。

(3) 可摘叶的应摘去部分叶片，但不得伤害幼芽。

(4) 夏季可采取遮荫、树木卷干保湿、树冠喷雾或喷施抗蒸腾剂，减少水分蒸发；冬季应防风防寒。

(5) 掘苗时根部可喷布促进生根激素，栽植时可加施保水剂，栽植后树体可注射营养剂。

(6) 应在阴雨天或傍晚进行苗木栽植。

3. 干旱地区或干旱季节，树木栽植可在树冠喷布抗蒸腾剂、采用带土球树木、树木根部可喷布生根激素、增加浇水次数等措施。

4. 对人员集散较多的广场、人行道，树木种植后，种植池应铺设透气铺装，加设护栏。

二、树木栽植的质量检验

1. 主控项目

(1) 栽植的树木品种、规格、位置应符合设计要求。

(2) 栽植的树木应保持直立，不得倾斜。

(3) 行道栽植应保持直线，相邻植株规格搭配合理。

(4) 树木成活率应大于 95％，名贵树木栽植成活率应达 100％。

2. 一般项目

(1) 回填土分层踏实。

(2) 栽植时应注意观赏面的合理朝向，乔灌木栽植深度应与原种植线持平，常绿树比原土痕高 5cm。

(3) 带土球树木入穴时不易腐烂的包装物应拆除。

(4) 绿篱及色块栽植株行距均匀，苗木高度、冠幅均匀搭配。

(5) 非种植季节、干旱地区及干旱季节树木栽植时有相应的技术措施。

检测方法：观察、尺量。

检测数量：栽植成活率全数检查，统计成活率。其他主控及一般项目每 100 株检查 10 株，不足 100 株时，全数检查。

三、树木围堰的质量检验

1. 主控项目

(1) 单株树木的围堰内径不小于种植穴径，围堰高度 10～15cm。

(2) 围堰应踏实，无水毁。

2. 一般项目

围堰用土应无砖、石块等杂物，围堰外形宜相对统一。

检测方法：观察、尺量。

检测数量：每 100 个检查 10 个，不足 100 个全数检查。

四、浇灌水的质量检验

1. 主控项目

(1) 水质应符合《农田灌溉水质标准》(GB 5084—2005) 的要求。

(2) 每次浇灌水量应满足植物成活及生长需要。

2. 一般项目

(1) 浇水时应在穴中放置缓冲垫。

(2) 出现渗漏及时封堵，出现土壤沉降及时培土。

(3) 浇水后出现树木倾斜，应及时扶正、固定。

检测方法：测试及观察。

检测数量：水质应有测试报告，每100株检查10株，不足100株全数检查。

五、树木支撑的质量检验

1. 主控项目

（1）支撑物、牵拉物与地面连接点的连接应牢固。

（2）树木与支撑物连接应衬软垫并绑扎牢固。

2. 一般项目

（1）支撑物、牵拉物的强度能保证支撑有效，用软支撑固定时应设警示标志。

（2）常绿树支撑高度为树干高的2/3，落叶树支撑高度为树干高的1/2。

（3）同规格树种的支撑物，牵拉长度、支撑角度、绑扎形式宜统一。

检测方法：晃动支撑物。

检测量数：每50株检查10株，不足50株全数检查。

第七节　大树移植的质量控制

一、一般要求

1. 树木的规格符合下列条件之一的均应属于大树移植。

（1）落叶乔木：干径在20cm以上。

（2）常绿乔木：株高在6m以上，或地径在18cm以上。

（3）灌木：冠幅在3m以上。

（4）因需要必须进行移地栽植的古树名木和有保护价值的树木。

2. 大树移植的准备工作应符合下列要求：

（1）移植前应对移植的大树生长、立地条件、周围环境等进行调查研究，制订技术方案和安全措施。

（2）移植所需机械、运输设备和大型工具必须完好，操作安全。

（3）移植的大树不得有病虫害和明显的机械损伤，应具有较好的观赏面，植株健壮、生长正常，并具备起重及运输机械等设备，能正常工作的现场条件。

（4）选定的移植大树，应在树干南侧作出明显标识，标明树木的阴、阳面及出土线。

（5）移植大树应在移植前一至二年分期断根、修剪，进行屯苗，做好移植准备。

二、大树的挖掘及包装的质量检验

1. 主控项目

（1）土球规格应为干径的6～8倍，土球高度为土球直径的2/3，土球底部直径为土球直径的1/3，土台规格应上大下小，下部边长比上部边长少1/10。

（2）树根应用手锯锯断，锯口平滑无劈裂，并不得露出土球表面。

2. 一般项目

（1）土球软质包装应紧实、无松动，腰绳宽度应大于10cm。

（2）土球直径1m以上的应作封底处理。

（3）土台的箱板包装应立支柱，稳定牢固。

检测方法：观察、尺量。

检测数量：每株检查。

三、大树移植的吊装运输质量检验

1. 主控项目

（1）吊装、运输时，必须对大树的树干、枝条、根部的土球、土台采取保护措施，严防劈裂。

（2）大树的装卸和运输必须具备承载能力的大型机械和车辆，并应制订安全措施，严格按安全规定操作。

2. 一般项目

（1）大树吊装就位时，应注意选好主要观赏面的方向。

（2）应及时支撑、固定树体。

检测方法：观察。

检测数量：每株检查。

四、大树移栽的质量检验

1. 主控项目

（1）大树的规格、品种、树形、树势应符合设计要求。

（2）定点放线符合施工图规定。

（3）栽植深度应保持下沉后原土痕和地面等高或略高，树干或树的重心应与地面保持垂直。

2. 一般项目

（1）栽植穴应根据根系或土球的直径加大 60～80cm，深度增加 20～30cm。

（2）种植土球树木，应将土球放稳，拆除包装物；种植裸根树木，应剪去劈裂断根，根系必须舒展。

（3）栽植回填的栽植土，肥料应充分腐熟，回填土应分层捣实。

（4）大树栽植后设立支撑必须牢固，进行卷干保湿，应及时浇水。

（5）栽植后进行保养管理、植物修剪、剥芽、追肥，及时浇水、排水，防治各种灾害。

检测方法：观察、尺量。

检测数量：每株检查。

第八节　草坪及草本地被栽植的质量控制

一、一般要求

1. 草坪和草本地被的栽植应根据不同地区、不同地形，选择播种、分株、铺砌草块、草卷等栽植方法。

2. 草坪和草本地被栽植地应满足灌水及排水的措施要求。

3. 草坪和草本地被栽植地的整理及栽植土应符合规范要求。

二、草坪和草本地被播种的质量检验

1. 主控项目

（1）播种前应作发芽试验和催芽处理，确定合理的播种量。

（2）播种时应先浇水浸地，保持土壤湿润，并将表层土耧细耙平，坡度应达到 0.3％～0.5％。

（3）用等量沙土与种子拌匀进行撒播，播种后应均匀覆细土 0.3～0.5cm 并轻压。

（4）播种后应及时喷水，种子萌发前，干旱地区应每天喷水 1～2 次，水点宜细密均匀，浸透土层 8～10cm，保持土表湿润，应无积水，出苗后可减少喷水次数，土壤宜见湿见干。

（5）草坪、地被覆盖度应达到 95％，单块裸露面积应小于 10～20cm²。

2. 一般项目

（1）选择优良种子，不得含有杂质，种子纯净度应达到 95％以上。

（2）播种前应对种子进行消毒。

（3）整地前应进行土壤处理，防治地下害虫。

（4）成坪后不应有杂草及病虫害。

检测方法：观察、尺量及种子纯净度和种子发芽试验报告。

检测数量：500m² 检查 3 处，不足 500m² 检查不少于 2 处。

三、草坪和草本地被喷播的质量检验

1. 主控项目

（1）喷播应先检查网垫、格栅固定情况，清理坡面。

（2）喷播的种子覆盖料、土壤稳定剂的配合比应符合设计要求。

2. 一般项目

（1）喷播覆盖应均匀无漏，喷播厚度均匀一致。

（2）喷播应从上到下，依次进行。

（3）强降雨季节喷播时应注意覆盖。

检测方法：检查种子覆盖料及土壤稳定剂合格证明、观察。

检测数量：每 1000m² 检查 3 处，不足 1000m² 检查不少于 2 处。

四、草坪和草本地被分栽的质量检验

1. 主控项目

（1）分栽的植物材料应注意保鲜，不萎蔫。

（2）栽植前应先浇水浸地，浸水深度应达 10cm。

（3）草坪、地被覆盖度应不大于 95%。

2. 一般项目

（1）分栽植物的株行距，每丛的单株数应满足设计要求，设计无明确要求时，可按丛的组行距（15～20）cm×（15～20）cm，成品字形，或按一平方米植物材料可按 1：4～1：3 的系数，进行栽植。

（2）栽植后应平整地面，适度压实，立即浇水。

检测方法：观察、尺量。

检测数量：500m² 检查 3 处，不足 500m² 检查不少于 2 处。

五、铺设草块和草卷的质量检验

1. 主控项目

（1）草卷、草块在铺设前应先整地、浇水浸地。

（2）草块、草卷在铺设后应进行滚压或拍打，与土壤密切接触。

（3）铺设草卷、草块，均应及时浇水，浸湿土壤厚度应达到 10cm。

2. 一般项目

（1）铺设草卷、草块应相互衔接、不留缝，高度一致。

（2）草地排水坡度适当，无坑洼积水。

（3）草坪生长势较好，草色纯正，不应有杂草及病虫害。

检测方法：观察和查看施工记录。

检测数量：500m² 检查 3 处，不足 500m² 检查不少于 2 处。

六、运动场草坪的质量检验

1. 主控项目

（1）坪床结构和表层基质、排灌系统应符合设计要求。

（2）坪床基层应用水夯实，表层基质铺设细致均匀，坪床整体紧实度适宜。

（3）运动场草坪坪床的理化性质应符合栽植土标准。

2. 一般项目

（1）铺植草块大小、厚度均匀，缝隙严密，草块与表层基质结合紧密。

（2）成坪后覆盖度均匀，无明显裸露斑块，基本无杂草和病虫害症状。

（3）运动场草坪坪底标高、坡降、基质层厚度、平整度允许偏差应符合表 3.8-1 的要求。

运动场草坪坪床允许偏差　　　　　　　　　　表 3.8-1

项次	项　目	尺寸要求 （cm）	允许偏差 （cm）	检查频率		检验方法
				范围	点数	
1	坪床相对标高	设计要求	+2，0	500m²	3	测量（水准仪）
2	排水坡降	设计要求	≤0.5%			
3	坪床表层土壤块径	运动型	≤1.0	500m²	3	观察
4	坪床平整度	设计要求	≤2	500m²	3	测量（水准仪）
5	建植土层或基质层厚度	设计要求	±1	500m²	3	挖样洞（或环刀取样）量取
6	草高修剪控制	4.5～6.0	±1	500m²	3	观察、检查剪草记录

七、停车场草坪的质量检验

1. 主控项目

（1）停车场的基土及砂垫层密实应符合设计要求。

（2）嵌草砖的规格、外形及强度符合设计要求，嵌草砖铺设严密。

2. 一般项目

（1）基土及垫层应有足够的渗水性和牢固性。

（2）种植穴填土密实，草应盖满穴槽。

检测方法：测量、环刀取样、观察。

检测数量：500m² 检查 3 处，不足 500m² 检查不少于 2 处。

第九节　花卉栽植的质量控制

一、一般要求

1. 花卉栽植应按照设计图定点放线，在地面准确划出位置、轮廓线。面积较大的花坛，可用方格线法，按比例放大到地面。

2. 花卉栽植地必须符合栽植土标准。栽植地应精细翻整，搂平耙细，去除土壤中的杂物。

3. 花卉栽植的顺序应符合下列要求：

（1）大型花坛，宜分区、分规格、分块栽植。

（2）独立花坛，应由中心向外顺序栽植。

（3）模纹花坛应先栽植图案的轮廓线，后种植内部填充部分。

（4）坡式花坛应由上向下栽植。

（5）高矮不同品种的花苗混植时，应按先高后矮的顺序栽植。

（6）宿根花卉与一、二年生花卉混植时，应先种植宿根花卉，后种一、二年生花卉。

4. 花境栽植应符合下列要求：

（1）单面花境应从后部栽植高大的植株，依次向前栽植低矮植物。

（2）双面花境应从中心部位开始依次栽植。

（3）混合花境应先栽植大型植株，定好骨架后依次栽植宿根、球根及一、二年生草花。

（4）设计无要求时，各种花卉应成团成丛栽植，各团、丛间花色、花期搭配合理。

5. 花卉栽植后，应及时浇水，并应保持茎叶清洁。

二、花卉栽植和质量检验

1. 主控项目

（1）栽植放样、栽植图案、栽植密度符合设计要求。

（2）花卉栽植土及表层土壤整理符合规范要求。

（3）花苗基本覆盖地面，成活率不少于 95％。

2. 一般项目

（1）株行距均匀，高低搭配适当。

（2）栽植深度适当，根部土壤压实，花苗不沾淤泥。

检测方法：观察、尺量。

检测数量：$500m^2$ 检查 3 处，不足 $500m^2$ 检查不少于 2 处。

第十节　水湿生植物栽植的质量控制

一、一般要求

1. 水湿生植物栽植必须保证湿生类、挺水类、浮水类植物，满足对适生水的深度要求。常用的水湿生植物栽培水深度应符合表 3.10-1 的要求。

常用水湿生植物栽培水深　　　　　　　　　　　　表 3.10-1

序　号	名　　称	类　　别	栽培水深（cm）
1	荷　花	挺水类植物	60～80
2	睡　莲	浮水类植物	10～60
3	菖　蒲	湿生类植物	5～10
4	千屈类	湿生类植物	5～10
5	凤眼莲	漂浮类植物	60～100
6	芡　实	浮水类植物	＜100
7	水　葱	挺水类植物	5～10
8	慈　姑	挺水类植物	10～20
9	莕　菜	漂浮类植物	100～200
10	香　蒲	挺水类植物	20～30
11	芦　苇	挺水类植物	20～80

2. 水湿生植物栽植地，土壤不良，可更换种植土，使用的种植土和肥料不得污染水源。

二、水湿生植物栽槽的质量检验

1. 主控项目

（1）栽植槽的材料、结构、防渗应符合设计要求。

（2）槽内栽植土不得污染水质，槽内不宜采用轻质土或栽培基质。

2. 一般项目

栽植槽的土层厚度应符合设计要求，无要求时栽植土层厚度应不小于 50cm。

检测方法：材料检测报告、观察、尺量。

检测数量：$100m^2$ 检查 3 处，不足 $100m^2$ 检查不少于 2 处。

三、水湿生植物栽植质量检验

1. 主控项目

(1) 水湿生植物栽植地栽植土和肥料不得污染水源。

(2) 水湿生植物栽植的品种和单位面积栽植数应符合设计要求。

2. 一般项目

(1) 水湿生植物栽植后应控制水位，严防浸泡窒息死亡。

(2) 水湿生植物栽植成活后，单位面积拥有成活苗（芽）数应符合表3.10-2的要求。

主要水湿生植物栽植成活要求

表 3.10-2

项次	种类、名称		单位	每平方米内成活苗（芽）数	地下部、水下部特征
1	近水湿生类	千屈菜	丛	9～12	地下具粗硬根茎
		鸢尾（耐湿类）	株	9～12	地下具鳞茎
		落新妇	株	9～12	地下具根状茎
		地肤	株	6～9	地下具明显主根
		萱草	株	9～12	地下具肉质短根茎
2	挺水类	荷花	株	不少于1	地下具横生多节根状茎
		雨久花	株	6～8	地下具匍匐状短茎
		睡莲	盆	按设计要求	地下具横生或直立块状根茎
		石菖蒲	株	6～8	地下具硬质根茎
		香蒲	株	4～6	地下具粗壮匍匐根茎
		菖蒲	株	4～6	地下具较偏肥根茎
		水葱	株	6～8	地下具横生粗壮根茎
		芦苇	株	不少于1	地下具粗壮根状茎
		茭白	株	4～6	地下具匍匐茎
		慈姑、荸荠、泽泻	株	6～8	地下具根茎
3	漂浮类	凤眼莲	—	控制在繁殖水域以内	根浮悬垂水中
		大漂	—	控制在繁殖水域以内	根浮悬垂水中

检测方法：测试报告及栽植数、成活数记录报告。

检测数量：500m² 检查 3 处，不足 500m² 检查不少于 2 处。

第十一节 竹类栽植的质量控制

一、一般要求

1. 竹苗选择应符合下列要求：

(1) 散生竹应选择一、二年生，健壮、无病虫害，分枝低、枝繁叶茂、鞭色鲜黄、鞭芽饱满、根鞭健全、无开花枝的母竹。

(2) 丛生竹应选择秆基芽眼肥大充实、须根发达的1～2年生竹丛。母竹应大小适中，大竿竹干径宜3～5cm；小竿竹胸径宜2～3cm。竿基应有健芽4～5个。

2. 竹类栽植最佳时间应根据各地区自然条件进行选择。

3. 竹苗的挖掘应符合下列要求：

1) 散生竹母竹挖掘

(1) 可根据母竹最下一盘枝权生长方向确定来鞭、去鞭走向进行挖掘。

（2）母竹必须带鞭，中小型散生竹宜留来鞭 15～20cm，去鞭 20～30cm。

（3）切断竹鞭截面应光滑，不得劈裂。

（4）沿竹鞭两侧深挖 40cm，截断母竹底根，挖出的母竹与竹鞭结合应良好，根系完整。

2）丛生竹母竹挖掘

（1）挖掘时应在 25～30cm 的外围，扒开表土，由远至近逐渐挖深，并严防损伤竿基部芽眼，竿基部的须根应尽量保留。

（2）在母竹的一侧应找准母竹竿柄与老竹竿基的连接点，切断母竹竿柄，连蔸一起挖起，切断操作时，不得劈裂竿柄、竿基。

（3）每蔸分株根数应根据竹种特性及竹竿大小确定母竹竿，大竹种可单株挖蔸，小竹种可 3～5 株成墩挖掘。

4. 竹类的包装运输应符合下列要求：

（1）竹苗应采用软包装进行包扎，并应喷水保湿。

（2）竹苗长途运输必须篷布遮盖，中途应喷水，或于根部置放保湿材料。

（3）竹苗装卸时应轻装轻放，不得损伤竹竿与竹鞭之间的着生点和鞭芽。

5. 竹类修剪应符合下列要求：

1）散生竹竹苗修剪：

（1）挖出的母竹宜留枝 5～7 盘，将顶梢剪去，切口应平滑。

（2）不打尖修剪的竹苗栽后必须进行喷水保湿。

2）丛生竹竹苗修剪：竹竿留枝 2～3 盘，靠近节间斜向将顶梢截除，切口应平滑呈马耳形。

二、竹类栽植的质量检验

1. 主控项目

（1）竹类材料品种、规格符合设计要求。

（2）放样定位准确。

（3）土层深厚、肥沃、疏松、符合规范栽植土要求。

2. 一般项目

（1）竹苗应采用软包扎，运输时应覆盖，保湿，装卸时不得损伤着生点和鞭芽。

（2）散生竹竹苗修剪苗枝 5～7 盘，剪口平滑。

（3）丛生竹修剪苗枝 2～3 盘，将梢裁除。

（4）栽植地深耕 30～40cm，清除杂物，增施有机肥。

（5）栽植穴比盘根大 40～60cm，深 20～40cm。

（6）竹苗拆除包装物，栽植深度比原土层高 3～5cm，栽植后及时支撑、浇水。

检测方法：尺量、观察。

检测数量：100 株检查 10 株，不足 100 株全数检查。

第十二节　设施空间绿化的质量控制

一、一般要求

1. 建筑物、构筑物设施的顶面、地面、立面及围栏的屋顶绿化、地下设施覆土绿化、立面垂直绿化，均属于设施空间绿化。

2. 设施顶面绿化必须根据顶面的结构和荷载能力，在建筑物、构筑物整体荷载允许的范围内进行。

3. 设施顶面绿化施工前必须对顶面基层进行蓄水试验及找平层的质量进行验收，并对顶面的荷载进行复核,对屋顶绿化荷载进行核算时,植物材料平均荷重和栽植荷载可采用表 3.12-1 的相关参数。

植物材料平均荷重和栽植荷载参数 表 3.12-1

植物类型	规格(m)	植物平均荷重(kg)	种植荷载(kg/m²)
乔木(带土球)	$H=2.0\sim2.5$	$80\sim120$	$250\sim300$
大灌木	$H=1.5\sim2.0$	$60\sim80$	$150\sim250$
小灌木	$H=1.0\sim1.5$	$30\sim60$	$100\sim150$
地被植物	$H=0.2\sim1.0$	$15\sim30$	$50\sim100$
草坪	$1m^2$	$10\sim15$	$50\sim100$

4. 设施顶面绿化栽植基层(盘)必须有良好的防水排灌系统,防水层不得渗漏。

5. 设施顶面栽植基层应包括耐根穿刺防水层、排蓄水层、过滤层、栽植土层。

6. 设施顶面不适宜作栽植基层的障碍性层面可改作栽植基盘进行栽植。

二、耐根穿刺防水层的质量检验

1. 主控项目

(1) 耐根穿刺防水层的材料品种、规格、性能符合设计及相关标准要求。

(2) 卷材接缝牢固、严密,符合设计要求。

(3) 施工后应作蓄水或淋水试验,24h 内不得渗漏或积水。

2. 一般项目

(1) 耐根穿刺防水层材料应见证抽样复验。

(2) 耐根穿刺防水层细部构造、密封材料嵌实应密实饱满,粘结牢固,无气泡、开裂等缺陷。

(3) 立面防水层应收头入槽、封严。

(4) 注意成品保护,不得堵塞排水口。

检测方法:尺量、观察。

检测数量:每 50 延米检查 1 处,不足 50 延米全数检查。

三、排蓄水层的质量检验

1. 主控项目

(1) 凹凸型塑料排蓄水板厚度应符合设计要求,顺槎搭接,搭接宽度应符合设计要求,设计无明确要求的,搭接宽度应大于 150mm。

(2) 采用卵石、陶粒等材料铺设排蓄水层的,其铺设厚度应符合设计要求。

2. 一般项目

(1) 四周设置明沟的,排蓄水层应铺设至明沟边缘。

(2) 挡土墙下设排水管的,排水管与天沟或落水口宜合理连接、坡度适当。

检测方法:尺量、观察。

检测数量:每 50 延米检查一处,不足 50 延米全数检查。

四、过滤层的质量检验

1. 主控项目

过滤层的材料规格、品种应符合设计要求。

2. 一般项目

(1) 单层卷状聚丙烯或聚酯无纺布材料,单位面积质量必须大于 $150g/m^2$,搭接缝的有效宽度必须达到 10～20cm；

（2）卷材铺设在排（蓄）水层上，向种植地四周延伸，高度与种植层同高，端部收头必须用胶粘剂粘结，粘结宽度不得小于 50mm，或金属条固定。

检测方法：尺量、观察。

检测数量：每 50 延米检查 1 处，不足 50 延米全数检查。

五、设施障碍性面层栽植基盘的质量检验

1. 主控项目

（1）透水、排水、透气、渗管等构造材料和栽植土必须符合栽植要求。

（2）施工做法必须符合设计要求。

2. 一般项目

浇筑后无积水，雨季无沥涝。

检测方法：观察、尺量。

检测数量：100m² 检查 3 处，不足 100m² 检查不少于 2 处。

六、设施顶面绿化栽植质量检验

1. 主控项目

（1）植物材料的种类、品种和植物放置方式应符合设计要求。

（2）树木固定牵引装置符合设计要求，树木支撑牢固。

（3）树木栽植成活率及地被覆盖应大于 95％。

2. 一般项目

（1）植物栽植定位符合设计要求。

（2）植物养护管理及时，不得有严重枯黄死亡、裸露及明显病虫害。

检测方法：观察、晃动、尺量。

检测数量：100m² 检查 3 处，不足 100m² 检查不少于 2 处。

七、设施立面及围栏垂直绿化的质量检验

1. 主控项目

（1）栽植地应符合栽植土标准。

（2）垂直绿化栽植的品种规格符合设计要求。

2. 一般项目

（1）栽植槽符合植物生长要求，并有排水孔。

（2）建筑物立面光滑时，应加设载体。

（3）垂直绿化植物栽植后应牵引、固定、浇水。

检测方法：观察、尺量。

检测数量：100 株检查 10 株，不足 20 株全数检查。

第十三节　坡面绿化的质量控制

一、一般要求

1. 不同坡面绿化应根据土壤坡面、岩石坡面、混凝土覆盖面的坡面性质、坡度大小，适当加固，严防水土流失，进行绿化栽植。

2. 不同坡面的种植层应符合下列要求：

（1）土壤坡地可根据其理化性质，利用现有土壤或全部、局部进行更换种植土。

（2）山地、丘陵、风化的岩石坡面的种植穴可进行局部土壤改良。

（3）土壤废弃物堆砌的山峦起伏，应将种植穴及地被植物区进行局部更换种植土。

（4）岩石坡面，可建造种植槽或护墙，填充种植土和在坡面设置金属护网喷盖含有种子的栽植层。

（5）混凝土覆盖坡面，应在混凝土块孔更换种植土。

3. 坡面绿化的植物材料规格、品种应符合设计要求，设计无要求时可根据坡面的构造、性质、功能特点，选择根系发达、株形较低矮、萌蘖性强、耐干旱、耐瘠薄、病虫害少、绿色期长的地被植物。

二、陡坡和路基的坡面绿化防护栽植层的质量检验

1. 主控项目

（1）栽植层的构造材料和栽植土符合设计要求。

（2）混凝土结构、固土网垫、格栅、土之合比材料、喷射基质等施工做法符合设计和规范要求。

2. 一般项目

喷射基质不应剥落或少量剥落，栽植土或基质表面无明显沟蚀、流失，栽植土（质基）的肥效不得少于 3 个月。

检测方法：观察、照片、分析、尺量。

检测数量：500m² 检查 3 处，不足 500m² 检查不少于 2 处。

三、坡面绿化栽植质量检验

1. 主控项目

（1）植物材料品种、规格符合设计要求。

（2）坡面植物覆盖度应符合约定要求，不应有严重枯黄死亡、植被裸露。

2. 一般项目

应进行施工养护，适时喷灌或覆膜，防治病虫害。

检测方法：观察、尺量。

检测数量：500m² 检查 3 处，不足 500m² 检查不少于 2 处。

第十四节　重盐碱、重黏土土层改良的质量控制

一、一般要求

1. 土壤全盐含量≥0.5％的重盐碱地和土壤重黏地区的绿化栽植工程必须实施土层改良。

2. 重盐碱、重黏土地土层改良的原理和工程措施基本相通，此改良措施也可应用于设施面层绿化。土层改良工程必须有专项工程设计、专业施工单位施工。

3. 排盐（渗水）管的观察井的管底标高、观察井至排盐（渗水）管底距离、井盖标高允许偏差应符合表 3.14-1 的要求。

4. 排盐隔淋（渗水）层完工后，观察井主排盐（渗水）管必须与市政排水管网沟通。

5. 雨后检查积水情况。对雨后 24h 仍有积水地段应增设渗水井与隔淋层沟通。

二、重盐碱、重黏土排盐（渗水）管沟、隔淋（渗水）层开槽的质量检验

1. 主控项目

（1）开槽范围、槽底高程应符合设计要求，槽底必须高于地下水标高。

（2）槽底不得有淤泥、软土层。

2. 一般项目

槽底应找平和适度扎实，槽底标高和平整度允许偏差应符合表 3.14-1 的要求。

排盐（渗水）管槽底、隔淋（渗水）层、观察井允许偏差　　　　表 3.14-1

项次	项目		尺寸要求（cm）	允许偏差（cm）	检查数量		检查方法
					范围	点数	
1	槽底	槽底高程	设计要求	±2	1000m²	5～10	测量
		槽底平整度	设计要求	±3		5～10	
2	排盐管（渗水管）	每100m坡度	设计要求	≤1	200m	5	测量
		水平移位	设计要求	±3	200m	3	量测
		排盐渗水管底至排盐渗水沟底距离	12	±2	200m	3	量测
3	隔淋（渗水）层	厚度	16～20	±2	1000m²	5～10	量测
			11～15	±1.5			
			≤10	±1			
4	观察井	主排盐（渗水）管入井管底标高	设计要求	0，−5	每座	3	测量、量测
		观察井至排盐（渗水）管底距离		±2			
		井盖标高		±2			

三、排盐（渗水）管敷设的质量检验

1. 主控项目

（1）排盐管（渗水管）敷设走向、长度、间距及过路管的处理应符合设计要求。

（2）管材规格、性能符合设计和使用功能要求并有出厂合格证。

（3）排盐管应通顺有效，主排盐管必须与外界市政排水管网接通，终端管底标高应高于排水管管中15cm以上。

2. 一般项目

（1）排盐（渗水）沟断面和填埋材料应符合设计要求。

（2）排盐（渗水）管的连接与观察井的连接末端排盐管的封堵应符合设计要求。

（3）排盐（渗水）管、观察井允许偏差应符合表3.14-1的要求。

检测方法：观察、测量。

检测数量：200m检查3个点，不足200m检查点不少于2个。

四、隔淋（渗水）层的质量检验

1. 主控项目

（1）隔淋（渗水）层的材料及铺设厚度应符合设计要求。

（2）铺设隔淋（渗水）层时，不得损坏排盐管。

2. 一般项目

（1）石屑淋层材料中石粉和泥土含量不得超过10%，其他淋层材料中也不得掺杂黏土、石灰等粘结物。

（2）隔淋（渗水）层铺设厚度，允许偏差应符合表3.14-1的要求。

检测方法：测量。

检测数量：1000m²检查3个点，不足1000m²检查不少于2个点。

第十五节　施工期植物养护的质量控制

一、一般要求

1. 园林植物栽植后到工程竣工验收时，进入施工期间的植物养管期，必须对各种植物精心养护管理。

2. 绿化栽植工程应编制养护管理计划，并按计划认真组织实施。

3. 园林植物病虫害防治，应采用生物防治方法和生物农药及高效低毒农药，严禁使用剧毒农药。

二、施工期植物养护质量检验

1. 主控项目

（1）根据植物习性和墒情应及时浇水。

（2）应结合中耕除草，平整树台。

（3）应及时防治病虫害。

（4）园林植物应适时修剪整形。

（5）对树干应加强支撑，绑扎、卷干，做好防风、防旱、防涝、防冻害。

2. 一般项目

（1）根据植物生长情况应及时追肥、施肥。

（2）花坛、花境应及时清除残花败叶。

（3）绿地应及时清除枯枝落叶、杂草、垃圾。

（4）对生长不良、枯死、缺株应及时按原规格进行补填更换。

检测方法：观察、检查施工日志。

检测数量：$1000m^2$ 检查 3 处，不足 $1000m^2$ 检查不少于 2 处，每处面积不少于 $50m^2$。

第四章 园林建筑物、构筑物、小品工程的质量控制

园林工程是一门包含美学的艺术工程，融科学性、技术性和艺术性为一体。园林工程材料的多样性、工种多、施工工艺的复杂性、功能上的多重性，要求施工工作必须全面兼顾，细心地加以安排。

第一节 土方工程的质量控制

一、土方开挖工程的质量检验

1. 一般要求

1）施工准备

（1）土方开挖前，应摸清地下管线等障碍物，并应根据施工方案的要求，将施工区域内的地上、地下障碍物清除和处理完毕。

（2）建筑物或构筑物位置或场地的定位控制线（桩）、标准水平桩及基槽的灰线尺寸，必须经检验合格，并办完预检手续。

（3）场地表面要清理平整，做好排水坡度，在施工区域内，要挖临时性排水沟。

（4）夜间施工时，应合理安排工序，防止错挖或超挖，施工场地应根据需要安装照明设施，在危险地段应设置明显标志。

（5）开挖低于地下水位的基坑（槽）、管沟时，应根据当地工程地质资料，采取措施降低地下水位，一般要降至低于开挖底面50cm，然后再开挖。

（6）熟悉图纸，做好技术交底。

2）土方开挖工艺流程

确定开挖的顺序和坡度 → 沿灰线切出槽边轮廓线 → 分层开挖 → 修整槽边 → 清底

3）坡度的确定

（1）在天然湿度的土中，开挖基坑（槽）和管沟，当挖土深度不超过下列数值的规定时，可不放坡，不加支撑。

① 密实、中密的砂土和碎石类土（充填物为砂土）：1.0m。

② 硬塑、可塑的黏质粉土及粉质黏土：1.25m。

③ 硬塑、可塑的黏土和碎石类土（充填物为黏性土）：1.5m。

④ 坚硬的黏土：2.0m。

（2）超过上述规定深度，在5m以内，当土具有天然湿度、构造均匀、水文地质条件好且无地下水、不加支撑的基坑（槽）和管沟时，必须放坡。边坡最陡坡度应符合表4.1-1的规定。

4）开挖各种槽坑

（1）根据基础和土质以及现场出土等条件，要合理确定开挖顺序，然后再分段分层平均下挖。

（2）开挖各种浅基础，如不放坡时，应先沿灰线直边切出槽边的轮廓线。

各类土的边坡坡度　　　　　　　　　　表 4.1-1

项次	土 的 类 别	边坡坡度（高：宽）		
		坡顶无荷载	坡顶有静载	坡顶有动载
1	中密的砂土	1：1.00	1：1.05	1：1.50
2	中密的碎石类土（充填物为砂土）	1：0.75	1：1.00	1：1.25
3	硬塑的轻亚黏土	1：0.67	1：0.75	1：1.00
4	中密的碎石类土（充填物为黏性土）	1：0.50	1：0.67	1：0.75
5	硬塑的亚黏土、黏土	1：0.33	1：0.50	1：0.67
6	老黄土	1：0.10	1：0.25	1：0.33
7	软土（经井点降水后）	1：1.00	—	—

（3）浅条形基础，一般黏性土可自上而下分层开挖，每层深度以 60cm 为宜，从开挖端部逆向倒退按踏步型挖掘。碎石类土先用镐翻松，正向挖掘，每层深度视翻土厚度而定，每层应清底和出土，然后逐步挖掘。

（4）浅管沟，与浅的条形基础开挖基本相同，仅沟帮不切直修平。标高按龙门板上平往下返出沟底尺寸，当挖土接近设计标高时，再从两端龙门板下面的沟底标高上返 50cm 为基准点，拉小线用尺检查沟底标高，最后修整沟底。

（5）开挖放坡的坑（槽）和管沟时，应先按施工方案规定的坡度粗略开挖，再分层按坡度要求做出坡度线，每隔 3m 左右做出一条，以此线为准进行铲坡。深管沟挖土时，应在沟帮中间留出宽度 80cm 左右的倒土台。

（6）开挖大面积浅基坑时，沿坑三面同时开挖（另一面宜设置运行车坡道），挖出的土方运至弃土地点。

（7）开挖基坑（槽）或管沟，当接近地下水位时，应先完成标高最低处的挖方，以便在该处集中排水。开挖后，在挖到距槽底 50cm 以内时，测量放线人员应配合记录槽底标高；自每条槽端部 20cm 处，每隔 2～3m，在槽帮上钉水平标高小木橛。在挖至接近槽底标高时，用尺或事先量好的 50cm 标准尺杆，随时以小木橛上平，校核槽底标高。最后由两端轴线（中心线）引桩拉通线，检查距槽边尺寸，确定槽宽标准，据此修整槽帮，最后清除槽底土方，修底铲平。

（8）基坑（槽）管沟的直立帮和坡度，在开挖过程和敞露期间应防止塌方，必要时应加以保护。在开挖槽边弃土时，应保证边坡和直立帮的稳定。当土质良好时，抛于槽边的土方（或材料）应距槽（沟）边缘 0.8m 以外，高度不宜超过 1.5m。在柱基周围、墙基或围墙一侧，不得堆土过高。

（9）开挖基坑（槽）或管沟均不得超过基底标高。如个别地方超挖时，其处理方法应取得设计单位的同意，不得私自处理。

（10）对定位标准桩、轴线引桩、标准水准点、龙门板等，挖运土时不得碰撞，也不得坐在龙门板上休息。并应经常测量和校核其平面位置、水平标高和分坡坡度是否符合设计要求。定位标准桩和标准水准点，也应定期复测检查是否正确。

（11）土方开挖时，应防止邻近已有建筑物或构筑物、道路、管线等发生下沉或变形。必要时，与设计单位或建设单位协商采取防护措施，并在施工中进行沉降和位移观测。

（12）开挖基坑（槽）的土方，在场地有条件堆放时，一定留足回填需要的好土，多余的土方应一次运至弃土处，避免二次搬运。

5）土方开挖的冬、雨期施工

（1）土方开挖一般不宜在雨期进行，且工作面也不宜过大，应分段、逐片地分期完成。

雨期开挖基坑（槽）或管沟时，应注意边坡稳定。必要时可适当放缓边坡或设置支撑。同时，应在坑（槽）外侧围以土堤或开挖水沟，防止地面水流入。施工时，应加强对边坡、支撑、土堤等的检查。

（2）土方开挖不宜在冬期施工。如必须在冬期施工时，其施工方法应按冬施方案进行。

采用防止冻结法开挖土方时，可在冻结前用保温材料覆盖或将表层土翻耕耙松，其翻耕深度应根据当地气候条件确定，一般不小于0.3m。

开挖基坑（槽）或管沟时，必须防止基础下的基土遭受冻结。如基坑（槽）开挖完毕后，有较长的停歇时间，应在基底标高以上预留适当厚度的松土，或用其他保暖材料覆盖，地基不得受冻。如遇开挖土方引起邻近建筑物（构筑物）的地基和基础暴露时，应采用防冻措施，以防产生冻结破坏。

2. 土方开挖工程主控项目及一般项目应符合表4.1-2的要求。

土方开挖工程质量检验标准及检验方法　　　　　　　　　　表4.1-2

项目	序号	检查项目	允许偏差或允许值（mm）					检验方法
			柱基、基坑、基槽	挖方场地平整		管沟	地（路）面基层	
				人工	机械			
主控项目	1	标高	−50	±30	±50	−50	−50	水准仪
	2	长度、宽度（由设计中心线向两边量）	+200，−50	+300，−100	+500，−150	+100	—	经纬仪，用钢尺测量
	3	边坡	设计要求					观察或用坡度尺检查
一般项目	1	表面平整度	20	20	50	20	20	用2m靠尺和楔形塞尺检查
	2	基底土性	设计要求					观察或土样分析

注：地（路）面基层的偏差只适用于直接在挖、填方上做地（路）面的基层。

检验数量：每100～400m² 取1点，长度和宽度及边坡均为20m取1点，每边不应少于1点。

二、土方回填工程质量检验

1. 一般要求

1）施工准备

（1）施工前应根据工程特点、填方土料种类、密实度要求、施工条件等，合理地确定填方土料含水率控制范围、虚铺厚度和压实遍数等参数；重要回填土方工程，其参数应通过压实试验来确定。

（2）回填前应对基础、箱形基础墙或地下防水层、保护层等进行检查验收，并且要办好隐检手续，其基础混凝土强度应达到规定的要求，方可回填土。

（3）房心和管沟的回填，应在完成上下水、煤气的管道安装和管沟墙间加固后再进行，并将沟槽、地坪上的积水和有机物等清理干净。

（4）施工前，应做好水平标志，以控制回填土的高度或厚度，如在基坑（槽）或管沟边坡上，每隔3m钉上水平橛；室内和散水的边墙上弹上水平线或在地坪上钉上标高控制木桩。

2）土方回填工艺流程

基坑(槽)底、地坪上清理 → 检验土质 → 分层铺土、耙平 → 夯打密实 → 检验密实度 → 修整找平验收

3) 土方回填

（1）填土前应将基坑（槽）底或地坪上的垃圾等杂物清理干净；坑槽回填前，必须清理到基础底面标高，将回落的松散垃圾、砂浆、石子等杂物清除干净。

（2）检验回填土的质量，有无杂物，粒径是否符合规定，以及回填土的含水量是否在控制的范围内；如含水量偏高，可采用翻松、晾晒或均匀掺入干土等措施；如遇回填土的含水量偏低，可采用预先洒水润湿等措施。

（3）回填土应分层铺摊，每层铺土厚度应根据土质、密实度要求和机具性能确定。如无试验依据，应符合表 4.1-3 的要求。

填土施工时的分层厚度及压实遍数　　　　　　表 4.1-3

压实机具	分层厚度（mm）	每层压实遍数
平碾	250~300	6~8
振动压实机	250~350	3~4
柴油打夯机	200~250	3~4
人工打夯	<200	3~4

（4）回填土每层至少夯打三遍，打夯应一夯压半夯，夯夯相接，行行相连，纵横交叉，并且严禁采用水浇使土下沉的所谓"水夯"法。

（5）深浅两基坑（槽）相连时，应先填夯深基础；填至浅基坑相同的标高时，再与浅基础一起填夯，如必须分段填夯时，交接处应填成阶梯形，梯形的高宽比一般为 1:2，上下层错缝距离不小于 1.0m。

（6）基坑（槽）回填应在相对两侧或四周同时进行，基础墙两侧标高不可相差太多，以免把墙挤歪；较长的管沟墙，应采用内部加支撑的措施，然后再在外侧回填土方。

（7）回填房心及管沟时，为防止管道中心线位移或损坏管道，应以人工先在管子两侧填土夯实，并应由管道两侧同时进行，直至管顶 0.5m 以上时，在不损坏管道的情况下，方可采用蛙式打夯机夯实。在抹带接口处，防腐绝缘层或电缆周围，应回填细粒料。

（8）回填土每层填土夯实后，应按规范规定进行环刀取样，测出干土的质量密度，达到要求后，再进行上一层的铺土。

（9）修整找平，填土全部完成后，应进行表面拉线找平，凡超过标准高程的地方，及时依线铲平，凡低于标准高程的地方，应补土夯实。

4) 雨、冬期施工

（1）基坑（槽）或管沟的回填土应连续进行，尽快完成。施工中注意雨情，雨前应及时夯完已填土层或将表面压光，并做成一定坡势，以利排除雨水。

（2）施工时应有防雨措施，要防止地面水流入基坑（槽）内，以免边坡坍方或基土遭到破坏。

（3）冬期回填土每层铺土厚度应比常温施工时减少 20%~50%；其中，冻土体积不得超过填土总体积的 15%；其粒径不得大于 150mm。铺填时，冻土块应均匀分布，逐层压实。

（4）填土前，应清除基底上的冰雪和保温材料，填土的上层应用未冻土填铺，其厚度应符合设计要求。

（5）管沟底至管顶 0.5m 范围内不得用含有冻土块的土回填，室内房心、基坑（槽）或管沟不得用含冻土块的土回填。

（6）回填土施工应连续进行，防止基土或已填土层受冻，并及时采取防冻措施。

2. 土方回填工程主控项目及一般项目应符合表 4.1-4 的要求。

填土工程质量检验标准（mm）　　　　　　表 4.1-4

项次	序号	检查项目	允许偏差或允许值					检查方法
			桩基基坑、基槽	场地平整		管沟	地（路）面基础层	
				人工	机械			
主控项目	1	标高	−50	±30	±50	−50	−50	水准仪
	2	分层压实系数	设计要求					按规定方法
一般项目	1	回填土料	设计要求					取样检查或直观鉴别
	2	分层厚度及含水量	设计要求					水准仪及抽样检查
	3	表面平整度	20	20	30	20	20	用靠尺或水准仪

检查数量：每 100m² 或 20 延米应检查一个点。

第二节　地基与基础工程的质量控制

一、灰土地基工程的质量检验

1. 一般要求

1) 施工准备

(1) 土：宜优先采用基槽中挖出的土，但不得含有有机杂物，使用前应先过筛，其粒径不大于 15mm，含水量应符合规定。

(2) 石灰：应采用块灰或生石灰粉，使用前充分熟化过筛，不得含有粒径大于 5mm 的生石灰块，也不得含有过多的水分。

(3) 基坑（槽）在铺灰土前必须先行钎探验槽，并按设计和勘探部门的要求处理完地基，办完隐检手续。

(4) 基础外侧打灰土：必须对基础、地下室墙和地下防水层、保护层进行检查，发现损坏时应及时修补处理，办完隐检手续；现浇的混凝土基础墙、地梁等均达到规定的强度，不得碰坏损伤混凝土。

(5) 当地下水位高于基坑（槽）底时，施工前应采取排水或降低地下水的措施，使地下水位经常保持在施工面以下 0.5m 左右，在 3d 内不得受水浸泡。

(6) 施工前应根据工程特点、设计压实系数、土料种类、施工条件等，合理确定土料含水量控制范围，铺灰土的厚度和夯打遍数等参数，重要的灰土填方其参数应通过压实试验来确定。

(7) 房心灰土和管沟灰土，应先完成上下水管道的安装或管沟墙间加固等措施后再进行，并且将管沟、槽内、地坪上的积水或杂物、垃圾等有机物清除干净。

(8) 施工前，应做好水平高程的标志，如在基坑（槽）或管沟的边坡上，每隔 3m 钉上灰土高程的木橛，在室内和散水的边墙上弹上水平线或在地坪上钉好标高控制的标准木桩。

2) 工艺流程

检验土料和石灰粉的质量并过筛 → 灰土拌合 → 槽底清理 → 分层铺灰土 → 夯打密实 → 找平验收

3) 灰土地基施工

(1) 首先检查土料种类和质量以及石灰材料的质量是否符合标准的要求，然后分别过筛。如果是块灰闷制的熟石灰，要用 8～10mm 的筛子过筛，是生石灰粉可直接使用；土料要用 16～20mm 孔径的筛子过筛，均应确保粒径的要求。

（2）灰土拌合，灰土的配合比应用体积比，除设计有特殊要求外，一般为 2∶8 或 3∶7。基础垫层灰土必须过标准斗，严格控制配合比。拌合时必须均匀一致，至少翻拌两次，拌合好的灰土颜色应一致。

（3）灰土施工时，应适当控制含水量。工地检验方法是，用手将灰土紧握成团，以两指轻捏即碎为宜，如土料水分过大或不足时，应晾干或洒水润湿。

（4）基坑（槽）底或基土表面应清理干净，特别是槽边掉下的虚土，风吹入的树叶、木屑、纸边、塑料袋等垃圾杂物均应清理干净。

（5）分层铺灰土，每层的灰土铺摊厚度，可根据不同的施工方法，按表 4.2-1 选用。

灰土最大虚铺厚度　　　　　　　　表 4.2-1

项次	夯具的种类	重量（kg）	虚铺厚度（mm）	备　注
1	木夯	40～80	200～250	人力打夯，落高 400～500mm，一夯压半夯
2	轻型夯实工具	—	200～250	蛙式打夯机，柴油打夯机
3	压路机	机重 6～10t	200～300	双轮

注：各层铺摊后均应用木耙找平，与坑（槽）边壁上的木橛或地坪上的标准木桩对应检查。

（6）夯打密实，夯打（压）的遍数应根据设计要求的干土质量密度或现场试验确定，一般不少于三遍；人工打夯应一夯压半夯，夯夯相接，行行相接，纵横交叉。

（7）灰土分段施工时，不得在墙角、柱基及承重窗间墙下接槎；上下两层灰土的接槎距离不得小于 500mm。

（8）灰土回填每层夯（压）实后，应根据规范规定进行环刀取样，测出灰土的质量密度，达到设计要求时，才能进行上一层灰土的铺摊。

用贯入度仪检查灰土质量时，应先进行现场试验以确定贯入度的具体要求，环刀取土的压实系数用 d_y 鉴定，一般为 0.93～0.95，也可按照表 4.2-2 的规定执行。

灰土质量密度标准　　　　　　　　表 4.2-2

项次	土料种类	灰土最小质量密度（g/cm³）
1	轻亚黏土	1.55
2	亚黏土	1.50
3	黏土	1.45

（9）找平与验收，灰土最上一层完成后，应拉线或用靠尺检查标高和平整度，超高处用铁锹铲平，低洼处应及时补打灰土。

4）雨、冬期施工

（1）基坑（槽）或管沟灰土回填应连续进行，尽快完成。施工中应防止地面水流入槽坑内，以免边坡坍方或基土遭到破坏。

（2）雨天施工时，应采取防雨或排水措施。刚打完毕或尚未夯实的灰土，如遭雨淋浸泡，则应将积水及松软灰土除去，并重新填补新灰土夯实，受浸湿的灰土应在晾干后再夯打密实。

（3）冬季打灰土的土料，不得含有冻土块，要做到随筛、随拌、随打、随盖，认真执行留、接槎和分层夯实的规定。在土壤松散时可允许洒盐水。气温在 −10℃ 以下时不宜施工，并且要有冬施方案。

2. 灰土地基主控项目应符合表 4.2-3 的要求。

灰土地基主控项目质量检验标准 表 4.2-3

项目	序号	检查项目	允许偏差或允许值		检查方法
			单位	数值	
主控项目	1	地基承载力	设计要求		按规定方法
	2	配合比	设计要求		按拌合时的体积比
	3	压实系数	设计要求		现场实测

3. 灰土地基一般项目应符合表 4.2-4 的要求。

灰土地基一般项目质量检验标准 表 4.2-4

项目	序号	检查项目	单位	数值	检查方法
一般项目	1	石灰粒径	mm	$\leqslant 5$	筛分法
	2	土料有机质含量	%	$\leqslant 5$	试验室焙烧法
	3	土颗粒粒径	mm	$\leqslant 15$	筛分法
	4	含水量（与要求的最优含水量比较）	%	± 2	烘干法
	5	分层厚度偏差（与设计要求比较）	mm	± 50	水准仪

检查数量：每 100m² 检查一点，每一独立基础应有一点，基槽每 20 延米应有一点。

二、砂石地基工程的质量检验

1. 一般要求

1）施工准备

（1）天然级配砂石或人工级配砂石：宜采用质地坚硬的中砂、粗砂、砾砂、碎（卵）石、石屑或其他工业废粒料。在缺少中、粗砂和砾石的地区，可采用细砂，但宜同时掺入一定数量的碎石或卵石，其掺量应符合设计要求。颗粒级配应良好。

（2）级配砂石材料，不得含有草根、树叶、塑料袋等有机杂物及垃圾。用作排水固结地基时，含泥量不宜超过 3%。碎石或卵石最大粒径不得大于垫层或虚铺厚度的 2/3，并不宜大于 50mm。

（3）设置控制铺筑厚度的标志，如水平标准木桩或标高桩，或在固定的建筑物墙上、槽和沟的边坡上标出水平标高线或钉上水平标高木橛。

（4）在地下水位高于基坑（槽）底面的工程中施工时，应采取排水或降低地下水位的措施，使基坑（槽）保持无水状态。

（5）铺筑前，应组织有关单位共同验槽，包括轴线尺寸、水平标高、地质情况，如有无孔洞、沟、井、墓穴等，并在未做地基前处理完毕并办理隐检手续。

（6）检查基槽（坑）、管沟的边坡是否稳定，并清除基底上的浮土和积水。

2）砂石地基工艺流程

检验砂石质量 → 分层铺筑砂石 → 洒水 → 夯实或碾压 → 找平验收

3）砂石地基施工

（1）对级配砂石进行技术鉴定，如是人工级配砂石，应将砂石拌合均匀，其质量均应达到设计要求或规范的标准。

（2）分层铺筑砂石

① 铺筑砂石的每层厚度一般为 15～20cm，不宜超过 30cm，分层厚度可用样桩控制。视不同条件，可选用夯实或压实的方法。大面积的砂石垫层，铺筑厚度可达 35cm，宜采用 6～10t 的压路机碾压。

②　砂和砂石地基底面宜铺设在同一标高上，如深度不同时，基土面应挖成踏步和斜坡形，搭槎处应注意压（夯）实。施工应按先深后浅的顺序进行。

③　分段施工时，接槎处应做成斜坡，每层接槎处的水平距离应错开 0.5～1.0m，并应充分压（夯）实。

④　铺筑的砂石应级配均匀。如发现砂窝或石子成堆现象，应将该处砂子或石子挖出，分别填入级配好的砂石。

（3）洒水，铺筑级配砂石在夯实碾压前，应根据其干湿程度和气候条件，适当地洒水以保持砂石的最佳含水量，一般为 8％～12％。

（4）夯实或碾压，夯实或碾压的遍数，由现场试验确定。用木夯或蛙式打夯机时，应保持落距为 400～500mm，要一夯压半夯，行行相接，全面夯实，一般不少于 3 遍。采用压路机往复碾压，一般碾压不少于 4 遍，其轮距搭接不小于 50cm。边缘和转角处应用人工或蛙式打夯机补夯密实。

（5）找平和验收

①　施工时应分层找平，夯压密实，并应设置纯砂检查点，用 200cm³ 的环刀取样，测定干砂的质量密度。下层密实度合格后，方可进行上层施工。用贯入法测定质量时，用贯入仪、钢筋或钢叉等以对贯入度进行检查，小于试验所确定的贯入度为合格。

②　最后一层压（夯）完成后，表面应拉线找平，并且要符合设计规定的标高。

2. 砂石地基主控项目、一般项目应符合表 4.2-5 的要求。

砂及砂石地基质量检验标准和检查方法　　　　　　　　　表 4.2-5

项目	序号	检查项目	允许偏差或允许值		检查方法
			单位	数值	
主控项目	1	地基承载力	设计要求		按规定方法
	2	配合力	设计要求		检查拌合时的体积比或重量比
	3	压实系数	设计要求		现场实测
一般项目	1	砂石料有机质含量	％	≤5	焙烧法
	2	砂石料含泥量	％	≤5	水洗法
	3	石料粒径	mm	≤100	筛分法
	4	含水量（与最优含水量比较）	％	±2	烘干法
	5	分层厚度（与设计要求比较）	mm	±50	水准仪

检查数量：每 100m² 检查一点，每一独立基础应有一点，基槽每 20 延米应有一点。

三、混凝土预制桩基础的质量检验

1. 一般要求

（1）混凝土预制桩在现场预制时，应对原材料、钢筋骨架、混凝土强度进行检查；采用工厂生产的成品桩时，桩进场后应进行外观及尺寸检查。

（2）施工中应对桩体垂直度、沉桩情况、桩顶完整状况、接桩质量等进行检查，对电焊焊接桩，重要工程应作 10％的焊缝探伤检查。

（3）施工结束后，应对承载力及桩体质量作检验。

（4）对长桩或总锤击数超过 500 击的锤击桩，应符合桩体强度及 28d 龄期两项条件才能锤击。

2. 预制桩骨架钢筋混凝土的质量检验

主控项目、一般项目应符合表 4.2-6 的要求。

预制桩钢筋骨架质量检验标准（mm） 表 4.2-6

项目	序号	检查项目	允许偏差或允许值	检查方法
主控项目	1	主筋距桩顶距离	±5	用钢尺量
	2	多节桩锚固钢筋位置	5	用钢尺量
	3	多节桩预埋铁件	±3	用钢尺量
	4	主筋保护层厚度	±5	用钢尺量
一般项目	1	主筋间距	±5	用钢尺量
	2	桩尖中心线	10	用钢尺量
	3	箍筋间距	±20	用钢尺量
	4	桩顶钢筋网片	±10	用钢尺量
	5	多节桩锚固钢筋长度	±10	用钢尺量

3. 钢筋混凝土预制桩的质量检验

主控项目、一般项目应符合表 4.2-7 的要求。

钢筋混凝土预制桩的质量检验标准 表 4.2-7

项目	序号	检查项目	允许偏差或允许值		检查方法
			单位	数值	
主控项目	1	桩体质量检验	按基桩检测技术规范		按基桩检测技术规范
	2	桩位偏差	见《以云母为基的绝缘材料 第1部分：定义和一般要求》（GB/T 5019.1—2009）规范表的 5.1.3		用钢尺量
	3	承载力	按基桩检测技术规范		按基桩检测技术规范
一般项目	1	砂、石、水泥、钢材等原材料（现场预制时）	符合设计要求		查出厂质保文件或抽样送检
	2	混凝土配合比及强度（现场预制时）	符合设计要求		称量及查试块记录
	3	成品桩外形	表面平整，颜色均匀，掉角深度＜10mm，蜂窝面积小于总面积的 0.5%		直观
	4	成品桩裂缝（收缩裂缝或起吊、装运、堆放引起的裂缝）	深度＜20mm，宽度＜0.25mm，横向裂痕不超过边长的一半		裂痕测定仪，该项在地下水有侵蚀地区及锤击数超过 500 击的长桩不适用
	5	成品桩尺寸：横截面边长	mm	±5	用钢尺量
		桩顶对角线差	mm	＜10	用钢尺量
		桩尖中心线	mm	＜10	用钢尺量
		桩身弯曲矢高		＜1/1000l	用钢尺量，l 为桩长
		桩顶平整度	mm	＜2	用水平尺量

检查数量：全数检查。

四、素混凝土基础的质量检验

1. 一般要求

1）施工准备

（1）水泥：宜用 32.5～42.5 级硅酸盐水泥、矿渣硅酸盐水泥和普通硅酸盐水泥。

（2）砂：中砂或粗砂，含泥量不大于 5％。

（3）石子：卵石或碎石，粒径 5～32mm，含泥量不大于 2％，且无杂物。

（4）水：应用自来水或不含有害物质的洁净水。

（5）外加剂、掺合料：其品种及掺量，应根据需要通过试验确定。

（6）基础轴线尺寸、基底标高和地质情况均经过检查，并应办完隐检手续。

（7）安装的模板已经过检查，符合设计要求，办完预检。

（8）在槽帮、墙面或模板上做好混凝土上平标志，大面积浇筑的基础每隔 3m 左右钉上水平桩。

（9）埋在垫层中的暖卫、电气等各种管线均已安装完毕，并经过有关方面验收。

（10）校核混凝土配合比，检查后台磅秤，进行技术交底。准备好混凝土试模。

（11）清理：在地基或基土上清除淤泥和杂物，并应有防水和排水措施。对于干燥土应用水润湿，表面不得留有积水。在支模的板内清除垃圾、泥土等杂物，并浇水润湿木板，堵塞板缝和孔洞。

（12）混凝土拌制：后台要认真按混凝土的配合比投料；每盘投料顺序为石子→水泥→砂子（掺合料）→水（外加剂）。严格控制用水量，搅拌要均匀，最短时间不少于 90s。

2）工艺流程

槽底或模板内清理 → 混凝土拌制 → 混凝土浇筑 → 混凝土振捣 → 混凝土养护

3）混凝土的浇筑

（1）混凝土的下料口距离所浇筑的混凝土表面高度不得超过 2m。如自由倾落超过 2m 时，应采用串桶或溜槽。

（2）混凝土的浇筑应分层连续进行，一般分层厚度为振捣器作用部分长度的 1.25 倍，最大不超过 50cm。

（3）用插入式振动器应快插慢拔，插点应均匀排列，逐点移动，顺序进行，不得遗漏，做到振捣密实。移动间距不大于振动棒作用半径的 1.5 倍。振捣上一层时应插入下层 5cm，以消除两层间的接缝。平板振动器的移动间距，应能保证振动器的平板覆盖已振捣的边缘。

（4）混凝土不能连续浇筑时，一般超过 2h，应按施工缝处理。

（5）浇筑混凝土时，应经常注意观察模板、支架、管道和预留孔、预埋件有无走动情况。当发现有变形、位移时，应立即停止浇筑，并及时处理好，再继续浇筑。

（6）混凝土振捣密实后，表面应用木抹子搓平。

（7）混凝土的养护：混凝土浇筑完毕后，应在 12h 内加以覆盖和浇水，浇水次数应能保持混凝土有足够的润湿状态。养护期一般不少于 7 昼夜。

（8）雨、冬期施工时，露天浇筑混凝土应编制季节性施工方案，采取有效措施，确保混凝土的质量。

2. 主控项目

（1）混凝土所用的水泥、水、骨料、外加剂等必须符合施工规范和有关标准的规定。

（2）混凝土的配合比、原材料计量、搅拌、养护和施工缝处理，必须符合施工规范的规定。

（3）评定混凝土强度的试块，必须按《混凝土强度检验评定标准》（GB/T 50107—2010）的规定取样、制作、养护和试验，其强度必须符合施工规范的规定。

（4）对设计不允许有裂缝的结构，严禁出现裂缝；设计允许出现裂缝的结构，其裂缝宽度必须符合设计要求。

3. 一般项目

（1）混凝土应振捣密实，蜂窝面积一处不大于 200cm²，累计不大于 400cm²，无孔洞。

（2）无缝隙、无夹渣层。

（3）允许偏差项目，见表 4.2-8。

素混凝土基础允许偏差　　　　　　　　　　　　　　　　　　　　表 4.2-8

项　次	项　目	允许偏差（mm）	检验方法
1	标高	±10	用水准仪或拉线尺量检查
2	表面平整度	8	用 2m 靠尺和楔形塞尺检查

检验数量：每 100m² 检查一点，独立基础应有一点，基槽每 20 延米检查一点。

五、砖基础的质量检验

1. 一般要求

1）施工准备

（1）砖：砖的品种、强度等级须符合设计要求，并应规格一致。有出厂证明、试验单。

（2）水泥：一般采用 32.5 级矿渣硅酸盐水泥和普通硅酸盐水泥。

（3）砂：中砂，应过 5mm 孔径的筛。配置 M5 以下的砂浆，砂的含泥量不超过 10%；M5 及其以上的砂浆，砂的含泥量不超过 5%，并不得含有草根等杂物。

（4）掺合料：石灰膏、粉煤灰和磨细生石灰粉等，生石灰粉熟化时间不得少于 7d。

（5）基槽：混凝土或灰土地基均已完成，并办完隐检手续。

（6）已放好基础轴线及边线；立好皮数杆（一般间距 15～20m，转角处均应设立），并办完预检手续。

（7）根据皮数杆最下面一层砖的底标高，拉线检查基础垫层表面标高，如第一层砖的水平灰缝大于 20mm 时，应先用细石混凝土找平，严禁在砌筑砂浆中掺细石代替或用砂浆垫平，更不允许砍砖合子找平。

（8）常温施工时，黏土砖必须在砌筑的前一天浇水湿润，一般以水浸入砖四边 1.5cm 左右为宜。

（9）砂浆配合比已经试验室确定，现场准备好砂浆试模（6 块为一组）。

2）工艺流程

拌制砂浆 → 确定组砌方法 → 排砖撂底 → 砌筑 → 抹防潮层

3）拌制砂浆

（1）砂浆配合比应采用重量比，并由试验室确定，水泥计量精度为 ±2%，砂、掺合料为 ±5%。

（2）宜用机械搅拌，投料顺序为砂→水泥→掺合料→水，搅拌时间不少于 1.5min。

（3）砂浆应随拌随用，一般水泥砂浆和水泥混合砂浆须在拌成后 3h 和 4h 内使用完，不允许使用过夜砂浆。

4）组砌方法

（1）组砌方法应确定，一般宜采用梅花丁，不宜采用满丁满条。

（2）里外咬槎，上下层错缝，采用"三一"砌砖法（即一铲灰、一块砖、一挤揉），严禁用水冲砂浆灌缝的方法。

5）排砖撂底

（1）基础大放脚的撂底尺寸及收退方法必须符合设计图纸规定，如一层一退，里外均应砌丁砖；如二层一退，第一层为条砖，第二层砌丁砖。

（2）大放脚的转角处，应按规定放七分头，其数量为一砖半厚墙放三块，二砖墙放四块，以此类推。

6）砌筑

（1）砖基础砌筑前，基础垫层表面应清扫干净，洒水湿润。先盘墙角，每次盘角高度不应超过五层砖，随盘随靠平、吊直。

（2）砌基础墙应挂线，24墙反手挂线，37以上墙应双面挂线。

（3）基础标高不一致或有局部加深部位，应从最低处往上砌筑，应经常拉线检查，以保持砌体通顺、平直，防止砌成"螺栓"墙。

（4）基础大放脚砌至基础上部时，要拉线检查轴线及边线，保证基础墙身位置正确。同时，还要对照皮数杆的砖层及标高，如有偏差时，应在水平灰缝中逐渐调整，使墙的层数与皮数杆一致。

（5）散热器沟挑檐砖及上一层压砖，均应用丁砖砌筑，灰缝要严实，挑檐砖标高必须正确。

（6）各种预留洞、埋件、拉结筋按设计要求留置，避免后剔凿，影响砌体质量。

（7）变形缝的墙角应按直角要求砌筑，先砌的墙要把舌头灰刮尽；后砌的墙可采用缩口灰，掉入缝内的杂物随时清理。

（8）安装管沟和洞口过梁其型号、标高必须正确，底灰饱满；如坐灰超过20mm厚，用细石混凝土铺垫，两端搭墙长度应一致。

7）抹防潮层

将墙顶活动砖重新砌好，清扫干净，浇水湿润，随即抹防水砂浆，设计无规定时，一般厚度为15～20mm，防水粉掺量为水泥重量的3％～5％。

2. 主控项目

1）砖的品种、强度等级必须符合设计要求。

2）砂浆品种符合设计要求，强度必须符合下列规定：

（1）同品种、同强度砂浆各组试块的平均抗压强度值不小于设计强度值。

（2）任一组试块的强度最低值不小于设计强度的75％。

3）砌体砂浆必须饱满密实，实心砖砌体水平灰缝的砂浆饱满度不小于80％。

4）外墙的转角处严禁留直槎，其他临时间断处，留槎的做法必须符合施工规范的规定。

3. 一般项目

（1）砖砌体上下错缝，每间（处）无四皮砖通缝。

（2）砖砌体接槎处灰缝砂浆密实，缝、砖应平直；每处接槎部位水平灰缝厚度不小于5mm或透亮的缺陷不超过5个。

（3）预埋拉结筋的数量、长度均符合设计要求和施工规范的规定，留置间距偏差不超过一皮砖。

（4）留置构造柱的位置正确，大马牙槎先退后进，上下顺直，残留砂浆清理干净。

（5）砖基础允许偏差项目见表4.2-9。

砖基础允许偏差 表4.2-9

项 次	项 目	允许偏差值（mm）	检验方法
1	轴线位置偏移	10	用经纬仪或拉线和尺量
2	基础顶面标高	±15	用水准仪和尺量检查

检查数量：50m² 检查3处，少于50m² 检查2处。

第三节　地下防水工程的质量控制

一、防水混凝土的质量检验

1. 一般要求

1）防水混凝土浇筑前应检查地下水位和地面水排除措施，防止防水工程底部施工期间有水流入。

2）防水混凝土浇筑前应对钢筋、模板进行隐检验收。

3）浇筑时应采用机械振捣密实，防止漏振、欠振、超振。

4）底板及顶板混凝土应连续浇筑，不得留施工缝，墙体一般只允许按规定形式留设计水平施工缝。

5）防水混凝土所用的材料应符合下列规定：

（1）水泥品种应按设计要求选用，其强度等级不应低于 32.5 级，不得使用过期或受潮结块水泥。

（2）碎石或卵石的粒径宜为 5～40mm，含泥量不得大于 1.0％，泥块含量不得大于 0.5％。

（3）砂宜用中砂，含泥量不得大于 3.0％，泥块含量不得大于 1.0％。

（4）拌制混凝土所用的水，应采用不含有害物质的洁净水。

（5）外加剂的技术性能，应符合国家或行业标准一等品及以上的质量要求。

（6）粉煤灰的级别不应低于二级，掺量不宜大于 20％；硅粉掺量不应大于 3％，其他掺合料的掺量应通过试验确定。

6）防水混凝土的配合比应符合下列规定：

（1）试配要求的抗渗水压值应比设计值提高 0.2MPa。

（2）水泥用量不得少于 300kg/m³；掺有活性掺合料时，水泥用量不得少于 280kg/m³。

（3）砂率宜为 35％～45％，灰砂比宜为 1：2～1：2.5。

（4）水灰比不得大于 0.55。

（5）普通防水混凝土坍落度不宜大于 50mm，泵送时入泵坍落度宜为 100～140mm。

7）混凝土拌制和浇筑过程控制应符合下列规定：

（1）拌制混凝土所用材料的品种、规格和用量，每工作班检查不应少于两次。每盘混凝土各组成材料计量结果的偏差应符合表 4.3-1 的规定。

混凝土组成材料计量结果的允许偏差（％）　　　　　　　表 4.3-1

混凝土组成材料	每盘计量	累计计量
水泥、掺合料	±2	±1
粗、细骨料	±3	±2
水、外加剂	±2	±1

注：累计计量仅适用于微机控制计量的搅拌站。

（2）混凝土在浇筑地点的坍落度，每工作班至少检查两次。混凝土的坍落度试验应符合现行《普通混凝土拌合物性能试验方法标准》（GB/T 50080—2002）的有关规定。

混凝土实测的坍落度与要求坍落度之间的偏差应符合表 4.3-2 的规定。

混凝土坍落度允许偏差　　　　　　　表 4.3-2

要求坍落度（mm）	允许偏差（mm）
≤40	±10
50～90	±15
≥100	±20

8）防水混凝土抗渗性能，应采用标准条件下养护混凝土抗渗试件的试验结果评定。试件应在浇筑地点制作。

连续浇筑混凝土每 500m³ 应留置一组抗渗试件（一组为 6 个抗渗试件），且每项工程不得少于两组。采用预拌混凝土的抗渗试件，留置组数应视结构的规模和要求而定。

抗渗性能试验应符合现行《普通混凝土长期性能和耐久性能试验方法标准》（GB/T 50082—2009）的有关规定。

9）防水混凝土的施工质量检验数量，应按混凝土外露面积每 100m² 抽查 1 处，每处 10m²，且不得少于 3 处；细部构造应按全数检查。

2. 主控项目

（1）防水混凝土的原材料、配合比及坍落度必须符合设计要求。

检验方法：检查出厂合格证、质量检验报告、计量措施和现场抽样试验报告。

（2）防水混凝土的抗压强度和抗渗压力必须符合设计要求。

检验方法：检查混凝土抗压、抗渗试验报告。

（3）防水混凝土的变形缝、施工缝、后浇带、穿墙管道、埋设件等设置和构造，均须符合设计要求，严禁有渗漏。

检验方法：观察检查和检查隐蔽工程验收记录。

3. 一般项目

（1）防水混凝土结构表面应坚实、平整，不得有露筋、蜂窝等缺陷；埋设件位置应确定。

检验方法：观察和尺量检查。

（2）防水混凝土结构表面的裂缝宽度不应大于 0.2mm，并不得贯通。

检验方法：用刻度放大镜检查。

（3）防水混凝土结构厚度不应小于 250mm，其允许偏差为 +15mm、−10mm；迎水面钢筋保护层厚度不应小于 50mm，其允许偏差为 ±10mm。

检验方法：尺量检查和检查隐蔽工程验收记录。

二、水泥砂浆防水层的质量检验

1. 一般要求

1）水泥砂浆防水层施工前，结构验收合格，已办好验收手续。

2）地下防水施工期间应做好排水，直至防水工程全部完工为止。

3）地下室门窗口、预留孔洞、管道进出口等细部处理完毕。

4）普通水泥砂浆防水层的配合比应按表 4.3-3 选用；掺外加剂、掺合料、聚合物水泥砂浆的配合比应符合所掺材料的规定。

普通水泥砂浆防水层的配合比　　　　　　　　　　　　　　　　　表 4.3-3

名　称	配合比（质量比）		水灰比	适用范围
	水泥	砂		
水泥浆	1	—	0.55～0.60	水泥砂浆防水层的第一层
水泥浆	1	—	0.37～0.40	水泥砂浆防水层的第三、五层
水泥砂浆	1	1.5～2.0	0.40～0.50	水泥砂浆防水层的第二、四层

5）水泥砂浆防水层所用的材料应符合下列规定：

（1）水泥品种应按设计要求选用，其强度等级不应低于 32.5 级，不得使用过期或受潮结块水泥。

（2）砂宜采用中砂，粒径 3mm 以下，含泥量不得大于 1%，硫化物和硫酸盐含量不得大于 1%。

（3）水应采用不含有害物质的洁净水。

（4）聚合物乳液的外观质量，无颗粒、异物和凝固物。

（5）外加剂的技术性能应符合国家或行业标准一等品及以上的质量要求。

6）水泥砂浆防水层的基层质量应符合下列要求：

（1）水泥砂浆铺抹前，基层的混凝土和砌筑砂浆强度应不低于设计值的 80%。

（2）基层表面应坚实、平整、粗糙、洁净，并充分湿润，无积水。

（3）基层表面的孔洞、缝隙应用与防水层相同的砂浆填塞抹平。

7）水泥砂浆防水层施工应符合下列要求：

（1）分层铺抹或喷涂、铺抹时应压实、抹平和表面压光。

（2）防水层各层应紧密贴合，每层宜连续施工，必须留施工缝时应采用阶梯坡形槎，但离开阴阳角处不得小于 200mm。

（3）防水层的阴阳角处应做成圆弧形。

（4）水泥砂浆终凝后应及时进行养护，养护温度不宜低于 5℃并保持湿润，养护时间不得少于 14d。

8）水泥砂浆防水层的施工质量检验数量，应按施工面积每 $100m^2$ 抽查一处，每处 $10m^2$，且不得少于 3 处。

2. 主控项目

（1）水泥砂浆防水层的原材料及配合比必须符合设计要求。

检验方法：检查出厂合格证、质量检验报告、计量措施和现场抽样试验报告。

（2）水泥砂浆防水层各层之间必须结合牢固，无空鼓现象。

检验方法：观察和用小锤轻击检查。

3. 一般项目

（1）水泥砂浆防水层表面应密实、平整，不得有裂纹、起砂、麻面等缺陷；阴阳角处应做成圆弧形。

检验方法：观察检查。

（2）水泥砂浆防水层施工缝留槎位置应正确，接槎应按层次顺序操作，层层搭接紧密。

检验方法：观察检查和检查隐蔽工程验收记录。

（3）水泥砂浆防水层的平均厚度应符合设计要求，最小厚度不得小于设计值的 85%。

检验方法：观察和尺量检查。

三、卷材防水层工程的质量检验

1. 一般要求

1）铺贴卷材的基层表面应符合下列要求：

（1）基层必须牢固，无松动现象。

（2）基层表面应平整。

（3）基层表面应清洁、干净。

（4）基层表面的阴阳角处，均应做成圆弧形或钝角。

2）铺贴卷材前，基层表面应干燥并用与卷材相应的底层涂料涂满铺匀。

3）卷材防水层应采用高聚物改性沥青防水卷材和合成高分子防水卷材。所选用的基层处理剂、胶粘剂、密封材料等配套材料，均应与铺贴的卷材材性相容。

4）铺贴防水卷材前，应将找平层清扫干净，在基面上涂刷基层处理剂；当基面较潮湿时，应涂刷湿固化型胶粘剂或潮湿界面隔离剂。

5）防水卷材厚度选用应符合表 4.3-4 的规定。

防水卷材厚度　　　　　　　　　　　　　　　　　　　　　　　　　表 4.3-4

防水等级	设防道数	合成高分子防水卷材	高聚物改性沥青防水卷材
1 级	三道或三道以上设防	单层：不应小于 1.5mm；	单层：不应小于 4mm；
2 级	二道设防	双层：每层不应小于 1.2mm	双层：每层不应小于 3mm
3 级	一道设防	不应小于 1.5mm	不应小于 4mm
	复合设防	不应小于 1.2mm	不应小于 3mm

6）两幅卷材短边和长边的搭接宽度均不应小于 100mm。采用多层卷材时，上下两层和相邻两幅卷材的接缝应错开 1/3 幅宽，且两层卷材不得相互垂直铺贴。

7）冷粘法铺贴卷材应符合下列规定：

（1）胶粘剂涂刷应均匀，不露底，不堆积。

（2）铺贴卷材时应控制胶粘剂涂刷与卷材铺贴的间隔时间，排除卷材下面的空气，并滚压粘结牢固，不得有空鼓。

（3）铺贴卷材应平整、顺直，搭接尺寸正确，不得有扭曲、皱折。

（4）接缝口应用密封材料封严，其宽度不应小于 10mm。

8）热熔法铺贴卷材应符合下列规定：

（1）火焰加热器加热卷材应均匀，不得过分加热或烧穿卷材；厚度小于 3mm 的高聚物改性沥青防水卷材，严禁采用热熔法施工。

（2）卷材表面热熔后应立即滚铺卷材，排除卷材下面的空气，并滚压粘结牢固，不得有空鼓、皱折。

（3）滚铺卷材时接缝部位必须溢出沥青热熔胶，并应随即刮封接口使接缝粘结严密。

（4）铺贴后的卷材应平整、顺直，搭接尺寸正确，不得有扭曲。

9）卷材防水层完工并经验收合格后及时做保护层，保护层应符合下列规定：

（1）顶板的细石混凝土保护层与防水层之间宜设置隔离层。

（2）底板的细石混凝土保护层厚度应大于 50mm。

（3）侧墙宜采用聚苯乙烯泡沫塑料保护层，或砌砖保护墙（边砌边填实）和铺抹 30mm 厚水泥砂浆。

10）卷材防水层的施工质量检验数量，应按铺贴面积每 100m² 抽查 1 处，每处 10m²，且不得少于 3 处。

2. 主控项目

（1）卷材防水层所用卷材及主要配套材料必须符合设计要求。

检验方法：检查出厂合格证、质量检验报告和现场抽样试验报告。

（2）卷材防水层及其转角处、变形缝、穿墙管道等细部做法均须符合设计要求。

检验方法：观察检查和检查隐蔽工程验收记录。

3. 一般项目

（1）卷材防水层的基层应牢固，基面应洁净、平整，不得有空鼓、松动、起砂和脱皮现象；基层阴阳角处应做成圆弧形。

检验方法：观察检查和检查隐蔽工程验收记录。

（2）卷材防水层的搭接缝应粘（焊）结牢固，密封严密，不得有皱折、翘边和鼓泡等缺陷。

检验方法：观察检查。

（3）侧墙卷材防水层的保护层与防水层应粘结牢固，结合紧密，厚度均匀一致。

检验方法：观察检查。

（4）卷材搭接宽度的允许偏差为－10mm。

检验方法：观察和尺量检查。

四、涂料防水层工程的质量检验

1. 一般要求

1）在地下水位较高的条件下涂刷防水层前，应先降低地下水位至操作层标高30cm以下，并做好排水处理。

2）涂刷防水层的基层应按设计要求抹好找平层，要求抹平、压光、坚实平整、不起砂，含水率低于9％，阴阳角处应抹成圆弧角。

3）涂刷防水层前应将涂刷面上的尘土、杂物、残留的灰浆块、有突出的部分处理、清扫干净，并用干净湿布擦一次，经检查基层，基层无不平、空裂、起砂等缺陷，方可进行下道工序施工。

4）涂刷时不得在淋雨的条件下施工，施工环境温度不低于5℃，操作时严禁烟火。

5）涂料防水层应采用反应型、水乳型、聚合物水泥防水涂料或水泥基、水泥基渗透结晶型防水涂料。

6）防水涂料厚度选用应符合表4.3-5的规定。

防水涂料厚度（mm）　　　　　　　　　　　　表 4.3-5

防水等级	设防道数	有机涂料			无机涂料	
		反应型	水乳型	聚合物水泥	水泥基	水泥基渗透结晶型
1级	三道或三道以上设防	1.2～2.0	1.2～1.5	1.5～2.0	1.5～2.0	≥0.8
2级	二道设防	1.2～2.0	1.2～1.5	1.5～2.0	1.5～2.0	≥0.8
3级	一道设防	—	—	≥2.0	≥2.0	—
	复合设防	—	—	≥1.5	≥1.5	—

7）涂料防水层的施工应符合下列规定：

（1）涂料涂刷前应先在基面上涂一层与涂料相容的基层处理剂。

（2）涂膜应多遍完成，涂刷应待前遍涂层干燥成膜后进行。

（3）每遍涂刷时应交替改变涂层的涂刷方向，同层涂膜的先后搭槎宽度宜为30～50mm。

（4）涂料防水层的施工缝（甩槎）应注意保护，搭接缝宽度应大于100mm，接涂前应将其甩槎表面处理干净。

（5）涂刷程序应先做转角处、穿墙管道、变形缝等部位的涂料加强层，后进行大面积涂刷。

（6）涂刷防水层中铺贴的胎体增强材料，同层相邻的搭接宽度应大于100mm，上下层接缝应错开1/3幅宽。

8）防水涂料的保护层应符合相关规定。

9）涂料防水层的施工质量检验数量，应按涂层面积每100m² 抽查1处，每处10m²，且不得少于3处。

2. 主控项目

（1）涂料防水层所用材料及配合比必须符合设计要求。

检验方法：检查出厂合格证、质量检验报告、计量措施和现场抽样试验报告。

（2）涂料防水层及其转角处、变形缝、穿墙管道等细部做法均须符合设计要求。

检验方法：观察检查和检查隐蔽工程验收记录。

3．一般项目

（1）涂料防水层的基层应牢固，基面应洁净、平整，不得有空鼓、松动、起砂和脱皮现象；基层阴阳角处应做成圆弧形。

检验方法：观察检查和检查隐蔽工程验收记录。

（2）涂料防水层应与基层粘结牢固，表面平整、涂刷均匀，不得有流淌、皱折、鼓泡、露胎体和翘边等缺陷。

检验方法：观察检查。

（3）涂料防水层的平均厚度应符合设计要求，最小厚度不得小于设计厚度的80％。

检验方法：针测法或割取20mm×20mm实样用卡尺测量。

（4）侧墙涂料防水层的保护层与防水层粘结牢固，结合紧密，厚度均匀一致。

检验方法：观察检查。

五、人工合成材料防渗与防护工程的质量检验

1．一般要求

（1）土工织物的搭接：用手提缝纫机缝合搭接量应不小于25cm；接缝强度宜采用丁缝法和蝶形缝法。

（2）土工织物的拼接方法（热元件焊接法、热熔剂压焊接法、熔剂焊接胶结等），其接缝宽度应不小于5cm。

（3）土工格栅铺设方法，铺设场地应平整，无突起杂物；铺设时要求表面张紧，无突起；格栅搭接宽度横向接缝搭接宽度不小于20cm，纵向接缝搭接宽度不小于10cm，有上浆要求的铺设完后应立即上浆；填土时应根据地基上的软弱情况选用适合的填土和压土方法，以防格栅破坏。

2．主控项目

土工膜的铺设方法、搭接宽度、接缝强度、平整度应符合设计要求，如无设计要求，可按经编土工膜的质量要求进行检查。

3．一般项目

土工膜地下水反渗顶起设施的设置或防范措施应符合设计和约定要求。

检查方法：目测及尺量。

检查数量：100m² 抽查一处，每处 10m²，且不少于 3 处。

六、细部结构防水工程的质量检验

1．一般要求

混凝土结构变形缝、施工缝、后浇带等细部应采用止水带、遇水膨胀橡胶腻子止水条等高分子防水材料和接缝密封材料。

2．主控项目

（1）细部构造所用止水带、遇水膨胀橡胶腻子止水条和接缝密封材料必须符合设计要求。

（2）变形缝、施工缝、后浇带、穿墙管道、埋设件等细部构造做法均应符合设计要求，严禁有渗漏。

3．一般项目

（1）中埋式止水带中心线应与变形缝中心线重合，止水带不得穿孔或用铁钉固定，止水带应固定牢靠、平直，不得有扭曲现象。

（2）穿墙管止水环与主管或翼环与套管应连续满焊，并作防腐处理。

（3）接缝处混凝土表面应密实、洁净、干燥；密封材料应嵌填严密、粘结牢固，不得有开裂、鼓泡和下坍现象。

检查方法：目测及检查测试报告。

检查数量：全数检查。

第四节　园林建筑物、构筑物、小品主体混凝土结构工程的质量控制

一、模板安装工程的质量检验

1. 一般要求

（1）模板及其支架应根据工程结构形式、荷载大小、地基土类别、施工设备和材料供应等条件进行设计。模板及其支架应具有足够的承载能力、刚度和稳定性，能可靠地承受浇筑混凝土的重量、侧压力以及施工荷载。

（2）在浇筑混凝土之前，应对钢筋模板工程进行验收。模板安装和浇筑混凝土时，应对模板及其支架进行观察和维护。发生异常情况时，应按施工技术方案及时进行处理。

2. 主控项目

（1）安装现浇结构的上层模板及其支架时，下层楼板应具有承受上层荷载的承载能力，或加设支架；上、下层支架的立柱应对准，并铺设垫板。

检查数量：全数检查。

检验方法：对照模板设计文件和施工技术方案观察。

（2）在涂刷模板隔离剂时，不得沾污钢筋和混凝土接槎处。

检查数量：全数检查。

检查方法：观察。

3. 一般项目

（1）模板的接缝不应漏浆；在浇筑混凝土前，木模板应浇水湿润，但模板内不应有积水。

（2）模板与混凝土的接触面应清理干净并涂刷隔离剂，但不得采用影响结构性能或妨碍装饰工程施工的隔离剂。

（3）浇筑混凝土前，模板内的杂物应清理干净。

（4）对清水混凝土工程及装饰混凝土工程，应使用能达到设计效果的模板。

检查数量：全数检查。

检验方法：观察。

（5）用作模板的地坪、胎膜等应平整光洁，不得产生影响构件质量的下沉、裂缝、起砂或起鼓。

检查数量：全数检查。

检验方法：观察。

（6）对跨度不小于4m的现浇钢筋混凝土梁、板，其模板应按设计要求起拱；当设计无具体要求时，起拱高度宜为跨度的1/1000～3/1000。

检查数量：在同一检验批内，对梁，应抽查构件数量的10%，且不少于3件；对板，应按有代表性的自然间抽查10%，且不少于3间；对大空间结构，板可按纵、横轴线划分检查面，抽查10%，且不少于3面。

检验方法：水准仪或拉线、钢尺检查。

（7）固定在模板上的预埋件、预留孔和预留洞均不得遗漏，且应安装牢固，且偏差应符合表

4.4-1 的规定。

　　检查数量：在同一检验批内，对梁、柱和独立基础，应抽查构件数量的 10%，且不少于 3 件；对墙和板，应按有代表性的自然间抽查 10%，且不少于 3 间；对大空间结构，墙可按相邻轴线间高度 5m 左右划分检查面，板可按纵横轴线划分检查面，抽查 10%，且均不少于 3 面。

　　检验方法：钢尺检查。

预埋件和预留孔的允许偏差　　　　　　　　　　　　　　　　　　表 4.4-1

项　目		允许偏差（mm）
预埋钢板中心线位置		3
预埋管、预留孔中心线位置		3
插　筋	中心线位置	5
	外露长度	+10，0
预埋螺栓	中心线位置	2
	外露长度	+10，0
预留洞	中心线位置	10
	尺寸	+10，0

注：检查中心线位置时，应沿纵、横两个方向量测，并取其中的较大值。

　　（8）现浇结构模板安装的偏差应符合表 4.4-2 的规定。

　　检查数量：在同一检验批内，对梁、柱和独立基础，应抽查构件数量的 10%，且不少于 3 件；对板和墙，应按有代表性的自然间抽查 10%，且不少于 3 间；对大空间结构，墙可按相邻轴线间高度 5m 左右划分检查面，板可按纵、横轴线划分检查面，抽查 10%，且均不少于 3 面。

现浇结构模板安装的允许偏差及检验方法　　　　　　　　　　　　表 4.4-2

项　目		允许偏差（mm）	检验方法
轴线位置		5	钢尺检查
底模上表面标高		±5	水准仪或拉线、钢尺检查
截面内部尺寸	基础	±10	钢尺检查
	柱、墙、梁	+4，−5	钢尺检查
层高垂直度	不大于 5m	6	经纬仪或吊线、钢尺检查
	大于 5m	8	经纬仪或吊线、钢尺检查
相邻两板表面高低差		2	钢尺检查
表面平整度		5	2m 靠尺和塞尺检查

注：检查轴线位置时，应沿纵、横两个方向量测，并取其中的较大值。

　　（9）预制构件模板安装的偏差应符合表 4.4-3 的规定。

　　检查数量：首次使用及大修后的模板应全数检查；使用中的模板应定期检查，并根据使用情况不定期抽查。

预制构件模板安装的允许偏差及检验方法　　　　　表 4. 4-3

项　目		允许偏差（mm）	检验方法
长度	板、梁	±5	钢尺量两角边，取其中较大值
	薄腹梁、桁架	±10	
	柱	0，−10	
	墙板	0，−5	
宽度	板、墙板	0，−5	钢尺量一端及中部，取其中较大值
	梁、薄腹梁、桁架、柱	+2，−5	
高（厚）度	板	+2，−3	钢尺量一端及中部，取其中较大值
	墙板	0，−5	
	梁、薄腹梁、桁架、柱	+2，−5	
侧向弯曲	梁、板、柱	$l/1000$ 且 $\leqslant 15$	拉线、钢尺量最大弯曲处
	墙板、薄腹梁、桁架	$l/1500$ 且 $\leqslant 15$	
板的表面平整度		3	2m 靠尺和塞尺检查
相邻两板表面高低差		1	钢尺检查
对角线差	板	7	钢尺量两个对角线
	墙板	5	
翘曲	板、墙板	$l/1500$	调平尺在两端量测
设计起拱	薄腹梁、桁架、梁	±3	拉线、钢尺量跨中

注：l 为构件长度（mm）。

二、模板拆除的质量检验

1. 一般要求

模板及其支架拆除的顺序及安全措施应按施工技术方案执行。

2. 主控项目

（1）底模及其支架拆除时的混凝土强度应符合设计要求；当设计无具体要求时，混凝土强度应符合表 4.4-4 的规定。

检查数量：全数检查。

检查方法：检查同条件养护试件强度试验报告。

底模拆除时的混凝土强度要求　　　　　表 4. 4-4

构件类型	构件跨度（m）	达到设计要求的混凝土立方体抗压强度标准值的百分率（%）
板	$\leqslant 2$	$\geqslant 50$
	>2，$\leqslant 8$	$\geqslant 75$
	>8	$\geqslant 100$
梁、拱、壳	$\leqslant 8$	$\geqslant 75$
	>8	$\geqslant 100$
悬臂构件	—	$\geqslant 100$

（2）对后张法预应力混凝土结构构件，侧模宜在预应力张拉前拆除；底模支架的拆除应按施工技术方案执行，当无具体要求时，不应在结构构件建立预应力前拆除。

检查数量：全数检查。

检验方法：观察。

（3）后浇带模板的拆除和支顶应按施工技术方案执行。

检查数量：全数检查。

检验方法：观察。

3. 一般项目

（1）侧模拆除时的混凝土强度应能保证其表面及棱角不受损伤。

检查数量：全数检查。

检验方法：观察。

（2）模板拆除时，不应对楼层形成冲击荷载。拆除的模板和支架宜分散堆放并及时清运。

检查数量：全数检查。

检验方法：观察。

三、钢筋绑扎与安装的质量检验

1. 一般要求

在浇筑混凝土之前，应进行钢筋隐蔽工程验收，其内容包括：

（1）纵向受力钢筋的品种、规格、数量、位置等。

（2）钢筋的连接方式、接头位置、接头数量、接头面积百分率等。

（3）箍筋、横向钢筋的品种、规格、数量、间距等。

（4）预埋件的规格、数量、位置等。

2. 原材料进场验收

1）主控项目

（1）钢筋进场时，应按现行国家标准《钢筋混凝土用钢　第2部分：热轧带肋钢筋》（GB 1499.2—2007）等的规定抽取试件作力学性能检验，其质量必须符合有关标准的规定。

检查数量：按进场的批次和产品的抽样检验方案确定。

检验方法：检查产品合格证、出厂检验报告和进场复验报告。

（2）对有抗震设防要求的框架结构，其纵向受力钢筋的强度应满足设计要求；当设计无具体要求时，对一、二级抗震等级，检验所得的强度实测值应符合下列规定：

① 钢筋的抗拉强度实测值与屈服强度实测值的比值不应小于1.25。

② 钢筋的屈服强度实测值与强度标准值的比值不应大于1.3。

③ 钢筋的最大力总伸长率不小于9%。

检查数量：按进场的批次和产品的抽样检验方案确定。

检验方法：检查进场复验报告。

（3）当发现钢筋脆断、焊接性能不良或力学性能显著不正常等现象时，应对该批钢筋进行化学成分检验或其他专项检验。

检查方法：检查化学成分等专项检验报告。

2）一般项目

钢筋应平直、无损伤，表面不得有裂纹、油污、颗粒状或片状老锈。

检查数量：进场时和使用前全数检查。

检验方法：观察。

3. 钢筋加工的质量检验

1）主控项目

（1）受力钢筋的弯钩和弯折应符合下列规定：

① HPB235级钢筋末端应作18°弯钩，其弯弧内直径不应小于钢筋直径的2.5倍，弯钩的弯后平直部分长度不应小于钢筋直径的3倍。

② 当设计要求钢筋末端需作 135°弯钩时，HRB335 级、HRB400 级钢筋的弯弧内直径不应小于钢筋直径的 4 倍，弯钩的弯后平直部分长度应符合设计要求。

③ 钢筋作不大于 90°的弯折时，弯折处的弯弧内直径不应小于钢筋直径的 5 倍。

检查数量：按每工作班同一类型钢筋、同一加工设备抽查不应少于 3 件。

检验方法：钢尺检查。

（2）除焊接封闭环式箍筋外，箍筋的末端应作弯钩，弯钩形式应符合设计要求；当设计无具体要求时，应符合下列规定：

① 箍筋弯钩的弯弧内直径除应满足《混凝土结构工程施工质量验收规范（2010 版）》（GB 50204—2002）5.3.1 条的规定外，尚应不小于受力钢筋直径。

② 箍筋弯钩的弯折角度：对一般结构，不应小于 90°；对有抗震等要求的结构，应为 135°。

③ 箍筋弯后平直部分长度：对一般结构，不宜小于箍筋直径的 5 倍；对有抗震等要求的结构，不应小于箍筋直径的 10 倍。

检查数量：按每工作班同一类型钢筋、同一加工设备抽查不应少于 3 件。

检验方法：钢尺检查。

2）一般项目

（1）钢筋调直宜采用机械方法，不宜采用冷拉方法。当采用冷拉方法调直钢筋时，HPB235 级钢筋的冷拉率不宜大于 4%，HRB335 级、HRB400 级和 RRB400 级钢筋的冷拉率不宜大于 1%。

检查数量：按每工作班同一类型钢筋、同一加工设备抽查不应少于 3 件。

检验方法：观察、钢尺检查。

（2）钢筋加工的形状、尺寸应符合设计要求，其偏差应符合表 4.4-5 的规定。

检查数量：按每工作班同一类型钢筋、同一加工设备检查不应少于 3 件。

检验方法：钢尺检查。

钢筋加工的允许偏差　　　　　　　　　　　　　　　表 4.4-5

项　　目	允许偏差（mm）
受力钢筋顺长度方向全长的净尺寸	±10
弯起钢筋的弯折位置	±20
箍筋内净尺寸	±5

4. 钢筋连接的质量检验

1）钢筋连接主控项目

（1）纵向受力钢筋的连接方式应符合设计要求。

检查数量：全数检查。

检验方法：观察。

（2）在施工现场，应按国家现行标准《钢筋机械连接技术规程》（JGJ 107—2010）、《钢筋焊接及验收规程》（JGJ 18—2012）的规定抽取钢筋机械连接接头、焊接接头试件作力学性能检验，其质量应符合有关规程的规定。

检查数量：按有关规程确定。

检验方法：检查产品合格证、接头力学性能试验报告。

2）钢筋连接一般项目

（1）钢筋的接头宜设置在受力较小处。同一纵向受力钢筋不宜设置两个或两个以上接头。接头末端至钢筋弯起点的距离不应小于钢筋直径的 10 倍。

检查数量：全数检查。

检验方法：观察、钢尺检查。

（2）在施工现场，应按国家现行标准《钢筋机械连接技术规程》（JGJ 107—2010）、《钢筋焊接及验收规程》（JGJ 18—2012）的规定对钢筋机械连接接头、焊接接头的外观进行检查，其质量应符合有关规程的规定。

检查数量：全数检查。

检验方法：观察。

（3）当受力钢筋采用机械连接接头或焊接接头时，设置在同一构件内的接头宜相互错开。

纵向受力钢筋机械连接接头及焊接接头连接区段的长度为 $35d$（d 为纵向受力钢筋的较大直径）且不小于 500mm，凡接头中点位于该连接区段长度内的接头均属于同一连接区段。同一连接区段内，纵向受力钢筋机械连接及焊接的接头面积百分率为该区段内有接头的纵向受力钢筋截面面积与全部纵向受力钢筋截面面积的比值。

同一连接区段内，纵向受力钢筋的接头面积百分率应符合设计要求；当设计无具体要求时，应符合下列规定：

① 在受拉区不宜大于 50%。

② 接头不宜设置在有抗震设防要求的框架梁端、柱端的箍筋加密区；当无法避开时，对等强度高质量机械连接接头，不应大于 50%。

③ 直接承受动力荷载的结构构件中，不宜采用焊接接头；当采用机械连接接头时，不应大于 50%。

检查数量：在同一检验批内，对梁、柱和独立基础，应抽查构件数量的 10%，且不少于 3 件；对墙和板，应按有代表性的自然间抽查 10%，且不少于 3 间；对大空间结构，墙可按相邻轴线间高度 5m 左右划分检查面，板可按纵横轴线划分检查面，抽查 10%，且均不少于 3 面。

检验方法：观察、钢尺检查。

（4）同一构件中相邻纵向受力钢筋的绑扎搭接接头宜相互错开。绑扎搭接接头中钢筋的横向净距不应小于钢筋直径，且不应小于 25mm。

钢筋绑扎搭接接头连接区段的长度为 $1.3l_l$（l_l 为搭接长度），凡搭接接头中点位于该连接区段长度内的搭接接头均属于同一连接区段。同一连接区段内，纵向钢筋搭接接头面积百分率为该区段内有搭接接头的纵向受力钢筋截面面积与全部纵向受力钢筋截面面积的比值。

同一连接区段内，纵向受拉钢筋搭接接头面积百分率应符合设计要求；当设计无具体要求时，应符合下列规定：

① 对梁类、板类及墙类构件，不宜大于 25%。

② 对柱类构件，不宜大于 50%。

③ 当工程中确有必要增大接头面积百分率时，对梁类构件，不应大于 5%；对其他构件，可根据实际情况放宽。

纵向受力钢筋绑扎搭接接头的最小搭接长度应符合《混凝土结构工程施工质量验收规范（2010 版）》（GB 50204—2002）附录 B 的规定。

检查数量：在同一检验批内，对梁、柱和独立基础，应抽查构件数量的 10%，且不少于 3 件；对墙和板，应按有代表性的自然间抽查 10%，且不少于 3 间；对大空间结构，墙可按相邻轴线间高度 5m 左右划分检查面，板可按纵、横轴线划分检查面，抽查 10%，且均不少于 3 面。

检验方法：观察、钢尺检查。

（5）在梁、柱类构件的纵向受力钢筋搭接长度范围内，应按设计要求配置箍筋；当设计无具体要求时，应符合下列规定：

① 箍筋直径不应小于搭接钢筋较大直径的 0.25 倍。

② 受拉搭接区段的箍筋间距不应大于搭接钢筋较小直径的 5 倍，且不应大于 100mm。

③ 受压搭接区段的箍筋间距不应大于搭接钢筋较小直径的 10 倍，且不应大于 200mm。

④ 当柱中纵向受力钢筋直径大于 25mm 时，应在搭接接头两个端面外 100mm 范围内各设置两个箍筋，其间距宜为 50mm。

构件数量的 10%，且不少于 3 件；对墙和板，应按有代表性的自然间抽查 10%，且不少于 3 间；对大空间结构，墙可按相邻轴线间高度 5m 左右划分检查面，板可按纵、横轴线划分检查面，抽查 10%，且均不少于 3 面。

检验方法：钢尺检查。

5. 钢筋安装的质量检验

1）钢筋安装主控项目

钢筋安装时，受力钢筋的品种、级别、规格和数量必须符合设计要求。

检查数量：全数检查。

检验方法：观察、钢尺检查。

2）钢筋安装一般项目

钢筋安装位置的偏差应符合表 4.4-6 的规定。

检查数量：在同一检验批内，对梁、柱和独立基础，应抽查构件数量的 10%，且不少于 3 件；对墙和板，应按有代表性的自然间检查 10%，且不少于 3 间；对大空间结构，墙可按相邻轴线间高度 5m 左右划分检查面，板可按纵、横轴线划分检查面，抽查 10%，且均不少于 3 面。

钢筋安装位置的允许偏差和检验方法　　　　　表 4.4-6

项　　目			允许偏差（mm）	检查方法
绑扎钢筋网	长、宽		±10	钢尺检查
	网眼尺寸		±20	钢尺量连续三档，取最大值
绑扎钢筋骨架	长		±10	钢尺检查
	宽、高		±5	钢尺检查
受力钢筋	间距		±10	钢尺量两端、中间各一点，取最大值
	排距		±5	
	保护层厚度	基础	±10	钢尺检查
		柱、梁	±5	钢尺检查
		板、墙、壳	±3	钢尺检查
绑扎箍筋、横向钢筋间距			±20	钢尺量连续三档，取最大值
钢筋弯起点位置			20	钢尺检查
预埋件	中心线位置		5	钢尺检查
	水平高差		+3，0	钢尺和塞尺检查

注：① 检查预埋件中心线位置时，应沿纵、横两个方向量测，并取其中的较大值；

② 表中梁类、板类构件上部纵向受力钢筋保护层厚度的合格点率应达到 90% 及以上，且不得有超过表中数值 1.5 倍的尺寸偏差。

四、混凝土工程的质量检验

1. 原材料进场检查验收

1）主控项目

（1）水泥进场时应对其品种、级别、包装或散装仓号、出厂日期等进行检查，并应对其强度、安定性及其他必要的性能指标进行复验，其质量必须符合现行国家标准《通用硅酸盐水泥》国家标准第 1 号修改单（GB 175—2007/XG1—2009）等的规定。

当在使用中对水泥质量有怀疑或水泥出厂超过三个月（快硬硅酸盐水泥超过一个月）时，应进行复验，并按复验结果使用。

钢筋混凝土结构、预应力混凝土结构中，严禁使用含有氯化物的水泥。

检查数量：按同一生产厂家、同一等级、同一品种、同一批号且连续进场的水泥，袋装不超过 200t 为一批，散装不超过 500t 为一批，每批抽样不少于一次。

检验方法：检查产品合格证、出厂检验报告和进场复验报告。

（2）混凝土中掺用外加剂的质量及应用技术应符合现行国家标准《混凝土外加剂》（GB 8076—2008）、《混凝土外加剂应用技术规范》（GB 50119—2003）等和有关环境保护的规定。

预应力混凝土结构中，严禁使用含氯化物的外加剂。钢筋混凝土结构中，当使用含氯化物的外加剂时，混凝土中氯化物的总含量应符合现行国家标准《混凝土质量控制标准》（GB 50164—2011）的规定。

检查数量：按进场的批次和产品的抽样检验方案确定。

检验方法：检查产品合格证、出厂检验报告和进场复验报告。

（3）混凝土中氯化物和碱的总含量应符合现行国家标准《混凝土结构设计规范》（GB 50010—2010）和设计要求。

检验方法：检查原材料试验报告和氯化物、碱的总含量计算书。

2）一般项目

（1）混凝土中掺用矿物掺合料的质量应符合现行国家标准《用于水泥和混凝土中的粉煤灰》（GB/T 1596—2005）等的规定。矿物掺合料的掺量应通过试验确定。

检查数量：按进场的批次和产品的抽样检验方案确定。

检验方法：检查出厂合格证和进场复验报告。

（2）普通混凝土所用的粗、细骨料的质量应符合国家现行标准《普通混凝土用砂、石质量及检验方法标准》（JGJ 52—2006）的规定。

① 砂：砂的粒径及产地应符合混凝土配合比通知单的要求。砂中含泥量：当混凝土强度等级≥C30 时，含泥量≤3%；混凝土强度等级＜C30 时，含泥量应≤5%；有抗冻、抗渗要求时，含泥量应≤3%。砂中泥块的含量（大于 5mm 的纯泥），当混凝土强度等级≥C30 时，其泥块含量应≤1%；混凝土强度等级＜C30 时，其泥块含量应≤2%；有抗冻、抗渗要求时，其泥块含量应≤1%。砂应有试验报告单。

② 石子（碎石或卵石）：石子的粒径、级配及产地应符合混凝土配合比通知单的要求：

Ⅰ. 石子的针、片状颗粒含量：当混凝土强度等级≥C30 时，应≤15%；当混凝土强度等级为 C25～C15 时，应≤25%。

Ⅱ. 石子的含泥量（小于 0.8mm 的尘屑、淤泥和黏土的总含量）：当混凝土强度等级≥C30 时，应≤1%；当混凝土强度等级为 C25～C15 时，应≤2%；当对混凝土有抗冻、抗渗要求时，应≤1%。

Ⅲ. 石子的泥块含量（大于 5mm 的纯泥）：当混凝土强度等级≥C30 时，应≤0.5%；当混凝土强度等级＜C30 时，应≤0.7%；当混凝土强度等级≤C10 时，应≤1%。

Ⅳ. 石子应有试块报告单。

（3）检查数量：按进场的批次和产品的抽样检验方案确定。

（4）检验方法：检查进场复验报告。

注：① 混凝土用的粗骨料，其最大颗粒粒径不得超过构件截面最小尺寸的 1/4，且不得超过钢筋最小净间距的 3/4。

② 对混凝土实心板，骨料的最大粒径不宜超过板厚的 1/3，且不得超过 40mm。

（5）拌制混凝土宜采用饮用水；当采用其他水源时，水质应符合国家现行标准《混凝土用水标准》（JGJ 63—2006）的规定。

检查数量：同一水源检查不应少于一次。

检验方法：检查水质试验报告。

2. 混凝土配合比设计

1）配合比主控项目

混凝土应按国家现行标准《普通混凝土配合比设计规程》（JGJ 55—2011）的有关规定，根据混凝土强度等级、耐久性和工作性等要求进行配合比设计。

对有特殊要求的混凝土，其配合比设计尚应符合国家现行有关标准的专门规定。

检验方法：检查配合比设计资料。

2）配合比一般项目

（1）首次使用的混凝土配合比应进行开盘鉴定，其工作性应满足设计配合比的要求。开始生产时应至少留置一组标准养护试件，作为验证配合比的依据。

检验方法：检查开盘鉴定资料和试件强度试验报告。

（2）混凝土拌制前，应测定砂、石含水率并根据测试结果调整材料用量，提出施工配合比。

检查数量：每工作班检查一次。

检验方法：检查含水率测试结果和施工配合比通知单。

3. 混凝土施工的质量检验

1）一般要求

（1）混凝土施工准备

① 试验室已下达混凝土配合通知单，并将其转换为每盘实际使用的施工配合比，并公布于搅拌配料地点的标牌上。

② 所有的原材料经检查，全部应符合配合比通知单所提出的要求。

③ 搅拌机及其配套的设备应运转灵活、安全可靠。电源及配电系统符合要求，安全可靠。

④ 所有计量器具必须有检定的有效期标识。地磅下面及周围的砂、石清理干净，计量器具灵敏可靠，并按施工配合比设专人定磅。

⑤ 管理人员向作业班组进行配合比、操作规程和安全技术交底。

⑥ 需浇筑混凝土的工程部位已办理隐检、预检手续，混凝土浇筑的申请单已经有关管理人员批准。

⑦ 新下达的混凝土配合比，应进行开盘鉴定。开盘鉴定的工作已进行并符合要求。

（2）混凝土基本工艺流程

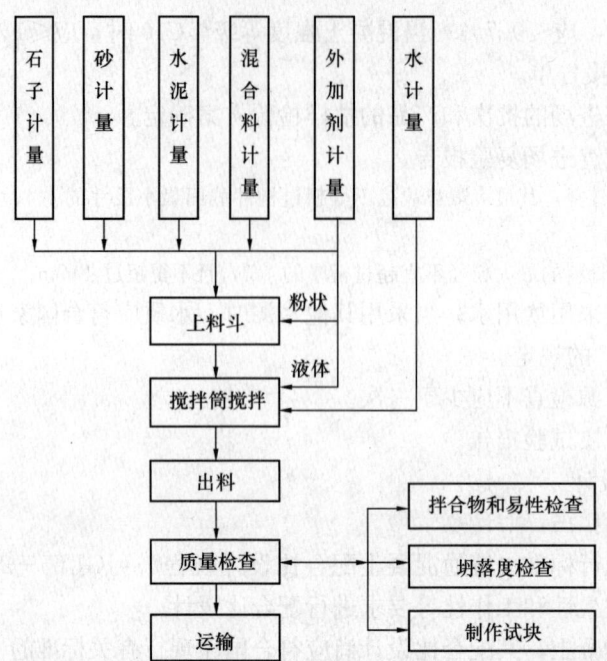

2）主控项目

（1）结构混凝土的强度等级必须符合设计要求。用于检查结构构件混凝土强度的试件，应在混凝土的浇筑地点随机抽取。取样与试件留置应符合下列规定：

① 每拌制 100 盘且不超过 $100m^3$ 的同配合比混凝土，取样不得少于一次。

② 每工作班拌制的同一配合比的混凝土不足 100 盘时，取样不得少于一次。

③ 当一次连续浇筑超过 $1000m^3$ 时，同一配合比的混凝土每 $200m^3$ 取样不得少于一次。

④ 每一楼层、同一配合比的混凝土，取样不得少于一次。

⑤ 每次取样应至少留置一组标准养护试件，同条件养护试件的留置组数应根据实际需要确定。

检验方法：检查施工记录及试件强度试验报告。

（2）对有抗渗要求的混凝土结构，其混凝土试件应在浇筑地点随机取样。同一工程、同一配合比的混凝土，取样不应少于一次，留置组数可根据实际需要确定。

检验方法：检查试件抗渗试验报告。

（3）混凝土原材料每盘称量的偏差应符合表 4.4-7 的规定。

表 4.4-7

原材料每盘称量的允许偏差

材料名称	允许偏差
水泥、掺合料	±2%
粗、细骨料	±3%
水、外加剂	±2%

注：① 各种衡器应定期校验，每次使用前应进行零点校核，保持计量准确；
　　② 当遇雨天或含水率有显著变化时，应增加含水率检测次数，并及时调整水和骨料的用量。

检查数量：每工作班抽查不应少于一次。

检验方法：复秤。

（4）混凝土运输、浇筑及间歇的全部时间不应超过混凝土的初凝时间。同一施工段的混凝土应连续浇筑，并应在底层混凝土初凝之前将上一层混凝土浇筑完毕。

当底层混凝土初凝后浇筑上一层混凝土时，应按施工技术方案中对施工缝的要求进行处理。

检查数量：全数检查。

检验方法：观察，检查施工记录。

3）一般项目

（1）施工缝的位置应在混凝土浇筑前按设计要求和施工技术方案确定。施工缝的处理应按施工技术方案执行。

检查数量：全数检查。

检验方法：观察，检查施工记录。

（2）后浇带的留置位置应按设计要求和施工技术方案确定。后浇带混凝土浇筑应按施工技术方案进行。

检查数量：全数检查。

（3）混凝土浇筑完毕后，应按施工技术方案及时采取有效养护措施，并应符合下列规定：

① 应在浇筑完毕后的 12h 以内对混凝土加以覆盖并保湿养护。

② 混凝土浇水养护的时间：对采用硅酸盐水泥、普通硅酸盐水泥或矿渣硅酸盐水泥拌制的混凝土，不得少于 7d；对掺用缓凝型外加剂或有抗渗要求的混凝土，不得少于 14d。

③ 浇水次数应能保持混凝土处于湿润状态；混凝土养护用水应与拌制用水相同。

④ 采用塑料布覆盖养护的混凝土，其敞露的全部表面应覆盖严密。并应保持塑料布内有凝结水。

⑤混凝土强度达到 $1.2N/mm^2$ 前，不得在其上踩踏或安装模板及支架。

注：1. 当日平均气温低于 5℃时，不得浇水。

2. 当采用其他品种水泥时，混凝土的养护时间应根据所采用水泥的技术性能确定。

3. 混凝土表面不便浇水或使用塑料布时，宜涂刷养护剂。

4. 对大体积混凝土的养护，应根据气候条件按施工技术方案采取控温措施。

检查数量：全数检查。

检验方法：观察，检查施工记录。

4. 混凝土现浇结构工程的质量检验

1）一般要求

（1）现浇结构的外观质量缺陷，应由监理（建设）单位、施工单位等各方根据其对结构性能和使用功能影响的严重程度，按表 4.4-8 确定。

现浇结构外观质量缺陷　　　　　　　　　　　　　　　　　表 4.4-8

名　称	现　　象	严重缺陷	一般缺陷
露筋	构件内钢筋未被混凝土包裹而外露	纵向受力钢筋有露筋	其他钢筋有少量露筋
蜂窝	混凝土表面缺少水泥砂浆而形成石子外露	构件主要受力部位有蜂窝	其他部件有少量蜂窝
孔洞	混凝土中孔穴深度和长度均超过保护层厚度	构件主要受力部位有孔洞	其他部位有少量孔洞
夹渣	混凝土中夹有杂物且深度超过保护层厚度	构件主要受力部位有夹渣	其他部位有少量夹渣

名　称	现　　象	严重缺陷	一般缺陷
疏松	混凝土中局部不密实	构件主要受力部位有疏松	其他部位有少量疏松
裂缝	缝隙从混凝土表面延伸至混凝土内部	构件主要受力部位有影响结构性能或使用功能的裂缝	其他部位有少量不影响结构性能或使用功能的裂缝
连接部位缺陷	构件连接处混凝土缺陷及连接钢筋、连接件松动	连接部位有影响结构传力性能的缺陷	连接部位有基本不影响结构传力性能的缺陷
外形缺陷	缺棱掉角、棱角不直、翘曲不平、飞边凸肋等	清水混凝土构件有影响使用功能或装饰效果的外形缺陷	其他混凝土构件有不影响使用功能的外形缺陷
外表缺陷	构件表面麻面、掉皮、起砂、沾污等	具有重要装饰效果的清水混凝土构件有外表缺陷	其他混凝土构件有不影响使用功能的外表缺陷

（2）现浇结构拆模后，应由监理（建设）单位、施工单位对外观质量和尺寸偏差进行检查，作出记录，并应及时按施工技术方案对缺陷进行处理。

2）现浇结构外观质量的检验

（1）主控项目

① 现浇结构的外观质量不应有严重缺陷。

② 对已经出现的严重缺陷，应由施工单位提出技术处理方案，并经监理（建设）单位认可后进行处理。对经处理的部位，应重新检查验收。

检查数量：全数检查。

检验方法：观察，检查技术处理方案。

（2）一般项目

① 现浇结构的外观质量不宜有一般缺陷。

② 对已经出现的一般缺陷，应由施工单位按技术处理方案进行处理，并重新检查验收。

检查数量：全数检查。

检验方法：观察，检查技术处理方案。

3）现浇结构尺寸偏差的检验

（1）主控项目

① 现浇结构不应有影响结构性能和使用功能的尺寸偏差。混凝土设备基础不应有影响结构性能和设备安装的尺寸偏差。

② 对超过尺寸允许偏差且影响结构性能和安装、使用功能的部位，应由施工单位提出技术处理方案，并经监理（建设）单位认可后进行处理。对经处理的部位，应重新检查验收。

检验方法：量测，检查技术处理方案。

（2）一般项目

现浇结构和混凝土设备基础拆模后的尺寸偏差应符合表4.4-9、表4.4-10的规定。

检查数量：按楼层、结构缝或施工段划分检验批。在同一检验批内，对梁、柱和独立基础，应抽查构件数量的10%，且不少于3件；对墙和板，应按有代表性的自然间抽查10%，且不少于3间；对大空间结构，墙可按相邻轴线间高度5m左右划分检查面，板可按纵、横轴线划分检查面，抽查10%，且均不少于3面；对电梯井，应全数检查；对设备基础，应全数检查。

现浇结构尺寸允许偏差和检验方法　　　　　　　　　　表 4.4-9

项目			允许偏差（mm）	检验方法
轴线位置	基础		15	钢尺检查
	独立基础		10	
	墙、柱、梁		8	
	剪力墙		5	
垂直度	层高	≤5m	8	经纬仪或吊线、钢尺检查
		>5m	10	经纬仪或吊线、钢尺检查
	全高（H）		H/1000 且≤30	经纬仪、钢尺检查
标高	层高		±10	水准仪或拉线、钢尺检查
	全高		±30	
截面尺寸			+8，−5	钢尺检查
电梯井	井筒长、宽对定位中心线		+25，0	钢尺检查
	井筒全高（H）垂直度		H/1000 且≤30	经纬仪、钢尺检查
表面平整度			8	2m靠尺和塞尺检查
预埋设施中心线位置	预埋件		10	钢尺检查
	预埋螺栓		5	
	预埋管		5	
预留洞中心线位置			15	钢尺检查

注：检查轴线、中心线位置时，应沿纵、横两个方向量测，并取其中的较大值。

混凝土设备基础尺寸允许偏差和检验方法　　　　　　　表 4.4-10

项目		允许偏差（mm）	检验方法
坐标位置		20	钢尺检查
不同平面的标高		0，−20	水准仪或拉线、钢尺检查
平面外形尺寸		±20	钢尺检查
凸台上平面外形尺寸		0，−20	钢尺检查
凹穴尺寸		+20，0	钢尺检查
平面水平度	每米	5	水平尺、塞尺检查
	全长	10	水准仪或拉线、钢尺检查
垂直度	每米	5	经纬仪或吊线、钢尺检查
	全高	10	
预埋地脚螺栓	标高（顶部）	+20，0	水准仪或拉线、钢尺检查
	中心距	±2	钢尺检查
预埋地脚螺栓孔	中心线位置	10	钢尺检查
	深度	+20，0	钢尺检查
	孔垂直度	10	吊线、钢尺检查
预埋活动地脚螺栓锚板	标高	+20，0	水准仪或拉线、钢尺检查
	中心线位置	5	钢尺检查
	带槽锚板平整度	5	钢尺、塞尺检查
	带螺纹孔锚板平整度	2	钢尺、塞尺检查

注：检查坐标、中心线位置时，应沿纵、横两个方向量测，并取其中的较大值。

第五节　园林建筑物、构筑物、小品的砖石砌体工程的质量控制

一、砌筑砂浆的质量检验

1. 水泥进场使用前，应分批对其强度、安定性进行复验。检验批应以同一生产厂家、同一编号为一批。

当在使用中对水泥质量有怀疑或水泥出厂超过三个月（快硬硅酸盐水泥超过一个月）时，应复查试验，并按其结果使用。

不同品种的水泥，不得混合使用。

2. 砂浆用砂不得含有有害杂物。砂浆用砂的含泥量应满足下列要求：

（1）对水泥砂浆和强度等级不小于 M5 的水泥混合砂浆，不应超过 5%。

（2）对强度等级小于 M5 的水泥混合砂浆，不应超过 10%。

（3）人工砂、山砂及特细砂，应经试配能满足砌筑砂浆技术条件的要求。

3. 配置水泥石灰砂浆时，不得采用脱水硬化的石灰膏。

4. 消石灰粉不得直接使用于砌筑砂浆中。

5. 拌制砂浆用水，水质应符合国家现行标准《混凝土用水标准》（JGJ 63—2006）的规定。

6. 砌筑砂浆应通过试配确定配合比。当砌筑砂浆的组成材料有变更时，其配合比应重新确定。

7. 施工中当采用水泥砂浆代替水泥混合砂浆时，应重新确定砂浆强度等级。

8. 凡在砂浆中掺入有机塑化剂、早强剂、缓凝剂、防冻剂等，应经检验和试配符合要求后，方可使用。有机塑化剂应有砌体强度的形式检验报告。

9. 砂浆现场拌制时，各组分材料应采用重量计量。

10. 砌筑砂浆应采用机械搅拌，自投料完算起，搅拌时间应符合下列规定：

（1）水泥砂浆和水泥混合砂浆不得少于 2min。

（2）水泥粉煤灰砂浆和掺用外加剂的砂浆不得少于 3min。

（3）掺用有机塑化剂的砂浆，应为 3～5min。

11. 砂浆应随拌随用，水泥砂浆和水泥混合砂浆应分别在 3h 和 4h 内使用完毕；当施工期间最高气温超过 30℃时，应分别在拌成后 2h 和 3h 内使用完毕。

注：对掺用缓凝剂的砂浆，其使用时间可根据具体情况延长。

12. 砌筑砂浆试块强度验收时其强度合格标准必须符合以下规定：

同一验收批砂浆试块抗压强度平均值必须大于或等于设计强度等级所对应的立方体抗压强度；同一验收批砂浆试块抗压强度的最小一组平均值必须大于或等于设计强度等级所对应的立方体抗压强度的 0.75 倍。

注：（1）砌筑砂浆的验收批，同一类型、强度等级的砂浆试块应不少于 3 组。当同一验收批只有一组试件时，该组试块抗压强度的平均值必须大于或等于设计强度等级所对应的立方体抗压强度。

（2）砂浆强度以标准养护，龄期为 28d 的试块抗压试验结果为准。

抽检数量：每一检验批且不超过 250m³ 砌体的各种类型及强度等级的砌筑砂浆，每台搅拌机应至少抽检一次。

检验方法：在砂浆搅拌机出料口随机取样制作砂浆试块（同盘砂浆只应制作一组试块），最后检查试块强度试验报告单。

13. 当施工中或验收时出现下列情况时，可采用现场检验方法对砂浆和砌体强度进行原位检

测或取样检测，并判定其强度：

（1）砂浆试块缺乏代表性或试块数量不足。

（2）对砂浆试块的试验结果有怀疑或有争议。

（3）砂浆试块的试验结果，不能满足设计要求。

二、砖砌体工程的质量检验

1. 一般要求

（1）砌筑前应办完地基、基础工程隐检手续，校核放线尺寸。

（2）用于清水墙、柱表面的砖，应边角整齐，色泽均匀。

（3）有冻胀环境和条件的地区，地面以下或防潮层以下的砌体，不宜采用多孔砖。

（4）砌筑砖砌体时，砖应提前 1～2d 浇水湿润。

（5）240mm 厚承重墙的每层墙的最上一皮砖，砖砌体的阶台水平面上及挑出层，应整砖丁砌。

（6）砖砌体拱过梁的灰缝应砌成楔形缝。灰缝的宽度，在过梁的底面不应小于 5mm；在过梁的顶面不应大于 15mm。

拱脚下面应伸入墙内不小于 20mm，拱底应有 1% 的起拱。

（7）砖过梁底部的模板，应在灰缝砂浆强度不低于设计强度的 50% 时，方可拆除。

（8）多孔砖的孔洞应垂直于受压面砌筑。

（9）施工时施砌的蒸压（养）砖的产品龄期不应小于 28d。

（10）竖向灰缝不得出现透明缝、瞎缝和假缝。

（11）砖砌体施工临时间断处补砌时，必须将接槎处表面清理干净，浇水湿润，并填实砂浆，保持灰缝平直。

2. 主控项目

（1）砖和砂浆的强度等级必须符合设计要求。

抽检数量：每一生产厂家的砖到现场后，按烧结砖 15 万块、多孔砖 5 万块、灰砂砖及粉煤灰砖 10 万块各为一个验收批，抽检数量为 1 组。砂浆试块的抽检数量应符合有关规定。

检验方法：查砖和砂浆试块试验报告。

（2）砌体水平灰缝的砂浆饱满度不得小于 80%。

抽检数量：每检验批抽查不应少于 5 处。

检验方法：用百格网检查砖底面与砂浆的粘结痕迹面积。每处检测 3 块砖，取其平均值。

（3）砖砌体的转角处和交接处应同时砌筑，严禁无可靠措施的内外墙分砌施工。对不能同时砌筑而又必须留置的临时间断处应砌成斜槎，斜槎水平投影长度不应小于高度的 2/3。

抽检数量：每检验批抽 20% 接槎，且不应少于 5 处。

检验方法：观察检查。

（4）非抗震设防及抗震设防烈度为 6 度、7 度地区的临时间断处当不能留斜槎时，除转角处外可留直槎，但直槎必须做成凸槎。留直槎处应加设拉结钢筋，拉结钢筋的数量为每 120mm 墙厚放置 1φ6 拉结钢筋（120mm 厚墙放置 2φ6 拉结钢筋），间距沿墙高不应超过 500mm；埋入长度从留槎处算起每边均不应小于 500mm，对抗震设防烈度 6 度、7 度的地区，不应小于 1000mm；末端应有 90°弯钩。

抽检数量：每检验批抽 20% 接槎，且不应少于 5 处。

检验方法：观察和尺量检查。

合格标准：留槎正确，拉结钢筋设置数量、直径正确，竖向间距偏差不超过 100mm，留置长度基本符合规定。

砖砌体的位置及垂直度允许偏差应符合表 4.5-1 的规定。

砖砌体的位置及垂直度允许偏差　　　　　表 4.5-1

项次	项　目		允许偏差（mm）	检验方法
1	轴线位置偏移		10	用经纬仪和尺检查或用其他测量仪器检查
2	垂直度	每层	5	用 2m 托线板检查
		全高 ≤10m	10	用经纬仪、吊线和尺检查，或用其他测量仪器检查
		>10m	20	

抽查数量：轴线查全部承重墙柱；外墙垂直度全高查阳角，不应少于 4 处，每层每 20m 查一处；内墙按有代表性的自然间抽 10%，但不应少于 3 间，每间不应少于 2 处，柱不少于 5 根。

3. 一般项目

(1) 砖砌体组砌方法应正确，上下错缝，内外搭砌，砖柱不得采用包心砌法。

抽检数量：外墙每 20m 抽查一处，每处 3～5m，且不应少于 3 处；内墙按有代表性的自然间抽 10%，且不应少于 3 间。

检验方法：观察检查。

合格标准：除符合本条要求外，清水墙、窗间墙无通缝；混水墙中长度大于或等于 300mm 的通缝每间不超过 3 处，且不得位于同一面墙体上。

(2) 砖砌体的灰缝应横平竖直，厚薄均匀。水平灰缝厚度宜为 10mm，但不应小于 8mm，也不应大于 12mm。

抽检数量：每步脚手架施工的砌体，每 20m 抽查 1 处。

检验方法：用尺量 10 皮砖砌体高度折算。

(3) 砖砌体的一般尺寸允许偏差应符合表 4.5-2 的规定。

砖砌体一般尺寸允许偏差　　　　　表 4.5-2

项次	项　目		允许偏差（mm）	检验方法	抽检数量
1	基础顶面和楼面标高		±15	用水平仪和尺检查	不应少于 5 处
2	表面平整度	清水墙、柱	5	用 2m 靠尺和楔形塞尺检查	有代表性的自然间 10%，但不应少于 3 间，每间不应少于 2 处
		混水墙、柱	8		
3	门窗洞口高、宽（后塞口）		±5	用尺检查	检验批洞口的 10%，且不应少于 5 处
4	外墙上下窗口偏移		20	以底层窗口为准，用经纬仪或吊线检查	检验批的 10%，且不应少于 5 处
5	水平灰缝平直度	清水墙	7	拉 10m 线和尺检查	有代表性的自然间 10%，但不应少于 3 间，每间不应少于 2 处
		混水墙	10		
6	清水墙游丁走缝		20	用吊线和尺检查，以每层第一皮砖为准	有代表性的自然间 10%，但不应少于 3 间，每间不应少于 2 处

三、石砌体工程的质量检验

1. 一般要求

1）石砌体采用的石材应质地坚实，无风化剥落和裂纹。用于清水墙、柱表面的石材，尚应色泽均匀。

2）石材表面的泥垢、水锈等杂质，砌筑前应清除干净。

3）石砌体的灰缝厚度：毛料石和粗料石砌体不宜大于 20mm；细料石砌体不宜大于 5mm。

4）砂浆初凝后，如移动已砌筑的石块，应将原砂浆清理干净，重新铺浆砌筑。

5）砌筑毛石基础的第一皮石块应坐浆，并将大面向下；砌筑料石基础的第一皮石块应用丁砌层坐浆砌筑。

6）毛石砌体的第一皮及转角处、交接处和洞口处，应用较大的平毛石砌筑。每个楼层（包括基础）砌体的最上一皮，宜选用较大的毛石砌筑。

7）砌筑毛石挡土墙应符合下列规定：

（1）每砌 3～4 皮为一个分层高度，每个分层高度应找平一次。

（2）外露面的灰缝厚度不得大于 40mm，两个分层高度间分层处的错缝不得小于 80mm。

8）料石挡土墙，当中间部分用毛石砌时，丁砌料石伸入毛石部分的长度不应小于 200mm。

9）挡土墙的泄水孔当设计无规定时，施工应符合下列规定：

（1）泄水孔应均匀设置，在每米高度上间隔 2m 左右设置一个泄水孔。

（2）泄水孔与土体间铺设长宽各为 300mm、厚 200mm 的卵石或碎石作疏水层。

10）挡土墙内侧回填土必须分层夯填，分层松土厚度应为 300mm。墙顶土面应有适当坡度使流水流向挡土墙外侧面。

2. 主控项目

（1）石材及砂浆强度等级必须符合设计要求。

抽检数量：同一产地的石材至少应抽检一组。砂浆试块的抽检数量执行《砌体结构工程施工质量验收规范》（GB 50203—2011）第 4.0.12 条的有关规定。

检验方法：料石检查产品质量证明书，石材、砂浆检查试块试验报告。

（2）砂浆饱满度不应小于 80％。

抽检数量：每步架子抽查不应少于 1 处。

检验方法：观察检查。

（3）石砌体的轴线位置及垂直度允许偏差应符合表 4.5-3 的规定。

石砌体的轴线位置及垂直度允许偏差　　　　　表 4.5-3

项次	项　目		允许偏差（mm）						检验方法
			毛石砌体		料石砌体				
			基础	墙	毛料石		粗料石		细料石	
					基础	墙	基础	墙	墙、柱	
1	轴线位置		20	15	20	15	15	10	10	用经纬仪和尺检查，或用其他测量仪器检查
2	墙面垂直度	每层		20		20		10	7	用经纬仪、吊线和尺检查或用其他测量仪器检查
		全高		30		30		25	20	

抽检数量：外墙，按楼层（或 4m 高以内）每 20m 抽查 1 处，每处 3 延米，但不应少于 3 处；内墙，按有代表性的自然间抽查 10％，但不应少于 3 间，每间不应少于 2 处，柱子不应少于 5 根。

3. 一般项目

1）石砌体的一般尺寸允许偏差应符合表 4.5-4 的规定。

抽检数量：外墙，按楼层（4m 高以内）每 20m 抽查 1 处，每处 3 延米，但不应少于 3 处；内墙，按有代表性的自然间抽查 10％，但不应少于 3 间，每间不应少于 2 处，柱子不应少于 5 根。

石砌体的一般尺寸允许偏差 表 4.5-4

项次	项　目		允许偏差（mm）						检验方法
			毛石砌体		料石砌体				
			基础	墙	基础	墙	基础	墙	墙、柱	
1	基础和墙砌体顶面标高		±25	±15	±25	±15	±15	±15	±10	用水准仪和尺检查
2	砌体厚度		+30	+20，−10	+30	+20，−10	+15	+10，−5	+10，−5	用尺检查
3	表面平整度	清水墙、柱	—	20	—	20	—	10	5	细料石用 2m 靠尺和楔形塞尺检查，其他用两直尺垂直于灰缝拉 2m 线和尺检查
		混水墙、柱	—	20	—	20	—	15		
4	清水墙水平灰缝平直度							10	5	拉 10m 线和尺检查

2）石砌体的组砌形式应符合下列规定：

（1）内外搭砌，上下错缝，拉结石、丁砌石交错设置。

（2）毛石墙拉结石每 0.7m² 墙面不应少于 1 块。

检查数量：外墙，按楼层（或 4m 高以内）每 20m 抽查 1 处，每处 3 延米，但不应少于 3 处；内墙，按有代表性的自然间抽查 10％，但不应少于 3 间。

检验方法：观察检查。

第六节　温室、笼舍、膜等钢结构工程的质量控制

一、钢结构焊接工程的质量检验

1. 一般要求

1）施工准备

（1）熟悉图纸，做焊接工艺技术交底。

（2）施焊前应检查焊工合格证有效期限，应证明焊工所能承担的焊接工作。

（3）现场供电应符合焊接用电要求。

（4）环境温度低于 0℃，对预热、后热温度应根据工艺试验确定。

（5）材料及主要机具：

① 电焊条：其型号按设计要求选用，必须有质量证明书。按要求，施焊前经过烘焙。严禁使用药皮脱落、焊芯生锈的焊条。设计无规定时，焊接 Q235 钢时宜选用 E43 系列碳钢结构焊条；焊接 16Mn 钢时宜选用 E50 系列低合金结构钢焊条；焊接重要结构时宜采用低氢型焊条（碱性焊条）。按说明书的要求烘焙后，放入保温桶内，随用随取。酸性焊条与碱性焊条不准混杂使用。

② 引弧板：用坡口连接时需用弧板，弧板材质和坡口形式应与焊件相同。

③ 主要机具：电焊机（交、直流）、焊把线、焊钳、面罩、小锤、焊条烘箱、焊条保温桶、钢丝刷、石棉布、测温计等。

2）焊接工艺流程

作业准备 → 电弧焊接（平焊、立焊、横焊、仰焊）→ 焊缝检查

3）钢结构电弧焊接

（1）平焊

① 选择合适的焊接工艺、焊条直径、焊接电流、焊接速度、焊接电弧长度等，通过焊接工艺试验验证。

② 清理焊口：焊前检查坡口、组装间隙是否符合要求，定位焊是否牢固，焊缝周围不得有油污、锈物。

③ 烘焙焊条应符合规定的温度与时间，从烘箱中取出的焊条，放在焊条保温桶内，随用随取。

④ 焊接电流：根据焊件厚度、焊接层次、焊条型号、直径、焊工熟练程度等因素，选择适宜的焊接电流。

⑤ 引弧：角焊缝起落弧点应在焊缝端部，宜大于 10mm，不应随便打弧，打火引弧后应立即将焊条从焊缝区拉开，使焊条与构件间保持 2～4mm 间隙产生电弧。对接焊缝及对接和角接组合焊缝，在焊缝两端设引弧板和引出板，必须在引弧板上引弧后再焊到焊缝区，中途接头则应在焊缝接头前方 15～20mm 处打火引弧，将焊件预热后再将焊条退回到焊缝起始处，把熔池填满到要求的厚度后，方可向前施焊。

⑥ 焊接速度：要求等速焊接，保证焊缝厚度、宽度均匀一致，从面罩内看熔池中铁水与熔渣保持等距离（2～3mm）为宜。

⑦ 焊接电弧长度：根据焊条型号不同而确定，一般要求电弧长度稳定不变，酸性焊条一般为 3～4mm，碱性焊条一般以 2～3mm 为宜。

⑧ 焊接角度：根据两焊件的厚度确定，焊接角度有两个方面，一是焊条与焊接前进方向的夹角为 60°～75°。二是焊条与焊接左右夹角有两种情况，当焊件厚度相等时，焊条与焊件夹角均为 45°；当焊件厚度不等时，焊条与较厚焊件一侧夹角应大于焊条与较薄焊件一侧夹角。

⑨ 收弧：每条焊缝焊到末尾，应将弧坑填满后，往焊接方向相反的方向带弧，使弧坑甩在焊道里边，以防弧坑咬肉。焊接完毕，应采用气割切除弧板，并修磨平整，不许用锤击落。

⑩ 清渣：整条焊缝焊完后清除熔渣，经焊工自检（包括外观及焊缝尺寸等）确无问题后，方可转移地点继续焊接。

（2）立焊

基本操作工艺过程与平焊相同，但应注意下述问题：

① 在相同条件下，焊接电源比平焊电流小 10%～15%。

② 采用短弧焊接，弧长一般为 2～3mm。

③ 焊条角度根据焊件厚度确定。两焊件厚度相等时，焊条与焊条左右方向夹角均为 45°；两焊件厚度不等时，焊条与较厚焊件一侧夹角应大于较薄一侧的夹角。焊条应与垂直面形成 60°～80° 角，使电弧略向上，吹向熔池中心。

④ 收弧：当焊到末尾，采用排弧法将弧坑填满，把电弧移至熔池中央停弧。严禁使弧坑甩在一边。为了防止咬肉，应压低电弧变换焊条角度，使焊条与焊件垂直或由弧稍向下吹。

（3）横焊

基本与平焊相同，焊接电流比同条件平焊的电流小 10%～15%，电弧长 2～4mm。焊条的角度，横焊时焊条应向下倾斜，其角度为 70°～80°，防止铁水下坠。根据两焊件的厚度不同，可适当调整焊条角度，焊条与焊接前进方向角度为 70°～90°。

（4）仰焊

基本与立焊、横焊相同，其焊条与焊件的夹角和焊件厚度有关，焊条与焊接方向成 70°～80° 角，宜用小电流、短弧焊接。

2. 主控项目

（1）焊条、焊丝、焊剂、电渣焊熔嘴等焊接材料与母材的匹配应符合设计要求及相关规定。焊条、焊剂、药芯焊丝、熔嘴等在使用前，应按其产品说明书及焊接工艺文件的规定进行烘焙和存放。

检查数量：全数检查。

检验方法：检查质量证明书和烘焙记录。

（2）焊工必须经考试合格并取得合格证书。持证焊工必须在其考试合格项目及其认可范围内施焊。

检查数量：全数检查。

检验方法：检查焊工合格证及其认可范围、有效期。

（3）施工单位对其首次采用的钢材、焊接材料、焊接方法、焊后热处理等，应进行焊接工艺评定，并应根据评定报告确定焊接工艺。

检查数量：全数检查。

检验方法：检查焊接工艺评定报告。

（4）设计要求全焊透的一、二级焊缝应采用超声波探伤进行内部缺陷的检验，超声波探伤不能对缺陷作出判断时，应采用射线探伤，其内部缺陷分级及探伤方法应符合现行国家标准《钢焊缝手工超声波探伤方法和探伤结果分级》（GB/T 11345—1989）或《金属熔化焊焊接接头射线照相》（GB/T 3323—2005）的规定。

焊接球节点网架焊缝、螺栓球节点网架焊缝及圆管 T、K、Y 形节点相贯线焊缝，其内部缺陷分级及探伤方法应分别符合国家现行标准《钢结构超声波探伤及质量分级法》（JG/T 203—2007）的规定。

一级、二级焊缝的质量等级及缺陷分级应符合表 4.6-1 的规定。

检查数量：全数检查。

检验方法：检查超声波或射线探伤记录。

一、二级焊缝质量等级及缺陷分级　　　　　　　　　　　　表 4.6-1

焊缝质量等级		一　级	二　级
内部缺陷超声波探伤	评定等级	Ⅱ	Ⅲ
	检验等级	B 级	B 级
	探伤比例	100%	20%
内部缺陷射线探伤	评定等级	Ⅱ	Ⅲ
	检验等级	AB 级	AB 级
	探伤比例	100%	20%

注：探伤比例的计数方法应按以下原则确定：①对工厂制作焊缝，应按每条焊缝计算百分比，且探伤长度应不小于200mm，当焊缝长度不足200mm时，应对整条焊缝进行探伤；②对现场安装焊缝，应按同一类型、同一施焊条件的焊缝条数计算百分比，探伤长度应不小于200mm，并应不少于1条焊缝。

（5）T 形接头、十字接头、角接接头等要求熔透的对接和角对接组合焊缝，其焊脚尺寸应符合《钢结构工程施工质量验收规范》（GB 50205—2001）的要求。

检查数量：资料全数检查；同类焊缝抽查 10%，且不应少于 3 条。

检验方法：观察检查，用焊缝量规抽查测量。

（6）焊缝表面不得有裂纹、焊瘤等缺陷。一级、二级焊缝不得有表面气孔、夹渣、弧坑裂纹、电弧擦伤等缺陷。且一级焊缝不得有咬边、未焊满、根部收缩等缺陷。

　　检查数量：每批同类构件抽查10%，且不应少于3件；被抽查构件中，每一类型焊缝按条数抽查5%，且不应少于1条；每条检查1处，总抽查数不应少于10处。

　　检验方法：观察检查或使用放大镜、焊缝量规和钢尺检查，当存在疑义时，采用渗透或磁粉探伤检查。

　　3. 一般项目

　　(1) 对于需要进行焊前预热或焊后热处理的焊缝，其预热温度或后热温度应符合国家现行有关标准的规定或通过工艺试验确定。预热区在焊道两侧，每侧宽度均应大于焊件厚度的1.5倍以上，且不应小于100mm；后热处理应在焊后立即进行，保温时间应根据板厚按每25mm板厚1h确定。

　　检查数量：全数检查。

　　检验方法：检查预、后热施工记录和工艺试验报告。

　　(2) 二级、三级焊缝外观质量标准应符合《钢结构工程施工质量验收规范》(GB 50205—2001)附录A中表A.0.1的规定，三级对焊接焊缝应按二级焊缝标准进行外观质量检验。

　　检查数量：每批同类构件抽查10%，且不应少于3件；被抽查构件中，每一类型焊缝按条数抽查5%，且不应少于1条；每条检查1处，总抽查数不应少于10处。

　　检验方法：观察检查或使用放大镜、焊缝量规和钢尺检查。

　　(3) 焊缝尺寸允许偏差应符合《钢结构工程施工质量验收规范》(GB 50205—2001)附录A中表A.0.2的规定。

　　检查数量：每批同类构件抽查10%，且不应少于3件；被抽查构件中，每种焊缝按条数各抽查5%，但不应少于1条；每条检查1处，总抽查数不应少于10处。

　　检验方法：用焊缝量规检查。

　　(4) 焊成凹形的角焊缝，焊缝金属与母材间应平缓过渡；加工成凹形的角焊缝，不得在其表面留下切痕。

　　检验数量：每批同类构件抽查10%，且不应少于3件。

　　检查方法：观察检查。

　　(5) 焊缝感观应达到：外形均匀、成型较好，焊道与焊道、焊道与基本金属间过渡较平滑，焊渣和飞溅物基本清除干净。

　　检查数量：每批同类构件抽查10%，且不应少于3件；被抽查构件中，每种焊缝按数量各抽查5%，总抽查处不应少于5处。

　　检验方法：观察检查。

　　二、钢结构紧固件连接工程的质量检验

　　1. 普通紧固件连接的质量检验

　　1) 主控项目

　　(1) 普通螺栓作为永久性连接螺栓，当设计有要求或对其质量有疑义时，应进行螺栓实物最小拉力载荷复验，试验方法见《钢结构工程施工质量验收规范》(GB 50205—2001)附录B，其结果应符合现行国家标准《紧固件机械性能　螺栓、螺钉和螺柱》(GB/T 3098.1—2010)的规定。

　　检查数量：每一规格螺栓抽查8个。

　　检查方法：检查螺栓实物复验报告。

　　(2) 连接薄钢板采用的自攻钉、拉铆钉、射钉等其规格尺寸应与被连接钢板相匹配，其间距、边距等应符合设计要求。

检查数量：按连接节点数抽查 1％，且不应少于 3 个。

检验方法：观察和尺量检查。

2）一般项目

（1）永久性普通螺栓紧固应牢固、可靠，外露丝扣不应少于 2 扣。

检查数量：按连接节点数抽查 10％，且不应少于 3 个。

检验方法：观察和用小锤敲击检查。

（2）自攻螺钉、钢拉铆钉、射钉等与连接钢板应紧固密贴，外观排列整齐。

检查数量：按连接节点数抽查 10％，且不应少于 3 个。

检验方法：观察和用小锤敲击检查。

2. 高强度螺栓连接的质量检验

1）主控项目

（1）钢结构制作和安装单位应按《钢结构工程施工质量验收规范》（GB 50205—2001）附录 B 的规定分别进行高强度螺栓连接摩擦面的抗滑移系数试验和复验，现场处理的构件摩擦面应单独进行摩擦面抗滑移系数试验，其结果应符合设计要求。

检查数量：见《钢结构工程施工质量验收规范》（GB 50205—2001）附录 B。

检验方法：检查摩擦面抗滑移系数试验报告和复验报告。

（2）高强度大六角头螺栓连接副终拧完成 1h 后、48h 内应进行终拧扭矩检查，检查结果应符合《钢结构工程施工质量验收规范》（GB 50205—2001）附录 B 的规定。

检查数量：按节点数抽查 10％，且不应少于 10 个；每个被抽查节点按螺栓数抽查 10％，且不应少于 2 个。

检验方法：见《钢结构工程施工质量验收规范》（GB 50205—2001）附录 B。

（3）扭剪型高强度螺栓连接副终拧后，除因构造原因无法使用专用扳手终拧掉梅花头者外，未在终拧中拧掉梅花头的螺栓数不应大于该节点螺栓数的 5％。对所有梅花头未拧掉的扭剪型高强度螺栓连接副应采用扭矩法或转角法进行终拧并作标记，且按《钢结构工程施工质量验收规范》（GB 50205—2001）第 6.3.2 条的规定进行终拧扭矩检查。

检查数量：按节点数抽查 10％，但不应少于 10 个节点，被抽查节点中梅花头未拧掉的扭剪型高强度螺栓连接副数全数进行终拧扭矩检查。

检验方法：观察检查及《钢结构工程施工质量验收规范》（GB 50205—2001）附录 B。

2）一般项目

（1）高强度螺栓连接副的施拧顺序和初拧、复拧扭矩应符合设计要求和国家现行行业标准《钢结构高强度螺栓连接技术规程》（JGJ 82—2011）的规定。

检查数量：全数检查资料。

检验方法：检查扭矩扳手标定记录和螺栓施工记录。

（2）高强度螺栓连接副终拧后，螺栓丝扣外露应为 2～3 扣，其中允许有 10％的螺栓丝扣外露 1 扣或 4 扣。

检查数量：按节点数抽查 5％，且不应少于 10 个。

检验方法：观察检查。

（3）高强度螺栓连接摩擦面应保持干燥、整洁，不应有飞边、毛刺、焊接飞溅物、焊疤、氧化铁皮、污垢等，除设计要求外摩擦面不应涂漆。

检查数量：全数检查。

检验方法：观察检查。

（4）高强度螺栓应自由穿入螺栓孔。高强度螺栓孔不应采用气割扩孔，扩孔数量应征得设计方同意，扩孔后的孔径不应超过 1.2d（d 为螺栓直径）。

检查数量：被扩螺栓孔全数检查。

检验方法：观察检查及用卡尺检查。

（5）螺栓球节点网架总拼完成后，高强度螺栓与球节点应紧固连接，高强度螺栓拧入螺栓球内的螺纹长度不应小于 1.0d（d 为螺栓直径），连接处不应出现有间隙、松动等未拧紧情况。

检查数量：按节点数抽查 5%，且不应少于 10 个。

检验方法：普通扳手及尺量检查。

三、钢结构安装工程的质量检验

1. 一般要求

（1）钢构件：钢构件型号、制作质量应符合设计要求和施工规范的规定，应有出厂合格证并应附有技术文件。

（2）连接材料：焊条、螺栓等连接材料应有质量证明书，并符合设计要求及有关国家标准的规定。

（3）检查构件在装卸、运输及堆放中有无损坏或变形，损坏和变形的构件应予矫正或重新加工。被碰损的防锈涂料应补涂，并再次检查办理验收手续，检查安装支座及预埋件，取得经监理工程师确认合格的验收。

2. 基础和支承面

1）主控项目

（1）建筑物的定位轴线、基础轴线和标高、地脚螺栓的规格及其紧固应符合设计要求。

检查数量：按柱基数抽查 10%，且不应少于 3 个。

检验方法：用经纬仪、水准仪、全站仪和钢尺现场实测。

（2）基础顶面直接作为柱的支承面和基础顶面预埋钢板或支座作为柱的支承面时，其支承面、地脚螺栓（锚栓）位置的允许偏差应符合表 4.6-2 的规定。

检查数量：按柱基数抽查 10%，且不应少于 3 个。

检验方法：用经纬仪、水准仪、全站仪、水平尺和钢尺实测。

支承面、地脚螺栓（锚栓）位置的允许偏差（mm）　　　　表 4.6-2

项　目		允　许　偏　差
支承面	标高	±3.0
	水平度	L/1000
地脚螺栓（锚栓）	螺栓中心偏移	5.0
预留孔中心偏移		10.0

（3）采用坐浆垫板时，坐浆垫板的允许偏差应符合表 4.6-3 的规定。

检查数量：资料全数检查。按柱基数抽查 10%，且不应少于 3 个。

检验方法：用水准仪、全站仪、水平尺和钢尺现场实测。

坐浆垫板允许偏差（mm）　　　　表 4.6-3

项　目	允　许　偏　差
顶面标高	0，−3.0
水平度	L/1000
位置	20.0

165

（4）采用杯口基础时，杯口尺寸的允许偏差应符合表 4.6-4 的规定。

检查数量：按基础数抽查 10％，且不应少于 4 处。

检验方法：观察及尺量检查。

杯口尺寸的允许偏差（mm）　　　　　　　　　表 4.6-4

项　目	允　许　偏　差
底面标高	0，−5.0
杯口深度 H	±5.0
杯口垂直度	$H/100$，且不应大于 10.0
位置	10.0

2）一般项目

地脚螺栓（锚栓）尺寸的允许偏差应符合表 4.6-5 的规定，地脚螺栓（锚栓）的螺纹应受到保护。

检查数量：按柱基数抽查 10％，且不应少于 3 个。

检验方法：用钢尺现场实测。

地脚螺栓（锚栓）尺寸的允许偏差（mm）　　　　　　　表 4.6-5

项　目	允　许　偏　差
螺栓（锚栓）露出长度	＋30.0，0
螺纹长度	＋30.0，0

3. 安装和校正

1）主控项目

（1）钢构件应符合设计要求和本规范的规定。运输、堆放和吊装等造成的钢构件变形及涂层脱落，应进行矫正和修补。

检查数量：按构件数抽查 10％，且不应少于 3 件。

检验方法：用拉线、钢尺现场实测或观察。

（2）设计要求顶紧的节点，接触面不应少于 70％紧贴，且边缘最大间隙不应大于 0.8mm。

检查数量：按节点数抽查 10％，且不应少于 3 个。

检验方法：用钢尺及 0.3mm 和 0.8mm 厚的塞尺现场实测。

（3）钢屋（托）架、桁架、梁及受压杆件的垂直度和侧向弯曲矢高的允许偏差应符合表 4.6-6 的规定。

检查数量：按同类构件数抽查 10％，且不应少于 3 件。

检验方法：用吊线、拉线、经纬仪和钢尺现场实测。

钢屋（托）架、桁架、梁及受压杆件的垂直度和侧向弯曲矢高的允许偏差（mm）　表 4.6-6

项　目	允　许　偏　差	图　例
跨中的垂直度	$h/250$，且不应大于 15.0	1—1

续表

项　目	允　许　偏　差	图　例
侧向弯曲矢高 f	$l \leqslant 30m$ 时，$l/1000$，且不应大于 10.0	
	$30m < l \leqslant 60m$ 时，$l/1000$，且不应大于 30.0	

（4）单层钢结构主体结构的整体垂直度和整体平面弯曲的允许偏差应符合表 4.6-7 的规定。

检查数量：对主要立面全部检查，对每个所检查的立面，除两列角柱外，尚应至少选取一列中间柱。

检验方法：采用经纬仪、全站仪等测量。

整体垂直度和整体平面弯曲的允许偏差（mm）　　　　　　　　　表 4.6-7

项　目	允　许　偏　差	图　例
主体结构的整体垂直度	$H/1000$，且不应大于 25.0	
主体结构的整体平面弯曲	$L/1500$，且不应大于 25.0	

2）一般项目

（1）钢柱等主要构件的中心线及标高基准点等标记应齐全。

检查数量：按同类构件数抽查 10%，且不应少于 3 件。

检验方法：观察检查。

（2）当钢桁架（或梁）安装在混凝土柱上时，其支座中心对定位轴线的偏差不应大于 10mm；当采用大型混凝土屋面板时，钢桁架（或梁）间距的偏差不应大于 10mm。

检查数量：按同类构件数抽查 10%，且不应少于 3 榀。

检验方法：用拉线和钢尺现场实测。

（3）钢柱安装的允许偏差应符合《钢结构工程施工质量验收规范》（GB 50205—2001）附录 E 中表 E.0.1 的规定。

检查数量：按钢柱数抽查 10％，且不应少于 3 件。

检验方法：《钢结构工程施工质量验收规范》（GB 50205—2001）附录 E 中的表 E.0.1。

（4）檩条、墙架等次要构件安装的允许偏差应符合《钢结构工程施工质量验收规范》（GB 50205—2001）附录 E 中表 E.0.3 的规定。

检查数量：按同类构件数抽查 10％，且不应少于 3 件。

检验方法：见《钢结构工程施工质量验收规范》（GB 50205—2001）附录 E 中的表 E.0.3。

（5）钢平台、钢梯、栏杆安装应符合现行国家标准《固定式钢梯及平台安全要求　第 1 部分：钢直梯》（GB 4053.1—2009）、《固定式钢梯及平台安全要求　第 2 部分：钢斜梯》（GB 4053.2—2009）、《固定式钢梯及平台安全要求　第 3 部分：工业防护栏杆及钢平台》（GB 4053.3—2009）的规定。钢平台、钢梯和防护栏安装的允许偏差应符合《钢结构工程施工质量验收规范》（GB 50205—2001）附录 E 中表 E.0.4 的规定。

检查数量：按钢平台总数抽查 10％，栏杆、钢梯按总长度各抽查 10％，但钢平台不应少于 1 个，栏杆不应少于 5m，钢梯不应少于一跑。

检验方法：见《钢结构工程施工质量验收规范》（GB 50205—2001）附录 E 中的表 E.0.4。

（6）现场焊缝组对间隙的允许偏差应符合表 4.6-8 的规定。

检查数量：按同类节点数抽查 10％，且不应少于 3 个。

检验方法：尺量检查。

现场焊缝组对间隙的允许偏差（mm） 表 4.6-8

项　　目	允　许　偏　差
无垫板间隙	+3.0，0
有垫板间隙	+3.0，−2.0

（7）钢结构表面应干净，结构主要表面不应有疤痕、泥沙等污垢。

检查数量：按同类构件数抽查 10％，且不应少于 3 件。

检验方法：观察检查。

四、钢结构涂装工程

1. 一般要求

1）施工准备

（1）建筑钢结构防腐材料的选用应符合设计要求，防腐蚀材料有底漆、面漆和稀料等。建筑钢结构工程防腐底漆有红丹油性防锈漆、钼铬红环氧酯防锈漆等；建筑钢结构防腐面漆有各色醇酸磁漆和各色醇酸调和剂等。各种防腐材料应符合国家有关技术指标的规定，还应有产品出厂合格证。

（2）油漆工施工作业应有特殊工种作业操作证。

（3）防腐涂装工程前钢结构工程已检查验收，并符合设计要求。

（4）防腐涂装作业场地应有安全防护措施，有防火和通风措施，防止发生火灾和人员中毒事故。

（5）露天防腐施工作业应选择适当的天气，大风、遇雨、严寒等均不应作业。

2）工艺流程

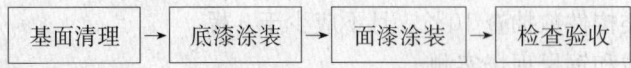

基面清理 → 底漆涂装 → 面漆涂装 → 检查验收

3）基面清理

（1）建筑钢结构工程的油漆涂装应在钢结构安装验收合格后进行，油漆涂刷前，应将需涂装部位的铁锈、焊缝药皮、焊接飞溅物、油污、尘土等杂物清理干净。

（2）基面清理除锈质量的好坏，直接关系到涂层质量的好坏。因此，涂装工艺的基面除锈质量分为一级和二级，见表 4.6-9 的规定。

钢结构除锈质量等级 表 4.6-9

等级	质 量 标 准	除 锈 方 法
1	钢材表面露出金属光泽	喷砂、抛丸、酸洗
2	钢材表面允许存留干净的轧制表皮	一般工具（钢丝刷、砂布等）清除

（3）为了保证涂装质量，根据不同需要可以分别选用以下除锈工艺。

①喷砂除锈：它是利用压缩空气的压力，连续不断地用石英砂或铁砂冲击钢构件的表面，把钢材表面的铁锈、油污等杂物清理干净，露出金属钢材本色的一种除锈方法。这种方法效率高，除锈彻底，是比较先进的除锈工艺。

②酸洗除锈：它是把需涂装的钢构件浸放在酸池内，用酸除去构件表面的油污和铁锈。采用酸洗工艺效率也高，除锈比较彻底，但是酸洗以后必须用热水或清水冲洗构件，如果有残酸存在，构件的锈蚀会更加厉害。

③人工除锈：是由人工用一些比较简单的工具，如刮刀、砂轮、砂布、钢丝刷等工具，清除钢构件上的铁锈。这种方法工作效率低，劳动条件差，除锈也不彻底。

4）底漆涂装

（1）调和红丹防锈漆，控制油漆的黏度、稠度、稀度，兑制时应充分搅拌，使油漆色泽、黏度均匀一致。

（2）刷第一层底漆时涂刷方向应该一致，接槎整齐。

（3）刷漆时应采用勤沾、短刷的方式，防止刷子带漆太多而流坠。

（4）第一遍刷完后，应保持一定的时间间隔，防止第一遍未干就上第二遍，这样会使漆液流坠发皱，质量下降。

（5）第一遍干燥后，再刷第二遍，第二遍涂刷方向应与第一遍涂刷方向垂直，这样会使漆膜厚度均匀一致。

（6）底漆涂装后起码需 4～8h 后才能达到表干，表干前不应涂装面漆。

5）面漆涂装

（1）建筑钢结构涂装底漆与面漆一般中间间隙时间较长。钢构件涂装防锈漆后送到工地去组装，组装结束后才统一涂装面漆。这样在涂装面漆前需对钢结构表面进行清理，清除安装焊缝焊药，对烧去或碰去漆的构件，还应事先补漆。

（2）面漆的调制应选颜色完全一致的面漆，兑制的稀料应合适，面漆使用前应充分搅拌，保持色泽均匀。其工作黏度、稠度应保证涂装时不流坠，不显刷纹。

（3）面漆在使用过程中应不断搅和，涂刷的方法和方向与上述工艺相同。

（4）涂装工艺采用喷涂施工时，应调整好喷嘴口径、喷涂压力，喷枪胶管能自由拉伸到工作区域，空气压缩机气压应在 $0.4\sim0.7\mathrm{N/mm^2}$。

（5）喷涂时应保持好喷嘴与涂层的距离，一般喷枪与作业面距离应在 100mm 左右，喷枪与钢结构基面角度应该保持垂直，或以喷嘴略为上倾为宜。

（6）喷涂时喷嘴应该平行移动，移动时应平稳，速度一致，保持涂层均匀。但是采用喷涂时，一般涂层厚度较薄，故应多喷几遍，每层喷涂时应待上层漆膜已经干燥时进行。

6）涂层检查与验收

（1）表面涂装施工时和施工后，应对涂装过的工件进行保护，防止飞扬尘土和其他杂物。

（2）涂装后的处理检查，应该是图层颜色一致，色泽鲜明、光亮，不起皱皮，不起疙瘩。

（3）涂装漆膜厚度的测定，用触点式漆膜测厚仪测定漆膜厚度，漆膜测厚仪一般测定3点厚度，取其平均值。

2. 主控项目

（1）涂装前钢材表面除锈应符合设计要求和国家现行有关标准规定。处理后的钢材表面不应该有焊渣、焊疤、灰尘、油污、水和毛刺等。当设计无要求时，钢材表面除锈等级应符合表4.6-10的规定。

检查数量：按构件数抽查10%，且同类构件不应少于3件。

检验方法：用铲刀检查和用现行国家标准《涂覆涂料前钢材表面处理表面清洁度的目视评定　第1部分：未涂覆过的钢材表面和全面清除原有涂层后的钢材表面的锈蚀等级和处理等级》（GB/T 8923.1—2011）规定的图片对照观察检查。

各种底漆或防锈漆要求最低的除锈等级　　　　表 4.6-10

涂 料 品 种	除锈等级
油性酚醛、醇酸等底漆或防锈漆	St2
高氯化聚乙烯、氯化橡胶、氯磺化聚乙烯、环氧树脂、聚氨酯等底漆或防锈漆	Sa2
无机富锌、有机硅、过氯乙烯等底漆	Sa2·1/2

（2）涂料、涂装遍数、涂层厚度均应符合设计要求。当设计对涂层厚度无要求时，涂层干漆膜总厚度：室外应为 $150\mu m$，室内应为 $125\mu m$，允许偏差为 $-25\mu m$，其中每遍涂层干漆膜厚度的允许偏差为 $-5\mu m$。

检查数量：按构件数抽查10%，且同类构件不应少于3件。

检验方法：用干漆膜厚度仪检查。每个构件检测5处，每处的数值为3个相距50mm测点涂层干漆膜厚度的平均值。

（3）防火涂料涂装前钢材表面除锈及防锈底漆涂装应符合设计要求和国家现行有关标准的规定。

检查数量：按构件数抽查10%，且同类构件不应少于3件。

检验方法：表面除锈用铲刀检查和用现行国家标准《涂覆涂料前钢材表面处理表面清洁度的目视评定　第1部分：未涂覆过的钢材表面和全面清除原有涂层后的钢材表面的锈蚀等级和处理等级》（GB/T 8923.1—2011）规定的图片对照观察检查。底漆涂装用干漆膜测厚仪检查，每个构件检测5处，每处的数值为3个相距50mm测点涂层干漆膜厚度的平均值。

（4）钢结构防火涂料的粘结强度、抗压强度应符合国家现行标准《钢结构防火涂料应用技术规范》（CECS 24—1990）的规定。检验方法应符合现行国家标准《建筑构件耐火试验方法　第1部分：通用要求》（GB/T 9978.1—2008）的规定。

检查数量：每使用100t或不足100t薄涂型防火涂料应抽检一次粘结强度；每使用500t或不足500t厚涂型防火涂料应抽检一次粘结强度和抗压强度。

检验方法：检查复检报告。

（5）薄涂型防火涂料的涂层厚度应符合有关耐火极限的设计要求。厚涂型防火涂料涂层的厚度，80%及以上面积应符合有关耐火极限的设计要求，且最薄处厚度不应低于设计要求的85%。

检查数量：按同类构件数抽查10%，且均不应少于3件。

检验方法：用涂层厚度测量仪、测针和钢尺检查。测量方法应符合国家现行标准《钢结构防火涂料应用技术规范》（CECS 24—1990）的规定及本规范附录F。

（6）薄涂型防火涂料涂层表面裂纹宽度不应大于0.5mm；厚涂型防火涂料涂层表面裂纹宽度不应大于1mm。

检查数量：按同类构件数抽查10%，且均不应少于3件。

检验方法：观察和用尺量检查。

3. 一般项目

（1）构件表面不应误涂、漏涂，涂层不应脱皮和返锈等。涂层应均匀，无明显皱皮、流坠、针眼和气泡等。

检查数量：全数检查。

检验方法：观察检验。

（2）当钢结构处在有腐蚀介质环境或外露且设计有要求时，应进行涂层附着力测试，在检测处范围内，当涂层完整程度达到70%以上时，涂层附着力达到合格质量标准的要求。

检查数量：按构件数抽查1%，且不应少于3件，每件测3处。

检验方法：按照现行国家标准《漆膜附着力测定法》（GB 1720—1979）或《色漆和清漆漆膜的划格试验》（GB/T 9286—1998）执行。

（3）涂装完成后，构件的标志、标记和编号应清晰完整。

检查数量：全数检查。

检验方法：观察检验。

（4）防火涂料涂装基层不应有油污、灰尘和泥砂等污垢。

检查数量：全数检查。

检验方法：观察检查。

（5）防火涂料不应有误涂、漏涂，涂层应闭合，无脱层、空鼓，无明显凹陷、粉化松散和浮浆等外观缺陷，乳突已剔除。

检查数量：全数检查。

检验方法：观察检查。

第七节 木结构工程的质量控制

木结构工程的质量检验

1. 一般要求

（1）木结构工程采用的木材（含规格材、木基结构板材）、钢构件和连接件、胶合剂及层板胶合木构件，以及器具、设备等应进行现场验收。凡涉及安全、功能的材料或产品应进行复验，并经监理工程师检查认可。

（2）各工序应按施工技术标准控制质量，每道工序完成后，应进行检查。

（3）相关各专业工种之间应进行交接检验，并形成记录，未经监理工程师检查认可，不得进行下道工序施工。

2. 主控项目

（1）材料的品种、材质等级、含水率和防腐、防虫、防火处理及制作必须符合设计要求。

（2）木结构支座、节点构造必须符合设计要求和《木结构工程施工质量验收规范》（GB 50206—2012）规定，榫槽必须嵌合严密，连接牢固、无松动。

（3）钢木组合采用的钢材及附件的材质、型号、规格和连接构造等必须符合设计要求。

3. 一般项目

1）木结构表面质量应符合下列要求：

（1）裁口起线应顺直，割角准确。

（2）接头宜采用：

① 固定垂直物件的榫卯，管脚榫、馒头榫、套顶榫、柱脚半榫等。

② 水平构件与垂直构件拉结用榫卯，馒头榫、燕尾榫、箍头榫、透榫、半榫。

③ 水平构件交互部位用榫卯，大头榫、十字刻半榫、十字卡腰榫。

④ 水平倾斜重叠稳定榫卯，裁销、穿销、桁椀、趴梁阶梯榫。

⑤ 拼缝用榫卯，银锭、穿带、抄手带、裁口、龙凤榫等。

2）钢木组合的钢材、垫板、螺杆、螺母应符合下列要求：

（1）钢板、螺杆平直，螺母数量及螺杆伸出螺母长度应符合设计要求。

（2）垫板、垫圈应齐全紧密。

（3）钢构件应作防腐处理，木构件与砖石砌体、混凝土接触处、支垫垫木应作防腐处理。

3）木结构制作工程的允许偏差和检验方法见表 4.7-1。

木结构制作工程的允许偏差和检验方法　　　　表 4.7-1

项次	项　　目		允许偏差（mm）	检验方法
1	构件截面尺寸	方木构件高度、宽度	±3	尺量检查
		原木构件梢径	±5	
2	结构长度	方木构件长度≤4m	±5	尺量检验，梁柱检查全长
		方木构件长度>4m	±10	
3		结构中心线的间距	±10	尺量检查
4		垂直度	$l/500$	吊线和尺量检查
5		受压或压弯构件纵向弯曲	$l/400$	吊（拉）线和尺量检查
6		螺杆伸出螺母长度	<10	尺量

检查数量：全数检查。

第八节　竹结构工程的质量控制

竹结构工程的质量检验

1. 一般要求

（1）竹结构工程采用的竹材及构配件应进行现场验收。

（2）竹结构的材料、品种、规格应符合设计要求。

（3）因工程需要，竹材烘烤时不应有烧焦、开裂等缺陷，竹材应弯曲和顺。

2. 主控项目

（1）制作竹材应选用节短、肉厚、质坚、表面质地光滑的冬竹制作。

（2）制作过程中，凡属应该开榫的连接部位应开榫，不得以钢钉或钢丝绑扎等方法连接。

3. 一般项目

（1）竹结构榫槽的榫应开在竹节上部，榫槽拼接应紧密，圆口应和顺，搭接竹材应大小均匀，如无法开榫而用钢丝、钢钉时，竹材不应开裂。

（2）构筑物与柱脚应符合下列要求：竹柱外侧平直，粗细一致；柱脚应粗壮，竹节应短密，且有两节在扁铁间，与铁件接贴。

（3）柱脚混凝土及铁件应符合以下要求：柱基及扁铁构件规格应符合设计要求，设计无明确要求时混凝土强度不低于 C20，扁铁厚度不应小于 5mm，宽度不小于 40mm，螺栓不小于 $\phi8$，垫圈齐全，伸出螺母不小于 10mm，并做好防腐处理。

检测方法：观察、尺量。

检查数量：主体结构应全数检查，其他按不同规格、种类抽查 10％，且不得少于 3 处。

第九节　门窗安装工程的质量控制

一、一般要求

1. 门窗工程验收时应检查下列文件和记录：

（1）门窗工程的施工图、设计说明书及其他设计文件。

（2）材料的产品合格证书、性能检测报告、进场验收记录和复验报告。

（3）特种门及其附件的生产许可文件。

（4）隐蔽工程验收记录。

（5）施工记录。

2. 门窗工程应对下列材料及其性能指标进行复验：

（1）人造木板的甲醛含量。

（2）建筑外墙金属窗、塑料窗的抗风压性能、空气渗透性能和雨水渗漏性能。

3. 门窗工程应对下列隐蔽工程项目进行验收：

（1）预埋件和锚固件。

（2）隐蔽部位的防腐、填嵌处理。

4. 各分项工程的检验批应按下列规定划分：

（1）同一品种、类型和规格的木门窗、金属门窗、塑料门窗及门窗玻璃每 100 樘应划分为一个检验批，不足 100 樘的也应划分为一个检验批。

（2）同一品种、类型和规格的特种门每 50 樘应划分为一个检验批，不足 50 樘也应划分为一个检验批。

5. 检验数量应符合下列规定：

（1）木门窗、金属门窗、塑料门窗及门窗玻璃，每个检验批应至少抽查 5％，并不得少于 3 樘，不足 3 樘时应全数检查；高层建筑的外窗，每个检验批应至少抽查 10％，并不得少于 6 樘，不足 6 樘时应全数检验。

（2）特种门每个检验批应至少抽查 50％，并不得少于 10 樘，不足 10 樘时应全数检查。

6. 门窗安装前，应对门窗洞口尺寸进行检验。

7. 金属门窗和塑料门窗安装应采用预留洞口的方法施工，不得采用边安装边砌口或先安装后砌口的方法施工。

8. 木门窗与砖石砌体、混凝土或抹灰层接触处应进行防腐处理并应设置防潮层；埋入砌体或混凝土中的木砖应进行防腐处理。

9. 当金属窗或塑料窗组合时，其拼樘料的尺寸、规格、壁厚应符合设计要求。

10. 建筑外门窗的安装必须牢固。在砌体上安装门窗严禁用射钉固定。

二、木门窗制作安装工程的质量检查

1. 主控项目

（1）木门窗的木材品种、材质等级、规格、尺寸、框扇的线型及人造木板的甲醛含量应符合设计要求。设计未规定材质等级时，所用木材的质量应符合规范附录 A 的规定。

检验方法：观察；检查材料进场验收记录和复验报告。

（2）木门窗应采用烘干的木材，含水率应符合相关规定。

检验方法：检查材料进场验收记录。

（3）木门窗的防火、防腐、防虫处理应符合设计要求。

检验方法：观察；检查材料进场验收记录。

（4）木门窗的结合处和安装配件处不得有木节或已填补的木节。木门窗如有允许限值以内的死节及直径较大的虫眼时，应用同一材质的木塞加胶填补。对于清漆制品，木塞的木纹和色泽应与制品一致。

检验方法：观察。

（5）门窗框和厚度大于 50mm 的木门窗扇应用双榫连接。榫槽应采用胶料严密嵌合，并应胶楔加紧。

检验方法：观察；手扳检查。

（6）胶合板门、纤维板门和模压门不得脱胶。胶合板不得刨透表层单板、不得有戗槎。制作胶合板门、纤维板门时，边框和横楞应在同一平面上，面层、边框及横楞应加压胶结。横楞和上、下冒头应各钻两个以上的透气孔，透气孔应通畅。

检验方法：观察。

（7）木门窗的品种、类型、规格、开启方向、安装位置及连接方式应符合设计要求。

检验方法：观察；尺量检查；检查成品门的产品合格证书。

（8）木门窗框的安装必须牢固。预埋木砖的防腐处理、木门窗框固定点的数量、位置及固定方法应符合设计要求。

检验方法：观察；手扳检查；检查隐蔽工程验收记录和施工记录。

（9）木门窗扇必须安装牢固，并应开关灵活，关闭严密，无倒翘。

检验方法：观察；开启和关闭检查；手扳检查。

（10）木门窗配件的型号、规格、数量应符合设计要求，安装应牢固，位置应正确，功能应满足使用要求。

检验方法：观察；开启和关闭检查；手扳检查。

2. 一般项目

（1）木门窗表面应洁净，不得有刨痕、锤印。

检验方法：观察。

（2）木门窗的割角、拼缝应严密平整；门窗框、扇裁口应顺直，刨面应平整。

检验方法：观察。

（3）木门窗上的槽、孔应边缘整齐，无毛刺。

检验方法：观察。

（4）木门窗与墙体间缝隙的填嵌材料应符合设计要求，填嵌应饱满。寒冷地区外门窗（或门窗框）与砌体间的空隙应填充保温材料。

检验方法：轻敲门窗框检查；检查隐蔽工程验收记录和施工记录。

（5）木门窗批水、盖口条、压缝条、密封条的安装应顺直，与门窗结合应牢固、严密。

检验方法：观察；手扳检查。

（6）木门窗制作的允许偏差和检验方法应符合表 4.9-1 的规定。

（7）木门窗安装的留缝限值、允许偏差和检验方法应符合表 4.9-2 的规定。

木门窗制作的允许偏差和检验方法　　　　　表 4.9-1

项次	项　目	构件名称	允许偏差（mm） 普通	允许偏差（mm） 高级	检　验　方　法
1	翘曲	框	3	2	将框、扇平放在检查平台上，塞尺检查
1	翘曲	扇	2	2	将框、扇平放在检查平台上，塞尺检查
2	对角线长度差	框、扇	3	2	用钢尺检查、框量裁口里角，扇量外角
3	表面平整度	扇	2	2	用 1m 靠尺和塞尺检查
4	高度、宽度	框	0，－2	0，－1	用钢直尺检查，框量裁口里角，扇量外角
4	高度、宽度	扇	+2，0	+1，0	用钢直尺检查，框量裁口里角，扇量外角
5	裁口、线条结合处高低差	框、扇	1	0.5	用钢直尺和塞尺检查
6	相邻棂子两端间距	扇	2	1	用钢直尺检查

木门窗安装的留缝限值、允许偏差和检验方法　　　　　表 4.9-2

项次	项　目		留缝限值（mm） 普通	留缝限值（mm） 高级	允许偏差（mm） 普通	允许偏差（mm） 高级	检　验　方　法
1	门窗槽口对角线长度差		－	－	3	2	用钢尺检查
2	门窗框的正、侧面垂直度		－	－	2	1	用 1m 垂直检测尺检查
3	框与扇、扇与扇接缝高低差		－	－	2	1	用钢直尺和塞尺检查
4	门窗扇对口缝		1～2.5	1.5～2			用塞尺检查
5	工业厂房双扇大门对口缝		2～5				用塞尺检查
6	门窗扇与上框间留缝		1～2	1～1.5			用塞尺检查
7	门窗扇与侧框间留缝		1～2.5	1～1.5			用塞尺检查
8	窗扇与下框间留缝		2～3	2～2.5			用塞尺检查
9	门窗扇与下框间留缝		3～5	3～4			用塞尺检查
10	双层门窗内外框间距		－	－	4	3	用钢尺检查
11	无下框时门扇与地面间留缝	外门	4～7	5～6	－	－	用塞尺检查
11	无下框时门扇与地面间留缝	内门	5～8	6～7	－	－	用塞尺检查
11	无下框时门扇与地面间留缝	卫生间门	8～12	8～10	－	－	用塞尺检查
11	无下框时门扇与地面间留缝	长房间门	10～20		－	－	用塞尺检查

三、金属门窗安装工程的质量检验

1. 主控项目

（1）金属门窗的品种、类型、规格、尺寸、性能、开启方向、安装位置、连接方式及铝合金门窗的型材壁厚应符合设计要求。金属门窗的防腐处理及填嵌、密封处理应符合设计要求。

检验方法：观察；尺量检查；检查产品合格证书、性能检测报告、进场验收记录和复验报告；检验隐蔽工程验收记录。

（2）金属门窗框和副框的安装必须牢固。预埋件的数量、位置、埋设方式、与框的连接方式必须符合设计要求。

检验方法：手扳检查；检查隐蔽工程验收记录。

（3）金属门窗扇必须安装牢固，并应开关灵活、关闭严密，无倒翘。推拉门窗扇必须有防脱落措施。

检验方法：观察；开启和关闭检查；手扳检查。

（4）金属门窗配件的型号、规格、数量应符合设计要求，安装应牢固，位置应准确，功能应满足使用要求。

检验方法：观察；开启和关闭检查；手扳检查。

2. 一般项目

（1）金属门窗表面应洁净、平整、光滑、色泽一致，无锈蚀。大面应无划痕、碰伤。漆膜或保护层应连续。

检验方法：观察。

（2）铝合金门窗推拉门窗扇开关力应不大于100N。

检验方法：用弹簧秤检查。

（3）金属门窗框与墙体之间的缝隙应填嵌饱满，并采用密封胶密封。密封胶表面应光滑、顺直，无裂纹。

检验方法：观察；轻敲门窗框检查；检查隐蔽工程验收记录。

（4）金属门窗扇的橡胶密封或毛毡密封条应安装完好，不得脱槽。

检验方法：观察；开启和关闭检查。

（5）有排水孔的金属门窗，排水孔应畅通，位置和数量应符合设计要求。

检验方法：观察。

（6）钢门窗安装的留缝限值、允许偏差和检验方法应符合表4.9-3的规定。

钢门窗安装的留缝限值、允许偏差和检验方法　　　　　　　　表4.9-3

项次	项　　目		留缝限值（mm）	允许偏差（mm）	检验方法
1	门窗槽口宽度、高度	≤1500mm	—	2.5	用钢尺检查
		>1500mm	—	3.5	
2	门窗槽口对角线长度差	≤2000mm	—	5	用钢尺检查
		>2000mm	—	6	
3	门窗框的正、侧面垂直度			3	用1m垂直检测尺检查
4	门窗横框的水平度			3	用1m水平尺和塞尺检查
5	门窗横框标高		—	5	用钢尺检查
6	门窗竖向偏离中心			4	用钢尺检查
7	双层门窗内外框间距		—	5	用钢尺检查
8	门窗框、扇配合间隙		≤2		用塞尺检查
9	无下框时门扇与地面间留缝		4～8		用塞尺检查

（7）铝合金门窗安装的允许偏差和检验方法应符合表4.9-4的规定。

铝合金门窗安装的允许偏差和检验方法　　　　　　　　表4.9-4

项次	项　　目		允许偏差（mm）	检验方法
1	门窗槽口宽度、高度	≤1500mm	1.5	用钢尺检查
		>1500mm	2	
2	门窗槽口对角线长度差	≤2000mm	3	用钢尺检查
		>2000mm	4	
3	门窗框的正、侧面垂直度		2.5	用垂直检测尺检查
4	门窗横框的水平度		2	用1m水平尺和塞尺检查

续表

项次	项　目	允许偏差（mm）	检验方法
5	门窗横框标高	5	用钢尺检查
6	门窗竖向偏离中心	5	用钢尺检查
7	双层门窗内外框间距	4	用钢尺检查
8	推拉门窗扇与框架搭接量	1.5	用钢直尺检查

（8）涂色镀锌钢板门窗安装的允许偏差和检验方法应符合表 4.9-5 的规定。

涂色镀锌钢板门窗安装的允许偏差和检验方法　　　　　表 4.9-5

项次	项　目		允许偏差（mm）	检验方法
1	门窗槽口宽度、高度	≤1500mm	2	用钢尺检查
		>1500mm	3	
2	门窗槽口对角线长度差	≤2000mm	4	用钢尺检查
		>2000mm	5	
3	门窗框的正、侧面垂直度		3	用垂直检测尺检查
4	门窗横框的水平度		3	用1m水平尺和塞尺检查
5	门窗横框标高		5	用钢尺检查
6	门窗竖向偏离中心		5	用钢尺检查
7	双层门窗内外框间距		4	用钢尺检查
8	推拉门窗扇与框搭接量		2	用钢直尺检查

四、塑料门窗安装工程的质量检验

1. 主控项目

（1）塑料门窗的品种、类型、规格、尺寸、开启方向、安装位置、连接方式及填嵌密封处理应符合设计要求，内衬增强型钢的壁厚及设置应符合国家现行产品标准的质量要求。

检验方法：观察；尺量检查；检查产品合格证书、性能检测报告、进场验收记录和复验报告；检查隐蔽工程验收记录。

（2）塑料门窗框、副框和扇的安装必须牢固。固定片或膨胀螺栓的数量与位置应正确，连接方式应符合设计要求。固定点应距窗角、中横框、中竖框 150～200mm，固定点间距应不大于 600mm。

检验方法：观察；手扳检查；检查隐蔽工程验收记录。

（3）塑料门窗拼樘料内衬增强型钢的规格、壁厚必须符合设计要求、型钢应与型材内腔紧密吻合，其两端必须与洞口固定牢固。窗框必须与拼樘料连接紧密，固定点间距应不大于 600mm。

检验方法：观察；手扳检查；尺量检查；检查进场验收记录。

（4）塑料门窗扇应开关灵活、关闭严密，无倒翘。推拉门窗扇必须有防脱落措施。

检验方法：观察；开启和关闭检查；手扳检查。

（5）塑料门窗配件的型号、规格、数量应符合设计要求，安装应牢固，位置应正确，功能应满足使用要求。

检验方法：观察；手扳检查；尺量检查。

（6）塑料门窗框与墙体间缝隙应采用闭孔弹性材料填嵌饱满，表面应采用密封胶密封。密封胶应粘结牢固，表面应光滑、顺直、无裂痕。

检查方法：观察；检查隐蔽工程验收记录。

177

2．一般项目

1）塑料门窗表面应洁净、平整、光滑，大面应无划痕、碰伤。

检查方法：观察。

2）塑料门窗扇的密封条不得脱槽。旋转窗间隙应基本均匀。

3）塑料门窗扇的开关力应符合下列规定：

（1）平开门窗扇平铰链的开关力应不大于80N；滑撑铰链的开关力应不大于80N，并不小于30N。

（2）推拉门窗扇的开关力应不大于100N。

检验方法：观察；用弹簧秤检查。

4）玻璃密封条与玻璃及玻璃槽口的接缝应平整，不得卷边、脱槽。

检查方法：观察。

5）排水孔应畅通，位置和数量应符合设计要求。

检验方法：观察。

6）塑料门窗安装的允许偏差和检验方法应符合表4.9-6的规定。

塑料门窗安装的允许偏差和检验方法　　　　　表4.9-6

项次	项　　目		允许偏差（mm）	检验方法
1	门窗槽口宽度、高度	≤1500mm	2	用钢尺检查
		>1500mm	3	
2	门窗槽口对角线长度差	≤2000mm	3	用钢尺检查
		>2000mm	5	
3	门窗框的正、侧面垂直度		3	用1m垂直检测尺检查
4	门窗横框的水平度		3	用1m水平尺和塞尺检查
5	门窗横框标高		5	用钢尺检查
6	门窗竖向偏离中心		5	用钢直尺检查
7	双层门窗内外框间距		4	用钢尺检查
8	同樘平开门窗相邻扇高度差		2	用钢直尺检查
9	平开门窗铰链部位配合间隙		+2，-1	用塞尺检查
10	推拉门窗扇与框搭接量		+1.5，-2.5	用钢直尺检查
11	推拉门窗扇与竖框平行度		2	用1m水平尺和塞尺检查

五、门窗玻璃安装工程的质量检验

1. 主控项目

（1）玻璃的品种、规格、尺寸、色彩、图案和涂膜朝向应符合设计要求。单块玻璃大于1.5m² 时应使用安全玻璃。

检验方法：观察；检查产品合格证书、性能检测报告和进场验收记录。

（2）门窗玻璃裁割尺寸应确定。安装后的玻璃应牢固，不得有裂纹、损伤和松动。

检验方法：观察；轻敲检查。

（3）玻璃的安装方法应符合设计要求。固定玻璃的钉子或钢丝卡的数量、规格应保证玻璃安装牢固。

检验方法：观察；检查施工记录。

（4）镶钉木压条接触玻璃处，应与裁口边缘平齐。木压条应互相紧密连接，并与裁口边缘紧贴，割角应整齐。

检验方法：观察。

（5）密封条与玻璃、玻璃槽口的接触应紧密、平整。密封胶与玻璃、玻璃槽口的边缘应粘结牢固、接缝平齐。

检验方法：观察。

（6）带密封条的玻璃压条，其密封条必须与玻璃全部贴紧，压条与型材之间应无明显缝隙，压条接缝应不大于 0.5mm。

检验方法：观察；尺量检查。

2. 一般项目

（1）玻璃表面应洁净，不得有腻子、密封胶、涂料等污渍。中空玻璃内外表面均应洁净，玻璃中空层内不得有灰尘和水蒸气。

检验方法：观察。

（2）门窗玻璃不应直接接触型材。单面镀膜玻璃的镀膜层及磨砂玻璃的磨砂面应朝向室内。中空玻璃的单面镀膜玻璃应在最外层，镀膜层应在最外层，镀膜层应朝向室内。

检验方法：观察。

（3）腻子应填抹饱满、粘结牢固；腻子边缘与裁口应平齐。固定玻璃的卡子不应在腻子表面显露。

检验方法：观察。

检查数量：100 樘为一检验批，不足 100 樘也应划分一检验批，每个检验批应至少抽查 5%，并不得少于 3 樘，不足 3 樘时应全数检查。

第十节　装饰工程的质量控制

一、饰面砖粘贴工程的质量检验

1. 一般要求

（1）外墙贴面砖表面应光洁、方正、平整，质地坚固，规格、色泽一致，对于缺棱少角、外形歪斜、翘曲裂缝、表面凸凹不均和颜色不匀的不得使用。

（2）基层面应平整、粗糙、整洁、无空鼓，光滑面应凿毛处理。

（3）釉面砖和外墙贴面砖，镶贴前表面应处理干净并用清水浸泡 2h 后，阴干备用。

（4）面砖镶贴前应先预排，使拼缝均匀。在同一墙面上的横竖排列，不宜有 1 行以上的非整砖，非整砖应放在次要位置。

（5）面砖镶贴前应找标高，垫好底尺，确定水平位置及垂直竖向标高。

（6）应分层分遍抹平底层砂浆后，在砖背面宜采用 1:2 的水泥砂浆镶贴，用灰铲柄轻轻敲打。

（7）面砖镶贴完成后应进行勾缝和擦缝。

2. 主控项目

（1）饰面砖的品种、规格、图案、颜色和性能应符合设计要求。

检验方法：观察；检查产品合格证书、进场验收记录、性能检测报告和复验报告。

（2）饰面砖粘贴工程的找平、防水、粘结和勾缝材料及施工方法应符合设计要求及国家现行产品标准和工程技术标准的规定。

检验方法：检查产品合格证书、复验报告和隐蔽工程验收记录。

（3）饰面砖粘贴必须牢固。

检验方法：检查样板件粘结强度检测报告和施工记录。

（4）满粘法施工的饰面砖工程应无空鼓、裂缝。

检验方法：观察；用小锤轻击检查。

3．一般项目

（1）饰面砖表面应平整、洁净、色泽一致，无裂痕和缺损。

检验方法：观察。

（2）阴阳角处搭接方式、非整砖使用部位应符合设计要求。

检验方法：观察。

（3）墙面突出物周围的饰面砖应整砖套割吻合，边缘应整齐，墙裙、贴脸突出墙面的厚度应一致。

检验方法：观察；尺量检查。

（4）饰面砖接缝应平直、光滑，填嵌应连续、密实；宽度和深度应符合设计要求。

检验方法：观察；尺量检查。

（5）有排水要求的部位应做滴水线（槽）。滴水线（槽）应顺直，流水坡向应正确，坡度应符合设计要求。

检验方法：观察；用水平尺检查。

（6）饰面砖粘贴的允许偏差和检验方法应符合表 4.10-1 的规定。

饰面砖粘贴的允许偏差和检验方法　　　　　　　　　　　表 4.10-1

项次	项　目	允许偏差（mm）		检验方法
		外墙面砖	内墙面砖	
1	立面垂直度	3	2	用 2m 垂直检测尺检查
2	表面平整度	4	3	用 2m 靠尺和塞尺检查
3	阴阳角方正	3	3	用直角检测尺检查
4	接缝直线度	3	2	拉 5m 线，不足 5m 拉通线，用钢直尺检查
5	接缝高低差	1	0.5	用钢直尺和塞尺检查
6	接缝宽度	1	1	用钢直尺检查

检查数量：100m² 应至少抽查 1 处，至少抽查 10%。

二、饰面板安装工程的质量检验

1．一般要求

1）对进场的石材应进行验收，颜色不均、规格不一均应进行挑选。

2）饰面板工程应对下列隐蔽工程进行验收。

（1）预埋件（或后置埋件）。

（2）连接节点。

（3）防水层。

3）大面积施工前应先放出施工大样，并做样板，经设计、甲方、监理单位共同认定后方可按大样要求施工。

4）饰面板工艺流程：

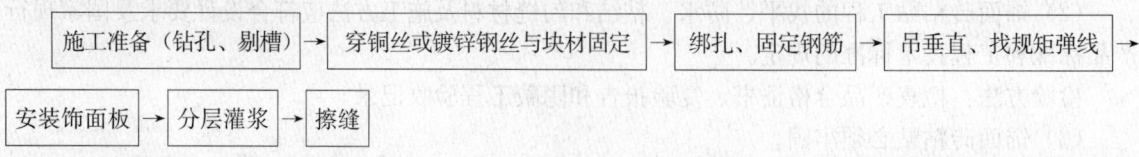

2．主控项目

（1）饰面板的品种、规格、颜色和性能应符合设计要求，木龙骨、木饰面板和塑料饰面板的燃烧性能等级应符合设计要求。

检验方法：观察；检查产品合格证书、进场验收记录和性能检测报告。

（2）饰面板孔、槽的数量、位置和尺寸应符合设计要求。

检验方法：检查进场验收记录和施工记录。

（3）饰面板安装工程的预埋件（或后置埋件）、连接件的数量、规格、位置、连接方法和防腐处理必须符合设计要求。后置埋件的现场拉拔强度必须符合设计要求。饰面板安装必须牢固。

检验方法：手扳检查；检查进场验收记录、现场拉拔检测报告、隐蔽工程验收记录和施工记录。

3．一般项目

（1）饰面板表面应平整、洁净、色泽一致，无裂痕和缺损。石材表面应无泛碱等污染。

检验方法：观察。

（2）饰面板嵌缝应密实、平直，宽度和深度应符合设计要求，嵌填材料色泽应一致。

检验方法：观察；尺量检查。

（3）采用湿作业法施工的饰面板工程，石材应进行防碱背涂处理。饰面板与基体之间的灌注材料应饱满、密实。

检验方法：用小锤轻击检查；检查施工记录。

（4）饰面板上的孔洞应套割吻合，边缘应整齐。

检验方法：观察。

（5）饰面板安装的允许偏差和检验方法应符合表 4.10-2 的规定。

饰面板安装的允许偏差和检验方法 表 4.10-2

项次	项　目	允　许　偏　差							检验方法
		石　　材			瓷板	木材	塑料	金属	
		光面	剁斧石	蘑菇石					
1	立面垂直度	2	3	3	2	1.5	2	2	用 2m 垂直检测尺检查
2	表面平整度	2	3	—	1.5	1	3	3	用 2m 靠尺和塞尺检查
3	阴阳角方正	2	4	4	2	1.5	3	3	用直角检测尺检查
4	接缝直线度	2	4	4	2	1	1	1	拉 5m 线，不足 5m 拉通线，用钢直尺检查
5	墙裙、勒脚上口直线度	2	3	3	2	2	2	2	拉 5m 线，不足 5m 拉通线，用钢直尺检查
6	接缝高低差	0.5	3	—	0.5	0.5	1	1	用钢直尺和塞尺检查
7	接缝宽度	1	2	2	1	1	1	1	用钢直尺检查

三、抹灰工程的质量检验

1．一般要求

（1）必须经过有关部门进行结构工程的验收，合格后方可进行抹灰工程。

（2）外墙抹灰工程施工前应先安装钢木门窗框、护栏等，并应将墙上的施工孔洞堵塞密实。

（3）抹灰用的石灰膏的熟化期不应少于 15d；罩面用的磨细石灰粉的熟化期不应少于 3d。

（4）室内墙面、柱面和门洞口的阳角做法应符合设计要求。设计无要求时，应采用 1∶2 的水泥砂浆做暗护角，其高度不应低于 2m，每侧宽度不应小于 50mm。

（5）当要求抹灰层具有防水、防潮功能时，应采用防水砂浆。

（6）各种砂浆抹灰层，在凝结前应防止快干、水冲、撞击、振动和受冻，在凝结后应采取措施防止玷污和损坏。水泥砂浆抹灰层在湿润条件下养护。

（7）外墙和顶棚的抹灰层与基层之间及各抹灰层之间必须粘结牢固。

2. 一般抹灰工程的质量检验

1）主控项目

（1）抹灰前基层表面的尘土、污垢、油渍等应清除干净，并应洒水润湿。

检验方法：检查施工记录。

（2）一般抹灰所用材料的品种和性能应符合设计要求。水泥的凝结时间和安定性复验应合格。砂浆的配合比应符合设计要求。

检验方法：检查产品合格证书、进场验收记录、复验报告和施工记录。

（3）抹灰工程应分层进行。当抹灰总厚度大于或等于 35mm 时，应采取加强措施。不同材料基体交界处表面的抹灰，应采用防止开裂的加强措施，当采用加强网时，加强网与各基体的搭接宽度不应小于 100mm。

检验方法：检查隐蔽工程验收记录和施工记录。

（4）抹灰层与基层之间及各抹灰层之间必须粘结牢固，抹灰层应无脱层、空鼓，面层应无爆灰和裂缝。

检验方法：观察；用小锤轻击检查；检查施工记录。

2）一般项目

（1）一般抹灰工程的表面质量应符合下列规定：

① 普通抹灰表面应光滑、洁净、接槎平整，分格缝应清晰。

② 高级抹灰表面应光滑、洁净、颜色均匀、无抹纹，分格缝和灰线应清晰美观。

检验方法：观察；手摸检查。

（2）护角、孔洞、槽、盒周围的抹灰表面应整齐、光滑；管道后面的抹灰表面应平整。

检验方法：观察。

（3）抹灰层的总厚度应符合设计要求；水泥砂浆不得抹在石灰砂浆层上；罩面石膏灰不得抹在水泥砂浆层上。

检验方法：检查施工记录。

（4）抹灰分格缝的设置应符合设计要求，宽度和深度应均匀，表面应光滑，棱角应整齐。

检验方法：观察；尺量检查。

（5）有排水要求的部位应做滴水线（槽）。滴水线（槽）应整齐顺直，滴水线应内高外低，滴水槽的宽度和深度均不应小于 10mm。

检验方法：观察；尺量检查。

（6）一般抹灰工程质量的允许偏差和检验方法应符合表 4.10-3 的规定。

一般抹灰工程质量的允许偏差和检验方法 　　　　　　　　　　　　　　　表 4.10-3

项次	项　　　目	允许偏差（mm）		检 验 方 法
		普通抹灰	高级抹灰	
1	立面垂直度	4	3	用 2m 垂直检测尺检查
2	表面平整度	4	3	用 2m 靠尺和塞尺检查
3	阴阳角方正	4	3	用直角检测尺检查
4	分格条（缝）直线度	4	3	拉 5m 线，不足 5m 拉通线，用钢直尺检查
5	墙裙、勒脚上口直线度	4	3	拉 5m 线，不足 5m 拉通线，用钢直尺检查

　　注：①普通抹灰，本表第 3 项阴阳角方正可不检查；

　　　　②顶棚抹灰，本表第 2 项表面平整度可不检查，但应平顺。

检查数量：每 100m² 抽查 1 处，每处不小于 10m²。

3. 装饰性抹灰工程（适用于水刷石、斩假石、干粘石、假面砖装饰抹灰工程）的质量检验

1）主控项目

（1）抹灰前基层表面的尘土、污垢、油渍等应清除干净，并应洒水润湿。

检查方法：检查施工记录。

（2）装饰抹灰工程所用材料的品种和性能应符合设计要求。水泥的凝结时间和安定性复验应合格。砂浆的配合比应符合设计要求。

检验方法：检查产品合格证书、进场验收记录、复验报告和施工记录。

（3）抹灰工程应分层进行。当抹灰总厚度大于或等于 35mm 时，应采取加强措施。不同材料基体交接处表面的抹灰，应采取防止开裂的加强措施，当采用加强网时，加强网与各基体的搭接宽度不应小于 100mm。

检验方法：检查隐蔽工程验收记录和施工记录。

（4）各抹灰层之间及抹灰层与基体之间必须粘结牢固，抹灰层应无脱层、空鼓和裂缝。

检验方法：观察；用小锤轻击检查；检查施工记录。

2）一般项目

（1）装饰抹灰工程的表面质量应符合下列规定：

①水刷石表面应石粒清晰、分布均匀、紧密平整、色泽一致，应无掉粒和接槎痕迹。

②斩假石表面剁纹应均匀顺直、深浅一致，应无漏剁处；阳角处应横剁并留出宽窄一致的不剁边条，棱角应无损坏。

③干粘石表面应色泽一致、不露浆、不漏粘，石粒应粘结牢固、分布均匀，阳角处应无明显黑边。

④假面砖表面应平整，沟纹清晰、留缝整齐、色泽一致，应无掉角、脱皮、起砂等缺陷。

检验方法：观察；手摸检查。

（2）装饰抹灰分格条（缝）的设置应符合设计要求，宽度和深度应均匀，表面应平整光滑，棱角应整齐。

检验方法：观察。

（3）有排水要求的部位应做滴水线（槽）。滴水线（槽）应整齐顺直，滴水线应内高外低，滴水槽的宽度和深度均不应小于 10mm。

检验方法：观察；尺量检查。

（4）装饰抹灰工程质量的允许偏差和检验方法应符合表 4.10-4 的规定。

装饰抹灰的允许偏差和检验方法　　　　　　　　　　　表 4.10-4

项次	项　目	允许偏差（mm）				检验方法
		水刷石	斩假石	干粘石	假面砖	
1	立面垂直度	5	4	5	5	用 2m 垂直检测尺检查
2	表面平整度	3	3	5	4	用 2m 靠尺和塞尺检查
3	阳角方正	3	3	4	4	用直角检测尺检查
4	分格条（缝）直线度	3	3	3	3	拉 5m 线，不足 5m 拉通线，用钢直尺检查
5	墙裙、勒脚上口直线度	3	3	—	—	拉 5m 线，不足 5m 拉通线，用钢直尺检查

检查数量：每 100m² 检查 1 处，每处不小于 10m²。

四、清水砌体勾缝工程的质量检验

1. 主控项目

（1）清水砌体勾缝所用水泥的凝结时间和安定性复验合格。砂浆的配合比应符合设计要求。

检验方法：检查复验报告和施工记录。

（2）清水砌体勾缝应无漏勾。勾缝材料应粘结牢固，无开裂。

检验方法：观察。

2. 一般项目

（1）清水砌体勾缝应横平竖直，交接处应平顺，宽度应均匀，表面应压实抹平。

检验方法：观察；尺量检查。

（2）灰缝应颜色一致，砌体表面应洁净。

检验方法：观察。

五、涂饰工程的质量检验

1. 水性涂料涂饰工程

1）一般要求

（1）材料要求

① 涂料：乙酸乙烯乳胶漆。应有产品合格证、出厂日期及使用说明。

② 填充料：大白粉、石膏粉、滑石粉、羧甲基纤维素、聚醋酸乙烯乳液、地板黄、红土子、黑烟子、立德粉等。

③ 颜料：各色有机或无机颜料，应耐碱、耐光。

（2）施工工艺流程

① 基层处理：首先将墙面等基层上起皮、松动及鼓包等清除凿平，将残留在基层表面上的灰尘、污垢、溅沫和砂浆流痕等杂物清除扫净。

② 修补腻子：用水石膏将墙面等基层上磕碰的坑凹、缝隙等处分遍找平，干燥后用1号砂纸将凸出处磨平，并将浮尘等扫净。

③ 刮腻子：刮腻子的遍数可由基层或墙面的平整度来决定，一般情况为三遍，腻子的配合比为重量比，有两种，一是适用于室内的腻子，其配合比为：聚醋酸乙烯乳液（即白乳胶）：滑石粉或大白粉：2%羧甲基纤维素溶液＝1：5：3.5；二是适用于外墙、厨房、厕所、浴室的腻子，其配合比为：聚醋酸乙烯乳液：水泥：水＝1：5：1。请勿用错。具体操作方法为：第一遍用胶皮刮板横向满刮，一刮板紧接着一刮板，接头不得留槎，每刮一刮板最后收头时，要注意收得要干净利落。干燥后用1号砂纸磨，将浮腻子及斑迹磨平磨光，再将墙面清扫干净。第二遍用胶皮刮板竖向满刮，所用材料和方法同第一遍腻子，干燥后用1号砂纸磨平并清扫干净。第三遍用胶皮刮板找补腻子，用钢片刮板满刮腻子，将墙面等基层刮平刮光，干燥后用细砂纸磨平磨光，注意不要漏磨或将腻子磨穿。

④ 施涂第一遍乳液薄涂料：施涂顺序是先刷顶板后刷墙面，刷墙面时应先上后下。先将墙面清扫干净，再用布将墙面粉尘擦净。乳液薄涂料一般用排笔涂刷，使用新排笔时，注意将活动的排笔毛理掉。乳液薄涂料使用前应搅拌均匀，适当加水稀释，防止头遍涂料施涂不开。干燥后复补腻子，待复补腻子干燥后用砂纸磨光，并清扫干净。

⑤ 施涂第二遍乳液薄涂料：操作要求同第一遍，使用前要充分搅拌，如不很稠，不宜加水或尽量少加水，以防露底。漆膜干燥后，用细砂纸将墙面小疙瘩和排笔毛打磨掉，磨光滑后清扫干净。

⑥ 施涂第三遍乳液薄涂料：操作要求同第二遍乳液薄涂料。由于乳胶漆膜干燥较快，应连续迅速操作，涂刷时从一头开始，逐渐涂刷向另一头，要注意上下顺刷互相衔接，后一排笔紧接

前一排笔，避免出现干燥后再处理接头。

2）主控项目

（1）水性涂料涂饰工程所用涂料的品种、型号和性能应符合设计要求。

检验方法：检查产品合格证书、性能检测报告和进场验收记录。

（2）水性涂料涂饰工程的颜色、图案应符合设计要求。

检验方法：观察。

（3）水性涂料涂饰工程应涂饰均匀、粘结牢固，不得漏涂、透底、起皮和掉粉。

检验方法：观察；手摸检查。

（4）水性涂料涂饰工程的基层处理应符合下列要求：

① 清洗基层表面的尘埃、油渍；清除附着砂浆或混凝土，以及基层表面的酥松、脱皮等缺陷，墙面如有旧涂层必须清除干净，不留痕迹。

② 基层的含水率：混凝土和抹灰表面施涂溶剂型涂料时，含水率不得大于8%，施涂水性和乳液涂料时，含水率不得大于10%，木料制品含水率不得大于12%；必要时可施涂一层密封材料。

③ 施涂前，应先填补基层缝隙，局部刮腻子，并用砂纸磨平，内墙涂饰工程还须再满刮腻子，并用砂纸打磨平整、光滑。

④ 基层的不平整度及接合处的错位应在允许范围内。

检验方法：观察；手摸检查；检查施工记录。

3）一般项目

（1）薄涂料的涂饰质量和检验方法应符合表4.10-5的规定。

薄涂料的涂饰质量和检验方法　　　　　　　　　　　　　　　表 4.10-5

项次	项　目	普通涂饰	高级涂饰	检验方法
1	颜色	均匀一致	均匀一致	观　察
2	泛碱、咬色	允许少量轻微	不允许	
3	流坠、疙瘩	允许少量轻微	不允许	
4	砂眼、刷纹	允许少量轻微砂眼，刷纹通顺	无砂眼，无刷纹	
5	装饰线、分色线直线度允许偏差（mm）	2	1	拉5m线，不足5m拉通线，用钢直尺检查

（2）厚涂料的涂饰质量和检验方法应符合表4.10-6的规定。

厚涂料的涂饰质量和检验方法　　　　　　　　　　　　　　　表 4.10-6

项次	项　目	普通涂料	高级涂饰	检验方法
1	颜色	均匀一致	均匀一致	观察
2	泛碱、咬色	允许少量轻微	不允许	
3	点状分布	—	疏密均匀	

（3）复层涂料的涂饰质量和检验方法应符合表4.10-7的规定。

复层涂料的涂饰质量和检验方法　　　　　　　　　　　　　　表 4.10-7

项次	项　目	质量要求	检验方法
1	颜色	均匀一致	观察
2	泛碱、咬色	不允许	
3	喷点疏密程度	均匀，不允许连片	

（4）涂层与其他装修材料和设备衔接处应吻合，界面应清晰。

检查方法：观察。

检查数量：每 100m² 检查一处，每处不小于 10m²。

2. 溶剂型涂料涂饰工程的质量检验

1）一般要求

（1）材料要求

① 涂料：光油、清油、铅油及各色油性调和漆，应有产品合格证、出厂日期及说明。

② 填充料：大白粉、滑石粉、石膏粉、地板黄、红土子、黑烟子、立德粉、羧甲基纤维素、聚醋酸乙烯乳液等。

③ 稀释剂：汽油、煤油、松香水、酒精、醇酸稀料等与油漆相应配套的稀料。

④ 各色颜料应耐碱、耐光。

（2）施工工艺流程

① 基层处理：应将墙面上的灰渣等杂物清理干净，用笤帚将墙面浮土等扫干净。

② 修补腻子：用石膏腻子将墙面、门窗口角等磕碰破损处、麻面、风裂、接槎缝隙等分别找补好，干燥后用砂纸将凸出处磨平。

③ 第一遍满刮腻子：待满刮一遍腻子干燥后，用砂纸将墙面的腻子残渣、斑迹等磨平、磨光，然后将墙面清扫干净，腻子配合比为：聚醋酸乙烯乳液（即白乳胶）：滑石粉或大白粉：2% 羧甲基纤维素溶液＝1：5：35（重量比）。以上为适用于室内的腻子，如厨房、厕所、浴室等应采用室外工程的乳胶腻子，这种腻子耐水性能较好，其配合比为：聚醋酸乙烯乳液（即白乳胶）：水泥：水＝1：5：1（重量比）。

④ 第二遍满刮腻子（施涂高级涂料）：腻子配合比和操作方法与第一遍腻子相同。待腻子干燥后个别地方再复补腻子，个别大的孔洞可复补石膏腻子，彻底干燥后，用 1 号砂纸打磨平整，清扫干净。

⑤ 弹分色线：如墙面有分色线，应在施涂油漆前弹线，先涂刷浅色油漆，后涂刷深色油漆。

⑥ 施涂第一道溶剂型薄涂料：可施涂铅油，它是一种遮盖力较强的涂料，是罩面涂料基层的底漆。铅油的稠度以盖底、不流淌、不显刷痕为宜，施涂每面墙的顺序应从上到下、从左到右，不应乱施涂，避免造成漏涂或涂刷过厚、涂刷不均等。第一道涂料干燥后，个别缺陷或漏刮腻子处要复补腻子，待腻子干透后磨砂纸，把小疙瘩、野腻子渣、斑迹等磨平、磨光，并清扫干净。

⑦ 施涂第二道溶剂型薄涂料：施涂方法同第一道涂料（如墙面为中级涂料，此道可施涂铅油；如墙面为高级涂料，此道可施涂调和漆），待涂料干燥后，可用较细的砂纸把墙面打磨光滑；清扫干净，同时用潮布将墙面擦抹一遍。

⑧ 施涂第三道溶剂型薄涂料：用调和漆施涂，如墙面为中级涂料，此道工序可作罩面涂料，即最后一道涂料，其施涂顺序同上。由于调和漆黏度较大，施涂时应多刷多理，以达到漆膜饱满、厚薄均匀一致、不流不坠。

⑨ 施涂第四道溶剂型薄涂料：用醇酸磁漆涂料，如墙面为高级涂料，此道工序称为罩面涂料，即最后一道涂料。如最后一道涂料改用无光调和漆时，可将第二道铅油改为有光调和漆，其余做法相同。

2）主控项目

（1）溶剂型涂料涂饰工程所选用涂料的品种、型号和性能应符合设计要求。

检验方法：检查产品合格证书、性能检测报告和进场验收记录。

（2）溶剂型涂料涂饰工程的颜色、光泽、图案应符合设计要求。

检验方法：观察。

（3）溶剂型涂料涂饰工程应涂饰均匀、粘结牢固，不得有漏涂、透底、起皮和反锈。

检验方法：观察；手摸检查。

（4）溶剂型涂料涂饰工程的基层处理应符合规范要求。

检验方法：观察；手摸检查；检查施工记录。

3）一般项目

（1）色漆的涂饰质量和检验方法应符合表 4.10-8 的规定。

色漆的涂饰质量和检验方法　　　　　　　　　表 4.10-8

项次	项目	普通涂饰	高级涂饰	检验方法
1	颜色	均匀一致	均匀一致	观察
2	光泽、光滑	光泽基本均匀、光滑、无挡手感	光泽均匀、一致、光滑	观察、手摸检查
3	刷纹	刷纹通顺	无刷纹	观察
4	裹棱、流坠、皱皮	明显处不允许	不允许	观察
5	装饰线、分色线直线度允许偏差（mm）	2	1	拉 5m 线，不足 5m 拉通线，用钢直尺检查

注：无光色漆不检查光泽。

（2）清漆的涂饰质量和检验方法应符合表 4.10-9 的规定。

清漆的涂饰质量和检验方法　　　　　　　　　表 4.10-9

项次	项　　目	普通涂饰	高级涂饰	检查方法
1	颜色	基本一致	均匀一致	观察
2	木纹	棕眼刮平、木纹清楚	棕眼刮平、木纹清楚	观察
3	光泽、光滑	光泽基本均匀、光滑、无挡手感	光泽均匀、一致、光滑	观察、手摸检查
4	刷纹	无刷纹	无刷纹	观察
5	裹棱、流坠、皱皮	明显处不允许	不允许	观察

（3）涂层与其他装修材料和设备衔接处应吻合，界面应清晰。

检验方法：观察。

检查数量：每 100m² 检查一处，每处不少于 10m²。

六、一般刷（喷）浆工程的质量检验

1. 一般要求

1）施工准备

（1）室内抹灰工的作业已全部完成，墙面应基本干燥，基层含水率不得大于 10％。

（2）室内水暖管道、电气预埋预设均已完成，且完成管洞处抹灰活的修理等。

（3）油工的头遍油已刷完。

（4）大面积施工前应事先做好样板间，经有关质量部门检查鉴定合格后，方可组织班组进行大面积施工。

（5）冬期施工室内刷（喷）浆工程，应在采暖条件下进行，室温保持均衡，一般室内温度不宜低于 10℃，相对湿度为 60％，不得突然变化。同时，应设专人负责测试和开关门窗，以利通风排除湿气。

2）施工工艺流程

（1）基层处理：混凝土墙表面的浮砂、灰尘、疙瘩等要清除干净，表面的隔离剂、油污等应用碱水（火碱：水＝1：10）清刷干净，然后用清水冲洗掉墙面上的碱液等。

（2）喷、刷胶水：刮腻子之前在混凝土墙面上先喷、刷一道胶水（重量比为水：乳液＝5：1），要注意喷、刷要均匀，不得有遗漏。

（3）填补缝隙、局部刮腻子：用水石膏将墙面缝隙及坑洼不平处分遍找平，并将野腻子收净，待腻子干燥后用1号砂纸磨平，并把浮尘等扫净。

（4）石膏板墙面拼缝处理：接缝处应用嵌缝腻子填塞满，上糊一层玻璃网格布或绸布条，用乳液将布条粘在拼缝上，粘条时应把布拉直、糊平，并刮石膏腻子一道。

（5）满刮腻子：根据墙体基层的不同和浆活等级要求的不同，刮腻子的遍数和材料也不同。一般情况为三遍，腻子的配合比为重量比，有两种，一是适用于室内的腻子，其配合比为，聚醋酸乙烯乳液（即白乳胶）：滑石粉或大白粉：2%羧甲基纤维素溶液＝1：5：3.5；二是适用于外墙、厨房、厕所、浴室的腻子，其配合比为，聚醋酸乙烯乳液：水泥：水＝1：5：1。刮腻子时应横竖刮，并注意接槎和收头时腻子要刮净，每遍腻子干后应磨砂纸，将腻子磨平磨完后将浮尘清理干净。如面层要涂刷带颜色的浆料时，则腻子亦要掺入适量与面层颜色相协调的颜料。

（6）刷、喷第一遍浆：刷、喷浆前应先将门窗口圈用排笔刷好，如墙面和顶棚为两种颜色时应在分色线处用排笔齐线并刷20cm宽以利接槎，然后再大面积刷、喷浆。刷、喷顺序应先顶棚后墙面，按先上后下的顺序进行。如喷浆时喷头距墙面宜为20～30cm，移动速度要平稳，使涂层厚度均匀。如顶板为槽形板时，应先喷凹面四周的内角再喷中间平面。

（7）复找腻子：第一遍浆干后，对墙面上的麻点、坑洼、刮痕等用腻子重新复找刮平，干后用细砂纸轻磨，并把粉尘扫净，达到表面光滑、平整。

（8）刷、喷第二遍浆：方法同上。

（9）刷、喷交活浆：待第二遍浆干后，用细砂纸将粉尘、溅沫等轻轻磨去，并打扫干净，即可刷、喷交活浆。

2. 主控项目

（1）选用刷（喷）浆的品种、质量等级、图案与颜色，必须符合设计和选定样品的要求及有关标准的规定。

（2）刷（喷）工程严禁起皮、掉粉、漏刷和透底。

3. 一般项目

一般刷（喷）浆工程的一般项目应符合表4.10-10的要求。

室内、外刷（喷）浆工程一般项目　　　　　　　　　　　　　表 4.10-10

项次	项　目	中　级　标　准
1	反碱、咬色	允许有轻微、少量，但不超过1处
2	喷点、刷纹	1.5m正视喷点均匀，刷纹通顺
3	流坠、疙瘩、溅沫	允许有轻微、少量，但不超过1处
4	颜色、砂眼、划痕	颜色一致，允许有轻微、少量砂眼、划痕
5	装饰线分色平直	偏差不大于2mm（拉5m小线检查，不足5m拉通线检查）
6	门窗灯具等	洁净

第十一节　屋面工程的质量控制

一、卷材防水屋面工程的质量检验

1. 屋面找平层的质量检验

1) 一般要求

(1) 找平层的厚度和技术要求应符合表 4.11-1 的规定。

找平层的厚度和技术要求　　　　　　　　　　　　表 4.11-1

类　别	基　层　种　类	厚度（mm）	技 术 要 求
水泥砂浆找平层	整体混凝土	15～20	1∶2.5～1∶3（水泥∶砂）体积比，水泥强度等级不低于 32.5 级
	整体或板状材料保温层	20～25	
	装配式混凝土板，松散材料保温层	20～30	
细石混凝土找平层	松散材料保温层	30～35	混凝土强度等级不低于 C20
沥青砂浆找平层	整体混凝土	15～20	1∶8（沥青∶砂）质量比
	装配式混凝土板，整体或板状材料保温层	20～25	

(2) 找平层的基层采用装配式钢筋混凝土板时，应符合下列规定：

① 板端、侧缝应用细石混凝土灌缝，其强度等级不应低于 C20。

② 板缝宽度大于 40mm 或上窄下宽时，板缝内应设置构造钢筋。

③ 板端缝应进行密封处理。

(3) 找平层的排水坡度应符合设计要求。平屋面采用结构找坡不应小于 3%，采用材料找坡宜为 2%；天沟、檐沟纵向找坡不应小于 1%，沟底水落差不得超过 200mm。

(4) 基层与突出屋面结构（女儿墙、山墙、天窗壁、变形缝、烟囱等）的交接处和基层的转角处，找平层均应做成圆弧形，圆弧半径应符合表 4.11-2 的要求。内部排水的水落口周围，找平层应做成略低的凹坑。

转角处圆弧半径　　　　　　　　　　　　表 4.11-2

卷材种类	圆弧半径（mm）	卷材种类	圆弧半径（mm）
沥青防水卷材	100～150	高聚物改性沥青防水卷材	50
合成高分子防水卷材	20		

(5) 找平层宜设分格缝，并嵌填密封材料。分格缝应留设在板端缝处，其纵横缝的最大间距：水泥砂浆或细石混凝土找平层，不宜大于 6m；沥青砂浆找平层，不宜大于 4m。

2) 主控项目

(1) 找平层的材料质量及配合比，必须符合设计要求。

检验方法：检查出厂合格证、质量检验报告和计量措施。

(2) 屋面（含天沟、檐沟）找平层的排水坡度，必须符合设计要求。

检验方法：用水平仪（水平尺）、拉线和尺量检查。

3) 一般项目

(1) 基层与突出屋面结构的交接处和基层的转角处，均应做成圆弧形，且整齐平顺。

检验方法：观察和尺量检查。

(2) 水泥砂浆、细石混凝土找平层应平整、压光，不得有酥松、起砂、起皮现象；沥青砂浆找平层不得有拌合不匀、蜂窝现象。

检验方法：观察检查。

(3) 找平层分格缝的位置和间距应符合设计要求。

检验方法：观察和尺量检查。

(4) 找平层表面平整度的允许偏差为 5mm。

检验方法：用 2m 靠尺和楔形塞尺检查。

检查数量：每 $100m^2$ 抽查一处，每处不小于 $10m^2$。

2. 屋面保温层的质量检验

1) 一般要求

(1) 屋面保温层有松散、板状材料或整体现浇（喷）保温层。

(2) 保温层应干燥，封闭式保温层的含水率应相当于该材料在当地自然风干状态下的平衡含水率。

(3) 屋面保温层干燥有困难时，应采用排汽措施。

(4) 倒置式屋面应采用吸水率小、长期浸水不腐烂的保温材料。保温层上应用混凝土等块材、水泥砂浆或卵石做保护层；卵石保护层与保温层之间，应干铺一层无纺聚酯纤维布做隔离层。

(5) 松散保温层：是一种干做法施工的方法，材料多使用炉渣或水渣，粒径 $5\sim40mm$，使用时必须过筛，控制含水率。铺设松散材料的结构表面应干燥、洁净，松散保温材料应分层铺设，适当压实，压实程度应根据设计要求的密度，经试验确定。每步铺设厚度不宜大于 $150mm$，压实后的屋面保温不得直接推车行走和堆积重物。

(6) 松散膨胀蛭石保温层：蛭石粒径一般为 $3\sim15mm$，铺设时使膨胀蛭石的层理平面与热流垂直。

(7) 松散膨胀珍珠岩保温层：珍珠岩粒径小于 $0.15mm$ 的含量应不大于 8%。

(8) 松散材料保温层施工应符合下列规定：

① 铺设松散材料保温层的基层应平整、干燥和干净。

② 保温层含水率应符合设计要求。

③ 松散保温材料应分层铺设并压实，压实的程度与厚度应经试验确定。

④ 保温层施工完成后，应及时进行找平层和防水层的施工；雨期施工时，保温层应采取遮盖措施。

(9) 平铺板块状保温层：直接铺设在结构层或者隔汽层上，分层铺设时上下两层板块缝应错开，表面两块相邻的板边厚度应一致。一般在块状保温层上用松散料作找坡。

(10) 粘贴铺设板块状保温层：板块状保温层材料用粘结材料平粘在屋面基层上，一般用水泥、石灰混合砂浆；聚苯板材料应用沥青胶结料粘贴。

(11) 板状材料保温层施工应符合下列规定：

① 板状材料保温层的基层应平整、干燥和干净。

② 板状保温材料应紧靠在需保温的基层表面上，并应铺平垫稳。

③ 分层铺设的板块上下层接缝应相互错开，板间缝隙应采用同类材料嵌填密实。

④ 粘贴的板状保温材料应贴严、粘牢。

(12) 整体保温层：

① 水泥白灰炉渣保温层：施工前用石灰水将炉渣闷透，不得少于 $3d$，闷制前应将炉渣或水渣过筛，粒径控制在 $5\sim40mm$。最好用机械搅拌，一般配合比为水泥：白灰：炉渣为 $1:1:8$，铺设时分层、滚压，控制虚铺厚度和设计要求的密度，应通过试验，保证保温性能。

② 水泥蛭石保温层：是以膨胀蛭石为集料、水泥为胶凝材料，通常用普通硅酸盐水泥，最低强度等级为 42.5 级，膨胀蛭石粒径选用 $5\sim20mm$，一般配合比为水泥：蛭石＝$1:12$，加水拌合后，用手紧握成团不散，并稍有水泥浆滴下时为好。机械搅拌会使蛭石颗粒破损，故宜采用人工拌合。人工拌合应是先将水与水泥均匀地调成水泥浆，然后将水泥浆均匀地泼在定量的蛭石上，随泼随拌直至均匀。铺设保湿层，虚铺厚度为设计厚度的 130%，用木拍板拍实、找平，并注意泛水坡度。

（13）整体现浇（喷）保温层施工应符合下列规定：

① 沥青膨胀蛭石、沥青膨胀珍珠岩宜用机械搅拌，并应色泽一致，无沥青团；压实程度根据试验确定，其厚度应符合设计要求，表面应平整。

② 硬质聚氨酯泡沫塑料应按配比准确计量，发泡厚度均匀一致。

2）主控项目

（1）保温材料的堆积密度或表观密度、导热系数以及板材的强度、吸水率，必须符合设计要求。

检验方法：检查出厂合格证、质量检验报告和现场抽样复验报告。

（2）保温层的含水率必须符合设计要求。

检验方法：检查现场抽样检验报告。

3）一般项目

（1）保温层的铺设应符合下列要求：

① 松散保温材料：分层铺设，压实适当，表面平整，找坡正确。

② 板状保温材料：紧贴（靠）基层，铺平垫稳，拼缝严密，找坡正确。

③ 整体现浇保温层：拌合均匀，分层铺设，压实适当，表面平整，找坡正确。

检验方法：观察检查。

（2）保温层厚度的允许偏差：松散保温材料和整体现浇保温层为＋10％，－5％；板状保温材料为±5％，且不得大于4mm。

检验方法：用钢针插入和尺量检查。

（3）当倒置式屋面保护层采用卵石铺压时，卵石应分布均匀，卵石的质（重）量应符合设计要求。

检查数量：每100m² 检查1处，每处不小于10m²。

3. 卷材防水层的质量检验

1）一般要求

（1）卷材防水层应采用高聚物改性沥青防水卷材、合成高分子防水卷材或沥青防水卷材。所选用的基层处理剂、接缝胶粘剂、密封材料等配套材料应与铺贴的卷材材性相容。

（2）在坡度大于25％的屋面上采用卷材做防水层时，应采取固定措施。固定点应密封严密。

（3）铺设屋面隔汽层和防水层前，基层必须干净、干燥。

干燥程度的简易检验方法，是将1m² 卷材平坦地干铺在找平层上，静置3～4h后掀开检查，找平层覆盖部位与卷材上未见水印即可铺设。

（4）卷材铺贴方向应符合下列规定：

① 屋面坡度小于3％时，卷材宜平行屋脊铺贴。

② 屋面坡度在3％～15％时，卷材可平行或垂直屋脊铺贴。

③ 屋面坡度大于15％或屋面受振动时，沥青防水卷材应垂直屋脊铺贴，高聚物改性沥青防水卷材和合成高分子防水卷材可平行或垂直屋脊铺贴。

（5）卷材厚度选用应符合表4.11-3的规定。

卷材厚度选用表　　　　　　　　　　　　　　　　　　表4.11-3

屋面防水等级	设防道数	合成高分子防水卷材	高聚物改性沥青防水卷材	沥青防水卷材
Ⅰ级	三道或三道以上设防	不应小于1.5mm	不应小于3mm	—
Ⅱ级	二道设防	不应小于1.2mm	不应小于3mm	—
Ⅲ级	一道设防	不应小于1.2mm	不应小于4mm	三毡四油
Ⅳ级	一道设防	—	—	二毡三油

（6）铺贴卷材采用搭接法时，上下层及相邻两幅卷材的搭接缝应错开。各种卷材搭接宽度应符合表 4.11-4 的要求。

卷材搭接宽度（mm）　　　　　　　　表 4.11-4

铺贴方法 卷材种类		短边搭接		长边搭接	
		满粘法	空铺、点粘、条粘法	满粘法	空铺、点粘、条粘法
沥青防水卷材		100	150	70	100
高聚物改性沥青防水卷材		80	100	80	100
合成高分子防水卷材	胶粘剂	80	100	80	100
	胶粘带	50	60	50	60
	单缝焊	60，有效焊接宽度不小于 25			
	双缝焊	80，有效焊接宽度 $10 \times 2 +$ 空腔宽			

（7）冷粘法铺贴卷材应符合下列规定：

① 胶粘剂涂刷均匀，不露底，不堆积。

② 根据胶粘剂的性能，应控制胶粘剂涂刷与卷材铺贴的间隔时间。

③ 铺贴的卷材下面的空气应排尽，并滚压粘结牢固。

④ 铺贴卷材应平整顺直，搭接尺寸准确，不得扭曲、皱折。

⑤ 接缝口应用密封材料封严，宽度不应小于 10mm。

（8）热溶法铺贴卷材应符合下列规定：

① 火焰加热器加热卷材应均匀，不得过分加热或烧穿卷材；厚度小于 3mm 的高聚物改性沥青防水卷材严禁采用热熔法施工。

② 卷材表面热熔后应立即滚铺卷材，卷材下面的空气应排尽，并滚压粘结牢固，不得有空鼓。

③ 卷材接缝部位必须溢出热熔的改性沥青胶。

④ 铺贴的卷材应平整顺直，搭接尺寸准确，不得扭曲、皱折。

（9）自粘法铺贴卷材应符合下列规定：

① 铺贴卷材前基层表面应均匀涂刷基层处理剂，干燥后应及时铺贴卷材。

② 铺贴卷材时，应将自粘胶底面的隔离纸全部撕净。

③ 卷材下面的空气应排尽，并滚压粘结牢固。

④ 铺贴的卷材应平整顺直，搭接尺寸准确，不得扭曲、皱折。搭接部位宜采用热风加热，随即粘贴牢固。

⑤ 接缝口应用密封材料封严，宽度不应小于 10mm。

（10）卷材热风焊接施工应符合下列规定：

① 焊接前卷材的铺设应平整顺直，搭接尺寸准确，不得扭曲、皱折。

② 卷材的焊接面应清扫干净，无水滴、油污及附着物。

③ 焊接时应先焊长边搭接缝，后焊短边搭接缝。

④ 控制热风加热温度和时间，焊接处不得有漏焊、跳焊、焊焦或焊接不牢现象。

⑤ 焊接时不得损害非焊接部位的卷材。

（11）沥青玛蹄脂的配置和使用应符合下列规定：

① 配置沥青玛蹄脂的配合比应视使用条件、坡度和当地历年极端最高气温，并根据所用的材料经试验确定，施工中应按确定的配合比严格配料，每工作班应检查软化点和柔韧性。

② 热沥青玛碲脂的加热温度不应高于240℃，使用温度不应低于190℃。

③ 冷沥青玛碲脂使用时应搅匀，稠度太大时可加少量溶剂稀释搅匀。

④ 沥青玛碲脂应涂刮均匀，不得过厚或堆积。

粘结层厚度：热沥青玛碲脂宜为1~1.5mm，冷沥青玛碲脂宜为0.5~1mm。

面层厚度：热沥青玛碲脂宜为2~3mm，冷沥青玛碲脂宜为1~1.5mm。

（12）天沟、檐沟、檐口、泛水和立面卷材收头的端部应裁齐，塞入预留凹槽内，用金属压条钉压固定，最大钉距不应大于900mm，并用密封材料嵌填封严。

（13）卷材防水层完工并经验收合格后，应做好成品保护。保护层的施工应符合下列规定：

① 绿豆砂应清洁、预热、铺撒均匀，并使其与沥青玛碲脂粘结牢固，不得残留未粘结的绿豆砂。

② 云母或蛭石保护层不得有粉料，撒铺应均匀，不得露底，多余的云母或蛭石应清除。

③ 水泥砂浆保护层的表面应抹平压光，并设表面分格缝，分格缝宽度不宜小于20mm。

④ 块体材料保护层应留设分格缝，分格面积不宜大于100m²，分格缝宽度不宜小于20mm。

⑤ 细石混凝土保护层，混凝土应密实，表面抹平压光，并留设分格缝，分格面积不大于36m²。

⑥ 浅色涂料保护层应与卷材粘结牢固，厚薄均匀，不得漏涂。

⑦ 水泥砂浆、块材或细石混凝土保护层与防水层之间应设置隔离层。

⑧ 刚性保护层与女儿墙、山墙之间应预留宽度为30mm的缝隙，并用密封材料嵌填密实。

2）主控项目

（1）卷材防水层所用卷材及其配套材料，必须符合设计要求。

检验方法：检查出厂合格证、质量检验报告和现场抽样复验报告。

（2）卷材防水层不得有渗漏或积水现象。

检验方法：雨后或淋水、蓄水检验。

（3）卷材防水层在天沟、檐沟、檐口、水落口、泛水、变形缝和伸出屋面管道的防水结构，必须符合设计要求。

检验方法：观察检查和检查隐蔽工程验收记录。

3）一般项目

（1）卷材防水层的搭接缝应粘（焊）结牢固，密封严密，不得有皱折、翘边和鼓泡等缺陷；防水层的收头应与基层粘结并固定牢固，缝口封严，不得翘边。

检验方法：观察检查。

（2）卷材防水层上的撒布材料和浅色涂料保护层应铺撒或涂刷均匀，粘结牢固；水泥砂浆、块材或细石混凝土保护层与卷材防水层间应设置隔离层；刚性保护层的分格缝留置应符合设计要求。

检验方法：观察检查。

（3）排汽屋面的排汽道应纵横贯通，不得堵塞。排汽管应安装牢固，位置正确，封闭严密。

检验方法：观察检查。

（4）卷材的铺贴方向应正确，卷材搭接宽度的允许偏差为-10mm。

检验方法：观察和尺量检查。

检查数量：每100m²检查一处，每处不少于10m²。

二、瓦屋面工程的质量检验

1. 平瓦屋面的质量检验

1）一般要求

（1）适用于防水等级为Ⅱ、Ⅲ级以及坡度不小于20％的屋面。

（2）平瓦屋面与立墙及突出屋面结构等交接处，均应作泛水处理。天沟、檐沟的防水层，应采用合成高分子防水卷材、高聚物改性沥青防水卷材、沥青防水卷材、金属板材或塑料板材等材料铺设。

（3）平瓦屋面的有关尺寸应符合下列要求：

① 脊瓦在两坡面瓦上的搭盖宽度，每边不小于40mm。

② 瓦伸入天沟、檐沟的长度为50～70mm。

③ 天沟、檐沟的防水层伸入瓦内宽度不小于150mm。

④ 瓦头挑出封檐板的长度为50～70mm。

⑤ 突出屋面的墙或烟囱的侧面瓦伸入泛水宽度不小于50mm。

2）主控项目

（1）平瓦及其脊瓦的质量必须符合设计要求。

检验方法：观察检查和检查出厂合格证或质量检验报告。

（2）平瓦必须铺置牢固。地震设防地区或坡度大于50％的屋面，应采取固定加强措施。

检验方法：观察和手扳检查。

3）一般项目

（1）挂瓦条应分档均匀，铺钉平整、牢固；瓦面平整，行列整齐，搭接紧密，檐口平直。

检验方法：观察检查。

（2）脊瓦应搭盖正确，间距均匀，封固严密；屋脊和斜脊应顺直，无起伏现象。

检验方法：观察和手扳检查。

（3）泛水做法应符合设计要求，顺直整齐，结合严密，无渗漏。

检验方法：观察检查和雨后或淋水检验。

检查数量：每100m² 检查1处，每处不少于10m²。

2．油毡瓦屋面的质量检验

1）一般要求

（1）适用于防水等级Ⅱ、Ⅲ级以及坡度不小于20％的屋面。

（2）油毡瓦屋面与立墙及突出屋面结构等交接处，均应作泛水处理。

（3）油毡瓦的基层应牢固、平整。如为混凝土基层，油毡瓦应用专用水泥钢钉与冷沥青玛蹄脂粘结固定在混凝土基层上；如为木基层，铺瓦前应在木基层上铺设一层沥青防水卷材毡垫，用油毡钉铺钉，钉帽应盖在毡垫下面。

（4）油毡瓦屋面的有关尺寸应符合下列要求：

① 脊瓦与两坡面油毡搭盖宽度每边不少于100mm。

② 脊瓦与脊瓦的压盖面不小于脊瓦面积的1/2。

③ 油毡瓦在屋面与突出屋面结构的交接处铺贴高度不小于250mm。

2）主控项目

（1）油毡瓦的质量必须符合设计要求。

检验方法：检查出厂合格证和质量检验报告。

（2）油毡瓦所用固定钉必须钉平、钉牢，严禁钉帽外露油毡瓦表面。

检验方法：观察检查。

3）一般项目

（1）油毡瓦的铺设方法应正确；油毡瓦之间的对缝，上下层不得重合。

检验方法：观察检查。

（2）油毡瓦应与基层紧贴，瓦面平整，结合严密，檐口顺直。

检验方法：观察检查。

（3）泛水做法应符合设计要求，顺直整齐，结合严密，无渗漏。

检验方法：观察检查和雨后或淋水检验。

检查数量：每 100m² 检查一处，每处不小于 10m²。

3. 金属板材屋面的质量检验

1）一般要求

（1）本节适用于防水等级为Ⅰ～Ⅲ级的屋面。

（2）金属板材屋面与立墙及突出屋面结构等交接处，均应作泛水处理。两板间应放置通长密封条；螺栓拧紧后，两板的搭接口处应用密封材料封严。

（3）压型板应采用带防水垫圈的镀锌螺栓（螺钉）固定，固定点应设在波峰上。所有外露的螺栓（螺钉）均应涂抹密封材料保护。

（4）压型板屋面的有关尺寸应符合下列要求：

① 压型板的横向搭接不小于一个波，纵向搭接不小于 200mm。

② 压型板挑出墙面的长度不小于 200mm。

③ 压型板伸入檐沟内的长度不小于 150mm。

④ 压型板与泛水的搭接宽度不小于 200mm。

2）主控项目

（1）金属板材及辅助材料的规格和质量，必须符合设计要求。

检验方法：检查出厂合格证和质量检验报告。

（2）金属板材的连接和密封处理必须符合设计要求，不得有渗漏现象。

检验方法：观察检查和雨后或淋雨检验。

3）一般项目

（1）金属板材屋面应安装平整，固定方法正确，密封完整；排水坡度应符合设计要求。

检验方法：观察和尺量检查。

（2）金属板材屋面的檐口线、泛水段应顺直，无起伏现象。

检验方法：观察检查。

检查数量：每 100m² 检查一处，每处不小于 10m²。

第十二节　园林设施安装工程的质量控制

一、座椅（凳）安装工程的质量检验

1. 一般要求

（1）座椅设置在园林绿地中应与基础连接固定，是供游客休息并具有一定观赏效果的园林简易设施。

（2）座椅的安装方法应按照产品安装说明或设计要求进行。

2. 主控项目

（1）座椅安装基础应符合设计要求。

（2）座椅的质量应通过产品检验达到合格。

（3）座椅应安装牢固、无松动。

3. 一般项目

（1）座椅的金属部分应作防锈蚀处理。

（2）座椅的材质、规格、形状、色彩、安装位置应符合设计要求，其观赏效果要与景观相协调。

检查方法：手动、观察。

检查数量：全数检查。

二、牌示安装工程的质量检验

1. 一般要求

（1）牌示设置在园林绿地中，是应具有导游指示功能和观赏效果的园林简易设施，包括单一平面、立体多面、有支柱、无支柱等多种类型。

（2）牌示的安装应按照产品安装说明或设计要求进行。

2. 主控项目

（1）支柱牌示安装基础应符合设计要求。

（2）牌示应通过产品检验达到合格。

（3）支柱安装应直立、不倾斜，支柱表面应整洁、无毛刺。

（4）牌示与支柱连接、支柱与基础连接应牢固、无松动。

3. 一般项目

（1）牌示规格、色彩、安装位置、安装高度及观赏效果与景观相协调。

（2）牌示的指示方向应准确无误。

检查方法：手动、观察。

检查数量：全数检查。

三、果皮箱安装工程的质量检验

1. 一般要求

果皮箱的安装方法应按照产品安装说明或设计要求进行。

2. 主控项目

（1）果皮箱安装基础应符合设计要求。

（2）果皮箱的质量应通过产品检验达到合格。

（3）果皮箱应安装牢固、无松动。

3. 一般项目

（1）金属果皮箱应作防锈蚀处理。

（2）果皮箱规格、色彩、安装位置及观赏效果与景观相协调。

四、园林护栏工程的质量检验

1. 一般要求

（1）园林护栏应是具有维护绿地、一定观赏效果的隔栏，按使用材料可分为竹木质护栏、金属护栏、钢筋混凝土护栏、塑料护栏等。

（2）用于攀缘绿化的园林护栏应符合植物生长要求。

2. 主控项目

（1）金属护栏和钢筋混凝土护栏应设置基础，基础强度和埋深应符合设计要求，设计无明确要求的应遵循下列规定：高度在 1.5m 以下的护栏，其混凝土基础尺寸不小于 300mm×300mm×300mm；高度在 1.5m 以上的护栏，其混凝土基础尺寸不小于 400mm×400mm×400mm。

（2）园林护栏基础应采用的混凝土强度应不低于 C20。

（3）现场加工的金属护栏应作防锈处理。

（4）栏杆之间、栏杆与基础之间的连接应紧实牢固。金属栏杆的焊接应符合相关规定的要求。

（5）竹木质护栏的主桩下埋深度应不低于 500mm。主桩的下埋部分应作防腐处理。主桩之间的间距应小于 6m。

3. 一般项目

（1）护栏高度、形式、图案、色彩应符合设计要求。

（2）栏杆空隙应符合设计要求，设计未提出明确要求的，宜为 15cm 以下。

（3）楼梯扶手高度不应小于 0.90m，楼梯水平段栏杆长度大于 0.5m 时，其扶手高度不应小于 1.05m。楼梯栏杆垂直杆件净空不应大于 0.11m。

（4）护栏整体应垂直、平顺。

五、玻璃顶面安装工程的质量检验

1. 一般要求

（1）本节适用于玻璃顶面工程的质量验收。

（2）玻璃的厚度、材质应符合设计要求，且应使用安全玻璃。

2. 主控项目

（1）玻璃的品种、规格、色彩固定方法等应符合设计要求。

（2）密封胶的耐候性、粘结性应符合国家规范、标准的规定。

（3）玻璃安装应作软连接，连接件强度符合设计要求。

3. 一般项目

（1）玻璃表面应完整，无划痕，无污染，表面洁净光亮。

（2）玻璃嵌缝缝隙应均匀一致，填充应密实饱满，无外溢污染。

（3）玻璃吊顶安装应牢固，其允许偏差符合表 4.12-1 的要求。

玻璃吊顶安装允许偏差项目表　　　　　　　　　　　表 4.12-1

序号	项　　目	允许偏差（mm）	检验方法
1	表面平整度	2	尺量
2	接缝平直度	1	2m 靠尺和塞尺
3	接缝高低差	±1	5m 小线和尺量

检查数量：每 100m² 检查 3 处，50m² 以下最少检查 1 处。

六、阳光板安装工程的质量检验

1. 主控项目

（1）阳光板材料、构件和组件的质量应符合设计要求。

（2）阳光板的造型和分格安装方向应符合设计要求。

（3）各种连接件、固定件应安装牢固，其数量、规格、连接方法和防腐处理应符合设计要求，焊接连接牢固。

（4）阳光板顶应无渗漏，密封胶应饱满、密实、均匀。

2. 一般项目

（1）阳光板顶表面应平整、洁净，色泽均匀一致，不得有污染和破损。

（2）阳光板外露压条或外露框应横平竖直，颜色、规格应符合设计要求，压条安装应牢固。

检查方法：尺量。

检查数量：每 100m² 检查 3 处，50m² 以下最少检查 1 处。

第五章　园路铺装工程的质量控制

园路是园林绿地中的一项重要工程设施，也是园林景观构成的要素之一。其功能可组织交通，引导游览，丰富园景，为游人提供活动和休息场所。

第一节　园路铺装基土（路基）工程的质量控制

一、测量放样

1. 园路定桩放线根据设计路面中线进行，每隔 20～50m 设置一中心桩，弯道曲线应在曲上、曲中、曲尾设置中心桩，最后放出路面平曲线。

2. 侧缘石应按设计路面宽度每侧加放 20cm 开槽，同时展压，保证均匀密实度。

3. 广场铺装放样可根据设计图纸的施工坐标方格网，将所有坐标点测设到地面、定点。

4. 结合园路竖向设计，复核场地地形、控制点、坐标点，如有缺漏时，现场测量补齐。

5. 机械施工时，应设置牢固而明显的填挖土方标志，施工中随时检查，防止损坏、位移。

二、一般要求

1. 基土（路基）必须均匀密实，如为填土或土层结构被破坏，应予压实。软弱土质或有机质含量大的土，须按设计要求加以更换或加固。

2. 淤泥、腐殖土、耕植土、膨胀土和有机质含量大于 8％的土不得用作回填土。

3. 填土的压实，宜控制在最优含水量的情况下分层施工，以保证干土质量密度满足设计要求，过干的土在压实前应加以湿润，过湿的土应加以晾干。

4. 基土为非湿陷性的土层，所填砂土可浇水至饱和后加以夯实或振实。

5. 如需在基土上铺设有坡度的地面，则应修整基土来达到所需的坡度。

6. 不得在冻土上进行压实工作。

7. 填土料的最优含水量和最小干密度可参考表 5.1-1。

<table>
<tr><td colspan="5" align="center">填土料的最优含水量和最小能够达到的干密度　　　　　　　　　表 5.1-1</td></tr>
<tr><td>项次</td><td>土料种类</td><td>最优含水量（％）</td><td>最小干密度（g/cm³）</td></tr>
<tr><td>1</td><td>砂土</td><td>8～12</td><td>1.8～1.88</td></tr>
<tr><td>2</td><td>粉土</td><td>9～15</td><td>1.85～2.08</td></tr>
<tr><td>3</td><td>粉质黏土</td><td>12～15</td><td>1.85～1.95</td></tr>
<tr><td>4</td><td>黏土</td><td>19～23</td><td>1.58～1.70</td></tr>
</table>

三、挖方

路基如需挖方时，根据测放出的高程，利用挖土机械挖除路基面以上的土方，一部分多余的土方经检验合格用于填方，余土运至弃土场。

四、填筑

路基填筑时，填土应先作试验，合格后经监理工程师同意，路基采用水平分层填筑，最大层厚不超过 30cm，水平方向逐层向上填筑，并形成 2％～4％的横坡，以利排水。

五、碾压

1. 采用振动压路机碾压，碾压时横向接头的轮迹，重叠宽路为 40～50cm，前后相邻两区段纵向重叠 1～1.5m，碾压时做到无死角、不漏压，并确保碾压均匀。

2. 填土层在压实前应先整平，并作 2%～4% 的横坡。

3. 路基铺筑到结构物附近，压路机无法压实的地方，应采用人工夯锤予以夯实。

六、主控项目

基土的压实度应符合设计要求，设计无要求时，绿地中的主路、骨干道、广场的基土压实度应不小于 90%。

七、一般项目

压实的基土表面应平整，允许偏差应符合表 5.1-2 的要求。

基土表面平整度及标高允许偏差　　　　表 5.1-2

项次	项　目	允许偏差（mm）	检验方法
1	基土表面平整度	±15	用 2m 靠尺量查
2	基土表面标高	±0～−50	用水准仪检查

检查数量：每 1000m² 检查 3 处，不足 1000m² 的不少于 1 处。

第二节　园路及铺装基层的质量控制

一、砂石基层的质量检验

1. 一般要求

（1）砂石基层厚度应符合设计要求，设计无明确要求时，应大于 100mm。

（2）砂石应选用级配材料。铺设时不应有粗细颗粒分离现象，压至不松动为止。

2. 主控项目

（1）基底的土质应符合设计要求。

（2）砂石基层的干密度（或贯入度）应符合设计要求。

3. 一般项目

（1）天然级配砂石的原材料质量符合设计要求，表面不应有砂窝、石堆等质量缺陷。

（2）级配砂石的分层虚铺厚度不大于 300mm，碾压密实。

（3）分段、分层施工时应留槎，接槎密实、平整。

（4）砂石基层表面允许偏差应满足表 5.2-1 的要求。

砂石基层表面的允许偏差和检查方法　　　　表 5.2-1

项次	项　目	允许偏差（mm）	检验方法
1	表面平整度	15	用 2m 靠尺和楔形塞尺检查
2	标高	±20	用水准仪检查
3	厚度	+20	用钢尺检查

检查数量：每 1000m² 检查 3 处，不足 1000m² 的不少于 1 处。

二、碎石基层的质量检验

1. 一般要求

（1）可通过小型车辆的园路、广场应采用碎石基层。

（2）碎石垫层施工前应完成与其有关的电气管线、设备管线及埋件的安装。

2. 主控项目

(1) 碎石基层厚度应符合设计要求，设计无明确要求时，不应小于 100mm。

(2) 碎石基层应分层夯实，达到表面坚实、平整。

(3) 碎石的最大粒径不大于基层厚度的 2/3。

3. 一般项目

(1) 碎石基层宜表面平整。

(2) 碎石基层的表面允许偏差应满足表 5.2-2 的要求。

碎石基层表面的允许偏差和检查方法　　　　　　　　　　表 5.2-2

项次	项　　目	允许偏差（mm）	检验方法
1	表面平整度	15	用 2m 靠尺和楔形塞尺检查
2	标高	±20	用水准仪检查
3	厚度	+20	用钢尺检查

检查数量：每 1000m² 检查 3 处，不足 1000m² 的不少于 1 处。

三、混凝土基层的质量检验

1. 一般要求

(1) 混凝土基层应铺设在基土上，设计无要求时，基层应设置伸缩缝（道路每 6 延米，广场铺装每 9m²）。

(2) 混凝土基层的厚度应符合设计要求，设计无明确要求时，应大于 60mm。

(3) 混凝土基层铺设前，其下一层表面应湿润，但不得有积水及杂物。

(4) 混凝土施工质量检验应符合《混凝土结构工程施工质量验收规范》（GB 50204—2002）的有关规定。

2. 主控项目

(1) 混凝土基层采用的粗骨料，其最大粒径不应大于基层厚度的 2/3，含泥量不应大于 2%，砂为中粗砂，其含泥量不应大于 3%。

(2) 混凝土的强度等级应符合设计要求，且不应小于 C15。

3. 一般项目

混凝土基层表面的允许偏差应满足表 5.2-3 的要求。

混凝土基层表面的允许偏差和检查方法　　　　　　　　　　表 5.2-3

项次	项　　目	允许偏差（mm）	检验方法
1	表面平整度	10	用 2m 靠尺和楔形塞尺检查
2	标高	±10	用水准仪检查
3	厚度	+10	用钢尺检查
4	宽度	−20	用尺量
5	横坡	±10	用坡度尺或水准仪测量

检查数量：每 500m² 检查 3 处，不足 500m² 的不少于 1 处。

四、灰土基层的质量检验

1. 一般要求

(1) 灰土基层应采用充分熟化的石灰与黏土（或粉质黏土、粉土）的拌合料铺设，其厚度应大于 100mm。

（2）灰土基层应铺设在不受地下水浸泡的基土上，施工后应有防止水浸泡的措施。

（3）灰土基层应分层夯实，经湿润养护后方可进行下一道工序施工。

2. 主控项目

（1）基底的土质及地基处理方法应符合设计要求。

（2）灰土的配合比应符合设计要求。

（3）灰土的压实系数应符合设计要求，设计无要求时，密实度不小于 0.90。

3. 一般项目

（1）灰土配料应拌合均匀，分层虚铺厚度不大于 250mm，夯压密实，表面无松散、翘皮和裂缝现象。

（2）分层接槎密实、平整。

（3）熟化石灰颗粒粒径不得大于 5mm，黏土（或粉质黏土、粉土）内不得含有有机物质，颗粒粒径不得大于 15mm。

（4）灰土基层表面允许偏差应满足表 5.2-4 的要求。

灰土基层表面的允许偏差和检查方法　　　　　　　表 5.2-4

项次	项　　　目	允许偏差（mm）	检验方法
1	表面平整度	10	用 2m 靠尺和楔形塞尺检查
2	标高	±10	用水准仪检查
3	厚度	+10	用钢尺检查

检查数量：每 1000m² 检查 3 处，不足 1000m² 的不少于 1 处。

五、双灰基层（石灰粉、粉煤灰）的质量检验

1. 一般要求

双灰混合料的最佳配合比，应通过试验确定。

2. 主控项目

（1）双灰混合料基层的压实度应符合设计要求，设计无要求时不低于 0.90。

（2）双灰进场后应测定其含灰量，偏差应大于 1%，其 7d 无侧限抗压强度值应大于 0.6MPa。

3. 一般项目

（1）双灰基层摊铺应用机械碾压，分层厚度不大于 25cm，其含水量宜大于最佳含水量的 2%。

（2）双灰基层碾压后不得有浮料、松散现象。

（3）双灰混合料碾压完成后，养护期内断绝交通，养护期不得少于 5d。

（4）双灰混合料基层允许偏差应符合表 5.2-5 的要求。

双灰混合料基层允许偏差　　　　　　　表 5.2-5

项次	项　　　目	允许偏差（mm）	检验方法
1	平整度	≤10	用 2m 靠尺和楔形塞尺检查
2	厚度	±20	用尺量
3	宽度	>设计值	用尺量
4	高程	±20	用水准仪检查

检查数量：每 1000m² 检查 3 处，不足 1000m² 的不少于 1 处。

第三节　园路铺装结合层的质量控制

1．一般要求

1）块料铺装与基层之间结合时，以砂浆或以粗砂进行粘结、找平，形成结合层。

2）结合层的主要材料有：

（1）M7.5 水泥、白灰、混合砂浆。

（2）1∶3 白灰砂浆。

（3）3～5cm 粗砂摊铺。

（4）M10 水泥砂浆（用于整齐石块和条石）。

3）铺设结合层前应将基层表面清理干净。

4）砂浆摊铺宽度应大于铺装面 5～10cm，已拌好的砂浆应当日用完。

2．主控项目

结合层的材料、层厚应符合设计要求。

3．一般项目

（1）结合层的砂浆配合比符合要求。

（2）粗砂结合层应过筛，不得拌有大块砂石料。

检查方法：检查砂浆配料单及尺量。

检查数量：1000m³ 检查 3 处，不足 1000m³，检查不少于 1 处。

第四节　园路铺装面层的质量控制

一、整体面层的质量控制

1．混凝土面层的质量检验

1）一般要求

（1）混凝土路面施工流程见图 5.4-1 所示。

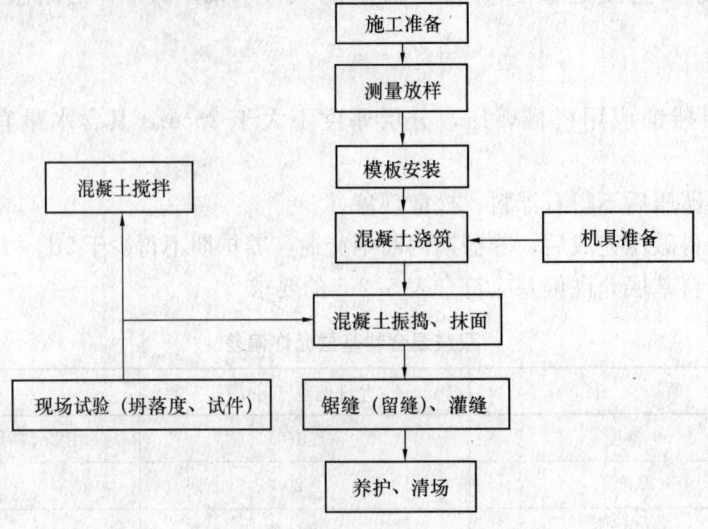

图 5.4-1　混凝土路面施工流程

（2）模板安装的平面位置和高程应符合设计要求，支撑稳固准确，接头紧密不能漏浆。

（3）原材料配合比搅拌要求，混凝土坍落度应进行检测，经监理工程师同意后方可浇筑，混凝土面层厚度应符合设计要求，设计无要求时，厚度不得低于80mm。

（4）铺设时，按设计要求设置伸缩缝，伸缩缝应与中线垂直，分布均匀，缝内不得有杂物。

（5）混凝土面层铺设应一次性浇筑完毕，当施工间隙超过允许时间规定时，应对接槎处进行处理。

（6）混凝土全面振捣后，应再用平板振动器进一步振实并初步整平，进行抹面，第二次抹面须在混凝土泌水基本结束后，处于初凝状态表面尚湿润时进行。

（7）锯缝（留缝）应及时，宜在混凝土强度达到5～10MPa时进行。

（8）混凝土板面完毕后应及时养护，养护期不少于7d。

（9）填缝采用灌入式填缝的施工，应符合下列规定：

① 灌注填缝料必须在缝槽干燥状态下进行，填缝料应与混凝土缝壁粘附紧密，不渗水。

② 填缝料的灌注深度宜为3～4cm，当缝槽大于3～4cm时，可填入多孔柔性衬底材料，填缝料的灌注高度，夏天宜与板面平，冬天宜稍低于板面。

③ 热灌填缝料加热时，应不断搅拌均匀，直至规定温度，当气温较低时，应用喷灯加热缝壁，施工完毕，应仔细检查填缝料与缝壁粘结情况，在有脱开处，用喷灯小火烘烤使其粘结紧密。

2）主控项目

（1）混凝土采用的粗骨料，其最大粒径不应大于面层厚度的2/3，细石混凝土面层采用的石子粒径不应大于15mm。

（2）面层的强度等级应符合设计要求，且不小于C20。

（3）面层与下一层应结合牢固，无空鼓、裂纹。

3）一般项目

（1）面层表面密实光洁，无裂纹、脱皮、麻面和起砂等缺陷。

（2）面层表面的坡度应符合设计要求，不倒泛水，无积水。

（3）使用彩色强化材料的艺术地坪压印纹理清晰，效果逼真。

（4）混凝土面层允许偏差项目应符合表5.4-1的要求。

混凝土面层允许偏差项目表　　　　表5.4-1

项次	项目	允许偏差（mm）	检验方法
1	表面平整度	±5	用2m靠尺和楔形塞尺检查
2	分隔缝平直	±3	拉5m线尺量检查
3	标高	±10	用水准仪检查
4	宽度	−20	用钢尺量
5	横坡	±10	用坡度尺或水准仪测量
6	蜂窝麻面	≤2%	用尺量蜂窝总面积

检查数量：每500m²检查3处，不足500m²的检查数量不少于2处。

2. 沥青混凝土面层的质量检验

1）一般要求

（1）对基层的要求

① 沥青混凝土路面应铺筑在具有足够强度、坚实稳定的基层上。

② 铺筑路面层前，对基层应认真交接验收，各项指标应符合质量标准，特别应注意标高、横坡度、密实度、含灰量、含水量等，不合格的必须翻工修理。

③ 基层表面不得有松散、重皮及弹软现象，完工后应采取养护措施：

Ⅰ.有条件时断行交通，包括工地运输车辆一律绕行，在基层表面喷洒透层油，表面干燥后方可铺筑面层。

Ⅱ.基层完工后不能断行交通，应立即喷洒透层油。

④严禁基层因行车磨损，表面有较厚松散浮尘的情况下闷水碾压或粘附泥浆层未清除干净喷洒透层油或封层，以防止春融时基层与面层之间形成一软弱夹层，促使油面早期破坏。

⑤摊铺沥青混合料前，基层表面尘土、杂物应清扫干净。

⑥铺筑细粒式沥青混凝土前应将各种井子调整好，井盖标高、纵横坡度应与设计一致，井体坚固并能承受各种车辆荷载。

⑦检查井、收水井、侧缘石边缘及路面纵横接槎应涂抹沥青油。

（2）施工方法

①沥青混凝土运输车辆，装车前必须将车箱清扫干净，涂抹油水混合液（柴油∶水＝1∶3），并加苫盖保温措施，严禁车箱内粘附石灰、黄土、煤块等杂物。

②指定专人负责检查并记录沥青混凝土到达现场温度及拌合质量。

Ⅰ.混合料到达现场温度：

石油沥青混凝土，出锅温度130～160℃，到达时现场温度不宜低于130℃，超出出锅温度或低于到达现场温度不得使用。

Ⅱ.混合料中混有杂物、拌合不匀、石子花白、粘结成块、粗细分离、表面干枯以及配比不准等均属质量问题，一般过火焦黄，表面干枯，油多发亮，油少发散，若发现上述情况，严重者联系退料，不得使用，轻微者应立即通知沥青厂纠正。

③机械摊铺：

Ⅰ.铺下层时挂基准线，支撑桩间距10m，弯道较小或转角处，适当加密，固定长度为90～150m，桩要牢固，线要平顺、绷紧，纵坡度应符合设计要求，铺上层时用滑靴滑板控制。

Ⅱ.调正熨平板高度及横坡度，其方法系将摊铺厚度板垫放在熨平板下两端，徐徐降下熨平板，检查其横坡度是否符合要求，并调整一侧垫板厚度以满足横坡要求，摊铺厚度根据摊铺混合料种类、机械有无振动夯锤以及熨平板压力等情况确定，一般稍厚于压实厚度。

Ⅲ.摊铺前要把熨平板加热，使其达到混合料温度，料斗内壁薄涂一层油水混合液，防止混合料粘附。

Ⅳ.翻斗汽车要保持正确方向倒车，在稍离开摊铺机的前方停车，待卸料时由摊铺机前的两个辊轴顶住汽车后轮，推动车轮同时移动，然后向料斗卸下混合料，翻斗汽车后退，不得碰撞摊铺机，以免影响路面平整度。

Ⅴ.路面摊铺最好整幅进行，如路面较宽，可采用两台摊铺机前后分幅搭接摊铺，前一幅按基准线作业，后一幅利用滑靴以前一幅路面为基准进行作业，两台摊铺机应当互相搭接15cm，前后相距20～50m，前一幅保留15cm松槎与第二幅一起碾压，当天整幅交活不留纵槎。

Ⅵ.熨平板操作者要不断用厚度尺检查是否达到要求厚度，必要时可调整熨平板，但应注意厚度调整不应过快，否则会出现不规则波纹，调整熨平板的结果要在3～5m后才能显示出来，而调节盘转一圈厚度变化约为1cm，因此调整1cm最好在10～20m内完成，故调节盘应徐徐转动。

Ⅶ.摊铺机开始启动摊铺的3～5m路面最容易出现波浪，应加强人工找平，在此段距离内亦可用手驱动，待混合料对熨平板施加的力达到稳定后，再改用自动装置驱动。

Ⅷ.摊铺工作应连续进行，摊铺速度以6m/min以下为宜，应根据摊铺宽度、厚度、拌合机生产效率等适当调整摊铺速度，应保持摊铺机料斗中有足够数量的混合料，以保持连续作业，来料中断或当天收工前应将纵槎找齐或压实，不留纵槎。

Ⅸ．螺旋摊铺器两端混合料至少应达到螺旋高度的 2/3，以使混合料对熨平板保持均衡压力，使铺筑的路面具有良好的平整度。

Ⅹ．机械摊铺后不准行人踩踏，原则上不再用耙子找平，对个别表面空洞、沟槽、大料等，可局部进行点补，但需在初压后进行。

Ⅺ．为防止细粒式表面出现大料或因细料中混有大料，熨平时拉出沟槽，应采取以下措施：

a. 沥青混合料加工时，不得发生串仓现象。

b. 换盘时将拌合缸清理干净，应指派专人将运输车辆的车箱粘附大料清理干净，并涂抹油水混合液。

c. 摊铺细料前应将浮料、杂物清扫干净。

d. 沥青混凝土摊铺机每班收工前应清理干净，或涂抹油水混合物。

Ⅻ．除不能用机械摊铺的边角外，一般不准用人工摊铺，人工摊铺的厚度要比机械摊铺厚一些。

（3）碾压

① 碾压前，压路机碾轮应在已修好的油面外涂抹油水混合物，使既不沾碾又不浸蚀油面。

② 常温施工要掌握碾压合宜温度，石油沥青混凝土为 100～130℃，低温施工摊铺后立即趁热碾压，并严格控制碾压终了温度，石油沥青混凝土不低于 70℃。

③ 碾压应从路缘或纵缝开始，驱动轮在前不准在热油上错轴、停车，轮胎压路机重叠碾压，双轮压路机每次重叠 30cm，三轮压路机后轮每次重叠半轮。碾压速度，钢轮压路机不超过 2～3km/h，轮胎压路机以 6～10km/h 为宜，天热时，特别是细粒式沥青混凝土初碾速度不宜过快，上碾温度不宜过高，否则容易出现裂纹或推挤现象。

④ 初压用 8t 双轮、6～10t 钢轮或钢胶轮组合振动压路机（不挂振）碾压 2 遍，并检验平整度，发现坑洼不平，要趁热修理，在使用带有夯锤的摊铺机经熨平板熨平后，路面基本压实可不必进行初压。

⑤ 复压宜用 10～12t 三轮压路机、10t 振动压路机或轮胎压路机，碾压至密实、稳定、无明显轮迹为止。

⑥ 终压采用双钢轮振动压路机（不挂振）、轮胎压路机或钢胶组合振动压路机，以消除表面轮迹。

（4）接槎

① 专人负责接槎，并配备火箱、烙铁、铁夯或振动夯板、手扶振动碾等热工具及小型压实机具。

② 纵向接槎一律采用"毛槎热接、错槎搭接"的施工办法。

③ 横向接槎应在当天铺筑完毕后用直尺划线，趁油面未凉时切出立槎，并加挡板保护；纵向接槎应将边缘坍落部分弹线找齐，切出立槎，双层式或三层式接槎每层至少应错开 20～30cm。

④ 接槎边缘用棕刷涂沥青油，涂抹宜薄宜匀，油号与沥青混凝土相同。

⑤ 热料温边，先用热料在接槎边缘堆高成垄，宽 20cm，高出油面 10cm，待接槎处原有沥青混凝土融化后，再将堆料清除，重新用热料摊铺压实。

⑥ 纵缝接槎，趁热用三轮碾后轮骑缝碾压，并由专人喂料挤实，防止接缝处出沟坍陷。

⑦ 横向接槎，应用热夯夯实接槎边缘，再将接槎热料铲平，适当高出油面接槎，碾压后应用 3m 直尺检查，发现问题及时修理，接槎出现粗麻部分应用手筛趁热筛补，烙铁烙平。

2）主控项目

（1）沥青混凝土面层的粗细骨以及层厚符合设计要求。

（2）表面应平整、坚实，不得有脱落、掉渣、裂缝、推挤、烂边、粗细料集中等现象。

3）一般项目

（1）压路机碾压后，不得有明显轮迹。

（2）接槎应紧密、平顺，烫缝不应枯焦。

（3）层面与其他构筑物应接顺，不得有积水现象。

（4）各种检查井的井框、盖与路面高差不得大于5mm。

（5）沥青混凝土层面允许偏差见表5.4-2。

沥青层面验收质量标准　　　　表5.4-2

序号	检查项目		规定值及允许偏差	检查数量		检测方法
				范围	点数	
1	压实度（%）		≥96	2000m²	1	钻芯取样
2	厚度（mm）		总厚度−5	2000m²	1	钢尺量
3	平整度	均方差（σ）	1.2	每车道20m	1	平整度仪
		最大间隙 h（mm）	一般道路5	20m	1	3m 直尺
4	宽度（mm）		不小于设计	20m	1	钢尺量
5	中线高程（mm）		±10	20m	1	水准仪
6	横坡（%）		±0.3	20m	1个断面	水准仪
7	井框与路面的高程差（mm）		5	每座	2	钢尺量取最大值

3. 卵石面层的质量检验

1）一般要求

（1）基础层浇筑后3～4d达到一定强度方可铺设。

（2）进行测量放线，打好各控制桩。

（3）卵石层面一般通过结合层将卵石固定在混凝土基层上。

（4）卵石镶嵌可采用平铺和立铺的方式。

（5）卵石进行铺装时应进行筛选，挑选3～5cm的卵石，色泽均匀，颗粒大小均匀。

（6）在基础层上铺设1:2的水泥砂浆，厚度5～6cm。

（7）在水泥砂浆层嵌入卵石，要求排列美观，面层均匀，高低一致。

（8）面层铺设后应立即用湿布轻轻擦去卵石表面的灰泥。面层略干燥后，应注意浇水保养，并注意成品保护。

2）主控项目

（1）卵石整体面层坡度、厚度、图案、石子粒径、色泽应符合设计要求。

（2）水泥砂浆厚度和强度应符合设计要求。设计无明确要求时，水泥砂浆厚度不应低于40mm，强度等级不应低于M10。

（3）带状卵石铺装大于6延米时应设伸缩缝。

（4）石子与基层应结合牢固，镶嵌深度应大于粒径的1/2。石子无松动、脱落现象。

（5）卵石厚度小于20mm的扁形石子不得平铺。扁形卵石嵌入砂浆深度宜超过立面的2/3。

3）一般项目

（1）卵石面层表面应颜色和顺，无残留灰浆，图案清晰，石粒清洁。

（2）卵石整体面层无明显坑洼、隆起、积水现象，与相邻铺装面、路缘石衔接平顺自然。

检查方法：目测。

检查数量：每 200m² 检查 3 处，不足 200m² 的不少于 1 处。

4. 水洗石面层的质量检验

1）一般要求

（1）进行施工测量放线，做好平面及高程控制。

（2）基层应清理干净，铺设找平层。

（3）面层铺设时，先以水灰比为 0.4～0.5 的水泥浆刷一遍，并随刷随铺。

2）主控项目

（1）水洗石铺装的细卵石应色泽统一，颗粒大小均匀，规格符合设计要求。

（2）路面的石子宜色泽清晰洁净，表面不应有水泥浆残留、开裂。

3）一般项目

（1）酸洗液冲洗彻底，不得残留腐蚀痕迹。

（2）表面平整度不大于 3mm；接缝高低差不大于 1mm。

检验方法：用 2m 靠尺和楔形塞尺检查。

检查数量：每 200m² 检查 3 处，不足 200m² 的检查不少于 1 处。

二、板块面层的质量控制

1. 砖面层的质量检验

1）一般要求

（1）砖面层的水泥砖、混凝土预制块、青砖、嵌草砖、透水砖等应在砂结合层上粗铺或在水泥砂浆和干硬性砂浆上细铺砌筑。

（2）在铺贴前，应对砖的规格尺寸、外观质量、色泽等进行筛选，浸水湿润。

（3）粗铺时，一般可用 3～5cm 厚的粗砂做结合层。

（4）细铺时的施工方法：

① 基层清理：在清理好的地面上，找好规矩和泛水，扫好水泥浆。按地面标高留出水泥面砖厚度做灰饼，用 1：3 的干硬砂浆（混凝土为粗砂）冲筋、刮平，厚度约为 20mm，刮平时砂浆要拍实、划毛并浇水养护。

② 弹线预铺，在找平层上弹出定位十字中线，按设计图案预铺设花砖，砖缝顶留 2mm，按预铺的位置用墨线弹出水泥面砖四边边线，再在边线上画出每行砖的分界点。

③ 浸水湿润，铺贴前，应先将面砖浸水 2～3h（至无气泡放出为止），再取出阴干后使用。

④ 水泥面砖的铺贴工作，应在砂浆凝结前完成，铺贴时，要求面砖平整，镶嵌正确，施工间歇后继续铺贴前，应将以铺贴的花砖所挤出的水泥混合砂浆予以清除。

⑤ 铺砖时，将地面粘结层的水泥混合砂浆拍实搓平，水泥面砖背面要清扫干净，先刷一层水泥石灰浆，随刷随铺，就位后用小木锤敲实，注意控制粘结层砂浆厚度，尽量减少敲击，在铺贴施工过程中，如出现非整砖时用石材切割机切割。

⑥ 水泥面砖在铺贴 1～2d 后，用 1：1 的稀水泥砂浆填缝，面层上溢出的水泥砂浆在凝结前予以清除，待缝隙内的水泥砂浆凝结后，再将面层清洗干净，完成 24h 后浇水养护，完工 3～4d 内不得让人踩踏。

2）主控项目

（1）砖料品种、规格、质量、结合层、砂浆配合比和厚度应符合设计要求。

（2）面层与下一层结合（粘结）应牢固、无空鼓。

（3）嵌草砖铺设应以砂土、砂壤土为结合层，其厚度应满足设计要求，设计无要求时，不得低于 50mm，停车场嵌草砖铺设时，结合层下应采用 150～200mm 的级配砂石做基层。

（4）嵌草砖穴内应填种植土。

3）一般项目

(1) 细铺砂浆应饱满严实，灰缝宽度应小于 2mm；平铺应用粗砂扫缝，缝宽应小于 3mm。

(2) 砖面层应表面洁净，图案清晰，色泽一致，接缝平整，深浅一致，周边顺直。板块无裂缝纹、掉角和缺棱等现象。

(3) 面层镶边用料尺寸应符合设计要求，边角整齐、光滑。

(4) 勾缝和压缝应采用同品种、同强度等级、同颜色的水泥，并作养护和保护。

(5) 面层表面坡度应符合设计要求，不倒泛水，无积水。

(6) 砖面层的允许偏差应符合表 5.4-3 的要求。

砖面层的允许偏差项目表　　　　　　　　　　　　　　　　表 5.4-3

| 项次 | 项　　目 | 允许偏差（mm） | | | | 检查方法 |
		水泥块	混凝土预制块	青砖	嵌草砖	
1	表面平整度	5	3	4	5	用 2m 靠尺和楔形塞尺检查
2	缝格平直	3	2	3	5	拉 5m 线和钢尺检查
3	接槎高低差	4	2	3	4	用钢尺和楔形塞尺检查
4	板块间隙宽度	3	2	3	4	用钢尺检查

检查数量：每 200m² 检查 3 处，不足 200m² 的检查数量不少于 1 处。

2. 料石面层的质量检验

1）一般要求

(1) 料石面层铺装前，石材应浸湿晾干。

(2) 面层应尽量平整，有突出路面的棱角必须凿除。

2）主控项目

(1) 料石的材质、规格、质量及强度应符合设计要求，用于汀步的铺装石料宽度不得小于 300mm。

(2) 面层与下一层结合应牢固、无松动。

3）一般项目

(1) 料石面层应组砌合理，无十字缝，铺砌方向和坡度、板块间隙宽度应符合设计要求。

(2) 料石面层的允许偏差应符合表 5.4-4 的要求（特殊情况下应符合设计要求）。

料石面层的允许偏差项目表　　　　　　　　　　　　　　　　表 5.4-4

项次	项　　目	允许偏差（mm）	检查方法
1	表面平整度	3	用 2m 靠尺和楔形塞尺检查
2	缝格平直	3	拉 5m 线检查
3	板块间隙宽度	2	用钢尺检查
4	接缝高低差	2	用钢尺和楔形塞尺检查

检查数量：每 200m² 检查 3 处，不足 200m² 的不少于 1 处。

3. 花岗石面层的质量检验

1）一般要求

(1) 花岗石的光泽度、外观质量等质量标准应符合《天然花岗石建筑板材》（GB/T 18601—2009）的规定。

(2) 基层处理，检查基层的平整度和标高是否符合设计要求，偏差较大的事先凿平，并将基层清扫干净。

（3）找水平、弹线，用1∶2.5的水泥砂浆找平，做水平灰饼，弹线、找中、找方，施工前一天洒水润湿基层。

（4）试拼、试排、编号，花岗石在铺设前对板材进行试拼、对色、编号整理。

（5）铺设，弹线后先铺几条石材作为基准，起标筋作用，铺设的花岗石事先洒水湿润，阴干后使用，在水泥垫层上均匀地刷一道素水泥浆，用1∶2.5的干硬性水泥砂浆做粘结层，根据试铺高度决定粘结厚度，用铝合金尺找平，铺设板块时四周同时下落，用橡皮锤敲击平实，并注意找平、找直，如有锤击空声，需揭板重新增添砂浆，直至平实为止，最后揭板浇一层水灰比为0.5的素水泥浆，再放下板块，用锤轻轻敲击铺平。

（6）擦缝，待铺设的板材干硬后，用与板材同颜色的水泥浆填缝，表面用棉丝擦拭。

（7）养护及成品养护，面层铺设后，可盖一层塑料薄膜，减少水分蒸发，增加砂浆粘结牢度，养护期3～5d，并注意成品保护。

2）主控项目

（1）花岗石面层所用板块的品种、规格、材质应符合设计要求。

（2）整形后石板对角线允许偏差不大于2mm。

（3）园路广场花岗石厚度不得低于50mm，供小型车辆通行的园路广场板材厚度不得低于35mm，其强度不得低于30MPa。

（4）结合层与面层应分段同时铺设，面层与下一层应结合牢固、无空鼓。

3）一般项目

（1）花岗石面层的外观质量应满足设计要求和使用要求，表面应洁净、平整，无磨痕，且应图案清晰、色泽一致、接缝均匀、周边顺直、镶嵌正确，板块无裂纹、掉角、缺棱等现象。

（2）花岗石面层表面的坡度应符合设计要求，不倒泛水，无积水。

（3）花岗石面层的允许偏差应符合表5.4-5的要求。

花岗石面层的允许偏差项目表　　　　　　　　表5.4-5

项次	项　　目	允许偏差（mm）		检　验　方　法
		块石	碎拼	
1	表面平整度	1	3	用2m靠尺和楔形塞尺检查
2	缝格平直	1	—	拉5m线和用钢尺检查
3	接缝高低差	1	1	用钢尺和楔形塞尺检查
4	板块间隙宽度	1	—	用钢尺检查

检查数量：每200m² 检查3处，不足200m² 的不少于1处。

4. 冰梅面层的质量检验

1）一般要求

（1）基层应进行清理、找平。

（2）进行测设弹线。

（3）垫层应采用同品种、同强度等级的水泥，并做好养护和保护。

2）主控项目

（1）石材的色泽、质感、纹理、块体规格大小应符合设计要求。

（2）石质材料要求强度均匀，抗压度不小于30MPa，软质面层石材要求细滑、耐磨，表面应洗净。

3）一般项目

（1）板块宜以五边以上为主，块体大小不宜均匀，并符合一点三线原则，不得出现正多边形及阴角（内凹角）、直角。

（2）面层的表面应洁净，图案清晰，色泽一致，接缝平整，深浅一致，留缝宽度一致，周边顺直，大小适中。

（3）表面平整度应不大于 3mm。

检验方法：用 2m 靠尺和楔形塞尺量。

检验数量：200m² 检查 3 处，不足 200m² 检查不少于 1 处。

5. 透水砖面层的质量检验

1）一般要求

（1）铺设前必须先按铺设范围排砖，边沿部位形成小粒砖时，必须调整砖块的间距或进行两边切割。

（2）透水砖施工程序，素土夯实→碎石垫层→砾石砂垫层→反渗土工布→1：3 干拌黄砂→透水砖面层。

2）主控项目

（1）透水砖的品种、规格、性能应符合设计要求。

（2）砖面排列形式应符合设计要求，表面平整，不应松动。

3）一般项目

（1）面砖块间隙应均匀，色泽统一。

（2）表面平整度不大于 4mm，缝格平直不大于 3mm。

检验方法：用 2mm 靠尺和楔形塞尺检查。

检验数量：200m² 检查 3 处，不足 200m² 检查不少于 1 处。

6. 花街铺地的质量检验

1）一般要求

（1）花街铺地应以砖瓦作为骨架，进行平面线条的定型和分割，并用石料或碎瓷片等填入砖瓦骨架之间，形成有规律的纹理图案。

（2）面层铺设前对基层清理、找平，做好测设放线。

（3）面层的骨架、石料、瓷片一般通过结合层固定在混凝土基层上，水泥砂浆的厚度和强度应符合设计要求。

2）主控项目

（1）花街铺地的材料、规格应符合设计要求。

（2）面层的纹样、图案、线条长短、规格应统一对称。

3）一般项目

（1）填充料色泽丰富，镶嵌均匀、牢固、不松动，露面部分无明显锋利棱角。

（2）面层表面应洁净，图案清晰，色泽统一，缝格平整，深浅一致。

（3）表面平整度不大于 5mm，接缝高低差不大于 2mm。

检验方法：用 2m 靠尺和楔形塞尺检查。

检验数量：200m² 检查 3 处，不足 200m² 检查不少于 1 处。

三、木铺装面层的质量控制

1. 一般要求

1）木铺装面层形式包括原木和木塑，其面层可在基础支架上空铺，也可在基层上实铺。

2）木铺装面层可采用双层和单层铺设，其厚度应符合设计要求。实木铺装面层的条材和块材应采用具有商品检验合格证的产品，其产品类别、型号、检验规则以及技术条件等均应符合

《铸钢轧辊》（GB/T 1503—2008）的规定。

3）木铺装面层铺设前，基础应验收合格。

4）面层在基础支架上空铺的施工方法：

（1）格砖墩一般采用标准砖、水泥砂浆砌筑，砖墩的标高及间距应符合设计要求。

（2）木格栅的断面尺寸、间距、固定方法符合设计要求，安装必须牢固。

（3）面层木板的铺设可采用铁钉固定在木格栅上或用螺栓连接。

（4）木板铺装后，应将表面刨光，进行油漆涂装工作。

2. 主控项目

（1）木铺装层面所采用的材质、规格、色泽应符合设计要求。

（2）木铺装面层及垫木等应作防腐、防蛀处理，木材含水率应小于15％。

（3）用于固定木铺装面层的螺钉、螺栓应进行防锈蚀处理，安装紧固、无松动，规格应满足稳定面层的要求。

（4）螺钉、螺栓顶部不得高出木铺装面层表面。

（5）木铺装面层单块木料纵向弯曲不得超出1/400。

（6）面层铺设应牢固、无松动。

3. 一般项目

（1）铺装面板的缝隙、间距应符合设计要求。密铺，缝隙应顺直；疏铺，间距应一致、通顺。

检查方法：目测、观察。

检查数量：按铺装面积每100m² 检查 3 处，不足100m² 的不少于 1 处。

（2）木铺装面层的允许偏差应符合表 5.4-6 的要求。

木铺装面层的允许偏差项目表　　　　　　　　　　　　　　表 5.4-6

项次	项　　　目	允许偏差（mm）	检查方法
1	表面平整度	3	用2m靠尺和楔形塞尺检查
2	板面拼缝平直	3	拉5m线，不足5m拉通线和尺量检查
3	缝隙宽度	2	用塞尺与目测检查
4	相邻板材高低差	1	尺量

四、路缘石（道牙）的质量控制

1. 一般要求

（1）路缘石背部应做灰土夯实或混凝土护肩，宽度、厚度、密实度或强度、标高应符合设计要求。

（2）路缘石的抗压强度应达到 C30 标准，外形不翘曲，无蜂窝、麻面、脱皮、裂纹及缺棱少角、外表色泽不一。

2. 主控项目

（1）路缘石种类、规格、质量及标高控制应符合设计要求。

（2）路缘石底部应有基层，基层的宽度、厚度、密实度、标高应符合设计要求。

（3）路缘石安装应采用不低于 1∶3 的水泥砂浆做结合层和勾缝浆，安装应稳固、不倾斜。

3. 一般项目

（1）路缘石铺设直线段应平直，自然段应弯顺，衔接应无折角。

（2）路缘石铺设顶面应平整，无明显错牙，勾缝严密。

（3）路缘石允许偏差应符合表 5.4-7 的要求。

路缘石允许偏差项目表　　　　　　　　　　　　表 5.4-7

序号	项　　目	允许偏差（mm）	检查方法
1	直顺度	±3	拉 10m 小线取量最大值
2	相邻块高差	±2	尺量
3	缝宽	2	尺量
4	路缘石（道牙）顶面高程	±3	用水准仪具测量

检查数量：每 100 延米检查 1 次，不足 100 延米不少于 1 次。

第六章　园林水景工程的质量控制

水景工程丰富了园林的动态景观。由于水的千变万化，在组景中常用于借声、借色、对比、衬托和协调园林中的不同环境，构建不同园林景观，起到"水令人远，景得水而活"的效果。

第一节　水池工程的质量控制

一、钢筋混凝土结构水池的质量检验

1. 池底底板施工

1) 一般要求

(1) 放样，应按照施工图放出水池的位置、平面尺寸、池底标高。

(2) 基坑开挖时，应注意做好排水措施。

(3) 基土处理应符合设计要求，如遇潮湿松软基土，可在其上铺设100mm厚的砾石层并加以碾压夯实，然后浇筑混凝土垫层。

(4) 水池防水工程应符合《地下工程防水技术规范》(GB 50108—2008)的要求。

(5) 底板钢筋放样应在混凝土垫层浇筑完后1~2d进行，先在垫层面测定底板中心，然后按设计图放线，定出桩基和底板边线，画出钢筋布线，依线绑扎钢筋，安装柱基和底板外围的模板。

(6) 钢筋布置和绑扎，包括钢筋品种、规格、尺寸、间距、位置、搭接长度、搭接位置、上下层钢筋的间距、保护层及预埋件位置和数量、上下层钢筋之间铁撑（铁板凳）的固定，应符合设计和《混凝土结构工程施工质量验收规范（2010版）》(GB 50204—2002)的要求。

(7) 底板浇筑应连续施工，一次浇筑完成，不留施工缝，底板的浇筑顺序、施工间歇时间、振捣方式的选用应符合《混凝土结构工程施工质量验收规范（2010版）》(GB 50204—2002)的要求。

(8) 底板与池壁连接施工缝留放位置应正确（池壁为现浇混凝土时，施工缝应留在基础上口200mm处，不能留在池壁中间），池底与池壁的水平施工缝应留成台阶形。

(9) 凹槽形、加金属止水片或加遇水膨胀橡胶带等细部构造防水做法应正确。

(10) 混凝土底板浇筑至终凝前（混凝土强度未达到1.2N/mm²）严禁振动、扰动，不得在底板上搭放脚手架，并做好混凝土的养护工作。

2) 主控项目

(1) 基坑（槽）尺寸和土质符合设计要求。

(2) 混凝土强度符合设计要求。

3) 一般项目

混凝土垫层及底板混凝土分层浇筑，振捣密实平整。

检测方法：尺量及预留混凝土试块进行测试。

检测数量：200m²检查3处，不足200m²检查1处。

2. 池壁施工

1) 一般要求

（1）水泥强度等级、石子粒径、吸水率、每立方米水泥用量、含砂量及水灰比等，应符合下列要求。

① 应选用普通硅酸盐水泥，且强度等级不得低于42.5级，石子粒径不宜大于40mm，吸水率不大于1.5%。

② 池壁混凝土每立方米水泥用量塑性抗渗混凝土不少于290kg，流动性抗渗混凝土不少于320kg，含砂率宜为35%～40%，灰砂比为1:2～1:2.5，水灰比不大于0.6。

（2）固定模板用的钢丝和螺栓不宜直接穿过池壁，当螺栓或套管确需穿过池壁时，应采取加焊止水环，加螺栓堵头或水帽等止水措施。

（3）池壁混凝土浇筑前，应先将施工缝处混凝土凿毛，清除浮粒和杂物，用水冲洗干净并保持湿润，再铺上一层厚50～100mm的水泥砂浆（灰砂比与池壁混凝土相同）。

（4）浇筑池壁混凝土时，应连续施工，一次浇完，不宜留施工缝，浇筑大型水池池壁混凝土，因施工需要留施工缝时，必须设止水带。

（5）池壁有密集管群穿过，预埋件或钢筋稠密处浇筑混凝土，可采用相同的抗渗等级的细石混凝土浇筑。

（6）池壁有预埋大管径的套管或面积较大的金属板时，应在其底部开设浇筑振捣孔，以便排气、浇筑、振捣。

（7）池壁混凝土凝结后，应立即进行养护，应充分保持湿润，养护时间不得少于14d，拆模时池壁表面温度与周围气温的温差不得超过15℃。

（8）池壁抹灰质量要求粘结紧密，加强抹角处抹灰厚度，防止渗漏。

2）主控项目

（1）池壁混凝土的材料、配合比、强度必须符合设计要求。

（2）池壁、池底不得渗漏。

3）一般项目

（1）各种管件预埋正确。

（2）混凝土应振捣密实，不得有蜂窝、孔洞、露筋。

检查方法：目测，预埋混凝土试块，进行闭水试验。

检测数量：200m² 检测3处，不足200m² 不少于1处。

3. 水池装饰工程

1）一般要求

（1）池底和侧壁陶瓷锦砖的铺贴：

① 排砖、分格和弹线。

② 铺贴：采用1:2的水泥砂浆或聚合物水泥砂浆自下而上进行。

③ 擦缝、清洗，铺贴的粘结层终凝后，以白水泥稠浆将缝嵌平，并用力推擦，使隙缝饱满密实，随即拭净面层。

（2）花岗石铺贴

其铺装方法与陶瓷锦砖大致相同，操作时方法要求：

① 粘结砂浆应采用聚合物水泥砂浆，即1:2的水泥砂浆，掺入水泥用量5%～10%的108胶。

② 粘贴砂浆厚度不宜过厚，板面较平整的可控制在4～5mm。

③ 花岗石贴完，应将表面清理干净，并按板材颜色调制水泥色浆嵌缝，边嵌边擦净。

2）主控项目

（1）贴面的品种、规格、颜色符合设计要求。

（2）贴面砖（板）粘贴必须牢固。

（3）贴面砖（板）无空鼓裂缝。

3）一般项目

（1）贴面砖（板）表面应平整、洁净，色泽一致，无裂痕和缺损。

（2）贴面砖（板）接缝应平直、光滑，填嵌应连续、密实，密度和深度符合设计要求。

检查方法：用钢尺、塞尺、拉线检查。

检查数量：100m² 检查 3 处，不足 100m² 至少检查 1 处。

4）水池试水

（1）试水应在水池全部完工后进行。

（2）试水方案应包括管道孔封闭，放水部位，分次放水，分次放水高度，观察上下四周及沉降，检查和记录储水高度等。

（3）进行灌水试验，灌水至设计高度后，观察 1d，进行外观检查，做好水面高度标记，连续观察 7d，外表无渗漏及水位无明显降落方为合格。

二、砖砌体水池的质量检验

1．一般要求

1）池底底板施工方法同钢筋混凝土结构水池的底板工程。

2）砖砌池壁施工方法：

（1）砖砌池壁必须做到横平竖直，灰浆饱满，留槎正确，砖的强度等级及砂浆配合比应准确，搅拌均匀，符合设计要求。

（2）砖砌池壁抹灰前应洗扫墙面，深刮灰缝并用水冲刷干净。

（3）抹灰应采用 32.5 级普通水泥配制水泥砂浆，配合比应为 1：2 且称量准确，并掺适量防水粉，拌合均匀。

（4）抹灰操作应符合下列要求：

① 池壁抹灰分 3 次进行，第 1 层底层砂浆应挤入砖缝内，增加砂浆与砖壁的粘合力，第 2 层灰将墙面找平，第 3 层灰进行亚光。

② 控制抹灰厚度，第 1 层为 5～10mm，第 2 层为 5～12mm，第 3 层为 2～3mm，砖壁与钢筋混凝土底板结合处要加强抹角处的抹灰厚度，呈圆角，防止渗漏。

③ 外壁抹灰可采用 1：3 的水泥砂浆。

2．主控项目

（1）砖及砂浆强度应符合设计要求。

（2）水池不渗漏。

3．一般项目

砌体砂浆密实饱满，预埋件位置正确。

检查方法：目测及进行闭水试验。

检查数量：水池面积 200m² 以上检查 3 处，不足 200m² 检查不少于 1 处。

第二节　喷泉工程的质量控制

一、喷泉的主要形式

1．普通装饰性喷泉：由各种普通的水花图案组成的固定喷水型喷泉。

2．与雕塑结合的喷泉：喷泉的各种喷水花型与雕塑、水盘、观赏柱等共同组成景观。

3．水雕塑：用人工或机械塑造出各种抽象的、具体的喷水水形，其水形呈某种艺术性"形体"的造型。

4. 自控喷泉：利用各种电子技术，按设计程序来控制水、光、音、色的变化，而形成变化多姿的水景。

二、常用喷头的类型

1. 直流式喷头：直流式喷头使水流沿圆筒形或渐缩形喷嘴直接喷出，形成较长的水柱，是形成喷泉射流的喷头之一。

2. 旋流式喷头：旋流式喷头由于离心作用使喷出的水流散射成蘑菇圆头形或喇叭花形。

3. 环隙式喷头：环隙式喷头的喷水口是环形缝隙，形成水膜的一种喷头，可使水流喷成空心圆柱。

4. 散射式喷头：散射式喷头使水流在喷嘴外经散射形成水膜，根据喷头散射体形状的不同可喷成各种形状的水膜，如牵牛花形、马蹄莲形、灯笼形、伞形等。

5. 吸气（水）式喷头：吸气（水）式喷头是可喷成冰塔形状的喷头。

6. 组合式喷头：用几种不同形式的喷头或同一形式的多个喷头组成组合式喷头，可以喷射出美丽壮观的图案。

三、喷泉管道工程的质量检验

1. 一般要求

（1）喷泉管道的布置，装饰性小型喷泉，其管道可直接埋入土中，大型喷泉，分主管和次管，主管要敷设可进行直埋或敷设在管沟中，次管直接置于水池内，管网布置应排列有序，整齐美观。

（2）水池中环形管道最好采用十字形供水，组合式配水管宜用分水箱供水，保证获得稳定、等高的喷流。

（3）为了保持喷水池正常水位，水池要设溢水口，溢水口面积应是进水口面积的 2 倍，要在其外侧配备拦污栅，但不得安装阀门，溢水管要有 3％的顺坡，直接与泄水管连接。

（4）补给水管的作用是启动前的注水及弥补池水蒸发和喷射的损耗，以保证水池正常水位，补给水管与城市供水管网相连，并安装阀门控制。

（5）泄水口应设于池底最低处，用于检修和定期换水时的排水，管径 100mm 或 150mm，也可按计算确定，安装单向阀门，和公园水体及城市排水管网连接。

（6）连接喷头的水管不能有急剧变化，要求连接管至少有 20 倍其管径的长度，如果不能满足时，需要安装整流器。

（7）喷泉所有管线都要具有不小于 2％的坡度，便于停止使用时将水排空，所有管道均要进行防腐处理，管道接头要严密，安装必须牢固。

（8）管道安装完毕后，应认真检查并进行水压试验，以保证管道安全，一切正常后再安装喷头。

2. 喷泉管道施工的主控项目和一般项目可参照《建筑给水排水及采暖工程施工质量验收规范》（GB 50242—2002）及《建筑给水聚乙烯类管道工程技术规程》（CJJ/T 98—2003）进行检查验收。

四、喷泉循环系统潜水泵安装工程的质量检验

1. 一般要求

（1）潜水泵可就近布置于水池内，不设专用水泵房。

（2）同喷泉用的潜水泵应安装在同一高程。

2. 主控项目

（1）潜水泵的规格、型号、性能应符合设计要求。

（2）潜水泵电缆应采用防水型电缆，控制开关应采用漏电保护开关。

3．一般项目

（1）潜水泵应采用法兰连接。

（2）潜水泵淹没深度小于 500mm 时，在原吸入口处应加装防护网罩。

检查方法：观察检查、尺量检查和检查产品出厂合格证。

检查数量：全数检查。

五、喷泉喷头安装过程的质量检验

1．一般要求

（1）喷头安装应在管网安装完成、试压合格并进行冲洗后，方可安装喷头。

（2）喷头前应有长度不小于 10 倍喷头公称尺寸的直线管段或设整流装置。

2．主控项目

（1）喷头的规格和射程应符合设计要求。

（2）喷头距水池边缘距离合理，溅水不得溅至水池外面的地面上或收水线以内。

3．一般项目

（1）喷头安装牢固，不松动。

（2）同组喷泉用喷头的安装形式宜相同。

（3）隐蔽安装的喷头，喷口出流方向水流轨迹上不应有障碍物。

检测方法：观察检查、尺量检查，检查管道试压冲洗记录。

检查数量：全数检查。

第三节　小型水闸工程的质量控制

一、水闸结构

1．地基，由天然土层经加固处理而成，必须能承受上部压力而不发生超限度和不均匀沉陷。

2．闸底（水闸底层结构）分为下列部分：

（1）铺盖，位于上游和闸底衔接的不透水层，常用浆砌石块、灰土或混凝土浇灌。

（2）护坦，下游与闸底相连接的不透水层，作用是减少闸后河床的冲刷和渗透。

（3）海漫，为下游与护坦相连接的透水层。

3．水闸上层建筑分为下列三部分：

（1）闸墙，也称边墙，位于闸门两侧，构成水流范围，形成水槽并支撑岸土不坍。

（2）翼墙，与闸墙相接，转折如翼的部分，便于上下游河道边坡平顺衔接。

（3）闸墩，分隔闸孔和安装闸门的支墩，也可支架工作桥及交通桥，多用坚固的石材制造或钢筋混凝土构成。

二、水闸施工主要方法

1．水闸的施工放样：

（1）标定中心轴线。

（2）闸底板放样。

（3）闸墩、工作桥等上层结构放样。

（4）翼墙圆弧的放样。

（5）高程控制。

2．水闸施工程序：导流工程→基坑开挖→基础处理→混凝土工程→砌石工程→回填土工程→闸门与启闭机安装→围堰或坝埂拆除。

3. 基坑的保护与流砂处理：基坑开挖时应注意加强排水措施并防止底土被扰动变形，为防止流砂，可采用滤水拦砂的表面排水法或采用预先降低地下水位的井点排水法。

4. 人工垫层施工：根据设计要求可采用灰土垫层、砂石垫层、混凝土垫层等，并注意控制好垫层的含水量和密实度要求。

5. 水闸各部位的混凝土强度等级应符合设计要求，如无明确要求时，可参照表 6.3-1 实施。

水闸各部位混凝土施工的要求　　　　　　表 6.3-1

工程部位		强度等级	坍落度（cm）	水灰比	石子最大粒径（cm）	备　注
闸室平底板		C12	4	0.65～0.70	10	厚度较大的底板，底层及上层水灰比用 0.65，中间层水灰比可大些，用 0.70
闸室反拱底板		C15	4～5	0.55	10	—
岸翼墙底板		C12	4	0.65	10	—
混凝土护坦、消力池		C12～C15	4～5	0.55～0.65	10	—
闸墩		C12	4～5	0.65	10	—
胸墙		C12	4～6	0.65～0.70	5	底部薄壁，坍落度用 6cm；上部及大梁，坍落度用 4cm
预制构件	交通桥空心梁	C23	6	0.45	3	—
	交通桥拱圈	C23	5	0.45	10	—
	工作桥	C18	5～6	0.50	5～3	大梁下层及桥面板用 3cm 石子，其余用中小石子二级配
	岸翼墙侧拱	C15	6	0.57	5	—
	工作桥排架	C15～C18	6	0.50～0.60	5	—

6. 平底板及消力池施工：闸室平底板及消力池的混凝土采用 C12～C15 等级，浇筑时注意高程控制，表面应平整。

7. 闸墩的立模与混凝土浇筑：立模时，先立闸墩两侧的平面模板，然后立两端的圆头模板，模板固定必须牢固，预留预埋件及孔洞的位置必须准确，浇筑闸墩混凝土时应通过导管输入混凝土，可防止产生离析现象。

8. 水闸的预制吊装施工应符合下列要求：

（1）预制件的尺寸符合设计要求。

（2）预制场地布置合理，防止不必要的转运。

（3）吊装运输设备满足施工要求及注意安全操作。

（4）墩墙预制块砌墙缝均作为施工缝处理，事先应将接触面打毛并且冲洗干净。

9. 黏土防渗铺盖施工

（1）铺筑前应先清基，清除杂物，将试坑、洞穴填平。

（2）防渗铺盖填筑与一般黏性土的压实方法相同并控制最佳含水量，每层铺土厚度为 20～30cm，进行压实。

（3）铺盖填筑完成后，在做砌石或混凝土防冲护面以前，尽速将砾石层及砂浆保护层做好，以防晒裂或冰冻。

（4）铺盖一般不宜留垂直施工缝，应分层施工，不应分片施工。

10. 反滤层及砌石下面砂石垫层施工：水闸底部渗流从土壤逸出处，一般铺设反滤层。

11. 回填土施工：水闸混凝土及砌石工程结束，应在两侧岸翼墙之后还土填实，土质宜为砂土或砂壤土，黏土不宜作回填，土料含水量应在 15％～21％左右。

三、小型水闸工程施工的质量检验

可参照下列规范进行检验：

1.《建筑地基基础工程施工质量验收规范》（GB 50202—2002）。

2.《砌体结构工程施工质量验收规范》（GB 50203—2011）。

3.《混凝土结构工程施工质量验收规范（2010 版)》（GB 50204—2002）。

第四节　园林驳岸工程的质量控制

一、基础施工

1. 材料要求：块石应质地坚硬，无风化剥落和裂纹，砌筑前应清除其表面泥垢及杂物。

2. 布点放线应依据设计图的常水位线，确定驳岸的平面位置，在基础两侧各加宽 20cm 放线。

3. 挖槽必须在排干水的条件下进行，挖槽一般由人工开挖，工程量较大时采用机械开挖，对需要放坡地段应根据规定进行放坡。

4. 开槽后应将地基夯实，土层软弱时应进行加固处理。

5. 基础浇筑，块石混凝土砂浆配比符合设计要求，基础浇筑时应将块石分隔，不得互相靠紧，也不得置于边缘。

二、砌筑岸墙

1. 块石驳岸的混凝土基础应浇水湿润，阴干备用。块石采用交错组砌法，灰缝不规则，外观要求整齐。选择适宜的石块，石料如果有凸面应用铁锤打掉。

2. 块石砌筑前，应先检查基槽的尺寸和标高，清除杂物，放出基础的轴线和边线，立好基础的皮数（层数）杆，皮数（层数）杆上表明退台及分层砌石高度，皮数（层数）杆之间要拉准线，砌筑阶梯形基础，还应定出立线和卧线，立线是控制基础每阶的宽度，卧线是控制每层高度及整平，并逐层向上移动。

3. 砌第一层石块时，基底要坐浆，石块大面向下。选择比较方正的石块，砌在各转角上，称为"角石"，角石两边应与准线相合，外面的石块称为"面石"，最后砌填中间部分，称为"填腹石"。砌填腹石时，应根据石块自然形状交错放置，尽量使石块缝隙最小，然后再将细石混凝土填在空隙中，使主体结构无空隙。

4. 砌筑第二层以上石块时，每砌一石块应先铺好砂浆，砂浆不必铺满、铺到外边，尤其在角石及面石处，砂浆应离外边约 40～50mm，并铺得稍厚些，当石块往上砌时，恰好压到要求厚度，并刚好铺满整个灰缝，灰缝厚度宜为 20～30mm，砂浆应饱满。阶梯形基础上阶梯的石块应至少压砌下阶梯的 1/2，相邻阶梯的毛石应相互错缝搭接，宜选用较大的块石砌筑。

5. 块石的转角及交接处应同时砌筑，如果不能同时砌筑就必须留槎，块石每天砌筑高度不应超过 1.2m。每砌 3～4 皮为一个分层高度，每个分层高度应找平一次；外露面的灰缝厚度不得大于 40mm，两个分层高度间的错缝不得小于 80mm。

6. 找平的方法是，当接近找平高度时，注意选石和砌石，到找平面应大致水平，也就是大平小不平，而不可用砂浆和小石块来铺平。

7. 块石驳岸施工完成后，应在块石砌体的外露部分，采用 1∶2 的水泥砂浆顺着块石的缝隙进行勾缝，可以勾凸缝，也可以勾凹缝，缝宽 2～3mm，或根据设计图纸和建设单位的要求决定。

8. 块石驳岸施工完成后，块石驳岸的回填应在建设单位和监理单位验收合格后，进行回填分层夯实。

9. 驳岸间距 10～20m 设一道沉降缝兼伸缩缝，缝宽 2cm，缝内填沥青麻丝，填深约 15cm。驳岸内设置泄水孔，孔径 5cm，每隔 10～20m 设置一个泄水孔。泄水孔出口应高出水面 20cm 左右。

三、砌筑压顶

1. 砌筑压顶：可采用预制混凝土板块或大块方整石压顶，压顶石应向水中至少挑出 5～6cm，并使顶面高出最高水位 50cm 为宜。

2. 景石驳岸是在驳岸顶部放置景石，施工时，应使驳岸的断面善于变化，应具有高低、宽窄、虚实和层次变化。

四、驳岸工程质量检验

1. 主控项目

(1) 石材及砂浆强度等级必须符合设计要求。

(2) 驳岸的外形尺寸、倾斜度及稳固性符合设计要求。

(3) 驳岸后侧回填土不得采用黏性土。

2. 一般项目

(1) 驳岸表面应平整、美观，砌筑砂浆饱满，勾缝严密。

(2) 石砌体组砌形式应内外搭砌，上下错缝，拉结石、丁砌石交错设置。

(3) 石砌体一般尺寸允许偏差应符合表 6.4-1 的要求。

石砌体一般尺寸允许偏差　　　　　　　　　　　　　　　　　表 6.4-1

项次	项　　目	允许偏差（mm）		检验方法
		毛石砌体		
		基础	墙	
1	基础和墙砌体顶面标高	+25	+15	用水准仪和尺检查
2	砌体厚度	+30	+20，－10	用尺检查

检查数量：每 20m 抽查 1 处，每处 3 延米，不足 20m 至少抽查 1 处。

第五节　园林叠水工程的质量控制

一、跌水的主要形式有单级式跌水、二级式跌水、多级式跌水、悬臂式跌水、陡坡跌水。

二、跌水施工要求：

1. 跌水施工首先分析地形条件，根据地形高差变化、水源、水量及周围景观空间情况，因地制宜，随形就势。

2. 根据水量确定跌水形式，水量大，落差单一，可选择单级式跌水；水量小，地形具有台阶状落差，可选择多级式跌水。

3. 跌水应结合泉、溪、涧、水池等，利用环境综合造景。

三、园林叠水的结构主体按材料区分为钢筋混凝土主体、砌筑主体和其他结构主体，其基础土层承载力标准值应在 60kPa 以上，土壤密实度应大于 0.90。土质应均匀，当土质不均匀时应进行技术处理。

四、园林叠水的砌筑和混凝土施工及质量检查验收应按照《混凝土结构工程施工质量验收规范（2010 版）》（GB 50204—2002）的要求进行。作防水处理时，防水卷材应顺叠水方向搭接，搭接长度应大于 200mm，并用专业胶结材料胶结牢固；所使用的防水、胶结等材料应满足使用条件及环境的要求。

五、园林叠水的给水排水系统施工及质量检查验收应符合《建筑给水排水及采暖工程施工质量验收规范》（GB 50242—2002）的要求，构筑物及叠水的景观效果应符合设计要求。

六、自然叠水防水卷材上应铺设 40mm 以上厚的级配石，叠水瀑布直接冲击部位应用垫石处理。

第六节　园林汀步工程的质量控制

一、园林汀步按其所处的环境部位分为水池汀步、草地汀步，依据形式不同也可分为规则汀步和自然汀步。

二、园林汀步基础垫层使用混凝土时，其强度应为 C15，其厚度应大于 100mm，混凝土基层的周围尺寸应较汀步石外围尺寸大 50～60mm。

三、水池汀步施工时应考虑到浮力的影响，石材组砌应合理牢固，一般情况下采用 1∶3 的水泥砂浆砌筑，汀步顶层应距水面的最高水位不小于 150mm，汀步表面不宜光滑，面积一般以 0.25～0.35m² 为宜。汀步之间的间距一般以 0.3～0.4m 为宜，相邻汀步之间的高程差不应大于 25mm。

四、汀步施工及质量检验可参照《混凝土结构工程施工质量验收规范（2010 版）》（GB 50204—2002）进行检查验收。

第七章 假山、置石工程的质量控制

假山是以造景游览为主要目的，以自然山水为蓝本并加以艺术地概括和提炼，达到"虽由人作，宛自天开"的高超艺术境界。置石是以山石为材料作独性或附属性的造景布置，主要表现山石的个体美或局部组合而不具备完整的山形，点缀园林空间，陪衬建筑。

第一节 假山工程的质量控制

一、假山施工准备

1. 熟悉图纸，全面了解设计内容和设计意图，掌握工程难点。

2. 勘察现场，了解现场地下水位及土质、场地及交通情况。

3. 制订施工计划，包括施工组织及人员安排，材料机具设备，现场准备及工期安排和施工预算等。

4. 假山叠石或在重要位置堆砌的峰石、瀑布，宜由设计单位或委托施工单位制作1：25或1：50的模型，经建设单位及有关专家评审认可后再进行施工。

二、山石备料

1. 山石种类主要有太湖石（又称南太湖石）、房山石（北太湖石）、黄石与青石、青云片、象皮石、灵璧石、英德石、石笋和剑石、木变石、菊花石等。

2. 石料选购应充分理解设计意图，符合假山造型规划设计要求。

3. 山石石种要求统一，石料新旧成色的风化程度不应差别过大。石料的单块重量和数量搭配应基本合理，大型单块石重量大于200kg的数量宜占70％以上；小型单块石重量小于50kg的数量宜占20％左右。要求形态多变，石质、石色、石纹应力求基本统一。

4. 石料运输的各个环节应有保护措施，不得损害石料形态；石料运到施工现场，应分门别类进行有序堆放。

三、假山主要工艺流程

1. 假山施工工艺流程宜按：施工放线→挖槽→基础施工→拉底→中层施工→山石固定及扫缝→收顶→检查完形等工序进行。

2. 假山应在工程中统筹考虑给水排水系统、灯光系统、植物种植需要，提前做好分项工程交底。

四、假山主要施工方法

1. 施工放线：现场地面经清理平整后，根据设计图纸的位置与形状作方格网控制，用白灰在地面上放出假山的外形轮廓线。

2. 挖槽应根据设计基础的深度与大小挖槽，挖槽时应清除浮土，挖至老土。

3. 假山基础施工

1) 主要基础类型：

(1) 灰土基础；

(2) 砂石基础；

(3) 桩基础；

（4）混凝土基础。

2）各类基础的施工及质量检验可参照本书第四章第二节的灰土地基、砂石地基、混凝土预制桩基础、素混凝土地基施工及质量检验。

4．拉底砌筑：拉底是指用山石做出假山底层山脚线的石砌层。

1）拉底的方法分为两种：

（1）满拉底方式，沿山脚线之内用山石满铺一层。

（2）线拉底方式，沿山脚线周边铺砌山石，内部以乱石、碎砖、土壤等填满筑实。

2）拉底的技术要求：

（1）底石应选择块大、坚实、耐压，不得使用风化过度的山石。

（2）每块山脚石必须垫平垫实，不得松动。

（3）各山石之间要紧密咬合。

（4）拉底要统筹向背、曲折错落、断续相间，避免成平直和浑圆形的脚线。

5．假山的中层施工

（1）应对山石材料进行相形选石。

（2）找好山石重心位置，保持上下山石平衡。

（3）山石堆叠搭接处应冲洗清洁。

（4）叠石堆置位纹理应基本一致。

（5）山石拼叠互相挤压应稳固，刹石（垫片）位置准确得法，每层"填肚"应及时，凝固后应形成整体。

（6）假山堆叠方法应参照传统的"安、连、斗、挎、拼、悬、剑、卡、垂、挑、券、撑、托、榫"施工技艺堆筑。

6．山石固定及扫缝

（1）必须在山石本身中心稳定的前提下使用铁活加固。

（2）扫缝搭接嵌缝可使用1∶1的水泥砂浆勾缝，竖向缝宜嵌暗缝，水平缝可嵌明缝，宜不超过2cm，基本平直光滑，色泽应与山石基本相似，缝过宽时，可用随形之石块填后再勾缝。

7．假山收顶

（1）收顶的山石应选用体量较大、轮廓和体态都富有特征的山石，如果收顶面积大而石材不够整时，宜用"拼凑"手法，并用小石镶缝形成一体。

（2）收顶施工应自后向前、由主及次、自上而下分层作业，每层高度宜在0.3～0.8m，不得在凝固期间强行施工，影响胶结料强度。

（3）顶部管线、水路、孔洞应预埋、预留，事后不得穿凿。

（4）结构承重受力用石必须有足够强度。

五、假山工程的质量检验

1．主控项目

（1）假山地基基础承载力应大于山石总荷载的1.5倍；灰土基础应低于地平面20cm，其面积应大于叠山底面积，外沿宽出50cm。

（2）假山设在陆地上，应选用C20以上混凝土制作基础，假山设在水中，应选用C25混凝土或不低于M7.5的水泥砂浆砌石块制作基础，根据不同地势、地质有特殊要求的可作特殊处理。

（3）拉底石材应选用厚度大于40cm、面积大于1m²的石块，拉底石材应统筹向背、曲折连接、错缝叠压。

（4）假山选用的石材质地要求一致，色泽相近，纹理统一，石料应坚实耐压，无裂缝、损伤、剥落现象。

（5）石山主体山石应错缝叠压、纹理统一，每块叠石的刹石不少于 4 个受力点且不外露，跌水、山洞山石长度不小于 1.5m，厚度不小于 40cm，整块大体量山石无倾斜、稳固安全，横向悬挑的山石悬挑部分应小于山石长度的 1/3，山体最外侧的峰石底部灌 1∶3 的水泥砂浆。

2. 一般项目

（1）勾缝应满足设计要求，做到自然、无遗漏。如设计无说明的，则用 1∶1 的水泥砂浆进行勾缝，砂浆色泽应与石料色泽相近。

（2）假山山体轮廓线应自然流畅、协调，观赏效果满足设计要求。

检查方法：目测、尺量、锤击混凝土及砂浆进行测试。

检查数量：假山叠石主体工程应以一座叠石为一检验批，或以每 20 延米为一检验批，全数检查。

第二节　塑山及塑石工程的质量控制

一、塑山基础

塑山的基础应符合设计要求，如选用钢筋混凝土柱基时，可参照《混凝土结构工程施工质量验收规范（2010 版）》（GB 50204—2002）进行施工及质量检查验收。

二、塑山骨架工程

塑山的钢骨架焊接、捆扎造型钢筋、盖钢板网等必须牢固，不得松动，安全可靠，骨架体系的密度和外形应与设计的山体形状相似或近似。

三、面层施工

1. 面层批塑：水泥砂浆表面抗拉力量的强度应满足施工要求，先打底，即在钢筋网上抹灰两遍。砂浆材料，其中水泥比砂为 1∶2，黄泥为总量的 10%，麻刀适量。水灰比为 1∶0.4，以后各层不加黄泥和麻刀。砂浆必须拌合均匀，随拌随用，初凝后的砂浆不得使用。

2. 表面修饰应符合下列要求：

（1）皱纹和色感，修饰重点在山脚和山体中部，要求皱纹真实，造型丰富，注意层次，色彩逼真。

（2）着色，可直接使用彩色配置，忌色彩呆板。

（3）光泽，可在石的表面涂过氧树脂或有机硅，重点部位可打蜡。

3. 养护，水泥初凝后，可用麻袋、草帘等进行覆盖，2~3h 洒水一次，养护期不少于 15d。

四、塑山、塑石的质量检验

1. 主控项目

（1）塑山骨架的原材料质量应符合设计要求。

（2）钢筋焊接应牢固，间距符合设计要求，钢丝网与钢塑连接牢固。

（3）塑山骨架的承载力、表面材料强度和抗风化能力应符合设计要求。

2. 一般项目

（1）塑山表面应完整，无破损、脱落、起皮和松动现象。

（2）表面形态自然，外观颜色效果逼真，整体协调。

检查方法：目测及尺量。

检查数量：全数检查。

第三节　置石工程的质量控制

一、选石

1. 宜选用有原始意味的天然石材，能体现平实、沉着、朴素的感觉。

2. 最佳石料为蓝绿色、棕褐色、紫色或红色等柔和色调。

3. 具有动物形象或具有特殊纹理的石材亦为上品。

4. 选景石材，石种必须统一，整体协调。

5. 具有地方特色的石材可就地取材。

二、置石

1. 置石的主要形式有特置、对置、散置、群置、山石器设等，置石要求格局严谨，手法洗练，体现以简胜繁效果。

2. 置石施工方法：

1）特置山石施工关键在于相石立意，山石体量与环境应协调，要求。

（1）特置石应选择体量大、色彩纹理奇特、造型轮廓突出、颇有动势的山石。

（2）特置石一般置于相对封闭的小空间，成为局部构图的中心。

（3）石高与观赏距离一般介于 $1:2\sim1:3$ 之间，如果石高 $3\sim6m$ 则观赏距离为 $8\sim18m$ 之间，在这个距离内才能较好地品玩石的体态、质感、纹理、线条等。

（4）特置石可采用整形的基座，亦可坐落在自然的山石面上，称为磐，峰石要稳定、耐久。传统立峰一般以石榫头固定，石榫头必须正好在峰石的重心线上，并且榫头周边与基磐接触以受力。安装峰石时，在榫眼中浇灌少量粘合材料（如纯水泥浆），待石榫头插入时，粘合材料便可自然充满空隙。采用混凝土基础方法加固峰石，方法是：先在挖好的基础坑内浇筑一定体量的块石混凝土基础，并预留出榫眼，待基础完全干透后，再将峰石吊装，并用粘合材料粘合。

2）对置：以两块山石为组合，相互呼应，立于建筑门前两侧或立于道路入口两侧。

3）群置山石施工要求：布置时要主从有别，宾主分明，搭配适宜，根据"三不等"原则（即石之大小不等，石之间距不等，石之高低不等）进行配置。构成群置状态的石景，所用山石材料要求不高，只要是大小相同、高低不同、具有风化石面的同种岩石碎块即可。

4）散置山石施工要求：

（1）造景目的性要明确，格局严谨。

（2）手法洗练，"寓浓于淡"，有聚有散，有断有续，主次分明。

（3）高低曲折，顾盼呼应，疏密有致，层次丰富，散而有物，寸石生情。

5）山石器设：用山石作室内外的家具或器设，主要有石床、石桌、石凳、石屏、石室、名碑、花台、台阶等。

三、置石的质量检验

1. 主控项目

（1）置石的材质、色泽、造型应符合设计要求。

（2）特置景石的重心应垂直于地，稳定、耐久、牢固。

2. 一般项目

（1）群置、散置的石种必须统一，色泽一致。

（2）散置山石应有疏有密，远近结合，彼此呼应，不可众石纷杂，凌乱无章。

检查方法：目测及尺量。

检查数量：随机抽测 3 处。

第八章　园林灌溉及排水工程的质量控制

灌溉及排水是园林绿化工程的重要设施，所有园林植物在整个生命过程中都不能离开水分。必须做到干旱时能及时给植物浇上水，沥涝时能及时排水，防止园林植物长时间浸泡、窒息死亡。

第一节　灌溉工程的质量控制

一、沟槽开挖与回填的质量检验

1. 一般要求

1）沟槽开挖的要求

（1）应根据施工放样中心线和表明的槽底设计标高进行开挖，不得挖至槽底设计标高以下，如局部超挖应回填夯实。

（2）沟槽经过岩石、卵石等易损坏管道的地方应将槽底再挖深 15cm，并用砂或细土回填至设计槽底标高。

（3）沟槽应有一定的坡度，沟度、坡度宜大于 10%～30%，以利各级管道排水。

（4）过路管道的沟槽深度及管道接口槽坑应符合设计要求。

2）沟槽回填

（1）管道敷设完毕后应进行试压，合格后方可回填。

（2）回填前应将沟槽内的一切杂物清除干净，积水排净。

（3）回填时先将槽底回填 10cm 厚的砂土，再将管道上面及两侧回填砂土，然后在管道两侧同时进行回填，严禁单侧回填，填土应分层夯实。

（4）塑料管道（PE 软管）回填前应压力冲水（接近管道工作压力），严防管道挤压变形，使用承插式 PVE 管时，试水前应进行管道预埋，防止管道脱开。

2. 主控项目

（1）沟槽的基层处理必须符合设计要求。

（2）沟槽槽底标高符合设计要求。

3. 一般项目

（1）沟槽槽底应是原土层或夯实的回填土，槽底应平整，坡度应顺畅，不得有坚硬的物体、石块。

（2）沟槽回填土，管顶上部 200mm 以内应以砂子或无块石及冻土块的土，不得用机械回填。管顶上部 500mm 以内不得回填直径大于 100mm 的块石和冻土块，500mm 以上部分回填中的块石或冻土块不得集中，上部用机械回填时，机械不得在沟槽上行走。

检查方法：观察和尺量检查。

检查数量：每 100 延米检查 3 个点，每点检查 20 延米，最少一个点。

二、管道安装工程的质量检验

1. 一般要求

1）金属管道安装

（1）给水管道的钢管及管件的安装、焊接、除锈、防腐应按设计及有关规定执行。

（2）金属管道安装前应进行外观质量和尺寸偏差检查，并宜进行耐水压试验，其要求应符合《低压流体输送用焊接钢管》（GB/T 3091—2008）、《喷灌用金属薄壁管及管件》（GB/T 24672—2009）等现行标准的规定。

（3）镀锌薄壁钢管、铝管及铝合金管安装，应按安装使用说明书的要求进行。

（4）铸铁管的安装应按下列要求进行：

① 安装前，应清除承口内部及插口外部的沥青块及飞刺、铸砂和其他杂质；用小锤轻轻敲打管子，检查有无裂缝；如有裂缝，应予更换。

② 铺设安装时，对口间隙、承插口环形间隙及接口转角，应符合表 8.1-1 的规定。

对口间隙、承插口环形间隙及接口转角值　　　　　　　　表 8.1-1

名　称	对口最小间隙（mm）	对口最大间隙（mm）		承插口标准环形间隙（mm）				每个接口允许转角（°）
		$DN100\sim DN250$	$DN300\sim DN350$	$DN100\sim DN200$		$DN250\sim DN350$		
				标准	允许偏差	标准	允许偏差	
沿直线铺设安装	3	5	6	10	$+3$, -2	11	$+4$, -2	—
沿曲线铺设安装	3	$7\sim 13$	$10\sim 14$	—	—	—	—	2

注：DN 为管公称内径。

③ 安装后，承插口应填塞，填料可采用膨胀水泥、石棉水泥和油麻等：

Ⅰ. 采用膨胀水泥和石棉水泥时，填塞深度应为接口深度的 1/2～2/3，填塞时应分层捣实、压平，并及时湿养护。

Ⅱ. 采用油麻时，应将麻拧成辫状填入，辫中麻段搭接长度应为 0.1～0.15m，麻辫填塞时应仔细打紧。

2）塑料管道安装

（1）塑料管道安装前应进行外观质量和尺寸偏差的检查，并应符合《硬聚氯乙烯管材　二氯甲烷浸渍试验方法》（GB/T 13526—2007）、《喷灌用低密度聚乙烯管材》（QB/T 3803—1999）等现行标准的规定，对于涂塑软管，不应有划伤、破损，不得夹有杂质。

（2）管道安装因故中断时，应将其敞口先封闭。

（3）塑料管粘结连接，应符合下列要求：

① 粘结前，应按设计要求，选择合适的胶粘剂（应有材料检验合格证），并按粘结技术要求，对管或管件进行预加工和预处理，按粘结工艺要求，检查配合间隙，并将接头去污、打毛。

② 粘结时，管轴线应对准，四周配合间隙应相等。胶粘剂涂抹长度应符合设计规定，胶粘剂涂抹应均匀，间隙应用胶粘剂填满，并有少量挤出。

③ 粘结后，应保证在固化前管道不应移位，并且在使用前应进行质量检查。

（4）塑料管翻边连接，应符合下列要求：

① 连接前，应将管端锯正、挫平、洗净、擦干。翻边应与管中心线垂直，尺寸应符合设计要求。翻边正反面应平整，并能保证法兰和螺栓或快速接头自由装卸，翻边根部与管的连接处熔合完好，无夹渣、穿孔等缺陷，毛刺应剔除。

② 连接时，密封圈应与管同心，拧紧法兰螺栓时扭力应符合标准，各螺栓受力应均匀。

③ 连接后，法兰应放入接头坑内，管道中心线应平直，管底与沟槽底面应贴合良好。

（5）塑料管套筒连接，应符合下列要求：

① 连接前，塑料管与套管配合间隙应符合设计和安装要求，密封圈应装入套筒的密封槽内，不得有扭曲、偏斜现象。

② 连接时，管子插入套筒深度应符合设计要求，安装困难时，可用肥皂水或滑石粉作润滑剂；可用紧线器安装，也可隔一木块轻敲打入。

③ 连接后，密封圈不得移位、扭曲、偏斜。

（6）塑料管热熔对接，应符合下列要求：

① 对接前，热熔对接管子的材质、直径和壁厚应相同，然后按热熔对接要求对管子进行预加工，清除管端杂质、污物，管端按设计温度加热至充分塑化而不烧焦，加热板应清洁、平整、光滑。

② 对接时，加热板的抽出及两管合拢应迅速，两管端面应完全对齐，四周挤出的树脂应均匀。冷却时应保持清洁，自然冷却应防止尘埃侵入，水冷却应保持水质清净。

③ 对接后，两管端面应熔接牢固，并按 10% 进行抽检，若两管对接不齐应切开重新加工对接，完全冷却前管道不应移动。

3）稳定管道灰墩、镇墩的做法应符合设计要求，可用浆砌砖石或混凝土砌筑。

4）管道水压试验要求：

（1）水压试验应选用经校验合格且精度不低于 1.0 级的标准压力表，表的量程宜为管道试验压力的 1.3～1.5 倍。

（2）水压试验宜在环境温度 5℃ 以上进行，否则应有防冻措施。

（3）水压试验前，充水、排水和进排气设施应可靠，试压泵及压力表安装应到位，与试验管道无关的系统应封堵隔开。管道所有接头处应显露并能清楚观察渗水情况。

（4）耐水压试验的管道试验段长度不宜大于 1000m。

（5）耐水压试验管道充水时，应缓慢灌入，管道内的气体应排净。试验管道充满水后，金属管道和塑料管道经 24h、钢筋混凝土管道经 48h，方可进行耐水压试验。

（6）高密度聚乙烯塑料管道（HDPE）试验压力不应小于管道设计工作压力的 1.7 倍；低密度聚乙烯塑料管道（LDPE、LLDPE）试验压力不应小于管道设计工作压力的 2.5 倍，其他管材的管道试验压力不应小于管道设计工作压力的 1.5 倍。

（7）耐水压试验时升压应缓慢。达到试验压力保压 10min，管道压力下降不大于 0.05MPa，管道无泄漏、无破损即为合格。

5）管道泄水试验：当管道试压合格后应立即进行泄水试验，检查管网的泄水能力。

2. 主控项目

（1）供水管道在埋地敷设时，应在当地的冰冻线以下，如必须在冰冻线以上铺设时，应作可靠的保温防潮措施，在无冰冻地区，埋地敷设时，管顶的覆土埋深不得小于 500mm，穿越道路部位的埋深不得小于 700mm。

检验方法：现场观察检查。

（2）供水管道不得直接穿越污水井、化粪池、公共厕所等污染源。

检验方法：观察检查。

（3）管道接口法兰、卡扣、卡箍等应安装在检查井或地沟内，不应埋在土壤中。

检验方法：观察检查。

（4）供水系统各种井室内的管道安装，如设计无要求，井壁距法兰或承口的距离，管径小于或等于 450mm 时，不得小于 250mm，管径大于 450mm 时，不得小于 350mm。

检验方法：尺量检查。

（5）管网必须进行水压试验，试验压力为工作压力的 1.5 倍，但不得小于 0.6MPa。

检验方法：管材为钢管、铸铁管时，试验压力下 10min 内压力降不应大于 0.05MPa，然后降至工作压力进行检查，压力应保持不变，不渗不漏；管材为塑料管时，试验压力下，稳压 1h 压力降不大于 0.05MPa，然后降至工作压力进行检查，压力应保持不变，不渗不漏。

（6）镀锌钢管、钢管的埋地防腐必须符合设计要求，如设计无规定时，可按表 8.1-2 的规定执行，卷材与管材间应粘贴牢固，无空鼓、滑移、接口不严等。

检验方法：观察和切开防腐层检查。

管道防腐层种类表

表 8.1-2

防腐层次	正常防腐层	加强防腐层	特加强防腐层
（从金属表面起）1	冷底子油	冷底子油	冷底子油
2	沥青涂层	沥青涂层	沥青涂层
3	外包保护层	加强包扎层	加强保护层
		（封闭层）	（封闭层）
4		沥青涂层	沥青涂层
5		外保护层	加强包扎层
6			（封闭层）
			沥青涂层
7			外包保护层
防腐层厚度不小于（mm）	3	6	9

（7）供水管道在竣工后，必须对管道进行冲洗。

检验方法：观察冲洗水的浊度，查看有关部门提供的检验报告。

3. 一般项目

（1）管道的坐标、标高、坡度应符合设计要求，管道安装的允许偏差应符合表 8.1-3 的规定。

供水管道安装的允许偏差和检验方法

表 8.1-3

项次	项	目		允许偏差（mm）	检验方法
1	坐标	铸铁管	埋地	100	拉线和尺量检查
			敷设在沟槽内	50	
		钢管、塑料管、复合管	埋地	100	
			敷设在沟槽内或架空	40	
2	标高	铸铁管	埋地	±50	拉线和尺量检查
			敷设在地沟内	±30	
		钢管、塑料管、复合管	埋地	±50	
			敷设在地沟内或架空	±30	
3	水平管纵横向弯曲	铸铁管	直段（25m 以上）起点～终点	40	拉线和尺量检查
		钢管、塑料管、复合管	直段（25m 以上）起点～终点	30	

（2）管道和金属支架的涂漆应附着良好，无脱皮、起泡、流淌和漏涂等缺陷。

检验方法：现场观察检查。

229

(3) 管道连接应符合工艺要求，阀门、水表等安装位置应正确。塑料给水管道上的水表、阀门等设施其重量或启闭装置的扭矩不得作用于管道上，当管径≥50mm 时必须设独立的支承装置。

检验方法：现场观察检查。

(4) 供水管道与污水管道在不同标高平行敷设，其垂直间距在 500mm 以内时，供水管管径小于或等于 200mm 的，管壁水平间距不得小于 1.5m；管径大于 200mm 的，不得小于 3m。

检验方法：观察和尺量检查。

(5) 捻口用的油麻填料必须清洁，填塞后应捻实，其深度应占整个环形间隙深度的 1/3。

检验方法：观察和尺量检查。

(6) 捻口用水泥强度应不低于 32.5MPa，接口水泥应密实饱满，其接口水泥面凹入承口边缘的深度不得大于 2mm。

检验方法：观察和尺量检查。

(7) 采用水泥捻口的给水铸铁管，在安装地点有侵蚀性的地下水时，应在接口处涂抹沥青防腐层。

检验方法：观察检查。

(8) 采用橡胶圈接口的埋地给水管道，在土壤或地下水对橡胶圈有腐蚀的地段，在回填土前应用沥青胶泥、沥青麻丝或沥青锯末等材料封闭橡胶圈接口，橡胶圈接口的管道，每个接口的最大偏转角不得超过表 8.1-4 的规定。

橡胶圈接口最大允许偏转角　　　　　　　　　　　　　　　　表 8.1-4

公称直径（mm）	100	125	150	200	250	300	350	400
允许偏转角度	5°	5°	5°	5°	4°	4°	4°	3°

检验方法：观察和尺量检查。

检查数量：每 100 延米检查三个点，每点检查 20 延米，最低不少于 1 处。

三、喷灌设备安装的质量检验

1. 一般要求

1) 喷头安装应符合下列要求：

(1) 安装喷头前，给水管道应进行检验和冲洗。

(2) 安装之前应对喷头进行预置，使选择的喷嘴满足流量和设计半径的要求。

(3) 喷头的顶部应与地面相平，如果预计到管沟区域的土壤有沉降的可能时，应将喷头安装得略低于地面，为以后的地面沉降留有余地，新建植的草坪应考虑坪床的自然沉降，或在草坪地面不再沉降时再安装喷头。

(4) 安装前必须对喷头喷洒角度进行预置。可调扇形喷洒角度的喷头在出厂时大多设置在 180°，安装前应根据实际地形对扇形喷洒角度的要求，把喷头调节到所需角度，以免喷头将水喷至不必要的区域。

(5) 平地上安装要保证喷头的竖直，灌木型喷头应使用支架固定。

(6) 完成好整个喷灌系统的安装工作后，要对整个系统进行调试，主要包括喷头旋转角度的调适、射程的调节等。

(7) 地埋式喷头与支管连接宜采用铰接接头或柔性连接，可防止由于机械冲击引起管道喷头损坏或造成管道断裂。运动场地草坪喷灌系统，喷头与管道的连接必须采用铰接或其他柔性连接方式。

2) 水泵的选择与安装应满足喷灌系统设计流量和设计水头的要求。

2. 主控项目

（1）使用泵站的喷灌工程，水泵的安装应牢固，流量、水头等功能性指标符合设计要求，动力系统应符合相关规范的要求。

（2）支管与竖管、竖管与喷头的连接应密封可靠，喷头伸缩自由。

（3）设备安装完成后，应进行系统联动试验。

3. 一般项目

（1）喷头安装前，应把管道冲洗干净，与设备安装有关的工程已验收合格。

（2）喷头安装前应检查其转动灵活性，弹簧不得锈蚀，竖管外螺纹无碰伤。

（3）竖管安装应牢固、稳定，伸缩性喷头应加保护套管。

（4）管道顶点应装排气阀，最低点及较大的拐点应装泄水阀。

检查方法：观察、尺量。

检查数量：全数检查。

第二节　排水工程的质量控制

一、排水管网工程的质量检验

1. 一般要求

1）材料要求

（1）室外排水管道可采用混凝土管、钢筋混凝土管、排水铸铁管或塑料管，其规格及质量必须符合现行国家标准及设计要求。

（2）混凝土管、钢筋混凝土管必须符合质量标准，并具出厂合格证，不得有裂纹，管口不得有残缺。

（3）下管前，对采用水泥砂浆抹带应对管口作凿毛处理。

2）排水管沟及井池的土方工程、沟底的处理、管沟及井池周围的回填要求等，参照本书灌溉工程沟槽开挖与回填要求进行。

3）管道安装要求

（1）管材现场倒运注意堆放，不得损坏。

（2）混凝土管基强度达到设计强度的50%，高程经过复测后方可下管。

（3）管道应逐节按设计要求的中心线、高程就位，并控制两管之间的距离，通常为1.0～1.5cm。

（4）管子稳好后，混凝土捣实，抹成八字。

（5）抹箍：可用1:2的水泥砂浆抹箍。抹箍后应覆盖，进行洒水的养护。

4）闭水试验

（1）凡污水管道及雨、污水合流管道、倒虹吸管道均必须作闭水试验。雨水管道和与雨水性质相近的管道，除大孔性土壤及水源地区外，可不作闭水试验。

（2）闭水试验应在管道填土前进行，并应在管道灌满水后浸泡1～2个昼夜再进行。

（3）闭水试验的水位应为试验段上游管内顶以上1m。如检查井高不足1m时，以检查井高为准。

（4）闭水试验时应对接口和管身进行外观检查，以无漏水和无严重渗水为合格。

（5）闭水试验应按闭水法试验进行，实测排水量应不大于表8.2-1的允许渗水量。

（6）管道内径大于表8.2-1规定的管径时，实测渗水量应不大于按下式计算的允许渗水量：

$$Q = 1.25D$$

式中　Q——允许渗水量($m^3/(24h \cdot km)$)；

　　　D——管道内径(mm)。

异形截面管道的允许渗水量可按周长折算为圆形管道计。在水源缺乏的地区，当管道内径大于700mm时，可按井根数量的1/3抽验。

无压力管道严密性试验允许渗水量　　　　　　表 8.2-1

管材	管道内径 (mm)	允许渗水量 ($m^3/(24h \cdot km)$)	管材	管道内径 (mm)	允许渗水量 ($m^3/(24h \cdot km)$)
混凝土、钢筋混凝土管、陶管及管渠	200	17.60	混凝土、钢筋混凝土管、陶管及管渠	1200	43.30
	300	21.62		1300	45.00
	400	25.00		1400	46.70
	500	27.95		1500	48.40
	600	30.60		1600	50.00
	700	33.00		1700	51.50
	800	35.35		1800	53.00
	900	37.50		1900	54.48
	1000	39.52		2000	55.90
	1100	41.45			

2. 主控项目

(1) 排水管道的坡度必须符合设计要求，严禁无坡或倒坡。

检验方法：用水准仪、拉线和尺量检查。

(2) 管道埋设前必须作灌水试验和通水试验，排水应畅通，无堵塞，管接口无渗漏。

检验方法：按排水检查井分段试验，试验水头应以试验段上游管顶加 1m，时间不少于 30min，逐段观察。

3. 一般项目

1) 管道的坐标和标高应符合设计要求，安装的允许偏差应符合表 8.2-2 的规定。

室外排水管道安装的允许偏差和检验方法　　　　　　表 8.2-2

项次	项 目		允许偏差 (mm)	检验方法
1	坐标	埋 地	100	拉线、尺量
		敷设在沟槽内	50	
2	标高	埋地	±20	用水平仪、拉线和尺量
		敷设在沟槽内	±20	
3	水平管道纵横向弯曲	每 5m 长	10	拉线、尺量
		全长 (两井间)	30	

2) 排水铸铁管采用水泥捻口时，麻油填塞应密实，接口水泥应密实饱满，其接口面凹入承口边缘且深度不得大于 2mm。

检验方法：观察和尺量检查。

3) 排水铸铁管外壁在安装前应除锈，涂两遍石油沥青漆。

检验方法：观察检查。

4) 承插接口的排水管道安装时，管道和管件的承口应与水流方向相反。

检验方法：观察检查。

5）混凝土管或钢筋混凝土管采用抹带接口时，应符合下列规定：

（1）抹带前应将管口的外壁凿毛、扫净，当管径小于或等于 500mm 时，抹带可一次完成，当管径大于 500mm 时，应分两次抹成，抹带不得有裂纹。

（2）钢丝网应在管道就位前放入下方，抹压砂浆时应将钢丝网抹压牢固，钢丝网不得外露。

（3）抹带厚度不得小于管壁的厚度，宽度宜为 80～100mm。

检验方法：观察和尺量检查。

检查数量：坐标及标高每 10 米检查一点。

二、园路及广场的收水井工程的质量检验

1. 一般要求

（1）园路及广场的收水井是路表水进入雨水支管的构筑物，其作用是排除路面表面的雨水。

（2）园路及广场的收水井由进水算、井框、井壁、基座等部分组成，分单算式、双算式或多算式中型或大型平算收水井。收水井为砖砌体，所用砖材不得低于 MU10，铸铁井算，井框必须完整无损，不得翘曲，井身结构尺寸，井算、井框规格尺寸必须符合设计图纸要求。

（3）平算收水井口设在平石位置，座面应与路面及平石齐平，盖座外缘应与侧石紧靠、盖座必须稳固安放在井框上。

（4）收水井基座外缘与侧石距离不得大于 50mm，不得伸入侧石边线。

2. 施工

1）井位放线，按设计图纸放侧石边线，沿侧石方向设 2 个桩橛，防止井子错位，并定出收水井高程。

2）按井位线开槽，井周边缘留出 300mm 的余量。控制设计标高，检查槽深、槽宽，清平槽底，进行夯实。

3）浇筑水泥混凝土基础底板，强度不低于 C10 级。若基底土质软，可加一步 150mm 的 8% 石灰土垫层，再浇混凝土底板，捣实，养护达一定强度后再砌井体。

4）井墙砌筑：

（1）基础底板上铺砂浆层，然后砌筑井座。

（2）收水井砌筑前，按墙身位置挂线，先找好四角，符合标准图尺寸，检查边线与侧石边线吻合后再向上砌筑，砌至一定高度时，随砌随将内墙用 1∶1.25 的水泥砂浆抹面，要抹两遍，第一遍抹平，第二遍压光，总厚 15mm。做到抹面密实、光滑平整，不起鼓、不开裂，井外用 1∶4 的水泥砂浆搓缝，也应随砌随搓，使外墙严密。

（3）常温砌墙用砖要洒水，不准用干砖砌筑，砌砖用 1∶4 的水泥砂浆。

（4）墙身每砌起 300mm 及时用碎砖还槽并灌 1∶4 的水泥砂浆。亦可用 C10 水泥混凝土回填，做到回填密实，以免回填不实使井周路面产生局部沉降。

（5）内壁抹面应随砌井随抹面，但最多不准超过三次抹面，接缝处要注意抹好压实。

（6）当砌至支管顶时，应将露在井内的管头与井壁内口相平，用水泥砂浆将管口与井壁接好。周围抹平抹严。墙身砌至要求标高时，用水泥砂浆卧底安装铸铁井框、井算，做到井框四角平稳。其收水井标高控制在比路面低 15～30mm。收水井沿侧石方向每侧接顺长度为 20mm，垂直道路方向接顺长度为 500mm，便利聚水和泄水。要从路面基层开始注意接顺，不要只在路表面层找齐。

（7）收水井砌完后，应将井内砂浆碎砖等一切杂物清除干净，拆除管堵。

（8）井底用 1∶2.5 的水泥砂浆标出坡向雨水管的泛水坡。

（9）多算式收水井砌筑方法和单算式同。水泥混凝土过梁位置必须放准确。

三、园路及广场的雨水管工程

1. 一般要求

(1) 雨水支管是将收水井内的集水流入雨水管道或合流管道检查井内的构筑物。

(2) 雨水支管必须按设计图纸的管径与坡度埋设，管线要顺直，不得有拱背、洼心等现象，接口要严密。

(3) 管顶覆土小于400mm时，采用360°包管处理。

2. 施工

1) 刨槽

(1) 测量人员按设计图上的雨水支管位置、管底高程定出中心线桩橛并标记高程。根据开槽宽度，放开槽灰线，槽底宽一般采用管径外皮之外每边加宽30mm。

(2) 根据园路结构厚度和支管覆土要求，确定在路槽或一步灰土完成后反开槽，开槽原则是能在路槽开槽就不在一步灰土反开槽，以免影响结构层整体强度。

(3) 挖至设计槽底基础表面后挂中心线，检查宽度和高程是否平顺，修理合格后再按基础宽度与深度要求，立槎挖土直至槽底做成基础土模，清底至合格高程即可打混凝土基础。

2) 四合一法施工（即基础、铺管、八字混凝土、抹箍同时施工）

(1) 基础：浇筑C10级水泥混凝土基础，将混凝土表面做成弧形并捣实，混凝土表面要高出弧形槽10～20mm，靠管口部位应铺适量1∶2的水泥砂浆，以便稳管时挤浆使管口与下一个管口粘结严密，以防接口漏水。

(2) 铺管：在管外皮一侧挂边线，控制下管高程、顺直度与坡度。

3) 承插口管按有关规定施作。

4) 支管沟槽回填

(1) 回填应在管座混凝土强度达到50%以上方可进行。

(2) 回填应在管子两侧同时进行。

(3) 雨水支管回填按设计或用12%的预拌灰土回填，管顶400mm范围内用人工夯实，压实度要与道路结构层相同。

四、园路及广场收水井、雨水管工程的质量检验

1. 主控项目

(1) 地面以下的隐蔽工程，在监理工程师批准之前，不能覆盖或进行下一道工序。

(2) 沟槽回填所用材料及压实度应达到设计要求。

2. 一般项目

(1) 井壁砂浆要饱满，灰缝平整，抹面压光不得起鼓、开裂，不得使用干砖砌筑，井外壁应搓缝严密。

(2) 中框、井算、井盖必须完整无损，安装平稳。

(3) 井内严禁积有残留杂物，井周还土必须压实，用骨料或砂浆回填必须振捣密实。

(4) 收水井口要低于路面，与路边保持平行，距路侧缘石不大于50mm。

(5) 支管必须顺直，不得有倒坡和错口，接口严密，管头应与井壁齐，管内不得有杂物。

(6) 收水井、支管允许偏差见表8.2-3。

收水井、支管允许偏差　　　　　　　　表8.2-3

项　目	允许偏差 (mm)	检验频率		检验方法
		范围	点数	
井框与井壁吻合	−20～−30	座	1	钢尺量

项 目	允许偏差 (mm)	检验频率		检验方法
		范围	点数	
井框高程	±5	座	2	水准仪测
井位与路边线距离	0～±20	座	2	钢尺量
井内尺寸	±20	座	1	钢尺量
支管高程	符合设计要求	10m	1	水准仪测
砂浆强度（MPa）	符合设计要求	10座	1	—

第九章 园林供电照明工程的质量控制

园林供电照明工程是园林工程的重要组成部分，涉及人身安全。特别要加强电气设备、材料进场检查验收和各项工序的交接确认。开工前应了解设计图纸，参加设计交底，制订施工方案。施工现场应有相应的施工技术标准、健全的质量管理体系、施工质量控制和质量检验制度，并按照批准的设计图纸进行施工。安装电工及电气调试人员必须持证上岗。安装和调试的各类计量器具，应检定合格，使用时必须在有效期内。

第一节 低压直埋电缆工程的质量控制

一、一般要求

1. 直接埋在地下的电缆宜采用聚氯乙烯护套包装电缆。

2. 电缆沟槽的槽底土层良好，无石块等硬杂物。电缆周围土壤不应含有酸碱强液体、石灰、炉渣等腐蚀性物质。

3. 电缆埋深不应小于 0.7m，在严寒地区应敷设在冰冻层以下。

4. 电缆相互交叉，与非热力管道和沟道交叉，以及穿越道路和墙壁时，都应穿在保护管中。保护管长度应超出交叉点前后 1m，交叉净距不得小于 250mm，保护管内径不得小于电缆外径的 1.5 倍。电缆直埋或在保护管中不得有接头。

5. 电缆之间、电缆与管道之间平行和交叉时的最小净距应符合表 9.1-1 的规定。

电缆之间、电缆与管道之间平行和交叉的最小净距　　　　　　　表 9.1-1

项　　目	最小净距（m）	
	平行	交叉
不同使用部门的电缆间	0.5	0.5
电缆与地下管道间	0.5	0.5
电缆与油管道、可燃气体管道间	1.0	0.5
电缆与热管道及热力设备间	2.0	0.5

6. 电缆敷设时，应从盘的上端引出，不应使电缆在支架上及地面摩擦拖拉。电缆外观应无损伤，绝缘良好，不得有铠装压扁、电缆绞拧、护层折裂等机械损伤。电缆在敷设前应用 500V 兆欧表进行绝缘电阻测量，阻值不得小于 10MΩ。

7. 电缆在任何敷设方式及全部路径条件的上、下、左、右改变部位，其弯曲半径应符合下列规定：

（1）聚氯乙烯绝缘为电缆外径的 10 倍。

（2）聚氯乙烯铠装电缆为电缆外径的 20 倍。

8. 电缆敷设完毕，上面应铺以 100mm 厚的软土或细砂，然后盖上混凝土保护板，覆盖宽度应超过电缆直径两侧以外各 50mm。在一般情况下，也可用砖代替混凝土保护板。

9. 直埋电缆沟回填土应分层夯实。

10. 电缆在灯杆两侧预留量不应小于 0.5m。

11. 电缆从地下或电缆沟引出地面时应加保护管，保护管的长度不得小于 2.5m，并应采用抱箍固定，固定点不得小于 2 处。

12. 电缆在直线段，每隔 50～100m、转弯处、进入建筑物等处应设置固定明显的标志。

二、主控项目

电缆品种、规格、质量符合设计要求，电缆的耐压实验结果、泄漏电流和绝缘电阻符合规定：

1. 封闭严实、填料灌注饱满，无气泡、渗油现象；芯线连接紧密，绝缘带包扎严密，防潮涂料刷均匀；封铅表面光滑，无砂眼、裂纹。

2. 交联聚氯乙烯电缆头的半导体带、屏蔽带包缠不超越应力锥中间最大处，锥体坡度均匀，表面光滑。

3. 电缆头安装、固定牢靠，相序正确。直埋电缆头保护措施完善，标志准确清晰。

三、一般项目

1. 电缆直埋时，沿电缆全长上下铺设细土或砂层的厚度及保护板符合设计要求。

2. 直埋电缆沟，沟内无杂物，符合要求。

3. 电缆保护管不应有孔洞、裂缝和明显的凹凸不平，内壁应光滑、无毛刺。

4. 电缆最小允许弯曲半径应符合表 9.1-2 的要求。

电缆最小允许弯曲半径 表 9.1-2

项次	项 目			允许偏差或弯曲半径	检查方法
1	明设成排支架相互间高低差			10mm	尺量
2	电缆最小允许弯曲半径	油浸低绝缘电力电缆	单芯	≥20d	尺量
			多芯	≥15d	尺量
		橡胶绝缘电力电缆	橡皮或聚氯乙烯套	≥10d	尺量
			裸铅护套	≥15d	尺量
			铅护套钢带铠装	≥20d	尺量
		塑料绝缘电力电缆		≥0d	尺量
		控制电缆		≥10d	尺量

第二节 电线导管、电缆导管和线槽敷设的质量控制

一、一般要求

1. 导管和线槽进场应进行验收并查验合格证。

2. 电线、电缆钢导管的敷设：

(1) 钢导管可分为镀锌钢导管和非镀锌钢导管：壁厚大于 2mm 的钢导管称为厚壁钢导管，壁厚小于等于 2mm 的钢导管称为薄壁钢导管。

(2) 钢导管在加工前应对导管外观进行检查，不合标准的管材不能加工，用到工程中去。

(3) 非镀锌钢导管应除锈和涂漆。

(4) 弯管可随构筑物结构形状进行，但应尽量减少弯头。钢管弯曲处不应出现凹凸和裂缝，弯扁程度不应大于管外径的 10%。

(5) 导管一般采用套管连接。

(6) 钢导管接地必须以 PE 或 PEN 线连接。

3. 绝缘导管（刚性 PVC 管）的敷设

（1）导管选择。在施工中一般采用热塑性塑料制成的硬塑料管。

（2）明敷设塑料管壁厚度不应小于 2mm，暗敷设的不应小于 3mm。

（3）撼弯要求。明管敷设弯曲半径不应小于管径的 6 倍；埋设在混凝土内时不小于管径的 10 倍。塑料管加热时，不得将管烤伤、烤变色以及有显著凹凸变形。凹偏度不得大于管径的 1/10。

二、主控项目

1. 金属的导管和线槽必须接地（PE）或接零（PEN）可靠，并符合下列规定：

（1）镀锌的钢导管、可挠性导管和金属线槽不得熔焊跨接接地线，以专用接地卡跨接的两卡间连线为铜芯软导线，截面积不小于 4mm²。

（2）当非镀锌钢导管采用螺纹连接时，连接处的两端焊跨接接地线，当镀锌钢导管采用螺纹连接时，连接处的两端用专用接地卡固定跨接接地线。

（3）金属线槽不作设备的接地导体，当设计无要求时，金属线槽全长不少于 2 处与接地（PE）或接零（PEN）干线连接。

（4）非镀锌金属线槽间连接板的两端跨接铜芯接地线，镀锌线槽间连接板的两端不跨接接地线，但连接板两端少于 2 个有防松螺母或防松垫圈的连接固定螺栓。

2. 金属导管严禁对口熔焊连接；镀锌和壁厚小于等于 2mm 的钢导管不得套管熔焊连接。

3. 当绝缘导管在砌体上剔槽埋设时，应采用强度等级不小于 M10 的水泥砂浆抹面保护，保护层厚度大于 15mm。

三、一般项目

1. 室外埋地敷设的电缆导管，埋深不应小于 0.7m。壁厚小于等于 2mm 的钢电线导管不应埋设于室外土壤内。

2. 室外导管的管口应设置在盒、箱内。在落地式配电箱内的管口，箱底无封板的，管口应高出基础面 50～80mm。所有管口在穿入电线、电缆后应作密封处理。由箱式变电所或落地式配电箱引向建筑物的导管，建筑物一侧的导管管口应设在建筑物内。

3. 电缆导管的弯曲半径不应小于电缆最小允许弯曲半径，电缆最小允许弯曲半径应符合《建筑电气工程施工质量验收规范》（GB 50303—2002）表 12.2.1-1 的规定。

4. 金属导管内外壁应作防腐处理；埋设于混凝土内的导管内壁应作防腐处理，外壁可不作防腐处理。

5. 室内进入落地式柜、台、箱、盘内的导管管口应高出柜、台、箱、盘的基础面 50～80mm。

6. 暗配的导管，埋设深度与建筑物、构筑物表面的距离不应小于 15mm；明配的导管应排列整齐，固定点间距均匀，安装牢固；在终端、弯头中点或柜、台、箱、盘等边缘的距离 150～500mm 范围内设有管卡，中间直线段管卡间的最大距离应符合表 9.2-1 的规定。

管卡间最大距离　　　　　　　表 9.2-1

敷设方式	导管种类	导管直径（mm）				
		15～20	25～32	32～40	50～65	65 以上
		管卡间最大距离（m）				
支架或沿墙明敷	壁厚>2mm 的刚性钢导管	1.5	2.0	2.5	2.5	3.5
	壁厚≤2mm 的刚性钢导管	1.0	1.5	2.0	—	—
	刚性绝缘导管	1.0	1.5	1.5	2.0	2.0

7. 线槽应安装牢固，无扭曲变形，紧固件的螺母应在线槽外侧。

8. 绝缘导管敷设应符合下列规定：

（1）管口平整光滑，管与管、管与盒（箱）等器件采用插入法连接时，连接处结合面涂专用胶合剂，接口牢固密封。

（2）直埋于地下的楼板内的刚性绝缘导管，在穿出地面或楼板易受机械损伤的一段，采取保护措施。

（3）当设计无要求时，埋设在墙内或混凝土内的绝缘导管，采用中型以上的导管。

（4）沿建筑物、构筑物表面和在支架上敷设的刚性绝缘导管，按设计要求装设温度补偿装置。

9. 金属、非金属柔性导管敷设应符合下列规定：

（1）刚性导管经柔性导管与电气设备、器具连接，柔性导管的长度在动力工程中不大于0.8m，在照明工程中不大于1.2m。

（2）可挠金属管或其他柔性导管与刚性导管或电气设备、器具间的连接采用专用接头；复合型可挠金属管或其他柔性导管的连接处密封良好，防液覆盖层完整无损。

（3）可挠性金属导管和金属柔性导管不能作接地（PE）或接零（PEN）的接续导体。

10. 导管和线槽，在建筑物变形缝处，应设补偿装置。

第三节　电线、电缆穿管和线槽敷线的质量控制

一、一般要求

1. 电线、电缆进场应进行验收并检查合格证等文件。

2. 穿线前钢管管口处应先装上管螺母或护口，以免穿线时损坏导线绝缘层。穿线时，管口两端要分别有人缓慢送入和拉出。当管长且弯多时，可用滑石粉润滑，但不能使用油脂或石墨粉等，以免损坏导线绝缘层，造成短路事故。

3. 导线穿入钢管时，管口处应装设护线套保护导线，在不进入接线盒（箱）的垂直管口，穿入导线后应将管口密封。

4. 导线在变形缝处，补偿装置应灵活自如，导线应留有一定的余量。

5. 穿入管内的绝缘导线，不准接头和局部绝缘破损及有死弯。导线外径总截面积不应超过管内面积的40%。

6. 敷设于垂直管路中的导线，当超过下列长度时应在管口处和接线盒中加以固定：

（1）截面积为 50mm² 及以下的导线长度为 30m。

（2）截面积为 70~95mm² 的导线长度为 20m。

（3）截面积为 180~240mm² 的导线长度为 18m。

二、主控项目

1. 三相或单相的交流单芯电缆，不得单独穿于钢导管内。

2. 不同回路、不同电压等级和交流与直流的电线，不应穿于同一导管内；同一交流回路的电线应穿于同一金属导管内，且管内电线不得有接头。

3. 爆炸危险环境照明线路的电线和电缆额定电压不得低于 750V，且电线必须穿于钢导管内。

三、一般项目

1. 电线、电缆穿管前，应清楚管内杂物和积水。管口应有保护措施，不进入接线盒（箱）的垂直管口穿入电线、电缆后，管口应密封。

2. 当采用多相供电时，同一建筑物、构筑物的电线绝缘层颜色选择应一致，即保护地线（PE线）应是黄绿相间色，零线用淡蓝色；相线用：A相—黄色、B相—红色。

3. 线槽敷线应符合下列规定：

(1) 电线在线槽内有一定余量，不得有接头。电线按回路编号分段绑扎，绑扎点间距不应大于2m。

(2) 同一回路的相线和零线，敷设于同一金属线槽内。

(3) 同一电源的不同回路无抗干扰要求的线路用隔板隔离，或采用屏蔽电线且屏蔽护套一端接地。

第四节　电缆头制作、接线和线路绝缘测试

一、一般要求

1. 电线、电缆接线必须正确，并联运行的电线电缆型号、规格、长度、相位相一致。

2. 1kV以下电气绝缘电阻检测工具应根据电气安装工程的不同类别和特性分级选用电表。

3. 线路绝缘测试前应注意首先验表。

4. 电缆绝缘电阻检测时，中途不得停转；人体不得触及任何带电部分；摇测时间不少于1min。

5. 线路绝缘电阻测试，低压三相五线制电源（TN—S）应用500V的兆欧表遥测。

6. 导线连接施工，自检合格后应报监理工程师进行确认。

二、主控项目

1. 高压电力电缆直流耐压试验必须按《建筑电气工程施工质量验收规范》（GB 50303—2002）第3.1.8条的规定交接试验合格。

2. 低压电线和电缆，线间和线对地间的绝缘电阻值必须大于0.5MΩ。

3. 铠装电力电缆头的接地线应采用铜绞线或镀锡铜编织线，截面积不应小于表9.4-1的规定。

电缆芯线和接地线截面积（mm²）　　　　　　　　　　　　表9.4-1

电缆芯线截面积	接地线截面积	电缆芯线截面积	接地线截面积
120及以下	16	150及以上	25

注：电缆芯线截面积在16mm²及以下，接地线截面积与电缆芯线截面积相等。

4. 电线、电缆接线必须准确，并联运行与电缆的型号、规格、长度、相位应一致。

三、一般项目

1. 芯线与电气设备的连接应符合下列规定：

(1) 截面积在10mm²及以下的单股铜芯线和单股铝芯线直接与设备、器具的端子连接。

(2) 截面积在2.5mm²及以下的多股铜芯线拧紧搪锡或接续端子后与设备、器具的端子连接。

(3) 截面积大于2.5mm²的多股铜芯线，除设备自带插接式端子外，接续端子后与设备或器具的端子连接；多股铜芯线与插接式端子连接前，端部拧紧搪锡。

(4) 多股铝芯线连接端子后与设备、器具的端子连接。

(5) 每个设备和器具的端子接线不多于2根电线。

2. 电线、电缆的芯线连接金具（连接管和端子），规格应与芯线的规格适配，且不得采用开口端子。

3. 电线、电缆的回路标记应清晰，编号准确。

第五节　成套配电柜、控制柜（屏、台）和动力照明配电箱（盘）安装的质量控制

一、一般要求

1. 材料、设备进场验收要求见本书第二章第二节第十七项条款的要求。

2. 基础型钢制作安装：

（1）按照设计图进行基础测量放线。

（2）对型钢进行调直、除锈后，下料钻孔、焊接框架。

（3）将型钢框架准确地放置在测量位置上，并测出型钢的中心线、标高尺寸等，用水平尺找出误差，每米不超过1mm，全长不超过5mm，水平偏低时，可用铁片垫高，水平调好后，可将型钢焊在预埋底座上，以使其固定。

（4）一般型钢基础可靠接地，可用扁钢将其与接地网焊接，接地点不应少于两边，焊接面为扁钢宽度的两倍，应将三个棱边焊牢。露出地面的型钢部分应涂防腐漆。

3. 盘柜组立，立柜应在浇筑基础型钢的混凝土凝固后进行。

（1）立柜前，先按图纸规定的顺序将配电柜作标记，将其搬放在安装位置。

（2）立柜时，可先把每个柜调整到大致的水平位置，然后再精确地调整第一个柜，再以第一个柜为标准将其他柜逐次调整。

（3）配电柜的水平调整，可用水平尺测量，调整好的配电柜，应盘面一致，排列整齐，柜与柜之间应用螺栓拧紧，应无明显缝隙，配电柜的水平误差不应大于1/1000，垂直误差不应大于其高度的1.5/1000。

（4）调整完毕后再全部检查一遍，达到质量要求，然后用电焊（或连接螺栓）将配电柜底座固定在基础型钢上。

（5）如用电焊，每个柜的焊缝不应少于四处，每处焊缝长约100mm，焊接时，应把垫于柜下的垫片也焊在基础钢上。

盘、柜安装允许偏差值见表9.5-1。

盘、柜安装的允许偏差值　　　　　　　　　　　　　　　　表 9.5-1

序号	项　　目		允许偏差（mm）
1	垂直度（每米）		<1.5
2	水平偏差	相邻两盘顶部	<2
3	盘面偏差	成列盘顶部	<5
4	盘间接缝	相邻两盘边	<5
		成列盘面	<5
		相互间接缝	<2

（6）低压成套配电柜、控制柜（屏、台）和电力、照明配电柜（盘）应有可靠的电击保护。柜（屏、台、箱、盘）内保护导体应有裸露的连接外部保护导体的端子。

4. 柜（盘）安装

1）柜（盘）在室内的位置按图施工。

2）配电柜应按一定的位置作基准线，将柜（盘）按规定的顺序比照基准线安装就位，其四角可采用开口钢垫板找平找正（钢垫板尺寸一般为40mm×40mm×1(2.5)mm）。

3）找平找正后，即可将柜体与基础槽钢、柜体与柜体、柜体与两侧挡板固定牢固。柜体与柜体，柜体与两侧挡板采用螺栓连接。柜体与基础槽钢最好采用螺栓连接，如果图纸说明是采用点焊时，按图纸制作。

4）配电柜（盘）上的电器安装：

（1）规格、型号应符合设计要求，外观应完整，且附件完全、排列整齐、固定可靠、密封良好。

（2）各电器应能单独拆装更换而不影响其他电器及导线束的固定。

（3）发热元件宜安装于柜顶。

（4）熔断器的熔体规格应符合设计要求。

（5）电流试验柱及切换压板装置应接触良好；相邻压板间应有足够距离，切换时不应碰及相邻的压板。

（6）信号装置回路应显示准确，工作可靠。

（7）柜（盘）上的母线应采用直径不小于 6mm 的铜棒或铜管，小母线两侧应有表明其代号或名称的标志牌，字迹应清晰且不易脱色。

（8）柜（盘）上 1000V 及以下的交、直流母线及其分支线，其不同极的裸露载流部分之间及裸露载流部分与未经绝缘的金属体之间的电气间隙和漏电距离应符合表 9.5-2 的规定。

1000V 及以下柜（盘）裸露母线的电气间隙和漏电距离（mm） 表 9.5-2

类　　别	电气间隙	漏电距离
交直流低压盘、电容屏、动力箱	12	20
照明箱	10	15

5. 盘（柜）配线

1）二次回路结线应符合以下要求：

（1）按图施工，接线正确。

（2）电气回路的连接（螺栓连接、插接、焊接等）应牢固可靠。

（3）电缆芯线和所配导线的端部均应表明其回路编号，编号正确，字迹清晰且不易脱色。

（4）配线整齐、清晰、美观，导线绝缘良好，无损伤。

（5）柜、盘（屏）内的导线不应有接头。

（6）每个端子板的每侧结线一般为一根，不得超过两根。

2）柜、盘（屏）内的配线应采用截面不小于 1.5mm、电压不低于 400V 的铜芯导线，但对电子元件回路、弱点回路采用锡焊连接时，在满足载流量和电压降及有足够机械强度的情况下，可使用较小截面的绝缘导线。

3）引进柜、盘（屏）内的可控制电缆及其芯线应符合下列要求：

（1）引进盘、柜的电缆应排列整齐、避免交叉，并应固定牢固，不使所接的端子板受到机械应力。

（2）铠装电缆的钢带不应进入盘、柜内；铠装钢带切断处的端部应扎紧。

（3）用于晶体管保护、控制等逻辑回路的控制电缆，当采用屏蔽电缆时，其屏蔽层应予接地；如不采用屏蔽电缆时，则其备用芯线应有一根接地。

（4）橡胶绝缘芯线应外套绝缘管保护。

（5）柜、盘内的电缆芯线，应按垂直或水平有规律地配置，不得任意歪斜交叉连接。备用芯应留有适当余度。

4）直流回路中，具有水银接点的电器，应使电源正极接到水银侧接点的一端。

5）在绝缘导线可能遭到油类污浊的地方，应采用耐油的绝缘导线，或采取防油措施。橡皮或塑料绝缘导线应防止日光直射。

6）柜（盘）面装饰。配电柜（盘）装好后，柜（盘、屏）面油漆应完好。如漆层破坏或成列的屏（柜）面颜色不一致，应重新喷漆，使成列配电柜（盘）整齐。漆面不能出现反光炫目现象。柜（盘）的正面及背面各电器应标明名称和编号。主控制柜应有模拟母线。

6. 照明配电箱盘安装

1）弹线定位

根据设计要求，并按照箱（盘）外形尺寸进行弹线定位。配电箱安装底口距地一般为 1.5m，明装电度表板底口距地不小于 1.8m。

2）配电箱盘安装

照明配电箱（盘）安装应符合下列规定：

（1）箱（盘）不得采用可燃材料制作。

（2）箱体开孔与导管管径适配，边缘整齐，开孔位置正确，电源管应在左边，负荷管在右边。照明配电箱底边距地面为 1.5m，照明配电板底边距地面不小于 1.8m。

（3）箱（盘）内部件齐全，配线整齐，接线正确，无铰接现象。回路编号齐全，标识正确。导线连接紧密，不伤芯线、不断股。垫圈下螺栓两侧压的导线的截面积相同，同一端子上导线连接不多于 2 根，防松垫圈等零件齐全。

（4）配电箱（盘）上电器、仪表应牢固、平正、整洁，间距均匀。铜端子无松动，启闭灵活，零部件齐全，其排列间距应符合表 9.5-3 的要求。

电器、仪表排列间距要求　　　　　　　　　　　　　　表 9.5-3

间　　　距		最小尺寸（mm）	
仪表侧面之间或侧面与盘边		60	
仪表顶面或出线孔与盘边		50	
闸具侧面之间或侧面与盘边		30	
上下出线孔之间		40（隔有卡片柜），20（不隔有卡片柜）	
插入式熔断器顶面或底面与出线孔	插入式熔断器规格（A）	10～15	20
		20～30	30
		60	50
仪表、胶盖闸顶面或底面与出线孔	导线截面（mm²）	10	80
		16～25	100

（5）箱（盘）内开关动作灵活可靠，带有漏电保护的回路，漏电保护装置的设置和选型由设计确定，保护装置动作电流不大于 30mA，动作时间不大于 0.1s。

（6）照明箱（盘）内，分别设置中性线（N）和保护线（PE）汇流排，N 线盒 PE 线经汇流排配出。因照明配电箱额定容量有大小，小容量的出线回路少，仅 2～3 个回路，可以用数个接线柱（如绝缘的多孔瓷或胶木接头）分别组成 PE 和 N 接线排，但决不允许两者混合连接。

（7）箱（盘）安装牢固，安装配电箱盖紧贴墙面，箱（盘）涂层完整，配电箱（盘）垂直度允许偏差为 1.5%。

3）配电箱（盘）的固定

（1）明装配电箱（盘）的固定。在混凝土墙上固定时，有暗配管及暗分线盒和明配管两种方式。如有分线盒，先将分线盒内杂物清理干净，然后将导线理顺，分清支路和相序，按支路绑扎成束。待箱（盘）找准位置后，将导线端头引至箱内或盘上，逐个剥削导线端头，再逐个压接在器具上。同时，将保护地线压在明显的地方，并将箱（盘）调整平直后用钢架或金属膨胀螺栓固定。在电具、仪表较多的盘面板安装完毕后，应先用仪表核对有无差错，调整无误后试送电，并将卡片柜内的卡片填写好部位，编上号。如在木结构或轻钢龙骨护板墙上固定配电柜（盘）时，应采用加固措施。配管在护板墙内暗敷设并有暗接线盒时，要求盒口应与墙面平齐，在木制护板墙处应作防火处理，可涂防火漆进行防护。

（2）暗装配电箱的固定。在预留孔洞中将箱体找好标高及水平尺寸。稳住箱体后用水泥砂浆填实周边并抹平齐，待水泥砂浆凝固后再安装盘面和贴脸。如箱底与外墙平齐时，应在外墙固定金属网后再做墙面抹灰，不得在箱底板上直接抹灰。安装盘面要求平整，周边间隙均匀对称，贴脸（门）平正，不歪斜，螺栓垂直受力均匀。

（3）开关电器的通断是否可靠，接触面接触良好，辅助接点通断准确、可靠。

（4）电工指示仪表与互感器的变比，极性应连接正确、可靠。

（5）母线连接应良好，其绝缘支撑件、安装件及附件应安装牢固、可靠。

（6）熔断器的熔芯规格选用是否正确，继电器的整定值是否符合设计要求，动作是否准确可靠。

（7）绝缘电阻摇测，测量母线线间和对地电阻，测量二次结线间和对地电阻，应符合现行国家施工验收规范的规定。测量二次回路电阻时，不应损坏其他半导体元件，摇测绝缘电阻时应将其断开。绝缘电阻摇测时应作记录。

二、主控项目

1. 柜、屏、台、箱、盘的金属框架及基础型钢必须接地（PE）或接零（PEN）可靠；装有电器的可开启门，门和框架的接地端子间应用裸编织铜线连接，且有标识。

2. 低压成套配电柜、控制柜（屏、台）和动力、照明配电箱（盘）应有可靠的电击保护。柜（屏、台、箱、盘）内保护导体应有裸露的连接外部保护导体的端子，当设计无要求时，柜（屏、台、箱、盘）内保护导体最小截面积 S_p 不应小于表 9.5-4 的规定。

保护导体的截面积　　　　　　　　　　　　　　　　　　　　　　表 9.5-4

相线的截面积 $S(\text{mm}^2)$	相应保护导体的最小截面 $S_p(\text{mm}^2)$	相线的截面积 $S(\text{mm}^2)$	相应保护导体的最小截面 $S_p(\text{mm}^2)$
$S \leqslant 16$	S	$400 < S \leqslant 800$	200
$16 < S \leqslant 35$	16	$S > 800$	$S/4$
$35 < S \leqslant 400$	$S/2$		

注：S 指柜（屏、柜、箱、盘）电源进相线截面积，且两者（S、S_p）材质相同。

3. 手车、抽出式成套配电柜推拉应灵活，无卡阻、碰撞现象。动触头与静触头的中心线应一致，且触头接触紧密，投入时，接地触头先于主触头接触；退出时，接地触头后于主触头脱开。

4. 高压成套电柜必须按《建筑电气工程施工质量验收规范》（GB 50303—2002）第 3.1.8 条的规定交接试验合格，且应符合下列规定：

（1）继电保护元器件、逻辑元件、变送器和控制用计算机等单体校验合格，整组试验动作正确，整定参数符合设计要求。

（2）凡经法定程序批准，进入市场投入使用的新高压电气设备和继电保护装置，按产品技术文件要求交接试验。

5. 低压成套配电柜交接试验，必须符合《建筑电气工程施工质量验收规范》（GB 50303—2002）第 4.1.5 条的规定。

6. 柜、屏、台、箱、盘间线路的线间和线对地间绝缘电阻值，馈电线路必须大于 0.5MΩ；

二次回路必须大于 1MΩ。

7. 柜、屏、台、箱、盘间二次回路交流工频耐压试验，当绝缘电阻大于 10MΩ 时，用 2500V 兆欧表摇测 1min，应无闪络击穿现象；当绝缘电阻值在 1~10MΩ 时，作 1000V 交流工耐压试验，时间 1min，应无闪络击穿现象。

8. 直流屏试验，应将屏内电子器件从线路上退出，检测主回路线间和线对地间绝缘电阻值应大于 0.5MΩ，直流屏所附蓄电池组的充、放电应符合产品技术文件要求；整流器的控制调整和输出特性试验应符合产品技术文件要求。

9. 照明配电箱（盘）安装应符合下列规定：

（1）箱（盘）内配线整齐，无铰接现象。导线连接紧密，不伤芯线，不断股。垫圈下螺栓两侧压的导线截面积相同，同一端子上导线连接不多于 2 根，防松垫圈等零件齐全。

（2）箱（盘）内开关动作灵活可靠，带有漏电保护的回路，漏电保护装置动作电流不大于 30mA，动作时间不大于 0.1s。

（3）照明箱（盘）内，分别设置零线（N）和保护地线（PE 线）汇流排，零线和保护地线经汇流排配出。

三、一般项目

1. 基础型钢安装应符合表 9.5-5 的规定。

2. 柜、屏、台、箱、盘相互间或与基础型钢应用镀锌螺栓连接，且防松零件齐全。

3. 柜、屏、台、箱、盘安装垂直度允许偏差为 1.5‰，相互间接缝不应大于 2mm，成列盘面偏差不应大于 5mm。

基础型钢安装允许偏差　表 9.5-5

项　目	允许偏差	
	（mm/m）	（mm/全长）
不 直 度	1	5
水 平 度	1	5
不平行度	—	5

4. 柜、屏、台、箱、盘内检查试验应符合下列规定：

（1）控制开关及保护装置的规格、型号符合设计要求。

（2）闭锁装置动作准确、可靠。

（3）主开关的辅助开关切换动作与主开关动作一致。

（4）柜、屏、台、箱、盘上的标识器件标明被控设备编号及名称，或操作位置，接线端子有编号，且清晰、工整、不易脱色。

（5）回路中的电子元件不应参加交流工频耐压试验，48V 及以下回路可不作交流工频耐压试验。

5. 低压电器组合应符合下列规定：

（1）发热元件安装在散热良好的位置。

（2）熔断器的熔体规格、自动开关的整定值符合设计要求。

（3）切换压板接触良好，相邻压板间有安全距离，切换时，不触及相邻的压板。

（4）信号回路的信号灯、按钮、光字牌、电铃、电笛、事故电钟等动作和信号显示准确。

（5）外壳需接地（PE）或接零（PEN）的，连接可靠。

（6）端子排安装牢固，端子有序号，强电、弱电端子隔离布置，端子规格与芯线截面积大小适配。

6. 柜、屏、台、箱、盘间配线：电流回路应用额定电压不低于 750V、芯线截面积不小于 2.5mm² 的铜芯绝缘电线或电缆；除电子元件回路或类似回路外，其他回路的电线应采用额定电压不低于 750V、芯线截面不小于 1.5mm² 的铜芯绝缘电线或电缆。

二次回路连线应成束绑扎，不同电压等级、交流、直流线路及计算机控制线路应分别绑扎，且有标识；固定后不应妨碍手车开关或抽出式部件的拉出或推入。

7. 连接柜、屏、台、箱、盘面板上的电器及控制台、板等可动部位的电线应符合下列规定：

（1）采用多股铜芯软电线，敷设长度留有适当裕量。

（2）线束有外套塑料管等加强绝缘保护层。

（3）与电器连接时，端部绞紧，且有不开口的终端端子或搪锡，不松散、断股。

（4）可转动部位的两端用卡子固定。

8. 照明配电箱（盘）安装应符合下列规定：

（1）位置正确，部件齐全，箱体开孔与导管管径适配，暗装配电箱箱盖紧贴墙面，箱（盘）涂层完好。

（2）箱（盘）内接线整齐，回路编号齐全，标识正确。

（3）箱（盘）不采用可燃材料制作。

（4）箱（盘）安装牢固，垂直度允许偏差为 1.5‰；底边距地面为 1.5m，照明配电板底边距地面不小于 1.8m。

第六节　园林照明灯具安装的质量控制

一、一般要求

1. 采用钢管作灯具的吊杆时，钢管内径不应小于 10mm，钢管壁厚不应小于 1.5mm。

2. 吊链灯具的灯线不应受拉力，灯线应与吊链编叉在一起。

3. 软线吊灯的软线两端应做保护扣，两端芯线应搪锡。

4. 同一室内或场所成排安装的灯具，其中心线偏差不应大于 5mm。

5. 荧光灯和高压泵灯及其附件应配套使用，安装位置应便于检修。

6. 灯具固定应牢固、可靠，每个灯具固定用的螺钉或螺栓不应少于 2 个；若绝缘台直径为 75mm 以下，可采用 1 个螺钉或螺栓固定。

7. 安装室外照明灯时，一般高度不低于 3m，对墙上灯具允许高度可减为 2.5m，不足以上高度时，应加保护措施，同时尽量防止风吹而引起的摇动。

8. 接线时，相线和零线要严格区别，应将零线直接接在灯头上，相线必须经过开关再接到灯头上。

9. 螺口灯头的接线，要求如下：

（1）相线应接在中心触电的端子上，零线应接在螺纹的端子上。

（2）灯头的绝缘外壳不应有破损和漏电。

（3）对带开关的灯头，开关手柄不应有裸露的金属部分。

10. 灯具不能直接安装在可燃构件上，当灯具表面高温部位靠近可燃物时，应采取隔热、散热措施。

11. 对装有白炽灯泡的吸顶灯，灯泡不能紧贴灯罩，当灯泡与绝缘台之间的距离小于 5mm 时，灯泡与绝缘台之间应采取隔热措施。

12. 公共场所用的应急照明灯和疏散指示灯，应有明显的标志，无专人管理的公共场所照明宜装设自动节能开关。

13. 当吊灯灯具重量超过 3kg 时，应采取预埋吊钩或螺栓固定；当软线吊灯灯具重量超过 1kg 时，应增设吊链。

14. 固定在移动结构上的灯具，其导线宜敷设在移动构架的内侧，当移动构架活动时，导线不应受拉力的磨损。

15. 每套路灯应在相线上装设熔断器，由架空线引入路灯的导线，在灯具入口处应做防水弯。

16. 高压汞灯、碘钨灯安装一般要求

1) 高压汞灯安装

(1) 安装接线时，一定要分清楚高压汞灯是外接镇流器还是自镇流。而带镇流器的高压汞灯必须使镇流器与汞灯相匹配。

(2) 高压汞灯应垂直安装，若水平安装时其亮度要减少 7%，并容易自灭。

(3) 由于高压汞灯的外玻璃壳温度很高，可达 150～250℃，因此，必须使用散热良好的灯具。

(4) 电源电压要尽量保持稳定，若电压降至 5%，灯泡就可能自灭，而再次启动点燃的时间又较长，因此高压汞灯不应接在电压被动较大的线路上。当作为路灯、厂房照明灯时，应采取调压或稳压措施。

(5) 镇流器宜装在灯具附近人体不能触及的地点，并应在镇流器接线桩上覆盖保护物，若镇流器装在室外，应采取防雨措施。

2) 碘钨灯安装

(1) 碘钨灯必须保持水平位置，其倾斜度不应大于 4/100。

(2) 电源电压的变化一般不应超过 ±2.5%，当电压超过额定电压的 5% 时，寿命将缩短一半。

(3) 灯管要配用专用灯罩，在室外使用时应注意防雨（雪）。

(4) 由于碘钨灯工作时管壁温度很高，可达 600℃ 左右，应注意散热，要与易燃物保持一定距离。

(5) 安装使用前应使用酒精擦去灯管外壁的油污，以防止在高温下形成斑点而影响灯管的亮度。

(6) 灯脚引线必须采用耐高温的导线，或用裸体导线连接，并在裸体导线上加穿耐高温的小瓷管，不得随意改用普通导线。电源线与灯线的连接应用良好的瓷接头，靠近灯座的导线应套耐高温的瓷套管或玻璃纤维管。连接处必须接触良好，以免灯脚在高温下氧化并引起灯管封接处炸裂。

二、室外彩灯安装的质量检验

1. 主控项目

(1) 建筑物顶部彩灯采用有防雨性能的专用灯具，灯罩要拧紧。

(2) 彩灯配线管路按明配管敷设，且有防雨功能。管路间、管路与灯头盒间螺纹连接，金属导管及彩灯的构架、钢索等可接近裸露导体接地（PE）或接零（PEN）可靠。

(3) 垂直彩灯悬挂挑壁采用不小于 10 号的槽钢。端部吊挂钢索用的吊钩螺栓直径不小于 10mm，螺栓在槽钢上固定，两侧有螺母，且加平垫及弹簧垫圈紧固。

(4) 悬挂钢丝绳直径不小于 4.5mm，底把圆钢直径不小于 16mm，地锚采用架空外线用拉线盘，埋设深度大于 1.5m。

(5) 垂直彩灯采用防水吊线灯头，下端灯头距离地面高于 3m。

2. 一般项目

(1) 建筑物顶部彩灯灯罩完整。

(2) 彩灯电线导管防腐完好，敷设平整、顺直。

三、园林景观灯安装的质量检验

1. 主控项目

(1) 每套灯具的导电部分对地绝缘电阻值大于 2MΩ。

(2) 在人行道等人员来往密集场所安装的落地式灯具，无围栏防护，安装高度距地面 2.5m

以上。

（3）金属构架和灯具的可接近裸露导体及金属软管的接地（PE）或接零（PEN）可靠，且有标识。

（4）水池和喷泉灯具的等电位联结应可靠，且有明显标识，其电源的专用漏电保护装置应全部检测合格。自电源引入灯具的导管必须采用绝缘导管，严禁采用金属或有金属护层的导管。

2. 一般项目

（1）景观照明灯具构架应固定可靠，地脚螺栓拧紧，备帽齐全，灯具螺栓紧固、无遗漏。灯具外露的电线或电缆应有柔性金属导管保护。

（2）水下照明灯具应具有抗蚀性和耐水结构，并具有一定的机械强度。

四、园林庭院灯具安装的质量检验

1. 主控项目

（1）每套灯具的导电部分对地绝缘电阻值大于 $2M\Omega$。

（2）立柱式路灯、落地式路灯、特种园艺灯等灯具与基础固定牢靠，地脚螺栓、备帽齐全，灯具的接线盒或熔断器以及盒盖的防水密封垫完整。

（3）金属立柱及灯具等可接近裸露导体接地（PE）或接零（PEN）可靠，接地线单设干线，干线沿庭院灯布置成环网状，并不少于 2 处与接地装置引出线连接。由干线引出支线与金属灯柱及灯具的接地端子连接，并有标识。

2. 一般项目

（1）灯具的自动通、断电源控制装置动作准确，每套灯具熔断器盒内熔体齐全，规格与灯具适配。

（2）架空线路电杆上的路灯，固定牢靠，紧固件齐全、拧紧，灯位正确；每套灯具配有熔断器保护。

（3）落地式灯具底座与基础应吻合，预埋地脚螺栓位置准确，螺纹完整，无损伤。

（4）落地式灯具预埋电源接线盒宜位于灯具底座基础内。

（5）灯具内留线的长度适宜，多股软线头应搪锡，接线端子压接牢固、可靠。

第七节　插座、开关安装的质量控制

一、一般要求

刀开关的选用和安装

1）刀开关的选用

（1）结构形式的选择，主要应考虑刀开关在线路中的作用，以及在成套配电装置中的安装位置。用刀开关来分断负载时，应选用带灭弧罩且用杠杆来操作的刀开关；用来隔离电源时，可选用不带灭弧罩的刀开关；当需要在正面操作时，应选用中央手柄操作方式或中央正面杠杆操作方式的刀开关；当需要侧面操作时，可选用侧面手柄操作式或侧方正面杠杆操作式的刀开关。

（2）开关等级的选用，选择时不可只考虑电路的正常工作电流，还必须考虑电路中可能出现的最大短路电流，以确保开关在通过峰值电流时具有必要的动稳定度和热稳定度。否则，应选增大一级额定电流的刀开关。

2）安装

（1）应垂直安装，最大倾斜度不得超过 5°，并使插座位于上方。

（2）将母线接在刀开关接线端子上时，要防止产生过大的扭应力，同时还要保证二者接触良好。

（3）刀片与固定触点的接触良好，大电流触点或刀片可适量加润滑油（脂）。

（4）有消弧触点的刀开关，各相的分闸动作应一致。

（5）双投刀开关在分闸位置时，刀片应可靠地固定，应使刀片不能自行合闸。

（6）安装杠杆操作机构时，应调节好连杆的长度，以保证操作到位和操作良好。

（7）开关的动触点与两侧连接片距离应调整均匀，合闸后接触面应压紧，刀片与静触点中心线应在同一平面，而刀片不能摆动。

二、园林建筑物、构筑物的插座、开关安装质量检验

1. 主控项目

1）当交流、直流或不同电压等级的插座安装在同一场所时，应有明显区别，且必须选择不同结构、不同规格和不能交换的插座；配套的插头应按交流、直流或不同电压等级区别使用。

2）插座接线应符合下列规定：

（1）单相两孔插座，面对插座的右孔或上孔接相线，左孔或下孔与零线连接；单相三孔插座，面对插座的右孔与相线连接，左孔与零线连接，上孔接地线。

（2）单相三孔、三相四孔及三相五孔插座的接地（PE）或接零（PEN）线接在上孔。插座的接地端子不与零线端子连接，同一场所的三相插座，接线的相序一致。

（3）接地（PE）或接零（PEN）线在插座间不串联连接。

3）特殊情况下插座安装应符合下列规定：

（1）当接插有触电危险家用电器和电源时，采用能断开电源的带开关插座，开关断开相线。

（2）潮湿场所采用密封型并带保护地线触头的保护型插座，安装高度不低于1.5m。

4）照明开关安装应符合下列规定：

（1）同一建筑物、构筑物的开关采用同一系列的产品、开关的通断位置一致，操作灵活、接触可靠。

（2）相线经开关控制；民用住宅无软线引至床边和床头开关。

2. 一般项目

1）插座安装应符合下列规定。

（1）当不采用安全型插座时，幼儿园、小学等儿童活动场所所安装的高度不小于1.8m。

（2）暗装的插座面板紧贴墙面，四周无缝隙，安装牢固，表面光滑整洁、无碎裂、划伤，装饰帽齐全。

（3）车间及试（实）验室的插座安装高度距地面不小于0.3m，特殊场所暗装的插座不小于0.15m；同一室内插座安装高度一致。

（4）地插座面板与地面齐平或紧贴地面，盖板固定牢固，密封良好。

2）照明开关安装应符合下列规定：

（1）开关位置便于操作，开关边缘距门框边缘的距离0.15～0.2m，开关距地面高度1.3m；拉线开关距地面高度2～3m，层高小于3m时，拉线开关距顶板不小于100mm，拉线出口垂直向下。

（2）相同型号并列安装及同一室内开关安装高度一致，且控制有序，不错位。并列安装的拉线开关的相邻间距不小于20mm。

（3）暗装的开关面板应紧贴墙面，四周无缝隙，安装牢固，表面光滑、整洁，无碎裂、划伤，装饰帽齐全。

第八节　接地装置安装的质量控制

一、一般要求

1. 接地保护的主要内容

(1) 电动机、变压器、电器、开关、携带式或移动式用电设备的金属底座及外壳。

(2) 电气设备的传动装置。

(3) 互感器的二次绕组。

(4) 配电屏、控制柜（台）、保护屏及配电箱（柜）等的金属外壳或构架。

(5) 配电装置的金属构架、钢筋混凝土构架以及靠近带电部位的金属遮栏或围栏。

(6) 电缆接头盒、终端盒的金属外壳、电缆保护钢管以及电缆的金属护套、屏蔽层、金属支架等。

(7) 装避雷线的电力线路的杆塔。

(8) 非沥青地面的居民区内，无避雷线的小电流接地架空电力线路的金属杆塔或钢筋混凝土杆塔。

2. 电气设备的下列金属部分，除特殊规定要求外，可不接地

(1) 在木质、沥青等不良导电地面的干燥房间内，交流额定电压 380V 及以下、直流额定电压 44V 及以下的电气设备的外壳，但当维护人员可能同时触及电气设备外壳和接地物体时以及爆炸危险场所除外。

(2) 在干燥场所，交流额定电压 127V 及以下、直流额定电压 440V 及以下的电气设备外壳，但爆炸危险场所除外。

(3) 安装在屏、柜、箱上的电气测量仪表、继电器和其他低压电器的外壳以及当其发生绝缘损坏时，在支持物上不会引起危险电压的绝缘子金属底座。

(4) 安装在已接地的金属构架上的设备，如穿墙套管，但应保证其底座与构架接触良好，爆炸危险场所除外。

(5) 额定电压 220V 及以下的蓄电池室内的金属支架。

(6) 木杆塔、木构架上绝缘子的金具、横担。

二、主控项目

1. 人工接地装置或利用建筑物基础钢筋的接地装置必须在地面以上按设计要求位置设测试点。

2. 测试接地装置的接地电阻值必须符合设计要求。

3. 防雷接地的人工接地装置的接地干线埋设，经人行通道处埋地深度不应小于 1m，且应采取均压措施或在其上方铺设乱石或沥青地面。

4. 接地模块顶面埋深不应小于 0.6m，接地模块间距不应小于模块长度的 3～5 倍。接地模块埋设基坑，一般为模块外形尺寸的 1.2～1.4 倍，且在开挖深度内详细记录地层情况。

5. 接地模块应垂直或水平就位，不应倾斜设置，保持与原土层接触良好。

三、一般项目

1. 当设计无要求时，接地装置顶面埋设深度不应小于 0.6m。圆钢、角钢及钢管接地极应垂直埋入地下，间距不应小于 5m。接地装置的焊接应采用搭接焊，搭接长度应符合下列规定：

(1) 扁钢与扁钢搭接为扁钢宽度的 2 倍，不少于三面施焊。

(2) 圆钢与圆钢搭接为圆钢直径的 6 倍，双面施焊。

(3) 圆钢与扁钢搭接为圆钢直径的 6 倍，双面施焊。

(4) 扁钢与钢管，扁钢与角钢焊接，紧贴角钢外侧两面，或紧贴 3/4 钢管表面，上下两侧施焊。

(5) 除埋设在混凝土中的焊接接头外，有防腐措施。

2. 当设计无要求时，接地装置的材料采用钢材，热浸镀锌处理，最小允许规格、尺寸应符合表 9.8-1 的规定。

3. 接地模块应集中引线，用干线把接地模块并联焊接成一个环路，干线的材质与接地模块焊接点的材质应相同，钢制的采用热浸镀锌扁钢，引出线不小于2处。

最小允许规格、尺寸表 9.8-1

种类、规格及单位		敷设位置及使用类别			
		地上		地下	
		室内	室外	交流电流回路	直流电流回路
圆钢直径（mm）		6	8	10	12
扁钢	截面（mm²）	60	100	100	100
	厚度（mm）	3	4	4	6
角钢厚度（mm）		2	2.5	4	6
钢管管壁厚度（mm）		2.5	2.5	3.5	4.5

第九节　照明通电试运行

一、主控项目

1. 照明系统通电，灯具回路控制应与照明配电箱及回路的标识一致；开关与灯具控制顺序相对应，风扇的转向及调速开关应正常。

2. 公用建筑照明系统通电连续试运行时间应为24h，民用住宅照明系统通电连续试运行时间应为8h。所有照明灯具均应开启，且每2h记录运行状态1次，连续试运行时间内无故障。

二、一般项目

查验须作接零、接地的部分。

1. 电气装置的下列金属部分，均应作接零或接地保护（PE、PEN）：

（1）变压器、配电柜（箱、盘）等金属底座或外壳。

（2）室内外配电装置的金属构架及靠近带电部位的金属遮栏和金属门。

（3）电力电缆的金属护套、接线盒和保护管。

（4）配电和路灯的金属塔杆。

（5）其他因绝缘可能使其带电的外露导体。

2. 在中性点直接接地的路灯低压网中，金属灯杆、配电箱等电气设备的外壳宜采用低压接零保护。

3. 保护接零时，在线路分支、首端及末端应安装重复接地装置，接地装置的接地电阻值按设计要求做（一般应小于4Ω或10Ω）。

4. 树木与架空线的距离应符合下列规定：

（1）电线电压380V，树枝至电线水平距离及垂直距离均不小于100cm。

（2）电线电压3.3～10kV，树枝至电线水平距离及垂直距离均不小于300cm。

第十章 园林绿化工程质量验收

质量是园林行业的生命，工程质量的优劣直接影响企业的生存发展，影响园林的景观和植物的成活。必须树立"百年大计，质量第一"的方针，并落实到园林绿化工程的各个环节，做好施工全过程的质量控制工作。

第一节 基 本 要 求

施工现场质量管理应具备施工技术标准，健全的质量管理体系、施工质量检验制度和综合施工质量水平评定考核制度。

一、园林绿化工程的施工质量控制

1. 工程采用的主要材料、半成品、成品、构配件、设备应进行现场验收。凡涉及安全、功能的有关产品，应按各专业工程质量验收规范规定进行复验，绿化工程主要原材料如种植土、肥料、灌溉用水应进行取样检测，植物材料应进行病虫害检验，并应经监理工程师（建设单位技术负责人）检查认可。

2. 各工序应按施工技术标准进行质量控制，每道工序完成后，应进行检查。

3. 相关各专业工种之间，应进行交接检验，并形成记录。未经监理工程师（建设单位技术负责人）检查认可，不得进行下道工序施工。

二、园林绿化工程的施工质量验收

1. 园林绿化工程施工质量应符合《园林绿化工程施工及验收规范》（CJJ82—2012）及相关专业验收规范的规定。

2. 园林绿化工程的施工应符合工程设计文件的要求。

3. 参加工程施工质量验收的各方人员应具备规定的资格。

4. 工程质量的验收均应在施工单位自行检查评定的基础上进行。

5. 隐蔽工程在隐蔽前应由施工单位通知有关单位进行验收，并应形成验收文件。

6. 分项工程的质量应按主控项目和一般项目验收。

7. 关系到植物成活的水、土、基质，涉及结构安全的试块、试件及有关材料，应按规定进行见证取样检测。

8. 承担见证取样检测及有关结构安全检测的单位应具有相应资质。

9. 工程的观感质量应由验收人员通过现场检查，并共同确认。

三、检验批质量检验的抽样选择

检验批的质量检验，应根据检验项目的特点，在下列抽样方案中进行选择：

1. 计量、计数或计量—计数等抽样方案，对重要的检验项目可选用全数检验方案。

2. 一次、二次或多次抽样方案。

3. 根据生产连续性和生产控制稳定性情况，尚可采用调整型抽样方案。

4. 对重要的检验项目当可采用简易快速的检验方法时，可选用全数检验方案。

5. 经实践检验有效的抽样方案。

第二节 质量验收的划分

园林绿化工程的质量验收，应划分为单位（子单位）工程、分部（子分部）工程、分项工程。

一、单位工程的划分原则

1. 具备独立施工条件并能形成独立使用功能的园林绿化工程为一个单位工程。

2. 规模较大的工程，应按施工合同标段进行划分，可将一个或若干个合同标段划分为一个单位工程（子单位）工程。

3. 根据专业类别划分单位（子单位）工程。

二、分部工程的划分原则

1. 分部工程应按专业性质、部位（平面和竖向位置）或园林构筑物部位确定。

2. 当分部工程量较大且较复杂时，可将其中相同部分的工程或能形成独立专业体系的工程划成若干子分部工程。

三、分项工程的划分原则

1. 分项工程应按主要工种、材料、施工工艺等进行划分。

2. 分项工程可以由一个或若干个分区检验批组成，检验批可根据施工及质量控制和专业验收需要按施工段等进行划分。

3. 园林绿化工程的分项、分部工程可按表 10.5-1～表 10.5-3 进行划分。

第三节 质 量 验 收

园林绿化工程的分项、分部、单位工程质量等级应均为"合格"。

一、分项工程的质量验收要求

1. 分项工程所含的检验批均应符合合格质量的规定。

（1）抽检样本均应符合规范分项工程主控项目的规定。

（2）抽检样本的 80% 以上应符合规范分项工程一般项目的规定。其余样本不得有影响使用功能或明显影响观感效果的缺陷，其中有允许偏差的检验项目，其最大偏差不得超过规范规定允许偏差的 1.5 倍。

（3）检验批应具有施工操作依据、质量检查记录。

2. 分项工程质量验收记录应完整，包括主控项目、一般项目、检测方法、检测数量。

二、分部（子分部）工程的质量验收要求

1. 分部（子分部）工程所含分项工程的质量均应验收合格。

2. 质量控制资料应完整。

3. 栽植土质量、植物病虫害检疫，地基与基础、主体结构和设备安装等分部工程有关安全及功能的检验和抽样检测结果应符合有关规定。

4. 观感质量验收应符合要求。

三、单位（子单位）工程的质量验收要求

1. 单位（子单位）工程所含分部（子分部）工程的质量均应验收合格。

2. 质量控制资料应完整。

3. 单位（子单位）工程所含分部工程有关安全和功能的检测资料应完整。

4. 主要功能项目的抽查结果应符合相关专业质量验收规范的规定。

5. 观感质量验收应符合要求。

6. 乔灌木成活率及草坪覆盖率应达到95%以上。

四、园林绿化工程的质量验收记录要求

1. 检验批质量验收记录可按附表园质1记录。

2. 分项工程质量验收可按附表园质2记录。

3. 分部（子分部）工程质量验收可按附表园质3记录。

4. 单位（子单位）工程质量验收、质量控制资料核查、主要功能抽查记录、观感质量检查可按附表园质4记录。

五、园林绿化工程质量不达标的处理原则

1. 经返工或整改处理的检验批应重新进行验收。

2. 经有资质的检测单位检测鉴定能够达到设计要求的检验批，应予以验收。

3. 经有资质的检测单位检测鉴定达不到设计要求，但经原设计单位认可能够满足植物生长要求、安全和使用功能的检验批，可予以验收。

4. 经返工或整改处理的分项、分部工程，虽然降低质量或改变外观尺寸，但仍能满足安全使用及基本的观赏要求，并能保证植物成活，可按技术处理方案和协商文件进行验收。

5. 通过返修或整改处理仍不能保证植物成活及基本的观赏和安全要求的分部工程、单位（子单位）工程，严禁验收。

第四节　质量验收的程序和组织

一、检验批和分项工程验收

1. 施工单位首先应对检验批和分项工程进行自检。自检合格后填写检验批和"分项工程质量验收记录"，施工单位项目机构专业质量检验员和项目专业技术负责人应分别在验收记录相关栏目签字后向监理单位或建设单位报验。

2. 监理工程师组织施工单位专业质检员和项目专业技术负责人，共同按规范规定进行验收并填写验收结果。

二、分部（子分部）工程验收

1. 分部（子分部）工程验收应在各检验批和所有分项工程验收完成后进行验收；施工单位项目专业技术负责人签字后向监理单位或建设单位进行报验。

2. 总监理工程师（建设单位项目负责人）组织施工单位项目负责人和项目技术、质量负责人及有关人员进行验收。

3. 勘察、设计单位项目负责人应参加园林建筑物、构筑物的地基基础、主体结构工程分部（子分部）工程验收。

三、单位工程验收

1. 单位工程验收，应在分部工程验收完成后，施工单位应依据质量标准、设计文件等组织有关人员进行自检、评定，确认下列要求：

（1）已完成工程设计文件和合同约定的各项内容。

（2）工程使用的主要材料、构配件和设备有进场试验报告。

（3）工程施工质量符合规范规定。分项、分部工程检查评定合格、符合要求后，施工单位向监理单位或建设单位提交工程质量竣工验收报告和完整质量资料，由监理单位或建设单位组织预验收。

2. 单位工程竣工验收，应由建设单位负责人或建设单位项目负责人组织设计、施工单位负责人或项目负责人及施工单位的技术、质量负责人和监理单位总监理工程师均参加验收，有质量监督要求的，应请质量监督部门参加，并形成验收文件。

3. 单位工程有分包单位施工时，分包单位对所承包的工程项目应按本规范规定的程序验收，总包单位派人参加。分包工程完成后，应将有关资料交总包单位。

4. 在一个单位工程中，其中子单位工程已经完工，且满足生产要求或具备使用条件，施工单位、监理单位已经预验收合格，对该子单位工程，建设单位可组织验收；由几个施工单位负责施工的单位工程，其中的施工单位负责的子单位工程已按设计文件完成并自检及监理预验收合格，也可按规定程序组织验收。

5. 当参加验收各方对工程质量验收意见不一致时，可请当地园林绿化工程建设行政主管部门或园林绿化工程质量监督机构协调处理。

6. 单位工程验收合格后，建设单位应在规定时间（15 个工作日）内将工程竣工验收报告和有关文件，报园林绿化行政主管部门备案。

第五节　工程资料的整理和验收

一、工程竣工验收的资料工作

园林绿化工程资料是对工程建设项目进行过程检查、竣工验收、质量评定、养护管理的依据，是城市建设档案的重要组成部分。园林绿化工程资料是工程质量的客观见证，工程质量在形成过程中应有工程资料作为见证。

园林绿化工程资料实现规范化、标准化管理，可以体现企业的技术水平和管理水平，是展现企业形象的一个窗口，进而提升企业的市场竞争能力，是适应我国园林绿化工程建设质量管理改革形势的需要。

二、园林绿化工程施工质量验收资料的管理与责任

（一）责任

1. 建设单位必须向参与工程的勘察、设计、施工、监理等单位提供与建设工程有关的资料。

2. 建设单位应对采购的绿化植物材料、园林工程材料、构配件和设备验收及有关资料进行检查验收并签署意见。

3. 勘察、设计单位应按合同要求拟定勘察、设计文件，并按规定签署意见。

4. 监理单位应按照合同约定，在施工阶段对施工资料的形成、收集、整理和归档进行监督、检查（核查），保证施工资料的真实性、完整性和准确性，并按规定签署意见。

5. 检测单位应严格履行检验程序，并按有关标准、规范规定要求及时出具有效的检测报告。

6. 施工单位应加强施工资料的管理工作，实行项目经理负责制，逐级建立健全施工资料管理岗位责任制，并配备专人负责施工资料的收集、整理。

7. 施工总承包单位应负责审查汇总各分包单位编制的施工资料，分包单位必须各自负责对分包范围内施工资料的收集和整理，并对其施工资料的真实性、完整性和有效性负责。

8. 施工单位应按规定要求在工程竣工验收前将施工资料整理汇总完成，并将竣工资料移交建设单位进行工程竣工验收。

（二）园林绿化工程施工质量验收资料的管理原则

1. 施工过程的报验、报审均应采用报审报验表和质量记录文件。质量记录文件包括产品质量证明文件、施工记录、施工试验记录、质量验收资料等。分包施工单位的送审、报验表应通过总包施工单位审核后，方可报送监理（建设）单位。

2. 质量证明文件、检验报告单的抄件应保留原件所有的内容，加盖原件存放单位章，注明原件存放处、工程名称、使用部位及批量，并有经办人签字和日期。

3. 保证工程资料的时效性、准确性、完整性，工程相关各方面应在合同中约定资料（报审报验资料等）的提交时间与提交格式以及审批时间，并应约定有关责任方应承担的责任。

应明确时限的资料包括：材料选（送）样送审、材料进场报验、技术文件（各种方案）送审、检验批、分项工程、分部（子分部）工程报验和竣工报验等。

（三）园林绿化工程施工质量验收资料的内容与要求

1. 园林绿化工程采用的主要植物材料、工程材料、成品、半成品、建筑构配件、器具和设备应进行进场验收。凡规范及现行规定要求复试的有关产品必须进行抽样复验，并应经建设单位、监理单位检查认可。

2. 工程施工采用的材料、构配件、设备及涉及结构安全的试块、试件等的检验检测，应按规定进行见证取样，其试验项目、组批原则及取样规定应符合国家有关标准及附录的相关要求。

3. 施工中应按相关各专业验收规范、标准及规定的要求进行检查、验收和记录，必须按规定中的统一表格进行记录填写。

4. 工程施工及验收资料的归类及划分应按《园林绿化工程施工及验收规范》（CJJ 82—2012）及《建筑工程施工质量验收统一标准》（GB 50300—2001）中的有关规定执行。

三、园林工程文件归档质量要求

（一）归档文件的质量要求

1. 归档的工程文件应当为原件。如果案卷内有复印件的文件材料时，要求复印件字迹清晰，反差效果良好，必须与原件内容及形式保持一致，在备考表中说明提供复印件的单位及原件保存地点并加盖公章（或项目章）。

2. 文件的内容必须真实、准确，与工程实际相符。

3. 工程文件的内容及深度必须符合国家有关工程勘察、设计、施工、监理、测绘等方面的技术规范、标准和规程。

4. 工程文件应采用耐久性强的书写材料，如碳素墨水、蓝黑墨水，不得使用易褪色的书写材料，如红色墨水、纯蓝墨水、圆珠笔、复写纸、铅笔等。

5. 文件材料的抄写要字迹工整、清楚、图样清晰、图表整洁、签字盖章手续完备。不得使用未经国家颁布实施的简化字。禁止使用涂改液。

6. 工程文件中文字材料幅面尺寸规格宜为 A4 幅面（297mm×210mm），图纸宜采用国家标准图幅。

7. 工程文件的纸张应采用能够长期保存的韧力大、耐久性强的纸张。对于破损的文件、图纸应进行托裱，不得使用胶纸带粘贴。图纸一般采用蓝晒图，竣工图应是新蓝图，允许使用计算机出图，但不得使用图纸的复印件。

8. 所有竣工图均应加盖竣工图章

（1）竣工图章的基本内容应包括："竣工图"字样、施工单位、编制单位、编制人、审核人、专业负责人、竣工图编号、编制日期、监理单位、现场监理、总监。

（2）竣工图章示例如下：（尺寸宜为 80mm×50mm）

竣　工　图			
施工单位		竣工图编号	
编制单位		专业负责人	
编制人		审核人	
编制日期		监理单位	
总监		现场监理	

（3）竣工图章应使用不褪色的红印泥，应盖在图标栏上方空白处。

9. 利用施工图改绘竣工图，必须标明变更修改依据所在卷、所在页号及条款；凡施工图结构、工艺、平面布置图等有重大改变，或变更部分超过图面 1/3 的，应当重新绘制竣工图。重新绘制的竣工图应符合专业技术规范、标准的要求。

10. 每页管线工程竣工测量图的首尾图幅均应绘制竣工图标

（1）竣工图标的基本内容应包括："管线工程竣工测量图"字样、测绘单位、制图人、技术负责人、审校人、编制日期、比例尺。

（2）竣工图标示例如下：

工程名称		比例尺	
		制图人	
管线工程竣工测量图		技术负责人	
测绘单位名称		审校人	
		编制日期	

（3）竣工图标应绘制在图纸右下角。

11. 管线工程竣工测绘图的测绘应符合专业技术规范、标准。

（二）照片、录像带的归档质量要求

1. 拍摄、复制、编辑的照片和录像带内容真实，能客观反映工程状况。

2. 使用胶卷、胶片拍摄的照片，以 5 寸照片作为归档用照片。

3. 通过数码相机、数码后背、扫描仪等设备拍摄制作形成的数字图形文件必须经数码冲印、热升华打印的方式转制成 5 寸照片归档。

4. 使用专业 Betacam、Dvcam 摄像机拍摄，以 Betacam、Dvcam 录像带作为归档用录像带。

5. 通过其他影像设备拍摄制作成的电影胶片、录像带、光盘、视频电子文件必须转制成 Betacam、Dvcam 录像带。

6. 为了利于录像档案整理工作，进行录像档案拍摄时，应尽量分类拍摄。两个不同项目之间，要用标志间隔开。

7. 要求拍摄图像清晰、色彩饱和，录像带磁迹完好。

8. 保留同期声，适当插入音乐、解说词和字幕。

（三）工程文件归档整理

1. 文件的立卷应符合下列规定

1）立卷的原则和方法

（1）立卷要遵循工程文件的自然形成规律，保持卷内文件的有机联系，符合其专业特点，便于档案的保管和利用。

（2）一个建设工程项目由多个单项、单位工程组成时，工程文件应按单项、单位工程组卷。

（3）立卷可采用如下方法：

① 工程文件可按建设程序划分为工程准备阶段文件、施工阶段文件（含监理文件、施工文件）、竣工验收文件、竣工图、保修与养护阶段的文件 5 部分；

② 准备阶段文件可按建设程序、专业、形成单位等组卷；

③ 监理文件可按建设工程项目（总包单位）、单项工程、单位工程、分部工程、专业阶段等组卷；

④ 施工文件可按单项工程、单位工程、分部工程、专业阶段等组卷。

（4）立卷过程中应遵循下列要求：

① 卷不宜过厚，文字材料一般不超过 20mm，图纸一般不超过 40mm；

② 案卷内不应有重份文件，不同载体的文件一般应分别组卷。

2）卷内文件的排列

（1）文字材料按事项、专业顺序排列。同一事项的请示和批复，同一文件的印本与定稿、主件与附件不能分开，并按批复在前、请示在后，印本在前、定稿在后，主件在前、附件在后的顺序排列。

（2）图纸按专业排列，同专业图纸按图号顺序排列。

（3）既有文字材料又有图纸的案卷，如果文字是针对整个工程或某个专业进行的说明或提示，文字材料排前，图纸排后；如果文字是针对某一图幅或某一问题或局部的一般说明，图纸排前，文字材料排后。

3）案卷的编目

（1）编制卷内文件页号应符合下列规定：

① 文件均按有书写内容的页面编号。每卷单独编号，页号从"1"开始。

② 页号编写位置：单面书写在文件的右下角；双面书写的文件，正面在右下角，背面在左下角。折叠后的图纸一律在右下角。

③ 图纸或印刷成册的科技文件材料，自成一卷且连续编有页号的，不必重新编写页码。

④ 案卷封面、卷内目录、卷内备考表、案卷封底不编写页号。

（2）卷内目录的编制应符合下列规定：

① 序号：以一份文件为单位，按文件的排列用阿拉伯数字"1"依次标注。

② 文件编号：文件制发机关的发文号或图纸编号。

③ 责任者：填写文件的直接形成单位。有多个责任者时，选择两个主要责任者，其余用"等"代替。

④ 文件题名：逐份填写文件标题或图纸的全称，没有标题或标题简单不能概括文件内容的，需重新拟定标题。

⑤ 日期：填写文件的形成日期。

⑥ 页次：填写每份文件在本案卷的起始页号。最后一项文件填写起、止号，如最后一项文件为单页，只填写起号（止号）即可。

⑦ 备注：填写需要说明的问题。

⑧ 卷内目录排列在案卷内文件首页之前。

（3）案卷备考表的编制应符合下列规定：

① 上半部分由立卷单位填写，并由立卷人对内容有无遗漏或补充加以说明。

② 件数：填写卷内文件材料的件数，即填写卷内目录的序号数（施工文件卷、竣工图卷可不填此项）。

③ 页数：填写卷内文件材料的总页数。

④ 立卷人：由立卷人签字。

⑤ 时间：填写完成立卷的时间，年代编写四位数。

⑥ 排列在卷内文件尾页之后。

（4）案卷封面的编制应符合下列规定：

①案卷封面的内容包括档号、档案馆号、微缩号、案卷题名、编制单位、编制日期、保管期限、密级，排列在卷内目录之前。

②档号、微缩号、保管期限由保管单位按相关规定填写。

③档案馆号：由档案馆填写国家给定的本档案馆的编号。

④案卷题名：案卷题名应简洁、准确地概括卷内文件的内容。园林工程档案案卷题名应包括

建设工程名称、单项工程名称、专业、卷内文件概要等内容。地下管线工程档案案卷应包括：建设工程项目名称、单项工程名称、卷内文件内容的概括。建设工程项目名称或单项工程名称应包括：管线所在道路全称（起点道路名称—终点道路名称）、管线规格、管线专业。

⑤编制单位：本卷档案的立卷单位。

⑥编制日期：填写档案整编日期。

4）案卷的装订与图纸的折叠

（1）案卷可采用装订与散装两种形式。文字材料卷必须装订。既有文字材料又有图纸的案卷应装订，采用线绳三孔左侧装订法（横排文件装订字头朝左），应整齐、牢固，便于保管和利用。图纸卷应散装（文件附图、印刷成册图纸除外）。

（2）装订时必须剔除金属物。

（3）不同幅面的工程图纸应按《技术制图 复制图的折叠方法》（GB/T 10609.3—2009）统一折叠成 A4 幅面（297mm×210mm），原图标及竣工图章外露。

2. 照片档案立卷的原则和方法

（1）整理要遵循保持卷内照片的有机联系，利于安全保管，便于为利用者提供服务的原则。照片档案的底片应单独整理和存放，照片和说明一同整理和存放。

（2）照片依据工程项目组成案卷。

（3）照片与说明一起用档案浆糊或双面胶贴固定在芯页上，并组成案卷。芯页的规格为297mm×210mm。

（4）案卷内的芯页以 20 页以内为宜。

四、园林绿化工程质量验收单位、分部（子分部）、分项工程划分

1. 园林绿化单位（子单位）工程、分部（子分部）工程、分项工程划分按照《园林绿化工程施工及验收规范》（CJJ 82—2012）附录 A 进行划分。见表10.5-1。

园林绿化单位（子单位）工程、分部（子分部）工程、分项工程划分　　表 10.5-1

单位（子单位）工程	分部（子分部）工程		分 项 工 程
绿化工程	栽植基础工程	栽植前土壤处理	栽植土、栽植前场地清理、栽植土回填及地形造型、栽植土施肥和表层整理
		重盐碱、重黏土地土壤改良工程	管沟、隔淋（渗水）层开槽、排盐（水）管敷设、隔淋（渗水）层
		设施顶面栽植基层（盘）工程	耐根穿刺防水层、排蓄水层、过滤层、栽植土、设施障碍性面层栽植基盘
		坡面绿化防护栽植基层工程	坡面绿化防护栽植层工程（坡面整理、混凝土格构、固土网垫、格栅、土工合成材料、喷射基质）
		水湿生植物栽植槽工程	水湿生植物栽植槽、栽植土
	栽植工程	常规栽植	植物材料、栽植穴（槽）、苗木运输和假植、苗木修剪、树木栽植、竹类栽植、草坪及草本地被播种、草坪及草本地被分栽、铺设草块及草卷、运动场草坪、花卉栽植
		大树移植	大树挖掘及包装、大树吊装运输、大树栽植
		水湿生植物栽植	湿生类植物、挺水类植物、浮水类植物栽植
		设施绿化栽植	设施顶面栽植工程、设施顶面垂直绿化
		坡面绿化栽植	喷播、铺植、分栽
		施工期养护	施工期的植物养护（支撑、浇灌水、裹干、中耕、除草、浇水、施肥、除虫、修剪抹芽等）

续表

单位（子单位）工程	分部（子分部）工程	分项工程
园林附属工程	园路与广场铺装工程	基层，面层（碎拼花岗石、卵石、嵌草、混凝土板块、侧石、冰梅、花街铺地、大方砖、压膜、透水砖、小青砖、自然石块、水洗石、透水混凝土面层）
	假山、叠石、置石工程	地基基础、山石拉底、主体、收顶、置石
	园林理水工程	管道安装、潜水泵安装、水景喷头安装
	园林设施安装	座椅（凳）、标牌、果皮箱、栏杆、喷灌喷头等安装

2. 园林建筑物、构筑物、给水排水、电气照明工程分部（子分部）工程、分项工程划分按照《建筑工程施工质量验收统一标准》（GB 50300—2001）附录 B 进行划分，见表 10.5-2。

建筑工程分部工程、分项工程划分　　　　　　　表 10.5-2

序号	分部工程	子分部工程	分项工程
1	地基与基础	无支护土方	土方开挖、土方回填
		有支护土方	排桩、降水、排水、地下连续墙、锚杆、土钉墙、水泥土桩、沉井与沉箱、钢及混凝土支撑
		地基处理	灰土地基、砂和砂石地基、碎砖三合土地基、土工合成材料地基、粉煤灰地基、重锤夯实地基、强夯地基、振冲地基、砂桩地基、预压地基、高压喷射注浆地基、土和灰土挤密桩地基、注浆地基、水泥粉煤灰碎石桩地基、夯实水泥土桩地基
		桩基	锚杆静压桩及静力压桩、预应力离心管桩、钢筋混凝土预制桩、钢桩、混凝土灌注桩（成孔、钢筋笼、清孔、水下混凝土灌注）
		地下防水	防水混凝土，水泥砂浆防水层，卷材防水层，涂料防水层，金属板防水层，塑料板防水层，细部构造，喷锚支护，复合式衬砌，地下连续墙，盾构法隧道；渗排水，盲沟排水，隧道、坑道排水；预注浆、后注浆、衬砌裂缝注浆
		混凝土基础	模板、钢筋、混凝土、后浇带混凝土，混凝土结构缝处理
		砌体基础	砖砌体、混凝土砌块砌体、配筋砌体、石砌体
		劲钢（管）混凝土	劲钢（管）焊接，劲钢（管）与钢筋的连接，混凝土
		钢结构	焊接钢结构，栓接钢结构，钢结构制作，钢结构安装，钢结构涂装
2	主体结构	混凝土结构	模板、钢筋、混凝土、预应力、现浇结构，装配式结构
		劲钢（管）混凝土结构	劲钢（管）焊接、螺栓连接、劲钢（管）与钢筋的连接、劲钢（管）制作、安装，混凝土
		砌体结构	砖砌体，混凝土小型空心砌块砌体，石砌体，填充墙砌体，配筋砖砌体
		钢结构	钢结构焊接，紧固件连接，钢零部件加工，单层钢结构安装，多层及高层钢结构安装，钢结构涂装，钢构件组装，钢构件预拼装

续表

序号	分部工程	子分部工程	分 项 工 程
2	主体结构	钢结构	钢网架结构安装，压型金属板
		木结构	方木和原木结构，胶合木结构、轻型木结构，木构件防护
		网架和索膜结构	网架制作，网架安装，索膜安装，网架防火、防腐涂料
3	建筑装饰装修	地面	整体面层：基层，水泥混凝土面层，水泥砂浆面层，水磨石面层，防油渗面层，水泥钢（铁）屑面层，不发火（防爆的）面层；板块面层：基层，砖面层（陶瓷锦砖、缸砖、陶瓷地砖和水泥花砖面层）、大理石面层和花岗石面层，预制板块面层（预制水泥混凝土、水磨石板块面层）、料石面层（条石、块石面层）、塑料板面层、活动地板面层、地毯面层；木竹面层：基层，实木地板面层（条材、块材面层）、实木复合地板面层（条材、块材面层）、中密度（强化）复合地板面层（条材面层）、竹地板面层
		抹灰	一般抹灰，装饰抹灰，清水砌体勾缝
		门窗	木门窗制作与安装、金属门窗安装、塑料门窗安装、特种门安装、门窗玻璃安装
		吊顶	暗龙骨吊顶、明龙骨吊顶
		轻质隔墙	板材隔墙、骨架隔墙、活动隔墙、玻璃隔墙
		饰面板（砖）	饰面板安装、饰面砖安装
		幕墙	玻璃幕墙、金属幕墙、石材幕墙
		涂饰	水性涂料涂饰、溶剂型涂料涂饰、美术涂饰
		裱糊与软包	裱糊、软包
		细部	橱柜制作与安装，窗帘盒、窗台板和散热器罩制作与安装，门窗套制作与安装，护栏和扶手制作与安装，花饰制作与安装
4	建筑屋面	卷材防水屋面	保温层，找平层，卷材防水层，细部构造
		涂膜防水屋面	保温层，找平层，涂膜防水层，细部构造
		刚性防水屋面	细石混凝土防水层，密封材料嵌缝，细部构造
		瓦屋面	平瓦屋面，油毡瓦屋面，金属板屋面，细部构造
		隔热屋面	架空屋面，蓄水屋面，种植屋面
5	建筑给水、排水及采暖	室内给水系统	给水管道及配件安装，室内消火栓系统安装，给水设备安装，管道防腐、绝热
		室内排水系统	排水管道及配件安装，雨水管道及配件安装
		室内热水供应系统	管道及配件安装，辅助设备安装，防腐、绝热
		卫生器具安装	卫生器具安装，卫生器具给水配件安装，卫生器具排水管道安装
		室内采暖系统	管道及配件安装，辅助设备及散热器安装，金属辐射板安装，低温热水地板辐射采暖系统安装，系统水压试验及调试，防腐、绝热
		室外给水管网	给水管道安装，消防水泵接合器及室外消火栓安装，管沟及井室
		室外排水管网	排水管道安装，排水管沟与井池
		室外供热管网	管道及配件安装，系统水压试验及调试，防腐、绝热
		建筑中水系统及游泳池系统	建筑中水系统管道及辅助设备安装，游泳池水系统安装
		供热锅炉及辅助设备安装	锅炉安装，辅助设备及管道安装，安全附件安装，烘炉、煮炉和试运行，换热站安装，防腐、绝热

序号	分部工程	子分部工程	分 项 工 程
6	建筑电气	室外电气	架空线路及杆上电气设备安装，变压器、箱式变电所安装，成套配电柜、控制柜（屏、台）和动力、照明配电箱（盘）及控制柜安装，电线、电缆导管和线槽敷设，电线、电缆穿管和线槽敷设，电缆头制作、导线连接和线路电气试验，建筑物外部装饰灯具、航空障碍标志灯和庭院路灯安装，建筑照明通电试运行，接地装置安装
		变配电室	变压器、箱式变电所安装，成套配电柜、控制柜（屏、台）和动力、照明配电箱（盘）安装，裸母线、封闭母线、插接式母线安装，电缆沟内和电缆竖井内电缆敷设，电缆头制作、导线连接和线路电气试验，接地装置安装，避雷引下线和变配电室接地干线敷设
		供电干线	裸母线、封闭母线、插接式母线安装，桥架安装和桥架内电缆敷设，电缆沟内和电缆竖井内电缆敷设，电线、电缆导管和线槽敷设，电线、电缆穿管和线槽敷线，电缆头制作、导线连接和线路电气试验
		电气动力	成套配电柜、控制柜（屏、台）和动力、照明配电箱（盘）及控制柜安装，低压电动机、电加热器及电动执行机构检查、接线，低压电气动力设备检测、试验和空载试运行，桥架安装和桥架内电缆敷设，电线、电缆导管和线槽敷设，电线、电缆穿管和线槽敷设，电缆头制作、导线连接和线路电气试验，插座、开关、风扇安装
		电气照明安装	成套配电柜、控制柜（屏、台）和动力、照明配电箱（盘）安装，电线、电缆导管和线槽敷设，电线、电缆穿管和线槽敷设，槽板配线，钢索配线，电缆头制作、导线连接和线路电气试验，普通灯具安装，专用灯具安装，插座、开关、风扇安装，建筑照明通电试运行
		备用和不间断电源安装	成套配电柜、控制柜（屏、台）和动力、照明配电箱（盘）安装，柴油发电机组安装，不间断电源的其他功能单元安装，裸母线、封闭母线、插接式母线安装，电线、电缆导管和线槽敷设，电线、电缆穿管和线槽敷线，电缆头制作、导线连接和线路电气试验，接地装置安装
		防雷及接地安装	接地装置安装，避雷引下线和变配电室接地干线敷设，建筑物等电位连接，接闪器安装
7	智能建筑	通信网络系统	通信系统、卫星及有线电视系统、公共广播系统
		办公自动化系统	计算机网络系统、信息平台及办公自动化应用软件、网络安全系统
		建筑设备监控系统	空调与通风系统、变配电系统、照明系统、给水排水系统、热源和热交换系统、冷冻和冷却系统、电梯和自动扶梯系统、中央管理工作站与操作分站、子系统通信接口
		火灾报警及消防联动系统	火灾和可燃气体探测系统、火灾报警控制系统、消防联动系统
		安全防范系统	电视监控系统、入侵报警系统、巡更系统、出入口控制（门禁）系统、停车管理系统
		综合布线系统	缆线敷设和终接、机柜、机架、配线架的安装，信息插座和光缆芯线终端的安装
		智能化集成系统	集成系统网络、实时数据库、信息安全、功能接口
		电源与接地	智能建筑电源、防雷及接地

序号	分部工程	子分部工程	分 项 工 程
7	智能建筑	环境	空间环境、室内空间环境、视觉照明环境、电磁环境
		住宅（小区）智能化系统	火灾自动报警及消防联动系统、安全防范系统（含电视监控系统、入侵报警系统、巡更系统、门禁系统、楼宇对讲系统、住户对讲呼救系统、停车管理系统）、物业管理系统（多表现场计量及远程传输系统、建筑设备监控系统、公共广播系统、小区网络及信息服务系统、物业办公自动化系统）、智能家庭信息平台
8	通风与空调	送排风系统	风管与配件制作；部件制作；风管系统安装；空气处理设备安装；消声设备制作与安装，风管与设备防腐；风机安装；系统调试
		防排烟系统	风管与配件制作；部件制作；风管系统安装；防排烟风口、常闭正压风口与设备安装；风管与设备防腐；风机安装；系统调试
		除尘系统	风管与配件制作；部件制作；风管系统安装；除尘器与排污设备安装；风管与设备防腐；风机安装；系统调试
		空调风系统	风管与配件制作；部件制作；风管系统安装；空气处理设备安装；消声设备制作与安装；风管与设备防腐；风机安装；风管与设备绝热；系统调试
		净化空调系统	风管与配件制作；部件制作；风管系统安装；空气处理设备安装；消声设备制作与安装；风管与设备防腐；风机安装；风管与设备绝热；高效过滤器安装；系统调试
		制冷设备系统	制冷机组安装；制冷剂管道及配件安装；制冷附属设备安装；管道及设备的防腐与绝热；系统调试
		空调水系统	管道冷热（媒）水系统安装；冷却水系统安装；冷凝水系统安装；阀门及部件安装；冷却塔安装；水泵及附属设备安装；管道与设备的防腐与绝热；系统调试
9	电梯	电力驱动的曳引式或强制式电梯安装工程	设备进场验收，土建交接检验，驱动主机，导轨，门系统，轿厢，对重（平衡重），安全部件，悬挂装置，随行电缆，补偿装置，电气装置，整机安装验收
		液压电梯安装工程	设备进场验收，土建交接检验，液压系统，导轨，门系统，轿厢，对重（平衡重），安全部件，悬挂装置，随行电缆，电气装置，整机安装验收
		自动扶梯、自动人行道安装工程	设备进场验收，土建交接检验，整机安装验收

3. 园林景观古建筑分部（子分部）、分项工程划分按照《古建筑修建工程质量检验评定标准（北方地区）》（CJJ 39—1991）或《古建筑修建工程质量检验评定标准（南方地区）》（CJJ 70—1996）进行划分，见表10.5-3。

古建筑修建工程分项、分部工程名称表   表 10.5-3

序号	分部工程名称	分项工程名称
1	地基、基础与台基工程	土方，灰土，砂石地基，木桩，石料加工，石活安装，砌石，修配旧活石，砖料加工，干摆、丝缝墙，淌白墙、糙砖墙、碎砖墙，琉璃饰面，异形砌体（砌须弥座），墙体局部维修等
2	主体工程	柱类、梁类、枋类、檩（桁）类、板类、屋面木基层、斗栱等项制作，大木雕刻，下架、上架木构架安装，斗栱、屋面木基层安装，大木构架、屋面木基层、斗栱修缮，砖料加工，干摆、丝缝墙，淌白墙、糙砖墙、碎砖墙，异形砌体，琉璃饰面，砌石，摆砌花瓦，墙帽，墙体局部维修，石料加工，活石安装，修配旧石活等
3	地面与楼面工程	木楼板（板类构件），砖料加工，砖墁地面，墁石子地，水泥仿古地面，地面修补，石料加工，活石安装，修配旧石活等
4	木装修工程	槛框、榻板、槅扇、槛窗、支摘窗、帘架、风门、坐凳楣子、倒挂楣子、栏杆、什锦窗、大门、木楼梯、天花、藻井的制作与安装，木装饰雕刻，木装修修缮等
5	装饰工程	一般抹灰，修补抹灰，使麻、糊布地仗，单皮灰地仗，修补地仗，油漆，刷浆（喷浆），贴金，裱糊，大漆，大木彩画，椽头彩画，斗栱彩画，天花、支条彩画，楣子、牙子彩画等
6	屋面工程	砖料加工，琉璃屋面，筒瓦屋面，合瓦屋面，干搓瓦屋面，青灰背屋面，屋面修补等

五、园林绿化工程质量验收记录

1. 绿化工程检验批质量验收记录

园林绿化工程栽植土检验批质量验收记录 ·············· 园绿 1-1

园林绿化工程栽植土土层厚度检验批质量验收记录 ·············· 园绿 1-2

园林绿化工程栽植前场地清理检验批质量验收记录 ·············· 园绿 2

园林绿化工程栽植土回填及地形造型检验批质量验收记录 ·············· 园绿 3

园林绿化工程栽植土施肥和表层整理检验批质量验收记录 ·············· 园绿 4

园林绿化工程栽植穴、槽检验批质量验收记录 ·············· 园绿 5

园林绿化工程植物材料检验批质量验收记录 ·············· 园绿 6-1

园林绿化工程植物材料允许偏差质量验收记录 ·············· 园绿 6-2

园林绿化工程苗木运输和假植检验批质量验收记录 ·············· 园绿 7

园林绿化工程苗木修剪检验批质量验收记录 ·············· 园绿 8

园林绿化工程树木栽植检验批质量验收记录 ·············· 园绿 9

园林绿化工程苗木浇灌水检验批质量验收记录 ·············· 园绿 10

园林绿化工程苗木支撑检验批质量验收记录 ·············· 园绿 11

园林绿化工程大树挖掘包装检验批质量验收记录 ·············· 园绿 12

园林绿化工程大树吊装运输检验批质量验收记录 ·············· 园绿 13

园林绿化工程大树栽植检验批质量验收记录 ·············· 园绿 14

园林绿化工程草坪和草本地被播种检验批质量验收记录 ·············· 园绿 15

园林绿化工程喷播种植检验批质量验收记录 ·············· 园绿 16

园林绿化工程草坪和草本地被分栽检验批质量验收记录 ·············· 园绿 17

园林绿化工程铺设草块和草卷检验批质量验收记录 ·············· 园绿 18

园林绿化工程运动场草坪检验批质量验收记录 …………………………………… 园绿 19

园林绿化工程花卉栽植检验批质量验收记录 …………………………………… 园绿 20

园林绿化工程水湿生植物栽植槽检验批质量验收记录 ………………………… 园绿 21

园林绿化工程水湿生植物栽植检验批质量验收记录 …………………………… 园绿 22

园林绿化工程竹类栽植检验批质量验收记录 …………………………………… 园绿 23

园林绿化工程耐根穿刺防水层检验批质量验收记录 …………………………… 园绿 24

园林绿化工程排蓄水层检验批质量验收记录 …………………………………… 园绿 25

园林绿化工程过滤层检验批质量验收记录 ……………………………………… 园绿 26

园林绿化工程设施障碍性面层栽植基盘检验批质量验收记录 ………………… 园绿 27

园林绿化工程设施顶面栽植检验批质量验收记录 ……………………………… 园绿 28

园林绿化工程设施立面垂直绿化检验批质量验收记录 ………………………… 园绿 29

园林绿化工程坡面绿化防护栽植层检验批质量验收记录 ……………………… 园绿 30

园林绿化工程排盐（渗水）管沟隔淋（渗水）层开槽检验批质量验收记录 …… 园绿 31

园林绿化工程排盐（渗水）管敷设检验批质量验收记录 ……………………… 园绿 32

园林绿化工程隔淋（渗水）层检验批质量验收记录 …………………………… 园绿 33

园林绿化工程施工期的植物养护检验批质量验收记录 ………………………… 园绿 34

园林绿化工程
栽植土检验批质量验收记录

园绿 1-1

单位工程名称		分项工程名称		验收部位	
施工单位		专业工长		项目负责人	
施工执行标准名称及编号		《园林绿化工程施工及验收规范》（CJJ 82—2012）			
分包施工单位		分包施工单位负责人		施工班组长	

① 检查频率：每 500m³ 或 2000m² 为一检验批，随机取样 5 处，每处 100g 组成一组试样。500m³ 或 2000m² 以下，取样不少于 3 处。

② 检验方法：理化性质经有资质检测单位测试，土层厚度尺量。

质量验收规范的规定			施工单位检查评定结果						监理（建设）单位验收记录
主控项目	1	土壤 pH 应符合本地区栽植土标准或按 pH 5.6～8.0 进行选择							
	2	土壤全盐含量应为 0.1%～0.3%							
	3	土壤密度应为 1.0～1.35g/cm³							
一般项目	1	绿化栽植土壤有效土层厚度应符合本表的要求							
	2	土壤有机质含量≥1.5%							
	3	土壤块径≤5cm							

施工单位检查评定结果	项目专业质量检查员：　　　　　　　　　　　　　　　年　　月　　日
监理（建设）单位验收记录	监理工程师： （建设单位项目专业技术负责人）　　　　　　　　　　　　年　　月　　日

园林绿化工程
栽植土土层厚度检验批质量验收记录

园绿 1-2

单位工程 名称				分项工程 名称		验收部位	
施工单位				专业工长		项目负责人	
施工执行标准 名称及编号		《园林绿化工程施工及验收规范》（CJJ 82—2012）					
分包施工单位				分包施工 单位负责人		施工班组长	
① 检查频率：1000m² 检查 3 处，不足 1000m² 检查不少于 1 处。②检验方法：观察、量测							

质量验收规范的规定						施工单位检查评定结果	监理（建设） 单位验收记录
项次	项目		植被类型	土壤厚度 （cm）	检验 方法		

<table>
<tr><td rowspan="22">一般项目</td><td rowspan="16">1</td><td rowspan="12">一般栽植</td><td rowspan="2">乔木</td><td>胸径≥20cm</td><td>≥180</td><td rowspan="16">挖样洞观察或尺量检查</td><td></td><td></td></tr>
<tr><td>胸径＜20cm</td><td>≥150（深根）
≥100（浅根）</td><td></td><td></td></tr>
<tr><td rowspan="2">灌木</td><td>大、中灌木、大藤本</td><td>≥90</td><td></td><td></td></tr>
<tr><td>小灌木、宿根花卉、小藤本</td><td>≥40</td><td></td><td></td></tr>
<tr><td></td><td>棕榈类</td><td>≥90</td><td></td><td></td></tr>
<tr><td rowspan="2">竹类</td><td>大径</td><td>≥80</td><td></td><td></td></tr>
<tr><td>中、小径</td><td>≥50</td><td></td><td></td></tr>
<tr><td></td><td>草坪、花卉、草本地被</td><td>≥30</td><td></td><td></td></tr>
<tr><td rowspan="3">2</td><td rowspan="3">设施顶面绿化</td><td></td><td>乔木</td><td>≥80</td><td></td><td></td></tr>
<tr><td></td><td>灌木</td><td>≥45</td><td></td><td></td></tr>
<tr><td></td><td>草坪、花卉、草本地被</td><td>≥15</td><td></td><td></td></tr>
</table>

施工单位检查 评定结果	
	项目专业质量检查员：　　　　　　　　　　　　　　　　年　　月　　日
监理(建设)单位 验收记录	
	监理工程师： （建设单位项目专业技术负责人）　　　　　　　　　　　年　　月　　日

园林绿化工程
栽植前场地清理检验批质量验收记录

园绿 2

单位工程名称		分项工程名称		验收部位	
施工单位		专业工长		项目负责人	
施工执行标准名称及编号	《园林绿化工程施工及验收规范》（CJJ 82—2012）				
分包施工单位		分包施工单位负责人		施工班组长	

①检查频率：1000m² 检查 3 处，不足 1000m² 检查不少于 1 处。②检验方法：观察、量测

		质量验收规范的规定	施工单位检查评定结果	监理（建设）单位验收记录
主控项目	1	应将现场内的渣土、工程废料、宿根性杂草、树根及其有害污染物清除干净		
	2	场地标高及清理程度应符合设计和栽植要求		
一般项目	1	填垫范围内不应有坑洼、积水		
	2	对软泥和不透水层应进行处理		

施工单位检查评定结果	项目专业质量检查员：　　　　　　　　　　　年　月　日
监理（建设）单位验收记录	监理工程师： （建设单位项目专业技术负责人）　　　　　　　年　月　日

园林绿化工程
栽植土回填及地形造型检验批质量验收记录

园绿 3

单位工程名称			分项工程名称		验收部位		
施工单位			专业工长		项目负责人		
施工执行标准名称及编号			《园林绿化工程施工及验收规范》（CJJ 82—2012）				
分包施工单位			分包施工单位负责人		施工班组长		

①检查频率：1000m² 检查 3 处，不足 1000m² 检查不少于 1 处。②检验方法：经纬仪、水准仪、钢尺测量

		质量验收规范的规定				施工单位检查评定结果	监理单位验收记录
主控项目	1	造型胎土、栽植土应符合设计要求并有检测报告					
	2	回填土及地形造型的范围、厚度、标高、造型及坡度均应符合设计要求					
一般项目	1	回填土壤应分层适度夯实，或自然沉降达到基本稳定，严禁用机械反复碾压					
	2	地形造型应自然顺畅					

地形造型尺寸和相对高程允许偏差				实测值（cm）										
项目	尺寸要求	允许偏差（cm）	检验方法	1	2	3	4	5	6	7	8	9	10	
边界线位置	设计要求	±50	经纬仪、钢尺测量											
等高线位置	设计要求	±10	经纬仪、钢尺测量											
地形相对标高（cm） ≤100	回填土方自然沉降以后	±5	水准仪、钢尺测量，每1000m²测定一次											
101～200		±10												
201～300		±15												
301～500		±20												

施工单位检查评定结果	项目专业质量检查员：　　　　　　　　　　　　　　　　　　年　　月　　日
监理（建设）单位验收记录	监理工程师： （建设单位项目专业技术负责人）　　　　　　　　　　　年　　月　　日

园林绿化工程
栽植土施肥和表层整理检验批质量验收记录

园绿 4

单位工程 名称			分项工程 名称		验收部位	
施工单位			专业工长		项目负责人	
施工执行标准 名称及编号		《园林绿化工程施工及验收规范》（CJJ 82—2012）				
分包施工单位			分包施工 单位负责人		施工班组长	

①检查频率：1000m² 检查 3 处，不足 1000m² 检查不少于 1 处。②检验方法：试验、检测报告、观察、尺量

		质量验收规范的规定	施工单位检查评定结果	监理（建设） 单位验收记录
主控项目	1	商品肥料必须有产品合格证明，或已经过试验证明符合要求		
	2	有机肥必须充分腐熟		
	3	施用无机肥料必须测定绿地土壤有效养分含量，并宜采用缓释性无机肥		
一般项目	1	栽植土表层不得有明显低洼和积水处，花坛、花境栽植地 30cm 深的表土层必须疏松		
	2	栽植土的表层应整洁，所含石砾，粒径大于 3cm 的不得超过 10％，粒径小于 2.5cm 的不得超过 20％，杂草等杂物不应超过 10％。土块粒径应符合下列要求：①大、中乔木≤5cm； ②小乔木、大中灌木、大藤本≤4cm； ③竹类、小灌木、宿根花卉、小藤本≤3cm； ④草坪、草花、地被≤2cm		
	3	栽植土表层与道路（挡土墙或侧石）接壤处，栽植土应低于侧石 3～5cm。栽植土与边口线基本平直		
	4	栽植土表层整地后应平整，略有坡度，如无设计要求，其坡度宜为 0.3％～0.5％		

施工单位检查 评定结果	
	项目专业质量检查员：　　　　　　　　　　　　　　　　　年　　月　　日
监理（建设）单位 验收记录	
	监理工程师： （建设单位项目专业技术负责人）　　　　　　　　　　　年　　月　　日

园林绿化工程
栽植穴、槽检验批质量验收记录

园绿 5

单位工程 名称			分项工程 名称		验收部位	
施工单位			专业工长		项目负责人	
施工执行标准 名称及编号		《园林绿化工程施工及验收规范》（CJJ 82—2012）				
分包施工单位			分包施工 单位负责人		施工班组长	

①检查频率：100 个穴检查 20 个，不足 20 个穴全数检查。②检验方法：观察、测量

		质量验收规范的规定	施工单位检查评定结果	监理（建设） 单位验收记录
主控项目	1	栽植穴、槽定点放线应符合设计图纸要求，位置必须准确，标记明显		
	2	栽植穴、槽的直径应大于土球或裸根苗根系展幅 40～60cm，穴深宜为穴径的 3/4～4/5 倍。穴、槽必须垂直下挖，上口下底应相等		
	3	栽植穴、槽底部遇有不透水层及重黏土层时，必须进行疏松或采取排水措施		
一般项目	1	栽植穴、槽挖出的表层土和底土应分别堆放，底部应施基肥并回填表土或改良土		
	2	土壤干燥时应于栽植前灌水浸穴、槽		
	3	当土壤密实度大于 $1.35g/cm^3$ 或渗透系数小于 $10^{-4}cm/s$ 时，应采取扩大树穴、疏松土壤等措施		

施工单位检查 评定结果	项目专业质量检查员：　　　　　　　　　　　　　　　　　　年　月　日
监理（建设）单位 验收记录	监理工程师： （建设单位项目专业技术负责人）　　　　　　　　　年　月　日

271

园林绿化工程
植物材料检验批质量验收记录

园绿 6-1

单位工程名称			分项工程名称			验收部位	
施工单位			专业工长			项目负责人	
施工执行标准名称及编号		《园林绿化工程施工及验收规范》（CJJ 82—2012）					
分包施工单位			分包施工单位负责人			施工班组长	

①检查频率：每100株检查10株，少于20株应全数检查。草坪、地被、花卉按面积抽查10%，4m² 为一点，至少5个点，≤30m² 的全数检查。②检查方法：观察、量测

		质量验收规范的规定				施工单位检查评定结果								监理（建设）单位验收记录
主控项目	1	植物材料种类、品种名称及规格必须符合设计要求												
	2	严禁使用带有严重病虫害的植物材料，非检疫对象的病虫害危害程度或危害痕迹不得超过树体的5%～10%。自外省市及国外引进的植物材料应有"植物检疫证"												
一般项目	1	乔木、灌木	姿态、长势	合格	树干符合设计要求，树冠较完整，分枝点和分枝合理，生长势良好	检查数量：每100株检查10株，每株为1点，少于20株全数检查。检查方法：观察、量测								
			病虫害	合格	危害程度不超过树体的5%～10%									
			土球苗	合格	土球完整，规格符合要求，包装牢固									
			裸根苗根系	合格	根系完整，切口平整，规格符合要求									
			容器苗	合格	规格符合要求，容器完整，苗木不徒长，根系发育良好、不外露									
	2	棕榈类植物		合格	主干挺直，树冠匀称，土球符合要求，根系完整									
	3	草块、草卷、草束		合格	草卷、草块长宽尺寸基本一致，厚度均匀，杂草不超过5%，草高适度，根系好，草芯鲜活	检查数量：按面积抽查10%，4m²为一点，不少于5个点。≤30m²的应全数检查。检查方法：观察								
	4	花苗、地被、绿篱及模纹色块植物		合格	株形苗壮，根系基本良好，无伤苗，茎、叶无污染，病虫害危害程度不超过植株的5%～10%	检查数量：按数量抽查10%，10株为1点，不少于5个点。≤50株应全数检查。检查方法：观察								
	5	整形景观树		合格	姿态独特，曲虬苍劲，质朴古拙，株高不小于150cm，多干式桩景的叶片托盘不少于7～9个，土球完整	检查数量：全数检查。检查方法：观察、尺量								
	6	植物材料允许偏差应符合本表的要求												
施工单位检查评定结果		项目专业质量检查员：								年　　月　　日				
监理（建设）单位验收记录		监理工程师：（建设单位项目专业技术负责人）								年　　月　　日				

园林绿化工程
植物材料允许偏差质量验收记录

园绿 6-2

单位工程名称				分项工程名称		验收部位	
施工单位				专业工长		项目负责人	
施工执行标准名称及编号			《园林绿化工程施工及验收规范》(CJJ 82—2012)				
分包施工单位				分包施工单位负责人		施工班组长	

		质量验收规范的规定			施工单位检查评定结果		监理(建设)单位验收记录
一般项目	1 乔木	胸径	≤5cm	每100株检查10株，每株为1点，少于20株全数检查；检验方法：量测	−0.2cm		
			6～9cm		−0.5cm		
			10～15cm		−0.8cm		
			16～20cm		−1.0cm		
		高度			−20cm		
		冠径			−20cm		
	2 灌木	高度	≥100cm		−10cm		
			<100cm		−5cm		
		冠径	≥100cm		−10cm		
			<100cm		−5cm		
	3 球类苗木	冠径	<50cm	每100株检查10株，每株为1点，少于20株全数检查；检验方法：量测	0cm		
			50～100cm		−5cm		
			110～200cm		−10cm		
			≥200cm		−20cm		
		高度	<50cm		0cm		
			50～100cm		−5cm		
			110～200cm		−10cm		
			≥200cm		−20cm		
	4 藤本	主蔓长	≥150cm		−10cm		
		主蔓径	≥1cm		0cm		
	5 棕榈类植物	株高	≤100cm	每100株检查10株，每株为1点，少于20株全数检查；检验方法：量测	0cm		
			101～250cm		−10cm		
			251～400cm		−20cm		
			≥400cm		−30cm		
		地径	≤10cm		−1cm		
			11～40cm		−2cm		
			≥40cm		−3cm		

施工单位检查评定结果	项目专业质量检查员： 　　　　　　　　　　　　　　　年　月　日
监理(建设)单位验收记录	监理工程师： (建设单位项目专业技术负责人) 　　　　　　　　　　　　　　　年　月　日

273

园林绿化工程
苗木运输和假植检验批质量验收记录

园绿 7

单位工程 名称		分项工程 名称		验收部位	
施工单位		专业工长		项目负责人	
施工执行标准 名称及编号		《园林绿化工程施工及验收规范》（CJJ 82—2012）			
分包施工单位		分包施工 单位负责人		施工班组长	

①检查频率：每车按 20％ 的苗株进行检查。②检验方法：观察

		质量验收规范的规定	施工单位检查评定结果	监理（建设） 单位验收记录
主控项目	1	运输吊装苗木的机具和车辆的工作吨位，必须满足苗木吊装、运输的需要，并应制订相应的安全操作措施		
	2	苗木运到现场，当天不能栽植的应及时进行假植		
一般项目	1	裸根苗木运输时，应进行覆盖，保持根部湿润。装车、运输、卸车时不得损伤苗木		
	2	带土球苗木装车和运输时排列顺序应合理，捆绑稳固，卸车时应轻取轻放，不得损伤苗木及散球		
	3	裸根苗可在栽植现场附近选择适合地点，根据根幅大小，挖假植沟假植。假植时间较长时，根系必须用湿土埋严，不得透风，根系不得失水		
	4	带土球苗木的假植，可将苗木码放整齐，土球四周培土，喷水保持土球湿润		

施工单位检查 评定结果	
	项目专业质量检查员：　　　　　　　　　　　　　年　月　日
监理（建设）单位 验收记录	
	监理工程师： （建设单位项目专业技术负责人）　　　　　　　　　年　月　日

园林绿化工程
苗木修剪检验批质量验收记录

园绿 8

单位工程名称		分项工程名称		验收部位	
施工单位		专业工长		项目负责人	
施工执行标准名称及编号		《园林绿化工程施工及验收规范》（CJJ 82—2012）			
分包施工单位		分包施工单位负责人		施工班组长	

①检查频率：100 株检查 10 株，不足 20 株的全数检查。②检验方法：观察、测量

		质量验收规范的规定	施工单位检查评定结果	监理（建设）单位验收记录
主控项目	1	苗木修剪整形应符合设计要求，如无要求时，修剪整形应保持原树形		
	2	苗木必须无损伤断枝、枯枝、严重病虫枝等		
一般项目	1	落叶树木的枝条应从基部剪除，不留木橛，剪口平滑，不得劈裂		
	2	枝条短截时应留外芽，剪口应距留芽位置上方 0.5cm		
	3	修剪直径 2cm 以上大枝及粗根时，截口必须削平并涂防腐剂		

施工单位检查评定结果	项目专业质量检查员： 年 月 日
监理（建设）单位验收记录	监理工程师： （建设单位项目专业技术负责人） 年 月 日

园林绿化工程
树木栽植检验批质量验收记录

园绿 9

单位工程 名称			分项工程 名称		验收部位	
施工单位			专业工长		项目负责人	
施工执行标准 名称及编号		《园林绿化工程施工及验收规范》（CJJ 82—2012）				
分包施工单位			分包施工 单位负责人		施工班组长	

①检查频率：100 株检查 10 株，少于 20 株的全数检查。成活率全数检查。②检验方法：观察、测量

		质量验收规范的规定	施工单位检查评定结果	监理（建设） 单位验收记录
主控项目	1	栽植的树木品种、规格、位置应符合设计规定		
	2	除特殊景观树外，树木栽植应保持直立，不得倾斜		
	3	行道树或行列栽植的树木应在一条线上，相邻植株规格应合理搭配		
	4	树木栽植成活率应不低于 95%；名贵树木栽植成活率应达到 100%		
一般项目	1	带土球树木栽植前应去除土球不易降解的包装物		
	2	栽植时应注意观赏面的合理朝向，树木栽植深度应与原种植线持平		
	3	栽植树木回填的栽植土应分层踏实		
	4	绿篱及色块栽植时，株行距、苗木高度、冠幅大小应均匀搭配，树形丰满的一面应向外		
	5	非种植季节、干旱地区及干旱季节树木栽植时有相应的技术措施		

施工单位检查 评定结果	
	项目专业质量检查员：　　　　　　　　　　　　　　　　年　　月　　日

监理（建设）单位 验收记录	
	监理工程师： （建设单位项目专业技术负责人）　　　　　　　　　　年　　月　　日

276

园林绿化工程
苗木浇灌水检验批质量验收记录

园绿 10

单位工程 名称		分项工程 名称		验收部位	
施工单位		专业工长		项目负责人	
施工执行标准 名称及编号	《园林绿化工程施工及验收规范》（CJJ 82—2012）				
分包施工单位		分包施工 单位负责人		施工班组长	
①检查频率：100 株检查 10 株，不足 20 株的全数检查。②检验方法：测试及观察					

		质量验收规范的规定	施工单位检查评定结果	监理（建设） 单位验收记录
主控项目	1	树木栽植后应在栽植穴周围筑高 10～20cm 的围堰，堰应筑实		
	2	浇灌树木的水质应符合现行国家标准《农田灌溉水质标准》（GB 5084—2005）的规定		
	3	每次浇灌水量应满足植物成活及生长需要		
一般项目	1	浇水时应在穴中放置缓冲垫		
	2	新栽树木应在浇透水后及时封堰，以后根据当地情况及时补水		
	3	对浇水后出现的树木倾斜，应及时扶正，并加以固定		

施工单位检查 评定结果	
项目专业质量检查员：	年　月　日

监理（建设）单位 验收记录	
监理工程师： （建设单位项目专业技术负责人）	年　月　日

园林绿化工程
苗木支撑检验批质量验收记录

园绿 11

单位工程 名称		分项工程 名称		验收部位	
施工单位		专业工长		项目负责人	
施工执行标准 名称及编号		《园林绿化工程施工及验收规范》（CJJ 82—2012）			
分包施工单位		分包施工 单位负责人		施工班组长	

①检查频率：每100株检查10株，不足50株的全数检查。②检验方法：晃动支撑物

		质量验收规范的规定	施工单位检查评定结果	监理（建设） 单位验收记录
主控项目	1	支撑物的支柱应埋入土中不少于30cm，支撑物、牵拉物与地面连接点的连接应牢固		
	2	连接树木的支撑点应在树木主干上，其连接处应衬软垫，并绑缚牢固		
一般项目	1	支撑物、牵拉物的强度能够保证支撑有效；用软牵拉固定时，应设置警示标志		
	2	针叶常绿树的支撑高度应不低树木主干的2/3，落叶树支撑高度为树木主干高的1/2		
	3	同规格、同树种的支撑物、牵拉物的长度、支撑角度、绑缚形式以及支撑材料宜统一		

施工单位检查 评定结果	项目专业质量检查员： 年　月　日
监理（建设）单位 验收记录	监理工程师： （建设单位项目专业技术负责人） 年　月　日

园林绿化工程
大树挖掘包装检验批质量验收记录

园绿 12

单位工程名称		分项工程名称		验收部位	
施工单位		专业工长		项目负责人	
施工执行标准名称及编号		《园林绿化工程施工及验收规范》（CJJ 82—2012）			
分包施工单位		分包施工单位负责人		施工班组长	

①检查频率：全数检查。②检验方法：观察、尺量

		质量验收规范的规定	施工单位检查评定结果	监理（建设）单位验收记录
主控项目	1	土球规格应为树木胸径的6～10倍，土球高度为土球直径的2/3，土球底部直径为土球直径的1/3。土台规格应上大下小，下部边长比上部边长少1/10		
	2	树根应用手锯锯断，锯口平滑、无劈裂，并不得露出土球表面		
一般项目	1	土球软质包装应紧实、无松动，腰绳宽度应大于10cm		
	2	土球直径1m以上的应作封底处理		
	3	土台的箱板包装应立支柱，稳定、牢固		

施工单位检查评定结果	项目专业质量检查员： 年 月 日
监理（建设）单位验收记录	监理工程师： （建设单位项目专业技术负责人） 年 月 日

279

园林绿化工程
大树吊装运输检验批质量验收记录

园绿 13

单位工程 名称			分项工程 名称			验收部位	
施工单位			专业工长			项目负责人	
施工执行标准 名称及编号			《园林绿化工程施工及验收规范》（CJJ 82—2012）				
分包施工单位			分包施工 单位负责人			施工班组长	

①检查频率：全数检查。②检验方法：观察

		质量验收规范的规定	施工单位检查评定结果	监理（建设） 单位验收记录
主控项目	1	吊装、运输的机具、设备的工作吨位，必须满足大树吊装、运输的需要，并应制订相应的安全操作措施		
	2	吊装、运输时，必须对大树的树干、枝条、根部的土球、土台采取保护措施		
一般项目	1	大树吊装就位时，应注意选好主要观赏面的方向		
	2	应及时用软垫层支撑、固定树体		

施工单位检查 评定结果	
	项目专业质量检查员：　　　　　　　　　　　　　　　　年　月　日

监理（建设）单位 验收记录	
	监理工程师： （建设单位项目专业技术负责人）　　　　　　　　　　　年　月　日

园林绿化工程
大树栽植检验批质量验收记录

园绿 14

单位工程 名称			分项工程 名称		验收部位	
施工单位			专业工长		项目负责人	
施工执行标准 名称及编号		《园林绿化工程施工及验收规范》（CJJ 82—2012）				
分包施工单位			分包施工 单位负责人		施工班组长	

①检查频率：全数检查。②检验方法：观察、尺量

		质量验收规范的规定	施工单位检查评定结果	监理（建设） 单位验收记录
主控项目	1	大树的规格、种类、树形、树势应符合设计要求		
	2	定点放线应符合施工图规定		
	3	栽植深度应保持下沉后原土痕和地面等高或略高，树干或树木的重心应与地面保持垂直		
一般项目	1	栽植穴应根据根系或土球的直径加大 60～80cm，深度增加 20～30cm		
	2	种植土球树木，应将土球放稳，拆除包装物；大树修剪应合规范要求		
	3	栽植回填土壤必须用种植土，肥料必须充分腐熟，加土混合均匀，回填土应分层捣实、培土高度恰当		
	4	大树栽植后设立支撑必须牢固，并进行裹干保湿，栽植后应及时浇水		
	5	大树栽植后，必须对新植树木进行细致的养护和管理，应配备专职技术人员做好修剪、剥芽、喷雾、叶面施肥、浇水、排水、搭荫棚、包裹树干、设置风障、防台风、防寒和病虫害防治等管理工作		
施工单位检查 评定结果	项目专业质量检查员： 年　月　日			
监理（建设）单位 验收记录	监理工程师： （建设单位项目专业技术负责人） 年　月　日			

281

园林绿化工程
草坪和草本地被播种检验批质量验收记录

园绿 15

单位工程 名称			分项工程 名称		验收部位	
施工单位			专业工长		项目负责人	
施工执行标准 名称及编号		《园林绿化工程施工及验收规范》（CJJ 82—2012）				
分包施工单位			分包施工 单位负责人		施工班组长	

①检查频率：500m² 检查 3 处，每点面积为 4m²，不足 500m² 检查不少于 2 处。②检验方法：观察、测量及种子发芽试验报告

		质量验收规范的规定	施工单位检查评定结果	监理（建设） 单位验收记录
主控项目	1	播种前应作发芽试验和催芽处理，确定合理的播种量		
	2	播种时应先浇水浸地，保持土壤湿润，并将表层土耧细耙平，坡度应达到 0.3%～0.5%		
	3	用等量沙土与种子拌匀进行撒播，播种后应均匀覆细土 0.3～0.5cm 并轻压		
	4	播种后应及时喷水，种子萌发前，干旱地区应每天喷水 1～2 次，水点宜细密均匀，浸透土层 8～10cm，保持土表湿润，不应有积水，出苗后可减少喷水次数，土壤宜见湿见干		
	5	草坪和草本地被的播种、分栽，草块、草卷铺设及停车场草坪成坪后应符合下列要求： （1）成坪后覆盖度应不低于 95%； （2）单块裸露面积应不大于 25cm²； （3）杂草及病虫害的面积应不大于 5%		
一般项目	1	应选择适合本地的优良种子。草坪、草本地被种子纯净度应达到 95% 以上。冷地型草坪种子发芽率应达到 85% 以上，暖地型草坪种子发芽率应达到 70% 以上		
	2	播种前应对种子进行消毒、杀菌		
	3	整地前应进行土壤处理，防治地下害虫		

施工单位检查 评定结果	
	项目专业质量检查员：　　　　　　　　　　　　　　　　　年　月　日

监理（建设）单位 验收记录	
	监理工程师： （建设单位项目专业技术负责人）　　　　　　　　　　　年　月　日

园林绿化工程
喷播种植检验批质量验收记录

园绿 16

单位工程 名称			分项工程 名称		验收部位	
施工单位			专业工长		项目负责人	
施工执行标准 名称及编号		《园林绿化工程施工及验收规范》(CJJ 82—2012)				
分包施工单位			分包施工 单位负责人		施工班组长	

①检查频率：1000m² 检查 3 处，每点面积为 16m²，不足 1000m² 检查不少于 2 处。②检验方法：检查种子覆盖料及土壤稳定剂合格证明，观察

		质量验收规范的规定	施工单位检查评定结果	监理(建设) 单位验收记录
主控项目	1	喷播前应检查锚杆网片固定情况，清理坡面		
	2	喷播的种子覆盖料、土壤稳定剂的配合比应符合设计要求		
一般项目	1	播种覆盖应均匀无漏播，喷播厚度均匀一致		
	2	喷播应从上到下依次进行		
	3	在强降雨季节喷播时应注意覆盖		

施工单位检查 评定结果	项目专业质量检查员： 年 月 日
监理(建设)单位 验收记录	监理工程师： (建设单位项目专业技术负责人) 年 月 日

园林绿化工程
草坪和草本地被分栽检验批质量验收记录

园绿 17

单位工程名称			分项工程名称		验收部位	
施工单位			专业工长		项目负责人	
施工执行标准名称及编号		《园林绿化工程施工及验收规范》（CJJ 82—2012）				
分包施工单位			分包施工单位负责人		施工班组长	

①检查频率：500m² 检查 3 处，每点面积为 4m²；不足 500m²，检查不少于 2 处。②检验方法：观察、尺量

		质量验收规范的规定	施工单位检查评定结果	监理（建设）单位验收记录
主控项目	1	分栽的植物材料应注意保鲜，不萎蔫		
	2	干旱地区或干旱季节，栽植前应先浇水浸地，浸水深度应达 10cm 以上		
	3	草坪和草本地被的播种、分栽，草块、草卷铺设及停车场草坪成坪后应符合下列要求： （1）成坪后覆盖度应不低于 95％； （2）单块裸露面积应不大于 25cm²； （3）杂草及病虫害的面积应不大于 5％		
一般项目	1	草坪分栽植物的株行距，每丛的单株数应满足设计要求，设计无明确要求时，可按丛的组行距(15～20)cm×(15～20)cm，成品字形，或以一平方米植物材料可按 1∶3～1∶4 的系数进行栽植		
	2	栽植后应平整地面，适度压实，立即浇水		

施工单位检查评定结果	项目专业质量检查员：　　　　　　　　　　　　　年　月　日
监理（建设）单位验收记录	监理工程师： （建设单位项目专业技术负责人）　　　　　　　　年　月　日

284

园林绿化工程
铺设草块和草卷检验批质量验收记录

园绿 18

单位工程名称		分项工程名称		验收部位	
施工单位		专业工长		项目负责人	
施工执行标准名称及编号		《园林绿化工程施工及验收规范》（CJJ 82—2012）			
分包施工单位		分包施工单位负责人		施工班组长	

①检查频率：500m² 检查 3 处，每点面积为 4m²；不足 500m²，检查不少于 2 处。
②检验方法：观察、尺量，查看施工记录

		质量验收规范的规定	施工单位检查评定结果	监理（建设）单位验收记录
主控项目	1	草卷、草块铺设前应先浇水浸地细整找平，不得有低洼处		
	2	草块、草卷在铺设后应进行滚压或拍打，与土壤密切接触		
	3	铺设草卷、草块，应及时浇透水，浸湿土厚度应大于 10cm		
	4	草坪和草本地被的播种、分栽，草块、草卷铺设及停车场草坪成坪后应符合下列要求： （1）成坪后覆盖度应不低于 95％； （2）单块裸露面积应不大于 25cm²； （3）杂草及病虫害的面积应不大于 5％		
一般项目	1	草地排水坡度适当，不应有坑洼积水		
	2	铺设草卷、草块应相互衔接，不留缝，高度一致，间铺缝隙应均匀，并填以栽植土		

施工单位检查评定结果	
	项目专业质量检查员： 　　　　　　　　　　　　　　　　　　　　　年　　月　　日

监理（建设）单位验收记录	
	监理工程师： （建设单位项目专业技术负责人） 　　　　　　　　　　　　　　　　　　　　　年　　月　　日

285

园林绿化工程
运动场草坪检验批质量验收记录

园绿 19

单位工程 名称			分项工程 名称		验收部位	
施工单位			专业工长		项目负责人	
施工执行标准 名称及编号		《园林绿化工程施工及验收规范》（CJJ 82—2012）				
分包施工单位			分包施工 单位负责人		施工班组长	

①检查频率：500m² 检查 3 处；不足 500m²，检查不少于 2 处。②检验方法：测量、环刀取样、观测

		质量验收规范的规定			施工单位检查评定结果	监理（建设） 单位验收记录
主控项目	1	运动场草坪的排水层、渗水层、根系层、草坪层应符合设计要求				
	2	根系层的土壤应浇水沉降，进行水夯实，基质铺设细致均匀，整体紧实度适宜				
	3	根系层土壤的理化性质应符合规范规定				
	4	草坪和草本地被的播种、分栽，草块、草卷铺设及停车场草坪成坪后应符合下列要求： （1）成坪后覆盖度应不低于 95%； （2）单块裸露面积应不大于 25cm²； （3）杂草及病虫害的面积应不大于 5%				
一般项目	1	铺植草块，大小、厚度应均匀，缝隙严密，草块与表层基质结合紧密				
	2	成坪后草坪层的覆盖度应均匀，草坪颜色无明显差异，无明显裸露斑块，无明显杂草和病虫害症状，茎密度应为 2～4 枚/cm²				
	3	运动场根系层相对标高、排水坡降、厚度、平整度允许偏差	根系层相对标高	设计要求	+2cm	
			排水坡降	设计要求	不大于 0.5%	
			根系表层土壤块径	运动型	不大于 1.0cm	
			根系层平整度	设计要求	小于等于 2cm	
			根系层厚度	设计要求	±1cm	
			草坪层草高修剪控制	4.5～6.0	±1cm	

施工单位检查 评定结果	
	项目专业质量检查员：　　　　　　　　　　　　　　　　年　　月　　日

监理（建设）单位 验收记录	
	监理工程师： （建设单位项目专业技术负责人）　　　　　　　　　年　　月　　日

园林绿化工程
花卉栽植检验批质量验收记录

园绿 20

单位工程 名称		分项工程 名称		验收部位	
施工单位		专业工长		项目负责人	
施工执行标准 名称及编号		《园林绿化工程施工及验收规范》（CJJ 82—2012）			
分包施工单位		分包施工 单位负责人		施工班组长	

①检查频率：500m² 检查 3 处，每点面积为 4m²；不足 500m²，检查不少于 2 处。②检验方法：观察、尺量

		质量验收规范的规定	施工单位检查评定结果	监理（建设） 单位验收记录
主控项目	1	花苗的品种、规格、栽植放样、栽植密度、栽植图案均应符合设计要求		
	2	花卉栽植土及表层土整理应符合规范第 4.1.3 条和第 4.1.6 条的规定		
	3	花苗基本覆盖地面，成活率不低于 95％		
一般项目	1	株行距均匀，高低搭配恰当		
	2	栽植深度适当，根部土壤压实，花苗不沾泥污		

施工单位检查 评定结果	项目专业质量检查员： 年 月 日
监理（建设）单位 验收记录	监理工程师： （建设单位项目专业技术负责人） 年 月 日

287

园林绿化工程
水湿生植物栽植槽检验批质量验收记录

单位工程名称		分项工程名称		验收部位	
施工单位		专业工长		项目负责人	
施工执行标准名称及编号		《园林绿化工程施工及验收规范》（CJJ 82—2012）			
分包施工单位		分包施工单位负责人		施工班组长	

①检查频率：100m² 检查 3 处；不足 100m²，检查不少于 2 处。②检验方法：材料检测报告、观察、尺量

		质量验收规范的规定	施工单位检查评定结果	监理（建设）单位验收记录
主控项目	1	栽植槽的材料、结构、防渗应符合设计要求		
	2	槽内不宜采用轻质土或栽培基质		
一般项目	1	栽植槽土层厚度应符合设计要求，无设计要求的应大于 50cm		

施工单位检查评定结果	
	项目专业质量检查员：　　　　　　　　　　年　月　日
监理（建设）单位验收记录	
	监理工程师： （建设单位项目专业技术负责人）　　　　　年　月　日

园林绿化工程
水湿生植物栽植检验批质量验收记录

单位工程名称		分项工程名称		验收部位	
施工单位		专业工长		项目负责人	
施工执行标准名称及编号	《园林绿化工程施工及验收规范》（CJJ 82—2012）				
分包施工单位		分包施工单位负责人		施工班组长	

①检查频率：500m² 检查 3 处；不足 500m²，检查不少于 2 处。
②检验方法：测试报告及栽植数、成活数记录报告

质量验收规范的规定						施工单位检查评定结果	监理（建设）单位验收记录
主控项目	1	水湿生植物栽植地的土壤质量不良时，必须更换合格的栽植土，使用的栽植土和肥料不得污染水源					
	2	水湿生植物栽植的品种和单位面积栽植数应符合设计要求					
一般项目	1	水湿生植物栽植后至长出新株期间应控制水位，严防新生苗（株）浸泡窒息死亡					
	2 水湿生植物栽活后单位面积内拥有成活苗（芽）数		名称	单位	每平方米内成活苗（芽）数	实测值（苗数/m²）	
		水湿生类	千屈菜	丛	9～12		
			鸢尾（耐湿类）	株	9～12		
			落新妇	株	9～12		
			地肤	株	6～9		
			萱草	株	9～12		
		挺水类	荷花	株	不少于1		
			雨久花	株	6～8		
			石菖蒲	株	6～8		
			香蒲	株	4～6		
			菖蒲	株	4～6		
			水葱	株	6～8		
			芦苇	株	不少于1		
			茭白	株	4～6		
			慈姑、荸荠、泽泻	株	6～8		
		浮水类	睡莲	盆	按设计要求		
			菱角	—	9～12		
			大漂	—	控制在繁殖水域以内		
施工单位检查评定结果	项目专业质量检查员： 　　　　　　　　　　　年　月　日						
监理（建设）单位验收记录	监理工程师： （建设单位项目专业技术负责人） 　　　　　　　　　　　年　月　日						

园林绿化工程
竹类栽植检验批质量验收记录

园绿 23

单位工程名称			分项工程名称		验收部位	
施工单位			专业工长		项目负责人	
施工执行标准名称及编号			《园林绿化工程施工及验收规范》（CJJ 82—2012）			
分包施工单位			分包施工单位负责人		施工班组长	

①检查频率：100株检查10株；不足20株，全数检查。②检验方法：观察、尺量

		质量验收规范的规定	施工单位检查评定结果	监理（建设）单位验收记录
主控项目	1	竹类材料品种、规格应符合设计要求		
	2	放样定位应准确		
	3	土层深厚、肥沃、疏松，符合栽植土的要求		
一般项目	1	竹苗应采用软包扎，运输时应覆盖、保湿，装卸时不得损伤着生点和鞭芽		
	2	散生竹竹苗修剪苗枝5～7盘，剪口平滑		
	3	丛生竹修剪苗枝2～3盘，将顶梢截除		
	4	栽植穴比鞭根大40～60cm，深20～40cm		
	5	竹苗拆除包装物，栽植深度比原土层高3～5cm，栽植后及时支撑、浇水		
	6	竹类栽后应互连支撑，及时浇水，严禁踩踏		

施工单位检查评定结果	
	项目专业质量检查员：　　　　　　　　　　　　　　　年　月　日

监理（建设）单位验收记录	
	监理工程师： （建设单位项目专业技术负责人）　　　　　　　　　年　月　日

园林绿化工程
耐根穿刺防水层检验批质量验收记录

园绿 24

单位工程 名称			分项工程 名称		验收部位	
施工单位			专业工长		项目负责人	
施工执行标准 名称及编号		《园林绿化工程施工及验收规范》(CJJ 82—2012)				
分包施工单位			分包施工 单位负责人		施工班组长	

注:①检查频率:每50延米检查1处;不足50延米全数检查。②检验方法:观察、尺量。

		质量验收规范的规定	施工单位检查评定结果	监理(建设) 单位验收记录
主控项目	1	耐根穿刺防水层的材料品种、规格、性能应符合设计及相关标准要求		
	2	卷材接缝应牢固、严密,符合设计要求		
	3	施工完成应进行蓄水或淋水试验,24h内不得有渗漏或积水		
一般项目	1	耐根穿刺防水层材料应见证抽样复验		
	2	耐根穿刺防水层的细部构造、密封材料嵌填应密实饱满,粘结牢固,无气泡、开裂等缺陷		
	3	立面防水层应收头入槽,封严		
	4	成品应注意保护,检查施工现场,不得堵塞排水口		

施工单位检查 评定结果	
	项目专业质量检查员: <div style="text-align:right">年 月 日</div>
监理(建设)单位 验收记录	
	监理工程师: (建设单位项目专业技术负责人) <div style="text-align:right">年 月 日</div>

园林绿化工程
排蓄水层检验批质量验收记录

园绿 25

单位工程 名称			分项工程 名称		验收部位	
施工单位			专业工长		项目负责人	
施工执行标准 名称及编号		《园林绿化工程施工及验收规范》(CJJ 82—2012)				
分包施工单位			分包施工 单位负责人		施工班组长	

①检查频率：每 50 延米检查 1 处；不足 50 延米全数检查。②检验方法：观察、尺量

质量验收规范的规定			施工单位检查评定结果	监理(建设) 单位验收记录
主控项目	1	凹凸型塑料排蓄水板厚度、顺槎搭接宽度应符合设计要求，设计无要求时，搭接宽度应大于 15cm		
	2	采用卵石、陶粒等材料铺设排蓄水层的其铺设厚度应符合设计要求		
一般项目	1	四周设置明沟的，排蓄水层应铺至明沟边缘		
	2	挡土墙下设排水管的，排水管与天沟或落水口应合理搭接，坡度适当		

施工单位检查 评定结果	项目专业质量检查员：　　　　　　　　　　　　　　　　　年　月　日
监理(建设)单位 验收记录	监理工程师： (建设单位项目专业技术负责人)　　　　　　　　　　　年　月　日

292

园林绿化工程
过滤层检验批质量验收记录

园绿 26

单位工程名称		分项工程名称		验收部位	
施工单位		专业工长		项目负责人	
施工执行标准名称及编号		《园林绿化工程施工及验收规范》（CJJ 82—2012）			
分包施工单位		分包施工单位负责人		施工班组长	

①检查频率：每50延米检查1处；不足50延米全数检查。②检验方法：观察、尺量

		质量验收规范的规定	施工单位检查评定结果	监理（建设）单位验收记录
主控项目	1	过滤层的材料规格、品种应符合设计要求		
一般项目	1	采用单层卷状聚丙烯或聚酯无纺布材料，单位面积质量必须大于150g/m²，搭接缝的有效宽度必须达到10～20cm		
	2	采用双层组合卷状材料：上层蓄水棉，单位面积质量应达到200～300g/m²；下层无纺布材料，单位面积质量应达到100～150g/m²。卷材铺设在排（蓄）水层上，向栽植地四周延伸，高度与种植层齐高，端部收头必须用胶粘剂粘结，粘结宽度不得小于5cm，或金属条固定		

施工单位检查评定结果	
	项目专业质量检查员：　　　　　　　　　　　　　　　年　　月　　日

监理（建设）单位验收记录	
	监理工程师： （建设单位项目专业技术负责人）　　　　　　　　　　年　　月　　日

园林绿化工程
设施障碍性面层栽植基盘检验批质量验收记录

园绿 27

单位工程名称		分项工程名称		验收部位	
施工单位		专业工长		项目负责人	
施工执行标准名称及编号		《园林绿化工程施工及验收规范》（CJJ 82—2012）			
分包施工单位		分包施工单位负责人		施工班组长	

①检查频率：100m² 检查 3 处；不足 100m²，检查不少于 2 处。②检验方法：观察、尺量

		质量验收规范的规定	施工单位检查评定结果	监理（建设）单位验收记录
主控项目	1	透水、排水、透气、渗管等构造材料和栽植土（基质）必须符合栽植要求		
	2	施工做法必须符合设计和规范要求		
一般项目	1	障碍性层面栽植基盘的透水、透气系统或结构性能良好，浇灌后无积水，雨季无沥涝		

施工单位检查评定结果	
	项目专业质量检查员：　　　　　　　　　　年　月　日

监理（建设）单位验收记录	
	监理工程师： （建设单位项目专业技术负责人）　　　　年　月　日

园林绿化工程
设施顶面栽植检验批质量验收记录

园绿 28

单位工程 名称		分项工程 名称		验收部位	
施工单位		专业工长		项目负责人	
施工执行标准 名称及编号		《园林绿化工程施工及验收规范》（CJJ 82—2012）			
分包施工单位		分包施工 单位负责人		施工班组长	

①检查频率：100m² 检查 3 处；不足 100m²，检查不少于 2 处。②检验方法：观察、尺量

		质量验收规范的规定	施工单位检查评定结果	监理（建设） 单位验收记录
主控项目	1	植物材料的种类、品种和植物配置方式应符合设计要求		
	2	自制或采用成套树木固定牵引装置、预埋件等应符合设计要求，支撑操作使栽植的树木牢固		
	3	树木栽植成活率及地被覆盖度应≥95％		
一般项目	1	植物栽植定位符合设计要求		
	2	植物材料栽植，应及时进行养护和管理，不得有严重枯黄死亡、植被裸露和明显病虫害		

施工单位检查 评定结果	项目专业质量检查员：　　　　　　　　　　　　　　　　年　月　日
监理（建设）单位 验收记录	监理工程师： （建设单位项目专业技术负责人）　　　　　　　　年　月　日

园林绿化工程
设施立面垂直绿化检验批质量验收记录

园绿 29

单位工程名称		分项工程名称		验收部位	
施工单位		专业工长		项目负责人	
施工执行标准名称及编号	《园林绿化工程施工及验收规范》（CJJ 82—2012）				
分包施工单位		分包施工单位负责人		施工班组长	

①检查频率：100株检查10株；不足20株，全数检查。②检验方法：观察、尺量

		质量验收规范的规定	施工单位检查评定结果	监理（建设）单位验收记录
主控项目	1	低层建筑物、构筑物的外立面、围栏前为自然地面，符合栽植土标准时，可进行整地栽植		
	2	垂直绿化栽植的品种、规格应符合设计要求		
一般项目	1	建筑物、构筑物的外立面及围栏的立地条件较差，可利用栽植槽栽植，槽的高度宜为50～60cm，宽度为50cm，种植槽应有排水孔		
	2	建筑物、构筑物立面较光滑时，必须加设载体后再进行栽植		
	3	植物材料栽植后应牵引、固定、浇水		
施工单位检查评定结果	项目专业质量检查员： 年 月 日			
监理（建设）单位验收记录	监理工程师： （建设单位项目专业技术负责人） 年 月 日			

园林绿化工程
坡面绿化防护栽植层检验批质量验收记录

园绿30

单位工程名称		分项工程名称		验收部位	
施工单位		专业工长		项目负责人	
施工执行标准名称及编号		《园林绿化工程施工及验收规范》（CJJ 82—2012）			
分包施工单位		分包施工单位负责人		施工班组长	

①检查频率：500m² 检查 3 处；不足 500m²，检查不少于 2 处。②检验方法：观察、照片分析、尺量

		质量验收规范的规定	施工单位检查评定结果	监理（建设）单位验收记录
主控项目	1	栽植层的构造材料和栽植土应符合设计要求		
	2	混凝土格构、固土网垫、格栅、土工合成材料、喷射基质等施工做法应符合设计和规范要求		
一般项目	1	喷射基质不应剥落；栽植土或基质表面无明显沟蚀、流失；栽植土（基质）的肥效不得少于 3 个月		
施工单位检查评定结果		项目专业质量检查员：　　　　　　　　　　年　月　日		
监理（建设）单位验收记录		监理工程师： （建设单位项目专业技术负责人）　　　　年　月　日		

园林绿化工程
排盐（渗水）管沟隔淋（渗水）层开槽检验批质量验收记录

园绿 31

单位工程名称		分项工程名称		验收部位	
施工单位		专业工长		项目负责人	
施工执行标准名称及编号		《园林绿化工程施工及验收规范》（CJJ 82—2012）			
分包施工单位		分包施工单位负责人		施工班组长	

①检查频率：1000m² 检查 3 个点；不足 1000m²，检查不少于 2 个点。②检验方法：测量

		质量验收规范的规定						施工单位检查评定结果								监理（建设）单位验收记录
主控项目	1	开槽范围、槽底高程应符合设计要求，槽底必须高于地下水标高														
	2	槽底不得有淤泥、软土层														

		槽底应找平和适度轧实，槽底标高和平整度允许偏差					实测值（cm）									
一般项目	1	项目	尺寸要求（cm）	检查频率		检验方法	允许偏差（cm）	1	2	3	4	5	6	7	8	9	10
				范围	范围												
		槽底	槽底高程	设计要求	1000m²	5～10	槽底	±2									
			槽底平整度	设计要求				±3									

施工单位检查评定结果	项目专业质量检查员：　　　　　　　　　　　　　　　　　年　月　日
监理（建设）单位验收记录	监理工程师： （建设单位项目专业技术负责人）　　　　　　　　　年　月　日

园林绿化工程
排盐（渗水）管敷设检验批质量验收记录

园绿 32

单位工程 名称			分项工程 名称			验收部位	
施工单位			专业工长			项目负责人	
施工执行标准 名称及编号		《园林绿化工程施工及验收规范》（CJJ 82—2012）					
分包施工单位			分包施工 单位负责人			施工班组长	

①检查频率：200m 检查 3 个点；不足 200m，检查不少于 2 个点。②检验方法：测量

		质量验收规范的规定					施工单位检查评定结果									监理（建设） 单位验收记录
主控项目	1	排盐管（渗水管）敷设走向、长度、间距及过路管的处理应符合设计要求														
	2	管材规格、性能符合设计和使用功能要求，并有出厂合格证														
	3	排盐（渗水）管应通顺有效，主排盐（渗水）管必须与外界市政排管网接通，终端管底标高应高于排水管管中 15cm 以上														

		排盐（渗水）沟断面和填埋材料应符合设计要求															
一般项目	1	排盐（渗水）沟断面和填埋材料应符合设计要求															
	2	排盐（渗水）管的连接与观察井的连接末端排盐管的封堵应符合设计要求															
	3	排盐（渗水）管、观察井允许偏差					实测值（cm）										
		项目	尺寸要求 （cm）	检查频率		检验 方法	允许偏差 （cm）	1	2	3	4	5	6	7	8	9	10
				范围	点数												
		排盐管 （渗水管）每 100m 坡度	设计要求	200m	5	测量	≤1										
		水平移位	设计要求	200m	3	量测	±3										
		排盐（渗水）管底至排盐（渗水）沟底距离	12cm	200m	3	量测	±2										
		观察井 主排盐（渗水）管入井管底标高	设计要求	每座	3	测量	0, −5										
		观察井底至排盐（渗水）管底距离					±2										
		每 100m 坡度					±2										

施工单位检查 评定结果	项目专业质量检查员： 　　　　　　　　　　　　　　　　　　　　　　　　年　月　日
监理（建设）单位 验收记录	监理工程师： （建设单位项目专业技术负责人） 　　　　　　　　　　　　　　　　　　　　　　　　年　月　日

园林绿化工程
隔淋（渗水）层检验批质量验收记录

园绿 33

单位工程名称		分项工程名称		验收部位	
施工单位		专业工长		项目负责人	
施工执行标准名称及编号		《园林绿化工程施工及验收规范》（CJJ 82—2012）			
分包施工单位		分包施工单位负责人		施工班组长	

①检查频率：1000m² 检查 3 个点；不足 1000m²，检查不少于 2 个点。②检验方法：测量

质量验收规范的规定							施工单位检查评定结果									监理（建设）单位验收记录
主控项目	1	隔淋（渗水）层的材料及铺设厚度应符合设计要求														
	2	铺设隔淋（渗水）层时，不得损坏排盐（渗水）管														
一般项目	1	石屑淋层材料中石粉和泥土含量不得超过 10%，其他淋（渗水）层材料中也不得掺杂黏土、石灰等粘结物														

<table>
<tr><td rowspan="4">一般项目</td><td rowspan="4">2</td><td colspan="5">隔淋（渗水）层铺设厚度、允许偏差</td><td colspan="11">实测值（cm）</td></tr>
<tr><td rowspan="2">项目</td><td rowspan="2">尺寸要求（cm）</td><td colspan="2">检查频率</td><td rowspan="2">检验方法</td><td rowspan="2">允许偏差（cm）</td><td>1</td><td>2</td><td>3</td><td>4</td><td>5</td><td>6</td><td>7</td><td>8</td><td>9</td><td>10</td></tr>
<tr><td>范围</td><td>点数</td></tr>
<tr><td rowspan="3">隔淋层</td><td rowspan="3">厚度</td><td>16～20</td><td rowspan="3">1000m²</td><td rowspan="3">5～10</td><td rowspan="3">量测</td><td>±2</td><td></td><td></td><td></td><td></td><td></td><td></td><td></td><td></td><td></td><td></td></tr>
<tr><td>11～15</td><td>±1.5</td><td></td><td></td><td></td><td></td><td></td><td></td><td></td><td></td><td></td><td></td></tr>
<tr><td>≤10</td><td>±1</td><td></td><td></td><td></td><td></td><td></td><td></td><td></td><td></td><td></td><td></td></tr>
</table>

施工单位检查评定结果	项目专业质量检查员：　　　　　　　　　　　　　　　　　　　年　　月　　日
监理（建设）单位验收记录	监理工程师： （建设单位项目专业技术负责人）　　　　　　　　　　　　　年　　月　　日

园林绿化工程
施工期的植物养护检验批质量验收记录

园绿 34

单位工程名称		分项工程名称		验收部位	
施工单位		专业工长		项目负责人	
施工执行标准名称及编号		《园林绿化工程施工及验收规范》（CJJ 82—2012）			
分包施工单位		分包施工单位负责人		施工班组长	

①检查频率：100 株检查 10 株；不足 20 株，全数检查。②检验方法：观察、尺量

		质量验收规范的规定	施工单位检查评定结果	监理（建设）单位验收记录
主控项目	1	根据植物习性和墒情及时浇水		
	2	结合中耕除草，平整树台		
	3	加强病虫害观测，控制突发性病虫害发生，主要病虫害防治应及时		
	4	树木应及时剥芽、去蘖、疏枝整形。草坪应适时进行修剪		
	5	对树木应加强支撑、绑扎及裹干措施，做好防强风、干热、洪涝、越冬防寒等工作		
一般项目	1	根据植物生长情况应及时追肥、施肥		
	2	花坛、花境应及时清除残花败叶，植株生长健壮		
	3	绿地应保持整洁；做好维护管理工作，及时清理枯枝、落叶、杂草、垃圾		
	4	对生长不良、枯死、损坏、缺株的园林植物应及时更换或补栽，用于更换及补栽的植物材料应和原植株的种类、规格一致		
施工单位检查评定结果		项目专业质量检查员： 年 月 日		
监理（建设）单位验收记录		监理工程师： （建设单位项目专业技术负责人） 年 月 日		

2. 园林附属工程检验批质量验收记录

园林绿化工程园林地面基土检验批质量验收记录 …………………………………… 园附 1

园林绿化工程园林地面基层（垫层）检验批质量验收记录 …………………………… 园附 2

园林绿化工程整体面层检验批质量验收记录 ……………………………………………… 园附 3

园林绿化工程板块面层检验批质量验收记录 ……………………………………………… 园附 4

园林绿化工程侧石、缘石检验批质量验收记录 …………………………………………… 园附 5

园林绿化工程木铺装面层检验批质量验收记录 ………………………………………… 园附 6

园林绿化工程假山、叠石、置石检验批质量验收记录 ………………………………… 园附 7

园林绿化工程水景管道安装检验批质量验收记录 ……………………………………… 园附 8

园林绿化工程水景潜水泵安装检验批质量验收记录 …………………………………… 园附 9

园林绿化工程水景喷头安装检验批质量验收记录 ……………………………………… 园附 10

园林绿化工程喷灌喷头安装检验批质量验收记录 ……………………………………… 园附 11

园林绿化工程喷灌设备安装检验批质量验收记录 ……………………………………… 园附 12

园林绿化工程汀步面层检验批质量验收记录 …………………………………………… 园附 13

园林绿化工程座椅（凳）、标牌、果皮箱安装检验批质量验收记录 ………………… 园附 14

园林绿化工程园林护栏检验批质量验收记录 …………………………………………… 园附 15

园林绿化工程
园林地面基土检验批质量验收记录

单位工程名称			分项工程名称			验收部位	
施工单位			专业工长			项目负责人	
施工执行标准名称及编号		《建筑地面工程施工质量验收规范》（GB 50209—2010）					
分包施工单位			分包施工单位负责人			施工班组长	

		质量验收规范的规定		施工单位检查评定结果	监理（建设）单位验收记录
主控项目	1	土质	基土严禁用淤泥、腐殖土、冻土、栽植土、膨胀土和含有有机物质大于80％的土作为填土		
	2	基土压实系数	≥0.9		
一般项目	1	表面平整度	15mm		
	2	标高	+0，−50		
	3	坡度	符合设计要求		

施工单位检查评定结果	
	项目专业质量检查员：　　　　　　　　　　　　　　　　　　　年　月　日

监理（建设）单位验收结论	
	监理工程师： （建设单位项目专业技术负责人）　　　　　　　　　　　　　　　年　月　日

说　明

园林绿化工程园林地面基土检验批质量验收记录

1）主　控　项　目

（1）基土严禁用淤泥、腐殖土、冻土、耕植土、膨胀土和含有有机植物大于 8%的土作为填土。

观察检查和检查土质记录。

（2）基土均匀密实，压实系数符合设计要求，设计无要求时，不应小于 0.9。

观察检查和检查试验记录。

（3）路基开挖、回填应符合设计图纸要求。

2）一　般　项　目

土表面的允许偏差的检验方法：可用 2m 靠尺、楔形尺、水准仪进行检查。

园林绿化工程
园林地面基层（垫层）检验批质量验收记录

园附 2

单位工程 名称			分项工程 名称		验收部位	
施工单位			专业工长		项目负责人	
施工执行标准 名称及编号		《建筑地面工程施工质量验收规范》（GB 50209—2010）				
分包施工单位			分包施工 单位负责人		施工班组长	

		质量验收规范的规定			施工单位检查评定结果	监理（建设） 单位验收记录
主控项目	1	材质、体积比、强度等级应符合设计要求				
	2	干密度（或贯入度）、密实度应符合设计要求				
一般项目		项目	允许偏差（mm）		实测值	
			砂、砂石	灰土、混凝土	双灰（石灰、粉煤灰）	
		1. 表面平整度	15	10	10	
		2. 标高	20	10	10	
		3. 坡度	应符合设计要求			
		4. 厚度	≥100（砂≥60）	灰土≥100、水泥混凝土≥60		

施工单位 检查评定结果	
	项目专业质量检查员：　　　　　　　　　　　　　　　　　　年　月　日

监理（建设）单位 验收结论	
	监理工程师： （建设单位项目专业技术负责人）　　　　　　　　　　　　年　月　日

305

说　明

园林绿化工程园林地面基层（垫层）检验批质量验收记录

1）主　控　项　目

（1）砂和砂石不得含有草根等有机杂质；砂应采用中砂；石子最大粒径不得大于垫层厚度的2/3。观察检查和检查检测报告。

（2）砂垫层和砂石垫层的干密度（或贯入度）符合设计要求。观察检查和检查试验记录。

（3）灰土体积比符合设计要求。观察检查和检查配合比单及施工记录。

（4）水泥混凝土垫层采用的粗骨料，其最大粒径不大于垫层厚度的2/3；含泥量不大于2%；砂为中粗砂，其含泥量不大于3%。观察检查和检查检测报告。

（5）混凝土的强度等级，符合设计要求，且不应小于C10，厚度不小于60mm。观察检查和检查检验报告。

2）一　般　项　目

（6）表面无砂窝、石堆等质量缺陷。观察检查。

（7）砂和砂石垫层表面的允许偏差：标高为±20mm，检验方法：可用水准仪检验。其中，厚度偏差砂不大于6mm；砂石不大于10mm。

（8）灰土垫层表面的允许偏差：标高为±10mm，检验方法：用水准仪检验。

（9）水泥混凝土垫层表面的允许偏差：标高为±10mm，检验方法：用水准仪检验。

园林绿化工程
整体面层检验批质量验收记录

园附 3

单位工程名称			分项工程名称			验收部位	
施工单位			专业工长			项目负责人	
施工执行标准名称及编号			《建筑地面工程施工质量验收规范》（GB 50209—2010）				
分包施工单位			分包施工单位负责人			施工班组长	

		质量验收规范的规定				施工单位检查评定结果	监理（建设）单位验收记录
主控项目	1	各种面层的材质、强度（配合比）和密实度					
	2	面层与基层结合牢固、无空鼓（空鼓面积不应大于400cm²）					
一般项目	3	1. 表面					
		2. 坡度					
		允许偏差（mm）				实测值	
		项目	混凝土面层	沥青混凝土面层	水洗石面层	卵石面层	
		表面平整度	5	5	3		
		缝格平直	3	3	1		

施工单位检查评定结果	项目专业质量检查员：　　　　　　　　　　　　　　　　　年　月　日
监理（建设）单位验收结论	监理工程师： （建设单位项目专业技术负责人）　　　　　　　　　年　月　日

307

说　　明

园林绿化工程整体面层检验批质量验收记录

1）主　控　项　目

（1）水泥混凝土采用的粗骨料，其最大粒径不应大于面层厚度的 2/3，细石混凝土面层采用的石子粒径不应大于 15mm。观察检查和检查产品合格证明文件及检测报告。

（2）面层的强度等级应符合设计要求，且水泥混凝土面层强度等级不应小于 C20；水泥混凝土垫层兼面层强度等级不应小于 C15。检查检测报告。

（3）面层与下一层应结合牢固，无空鼓、裂纹。用小锤轻击检查。

2）一　般　项　目

（4）面层表面不应有裂纹、脱皮、麻面、起砂等缺陷。观察检查。

（5）面层表面的坡度符合设计要求，不得有倒泛水和积水的现象。观察和采用泼水或用坡度尺检查。

园林绿化工程
板块面层检验批质量验收记录

园附 4

单位工程名称		分项工程名称		验收部位	
施工单位		专业工长		项目负责人	
施工执行标准名称及编号	《建筑地面工程施工质量验收规范》（GB 50209—2010）				
分包施工单位		分包施工单位负责人		施工班组长	

		质量验收规范的规定	施工单位检查评定结果	监理（建设）单位验收记录
主控项目	1	面层所用板块的品种、规格、质量符合设计要求		
	2	面层与基层结合牢固、无空鼓		

一般项目

1. 坡度符合设计要求

2. 表面

项目	允许偏差（mm）											实测值
	大理石面层和花岗石面层	碎拼大理石、碎拼花岗石面层	混凝土板块面层	冰梅面层	透水砖面层	嵌草砖面层	花街铺地	大方砖面层	压模	小青砖面层	自然块石	
表面平整度	1.0	3.0	4.0	3.0	4.0	5.0	5.0	4.0	3.0	5	10	
缝格平直	2.0	—	3.0	—	3.0	3.0	3.0	—	—	3	8	
接缝高低差	0.5	—	1.5	—	1.0	3.0	—2.0	1.0	—	2	—	
板块间隙宽度	1.0	—	6.0	—	3.0	3.0	—	2.0	—	3		

施工单位检查评定结果	
	项目专业质量检查员： 年 月 日

监理（建设）单位验收结论	
	监理工程师： （建设单位项目专业技术负责人） 年 月 日

309

说　　明

园林绿化工程板块面层检验批质量验收记录

1）主 控 项 目

（1）面层所用板块的品种、质量必须符合设计要求。观察检查和检查产品合格证明文件。

（2）面层与下一层的结合（粘贴）应牢固，无空鼓。用小锤轻击检查。

2）一 般 项 目

（3）砖面层的表面应洁净、图案清晰、色泽一致、接缝平整、深浅一致、周边顺直。板块无裂缝、掉角和缺棱等缺陷。观察检查。

（4）大理石、花岗石面层的表面应洁净、平整、无磨痕，且应图案清晰、色泽一致、接缝均匀、周边顺直、镶嵌正确，板块无裂纹、掉角、缺棱等缺陷。观察检查。

（5）条石面层应组砌合理，无十字缝，铺砌方向和坡度应符合设计要求；块石面层石料缝隙应相互错开，通缝不超过两块料石。观察和用坡度尺检查。

园林绿化工程
侧石、缘石检验批质量验收记录

园附 5

单位工程 名称			分项工程 名称		验收部位		
施工单位			专业工长		项目负责人		
施工执行标准 名称及编号			《建筑地面工程施工质量验收规范》（GB 50209—2010）				
分包施工单位			分包施工 单位负责人		施工班组长		
质量验收规范的规定				施工单位检查评定结果		监理（建设） 单位验收记录	
主控项目	1	侧石、缘石强度达到 C30 标准					
	2	安装稳固不沉降					
	3						
一般项目	1	安装线直、弯顺、内外侧还土夯实	±0.5cm				
	2	缝宽均匀	≤1cm				
	3	接缝平滑	≤0.3cm				
	4						
	5						
	6						
施工单位 检查评定结果	项目专业质量检查员：　　　　　　　　　　　　　　　　年　　月　　日						
监理（建设）单位 验收结论	监理工程师： （建设单位项目专业技术负责人）　　　　　　　　　　年　　月　　日						

311

说 明

园林绿化工程侧石、缘石检验批质量验收记录

1）主 控 项 目

（1）侧石、缘石抗压强度应达到 C30 标准。外形不得翘曲、蜂窝、麻面、脱皮、裂纹，外露面边、角、棱不完整，外表色泽不一。

（2）侧石、缘石的灰土基层厚度不小于 15cm、压实度≥95％。安装应稳固，不沉降。

2）一 般 项 目

（3）侧石应安正，不应前倾后仰，侧石顶线应顺直、圆滑、平顺，无凹进凸出、前后高低错牙。缘石应顺直圆滑、顶面平整，符合标高。

（4）侧石缝宽不大于 1cm，以 1：2.5（体积比）水泥砂浆灌缝填实勾平，用弯面压成凹形。

（5）侧石、缘石内外侧还土应夯实。

园林绿化工程
木铺装面层检验批质量验收记录

园附 6

单位工程 名称			分项 工程名称		验收部位	
施工单位			专业工长		项目负责人	
施工执行标准 名称及编号		北京市《园林绿化工程施工及验收规范》(DB11/T 212—2009)				
分包施工单位			分包施工单位 项目负责人		施工班组长	

		质量验收规范的规定	施工单位检查评定结果	监理(建设) 单位验收记录
主控项目	1	木铺装面层所采用的材质、规格、色泽应符合设计要求		
	2	木铺装面层及垫木等应作防腐、防蛀处理。木材含水率应小于15%		
	3	用于固定木铺装面层的螺钉、螺栓应进行防锈蚀处理,安装紧固、无松动。规格应满足稳定面层的要求		
	4	螺钉、螺栓顶部不得高出木铺装面层表面		
	5	木铺装面层单块木料纵向弯曲不得超过 1/400		
	6	面层铺设应牢固,无松动		
一般项目	1	铺装面板的缝隙、间距应符合设计要求。密铺时,缝隙应直顺;疏铺时,间距应一致、通顺		
	2	木铺装面层的允许偏差应符合规范的要求		

施工单位 检查评定结果	项目专业质量检查员:　　　　　　　　　　　　　　　　　　　　　　年　 月　 日
监理(建设) 单位验收记录	监理工程师: (建设单位项目专业技术负责人)　　　　　　　　　　　　　　年　 月　 日

说　明

园林绿化工程木铺装面层检验批质量验收记录

木铺装面层的允许偏差项目表（mm）

项次	项　目	允许偏差	检验方法
1	表面平整度	3	用2m靠尺和楔形尺检查
2	板面拼缝平直	3	拉5m线，不足5m拉通线和尺量检查
3	缝隙宽度	2	用靠尺与目测检查
4	相邻板材高低差	1	尺量

检查数量：每 200m² 检查 3 处，不足 200m² 的不少于 1 处。

园林绿化工程
假山、叠石、置石检验批质量验收记录

园附 7

单位工程名称		分项工程名称		验收部位	
施工单位		专业工长		项目负责人	
施工执行标准名称及编号		《园林绿化工程施工及验收规范》（CJJ 82—2012）			
分包施工单位		分包施工单位负责人		施工班组长	

		质量验收规范的规定	施工单位检查评定结果	监理（建设）单位验收记录
主控项目	1	假山叠石的基础工程及主体构造必须符合设计和安全规定，假山结构和主峰稳定性应符合抗风、抗震强度要求		
	2	（1）假山地基基础承载力应大于山石总荷载的1.5倍；灰土基础应低于地平面20cm，其面积应大于假山底面积，外沿宽出50cm。 （2）假山设在陆地上，应选用C20以上混凝土制作基础；假山设在水中，应选用C25混凝土或不低于M7.5的水泥砂浆砌石块制作基础。根据不同地势、地质有特殊要求的可作特殊处理		
	3	假山石拉底施工应做到统筹向背、曲折错落、断续相间、连接互咬；拉底石材应坚实、耐压，不得用风化石块做基石		
	4	假山山洞的洞壁凹凸面不得影响游人安全，洞内应有采光，不得积水		
	5	假山、叠石、布置临路侧、山洞洞顶和洞壁的岩面应圆润，不得带锐角		
一般项目	1	主体山石应错缝叠压，纹理统一。叠石或景石放置时，应注意主面方向，掌握重心。山体最外侧的峰石底部应灌注1：2的水泥砂浆。每块叠石的刹石不应少于4个受力点，刹石不应外露。每层之间应补缝填陷，并灌1：2的水泥砂浆		
	2	假山、叠石和景石布置后的石块间缝隙，应先填塞、连接、嵌实，用1：2的水泥砂浆进行勾缝。勾缝应做到自然平整、无遗漏。明缝不应超过2cm宽，暗缝应凹入石面1.5～2cm，砂浆干燥后色泽应与石料色泽相近		
	3	跌水、山洞的山石长度不应小于150cm，整块大体量山石应稳定，不得倾斜。横向挑出的山石后部配重不小于悬挑重量的两倍，压脚石应确保牢固，粘结材料应满足强度要求。辅助加固构件（银锭扣、铁爬钉、铁扁担、各类吊架等）强度和数量应保证达到山体的结构安全及艺术效果要求，铁件表面应作防锈处理		
	4	登山道的走向应自然，踏步铺设应平整、牢固，高度以14～16cm为宜，除特殊位置外，高度不得大于25cm，宽度不应小于30cm		

		质量验收规范的规定	施工单位检查评定结果	监理(建设)单位验收记录
一般项目	5	溪流景石的自然驳岸的布置，应体现溪流的自然感，并与周边环境协调。汀步安置应稳固，面平整。设计无要求时，汀步边到边距不应大于30cm，高差不宜大于5cm		
	6	壁峰不宜过厚，应采用嵌入墙体为主，与墙体脱离部分应有可靠排水措施。墙体内应预埋铁件钩托石块，保证稳固		
	7	假山、叠石、外形艺术处理应石不宜杂、纹不宜乱、块不宜匀、缝不宜多，形态自然完整		
	8	1) 收顶的山石应选用体量较大、轮廓和体态富于特征的山石。 2) 收顶施工应自后向前、由主及次、自上而下分层作业。每层高度宜为30～80cm，不得在凝固期间强行施工，影响胶结料强度。 3) 顶部管线、水路、孔洞应预埋、预留，事后不得凿穿。 4) 结构承重受力用石必须有足够强度		
	9	1) 置石石材、石种必须统一，整体协调。 2) 置石的材质、色泽、造型应符合设计要求。 3) 特置山石应符合下列要求： (1) 应选择体量较大、色彩纹理奇特、造型轮廓突出、具有动势的山石； (2) 石高与观赏距离应保持在1∶2～1∶3之间； (3) 单块高度大于120cm的山石与地坪、墙基贴接处必须用混凝土窝脚，亦可采用整形基座或坐落在自然的山石面上。 4) 对置山石应以两块山石为组合，互相呼应。宜立于建筑门前两侧或道路入口两侧。 5) 散置山石应有疏有密，远近结合，彼此呼应，不可众石纷杂，凌乱无章。 6) 群置山石必须石之大小不等、石之间距不等、石之高低不等，应主从有别，宾主分明，搭配适宜		

施工单位检查评定结果		
	项目专业质量检查员：	年　　月　　日
监理(建设)单位验收记录		
	监理工程师：(建设单位项目专业技术负责人)	年　　月　　日

注：①检查频率：假山叠石主体工程以一座叠石为一检验批，或以每20延米为一检验批，全数检查。②检验方法：观察、尺量、锤击、查阅资料。

园林绿化工程
水景管道安装检验批质量验收记录

园附 8

单位工程名称			分项工程名称		验收部位	
施工单位			专业工长		项目负责人	
施工执行标准名称及编号			《园林绿化工程施工及验收规范》（CJJ 82—2012）			
分包施工单位			分包施工单位负责人		施工班组长	
质量验收规范的规定			施工单位检查评定结果		监理（建设）单位验收记录	
主控项目	1	管道安装宜先安装主管，后安装支管，管道位置和标高应符合设计要求				
	2	各种材质的管材连接应保证不渗漏				
一般项目	1	配水管网管道水平安装时，应有 2‰～5‰ 的坡度坡向泄水点				
	2	管道下料时，管道切口应平整，并与管中心垂直				

施工单位检查评定结果

项目专业质量检查员：　　　　　　　　　　　　　年　月　日

监理（建设）单位验收记录

监理工程师：
（建设单位项目专业技术负责人）　　　　　　　　年　月　日

注：①检查频率：50延米检查3处，不足50延米检查不少于2处。②检验方法：观察、测量。

园林绿化工程
水景潜水泵安装检验批质量验收记录

单位工程 名称			分项工程 名称		验收部位	
施工单位			专业工长		项目负责人	
施工执行标准 名称及编号		《园林绿化工程施工及验收规范》(CJJ 82—2012)				
分包施工单位			分包施工 单位负责人		施工班组长	

		质量验收规范的规定	施工单位检查评定结果	监理(建设) 单位验收记录
主控项目	1	潜水泵应采用法兰连接		
	2	潜水泵轴线应与总管轴线平行或垂直		
一般项目	1	同组喷泉用的潜水水泵应安装在同一高程		
	2	潜水泵淹没深度小于50cm时,在泵吸入口处应加装防护网罩		
	3	潜水泵电缆应采用防水型电缆,控制开关应采用漏电保护开关		

施工单位检查 评定结果	
	项目专业质量检查员:　　　　　　　　　　　　　　　　年　月　日
监理(建设)单位 验收记录	
	监理工程师: (建设单位项目专业技术负责人)　　　　　　　　　年　月　日

注:①检查频率:全数检查。②检验方法:观察、测量。

园林绿化工程
水景喷头安装检验批质量验收记录

园附 10

单位工程 名称			分项工程 名称		验收部位	
施工单位			专业工长		项目负责人	
施工执行标准 名称及编号		《园林绿化工程施工及验收规范》（CJJ 82—2012）				
分包施工单位			分包施工 单位负责人		施工班组长	

		质量验收规范的规定	施工单位检查评定结果	监理（建设） 单位验收记录
主控项目	1	管网应在安装完成、试压合格并进行冲洗后，方可安装喷头		
	2	喷头前应有长度不小于 10 倍喷头公称尺寸的直线管段或设整流装置		
一般项目	1	确定喷头距水池边缘的合理距离，溅水不得溅至水池外面的地面上或收水线以内		
	2	同组喷泉用喷头的安装形式宜相同		
	3	隐蔽安装的喷头，喷口出流方向水流轨迹上不应有障碍物		

施工单位检查 评定结果	
	项目专业质量检查员：　　　　　　　　　　　　　　　　　　　　　年　月　日

监理（建设）单位 验收记录	
	监理工程师： （建设单位项目专业技术负责人）　　　　　　　　　　　　　　　　年　月　日

注：①检查频率：全数检查。②检验方法：观察、测量。

园林绿化工程
喷灌喷头安装检验批质量验收记录

园附 11

单位工程名称			分项工程名称		验收部位	
施工单位			专业工长		项目负责人	
施工执行标准名称及编号		《园林绿化工程施工及验收规范》(CJJ 82—2012)				
分包施工单位			分包施工单位负责人		施工班组长	

		质量验收规范的规定	施工单位检查评定结果	监理(建设)单位验收记录
主控项目	1	管网应在安装完成、试压合格并进行冲洗后，方可安装喷头，喷头规格和射程应符合设计要求，洒水均匀，并符合设计的景观艺术效果		
	2	喷头定位应准确，埋地喷头的安装应符合设计和地形的要求		
一般项目	1	绿地喷灌工程应符合安全使用要求，喷洒到道路上的喷头应进行调整		
	2	喷头高低应根据苗木要求调整，各接头无渗漏，各喷头达到工作压力		

施工单位检查评定结果	
	项目专业质量检查员：　　　　　　　　　　　　　　　　　　年　月　日
监理(建设)单位验收记录	
	监理工程师： (建设单位项目专业技术负责人)　　　　　　　　　　　　年　月　日

注：①检查频率：全数检查。②检验方法：手动、观察、尺量。

园林绿化工程
喷灌设备安装检验批质量验收记录

园附 12

单位工程名称		分项工程名称		验收部位	
施工单位		专业工长		项目负责人	
施工执行标准名称及编号		《园林绿化工程施工及验收规范》(CJJ 82—2012)			
分包施工单位		分包施工单位负责人		施工班组长	

		质量验收规范的规定	施工单位检查评定结果	监理(建设)单位验收记录
主控项目	1	管网安装完成、试压合格并进行冲洗后,方能安装喷头,喷头规格和射程应符合设计要求,洒水均匀,并符合设计的景观艺术效果		
	2	喷头定位准确,埋地喷头的安装应符合设计和地形的要求		
	3	设备安装完成后,应进行系统联动试验		
一般项目	1	绿地喷淋工程应符合安全使用要求		
	2	喷头高低要根据苗木要求调整,各接头无渗漏,各喷头达到工作压力		

施工单位检查评定结果	
	项目专业质量检查员:　　　　　　　　　　　　　年　月　日

监理(建设)单位验收记录	
	监理工程师: (建设单位项目专业技术负责人)　　　　　　　　年　月　日

说　明

园林绿化工程喷灌设备安装检验批质量验收记录

1）主　控　项　目

（1）水景水池应按设计要求预埋各种预埋件，穿过池壁和池底的管道应采取防渗漏措施，池体施工完成后，必须进行满水试验。满水试验方法应参照《给水排水构筑物工程施工及验收规范》（GB 50141—2008）。

检验方法：观察检查，检查试验记录。

（2）水景管道安装应符合下列规定：

① 管道安装宜先安装主管，后安装支管，管道位置和标高应符合设计要求。

② 配水管网管道水平安装时，应有 2‰～5‰ 的坡度坡向泄水点。

③ 管道下料时，管道切口应平整，并与管中心垂直。

④ 各种材质的管材连接应保证不渗漏。

检验方法：观察检查、尺量检查和检查产品出厂合格证。

（3）水景潜水泵规格应符合设计，安装应符合以下规定：

① 潜水泵应采用法兰连接。

② 同组喷泉用的潜水水泵应安装在同一高程。

③ 潜水泵轴线应与总管轴线平行或垂直。

④ 潜水泵淹没深度小于 500mm 时，在泵吸入口处应加装防护网罩。

⑤ 潜水泵电缆应采用防水型电缆，控制开关应采用漏电保护开关。

检验方法：观察检查、尺量检查和检查产品出厂合格证。

（4）水景喷泉工程应符合安全使用要求，喷头规格和射程应符合设计要求，喷泉符合设计的景观艺术效果。

检验方法：观察检查和检查产品出厂合格证。

（5）浸入水中的电缆必须采用水下电缆，水下灯具和接线盒应满足密封防渗要求。

检验方法：观察检查和检查产品出厂合格证。

2）一　般　项　目

（6）瀑布、跌水工程的出水量应符合设计要求，下水应形成瀑布状，出水应均匀分布于出水周边，水流不得渗漏其他叠石部位，不能冲击种植槽内的植物，同时要符合设计的景观艺术效果。

检验方法：观察检查。

（7）水景喷泉的喷头安装应符合下列规定：

① 管网安装完成、试压合格并进行冲洗后，方能安装喷头。

② 喷头前应有长度不小于 10 倍喷头公称尺寸的直线管段或设整流装置。

③ 应根据溅水不得溅至水池外面的地面上或收水线以内的要求，确定喷头距水池边缘的距离。

④ 同组喷泉用喷头的安装形式宜相同。

⑤ 隐蔽安装的喷头，喷口出流方向水流轨迹上不应有障碍物。

检验方法：观察检查、尺量检查、检查管道试压冲洗记录。

（8）水景水池表面颜色、纹理、质感应协调统一，吸水率、反光度等性能良好，表面不易被污染，色彩与块面布置均匀美观。

检验方法：观察检查。

注：以上编号为本手册章、节、目之序号；以下同。

园林绿化工程
汀步面层检验批质量验收记录

单位工程名称			分项工程名称		验收部位	
施工单位			专业工长		项目负责人	
施工执行标准名称及编号						
分包施工单位			分包施工单位负责人		施工班组长	

		质量验收规范的规定	施工单位检查评定结果	监理(建设)单位验收记录
主控项目	1	半成品		
	2	各种成品外观		
一般项目	1	天然材料尺寸		
	2	与基层连接		
其他项目	1			
	2			

施工单位检查评定结果	项目专业质量检查员：　　　　　　　　　　　　　　　年　　月　　日
监理(建设)单位验收结论	监理工程师： (建设单位项目专业技术负责人)　　　　　　　　　年　　月　　日

园林绿化工程
座椅（凳）、标牌、果皮箱安装检验批质量验收记录

园附 14

单位工程名称			分项工程名称		验收部位	
施工单位			专业工长		项目负责人	
施工执行标准名称及编号			《园林绿化工程施工及验收规范》（CJJ 82—2012）			
分包施工单位			分包施工单位负责人		施工班组长	

		质量验收规范的规定	施工单位检查评定结果	监理（建设）单位验收记录
主控项目	1	座椅（凳）、标牌、果皮箱的质量应符合相关产品标准的规定，并应通过产品检验合格		
	2	座椅（凳）、标牌、果皮箱材质、规格、形状、色彩、安装位置应符合设计要求，标牌的指示方向应准确无误		
	3	座椅（凳）、果皮箱应安装牢固、无松动，标牌支柱安装应直立、不倾斜，支柱表面应整洁、无毛刺，标牌与支柱连接、支柱与基础连接应牢固、无松动		
	4	金属部分及其连接件应作防锈处理		
一般项目	1	座椅（凳）、标牌、果皮箱的安装方法应按照产品安装说明或设计要求进行		
	2	安装基础应符合设计要求		
施工单位检查评定结果		项目专业质量检查员：		年 月 日
监理（建设）单位验收记录		监理工程师： （建设单位项目专业技术负责人）		年 月 日

注：①检查频率：全数检查。②检验方法：手动、观察。

园林绿化工程
园林护栏检验批质量验收记录

园附 15

单位工程名称			分项工程名称			验收部位	
施工单位			专业工长			项目负责人	
施工执行标准名称及编号			《园林绿化工程施工及验收规范》（CJJ 82—2012）				
分包施工单位			分包施工单位负责人			施工班组长	
质量验收规范的规定			施工单位检查评定结果			监理（建设）单位验收记录	
主控项目	1	金属护栏和钢筋混凝土护栏应设置基础，基础强度和埋深应符合设计要求，设计无明确要求的应遵循下列规定：高度在1.5m以下的护栏，其混凝土基础尺寸应不小于30cm×30cm×30cm；高度在1.5m以上的护栏，其混凝土基础尺寸应不小于40cm×40cm×40cm					
	2	园林护栏基础采用的混凝土强度应不低于C20					
	3	现场加工的金属护栏应作防锈处理					
	4	栏杆之间、栏杆与基础之间的连接应紧实、牢固。金属栏杆的焊接应符合相关规范的要求					
	5	竹木质护栏的主桩下埋深度应不低于50cm。主桩的下埋部分应作防腐处理。主桩之间的间距应不大于6m					
一般项目	1	竹木质护栏、金属护栏、钢筋混凝土护栏、绳索护栏等均应属于维护绿地及具有一定观赏效果的隔栏					
	2	栏杆空隙应符合设计要求，设计未提出明确要求的，宜为15cm以下					
	3	护栏整体应垂直、平顺					
施工单位检查评定结果		项目专业质量检查员： 　　　　　　　　　　　　　　　　　　　　　　　年　月　日					
监理（建设）单位验收记录		监理工程师： （建设单位项目专业技术负责人） 　　　　　　　　　　　　　　　　　　　　　　　年　月　日					

注：①检查频率：100延米检查3处，不足100延米检查不少于2处。②检验方法：观察、手动、尺量。

325

说　明

园林绿化工程园林护栏检验批质量验收记录

1）主　控　项　目

（1）护栏和扶手制作与安装所使用材料的材质、规格、数量和木材、塑料的燃烧性能等级应符合设计要求。检查产品合格证书。

（2）护栏和扶手的造型、尺寸及安装位置应符合设计要求。

（3）护栏和扶手安装预埋件的数量、规格、位置以及护栏与预埋件的连接点应符合设计要求。

（4）护栏高度、护栏间距、安装位置必须符合设计要求。护栏安装必须牢固。

2）一　般　项　目

（5）护栏和扶手转角弧度应符合设计要求，接缝应严密，表面应光滑，色泽应一致，不得有裂缝、翘曲及损坏。

（6）护栏和扶手安装的允许偏差见下表：

护栏垂直度（mm）	3
栏杆间距（mm）	3
扶手直线度（mm）	4
扶手高度（mm）	3

3. 园林建（构）筑物、给水排水、电气照明检验批质量记录

1）园林建（构）筑物

园林绿化工程土方开挖工程检验批质量验收记录 ………………………… 园建 1

园林绿化工程土方回填工程检验批质量验收记录 ………………………… 园建 2

园林绿化工程降水与排水检验批质量验收记录 …………………………… 园建 3

园林绿化工程灰土地基检验批质量验收记录 ……………………………… 园建 4

园林绿化工程砂和砂石地基检验批质量验收记录 ………………………… 园建 5

园林绿化工程土工合成材料地基检验批质量验收记录 …………………… 园建 6

园林绿化工程粉煤灰地基检验批质量验收记录 …………………………… 园建 7

园林绿化工程预压地基和塑料排水带检验批质量验收记录 ……………… 园建 8

园林绿化工程水泥粉煤灰碎石桩复合地基检验批质量验收记录 ………… 园建 9

园林绿化工程先张法预应力管桩检验批质量验收记录 …………………… 园建 10

园林绿化工程钢筋混凝土预制桩检验批质量验收记录 …………………… 园建 11

园林绿化工程混凝土灌注桩钢筋笼检验批质量验收记录（1） ………… 园建 12-1

园林绿化工程混凝土灌注桩钢筋笼检验批质量验收记录（2） ………… 园建 12-2

园林绿化工程防水混凝土工程检验批质量验收记录 ……………………… 园建 13

园林绿化工程水泥砂浆防水层工程检验批质量验收记录 ………………… 园建 14

园林绿化工程卷材防水层检验批质量验收记录 …………………………… 园建 15

园林绿化工程涂料防水层检验批质量验收记录 …………………………… 园建 16

园林绿化工程塑料板防水层检验批质量验收记录 ………………………… 园建 17

园林绿化工程金属板防水层检验批质量验收记录 ………………………… 园建 18

园林绿化工程细部构造检验批质量验收记录 ……………………………… 园建 19

园林绿化工程渗排水、盲沟排水检验批质量验收记录 …………………… 园建 20

园林绿化工程模板安装（含预制构件）工程检验批质量验收记录 ……… 园建 21

园林绿化工程模板拆除工程检验批质量验收记录 ………………………… 园建 22

园林绿化工程钢筋原材料检验批质量验收记录 …………………………… 园建 23

园林绿化工程钢筋加工检验批质量验收记录 ……………………………… 园建 24

园林绿化工程钢筋连接检验批质量验收记录 ……………………………… 园建 25

园林绿化工程钢筋安装检验批质量验收记录 ……………………………… 园建 26

园林绿化工程混凝土原材料检验批质量验收记录 ………………………… 园建 27

园林绿化工程混凝土配合比设计检验批质量验收记录 …………………… 园建 28

园林绿化工程混凝土施工检验批质量验收记录 …………………………… 园建 29

园林绿化工程现浇结构外观质量检验批质量验收记录 …………………… 园建 30

园林绿化工程现浇结构尺寸偏差检验批质量验收记录 …………………… 园建 31

园林绿化工程混凝土设备基础尺寸偏差检验批质量验收记录 …………… 园建 32

园林绿化工程预制构件检验批质量验收记录 ……………………………… 园建 33

园林绿化工程砖砌体工程检验批质量验收记录 …………………………… 园建 34

园林绿化工程混凝土小型空心砌块砌体工程检验批质量验收记录 ……… 园建 35

园林绿化工程石砌体工程检验批质量验收记录 …………………………… 园建 36

园林绿化工程配筋砌体工程检验批质量验收记录 ………………………… 园建 37

园林绿化工程填充墙砌体工程检验批质量验收记录 ……………………… 园建 38

园林绿化工程钢结构（钢构件焊接）分项工程检验批质量验收记录 …… 园建 39

园林绿化工程钢结构（焊钉焊接）分项工程检验批质量验收记录 ······················· 园建 40

园林绿化工程钢结构（普通紧固件连接）分项工程检验批质量验收记录 ··············· 园建 41

园林绿化工程钢结构（高强度螺栓连接）分项工程检验批质量验收记录 ··············· 园建 42

园林绿化工程钢结构（零件及部件加工）分项工程检验批质量验收记录 ··············· 园建 43

园林绿化工程钢结构（构件组装）分项工程检验批质量验收记录 ······················· 园建 44

园林绿化工程钢结构（预拼装）分项工程检验批质量验收记录 ·························· 园建 45

园林绿化工程钢结构（单层结构安装）分项工程检验批质量验收记录 ··············· 园建 46

园林绿化工程钢结构（网架结构安装）分项工程检验批质量验收记录 ··············· 园建 47

园林绿化工程钢结构（压型金属板）分项工程检验批质量验收记录 ··················· 园建 48

园林绿化工程钢结构（防腐涂料涂装）分项工程检验批质量验收记录 ··············· 园建 49

园林绿化工程钢结构（防火涂料涂装）分项工程检验批质量验收记录 ··············· 园建 50

园林绿化工程方木和圆木结构检验批质量验收记录 ··································· 园建 51

园林绿化工程胶合木结构检验批质量验收记录 ··· 园建 52

园林绿化工程轻型木结构检验批质量验收记录 ··· 园建 53

园林绿化工程木结构的防护检验批质量验收记录 ····································· 园建 54

园林绿化工程网架和入索膜结构工程质量验收记录 ··································· 园建 55

园林绿化工程木门窗安装分项工程检验批质量验收记录 ····························· 园建 56

园林绿化工程金属门窗安装工程检验批质量验收记录 ······························· 园建 57

园林绿化工程塑料门窗安装检验批质量验收记录 ····································· 园建 58

园林绿化工程特种门安装工程检验批质量验收记录 ··································· 园建 59

园林绿化工程门窗玻璃安装工程检验批质量验收记录 ······························· 园建 60

园林绿化工程一般抹灰工程检验批质量验收记录 ····································· 园建 61

园林绿化工程饰面板安装工程检验批质量验收记录 ··································· 园建 62

园林绿化工程饰面砖粘贴工程检验批质量验收记录 ··································· 园建 63

园林绿化工程水性涂料涂饰工程（薄涂料）检验批质量验收记录 ··················· 园建 64

园林绿化工程水性涂料涂饰工程（厚涂料）检验批质量验收记录 ··················· 园建 65

园林绿化工程水性涂料涂饰工程（复层涂料）检验批质量验收记录 ··············· 园建 66

园林绿化工程溶剂型涂料涂饰工程（色漆）检验批质量验收记录 ··················· 园建 67

园林绿化工程溶剂型涂料涂饰工程（清漆）检验批质量验收记录 ··················· 园建 68

园林绿化工程美术涂饰工程检验批质量验收记录 ····································· 园建 69

园林绿化工程屋面找平层检验批质量验收记录 ··· 园建 70

园林绿化工程屋面保温层检验批质量验收记录 ··· 园建 71

园林绿化工程屋面卷材防水层检验批质量验收记录 ··································· 园建 72

园林绿化工程屋面工程细部构造检验批质量验收记录 ······························· 园建 73

园林绿化工程屋面涂膜防水层检验批质量验收记录 ··································· 园建 74

园林绿化工程屋面细石混凝土防水层检验批质量验收记录 ··························· 园建 75

园林绿化工程屋面密封材料嵌缝检验批质量验收记录 ······························· 园建 76

园林绿化工程（油毡瓦）平瓦屋面检验批质量验收记录 ····························· 园建 77

园林绿化工程金属板材屋面检验批质量验收记录 ····································· 园建 78

园林绿化工程架空、蓄水、种植屋面工程检验批质量验收记录 ··················· 园建 79

园林绿化工程
土方开挖工程检验批质量验收记录

《建筑地基基础工程施工质量验收规范》（GB 50202—2002）表   园建 1

单位工程名称					分项工程名称				验收部位		
施工单位					专业工长				项目负责人		
施工执行标准名称及编号											
分包施工单位					分包施工单位负责人				施工班组长		

质量验收规范的规定								施工单位检查评定结果			监理（建设）单位验收记录
检查项目			质量要求（mm）								
			柱基基坑、基槽	挖方场地平整	管 沟	地（路）面基层					
主控项目	1	标高	−50	±30	±50	−50	−50				
	2	长度、宽度（由设计中心线向两边量）	+200，−50	+300，−100	+500，−150	+100	—				
	3	边坡	设计要求：								
一般项目	1	表面平整度	20	20	50	20	20				
	2	基底土性	设计要求：								

施工单位检查评定结果	
	项目专业质量检查员： 年 月 日

监理（建设）单位验收结论	
	监理工程师： （建设单位项目专业技术负责人） 年 月 日

说　明

园林绿化工程土方开挖工程检验批质量验收记录

土方开挖是一个综合性项目，使用哪一项时，在哪一项打"√"注明。或在表名土方开挖前加上××土方开挖，更清楚。

1）主控项目

（1）标高：是指挖后的基底标高，用水准仪测量。检查测量记录。

（2）长度、宽度：是指基底的宽度、长度。用经纬仪、拉线尺量检查等，检查测量记录。

（3）边坡：符合设计要求。观察检查或用坡度尺检查。

2）一般项目

（4）表面平整度：主要是指基底，用2m靠尺和楔形塞尺检查。

（5）基底土性：符合设计要求。观察检查或土样分析，通常请勘察、设计单位来验槽，形成验槽记录。

土方开挖前检查定位放线、排水和降低地下水位系统，合理安排土方运输车的行走路线及弃土场。

施工过程中检查平面位置、水平标高、边坡坡度、压实度、排水、降低地下水位系统，并随时观测周围的环境变化。

施工完成后，进行验槽。形成施工记录及检验报告，检查施工记录及验槽报告。

①强制性条文

土方开挖的顺序、方法必须与设计工况相一致，并遵循"开槽支撑，先撑后挖，分层开挖，严禁超挖"的原则。

②土方开挖

a　土方开挖前应检查定位放线、排水和降低地下水位系统，合理安排土方运输车的行走路线及弃土场。

b　施工过程中应检查平面位置、水平标高、边坡坡度、压实度、排水、降低地下水位系统，并随时观测周围的环境变化。

c　临时性挖方的边坡值应符合下表的规定。

临时性挖方边坡值

土 的 类 别		边坡值（高∶宽）
砂土（不包括细砂、粉砂）		1∶1.25～1∶1.50
一般性黏土	硬	1∶0.75～1∶1.00
	硬、塑	1∶1.00～1∶1.25
	软	1∶1.50 或更缓

续表

土 的 类 别		边坡值（高：宽）
碎石类土	充填坚硬、硬塑黏性土	1：0.50～1：1.00
	充填砂土	1：1.00～1：1.50

注：1. 设计有要求时，应符合设计标准。

2. 如采用降水或其他加固措施，可不受本表限制，但应计算复核。

3. 开挖深度，对软土不应超过 4m，对硬土不应超过 8m。

③ 土方开挖工程的质量检验标准应符合下表的规定。

土方开挖工程质量检验标准（mm）

项次	序号	项 目	允许偏差或允许值					检验方法
			柱基基坑、基槽	挖方场地平整		管沟	地（路）面基层	
				人工	机械			
主控项目	1	标高	−50	±30	±50	−50	−50	水准仪
	2	长度、宽度（由设计中心线向两边量）	+200，−50	+300，−100	+500，−150	+100	—	经纬仪，用钢尺量
	3	边坡	设计要求					观察或用坡度尺检查
一般项目	1	表面平整度	20	20	50	20	20	用 2m 靠尺和楔形塞尺检查
	2	基底土性	设计要求					观察或土样分析

注：①地（路）面基层的偏差只适用于直接在挖、填方上做地（路）面的基层。②本表由施工项目专业质量检查员填写，专业监理工程师（建设单位项目专业技术负责人）组织项目专业质量（技术）负责人等进行验收。

园林绿化工程
土方回填工程检验批质量验收记录

《建筑地基基础工程施工质量验收规范》（GB 50202—2002）表 　　　　　　　　　园建 2

单位工程名称						分项工程名称			验收部位		
施工单位						专业工长			项目负责人		
施工执行标准名称及编号											
分包施工单位						分包施工单位负责人			施工班组长		

		质量验收规范的规定						施工单位检查评定结果	监理（建设）单位验收记录
	检查项目	质量要求（mm）							
		柱基、基坑、基槽	场地平整		管沟	地（路）面基层			
			人工	机械					
主控项目	1 标高	−50	±30	±50	−50	−50			
	2 分层压实系数	设计要求：							
一般项目	1 回填土料	设计要求：							
	2 分层厚度及含水量	设计要求：							
	3 表面平整度	20	20	30	20	20			

施工单位检查评定结果	项目专业质量检查员：　　　　　　　　　　　　　　　　　　年　月　日
监理（建设）单位验收结论	监理工程师： （建设单位项目专业技术负责人）　　　　　　　　　　　年　月　日

说　　明

园林绿化工程土方回填工程检验批质量验收记录

（1）土方回填前应清除基底的垃圾、树根等杂物，抽除坑穴积水、淤泥，验收基底标高。如在耕植土或松土上填方，应在基底压实后再进行。

（2）对填方土料应按设计要求验收后方可填入。

（3）填方施工过程中应检查排水措施，每层填筑厚度、含水量控制、压实程度及压实遍数应根据土质、压实系数及所用机具确定。如无试验依据，应符合下表的规定。

填土施工时的分层厚度及压实遍数

压实机具	分层厚度（mm）	每层压实遍数
平碾	250～300	6～8
振动压实机	250～350	3～4
柴油打夯机	200～250	3～4
人工打夯	<200	3～4

（4）填方施工结束后，应检查标高、边坡坡度、压实程度等，检验标准应符合下表的规定。

填土工程质量检验标准（mm）

项次	序号	项　目	允许偏差或允许值					检验方法
			柱基坑、基槽	场地平整		管沟	地（路）面基层	
				人工	机械			
主控项目	1	标高	−50	±30	±50	−50	−50	水准仪
	2	分层压实系数	设计要求					按规定方法
一般项目	1	回填土料	设计要求					取样检查或直接鉴别
	2	分层厚度及含水量	设计要求					水准仪及抽样检查
	3	表面平整度	20	20	30	20	20	用靠尺或水准仪测量

注：本表由施工项目专业质量检查员填写，专业监理工程师（建设单位项目专业技术负责人）组织项目专业质量（技术）
负责人等进行验收。

园林绿化工程
降水与排水检验批质量验收记录

《建筑地基基础工程施工质量验收规范》（GB 50202—2002）表 　　　　　　　　　园建 3

单位工程名称			分项工程名称			验收部位	
施工单位			专业工长			项目负责人	
施工执行标准名称及编号							
分包施工单位			分包施工单位负责人			施工班组长	

	质量验收规范的规定		施工单位检查评定结果									监理（建设）单位验收记录
	检查项目	质量要求	实测值									
1	排水沟坡度	1～2‰										
2	井管（点）垂直度	1%										
3	井管（点）间距	≤150%										
4	井管（点）插入深度	≤200mm										
5	过滤砂砾料填灌	≤5mm										
6	井点真空度	轻型井点 >60kPa										
		喷射井点 >93kPa										
7	电渗井点阴阳极距离	轻型井点 80～100mm										
		喷射井点 120～150mm										

施工单位检查评定结果	
	项目专业质量检查员： 　　　　　　　　　　　　　　年　　月　　日
监理（建设）单位验收结论	监理工程师： （建设单位项目专业技术负责人） 　　　　　　　　　　　　　　年　　月　　日

说　明

园林绿化工程降水与排水检验批质量验收记录

（1）降水与排水是配合基坑开挖的安全措施，施工前应有降水与排水设计。当在基坑外降水时，应有降水范围的估算，对重要建筑物或公共设施在降水过程中应监测。

（2）降水系统施工完成后，应试运转，如发现井管失效，应采取措施使其恢复正常，如无可能恢复则应报废，另行设置新的井管。

（3）降水系统运转过程中应随时检查观测孔中的水位。

（4）基坑内明排水应设置排水沟及集水井，排水沟纵坡宜控制在1‰～2‰。

（5）降水与排水施工的质量检验标准应符合下表的规定。

降水与排水施工质量检验标准

序号	检查项目	允许值或允许偏差		检查方法
		单　位	数　值	
1	排水沟坡度	‰	1～2	目测：坑内不积水，沟内排水畅通
2	井管（点）垂直度	%	1	插管时目测
3	井管（点）间距（与设计相比）	%	≤150	用钢尺量
4	井管（点）插入深度（与设计相比）	mm	≤200	水准仪
5	过滤砂砾料填灌（与计算值相比）	mm	≤5	检查回填料用量
6	井点真空度：轻型井点 喷射井点	kPa kPa	＞60 ＞93	真空度表 真空度表
7	电渗井点阴阳极距离：轻型井点 喷射井点	mm mm	80～100 120～150	用钢尺量 用钢尺量

注：本表由施工项目专业质量检查员填写，专业监理工程师（建设单位项目专业技术负责人）组织项目专业质量（技术）负责人等进行验收。

园林绿化工程
灰土地基检验批质量验收记录

《建筑地基基础工程施工质量验收规范》（GB 50202—2002）表　　　　　　园建 4

单位工程名称				分项工程名称		验收部位	
施工单位				专业工长		项目负责人	
施工执行标准名称及编号							
分包施工单位				分包施工单位负责人		施工班组长	
质量验收规范的规定				施工单位检查评定结果		监理（建设）单位验收记录	
检查项目			质量要求				
主控项目	1	地基承载力符合设计要求					
	2	配合比符合设计要求					
	3	压实系数符合设计要求					
一般项目	1	石灰粒径	≤5mm				
	2	土料有机质含量	≤5％				
	3	土颗粒粒径	≤15mm				
	4	含水量（与要求的最优含水量比较）	±2％				
	5	分层厚度偏差（与设计要求比较）	±50mm				
施工单位检查评定结果		项目专业质量检查员：　　　　　　　　　　　　　　　年　月　日					
监理（建设）单位验收结论		监理工程师： （建设单位项目专业技术负责人）　　　　　　　　　　年　月　日					

说　　明

园林绿化工程灰土地基检验批质量验收记录

（1）对灰土地基、砂和砂石地基、土工合成材料地基、粉煤灰地基、强夯地基、注浆地基、预压地基，其竣工后的结果（地基强度或承载力）必须达到设计要求的标准。检验数量，每单位工程不应少于3点，1000m²以上工程，每100m²至少应有1点，3000m²以上工程，每300m²至少应有1点。

每一独立基础下至少应有1点，基槽每20延米应有1点。

（2）对水泥土搅拌桩复合地基、高压喷射注浆桩复合地基、砂桩地基、振冲桩复合地基、土和灰土挤密桩复合地基、水泥粉煤灰碎石桩复合地基及夯实水泥土桩复合地基，其承载力检验，数量为总数的0.5%～1%，但不应少于3处。有单桩强度检验要求时，数量为总数的0.5%～1%，但不应少于3根。

（3）灰土地基质量标准应符合下表的规定。

灰土地基质量检验标准

项次	序号	检查项目	允许偏差或允许值		检查方法
			单位	数值	
主控项目	1	地基承载力	设计要求		按规定方法
	2	配合比	设计要求		按拌合时的体积比
	3	压实系数	设计要求		现场实测
一般项目	1	石灰粒径	mm	≤5	筛分法
	2	土料有机质含量	%	≤5	试验室焙烧法
	3	土颗粒粒径	mm	≤15	筛分法
	4	含水量（与要求的最优含水量比较）	%	±2	烘干法
	5	分层厚度偏差（与设计要求比较）	mm	±50	水准仪

注：本表由施工项目专业质量检查员填写，专业监理工程师（建设单位项目专业技术负责人）组织项目专业质量（技术）负责人等进行验收。

园林绿化工程
砂和砂石地基检验批质量验收记录

《建筑地基基础工程施工质量验收规范》（GB 50202—2002）表　　　　　　　　　　　　园建 5

单位工程名称			分项工程名称		验收部位	
施工单位			专业工长		项目负责人	
施工执行标准名称及编号						
分包施工单位			分包施工单位负责人		施工班组长	

质量验收规范的规定				施工单位检查评定结果	监理（建设）单位验收记录
	检查项目		质量要求		
主控项目	1	地基承载力符合设计要求			
	2	配合比符合设计要求			
	3	压实系数符合设计要求			
一般项目	1	砂石料有机质含量	≤5％		
	2	砂石料含泥量	≤5％		
	3	石料粒径	≤100mm		
	4	含水量（与最优含水量比较）	±2％		
	5	分层厚度（与设计要求比较）	±50mm		
施工单位检查评定结果	项目专业质量检查员：　　　　　　　　　　　　　　年　月　日				
监理（建设）单位验收结论	监理工程师： （建设单位项目专业技术负责人）　　　　　　　　　　年　月　日				

说 明

园林绿化工程砂和砂石地基检验批质量验收记录

（1）对灰土地基、砂和砂石地基、土工合成材料地基、粉煤灰地基、强夯地基、注浆地基、预压地基，其竣工后的结果（地基强度或承载力）必须达到设计要求的标准。检验数量，每单位工程不应少于3点，1000m² 以上工程，每100m² 至少应有1点，3000m² 以上工程，每300m² 至少应有1点。每一独立基础下至少应有1点，基槽每20延米应有1点。

（2）对水泥土搅拌桩复合地基、高压喷射注浆桩复合地基、砂桩地基、振冲桩复合地基、土和灰土挤密桩复合地基、水泥粉煤灰碎石桩复合地基及夯实水泥土桩复合地基，其承载力检验，数量为总数的 0.5%～1%，但不应少于3处。有单桩强度检验要求时，数量为总数的 0.5%～1%，但不应少于3根。

（3）砂和砂石地基质量检验标准应符合下表的规定。

砂和砂石地基质量检验标准

项次	序号	检查项目	允许偏差或允许值		检查方法
			单位	数值	
主控项目	1	地基承载力	设计要求		按规定方法
	2	配合比	设计要求		按拌合时的体积比或重量比
	3	压实系数	设计要求		现场实测
一般项目	1	砂石料有机质含量	%	≤5	焙烧法
	2	砂石料含泥量	%	≤5	水洗法
	3	石料粒径	mm	≤100	筛分法
	4	含水量（与最优含水量比较）	%	±2	烘干法
	5	分层厚度（与设计要求比较）	mm	±50	水准仪

注：本表由施工项目专业质量检查员填写，专业监理工程师（建设单位项目专业技术负责人）组织项目专业质量（技术）负责人等进行验收。

园林绿化工程
土工合成材料地基检验批质量验收记录

《建筑地基基础工程施工质量验收规范》（GB 50202—2002）表

园建 6

单位工程名称			分项工程名称		验收部位	
施工单位			专业工长		项目负责人	
施工执行标准名称及编号						
分包施工单位			分包施工单位负责人		施工班组长	

质量验收规范的规定			施工单位检查评定结果	监理（建设）单位验收记录
检查项目		质量要求		
主控项目	1 土工合成材料强度	≤5%		
	2 土工合成材料延伸率	≤3%		
	3 地基承载力符合设计要求			
一般项目	1 土工合成材料搭接长度	≥300mm		
	2 土石料有机质含量	≤5%		
	3 层面平整度	≤20mm		
	4 每层铺设厚度	±25mm		

施工单位检查评定结果	项目专业质量检查员： 年 月 日
监理（建设）单位验收结论	监理工程师： （建设单位项目专业技术负责人） 年 月 日

说　明

园林绿化工程土工合成材料地基检验批质量验收记录

（1）对灰土地基、砂和砂石地基、土工合成材料地基、粉煤灰地基、强夯地基、注浆地基、预压地基，其竣工后的结果（地基强度或承载力）必须达到设计要求的标准。检验数量，每单位工程不应少于 3 点，1000m² 以上工程，每 100m² 至少应有 1 点，3000m² 以上工程，每 300m² 至少应有 1 点。每一独立基础下至少应有 1 点，基槽每 20 延米应有 1 点。

（2）对水泥土搅拌桩复合地基、高压喷射注浆桩复合地基、砂桩地基、振冲桩复合地基、土和灰土挤密桩复合地基、水泥粉煤灰碎石桩复合地基及夯实水泥土桩复合地基，其承载力检验，数量为总数的 0.5%～1%，但不应少于 3 处。有单桩强度检验要求时，数量为总数的 0.5%～1%，但不应少于 3 根。

（3）土工合成材料地基质量检验标准应符合下表的规定。

土工合成材料地基质量检验标准

项次	序号	检查项目	允许偏差或允许值		检查方法
			单位	数值	
主控项目	1	土工合成材料强度	%	≤5	置于夹具上作拉伸试验（结果与设计标准相比）
	2	土工合成材料延伸率	%	≤3	置于夹具上作拉伸试验（结果与设计要求相比）
	3	地基承载力	设计要求		按规定方法
一般项目	1	土工合成材料搭接长度	mm	≥300	用钢尺量
	2	土石料有机质含量	%	≤5	焙烧法
	3	屋面平整度	mm	≤20	用 2m 靠尺
	4	每层铺设厚度	mm	±25	水准仪

注：本表由施工项目专业质量检查员填写，专业监理工程师（建设单位项目专业技术负责人）组织项目专业质量（技术）负责人等进行验收。

园林绿化工程
粉煤灰地基检验批质量验收记录

《建筑地基基础工程施工质量验收规范》（GB 50202—2002）表　　　　　　　　园建 7

单位工程名称		分项工程名称		验收部位	
施工单位		专业工长		项目负责人	
施工执行标准 名称及编号					
分包施工单位		分包施工单位负责人		施工班组长	

质量验收规范的规定			施工单位检查评定结果							监理（建设） 单位验收记录
检查项目		质量要求								
主控项目	1	压实系数符合设计要求								
	2	地基承载力符合设计要求								
一般项目	1	粉煤灰粒径	0.001～2.000mm							
	2	氧化铝及二氧化硅含量	≥70%							
	3	烧失量	≤12%							
	4	每层铺筑厚度	±50mm							
	5	含水量（与最优含水量比较）	±2%							

施工单位 检查评定结果	项目专业质量检查员：　　　　　　　　　　　　　　　　　年　月　日
监理（建设） 单位验收结论	监理工程师： （建设单位项目专业技术负责人） 　　　　　　　　　　　　　　　　　　　　　　　年　月　日

说　明

园林绿化工程粉煤灰地基检验批质量验收记录

（1）对灰土地基、砂和砂石地基、土工合成材料地基、粉煤灰地基、强夯地基、注浆地基、预压地基，其竣工后的结果（地基强度或承载力）必须达到设计要求的标准。检验数量，每单位工程不应少于 3 点，1000m² 以上工程，每 100m² 至少应有 1 点，3000m² 以上工程，每 300m² 至少应有 1 点。每一独立基础下至少应有 1 点，基槽每 20 延米应有 1 点。

（2）对水泥土搅拌桩复合地基、高压喷射注浆桩复合地基、砂桩地基、振冲桩复合地基、土和灰土挤密桩复合地基、水泥粉煤灰碎石桩复合地基及夯实水泥土桩复合地基，其承载力检验，数量为总数的 0.5%～1%，但不应少于 3 处。有单桩强度检验要求时，数量为总数的 0.5%～1%，但不应少于 3 根。

（3）粉煤灰地基质量检验标准应符合下表的规定。

粉煤灰地基质量检验标准

项次	序号	检查项目	允许偏差或允许值		检查方法
			单位	数值	
主控项目	1	压实系数	设计要求		现场实测
	2	地基承载力	设计要求		按规定方法
一般项目	1	粉煤灰粒径	mm	0.001～2.000	过筛
	2	氧化铝及二氧化硅含量	%	≥70	试验室化学分析
	3	烧失量	%	≤12	试验室烧结法
	4	每层铺筑厚度	mm	±50	水准仪
	5	含水量（与最优含水量比较）	%	±2	取样后试验室确定

注：本表由施工项目专业质量检查员填写，专业监理工程师（建设单位项目专业技术负责人）组织项目专业质量（技术）负责人等进行验收。

园林绿化工程
预压地基和塑料排水带检验批质量验收记录

《建筑地基基础工程施工质量验收规范》（GB 50202—2002）表　　　　　　　　园建 8

单位工程名称			分项工程名称		验收部位	
施工单位			专业工长		项目负责人	
施工执行标准 名称及编号						
分包施工单位			分包施工单位负责人		施工班组长	

	质量验收规范的规定			施工单位检查评定结果	监理（建设） 单位验收记录
	检查项目		质量要求		
主控项目	1	预压载荷	≤2%		
	2	固结度（与设计要求比）	≤2%		
	3	承载力或其他性能指标符合设计要求			
一般项目	1	沉降速率（与控制值比）	±10%		
	2	砂井或塑料排水带位置	±100mm		
	3	砂井或塑料排水带插入深度	±200mm		
	4	插入塑料排水带时的回带长度	≤500mm		
	5	塑料排水带或砂井高出砂垫层距离	≥200mm		
	6	插入塑料排水带的回带根数	<5%		

施工单位 检查评定结果	项目专业质量检查员：　　　　　　　　　　　　　　　年　月　日
监理（建设） 单位验收结论	监理工程师： （建设单位项目专业技术负责人）　　　　　　　　　年　月　日

344

说 明

园林绿化工程预压地基和塑料排水带检验批质量验收记录

（1）对灰土地基、砂和砂石地基、土工合成材料地基、粉煤灰地基、强夯地基、注浆地基、预压地基，其竣工后的结果（地基强度或承载力）必须达到设计要求的标准。检验数量，每单位工程不应少于3点，1000m² 以上工程，每100m² 至少应有1点，3000m² 以上工程，每300m² 至少应有1点。每一独立基础下至少应有1点，基槽每20延米应有1点。

（2）对水泥土搅拌桩复合地基、高压喷射注浆桩复合地基、砂桩地基、振冲桩复合地基、土和灰土挤密桩复合地基、水泥粉煤灰碎石桩复合地基及夯实水泥土桩复合地基，其承载力检验，数量为总数的0.5%～1%，但不应少于3处。有单桩强度检验要求时，数量为总数的0.5%～1%，但不应少于3根。

（3）预压地基和塑料排水带质量检验标准应符合下表的规定。

预压地基和塑料排水带质量检验标准

项次	序号	检查项目	允许偏差或允许值		检查方法
			单位	数值	
主控项目	1	预压载荷	%	≤2	水准仪
	2	固结度（与设计要求比）	%	≤2	根据设计要求采用不同的方法
	3	承载力或其他性能指标	设计要求		按规定方法
一般项目	1	沉降速度（与控制值比）	%	±10	水准仪
	2	砂井或塑料排水带位置	mm	±100	用钢尺量
	3	砂井或塑料排水带插入深度	mm	±200	插入时用经纬仪检查
	4	插入塑料排水带时的回带长度	mm	≤500	用钢尺量
	5	塑料排水带或砂井高出砂垫层距离	mm	≥200	用钢尺量
	6	插入塑料排水带的回带根数	%	<5	目测

注：如真空预压，主控项目中预压载荷的检查为真空度降低值小于2%。

注：本表由施工项目专业质量检查员填写，专业监理工程师（建设单位项目专业技术负责人）组织项目专业质量（技术）负责人等进行验收。

园林绿化工程
水泥粉煤灰碎石桩复合地基检验批质量验收记录

《建筑地基基础工程施工质量验收规范》（GB 50202—2002）表　　　　　　　　　　　　　园建 9

单位工程名称		分项工程名称		验收部位	
施工单位		专业工长		项目负责人	
施工执行标准 名称及编号					
分包施工单位		分包施工单位负责人		施工班组长	

质量验收规范的规定			施工单位检查评定结果	监理（建设） 单位验收记录
	检查项目	质量要求		
主控项目	1　原材料符合设计要求			
	2　桩径	−20mm		
	3　桩身强度符合设计要求			
	4　地基承载力符合设计要求			
一般项目	1　桩身完整性按桩基检测技术规范			
	2　桩位偏差　满堂布桩	≤0.40D		
	条基布桩	≤0.25D		
	3　桩垂直度	≤1.5%		
	4　桩长	＋100mm		
	5　褥垫层夯填度	≤0.9		

施工单位 检查评定结果	项目专业质量检查员：　　　　　　　　　　　　　　　年　月　日
监理（建设） 单位验收结论	监理工程师： （建设单位项目专业技术负责人）　　　　　　　　　　年　月　日

说 明

园林绿化工程水泥粉煤灰碎石桩复合地基检验批质量验收记录

(1) 对灰土地基、砂和砂石地基、土工合成材料地基、粉煤灰地基、强夯地基、注浆地基、预压地基，其竣工后的结果（地基强度或承载力）必须达到设计要求的标准。检验数量，每单位工程不应少于3点，1000m² 以上工程，每100m² 至少应有1点，3000m² 以上工程，每300m² 至少应有1点。每一独立基础下至少应有1点，基槽每20延米应有1点。

(2) 对水泥土搅拌桩复合地基、高压喷射注浆桩复合地基、砂桩地基、振冲桩复合地基、土和灰土挤密桩复合地基、水泥粉煤灰碎石桩复合地基及夯实水泥土桩复合地基，其承载力检验，数量为总数的0.5%～1%，但不应少于3处。有单桩强度检验要求时，数量为总数的0.5%～1%，但不应少于3根。

(3) 水泥粉煤灰碎石桩复合地基质量检验标准应符合下表的规定。

水泥粉煤灰碎石桩复合地基质量检验标准

项次	序号	检查项目	允许偏差或允许值		检查方法
			单位	数值	
主控项目	1	原材料	设计要求		查产品合格证书或抽样送检
	2	桩径	mm	−20	用钢尺量或计算填料量
	3	桩身强度	设计要求		查28d试块强度
	4	地基承载力	设计要求		按规定的办法
一般项目	1	桩身完整性	按桩基检测技术规范		按桩基检测技术规范
	2	桩位偏差	满堂布桩≤0.40D 条基布桩≤0.25D		用钢尺量，D为桩径
	3	桩垂直度	%	≤1.5	用经纬仪测桩管
	4	桩长	mm	+100	测桩管长度或垂球测孔深
	5	褥垫层夯填度	≤0.9		用钢尺量

注：1. 夯填度指夯实后的褥垫层厚度与虚体厚度的比值。
 2. 桩径允许偏差负值是指个别断面。

注：本表由施工项目专业质量检查员填写，专业监理工程师（建设单位项目专业技术负责人）组织项目专业质量（技术）负责人等进行验收。

园林绿化工程
先张法预应力管桩检验批质量验收记录

《建筑地基基础工程施工质量验收规范》（GB 50202—2002）表 　　　　　　　　　园建 10

单位工程名称				分项工程名称			验收部位		
施工单位				专业工长			项目负责人		
施工执行标准名称及编号									
分包施工单位				分包施工单位负责人			施工班组长		

质 量 验 收 规 范 的 规 定						施工单位检查评定结果	监理（建设）单位验收记录
检 查 项 目				质量要求			
				单位	数值		
主控项目	1	桩 体 质 量 检 验		按基桩检测技术规范			
	2	桩位允许偏差（mm）	盖有基础梁的桩	垂直基础梁中心线	mm	100＋0.01H	
				沿基础梁中心线	mm	150＋0.01H	
			桩数为1～3根桩基中的桩	mm	100		
			桩数为4～16根桩基中的桩	1/2桩径或边长			
			桩数大于16根桩基中的桩	最外边的桩	1/3桩径或边长		
				中间桩	1/2桩径或边长		
		注：H为施工现场地面标高与桩顶设计标高的距离					
	3	承 载 力		按基桩检测技术规范			
一般项目	1	成品桩质量	外 观	无蜂窝、露筋、裂缝，色感均匀，桩顶处无孔隙			
			桩 径	mm	±5		
			管壁厚度	mm	±5		
			桩尖中心线	mm	＜2		
			顶面平整度	mm	10		
			桩体弯曲	mm	＜1/1000l		
	2	接桩	焊缝质量	见本规范表5.5.4-2			
			电焊结束后停歇时间	min	＞1.0		
			上下节平面偏差	mm	＜10		
			节点弯曲矢高	mm	＜1/1000l		
	3	停 锤 标 准		设计要求			
	4	桩 顶 标 高		mm	±50		

施工单位检查评定结果	项目专业质量检查员：　　　　　　　　　　　　　　年　月　日
监理（建设）单位验收结论	监理工程师： （建设单位项目专业技术负责人）　　　　　　　　　年　月　日

348

说　明

园林绿化工程先张法预应力管桩检验批质量验收记录

（1）打（压）入桩（预制混凝土方桩、先张法预应力管桩、钢桩）的桩位偏差，必须符合规范的规定。斜桩倾斜度的偏差不得大于倾斜角正切值的15％（倾斜角系桩的纵向中心线与铅垂线间夹角）。

（2）工程桩应进行承载力检验。

（3）先张法预应力管桩：

①施工前应检查进入现场的成品桩，接桩用电焊条等产品质量。

②施工过程中应检查桩的贯入情况、桩顶完整状况、电焊接桩质量、桩体垂直度、电焊后的停歇时间。重要工程应对电焊接头作10％的焊缝探伤检查。

③施工结束后，应作承载力检验及桩体质量检验。

④先张法预应力管桩的质量检验应符合下表的规定。

先张法预应力管桩质量检验标准

项次	序号	检查项目		允许偏差或允许值		检查方法
				单位	数值	
主控项目	1	桩体质量检验		按基桩检测技术规范		按基桩检测技术规范
	2	桩位偏差		见本规范表5.1.3		用钢尺量
	3	承载力		按基桩检测技术规范		按基桩检测技术规范
一般项目及允许偏差	1	成品桩质量	外观	无蜂窝、露筋、裂缝，色感均匀，桩顶处无孔隙		直观
			桩径	mm	±5	用钢尺量
			管壁厚度	mm	±5	用钢尺量
			桩尖中心线	mm	<2	用钢尺量
			顶面平整度	mm	10	用水平尺量
			桩体弯曲		<1/1000l	用钢尺量，l为桩长
	2	接桩：焊缝质量		见本规范表5.5.4-2		用本规范表5.5.4-2
		电焊结束后停歇时间		min	>1.0 ·	秒表测定
		上下节平面偏差		mm	<10	用钢尺量
		节点弯曲矢高			<1/1000l	用钢尺量，l为两节桩长
	3	停锤标准		设计要求		现场实测或查沉桩记录
	4	桩顶标高		mm	±50	水准仪

（4）钢桩施工质量检验标准应符合下表的规定。

钢桩施工质量检验标准

检查项目	允许偏差或允许值		检查方法
	单位	数值	
电焊接桩焊缝： （1）上下节端部错口 　（外径≥700mm） 　（外径<700mm）	mm mm mm	≤3 ≤2 ≤0.5	用钢尺量 用钢尺量 焊缝检查仪
（2）焊缝咬边深度	mm	2	焊缝检查仪
（3）焊缝加强层高度	mm	2	焊缝检查仪
（4）焊缝加强层宽度			
（5）焊缝电焊质量外观	无气孔，无焊瘤，无裂缝		直观

注：本表由施工项目专业质量检查员填写，专业监理工程师（建设单位项目专业技术负责人）组织项目专业质量（技术）负责人等进行验收。

园林绿化工程
钢筋混凝土预制桩检验批质量验收记录

《建筑地基基础工程施工质量验收规范》（GB 50202—2002）表　　　　　　　园建 11

单位工程名称				分项工程名称			验收部位		
施工单位				专业工长			项目负责人		
施工执行标准名称及编号									
分包施工单位				分包施工单位负责人			施工班组长		

质 量 验 收 规 范 的 规 定						施工单位检查评定结果			监理（建设）单位验收记录
检 查 项 目			质量要求						
			单位	数值					
主控项目	1	桩体质量检验		按基桩检测技术规范					
		桩位允许偏差（mm）	盖有基础梁的桩	垂直基础梁中心	mm	$100+0.01H$				
				沿基础梁中心线	mm	$150+0.01H$				
			桩数为1～3根桩基中的桩		mm	100				
			桩数为4～16根桩基中的桩			1/2桩径或边长				
			桩数大于16根桩基中的桩	最外边的桩		1/3桩径或边长				
				中间桩		1/2桩径或边长				
		注：H为施工现场地面标高与桩顶设计标高的距离								
	2	承载力		按基桩检测技术规范					
一般项目	1	砂、石、水泥、钢材质量（现场预制）		设计要求					
	2	成品桩外形		表面平整、颜色均匀，掉角深度＜10mm，蜂窝面积＜总面积的0.5%					
	3	成品桩裂缝（收缩或起吊、装运、堆放引起的裂缝）		深度＜20mm，宽度＜0.25mm，横向不超过边长的1/2					
	4	成品桩尺寸	横截面边长	mm	±5				
			桩顶对角线差	mm	＜10				
			桩尖中心线	mm	＜10				
			桩身弯曲矢高	mm	＜1/1000l				
			桩顶平整度	mm	＜2				
	5	电焊接桩	焊缝质量		见规范表5.5.4-2				
			电焊结束后停歇时间	min	＞1.0				
			上下节平面偏差	mm	＜10				
			节点弯曲矢高	mm	＜1/1000l				
	6	硫磺胶泥接桩：胶泥浇注时间 浇注后停歇时间		min min	＜2 ＞7				
	7	桩顶标高		mm	±50				
	8	停锤标准		设计要求					

施工单位检查评定结果	项目专业质量检查员：　　　　　　　　　　　　　　年　月　日
监理（建设）单位验收结论	监理工程师： （建设单位项目专业技术负责人）　　　　　　　　年　月　日

说 明

园林绿化工程钢筋混凝土预制桩检验批质量验收记录

（1）打（压）入桩（预制混凝土方桩、先张法预应力管桩、钢桩）的桩位偏差，必须符合规范规定。斜桩倾斜度的偏差不得大于倾斜角正切值的 15%（倾斜角系桩的纵向中心线与铅垂线间夹角）。

（2）钢桩施工质量检验标准应符合下表的规定。

钢桩施工质量检验标准

检查项目	允许偏差或允许值		检查方法
	单位	数值	
电焊接桩焊缝：			
（1）上下节端部错口			
（外径≥700mm）	mm	≤3	用钢尺量
（外径＜700mm）	mm	≤2	用钢尺量
（2）焊缝咬边深度	mm	≤0.5	焊缝检查仪
（3）焊缝加强层高度	mm	2	焊缝检查仪
（4）焊缝加强层宽度	mm	2	焊缝检查仪
（5）焊缝电焊质量外观	无气孔，无焊瘤，无裂缝		直 观

（3）混凝土预制桩

①桩在现场预制时，应对原材料、钢筋骨架（见下表）混凝土强度进行检查；采用工厂生产的成品桩时，桩进场后应进行外观及尺寸检查。

②施工中应对桩体垂直度、沉桩情况、桩顶完整状况、接桩质量等进行检查，对电焊接桩，重要工程应作 10% 的焊缝探伤检查。

③施工结束后，应对承载力及桩体质量作检验。

④对长桩或总锤击数超过 500 击的锤击桩，应符合桩体强度及 28d 龄期的两项条件才能锤击。

⑤钢筋混凝土预制桩的质量检验标准应符合最下表的规定。

预制桩钢筋骨架质量检验标准（mm）

项次	序号	检查项目	允许偏差或允许值	检查方法
主控项目	1	主筋距桩顶距离	±5	用钢尺量
	2	多节桩锚固钢筋位置	5	用钢尺量
	3	多节桩预埋铁件	±3	用钢尺量
	4	主筋保护层厚度	±5	用钢尺量
一般项目	1	主筋间距	±5	用钢尺量
	2	桩尖中心线	10	用钢尺量
	3	箍筋间距	±20	用钢尺量
	4	桩顶钢筋网片	±10	用钢尺量
	5	多节桩锚固钢筋长度	±10	用钢尺量

钢筋混凝土预制桩的质量检验标准

项次	序号	检查项目	允许偏差或允许值		检查方法
			单位	数值	
主控项目	1	桩体质量检验	按基桩检测技术规范		按基桩检测技术规范
	2	桩位偏差	见规范表5.1.3		用钢尺量
	3	承载力	按基桩检测技术规范		按基桩检测技术规范
一般项目	1	砂、石、水泥、钢材等原材料（现场预制时）	符合设计要求		查出厂质保文件或抽样送检
	2	混凝土配合比及强度（现场预制时）	符合设计要求		检查称量及查试块记录
	3	成品桩外形	表面平整，颜色均匀，掉角深度＜10mm，蜂窝面积小于总面积的0.5%		直观
	4	成品桩裂缝（收缩裂缝或起吊、装运、堆放引起的裂缝）	深度＜20mm，宽度＜0.25mm，横向裂缝不超过边长的一半		裂缝测定仪，该项在地下水有侵蚀地区及锤击数超过500击的长桩不适用
	5	成品桩尺寸：横截面边长	mm	±5	用钢尺量
		桩顶对角线差	mm	＜10	用钢尺量
		桩尖中心线	mm	＜10	用钢尺量
		桩身弯曲矢高		＜1/1000l	用钢尺量，l 为桩长
		桩顶平整度	mm	＜2	用水平尺量
	6	电焊接桩：焊缝质量	见规范表5.5.4-2		见规范表5.5.4-2
		电焊结束后停歇时间	min	＞1.0	秒表测定
		上下节平面偏差	mm	＜10	用钢尺量
		节点弯曲矢高		＜1/1000l	用钢尺量，l 为两节桩长
	7	硫磺胶泥接桩：胶泥浇注时间	min	＜2	秒表测定
		浇注后停歇时间	min	＞7	秒表测定
	8	桩顶标高	mm	±50	水准仪
	9	停锤标准	设计要求		现场实测或查沉桩记录

注：本表由施工项目专业质量检查员填写，专业监理工程师（建设单位项目专业技术负责人）组织项目专业质量（技术）负责人等进行验收。

园林绿化工程
混凝土灌注桩钢筋笼检验批质量验收记录（1）

《建筑地基基础工程施工质量验收规范》（GB 50202—2002）表
                                                                    园建 12-1

单位工程名称			分项工程名称			验收部位	
施工单位			专业工长			项目负责人	
施工执行标准名称及编号							
分包施工单位			分包施工单位负责人			施工班组长	

质量验收规范的规定			施工单位检查评定结果	监理（建设）单位验收记录
检查项目		质量要求（mm）		
主控项目	1	主筋间距	±10	
	2	长度	±100	
一般项目	1	钢筋材质检验	符合设计要求	
	2	箍筋间距	±20	
	3	直径	±10	

施工单位检查评定结果	项目专业质量检查员： 年 月 日
监理（建设）单位验收结论	监理工程师： （建设单位项目专业技术负责人） 年 月 日

说　明

园林绿化工程混凝土灌注桩钢筋笼检验批质量验收记录（1）

（1）当钢筋的品种、级别或规格需作变更时，应办理设计变更文件。

（2）钢筋进场时，应按现行国家标准《钢筋混凝土用钢　第2部分：热轧带肋钢筋》（GB 1499.2—2007）等的规定抽取试件作力学性能检验，其质量必须符合有关标准的规定。

检查数量：按进场的批次和产品的抽样检验方案确定。

检验方法：检查产品合格证、出厂检验报告和进场复验报告。

（3）对有抗震设防要求的框架结构，其纵向受力钢筋的强度应满足设计要求；当设计无具体要求时，对一、二级抗震等级，检验所得的强度实测值应符合下列规定：

①钢筋的抗拉强度实测值与屈服强度实测值的比值不应小于1.25；

②钢筋的屈服强度实测值与强度标准值的比值不应大于1.3。

检查数量：按进场的批次和产品的抽样检验方案确定。

检验方法：检查进场复验报告。

（4）混凝土灌注桩钢筋笼质量检验标准应符合下表的规定。

混凝土灌注桩钢筋笼质量检验标准（mm）

项次	序号	检 查 项 目	允许偏差或允许值	检 查 方 法
主控项目	1	主筋间距	±10	用钢尺量
	2	长度	±100	用钢尺量
一般项目	1	钢筋材质检验	设计要求	抽样送检
	2	箍筋间距	±20	用钢尺量
	3	直径	±10	用钢尺量

注：本表由施工项目专业质量检查员填写，专业监理工程师（建设单位项目专业技术负责人）组织项目专业质量（技术）负责人等进行验收。

园林绿化工程
混凝土灌注桩检验批质量验收记录（2）

《建筑地基基础工程施工质量验收规范》（GB 50202—2002）表　　　　　　　　　　园建 12-2

单位工程名称				分项工程名称				验收部位			
施工单位				专业工长				项目负责人			
施工执行标准名称及编号											
分包施工单位				分包施工单位负责人				施工班组长			

质量验收规范的规定					施工单位检查评定结果						监理（建设）单位验收记录
检查项目			质量要求								
			单位	数值							
主控项目	1	桩位偏差	见规范表 5.1.4								
	2	孔深偏差	mm	＋300							
	3	桩体质量检验	按基桩检测技术规范。如钻芯取样，大直径嵌岩桩应钻至桩尖下 50cm								
	4	混凝土强度	符合设计要求								
	5	承载力	按基桩检测技术规范								
一般项目	1	桩垂直度	见规范表 5.1.4								
	2	桩径	见规范表 5.1.4								
	3	泥浆相对密度（黏土或砂性土中）	1.15～1.20								
	4	泥浆面标高（高于地下水位）	m	0.5～1.0							
	5	沉渣厚度 端承桩	mm	≤50							
		沉渣厚度 摩擦桩	mm	≤150							
	6	混凝土坍落度 水下灌注	mm	160～220							
		混凝土坍落度 干施工	mm	70～100							
	7	钢筋笼安装深度	mm	±100							
	8	混凝土充盈系数	＞1								
	9	桩顶标高	mm	＋30 −50							

施工单位检查评定结果	项目专业质量检查员：　　　　　　　　　　　　　　　　　年　月　日
监理（建设）单位验收结论	监理工程师： （建设单位项目专业技术负责人）　　　　　　　　　年　月　日

355

说　明

园林绿化工程混凝土灌注桩检验批质量验收记录（2）

（1）灌注桩的桩位偏差必须符合下表的规定，桩顶标高至少要比设计标高高出 0.5m，桩底清孔质量按不同的成桩工艺有不同的要求，应按本章的各节要求执行。每浇筑 50m³ 必须有 1 组试件，少于 50m³ 的桩，每根桩必须有 1 组试件。

灌注桩的平面位置和垂直度的允许偏差

序号	成孔方法		桩径允许偏差（mm）	垂直度允许偏差（%）	桩位允许偏差（mm）	
					1～3 根、单排桩基垂直于中心线方向和群桩基础的边桩	条形桩基沿中心线方向和群桩基础的中间桩
1	泥浆护壁钻孔桩	$D \leqslant 1000mm$	±50	<1	$D/6$，且不大于 100	$D/4$，且不大于 150
		$D > 1000mm$	±50		$100 + 0.01H$	$150 + 0.01H$
2	套管成孔灌注桩	$D \leqslant 500mm$	−20	<1	70	150
		$D > 500mm$			100	150
3	千成孔灌注桩		−20	<1	70	150
4	人工挖孔桩	混凝土护壁	+50	<0.5	50	150
		钢套管护壁	+50	<1	100	200

注：1. 桩径允许偏差的负值是指个别断面；

2. 采用复打、反插法施工的桩，其桩径允许偏差不受该表限制；

3. H 为施工现场地面标高与桩顶设计标高的距离，D 为设计桩径。

（2）工程桩应进行承载力检验。

（3）施工前应对水泥、砂、石子（如现场搅拌）、钢材等原材料进行检查，对施工组织设计中制订的施工顺序、监测手段（包括仪器、方法）也应检查。

（4）施工中应对成孔、清渣、放置钢筋笼、灌注混凝土等进行全过程检查，人工挖孔桩尚应复验孔底持力层土（岩）性。嵌岩桩必须有桩端持力层的岩性报告。

（5）施工结束后，应检查混凝土强度，并应作桩体质量及承载力的检验。

（6）混凝土灌注桩的质量检验标准应符合上表及下表的规定。

混凝土灌注桩质量检验标准

项次	序号	检查项目	允许偏差或允许值		检查方法
			单位	数值	
主控项目	1	桩位	见本规范表5.1.4		基坑开挖前量护筒，开挖后量桩中心
	2	孔深	mm	+300	只深不浅，用重锤测，或测钻杆、套管长度，嵌岩桩应确保进入设计要求的嵌岩深度
	3	桩体质量检验	按基桩检测技术规范。如钻芯取样，大直径嵌岩桩应钻至桩尖下50cm。		按基桩检测技术规范
	4	混凝土强度	设计要求		试件报告或钻芯取样送检
	5	承载力	按基桩检测技术规范		按基桩检测技术规范
一般项目	1	垂直度	见本规范表5.1.4		测套管或钻杆，或用超声波探测，干施工时吊垂球
	2	桩径	见本规范表5.1.4		井径仪或超声波检测，干施工时用钢尺量，人工挖孔桩不包括内衬厚度
	3	泥浆相对密度（黏土或砂性土中）	1.15～1.20		用比重计测，清孔后在距孔底50cm处取样
	4	泥浆面标高（高于地下水位）	m	0.5～1.0	目测
	5	沉渣厚度：端承桩　　　　　　摩擦桩	mm　mm	≤50　≤150	用沉渣仪或重锤测量
	6	混凝土坍落度：水下灌注　　　　　　　　干施工	mm　mm	160～220　70～100	坍落度仪
	7	钢筋笼安装深度	mm	±100	用钢尺量
	8	混凝土充盈系数	>1		检查每根桩的实际灌注量
	9	桩顶标高	mm	+30　−50	水准仪，需扣除桩顶浮浆层及劣质桩体

注：①人工挖孔桩、嵌岩桩的质量检验应按上述两表验收。②本表由施工项目专业质量检查员填写，专业监理工程师（建设单位项目专业技术负责人）组织项目专业质量（技术）负责人等进行验收。

园林绿化工程

防水混凝土工程检验批质量验收记录

《地下防水工程质量验收规范》（GB 50208—2011）表 　　　　　　　　　　　　　　　园建 13

单位工程名称			分项工程名称		验收部位	
施工单位			专业工长		项目负责人	
施工执行标准 名称及编号						
分包施工单位			分包施工单位负责人		施工班组长	

质量验收规范的规定			施工单位检查评定结果	监理（建设）单位验收记录
	检 查 项 目	质量要求		
主控项目 1	防水混凝土的原材料、配合比及坍落度必须符合设计要求	见说明（1）		
2	防水混凝土的抗压强度和抗渗压力必须符合设计要求	见说明（2）		
3	防水混凝土的变形缝、施工缝、后浇带、穿墙管道、埋设件等设置和构造，均须符合设计要求，严禁有渗漏	见说明（3）		
一般项目 1	防水混凝土结构表面应坚实、平整，不得有露筋、蜂窝等缺陷，埋设件位置应正确	见说明（4）		
2	防水混凝土结构表面的裂缝宽度不应大于 0.2mm，并不得贯通	见说明（5）		
3	防水混凝土结构厚度不应小于 250mm	+15， −10		
4	迎水面钢筋保护层厚度不应小于 50mm	±10		

施工单位 检查评定结果	项目专业质量检查员：　　　　　　　　　　　　　　　年　月　日
监理（建设） 单位验收结论	监理工程师： （建设单位项目专业技术负责人）　　　　　　　　　年　月　日

注：按混凝土外露面积每 100m² 作 1 处抽查，且不少于 3 处。

358

说　明

园林绿化工程防水混凝土工程检验批质量验收记录

1) 主 控 项 目

（1）防水混凝土的原材料、配合比及坍落度必须符合设计要求。

检验方法：检查出厂合格证、质量检验报告、计量措施和现场抽样试验报告。

（2）防水混凝土的抗压强度和抗渗压力必须符合设计要求。

检验方法：检查混凝土抗压、抗渗试验报告。

（3）防水混凝土的变形缝、施工缝、后浇带、穿墙管道、埋设件等设备和构造，均须符合设计要求，严禁有渗漏。

检验方法：观察检查和检查隐蔽工程验收记录。

2) 一 般 项 目

（4）防水混凝土结构表面应坚实、平整，不得有露筋、蜂窝等缺陷；埋设件位置应正确。

检验方法：观察和尺量检查。

（5）防水混凝土结构表面的裂缝宽度不应大于 0.2mm，并不得贯通。

检验方法：用刻度放大镜检查。

（6）防水混凝土结构厚度不应小于 250mm，其允许偏差为 +15mm、-10mm；迎水面钢筋保护层厚度不应小于 50mm，其允许偏差为 ±10mm。

检验方法：尺量检查和检查隐蔽工程验收记录。

注：本表由施工项目专业质量检查员填写，专业监理工程师（建设单位项目专业技术负责人）组织项目专业质量（技术）负责人等进行验收。

园林绿化工程
水泥砂浆防水层工程检验批质量验收记录

《地下防水工程质量验收规范》（GB 50208—2011）表 园建 14

单位工程名称			分项工程名称		验收部位	
施工单位			专业工长		项目负责人	
施工执行标准 名称及编号						
分包施工单位			分包施工单位负责人		施工班组长	

质 量 验 收 规 范 的 规 定			施工单位检查评定结果	监理（建设） 单位验收记录
主控项目	1	水泥砂浆防水层的原材料及配合比必须符合设计要求	见说明（1）	
	2	水泥砂浆防水层各层之间必须结合牢固，无空鼓现象	见说明（2）	
一般项目	1	水泥砂浆防水层表面应密实、平整，不得有裂纹、起砂、麻面等缺陷；阴阳角处应做成圆弧形	见说明（3）	
	2	水泥砂浆防水层施工缝留槎位置应正确，接槎应按层次顺序操作，层层搭接紧密	见说明（4）	
	3	水泥砂浆防水层的平均厚度应符合设计要求，最小厚度不得小于设计值的 85%	见说明（5）	

施工单位 检查评定结果	项目专业质量检查员： 年　月　日
监理（建设） 单位验收结论	监理工程师： （建设单位项目专业技术负责人） 年　月　日

说 明

园林绿化工程水泥砂浆防水层工程检验批质量验收记录

1) 主 控 项 目

(1) 水泥砂浆防水层的原材料及配合比必须符合设计要求。

检验方法：检查出厂合格证、质量检验报告、计量措施和现场抽样试验报告。

(2) 水泥砂浆防水层各层之间必须结合牢固，无空鼓现象。

检验方法：观察和用小锤轻击检查。

2) 一 般 项 目

(3) 水泥砂浆防水层表面应密实、平整，不得有裂纹、起砂、麻面等缺陷；阴阳角处应做成圆弧形。

检验方法：观察检查。

(4) 水泥砂浆防水层施工缝留槎位置应正确，接槎应按层次顺序操作，层层搭接紧密。

检验方法：观察检查和检查隐蔽工程验收记录。

(5) 水泥砂浆防水层的平均厚度应符合设计要求，最小厚度不得小于设计值的85%。

检验方法：观察和尺量检查。

注：本表由施工项目专业质量检查员填写，专业监理工程师（建设单位项目专业技术负责人）组织项目专业质量（技术）负责人等进行验收。

园林绿化工程
卷材防水层检验批质量验收记录

《地下防水工程质量验收规范》（GB 50208—2011）表 园建 15

单位工程名称		分项工程名称		验收部位	
施工单位		专业工长		项目负责人	
施工执行标准名称及编号					
分包施工单位		分包施工单位负责人		施工班组长	

质 量 验 收 规 范 的 规 定		施工单位检查评定结果	监理（建设）单位验收记录
主控项目	1 卷材防水层所用卷材及主要配套材料必须符合设计要求。见说明（1）		
	2 卷材防水层及其转角处、变形缝等细部做法均须符合设计要求。见说明（2）		
一般项目	1 基层应牢固，基面应洁净、平整，不得有空鼓，阴阳角处应做成圆弧。见说明（3）		
	2 搭接缝应粘牢，不得有皱折、翘边和鼓泡。见说明（4）		
	3 侧墙卷材防水层的保护层与防水层应粘结牢固，结合紧密，厚度均匀一致。见说明（5）		
	4 卷材搭接宽度允许偏差为－10mm		

施工单位检查评定结果	项目专业质量检查员：	年 月 日
监理（建设）单位验收结论	监理工程师： （建设单位项目专业技术负责人）	年 月 日

注：按铺贴面积 100m² 作为 1 处抽查，且不少于 3 处。

说　明

园林绿化工程卷材防水层检验批质量验收记录

地下防水工程所用的防水材料，应有产品的合格证书和性能检测报告，材料的品种、规格、性能等应符合现行国家产品标准和设计要求。

对进场的防水材料应按本规范附录 A 和附录 B 的规定抽样复验，并提出试验报告；不合格的材料不得在工程中使用。

1）主 控 项 目

（1）卷材防水层所用卷材及主要配套材料必须符合设计要求。

检验方法：检查出厂合格证、质量检验报告和现场抽样试验报告。

（2）卷材防水层及其转角处、变形缝、穿墙管道等细部做法均须符合设计要求。

检验方法：观察检查和检查隐蔽工程验收记录。

2）一 般 项 目

（3）卷材防水层的基层应牢固，基面应洁净、平整，不得有空鼓、松动、起砂和脱皮现象；基层阴阳角处应做成圆弧形。

检验方法：观察检查和检查隐蔽工程验收记录。

（4）卷材防水层的搭接缝应粘（焊）结牢固，密封严密，不得有皱折、翘边和鼓泡等缺陷。

检验方法：观察检查。

（5）侧墙卷材防水层的保护层与防水层应粘结牢固，结合紧密，厚度均匀一致。

检验方法：观察检查。

（6）卷材搭接宽度的允许偏差为—10mm。

检验方法：观察和尺量检查。

注：本表由施工项目专业质量检查员填写，监理工程师（建设单位项目专业技术负责人）组织项目专业质量（技术）负责人等进行验收。

园林绿化工程
涂料防水层检验批质量验收记录

《地下防水工程质量验收规范》（GB 50208—2011）表

园建 16

单位工程名称		分项工程名称		验收部位	
施工单位		专业工长		项目负责人	
施工执行标准 名称及编号					
分包施工单位		分包施工单位负责人		施工班组长	

质 量 验 收 规 范 的 规 定			施工单位检查评定结果	监理（建设） 单位验收记录
主控项目	1	涂料防水层所用材料及配合比必须符合设计要求	见说明（1）	
	2	涂料防水层及其转角处、变形缝等细部做法均须符合设计要求	见说明（2）	
一般项目	1	基层应牢固，基面应洁净、平整，不得有空鼓等现象；基层阴阳角处应做成圆弧形	见说明（3）	
	2	防水层应与基层粘结牢固，表面平整，涂刷均匀，不得有流淌、皱折等缺陷	见说明（4）	
	3	平均厚度应符合设计要求，最小厚度不得小于设计的80%	见说明（5）	
	4	保护层与防水层粘结牢固，结合紧密，厚度均匀一致	见说明（6）	

施工单位 检查评定结果	项目专业质量检查员： 年　月　日
监理（建设） 单位验收结论	监理工程师： （建设单位项目专业技术负责人） 年　月　日

注：按涂层面积每100m² 作为1处抽查，且不少于3处。

说　明

园林绿化工程涂料防水层检验批质量验收记录
强 制 性 条 文

地下防水工程所用的防水材料，应有产品的合格证书和性能检测报告，材料的品种、规格、性能等应符合现行国家产品标准和设计要求。

对进场的防水材料应按规范附录 A 和附录 B 的规定抽样复验，并提出试验报告；不合格的材料不得在工程中使用。

1）主 控 项 目

（1）涂料防水层所用材料及配合比必须符合设计要求。

检验方法：检查出厂合格证、质量检验报告、计量措施和现场抽样试验报告。

（2）涂料防水层及其转角处、变形缝、穿墙管道等细部做法均须符合设计要求。

检验方法：观察检查和检查隐蔽工程验收记录。

2）一 般 项 目

（3）涂料防水层的基层应牢固，基面应洁净、平整，不得有空鼓、松动、起砂和脱皮现象；基层阴阳角处应做成圆弧形。

检验方法：观察检查和检查隐蔽工程验收记录。

（4）涂料防水层应与基层粘结牢固，表面平整、涂刷均匀，不得有流淌、皱折、鼓泡、露胎体和翘边等缺陷。

检验方法：观察检查。

（5）涂料防水层的平均厚度应符合设计要求，最小厚度不得小于设计厚度的 80%。

检验方法：针测法或割取 20mm×20mm 实样用卡尺测量。

（6）侧墙涂料防水层的保护层与防水层粘结牢固，结合紧密，厚度均匀一致。

检验方法：观察检查。

注：本表由施工项目专业质量检查员填写，专业监理工程师（建设单位项目专业技术负责人）组织项目专业质量（技术）负责人等进行验收。

园林绿化工程
塑料板防水层检验批质量验收记录

《地下防水工程质量验收规范》（GB 50208—2011）表　　　　　　　　　园建 17

单位工程名称				分项工程名称			验收部位		
施工单位				专业工长			项目负责人		
施工执行标准名称及编号									
分包施工单位				分包施工单位负责人			施工班组长		

		质 量 验 收 规 范 的 规 定	施工单位检查评定结果	监理（建设）单位验收记录
主控项目	1	防水层所用塑料板及配套材料必须符合设计要求	见说明（1）	
	2	塑料板的搭接缝必须采用热风焊接，不得有渗漏	见说明（2）	
一般项目	1	基面应坚实、平整、圆顺，无漏水现象，阴阳角处应做成圆弧形	见说明（3）	
	2	塑料板的铺设应平顺并与基层固定牢固，不得有下垂、绷紧和破损现象	见说明（4）	
	3	塑料板搭接宽度为－10mm	见说明（5）	

施工单位检查评定结果	项目专业质量检查员：　　　　　　　　　　年　月　日
监理（建设）单位验收结论	监理工程师： （建设单位项目专业技术负责人）　　　　　　　年　月　日

注：按铺设面积每 100m² 作为 1 处抽查，且不少于 3 处；焊缝的检验按焊缝数量抽查 5%，每条焊缝为 1 处，且不少于 3 处。

说　明

园林绿化工程塑料板防水层检验批质量验收记录
强制性条文

地下防水工程所用的防水材料，应有产品的合格证书和性能检测报告，材料的品种、规格、性能等应符合现行国家产品标准和设计要求。

对进场的防水材料应按本规范附录 A 和附录 B 的规定抽样复验，并提出试验报告；不合格的材料不得在工程中使用。

1）主 控 项 目

（1）防水层所用塑料板及配套材料必须符合设计要求。

检验方法：检查出厂合格证、质量检验报告和现场抽样试验报告。

（2）塑料板的搭接缝必须采用热风焊接，不得有渗漏。

检验方法：双焊缝间空腔内充气检查。

2）一 般 项 目

（3）塑料板防水层的基面应坚实、平整、圆顺，无漏水现象；阴阳角处应做成圆弧形。

检验方法：观察和尺量检查。

（4）塑料板的铺设应平顺并与基层固定牢固，不得有下垂、绷紧和破损现象。

检验方法：观察检查。

（5）塑料板搭接宽度的允许偏差为－10mm。

检验方法：尺量检查。

注：本表由施工项目专业质量检查员填写，专业监理工程师（建设单位项目专业技术负责人）组织项目专业质量（技术）负责人等进行验收。

园林绿化工程
金属板防水层检验批质量验收记录

《地下防水工程质量验收规范》（GB 50208—2011）表　　　　　　　　　　　　　　园建 18

单位工程名称		分项工程名称		验收部位	
施工单位		专业工长		项目负责人	
施工执行标准 名称及编号					
分包施工单位		分包施工单位负责人		施工班组长	

		质 量 验 收 规 范 的 规 定	施工单位检查 评定结果	监理（建设） 单位验收记录
主控项目	1	金属防水层所采用的金属板材和焊条（剂）必须符合设计要求	见说明（1）	
	2	焊工必须经考试合格并取得相应的执业资格证书	见说明（2）	
一般项目	1	金属板表面不得有明显凹面和损伤	见说明（3）	
	2	焊缝不得有裂纹、未熔合、夹渣、焊瘤等缺陷	见说明（4）	
	3	焊波应均匀，焊渣和飞溅物应清除干净；保护涂层不得有漏涂、脱皮和返锈现象	见说明（5）	

施工单位 检查评定结果	项目专业质量检查员：　　　　　　　　　　　　　　　　　　年　月　日
监理（建设） 单位验收结论	监理工程师： （建设单位项目专业技术负责人）　　　　　　　　　　　　年　月　日

说　明

园林绿化工程金属板防水层检验批质量验收记录

　　按铺设面积每 10m² 作为 1 处抽查，且不少于 3 处；焊缝检验按不同长度的焊缝各抽查 5%，但均不得少于 1 条。长度小于 500mm 的焊缝，每条检查 1 处；长度 500~2000mm 的焊缝，每条检查 2 处；长度大于 2000mm 的焊缝，每条检查 3 处，每处各检查 2 点。

1) 主 控 项 目

　　(1) 金属防水层所采用的金属板材和焊条（剂）必须符合设计要求。

　　检验方法：检查出厂合格证或质量检验报告和现场抽样试验报告。

　　(2) 焊工必须经考试合格并取得相应的执业资格证书。

　　检验方法：检查焊工执业资格证书和考核日期。

2) 一 般 项 目

　　(3) 金属板面不得有明显凹面和损伤。

　　检验方法：观察检查。

　　(4) 焊缝不得有裂纹、未熔合、夹渣、焊瘤、咬边、烧穿、弧坑、针状气孔等缺陷。

　　检验方法：观察检查和无损检查。

　　(5) 焊缝的焊波应均匀，焊渣和飞溅物应清除干净；保护涂层不得有漏涂、脱皮和反锈现象。

　　检验方法：观察检查。

　　注：本表由施工项目专业质量检查员填写，专业监理工程师（建设单位项目专业技术负责人）组织项目专业质量（技术）负责人等进行验收。

园林绿化工程
细部构造检验批质量验收记录

《地下防水工程质量验收规范》（GB 50208—2011）表　　　　　　　　　　　　　园建 19

单位工程名称			分项工程名称		验收部位	
施工单位			专业工长		项目负责人	
施工执行标准名称及编号						
分包施工单位			分包施工单位负责人		施工班组长	

		质量验收规范的规定	施工单位检查评定结果	监理（建设）单位验收记录
主控项目	1	细部构造所用止水带等材料必须符合设计要求，严禁有渗漏	见说明（1）	
	2	变形缝、施工缝、后浇带等细部构造做法，均须符合设计要求	见说明（2）	
一般项目	1	中埋式止水带中心线应与变形缝中心线重合，止水带应固定牢靠、平直，不得有扭曲现象	见说明（3）	
	2	穿墙管止水环与主管或翼环与套管应连续满焊，并作防腐处理	见说明（4）	
	3	接缝处混凝土表面应密实、洁净、干燥；密封材料应嵌填严密、粘结牢固，不得有开裂等现象	见说明（5）	

施工单位检查评定结果	项目专业质量检查员：　　　　　　　　　　　　　　　年　月　日
监理（建设）单位验收结论	监理工程师： （建设单位项目专业技术负责人）　　　　　　　年　月　日

注：全数检查。

370

说　明

园林绿化工程细部构造检验批质量验收记录
强 制 性 条 文

地下防水工程所用的防水材料，应有产品的合格证书和性能检测报告，材料的品种、规格、性能等应符合现行国家产品标准和设计要求。

对进场的防水材料应按本规范附录 A 和附录 B 的规定抽样复验，并提出试验报告；不合格的材料不得在工程中使用。

1）主 控 项 目

（1）细部构造所用止水带、遇水膨胀橡胶腻子止水条和接缝密封材料必须符合设计要求。

检验方法：检查出厂合格证、质量检验报告和进场抽样试验报告。

（2）变形缝、施工缝、后浇带、穿墙管道、埋设件等细部构造做法，均须符合设计要求，严禁有渗漏。

检验方法：观察检查和检查隐蔽工程验收记录。

2）一 般 项 目

（3）中埋式止水带中心线应与变形缝中心线重合，止水带应固定牢靠、平直，不得有扭曲现象。

检验方法：观察检查和检查隐蔽工程验收记录。

（4）穿墙管止水环与主管或翼环与套管应连续满焊，并作防腐处理。

检验方法：观察检查和检查隐蔽工程验收记录。

（5）接缝处混凝土表面应密实、洁净、干燥；密封材料应嵌填严密、粘结牢固，不得有开裂、鼓泡和下坍现象。

检验方法：观察检查。

注：本表由施工项目专业质量检查员填写，专业监理工程师（建设单位项目专业技术负责人）组织项目专业质量（技术）负责人等进行验收。

园林绿化工程
渗排水、盲沟排水检验批质量验收记录

《地下防水工程质量验收规范》（GB 50208—2011）表

园建 20

单位工程名称			分项工程名称		验收部位	
施工单位			专业工长		项目负责人	
施工执行标准 名称及编号						
分包施工单位			分包施工单位负责人		施工班组长	

质量验收规范的规定				施工单位检查 评定结果	监理（建设） 单位验收记录
主控项目	1	反滤层的砂、石粒径和含泥量必须符合设计要求		见说明（1）	
	2	集水管的埋设深度及坡度必须符合设计要求		见说明（2）	
一般项目	1	渗排水层的构造应符合设计要求		见说明（3）	
	2	渗排水层的铺设应分层、铺平、拍实		见说明（4）	
	3	盲沟的构造应符合设计要求		见说明（5）	

施工单位检查 评定结果	项目专业质量检查员： 年 月 日
监理（建设） 单位验收结论	监理工程师： （建设单位项目专业技术负责人） 年 月 日

注：按 10% 抽查，其中每两轴线间或 10 延米为 1 处，且不得少于 3 处。

说 明

园林绿化工程渗排水、盲沟排水检验批质量验收记录

1) 主 控 项 目

（1）反滤层的砂、石粒径和含泥量必须符合设计要求。

检验方法：检查砂、石试验报告。

（2）集水管的埋设深度及坡度必须符合设计要求。

检验方法：观察和尺量检查。

2) 一 般 项 目

（3）渗排水层的构造应符合设计要求。

检验方法：检查隐蔽工程验收记录。

（4）渗排水层的铺设应分层、铺平、拍实。

检验方法：检查隐蔽工程验收记录。

（5）盲沟的构造应符合设计要求。

检验方法：检查隐蔽工程验收记录。

注：本表由施工项目专业质量检查员填写，专业监理工程师（建设单位项目专业技术负责人）组织项目专业质量（技术）负责人等进行验收。

园林绿化工程
模板安装（含预制构件）工程检验批质量验收记录

《混凝土结构工程施工质量验收规范（2010版）》（GB 50204—2002）表　　　　　　园建 21

单位工程名称			分项工程名称		验收部位	
施工单位			专业工长		项目负责人	
施工执行标准名称及编号						
分包施工单位			分包施工单位负责人		施工班组长	

			质量验收规范的规定	施工单位检查评定记录	监理（建设）单位验收记录
主控项目	1	上下层模板安装	安装现浇结构的上层模板及其支架时，下层楼板应具有承受上层荷载的承载能力，或加设支架；上、下层支架的立柱应对准，并铺设垫板	见说明（1）	
	2	隔离剂	不得沾污钢筋和混凝土接槎处	见说明（2）	
一般项目	1	模板安装	①模板的接缝不应漏浆，木模板应浇水湿润，但模板内不应有积水；②模板与混凝土的接触面应清理干净并涂刷隔离剂；③模板内的杂物应清理干净；④对清水混凝土及装饰混凝土工程，应使用能达到设计效果的模板	见说明（3）	
	2	地坪、胎模	应平整、光洁，不得产生影响结构质量的下沉、裂缝、起砂或起鼓	见说明（4）	
	3	梁板起拱	对跨度不小于4m的，应按设计要求起拱；当设计无具体要求时，起拱高度宜为跨度的1/1000～3/1000	见说明（5）	

			项目		允许偏差（mm）	实测值					
一般项目	4	现浇结构模板偏差	轴线位置		5						
			底模上表面标高		±5						
			截面内部尺寸	基础	±10						
				柱、墙、梁	+4，−5						
			层高垂直度	≤5m	6						
				>5m	8						
			相邻两板表面高低差		2						
			表面平整度		5						

续表

		项目		允许偏差（mm）	实测值								监理（建设）单位验收记录
一般项目	5	固定在模板上的预埋件、预留孔和预留洞的允许偏差	预埋钢板中心线位置	3									
			预埋管、预留孔中心线位置	3									
			插筋　中心线位置	5									
			插筋　外露长度	+10，0									
			预埋螺栓　中心线位置	2									
			预埋螺栓　外露长度	+10，0									
			预留洞　中心线位置	10									
			预留洞　尺寸	+10，0									
	6	预制构件模板安装的偏差	长度　板、梁	±5									
			长度　薄腹梁、桁架	±10									
			长度　柱	0，−10									
			长度　墙板	0，−5									
			宽度　板、墙板	0，−5									
			宽度　梁、薄腹梁、桁架、柱	+2，−5									
			高（厚）度　板	+2，−3									
			高（厚）度　墙板	0，−5									
			高（厚）度　梁、薄腹梁、桁架、柱	+2，−5									
			侧向弯曲　梁、板、柱	$L/1000$ 且≤15									
			侧向弯曲　墙板、薄腹梁、桁架	$L/1500$ 且≤15									
			板的表面平整度	3									
			相邻两板表面高低差	1									
			对角线差　板	7									
			对角线差　墙板	5									
			翘曲　板、墙板	$L/1500$									
			设计起拱　薄腹梁、桁架、梁	±3									

监理（建设）单位验收结论	项目专业质量检查员：　　　　　　　　　　　　　　　年　月　日
监理（建设）单位验收结论	监理工程师： （建设单位项目专业技术负责人）　　　　　　　　　　年　月　日

注：L 为构件长度（mm）。

说　明

园林绿化工程模板安装（含预制构件）工程检验批质量验收记录
强 制 性 条 文

模板及其支架应根据工程结构形式、荷载大小、地基土类别、施工设备和材料供应等条件进行设计。模板及其支架应具有足够的承载能力、刚度和稳定性，能可靠地承受浇筑混凝土的重量、侧压力以及施工荷载。

1）主 控 项 目

（1）安装现浇结构的上层模板及其支架时，下层楼板应具有承受上层荷载的承载能力，或加设支架；上、下层支架的立柱应对准，并铺设垫板。

检查数量：全数检查。

检验方法：对照模板设计文件和施工技术方案观察。

（2）在涂刷模板隔离剂时，不得沾污钢筋和混凝土接槎处。

检查数量：全数检查。

检验方法：观察。

2）一 般 项 目

（3）模板安装应满足下列要求：

① 模板的接缝不应漏浆；在浇筑混凝土前，木模板应浇水湿润，但模板内不应有积水。

② 模板与混凝土的接触面应清理干净并涂刷隔离剂，但不得采用影响结构性能或妨碍装饰工程施工的隔离剂。

③ 浇筑混凝土前，模板内的杂物应清理干净。

④ 对清水混凝土工程及装饰混凝土工程，应使用能达到设计效果的模板。

检查数量：全数检查。

检验方法：观察。

（4）用作模板的地坪、胎模等应平整光洁，不得产生影响构件质量的下沉、裂缝、起砂或起鼓。

检查数量：全数检查。

检验方法：观察。

（5）对跨度不小于 4m 的现浇钢筋混凝土梁、板，其模板应按设计要求起拱；当设计无具体要求时，起拱高度宜为跨度的 1/1000～3/1000。

检查数量：在同一检验批内，对梁，应抽查构件数量的 10%，且不少于 3 件；对板，应按有代表性的自然间抽查 10%，且不少于 3 间；对大空间结构，板可按纵、横轴线划分检查面，抽查 10%，且不少于 3 面。

检验方法：水准仪或拉线、钢尺检查。

（6）固定在模板上的预埋件、预留孔和预留洞均不得遗漏，且应安装牢固，其偏差应符合规范的规定。

检查数量：在同一检验批内，对梁、柱和独立基础，应抽查构件数量的 10%，且不少于 3 件；对墙和板，应按有代表性的自然间抽查 10%，且不少于 3 间；对大空间结构，墙可按相邻轴线间高度 5m 左右划分检查面，板可按纵横轴线划分检查面，抽查 10%，且均不少于 3 面。

　　检验方法：钢尺检查。

　　（7）现浇结构模板安装的偏差应符合规范的规定。

　　检查数量：在同一检验批内，对梁、柱和独立基础，应抽查构件数量的 10%，且不少于 3 件；对墙和板，应按有代表性的自然间抽查 10%，且不少于 3 间；对大空间结构，墙可按相邻轴线间高度 5m 左右划分检查面，板可按纵、横轴线划分检查面，抽查 10%，且均不少于 3 面。

　　（8）预制构件模板安装的偏差应符合规范的规定。

　　检查数量：首次使用及大修后的模板应全数检查；使用中的模板应定期检查，并根据使用情况不定期抽查。

　　注：本表由施工项目专业质量检查员填写，专业监理工程师（建设单位项目专业技术负责人）组织项目专业质量（技术）负责人等进行验收。

园林绿化工程
模板拆除工程检验批质量验收记录

《混凝土结构工程施工质量验收规范（2010 版）》（GB 50204—2002）表　　　　　　　　园建 22

单位工程名称		分项工程名称		验收部位	
施工单位		专业工长		项目负责人	
施工执行标准 名称及编号					
分包施工单位		分包施工单位负责人		施工班组长	

		质 量 验 收 规 范 的 规 定				施工单位检查 评定结果	监理（建设） 单位验收记录
主控项目	1	底模及支架拆除时的混凝土强度应符合设计要求；当设计无具体要求时，混凝土强度应符合说明中的表	见说明 (1)	构件类型	构件跨度 （m）	达到设计强度标准值的百分率（%）		
				板	≤2	≥50		
					>2，≤8	≥75		
					>8	≥100		
				梁、拱、壳	≤8	≥75		
					>8	≥100		
				悬臂构件	—	≥100		
	2	预应力构件	对后张法，侧模宜在预应力张拉前拆除；底模支架的拆除应按施工技术方案执行，当无具体要求时，不应在建立预应力前拆除			见说明 (2)		
	3	后浇带模板	拆除和支顶按施工技术方案执行			见说明 (3)		
一般项目	1	侧模拆除	混凝土强度应能保证其表面及棱角不受损伤			见说明 (4)		
	2	模板拆除	模板拆除时，不应对楼层形成冲击荷载。拆除的模板和支架宜分散堆放并及时清运			见说明 (5)		

施工单位 检查评定结果	项目专业质量检查员： 　　　　　　　　　　　　　　　　　　　年　月　日
监理（建设） 单位验收结论	监理工程师： （建设单位项目专业技术负责人） 　　　　　　　　　　　　　　　　　　　年　月　日

说 明

园林绿化工程模板拆除工程检验批质量验收记录
强 制 性 条 文

模板及其支架拆除的顺序及安全措施应按施工技术方案执行。

1）主 控 项 目

（1）底模及其支架拆除时的混凝土强度应符合设计要求；当设计无具体要求时，混凝土强度应符合下表的规定。

检查数量：全数检查。

检查方法：检查同条件养护试件强度试验报告。

底模拆除时的混凝土强度要求

构件类型	构件跨度（m）	达到设计的混凝土立方体抗压强度标准值的百分率（%）
板	≤2	≥50
	>2，≤8	≥75
	>8	≥100
梁、拱、壳	≤8	≥75
	>8	≥100
悬臂构件	—	≥100

（2）对后张法预应力混凝土结构构件，侧模宜在预应力张拉前拆除；底模支架的拆除应按施工技术方案执行，当无具体要求时，不应在结构构件建立预应力前拆除。

检查数量：全数检查。

检验方法：观察。

（3）后浇带模板的拆除和支顶应按施工技术方案执行。

检查数量：全数检查。

检验方法：观察。

2）一 般 项 目

（4）侧模拆除时的混凝土强度应能保证其表面及棱角不受损伤。

检查数量：全数检查。

检验方法：观察。

（5）模板拆除时，不应对楼层形成冲击荷载。拆除的模板和支架宜分散堆放并及时清运。

检查数量：全数检查。

检验方法：观察。

注：本表由施工项目专业质量检查员填写，专业监理工程师（建设单位项目专业技术负责人）组织项目专业质量（技术）负责人等进行验收。

园林绿化工程
钢筋原材料检验批质量验收记录

《混凝土结构工程施工质量验收规范（2010 版）》（GB 50204—2002）表 　　　　　　　园建 23

单位工程名称			分项工程名称		验收部位	
施工单位			专业工长		项目负责人	
施工执行标准 名称及编号						
分包施工单位			分包施工单位负责人		施工班组长	

		质 量 验 收 规 范 的 规 定		施工单位检查评定结果	监理（建设） 单位验收记录
主控项目	1	原材料抽检	钢筋进场时应按规定抽取试件作力学性能试验，其质量必须符合有关标准的规定	见说明（1）	
	2	有抗震要求框架结构	纵向受力钢筋的强度应满足设计要求； 对一、二级抗震等级，检验所得的强度实测值应符合下列规定：① 钢筋的抗拉强度实测值与屈服强度实测值的比值不应小于 1.25；② 钢筋的屈服强度实测值与强度标准值的比值不应大于 1.3	见说明（2）	
	3		当发现钢筋脆断、焊接性能不良或力学性能显著不正常等现象时，应对该批钢筋进行化学成分检验或其他专项检验	见说明（3）	
一般项目	1	钢筋表观质量	钢筋应平直、无损伤，表面不得有裂纹、油污、颗粒状或片状老锈	见说明（4）	

施工单位 检查评定结果	项目专业质量检查员： 年 月 日
监理（建设） 单位验收结论	监理工程师： （建设单位项目专业技术负责人） 年 月 日

说 明

园林绿化工程钢筋原材料检验批质量验收记录

当钢筋的品种、级别或规格需作变更时，应办理设计变更文件。

1）主 控 项 目

（1）钢筋进场时，应按现行国家标准《钢筋混凝土用钢 第2部分：热轧带肋钢筋》（GB 1499.2—2007）等的规定抽取试件作力学性能检验，其质量必须符合有关标准的规定。

检查数量：按进场的批次和产品的抽样检验方案确定。

检验方法：检查产品合格证、出厂检验报告和进场复验报告。

（2）对有抗震设防要求的框架结构，其纵向受力钢筋的强度应满足设计要求；当设计无具体要求时，对一、二级抗震等级，检验所得的强度实测值应符合下列规定：

①钢筋的抗拉强度实测值与屈服强度实测值的比值不应小于1.25；

②钢筋的屈服强度实测值与强度标准值的比值不应大于1.3。

检查数量：按进场的批次和产品的抽样检验方案确定。

检验方法：检查进场复验报告。

（3）当发现钢筋脆断、焊接性能不良或力学性能显著不正常等现象时，应对该批钢筋进行化学成分检验或其他专项检验。

检验方法：检查化学成分等专项检验报告。

2）一 般 项 目

（4）钢筋应平直、无损伤，表面不得有裂纹、油污、颗粒状或片状老锈。

检查数量：进场时和使用前全数检查。

检验方法：观察。

注：本表由施工项目专业质量检查员填写，专业监理工程师（建设单位项目技术负责人）组织项目专业质量（技术）负责人等进行验收。

园林绿化工程
钢筋加工检验批质量验收记录

《混凝土结构工程施工质量验收规范（2010 版）》（GB 50204—2002）表　　　　　　　　　　园建 24

单位工程名称				分项工程名称			验收部位		
施工单位				专业工长			项目负责人		
施工执行标准 名称及编号									
分包施工单位				分包施工单位负责人			施工班组长		

质量验收规范的规定				施工单位检查评定结果	监理（建设） 单位验收记录
主控项目	1	受力钢筋弯钩和弯折	① HPB235 级钢筋末端应做 180°弯钩，其弯弧内直径不应小于 2.5d，弯钩的弯后平直部分长度不应小于 3d；②当设计要求钢筋末端需做 135°弯钩时，HRB335 级、HRB400 级钢筋的弯弧内直径不应小于 4d，弯钩的弯后平直部分长度应符合设计要求；③ 钢筋作不大于 90°的弯折时，弯折处的弯弧内直径不应小于 5d	见说明（1）	
	2	箍筋末端弯钩	弯钩形式应符合设计要求；当设计无具体要求时：①弯弧内直径除应满足第 1 条的规定外，尚应不小于受力钢筋直径。②弯折角度：对一般结构，不应小于 90°；对有抗震等要求的结构，应为 135°。③箍筋弯后平直部分长度：对一般结构，不宜小于箍筋直径的 5 倍；对有抗震等要求的结构，不应小于箍筋直径的 10 倍	见说明（2）	
一般项目	1	钢筋调直	宜采用机械方法，也可采用冷拉方法。当采用冷拉方法调直钢筋时，HPB235 级钢筋冷拉率不宜大于 4%，HRB335 级、HRB400 级、RRB400 级钢筋的冷拉率不宜大于 1%	见说明（3）	
	2	钢筋加工的允许偏差	项　目	允许偏差（mm）		
			受力钢筋顺长度方向全长的净尺寸	±10		
			弯起钢筋的弯折位置	±20		
			箍筋内净尺寸	±5		

施工单位 检查评定结果	项目专业质量检查员： 	年　月　日
监理（建设） 单位验收结论	监理工程师： （建设单位项目专业技术负责人）	年　月　日

说　明

园林绿化工程钢筋加工检验批质量验收记录

1）主 控 项 目

（1）受力钢筋的弯钩和弯折应符合下列规定：

①HPB235 级钢筋末端应做 180°弯钩，其弯弧内直径不应小于钢筋直径的 2.5 倍，弯钩的弯后平直部分长度不应小于钢筋直径的 3 倍；

②当设计要求钢筋末端需做 135°弯钩时，HRB335 级、HRB400 级钢筋的弯弧内直径不应小于钢筋直径的 4 倍，弯钩的弯后平直部分长度应符合设计要求；

③钢筋作不大于 90°的弯折时，弯折处的弯弧内直径不应小于钢筋直径的 5 倍。

检查数量：按每工作班同一类型钢筋、同一加工设备抽查不应少于 3 件。

检验方法：钢尺检查。

（2）除焊接封闭环式箍筋外，箍筋的末端应做弯钩，弯钩形式应符合设计要求；当设计无具体要求时，应符合下列规定：

①箍筋弯钩的弯弧内直径除应满足规定外，尚应不小于受力钢筋直径。

②箍筋弯钩的弯折角度：对一般结构，不应小于 90°；对有抗震等要求的结构，应为 135°。

③箍筋弯后平直部分长度：对一般结构，不宜小于箍筋直径的 5 倍；对有抗震等要求的结构，不应小于箍筋直径的 10 倍。

检查数量：按每工作班同一类型钢筋、同一加工设备抽查不应少于 3 件。

检验方法：钢尺检查。

2）一 般 项 目

（3）钢筋调直宜采用机械方法，也可采用冷拉方法。当采用冷拉方法调直钢筋时，HPB235 钢筋的冷拉率不宜大于 4%，HRB335 级、HRB400 级和 RRB400 级钢筋的冷拉率不宜大于 1%。

检查数量：按每工作班同一类型钢筋、同一加工设备抽查不应少于 3 件。

检验方法：观察、钢尺检查。

（4）钢筋加工的形状、尺寸应符合设计要求，其偏差应符合下表的规定。

检查数量：按每工作班同一类型钢筋、同一加工设备抽查不应少于 3 件。

检验方法：钢尺检查。

钢筋加工的允许偏差

项　　　目	允许偏差（mm）
受力钢筋顺长度方向全长的净尺寸	±10
弯起钢筋的弯折位置	±20
箍筋内净尺寸	±5

注：本表由施工项目专业质量检查员填写，专业监理工程师（建设单位项目技术负责人）组织项目专业质量（技术）负责人等进行验收。

园林绿化工程
钢筋连接检验批质量验收记录

《混凝土结构工程施工质量验收规范（2010 版）》（GB 50204—2002）表 　　　　　园建 25

单位工程名称			分项工程名称		验收部位	
施工单位			专业工长		项目负责人	
施工执行标准 名称及编号						
分包施工单位			分包施工单位负责人		施工班组长	

质 量 验 收 规 范 的 规 定				施工单位检查 评定结果	监理（建设） 单位验收记录
主控项目	1	纵向受力钢筋的连接方式	应符合设计要求	见说明 （1）	
	2	接头试件	应作力学性能检验，其质量应符合有关规程的规定	见说明 （2）	
一般项目	1	接头位置	宜设在受力较小处。① 同一纵向受力钢筋不宜设置两个或两个以上接头。② 接头末端至钢筋弯起点距离不应小于钢筋直径的 10 倍	见说明 （3）	
	2	接头外观质量检查	应符合有关规程规定	见说明 （4）	
	3	受力钢筋机械连接或焊接接头设置	宜相互错开。在连接区段长度为 35 倍 d 且不小于 500mm 范围内，接头面积百分率应符合下列规定：① 受拉区不宜大于 50%。②不宜设置在有抗震设防要求的框架梁端、柱端的箍筋加密区；当无法避开时，机械连接接头不应大于 50%。③ 直接承受动力荷载的结构构件中，不宜采用焊接接头。当采用机械连接时不应大于 50％	见说明 （5）	
	4	绑扎搭接接头	按规范要求相互错开。接头中钢筋的横向净距不应小于钢筋直径，且不应小于 25mm。搭接长度应符合规范规定；连接区段 $1.3L_l$ 长度内，接头面积百分率：① 对梁类、板类及墙类构件，不宜大于 25％；②对柱类构件，不宜大于 50％；③确有必要时对梁内构件不宜大于 50％	见说明 （6）	
	5	箍筋配置	在梁、柱类构件的纵向受力钢筋搭接长度范围内，应按设计要求配置箍筋。当设计无具体要求时：① 箍筋直径不应小于搭接钢筋较大直径的 0.25 倍；② 受拉搭接区段的箍筋间距不应大于搭接钢筋较小直径的 5 倍，且不应大于 100mm；③ 受压搭接区段的箍筋间距不应大于搭接钢筋较小直径的 10 倍，且不应大于 200mm；④当柱中纵向受力钢筋直径大于 25mm 时，应在搭接接头两个端面外 100mm 范围内各设置两个箍筋，其间距宜为 50mm	见说明 （7）	
施工单位 检查评定结果			项目专业质量检查员：		年 月 日
监理（建设） 单位验收结论			监理工程师： （建设单位项目专业技术负责人）		年 月 日

说 明

园林绿化工程钢筋连接检验批质量验收记录

1）主 控 项 目

（1）纵向受力钢筋的连接方式应符合设计要求。

检查数量：全数检查。

检验方法：观察。

（2）在施工现场，应按国家现行标准《钢筋机械连接技术规程》（JGJ 107—2010）、《钢筋焊接及验收规程》（JGJ 18—2012）的规定抽取钢筋机械连接接头、焊接接头试件作力学性能检验，其质量应符合有关规程的规定。

检查数量：按有关规程确定。

检查方法：检查产品合格证、接头力学性能试验报告。

2）一 般 项 目

（3）钢筋的接头宜设置在受力较小处。同一纵向受力钢筋不宜设置两个或两个以上接头。接头末端至钢筋弯起点的距离不应小于钢筋直径的 10 倍。

检查数量：全数检查。

检验方法：观察、钢尺检查。

（4）在施工现场，应按国家现行标准《钢筋机械连接技术规程》（JGJ 107—2010）、《钢筋焊接及验收规程》（JGJ 18—2012）的规定对钢筋机械连接接头、焊接接头的外观进行检查，其质量应符合有关规程的规定。

检查数量：全数检查。

检验方法：观察。

（5）当受力钢筋采用机械连接或焊接接头时，设置在同一构件内的接头宜相互错开。

纵向受力钢筋机械连接接头及焊接接头连接区段的长度为 35 倍 d（d 为纵向受力钢筋的较大直径）且不小于 500mm，凡接头中点位于该连接区段长度内的接头均属于同一连接区段。

同一连接区段内，纵向受力钢筋的接头面积百分率应符合设计要求；当设计无具体要求时，应符合下列规定。

①在受拉区不宜大于 50%。

②接头不宜设置在有抗震设防要求的框架梁端、柱端的箍筋加密区；当无法避开时，对等强度高质量机械连接接头。不应大于 50%。

③直接承受动力荷载的结构构件中，不宜采用焊接接头；当采用机械连接接头时，不应大于 50%。

检查数量：在同一检验批内，对梁、柱和独立基础，应抽查构件数量的 10%，且不少于 3 件；对墙和板，应按有代表性的自然间抽查 10%，且不少于 3 间；对大空间结构，墙可按相邻轴线间高度 5m 左右划分检查面，板可按纵横轴线划分检查面，抽查 10%，且均不少于 3 面。

检验方法：观察、钢尺检查。

（6）同一构件中相邻纵向受力钢筋的绑扎搭接接头宜相互错开。绑扎搭接接头中钢筋的横向净距不应小于钢筋直径，且不应小于 25mm。

钢筋绑扎搭接接头连接区段的长度为 $1.3L_L$（L_L 为搭接长度），凡搭接接头中点位于该连接区段长度内的搭接接头均属于同一连接区段。

同一连接区段内，纵向受拉钢筋搭接接头面积百分率应符合设计要求；当设计无具体要求时，应符合下列规定：

①对梁类、板类及墙类构件，不宜大于 25%；

②对柱类构件，不宜大于 50%；

③当工程中确有必要增大接头面积百分率时，对梁类构件，不应大于 50%；对其他构件，可根据实际情况放宽。纵向受力钢筋绑扎搭接接头的最小搭接长度应符合本规范附录 B 的规定。

检查数量：在同一检验批内，对梁、柱和独立基础，应抽查构件数量的 10%，且不少于 3件；对墙和板，应按有代表性的自然间抽查 10%，且不少于 3 间；对大空间结构，墙可按相邻轴线间高度 5m 左右划分检查面，板可按纵、横轴线划分检查面，抽查 10%，且均不少于 3 面。

检验方法：观察、钢尺检查。

（7）在梁、柱类构件的纵向受力钢筋搭接长度范围内，应按设计要求配置箍筋；当设计无具体要求时，应符合下列规定：

①箍筋直径不应小于搭接钢筋较大直径的 0.25 倍；

②受拉搭接区段的箍筋间距不应大于搭接钢筋较小直径的 5 倍，且不应大于 100mm；

③受压搭接区段的箍筋间距不应大于搭接钢筋较小直径的 10 倍，且不应大于 200mm；

④当柱中纵向受力钢筋直径大于 25mm 时，应在搭接接头两个端面外 100mm 范围内各设置两个箍筋，其间距宜为 50mm。

检查数量：在同一检验批内，对梁、柱和独立基础，应抽查构件数量的 10%，且不少于 3件；对墙和板，应按有代表性的自然间抽查 10%，且不少于 3 间；对大空间结构，墙可按相邻轴线间高度 5m 左右划分检查面，板可按纵、横轴线划分检查面，抽查 10%，且均不少于 3 面。

检验方法：钢尺检查。

注：本表由施工项目专业质量检查员填写，专业监理工程师（建设单位项目技术负责人）组织项目专业质量（技术）负责人等进行验收。

园林绿化工程
钢筋安装检验批质量验收记录

《混凝土结构工程施工质量验收规范（2010版）》（GB 50204—2002）表　　　　　　　园建 26

单位工程名称			分项工程名称		验收部位	
施工单位			专业工长		项目负责人	
施工执行标准 名称及编号						
分包施工单位			分包施工单位负责人		施工班组长	

	质　量　验　收　规　范　的　规　定				施工单位检查 评定结果								监理（建设） 单位验收记录
主控 项目	钢筋安装时，受力钢筋的品种、级别、规格 和数量必须符合设计要求												
一般 项目	钢筋安装位置的偏差		项　目	允许偏差 （mm）									
		绑扎 钢筋网	长、宽	±10									
			网眼尺寸	±20									
		绑扎钢 筋骨架	长	±10									
			宽、高	±5									
		受力 钢筋	间距	±10									
			排距	±5									
			保护层 厚度 基础	±10									
			柱、梁	±5									
			板、墙、壳	±3									
		绑扎钢筋、横向钢筋间距		±20									
		钢筋弯起点位置		20									
		预埋件	中心线位置	5									
			水平高差	+3，0									

施工单位 检查评定结果	项目专业质量检查员：　　　　　　　　　　　　　　　　　　　　年　月　日
监理（建设） 单位验收结论	监理工程师： （建设单位项目专业技术负责人）　　　　　　　　　　　　　　年　月　日

说　明

园林绿化工程钢筋安装检验批质量验收记录

1）主控项目

（1）钢筋安装时，受力钢筋的品种、级别、规格和数量必须符合设计要求。

检查数量：全数检查。

检验方法：观察、钢尺检查。

2）一般项目

（2）钢筋安装位置的偏差应符合下表的规定。

检查数量：在同一检验批内，对梁、柱和独立基础，应抽查构件数量的10％，且不少于3件；对墙和板，应按有代表性的自然间抽查10％，且不少于3间；对大空间结构，墙可按相邻轴线间高度5m左右划分检查面，板可按纵、横线划分检查面，抽查10％，且均不少于3面。

钢筋安装位置的允许偏差和检验方法

项目			允许偏差（mm）	检验方法
绑扎钢筋网	长、宽		±10	钢尺检查
	网眼尺寸		±20	钢尺量连续三档，取最大值
绑扎钢筋骨架	长		±10	钢尺检查
	宽、高		±5	钢尺检查
受力钢筋	间距		±10	钢尺量两端、中间各一点，取最大值
	排距		±5	
	保护层厚度	基础	±10	钢尺检查
		柱、梁	±5	钢尺检查
		板、墙、壳	±3	钢尺检查
绑扎箍筋、横向钢筋间距			±20	钢尺量连续三档，取最大值
钢筋弯起点位置			20	钢尺检查
预埋件	中心线位置		5	钢尺检查
	水平高差		+3，0	钢尺和塞尺检查

注：①检查预埋件中心线位置时，应沿纵、横两个方向量测，并取其中的较大值；
　　②表中梁类、板类构件上部纵向受力钢筋保护层厚度的合格点率应达到90％及以上，且不得有超过表中数值1.5倍的尺寸偏差。

注：本表由施工项目专业质量检查员填写，专业监理工程师（建设单位项目专业技术负责人）组织项目专业质量（技术）负责人等进行验收。

园林绿化工程
混凝土原材料检验批质量验收记录

《混凝土结构工程施工质量验收规范（2010 版）》（GB 50204—2002）表　　　　园建 27

单位工程名称			分项工程名称		验收部位	
施工单位			专业工长		项目负责人	
施工执行标准 名称及编号						
分包施工单位			分包施工单位负责人		施工班组长	

		质 量 验 收 规 范 的 规 定		施工单位检查 评定结果	监理（建设） 单位验收记录
主 控 项 目	1	水泥检验	见说明（1）		
	2	外加剂	质量及应用技术应符合《混凝土外加剂》（GB 8076—2008）、《混凝土外加剂应用技术规范》（GB 50119—2003）等有关环境保护的规定。 　预应力混凝土结构中，严禁使用含氯化物的外加剂，钢筋混凝土结构中，当使用含氯化物的外加剂时，其含量应符合《混凝土质量控制标准》（GB 50164—2011）的规定	见说明（2）	
	3	氯化物及碱含量	混凝土中总含量应符合《混凝土结构设计规范》（GB 50010—2010）和设计的要求	见说明（3）	
一 般 项 目	1	矿物掺合料	质量应符合《用于水泥和混凝土中的粉煤灰》（GB/T 1596—2005）等的规定，其掺量应通过试验确定	见说明（4）	
	2	粗细骨料	见说明（5）		
	3	拌制用水	宜采用饮用水；当采用其他水源时，水质应符合《混凝土用水标准》（JGJ 63—2006）的规定	见说明（6）	
施工单位 检查评定结果		项目专业质量检查员：　　　　　　　　　　　　　　　　　　　年　月　日			
监理（建设） 单位验收结论		监理工程师： （建设单位项目专业技术负责人）　　　　　　　　　　　　　　年　月　日			

说　　明

园林绿化工程混凝土原材料检验批质量验收记录

1）主　控　项　目

（1）水泥进场时应对其品种、级别、包装或散装仓号、出厂日期等进行检查，并应对其强度、安定性及其他必要的性能指标进行复验，其质量必须符合现行国家标准《通用硅酸盐水泥》国家标准第1号修改单（GB 175—2007/XG1—2009）等的规定。

当在使用中对水泥质量有怀疑或水泥出厂超过三个月（快硬硅酸盐水泥超过一个月）时，应进行复验，并按复验结果使用。

钢筋混凝土结构、预应力混凝土结构中，严禁使用含氯化物水泥。

检查数量：按同一生产厂家、同一等级、同一品种、同一批号且连续进场的水泥，袋装不超过200t为一批，散装不超过500t为一批，每批抽样不少于一次。

检验方法：检查产品合格证、出厂检验报告和进场复验报告。

（2）混凝土中掺用外加剂的质量及应用技术应符合现行国家标准《混凝土外加剂》（GB 8076—2008）、《混凝土外加剂应用技术规范》（GB 50119—2003）等有关环境保护的规定。预应力混凝土结构中，严禁使用含氯化物的外加剂。钢筋混凝土结构中，当使用含氯化物的外加剂时，混凝土中氯化物的总含量应符合现行国家标准《混凝土质量控制标准》（GB 50164—2011）的规定。

检查数量：按进场的批次和产品的抽样检验方案确定。

检验方法：检查产品合格证、出厂检验报告和进场复验报告。

（3）混凝土中氯化物和碱的总含量应符合现行国家标准《混凝土结构设计规范》（GB 50010—2010）和设计的要求。

检验方法：检查原材料试验报告和氯化物、碱的总含量计算书。

2）一　般　项　目

（4）混凝土中掺用矿物掺合料的质量应符合现行国家标准《用于水泥和混凝土中的粉煤灰》（GB/T 1596—2005）等的规定。矿物掺合料的掺量应通过试验确定。

检查数量：按进场的批次和产品的抽样检验方案确定。

检验方法：检查出厂合格证和进场复验报告。

（5）普通混凝土所用的粗、细骨料的质量应符合国家现行标准《普通混凝土用砂石质量及检验方法标准》（JGJ 52—2006）的规定。

检查数量：按进场的批次和产品的抽样检验方案确定。

检验方法：检查进场复验报告。

注：①混凝土用的粗骨料，其最大颗粒粒径不得超过构件截面最小尺寸的1/4，且不得超过钢筋最小净间距的3/4。

②对混凝土实心板，骨料的最大粒径不宜超过板厚的1/3，且不得超过40mm。

（6）拌制混凝土宜采用饮用水；当采用其他水源时，水质应符合国家现行标准《混凝土用水标准》（JGJ 63—2006）的规定。

检查数量：同一水源检查不应少于一次。

检验方法：检查水质试验报告。

注：本表由施工项目专业质量检查员填写，专业监理工程师（建设单位项目专业技术负责人）组织项目专业质量（技术）负责人等进行验收。

园林绿化工程

混凝土配合比设计检验批质量验收记录

《混凝土结构工程施工质量验收规范（2010版）》（GB 50204—2002）表　　　　　园建28

单位工程名称			分项工程名称		验收部位	
施工单位			专业工长		项目负责人	
施工执行标准名称及编号						
分包施工单位			分包施工单位负责人		施工班组长	

质 量 验 收 规 范 的 规 定				施工单位检查评定结果		监理（建设）单位验收记录
主控项目	1	配合比设计	混凝土应按规定进行配合比设计	见说明（1）		
一般项目	1	配合比鉴定及验证	首次使用的配合比应进行开盘鉴定，其工作性应满足设计配合比的要求，开始生产时应至少留置一组标准养护试件，作为验证的依据	见说明（2）		
	2	施工配合比	混凝土拌制前，应测定砂、石含水率并根据测试结果调整材料用量，提出施工配合比	见说明（3）		

施工单位检查评定结果	项目专业质量检查员：　　　　　　　　　　　　　　年　　月　　日
监理（建设）单位验收结论	监理工程师： （建设单位项目专业技术负责人）　　　　　　　　　　　年　　月　　日

说　　明

园林绿化工程混凝土配合比设计检验批质量验收记录

1）主 控 项 目

（1）混凝土应按国家现行标准《普通混凝土配合比设计规程》（JGJ 55—2011）的有关规定，根据混凝土强度等级、耐久性和工作性等要求进行配合比设计。

对有特殊要求的混凝土，其配合比设计尚应符合国家现行有关标准的专门规定。

检验方法：检查配合比设计资料。

2）一 般 项 目

（2）首次使用的混凝土配合比应进行开盘鉴定，其工作性应满足设计配合比的要求。开始生产时应至少留置一组标准养护试件，作为验证配合比的依据。

检验方法：检查开盘鉴定资料和试件强度试验报告。

（3）混凝土拌制前，应测定砂、石含水率并根据测试结果调整材料用量，提出施工配合比。

检查数量：每工作班检查一次。

检验方法：检查含水率测试结果和施工配合比通知单。

注：本表由施工项目专业质量检查员填写，专业监理工程师（建设单位项目专业技术负责人）组织项目专业质量（技术）负责人等进行验收。

园林绿化工程
混凝土施工检验批质量验收记录

《混凝土结构工程施工质量验收规范（2010 版）》（GB 50204—2002）表　　　　　　园建 29

单位工程名称				分项工程名称			验收部位	
施工单位				专业工长			项目负责人	
施工执行标准名称及编号								
分包施工单位				分包施工单位负责人			施工班组长	

		质 量 验 收 规 范 的 规 定				施工单位检查评定结果	监理（建设）单位验收记录
主控项目	1	混凝土强度及试件取样留置		见说明（1）			
	2	抗渗混凝土试件		应在浇筑地点随机取样，同一工程、同一配合比的混凝土，取样不应少于一次，留置组数可根据实际需要确定	见说明（2）		
	3	混凝土原材料每盘称量的偏差	见说明（3）	材料名称	允许偏差	实 测 值	
				水泥、掺合料	±2%		
				粗、细骨料	±3%		
				水、外加剂	±2%		
	4	混凝土运输、浇筑及间歇		全部时间不应超过混凝土的初凝时间，同一施工段的混凝土应连续浇筑，并应在底层混凝土初凝之前将上一层混凝土浇筑完毕，当底层混凝土初凝后浇筑上一层混凝土时，应按施工缝的要求进行处理	见说明（4）		
一般项目	1	施工缝留置及处理		按设计要求和施工技术方案确定	见说明（5）		
	2	后浇带留置位置		按设计要求和施工技术方案确定，混凝土浇筑应按施工技术方案进行	见说明（6）		
	3	养护		见说明（7）			

施工单位检查评定结果	项目专业质量检查员：　　　　　　　　　　　　　　年　月　日
监理（建设）单位验收结论	监理工程师：（建设单位项目专业技术负责人）　　　　　年　月　日

说　　明

园林绿化工程混凝土施工检验批质量验收记录

1）主　控　项　目

（1）结构混凝土的强度等级必须符合设计要求。用于检查结构构件混凝土强度的试件，应在混凝土的浇筑地点随机抽取。取样与试件留置应符合下列规定：

①每拌制 100 盘且不超过 100m³ 的同配合比的混凝土，取样不得少于一次；

②每工作班拌制的同一配合比的混凝土不足 100 盘时，取样不得少于一次；

③当一次连续浇筑超过 1000m³ 时，同一配合比的混凝土每 200m³ 取样不得少于一次；

④每一楼层、同一配合比的混凝土，取样不得少于一次；

⑤每次取样应至少留置一组标准养护试件，同条件养护试件的留置组数应根据实际需要确定。

检验方法：检查施工记录及试件强度试验报告。

（2）对有抗渗要求的混凝土结构，其混凝土试件应在浇筑地点随机取样。同一工程、同一配合比的混凝土，取样不应少于一次，留置组数可根据实际需要确定。

检验方法：检查试件抗渗试验报告。

（3）混凝土原材料每盘称量的偏差应符合下表的规定。

原材料每盘称量的允许偏差

材料名称	允许偏差
水泥、掺合料	±2%
粗、细骨料	±3%
水、外加剂	±2%

注：① 各种衡器应定期校验，每次使用前应进行零点校核，保持计量准确；② 当遇雨天或含水率有显著变化时，应增加含水率检测次数，并及时调整水和骨料的用量。

检查数量：每工作班抽查不应少于一次。

检验方法：复称。

（4）混凝土运输、浇筑及间歇的全部时间不应超过混凝土的初凝时间。同一施工段的混凝土应连续浇筑，并应在底层混凝土初凝之前将上一层混凝土浇筑完毕。

当底层混凝土初凝后浇筑上一层混凝土时，应按施工技术方案中对施工缝的要求进行处理。

检查数量：全数检查。

检验方法：观察，检查施工记录。

2）一　般　项　目

（5）施工缝的位置应在混凝土浇筑前按设计要求和施工技术方案确定。施工缝的处理应按施工技术方案执行。

检查数量：全数检查。

检验方法：观察，检查施工记录。

（6）后浇带的留置位置应按设计要求和施工技术方案确定。后浇带混凝土浇筑应按施工技术方案进行。

检查数量：全数检查。

检查方法：观察，检查施工记录。

（7）混凝土浇筑完毕后，应按施工技术方案及时采取有效的养护措施，并应符合下列规定：

①应在浇筑完毕后的 12h 以内对混凝土加以覆盖并保湿养护。

②混凝土浇水养护的时间：对采用硅酸盐水泥、普通硅酸盐水泥或矿渣硅酸盐水泥拌制的混凝土，不得少于 7d；对掺用缓凝型外加剂或有抗渗要求的混凝土，不得少于 14d。

③浇水次数应能保持混凝土处于湿润状态；混凝土养护用水应与拌制用水相同。

④采用塑料布覆盖养护的混凝土，其敞露的全部表面应覆盖严密，并应保持塑料布内有凝结水。

⑤混凝土强度达到 1.2N/mm² 前，不得在其上踩踏或安装模板及支架。

注：①当日平均气温低于 5℃ 时，不得浇水；

②当采用其他品种水泥时，混凝土的养护时间应根据所采用水泥的技术性能确定；

③混凝土表面不便浇水或使用塑料布时，宜涂刷养护剂；

④对大体积混凝土的养护，应根据气候条件按施工技术方案采取控温措施。

检查数量：全数检查。

检验方法：观察，检查施工记录。

注：本表由施工项目专业质量检查员填写，专业监理工程师（建设单位项目专业技术负责人）组织项目专业质量（技术）负责人等进行验收。

园林绿化工程
现浇结构外观质量检验批质量验收记录

《混凝土结构工程施工质量验收规范（2010 版）》（GB 50204—2002）表　　　　　　园建 30

单位工程名称			分项工程名称			验收部位		
施工单位			专业工长			项目负责人		
施工执行标准名称及编号								
分包施工单位			分包施工单位负责人			施工班组长		

		质 量 验 收 规 范 的 规 定		施工单位检查评定结果	监理（建设）单位验收记录
主控项目	外观质量	不应有严重缺陷。 对已经出现的严重缺陷，应由施工单位提出技术处理方案，并经监理（建设）单位认可后进行处理，对经处理的部位，应重新检查验收	见说明（1）		
一般项目	外观质量	不宜有一般缺陷。 对已经出现的一般缺陷，应由施工单位按技术处理方案进行处理，并重新检查验收	见说明（2）		

施工单位 检查评定结果	项目专业质量检查员：　　　　　　　　　　　　　　　　　　年　月　日
监理（建设） 单位验收结论	监理工程师： （建设单位项目专业技术负责人）　　　　　　　　　　　　年　月　日

说　　明

园林绿化工程现浇结构外观质量检验批质量验收记录

1）主　控　项　目

（1）现浇结构的外观质量不应有严重缺陷。

对已经出现的严重缺陷，应由施工单位提出技术处理方案，并经监理（建设）单位认可后进行处理。对经处理的部位，应重新检查验收。

检查数量：全数检查。

检验方法：观察，检查技术处理方案。

2）一　般　项　目

（2）现浇结构的外观质量不宜有一般缺陷。

对已经出现的一般缺陷，应由施工单位按技术处理方案进行处理，并重新检查验收。

检查数量：全数检查。

检验方法：观察，检查技术处理方案。

现浇结构外观质量缺陷

名　称	现　　象	严　重　缺　陷	一　般　缺　陷
露筋	构件内钢筋未被混凝土包裹而外露	纵向受力钢筋有露筋	其他钢筋有少量露筋
蜂窝	混凝土表面缺少水泥砂浆而形成石子外露	构件主要受力部位有蜂窝	其他部位有少量蜂窝
孔洞	混凝土中孔穴深度和长度均超过保护层厚度	构件主要受力部位有孔洞	其他部位有少量孔洞
夹渣	混凝土中夹有杂物且深度超过保护层厚度	构件主要受力部位有夹渣	其他部位有少量夹渣
疏松	混凝土中局部不密实	构件主要受力部位有疏松	其他部位有少量疏松
裂缝	缝隙从混凝土表面延伸至混凝土内部	构件主要受力部位有影响结构性能或使用功能的裂缝	其他部位有少量不影响结构性能或使用功能的裂缝
连接部位缺陷	构件连接处混凝土缺陷及连接钢筋、连接件松动	连接部位有影响结构传力性能的缺陷	连接部位有基本不影响结构传力性能的缺陷
外形缺陷	缺棱掉角、棱角不直、翘曲不平、飞边凸肋等	清水混凝土构件有影响使用功能或装饰效果的外形缺陷	其他混凝土构件有不影响使用功能的外形缺陷
外表缺陷	构件表面麻面、掉皮、起砂、沾污等	具有重要装饰效果的清水混凝土构件有外表缺陷	其他混凝土构件有不影响使用功能的外表缺陷

注：本表由施工项目专业质量检查员填写，专业监理工程师（建设单位项目专业技术负责人）组织项目专业质量（技术）
　　负责人等进行验收。

园林绿化工程
现浇结构尺寸偏差检验批质量验收记录

《混凝土结构工程施工质量验收规范（2010版）》（GB 50204—2002）表　　　　园建31

单位工程名称			分项工程名称			验收部位		
施工单位			专业工长			项目负责人		
施工执行标准名称及编号								
分包施工单位			分包施工单位负责人			施工班组长		

		质 量 验 收 规 范 的 规 定			施工单位检查评定结果	监理（建设）单位验收记录
主控项目	尺寸偏差	不应有影响结构性能和使用功能的尺寸偏差；对超过尺寸允许偏差且影响结构性能和安装、使用功能的部位，应由施工单位提出技术处理方案，并经监理（建设）单位认可后进行处理。对经处理的部位，应重新检查验收		见说明（1）		

			项目	允许偏差（mm）	实 测 值								
一般项目	拆模后的尺寸偏差	见说明（2）	轴线位置	基础	15								
				独立基础	10								
				墙、柱、梁	8								
				剪力墙	5								
			垂直度	层高 ≤5m	8								
				>5m	10								
				全高（H）	$H/1000$且≤30								
			标高	层高	10								
				全高	30								
			截面尺寸		$+8，-5$								
			电梯井	井筒长、宽对定位中心线	$+25，0$								
				井筒全高（H）垂直度	$H/1000$且≤30								
			表面平整度		8								
			预埋设施中心位置	预埋件	10								
				预埋螺栓	5								
				预埋管	5								
			预留洞中心线位置		15								

施工单位检查评定结果	项目专业质量检查员：　　　　　　　　　　　　　　　　年　月　日
监理（建设）单位验收结论	监理工程师： （建设单位项目专业技术负责人）　　　　　　　　　　年　月　日

说 明

园林绿化工程现浇结构尺寸偏差检验批质量验收记录

1) 主 控 项 目

(1) 现浇结构不应有影响结构性能和使用功能的尺寸偏差。

对超过尺寸允许偏差且影响结构性能和安装、使用功能的部位，应由施工单位提出技术处理方案，并经监理（建设）单位认可后进行处理。对经处理的部位，应重新检查验收。

检查数量：全数检查。

检验方法：量测，检查技术处理方案。

2) 一 般 项 目

(2) 现浇结构拆模后的尺寸偏差应符合下表的规定。

检查数量：按楼层、结构缝或施工段划分检验批。在同一检验批内，对梁、柱和独立基础，应抽查构件数量的 10%，且不少于 3 件；对墙和板，应按有代表性的自然间抽查 10%，且不少于 3 间；对大空间结构，墙可按相邻轴线间高度 5m 左右划分检查面，板可按纵、横轴线划分检查面，抽查 10%，且均不少于 3 面；对电梯井，应全数检查。

现浇结构尺寸允许偏差和检验方法

项 目		允许偏差（mm）	检验方法
轴线位置	基 础	15	钢尺检查
	独立基础	10	
	墙、柱、梁	8	
	剪 力 墙	5	
垂直度	层高 ≤5m	8	经纬仪或吊线、钢尺检查
	层高 <5m	10	经纬仪或吊线、钢尺检查
	全高（H）	$H/1000$ 且≤30	经纬仪、钢尺检查
标高	层 高	±10	水准仪或拉线、钢尺检查
	全 高	±30	
截面尺寸		+8，−5	钢尺检查
电梯井	井筒长、宽对定位中心线	+25，0	钢尺检查
	井筒全高（H）垂直度	$H/1000$ 且≤30	经纬仪、钢尺检查
表面平整度		8	2m 靠尺和塞尺检查
预埋设施中心线位置	预埋件	10	钢尺检查
	预埋螺栓	5	
	预 埋 管	5	
预留洞中心线位置		15	钢尺检查

注：①检查轴线、中心线位置时，应沿纵、横两个方向量测，并取其中的较大值。

②本表由施工项目专业质量检查员填写，专业监理工程师（建设单位项目专业技术负责人）组织项目专业质量（技术）负责人等进行验收。

园林绿化工程
混凝土设备基础尺寸偏差检验批质量验收记录

《混凝土结构工程施工质量验收规范（2010 版）》（GB 50204—2002）表 　　　　　园建 32

单位工程名称		分项工程名称		验收部位	
施工单位		专业工长		项目负责人	
施工执行标准 名称及编号					
分包施工单位		分包施工单位负责人		施工班组长	

质 量 验 收 规 范 的 规 定			施工单位检查 评定结果	监理（建设） 单位验收记录
主控项目	尺寸偏差	不应有影响结构性能和使用功能的尺寸偏差；对超过尺寸允许偏差且影响结构性能和安装、使用功能的部位，应由施工单位提出技术处理方案，并经监理（建设）单位认可后进行处理。对经处理的部位，应重新检查验收	见说明（1）	

		项目		允许偏差（mm）	实 测 值
一般项目	拆模后的尺寸偏差	见说明（2）	坐标位置	20	
			不同平面的标高	0，20	
			平面外形尺寸	±20	
			凸台上平面外形尺寸	0，−20	
			凹穴水平度	+20，0	
		平面水平度	每米	5	
			全长	10	
		垂直度	每米	5	
			全高	10	
		预埋地脚螺栓	标高（顶部）	+20，0	
			中心距	±2	
		预埋地脚螺栓孔	中心线位置	10	
			深度	+20，0	
			孔垂直度	10	
		预埋活动地脚螺栓锚板	标高	+20，0	
			中心线位置	5	
			带槽锚板平整度	5	
			带螺纹孔锚板平整度	2	

施工单位 检查评定结果	项目专业质量检查员： 　　　　　　　　　　　　　　　　　　　　年　月　日
监理（建设） 单位验收结论	监理工程师： （建设单位项目专业技术负责人） 　　　　　　　　　　年　月　日

说 明

园林绿化工程混凝土设备基础尺寸偏差检验批质量验收记录

1) 主 控 项 目

(1) 混凝土设备基础不应有影响结构性能和设备安装的尺寸偏差。

对超过尺寸允许偏差且影响结构性能和安装、使用功能的部位,应由施工单位提出技术处理方案,并经监理(建设)单位认可后进行处理。对经处理的部位,应重新检查验收。

检查数量:全数检查。

检验方法:量测,检查技术处理方案。

2) 一 般 项 目

(2) 混凝土设备基础拆模后的尺寸偏差应符合下表的规定。

检查数量:设备基础全数检查。

混凝土设备基础尺寸允许偏差和检验方法

项 目		允许偏差(mm)	检 验 方 法
坐标位置		20	钢尺检查
不同平面的标高		0,−20	水准仪或拉线、钢尺检查
平面外形尺寸		±20	钢尺检查
凸台上平面外形尺寸		0,−20	钢尺检查
凹穴水平度		+20,0	钢尺检查
平面水平度	每米	5	水平尺、塞尺检查
	全长	10	水准仪或拉线、钢尺检查
垂直度	每米	5	经纬仪或吊线、钢尺检查
	全高	10	
预埋地脚螺栓	标高(顶部)	+20,0	水准仪或拉线、钢尺检查
	中心距	±2	钢尺检查
预埋地脚螺栓孔	中心线位置	10	钢尺检查
	深 度	+20,0	钢尺检查
	孔垂直度	10	吊线、钢尺检查
预埋活动地脚螺栓锚板	标 高	+20,0	水准仪或拉线、钢尺检查
	中心线位置	5	钢尺检查
	带槽锚板平整度	5	钢尺、塞尺检查
	带螺纹孔锚板平整度	2	钢尺、塞尺检查

注:①检查坐标、中心线位置时,应沿纵、横两个方向量测,并取其中的较大值。

②本表由施工项目专业质量检查员填写,专业监理工程师(建设单位项目专业技术负责人)组织项目专业质量(技术)负责人等进行验收。

园林绿化工程
预制构件检验批质量验收记录

《混凝土结构工程施工质量验收规范（2010版）》（GB 50204—2002）表　　　　　　园建 33

单位工程名称			分项工程名称		验收部位	
施工单位			专业工长		项目负责人	
施工执行标准 名称及编号						
分包施工单位			分包施工单位负责人		施工班组长	

质 量 验 收 规 范 的 规 定				施工单位检查评定结果	监理（建设） 单位验收记录
主控项目	1	预制构件应在明显部位标明生产单位、构件型号等。构件上的预埋件、插筋和预留孔洞要符合标准图或设计的要求		见说明 （1）	
	2	预制构件的外观质量不应有严惩缺陷，对已出现的严惩缺陷，应进行处理，并重新验收		见说明 （2）	
	3	预制构件不应有影响结构性能和安装、使用功能的尺寸偏差		见说明 （3）	
一般项目	1	长　度	板、梁	+10，−5	
			柱	+5，−10	
			墙、板	±5	
			薄腹梁、桁架	+15，−10	
	2	宽度、高 （厚）度	板、梁、柱、墙板、 薄腹梁、桁架	±5	
	3	侧 向 弯 曲	梁、柱、板	$l/750$ 且 $\leqslant 20$	
			墙板、薄腹 梁、桁架	$l/1000$ 且 $\leqslant 20$	
	4	预埋件	中心线位置	10	
			螺栓位置	5	
			螺栓外露长度	+10，−5	

质 量 验 收 规 范 的 规 定				施工单位检查评定结果	监理（建设）单位验收记录
一般项目	5	预留孔	中心线位置	5		
	6	预留洞	中心线位置	15		
	7	主筋保护层厚度	板	+5，−3		
			梁、柱、墙板、薄腹梁、桁架	+10，−5		
	8	对角线差	板、墙板	10		
	9	表面平整度	板、墙板、柱、梁	5		
	10	预应力构件预留孔道位置	梁、墙板、薄腹梁、桁架	3		
	11	翘曲	板	$l/750$		
			墙板	$l/1000$		

施工单位检查评定结果	项目专业质量检查员：	年 月 日

监理（建设）单位验收结论	监理工程师： （建设单位项目专业技术负责人）	年 月 日

403

说　明

园林绿化工程预制构件检验批质量验收记录

预制构件应进行结构性能检验。结构性能检验不合格的预制构件不得用于混凝土结构。

1）主控项目

（1）预制构件应在明显部位标明生产单位、构件型号、生产日期和质量验收标志。构件上的预埋件、插筋和预留孔洞的规格、位置和数量应符合标准图或设计的要求。

检查数量：全数检查。

检验方法：观察。

（2）预制构件的外观质量不应有严重缺陷。对已经出现的严重缺陷，应按技术处理方案进行处理，并重新检查验收。

检查数量：全数检查。

检验方法：观察，检查技术处理方案。

（3）预制构件不应有影响结构性能和安装、使用功能的尺寸偏差。对超过尺寸允许偏差且影响结构性能和安装、使用功能的部位，应按技术处理方案处理，并重新检查验收。

检查数量：全数检查。

检验方法：量测，检查技术处理方案。

注：本表由施工项目专业质量检查员填写，专业监理工程师（建设单位项目专业技术负责人）组织项目专业质量（技术）负责人等进行验收。

2）一般项目

（4）预制构件的外观质量不宜有一般缺陷。对已经出现的一般缺陷，应按技术处理方案进行处理，并重新检查验收。

检查数量：全数检查。

检验方法：观察，检查技术处理方案。

（5）预制构件的尺寸偏差应符合下表的规定。

检查数量：同一工作班组生产的同类型构件，抽查5%且不少于3件。

预制构件尺寸的允许偏差及检验方法

项　目		允许偏差（mm）	检验方法
长　度	板、梁	+10，−5	钢尺检查
	柱	+5，−10	
	墙板	±5	
	薄腹梁、桁架	+15，−10	
宽度、高（厚）度	板、梁、柱、墙板、薄腹梁、桁架	±5	钢尺量一端及中部，取其中较大值
侧向弯曲	梁、柱、板	$l/750$ 且≤20	拉线、钢尺量最大侧向弯曲处
	墙板、薄腹梁、桁架	$l/1000$ 且≤20	

项 目		允许偏差（mm）	检 验 方 法
预埋件	中心线位置	10	钢尺检查
	螺栓位置	5	
	螺栓外露长度	+10，−5	
预留孔	中心线位置	5	钢尺检查
预留洞	中心线位置	15	钢尺检查
主筋保护层厚度	板	+5，−3	钢尺或保护层厚度测定仪量测
	梁、柱、墙板、薄腹梁、桁架	+10，−5	
对角线差	板、墙板	10	钢尺量两个对角线
表面平整度	板、墙板、柱、梁	5	2m 靠尺和塞尺检查
预应力构件预留孔道位置	梁、墙板、薄腹梁、桁架	3	钢尺检查
翘 曲	板	$l/750$	调平尺在两端量测
	墙板	$l/1000$	

注：①l 为构件长度（mm）；
②检查中心线、螺栓和孔道位置时，应沿纵、横两个方向量测，并取其中的较大值；
③对形状复杂或有特殊要求的构件，其尺寸偏差应符合标准图或设计的要求。

注：本表由施工项目专业质量检查员填写，专业监理工程师（建设单位项目专业技术负责人）组织项目专业质量（技术）负责人等进行验收。

园林绿化工程
砖砌体工程检验批质量验收记录

《砌体结构工程施工质量验收规范》（GB 50203—2011）表

园建 34

单位工程名称				分项工程名称			验收部位		
施工单位				专业工长			项目负责人		
施工执行标准 名称及编号									
分包施工单位				分包施工单位负责人			施工班组长		

质量验收规范的规定				施工单位检查评定结果						监理（建设） 单位验收记录
	检查项目		质量要求							
主控项目	1	砖强度等级	设计要求（MU）							
	2	砂浆强度等级	设计要求（M）							
	3	斜槎留置	见说明（3）							
	4	直槎拉结钢筋及接槎处理	见说明（4）							
	5	砂浆饱满度	≥80%	%	%	%	%	%		
	6	轴线位移	≤10mm							
	7	垂直度	每层	≤5mm							
			全高≤10m	10mm							
			全高＞10m	20mm							
一般项目	1	组砌方法	见说明（6）							
	2	水平灰缝厚度	8～12mm							
	3	顶（楼）面标高	±15mm 以内							
	4	表面平整度	清水 5mm							
			混水 8mm							
	5	门窗洞口高、宽	±5mm 以内							
	6	外墙上下窗偏移	20mm							
	7	水平灰缝平直度	清水 7mm							
			混水 10mm							
	8	清水墙游丁走缝	20mm							

施工单位 检查评定结果	项目专业质量检查员： 年　月　日
监理（建设） 单位验收结论	监理工程师： （建设单位项目专业技术负责人） 年　月　日

说　明

园林绿化工程砖砌体工程检验批质量验收记录

水泥进场使用前，应分批对其强度、安定性进行复验。检验批应以同一生产厂家、同一编号为一批。当在使用中对水泥质量有怀疑或水泥出厂超过三个月（快硬硅酸盐水泥超过一个月）时，应复查试验，并按其结果使用。不同品种的水泥，不得混合使用。

凡在砂浆中掺入有机塑化剂、早强剂、缓凝剂、防冻剂等，应经检验和试配符合要求后，方可使用。有机塑化剂应有砌体强度的形式检验报告。

1）主　控　项　目

（1）砖和砂浆的强度等级必须符合设计要求。

抽检数量：每一生产厂家的砖到现场后，按烧结砖 15 万块、多孔砖 5 万块、灰砂砖及粉煤灰砖 10 万块各为一验收批，抽检数量为 1 组。砂浆试块的抽检数量执行本规范第 4.0.12 条的有关规定。

检验方法：查砖和砂浆试块试验报告。

（2）砌体水平灰缝的砂浆饱满度不得小于 80%。

抽检数量：每检验批抽查不应少于 5 处。

检验方法：用百格网检查砖底面与砂浆的粘结痕迹面积。每处检测 3 块砖，取其平均值。

（3）砖砌体的转角处和交接处应同时砌筑，严禁无可靠措施的内外墙分砌施工。对不能同时砌筑而又必须留置的临时间断处应砌成斜槎，斜槎水平投影长度不应小于高度的 2/3。

抽检数量：每检验批抽 20% 接槎，且不应少于 5 处。

检验方法：观察检查。

（4）非抗震设防及抗震设防烈度为 6 度、7 度地区的临时间断处，当不能留斜槎时，除转角处外，可留直槎，但直槎必须做成凸槎。留直槎处应加设拉结钢筋，拉结钢筋的数量为每 120mm 墙厚放置 1φ6 拉结钢筋（120mm 厚墙放置 2φ6 拉结钢筋），间距沿墙高不应超过 500mm；埋入长度从留槎处算起每边均不应小于 500mm，对抗震设防烈度 6 度、7 度的地区，不应小于 1000mm；末端应有 90° 弯钩。

抽检数量：每检验批抽 20% 接槎，且不应少于 5 处。

检验方法：观察和尺量检查。

合格标准：留槎正确，拉结钢筋设置数量、直径正确，竖向间距偏差不超过 100mm，留置长度基本符合规定。

（5）砖砌体的位置及垂直度允许偏差应符合下表的规定。

砖砌体的位置及垂直度允许偏差

项次	项目			允许偏差（mm）	检验方法
1	轴线位置偏移			10	用经纬仪和尺检查或用其他测量仪器检查
2	垂直度	每层		5	用 2m 托线板检查
		全高	≤10m	10	用经纬仪、吊线和尺检查，或用其他测量仪器检查
			>10m	20	

抽检数量：轴线查全部承重墙柱；外墙垂直度全高查阳角，不应少于 4 处，每层每 20m 查一处；内墙按有代表性的自然间抽 10％，但不应少于 3 间，每间不应少于 2 处，柱不少于 5 根。

2）一 般 项 目

（6）砖砌体组砌方法应正确，上、下错缝，内外搭砌，砖柱不得采用包心砌法。

抽检数量：外墙每 20m 抽查一处，每处 3～5m，且不应少于 3 处；内墙按有代表性的自然间抽 10％，且不应少于 3 间。

检验方法：观察检查。

合格标准：除符合本条要求外，清水墙、窗间墙无通缝；混水墙中长度大于或等于 300mm 的通缝每间不超过 3 处，且不得位于同一面墙体上。

（7）砖砌体的灰缝应横平竖直，厚薄均匀。水平灰缝厚度宜为 10mm，但不应少于 8mm，也不应大于 12mm。

抽检数量：每步脚手架施工的砌体，每 20m 抽查 1 处。

检验方法：用尺量 10 皮砖砌体高度折算。

注：本表由施工项目专业质量检查员填写，专业监理工程师（建设单位项目专业技术负责人）组织项目专业质量（技术）负责人等进行验收。

园林绿化工程
混凝土小型空心砌块砌体工程检验批质量验收记录

《砌体结构工程施工质量验收规范》（GB 50203—2011）表　　　　　　　　　　　　　园建 35

单位工程名称			分项工程名称		验收部位	
施工单位			专业工长		项目负责人	
施工执行标准 名称及编号						
分包施工单位			分包施工单位负责人		施工班组长	

质量验收规范的规定				施工单位检查评定结果						监理（建设） 单位验收记录
主控项目	1	小砌块强度等级	设计要求（MU）							
	2	砂浆强度等级	设计要求（M）							
	3	砌筑留槎	见说明（3）							
	4	水平灰缝饱满度	见说明（2） ≥90％	％	％	％	％	％		
	5	竖向灰缝饱满度	≥80％	％	％	％	％	％		
	6	轴线位移	≤10mm							
	7	垂直度（每层）	≤5mm							
一般项目	1	灰缝厚度、宽度	8～12mm							
	2	顶面标高	±15mm							
	3	表面平整度	清水 5mm							
			混水 8mm							
	4	门窗洞口	±5mm 以内							
	5	上下窗口偏移	20mm 以内							
	6	水平灰缝平直度	清水 7mm							
			混水 10mm							

施工单位 检查评定结果	项目专业质量检查员： 　　　　　　　　　　　　　　　　　年　月　日
监理（建设） 单位验收结论	监理工程师： （建设单位项目专业技术负责人） 　　　　　　　　　　　　　　　　　年　月　日

409

说　明

园林绿化工程混凝土小型空心砌块砌体工程检验批质量验收记录

施工时所用的小砌块的产品龄期不应小于 28d。

承重墙体严禁使用断裂小砌块。

小砌块应底面朝上反砌于墙上。

1）主 控 项 目

（1）小砌块和砂浆的强度等级必须符合设计要求。

（2）砌体水平灰缝的砂浆饱满度，应按净面积计算，不得低于 90％；竖向灰缝饱满度不得小于 80％，竖缝凹槽部位应用砌筑砂浆填实；不得出现瞎缝、透明缝。

抽检数量：每检验批不应少于 3 处。

检验方法：用专用百格网检测小砌块与砂浆粘结痕迹，每处检测 3 块小砌块，取其平均值。

（3）墙体转角处和纵横墙交接处应同时砌筑。临时间断处应砌成斜槎，斜槎水平投影长度不应小于高度的 2/3。

抽检数量：每检验批抽 20％接槎，且不应少于 5 处。

检验方法：观察检查。

（4）砌体的轴线偏移和垂直度偏差应按规范规定执行。

2）一 般 项 目

（5）墙体的水平灰缝厚度和竖向缝宽度宜为 10mm，但不应大于 12mm，也不应小于 8mm。

抽检数量：每层楼的检测点不应少于 3 处。

抽检方法：用尺量 5 皮小砌块的高度和 2m 砌体长度折算。

（6）小砌块墙体的一般尺寸允许偏差应按规范规定执行。

注：本表由施工项目专业质量检查员填写，专业监理工程师（建设单位项目专业技术负责人）组织项目专业质量（技术）负责人等进行验收。

园林绿化工程
石砌体工程检验批质量验收记录

《砌体结构工程施工质量验收规范》（GB 50203—2011）表　　　　　　　　　　园建 36

单位工程名称				分项工程名称			验收部位	
施工单位				专业工长			项目负责人	
施工执行标准 名称及编号								
分包施工单位				分包施工单位负责人			施工班组长	

质量验收规范的规定					施工单位检查评定结果					监理（建设）单位验收记录
主控项目	1	石材强度等级		设计要求（MU）						
	2	砂浆强度等级		设计要求（M）						
	3	砂浆饱满度		≥80%	％	％	％	％	％	
	4	轴线位移	见说明(3)	毛石砌体	基础 20mm					
					墙 15mm					
				料石砌体	毛料石	基础 20mm				
						墙 15mm				
					粗料石	基础 15mm				
						墙 10mm				
					细料石	墙柱 10mm				
	5	垂直度（每层）		毛石砌体（墙）	每层 20mm					
					全高 30mm					
				料石砌体（墙）	毛料石	每层 20mm				
						全高 30mm				
					粗料石	每层 10mm				
						全高 25mm				
					细料石	每层 7mm				
						全高 20mm				

质 量 验 收 规 范 的 规 定					施工单位检查评定结果								监理（建设）单位验收记录
一般项目	1	顶面标高	毛石砌体	基础±25mm									
				墙±15mm									
			料石砌体	毛料石	基础±25mm									
					墙±15mm									
				粗料石	基础±15mm									
					墙±15mm									
				细料石	墙柱±10mm									
	2	砌体厚度	毛石砌体	基础＋30mm									
				墙＋20mm，－10mm									
			料石砌体	毛料石	基础＋30mm									
					墙＋20mm，－10mm									
				粗料石	基础＋15mm									
					墙＋10mm，－5mm									
				细料石	墙柱＋10mm，－5mm									
	3	表面平整度	清水墙柱	毛石砌体	墙 20mm									
				料石砌体	毛料石	墙 20mm									
					粗料石	墙 10mm									
					细料石	墙柱 5mm									
			混水墙柱	毛石砌体	墙 20mm									
				料石砌体	毛料石	墙 20mm									
					粗料石	墙 15mm									
	4	清水墙水平灰缝平直度	粗料石	墙 10mm									
			细料石	墙柱 5mm									
	5	组砌形式	见说明（5）										

施工单位检查评定结果	项目专业质量检查员：				年 月 日
监理（建设）单位验收结论	监理工程师： （建设单位项目专业技术负责人）				年 月 日

说　明

园林绿化工程石砌体工程检验批质量验收记录

　　水泥进场使用前，应分批对其强度、安定性进行复验。检验批应以同一生产厂家、同一编号为一批。当在使用中对水泥质量有怀疑或水泥出厂超过三个月（快硬硅酸盐水泥超过一个月）时，应复查试验，并按其结果使用。不同品种的水泥，不得混合使用。

　　凡在砂浆中掺入有机塑化剂、早强剂、缓凝剂、防冻剂等，应经检验和试配符合要求后，方可使用。有机塑化剂应有砌体强度的形式检验报告。

　　挡土墙的泄水孔当设计无规定时，施工应符合下列规定：

　　泄水孔应均匀设置，在每米高度上间隔 2m 左右设置一个泄水孔；

　　泄水孔与土体间铺设长宽各为 300mm、厚 200mm 的卵石或碎石作疏水层。

1）主　控　项　目

　　（1）石材及砂浆强度等级必须符合设计要求。

　　抽检数量：同一产地的石材至少应抽检一组。砂浆试块的抽检数量执行规范的有关规定。

　　检验方法：料石检查产品质量证明书，石材、砂浆检查试块试验报告。

　　（2）砂浆饱满度不应小于 80％。

　　抽检数量：每步架抽查不应少于 1 处。

　　检验方法：观察检查。

　　（3）石砌体的轴线位置及垂直度允许偏差应符合下表的规定。

石砌体的轴线位置及垂直度允许偏差

项次	项目		允许偏差（mm）						检验方法
			毛石砌体		料石砌体				
			基础	墙	毛料石		粗料石		细料石	
					基础	墙	基础	墙	墙、柱	
1	轴线位置		20	15	20	15	15	10	10	用经纬仪和尺检查，或用其他测量仪器检查
2	墙面垂直度	每层		20		20		10	7	用经纬仪、吊线和尺检查或用其他测量仪器检查
		全高		30		30		25	20	

　　抽检数量：外墙，按楼层（或 4m 高以内）每 20m 抽查 1 处，每处 3 延长米，但不应少于 3 处；内墙，按有代表性的自然间抽查 10％，但不应少于 3 间，每间不应少于 2 处，柱子不应少于 5 根。

2）一　般　项　目

　　（4）石砌体的一般尺寸允许偏差应符合相应的规定。

　　抽检数量：外墙，按楼层（4m 高以内）每 20m 抽查 1 处，每处 3 延长米，但不应少于 3 处；内墙，按有代表性的自然间抽查 10％，但不应少于 3 间，每间不应少于 2 处，柱子不应少于 5 根。

　　（5）石砌体的组砌形式应符合下列规定：

　　①内外搭砌，上下错缝，拉结石、丁砌石交错设置；

　　②毛石墙拉结石每 0.7m² 墙面不应少于 1 块。

　　检查数量：外墙，按楼层（或 4m 高以内）每 20m 抽查 1 处，每处 3 延长米，但不应少于 3 处；内墙，按有代表性的自然间抽查 10％，但不应少于 3 间。

　　检验方法：观察检查。

　　注：本表由施工项目专业质量检查员填写，专业监理工程师（建设单位项目技术负责人）组织项目专业质量（技术）负责人等进行验收。

园林绿化工程
配筋砌体工程检验批质量验收记录

《砌体结构工程施工质量验收规范》（GB 50203—2011）表　　　　　　　　　　　　　　　园建37

单位工程名称			分项工程名称				验收部位		
施工单位			专业工长				项目负责人		
施工执行标准名称及编号									
分包施工单位			分包施工单位负责人				施工班组长		

		质 量 验 收 规 范 的 规 定		施工单位检查评定结果							监理（建设）单位验收记录
主控项目	1	钢筋品种、规格、数量	合格证书、钢筋性能试验报告								
	2	混凝土强度等级	设计要求（C）								
	3	砂浆强度	M=								
	4	块材强度									
	5	马牙槎拉结筋	见说明（3）								
	6	芯柱	贯通截面不削弱								
	7	柱中心线位置	≤10mm								
	8	柱层间错位	≤8mm								
	9	柱垂直度	每层≤10mm								
			全高（≤10m）≤15mm								
			全高（＞10m）≤20mm								
一般项目	1	水平灰缝钢筋	见说明（6）								
	2	钢筋防锈	见说明（7）								
	3	网状配筋及位置	见说明（8）								
	4	组合砌体拉结筋	见说明（9）								
	5	砌块砌体钢筋搭接	见说明（10）								
施工单位检查评定结果		项目专业质量检查员：　　　　　　　　　　　　　　　　　　　　年　月　日									
监理（建设）单位验收结论		监理工程师： （建设单位项目专业技术负责人）　　　　　　　　　　　　　　年　月　日									

说 明

园林绿化工程配筋砌体工程检验批质量验收记录

水泥进场使用前，应分批对其强度、安定性进行复验。检验批应以同一生产厂家、同一编号为一批。当在使用中对水泥质量有怀疑或水泥出厂超过三个月（快硬硅酸盐水泥超过一个月）时，应复查试验，并按其结果使用。不同品种的水泥，不得混合使用。

凡在砂浆中掺入有机塑化剂、早强剂、缓凝剂、防冻剂等，应经检验和试配符合要求后，方可使用。有机塑化剂应有砌体强度的形式检验报告。

1）主 控 项 目

（1）钢筋的品种、规格和数量应符合设计要求。

检验方法：检查钢筋的合格证书、钢筋性能试验报告、隐蔽工程记录。

（2）构造柱、芯柱、组合砌体构件、配筋砌体剪力墙构件的混凝土或砂浆的强度等级应符合设计要求。

抽检数量：各类构件每一检验批砌体至少应做一组试块。

检验方法：检查混凝土或砂浆试块试验报告。

（3）构造柱与墙体的连接处应砌成马牙槎，马牙槎应先退后进，预留的拉结钢筋应位置正确，施工中不得任意弯折。

抽检数量：每检验批抽 20%构造柱，且不少于 3 处。

检验方法：观察检查。

合格标准：钢筋竖向移位不应超过 100mm，每一马牙槎沿高度方向尺寸不应超过 300mm。钢筋竖向位移和马牙槎尺寸偏差每一构造柱不应超过 2 处。

（4）构造柱位置及垂直度的允许偏差应符合下表的规定。

构造柱尺寸允许偏差

项次	项 目			允许偏差（mm）	抽 检 方 法
1	柱中心线位置			10	用经纬仪和尺检查或用其他测量仪器检查
2	柱层间错位			8	用经纬仪和尺检查或用其他测量仪器检查
3	柱垂直度	每层		10	用 2m 托线板检查
		全高	≤10m	15	用经纬仪、吊线和尺检查，或用其他测量仪器检查
			>10m	20	

抽检数量：每检验批抽 10%，且不应少于 5 处。

（5）对配筋混凝土小型空心砌块砌体，芯柱混凝土应在装配式楼盖处贯通，不得削弱芯柱截面尺寸。

抽检数量：每检验批抽 10%，且不应少于 5 处。

检验方法：观察检查。

2）一 般 项 目

（6）设置在砌体水平灰缝内的钢筋，应居中置于灰缝中。水平灰缝厚度应大于钢筋直径4mm以上。砌体外露面砂浆保护层的厚度不应小于15mm。

抽检数量：每检验批抽检3个构件，每个构件检查3处。

检验方法：观察检查，辅以钢尺检测。

（7）设置在砌体灰缝内的钢筋的防腐保护应符合规范规定。

抽验数量：每检验批抽检10％的钢筋。

检验方法：观察检查。

合格标准：防腐涂料无漏刷（喷浸），无起皮脱落现象。

（8）网状配筋砌体中，钢筋网及放置间距应符合设计规定。

抽检数量：每检验批抽10％，且不应少于5处。

检验方法：钢筋规格检查钢筋网成品，钢筋网放置间距局部剔缝观察，或用探针刺入灰缝内检查，或用钢置测定仪测定。

合格标准：钢筋网沿砌体高度位置超过设计规定一皮砖厚不得多于1处。

（9）组合砖砌体构件，竖向受力钢筋保护层应符合设计要求，距砖砌体表面距离不应小于5mm：拉结筋两端应设弯构，拉结筋及箍筋的位置应正确。

抽检数量：每检验批抽检10％，且不应少于5处。

检验方法：支模前观察与尺量检查。

合格标准：钢筋保护层符合设计要求；拉结筋位置及弯钩设置80％及以上符合要求，箍筋间距超过规定者，每件不得多于2处，且每处不得超过一皮砖。

（10）配筋砌块砌体剪力墙中，采用搭接接头的受力钢筋搭接长度不应小于35d，且不应少于300mm。

抽检数量：每检验批每类构件抽20％（墙、柱、连梁），且不应少于3件。

检验方法：尺量检查。

注：本表由施工项目专业质量检查员填写，专业监理工程师（建设单位项目专业技术负责人）组织项目专业质量（技术）负责人等进行验收。

园林绿化工程
填充墙砌体工程检验批质量验收记录

《砌体结构工程施工质量验收规范》（GB 50203—2011）表　　　　　　园建 38

单位工程名称			分项工程名称		验收部位	
施工单位			专业工长		项目负责人	
施工执行标准名称及编号						
分包施工单位			分包施工单位负责人		施工班组长	

		质 量 验 收 规 范 的 规 定		施工单位检查评定结果						监理（建设）单位验收记录
主控项目	1	块材强度等级	设计要求（MU）							
	2	砂浆强度等级	设计要求（M）							
一般项目	1	轴线位移	≤10mm							
	2	垂直度（每层）	≤3m / ≤5mm							
			>3m / ≤10mm							
	3	砂浆饱满度	≥80%	%	%	%	%	%		
	4	表面平整度	≤8mm							
	5	门窗洞口	±5mm							
	6	窗口偏移	20mm							
	7	无混砌现象	见说明（3）							
	8	拉结钢筋	见说明（5）							
	9	搭砌长度	见说明（6）							
	10	灰缝厚度、宽度	小型砌块 8~12mm / 加气砌块 15~20mm							
	11	梁底砌法	见说明（8）							

施工单位检查评定结果	项目专业质量检查员：　　　　　　　　　　　　　年　月　日
监理（建设）单位验收结论	监理工程师： （建设单位项目专业技术负责人）　　　　　　年　月　日

417

说　明

园林绿化工程填充墙砌体工程检验批质量验收记录

水泥进场使用前，应分批对其强度、安定性进行复验。检验批应以同一生产厂家、同一编号为一批。当在使用中对水泥质量有怀疑或水泥出厂超过三个月（快硬硅酸盐水泥超过一个月）时，应复查试验，并按其结果使用。不同品种的水泥，不得混合使用。

凡在砂浆中掺入有机塑化剂、早强剂、缓凝剂、防冻剂等，应经检验和试配符合要求后，方可使用。有机塑化剂应有砌体强度的形式检验报告。

1）主 控 项 目

（1）砖、砌块和砌筑砂浆的强度等级应符合设计要求。

检验方法：检查砖或砌块的产品合格证书、产品性能检测报告和砂浆试块试验报告。

2）一 般 项 目

（2）填充墙砌体一般尺寸的允许偏差应符合规范规定。

抽检数量：①对表中1、2项，在检验批的标准间中随机抽查10％，但不应少于3间；大面积房间和楼道按两个轴线或每10延米按一标准间计数。每间检验不应少于3处。②对表中3、4项，在检验批中抽检10％，且不应少于5处。

（3）蒸压加气混凝土砌块砌体和轻骨料混凝土小型空心砌块砌体不应与其他块材混砌。

抽检数量：在检验批中抽检20％，且不应少于5处。

检验方法：外观检查。

（4）填充墙砌体的砂浆饱满度及检验方法应符合规范规定。

抽检数量：每步架子不少于3处，且每处不应少于3块。

（5）填充墙砌体留置的拉结钢筋或网片的位置应与块体皮数相符合。拉结钢筋或网片应置于灰缝中，埋置长度应符合设计要求，竖向位置偏差不应超过一皮高度。

抽检数量：在检验批中抽检20％，且不应少于5处。

检验方法：观察和用尺量检查。

（6）填充墙砌筑时应错缝搭砌，蒸压加气混凝土砌块搭砌长度不应小于砌块砌体长度的1/3；轻骨料混凝土小型空心砌块搭砌长度不应小于90mm；竖向通缝不应大于2皮。

抽检数量：在检验批的标准间中抽查10％，且不应少于3间。

检查方法：观察和用尺检查。

（7）填充墙砌体的灰缝厚度和宽度应正确。空心砖、轻骨料混凝土小型空心砌块灰缝应为8～12mm。

蒸压加气混凝土砌块砌体的水平灰缝厚度及竖向灰缝宽度分别宜为15mm和20mm。

抽检数量：在检验批的标准间中抽查10％，且不应少于3间。

检查方法：用尺量5皮空心砖或小砌块的高度和2m砌体长度折算。

（8）填充墙砌至接近梁、板底时，应留一定空隙，待填充墙砌筑完并应至少间隔7d后，再将其补砌挤紧。

抽检数量：每验收批抽10％填充墙片（每两柱间的填充墙为一墙片），且不应少于3片墙。

检验方法：观察检查。

注：本表由施工项目专业质量检查员填写，专业监理工程师（建设单位项目技术负责人）组织项目专业质量（技术）负责人等进行验收。

园林绿化工程
钢结构（钢构件焊接）分项工程检验批质量验收记录

《钢结构工程施工质量验收规范》（GB 50205—2001）表 　　　　　　　　　　　　园建 39

单位工程名称			分项工程名称			验收部位		
施工单位			专业工长			项目负责人		
施工执行标准 名称及编号								
分包施工单位			分包施工单位负责人			施工班组长		

质 量 验 收 规 范 的 规 定				施工单位检查评定结果	监理（建设） 单位验收记录
主控项目	1	焊接材料进场	见说明（1）		
	2	焊接材料复验	见说明（2）		
	3	材料匹配	见说明（3）		
	4	焊工证书	见说明（4）		
	5	焊接工艺评定	见说明（5）		
	6	内部缺陷	见说明（6）		
	7	组合焊缝尺寸	见说明（7）		
	8	焊缝表面缺陷	见说明（8）		
一般项目	1	焊接材料进场	见说明（9）		
	2	预热和后热处理	见说明（10）		
	3	焊缝外观质量	见说明（11）		
	4	焊缝尺寸偏差	见说明（12）		
	5	凹形角焊缝	见说明（13）		
	6	焊缝感观	见说明（14）		

施工单位 检查评定结果	项目专业质量检查员：　　　　　　　　　　　　　　年　月　日
监理（建设） 单位验收结论	监理工程师： （建设单位项目专业技术负责人）　　　　　　　　年　月　日

说　明

园林绿化工程钢结构（钢构件焊接）分项工程检验批质量验收记录

钢材、钢铸件的品种、规格、性能等应符合现行国家产品标准和设计要求。进口钢材产品的质量应符合设计和合同规定标准的要求。

检查数量：全数检查。

检验方法：检查质量合格证明文件、中文标志及检验报告等。

1）主　控　项　目

（1）焊接材料的品种、规格、性能等应符合现行国家产品标准和设计要求。

检查数量：全数检查。

检验方法：检查焊接材料的质量合格证明文件、中文标志及检验报告等。

（2）重要钢结构采用的焊接材料应进行抽样复验，复验结果应符合现行国家产品标准和设计要求。

检查数量：全数检查。

检验方法：检查复验报告。

（3）焊条、焊丝、焊剂、电渣焊熔嘴等焊接材料与母材的匹配应符合设计要求及相关规定。焊条、焊剂、药芯焊丝、熔嘴等在使用前，应按其产品说明书及焊接工艺文件的规定进行烘焙和存放。

检查数量：全数检查。

检验方法：检查质量证明书和烘焙记录。

（4）焊工必须经考试合格并取得合格证书。持证焊工必须在其考试合格项目及其认可范围内施焊。

检查数量：全数检查。

检验方法：检查焊工合格证及其认可范围、有效期。

（5）施工单位对其首次采用的钢材、焊接材料、焊接方法、焊后热处理等，应进行焊接工艺评定，并应根据评定报告确定焊接工艺。

检查数量：全数检查。

检验方法：检查焊接工艺评定报告。

（6）设计要求全焊透的一、二级焊缝应采用超声波探伤进行内部缺陷的检验，超声波探伤不能对缺陷作出判断时，应采用射线探伤，其内部缺陷分级及探伤方法应符合现行国家标准《钢焊缝手工超声波探伤方法和探伤结果分级》（GB/T 11345—1989）或《金属熔化焊焊接接头射线照相》（GB/T 3323—2005）的规定。焊接球节点网架焊缝、螺栓球节点网架焊缝及圆管 T、K、Y 形节点相关线焊缝，其内部缺陷分级及探伤方法应分别符合国家相关规定。一级、二级焊缝的质量等级及缺陷分级应符合下表的规定。

检查数量：全数检查。

检验方法：检查超声波或射线探伤记录。

一、二级焊缝质量等级及缺陷分级

焊缝质量等级		一级	二级
内部缺陷 超声波探伤	评定等级	Ⅱ	Ⅲ
	检验等级	B级	B级
	探伤比例	100%	20%
内部缺陷 射线探伤	评定等级	Ⅱ	Ⅲ
	检验等级	AB级	AB级
	探伤比例	100%	20%

注：探伤比例的计数方法应按以下原则确定：①对工厂制作焊缝，应按每条焊缝计算百分比，且探伤长度应不小于200mm，当焊缝长度不足200mm时，应对整条焊缝进行探伤；②对现场安装焊缝，应按同一类型、同一施焊条件的焊缝条数计算百分比，探伤长度应不小于200mm，并应不少于1条焊缝。

（7）T形接头、十字接头、角接接头等要求熔透的对接和角对接组合焊缝，其焊脚尺寸不应小于 $t/4$；设计有疲劳验算要求的吊车梁或类似构件的腹板与上翼缘连接焊缝的焊脚尺寸为 $t/2$，且不应大于10mm。焊脚尺寸的允许偏差为0～4mm。

检查数量：资料全数检查；同类焊缝抽查10%，且不应少于3条。

检验方法：观察检查，用焊缝量规抽查测量。

（8）焊缝表面不得有裂纹、焊瘤等缺陷。一级、二级焊缝不得有表面气孔、夹渣、弧坑裂纹、电弧擦伤等缺陷。且一级焊缝不得有咬边、未焊满、根部收缩等缺陷。

检查数量：每批同类构件抽查10%，且不应少于3件；被抽查构件中，每一类型焊缝按条数抽查5%，且不应少于1条；每条检查1处，总抽查数不应少于10处。

检验方法：观察检查或使用放大镜、焊缝量规和钢尺检查，当存在疑义时，采用渗透或磁粉探伤检查。

2) 一 般 项 目

（9）焊条外观不应有药皮脱落、焊芯生锈等缺陷；焊剂不应受潮结块。

检查数量：按量抽查1%，且不应少于10包。

检验方法：观察检查。

（10）对于需要进行焊前预热或焊后热处理的焊缝，其预热温度或后热温度应符合国家现行有关标准的规定或通过工艺试验确定。预热区在焊道两侧，每侧宽度均应大于焊件厚度的1.5倍以上，且不应小于100mm；后热处理应在焊后立即进行，保温时间应根据板厚按25mm板厚1h确定。

检查数量：全数检查。

检验方法：检查预、后热施工记录和工艺试验报告。

（11）二级、三级焊缝外观质量标准应符合本规范附录A中表A.0.1的规定。三级对接焊缝应按二级焊缝标准进行外观质量检验。

检查数量：每批同类构件抽查10%，且不应少于3件；被抽查构件中，每一类型焊缝按条数抽查5%，且不应少于1条；每条检查1处，总抽查数不应少于10处。

检验方法：观察检查或使用放大镜、焊缝量规和钢尺检查。

（12）焊缝尺寸允许偏差应符合本规范附录 A 中表 A.0.2 的规定。

检查数量：每批同类构件抽查 10%，且不应少于 3 件；被抽查构件中，每种焊缝按条数各抽查 5%，但不应少于 1 条；每条检查 1 处，总抽查数不应少于 10 处。

检验方法：用焊缝量规检查。

（13）焊成凹形的角焊缝，焊缝金属与母材间应平缓过渡；加工成凹形的角焊缝，不得在其表面留下切痕。

检查数量：每批同类构件抽查 10%，且不应少于 3 件。

检验方法：观察检查。

（14）焊缝感观应达到：外形均匀、成型较好，焊道与焊道、焊道与基本金属间过渡较平滑，焊渣和飞溅物基本清除干净。

检查数量：每批同类构件抽查 10%，且不应少于 3 件；被抽查构件中，每种焊缝按数量各抽查 5%，总抽查处不应少于 5 处。

检验方法：观察检查。

注：本表由施工项目专业质量检查员同专业工长共同填写，专业监理工程师（建筑单位项目专业技术负责人）组织项目专业质量（技术）负责人等进行验收。

园林绿化工程
钢结构（焊钉焊接）分项工程检验批质量验收记录

《钢结构工程施工质量验收规范》（GB 50205—2001）表　　　　　　　　　　　园建 40

单位工程名称				分项工程名称			验收部位	
施工单位				专业工长			项目负责人	
施工执行标准 名称及编号								
分包施工单位				分包施工单位负责人			施工班组长	

		质 量 验 收 规 范 的 规 定			施工单位检查评定结果	监理（建设） 单位验收记录
主控项目	1	焊接材料进场		见说明（1）		
	2	焊接材料复验		见说明（2）		
	3	焊接工艺评定		见说明（3）		
	4	焊后弯曲试验		见说明（4）		
一般项目	1	焊钉和瓷环尺寸		见说明（5）		
	2	焊缝外观质量		见说明（6）		

施工单位 检查评定结果	项目专业质量检查员：　　　　　　　　　　　　　　　　　　年　月　日
监理（建设） 单位验收结论	监理工程师： （建设单位项目专业技术负责人）　　　　　　　　　　　年　月　日

说　明

园林绿化工程钢结构（焊钉焊接）分项工程检验批质量验收记录

1）主　控　项　目

（1）焊接材料的品种、规格、性能等应符合现行国家产品标准和设计要求。

检查数量：全数检查。

检验方法：检查焊接材料的质量合格证明文件、中文标志及检验报告等。

（2）重要钢结构采用的焊接材料应进行抽样复验，复验结果应符合现行国家产品标准和设计要求。

检查数量：全数检查。

检验方法：检查复验报告。

（3）施工单位对其采用的焊钉和钢材焊接应进行焊接工艺评定，其结果应符合设计要求和国家现行有关标准的规定。瓷环应按其产品说明书进行烘焙。

检查数量：全数检查。

检验方法：检查焊接工艺评定报告和烘焙记录。

（4）焊钉焊接后应进行弯曲试验检查，其焊缝和热影响区不应有肉眼可见的裂纹。

检查数量：每批同类构件抽查 10%，且不应少于 10 件；被抽查构件中，每件检查焊钉数量的 1%，但不应少于 1 个。

检验方法：焊钉弯曲 30°后用角尺检查和观察检查。

2）一　般　项　目

（5）焊钉及焊接瓷环的规格、尺寸及偏差应符合现行国家标准《电弧螺柱焊用圆柱头焊钉》（GB/T 10433—2002）中的规定。

检查数量：按量抽查 1%，且不应少于 10 套。

检验方法：用钢尺和游标卡尺测量。

（6）焊钉根部焊脚应均匀，焊脚立面的局部未熔合或不足 360°的焊脚应进行修补。

检查数量：按总焊钉数量抽查 1%，且不应少于 10 个。

检验方法：观察检查。

注：本表由施工项目专业质量检查员同专业工长共同填写，专业监理工程师（建设单位项目专业技术负责人）组织项目专业质量（技术）负责人等进行验收。

园林绿化工程
钢结构（普通紧固件连接）分项工程检验批质量验收记录

《钢结构工程施工质量验收规范》（GB 50205—2001）表　　　　　　　　　　　　　　　园建 41

单位工程名称			分项工程名称			验收部位	
施工单位			专业工长			项目负责人	
施工执行标准名称及编号							
分包施工单位			分包施工单位负责人			施工班组长	

质 量 验 收 规 范 的 规 定				施工单位检查评定结果	监理（建设）单位验收记录
主控项目	1	成品进场	见说明（1）		
	2	螺栓实物复验	见说明（2）		
	3	匹配及间距	见说明（3）		
一般项目	1	螺栓紧固	见说明（4）		
	2	外观质量	见说明（5）		

施工单位检查评定结果	项目专业质量检查员：　　　　　　　　　　　　　　　　年　月　日
监理（建设）单位验收结论	监理工程师： （建设单位项目专业技术负责人）　　　　　　　　　　　年　月　日

说　明

园林绿化工程钢结构（普通紧固件连接）分项工程检验批质量验收记录

1）主 控 项 目

（1）钢结构连接用高强度大六角头螺栓连接副、扭剪型高强度螺栓连接副、钢网架用高强度螺栓、普通螺栓、铆钉、自攻钉、拉铆钉、射钉、锚栓（机械型和化学试剂型）、地脚锚栓等紧固标准件及螺母、垫圈等标准配件，其品种、规格、性能等应符合现行国家产品标准和设计要求。高强度大六角头螺栓连接副和扭剪型高强度螺栓连接副出厂时应分别随箱带有扭矩系数和坚固轴力（预拉力）的检验报告。

检查数量：全数检查。

检验方法：检查产品的质量合格证明文件、中文标志及检验报告等。

（2）普通螺栓作为永久性连接螺栓，当设计有要求或对其质量有疑义时，应进行螺栓实物最小拉力载荷复验，试验方法见规范附录 B，其结果应符合现行国家标准《紧固件机械性能　螺栓、螺钉和螺柱》（GB/T 3098.1—2010）的规定。

检查数量：每一规格螺栓抽查 8 个。

检验方法：检查螺栓实物复验报告。

（3）连接薄钢板采用的自攻钉、拉铆钉、射钉等其规格尺寸应与被连接钢板相匹配，其间距、边距等应符合设计要求。

检查数量：按连接节点数抽查 1%，且不应小于 3 个。

检验方法：观察和尺量检查。

2）一 般 项 目

（4）永久性普通螺栓紧固应牢固、可靠，外露丝扣不应少于 2 扣。

检查数量：按连接节点数抽查 10%，且不应少于 3 个。

检验方法：观察和用小锤敲击检查。

（5）自攻螺钉、钢拉铆钉、射钉等与连接钢板应紧固密贴，外观排列整齐。

检查数量：按连接节点数抽查 10%，且不应少于 3 个。

检验方法：观察或用小锤敲击检查。

注：本表由施工项目专业质量检查员同专业工长共同填写，专业监理工程师（建设单位项目专业技术负责人）组织项目专业质量（技术）负责人等进行验收。

园林绿化工程
钢结构（高强度螺栓连接）分项工程检验批质量验收记录

《钢结构工程施工质量验收规范》（GB 50205—2001）表　　　　　　　　　　　　　园建 42

单位工程名称		分项工程名称		验收部位	
施工单位		专业工长		项目负责人	
施工执行标准 名称及编号					
分包施工单位		分包施工单位负责人		施工班组长	

		质 量 验 收 规 范 的 规 定		施工单位检查评定结果	监理（建设） 单位验收记录
主控项目	1	成品进场	见说明（1）		
	2	扭矩系数或预拉力复验	见说明（2）或（3）		
	3	抗滑移系数试验	见说明（4）		
	4	终拧扭矩	见说明（5）或（6）		
一般项目	1	成品包装	见说明（7）		
	2	表面硬度试验	见说明（8）		
	3	初拧、复拧扭矩	见说明（9）		
	4	连接外观质量	见说明（10）		
	5	摩擦面外观	见说明（11）		
	6	扩孔	见说明（12）		
	7	网架螺栓紧固	见说明（13）		

施工单位 检查评定结果	项目专业质量检查员：　　　　　　　　　　　　　　　　年　月　日
监理（建设） 单位验收结论	监理工程师： （建设单位项目专业技术负责人）　　　　　　　　　　　年　月　日

427

说　　明

园林绿化工程钢结构（高强度螺栓连接）分项工程检验批质量验收记录

1）主　控　项　目

（1）钢结构连接用高强度大六角头螺栓连接副、扭剪型高强度螺栓连接副、钢网架用高强度螺栓、普通螺栓、铆钉、自攻钉、拉铆钉、射钉、锚栓（机械型和化学试剂型）、地脚锚栓等紧固标准件及螺母、垫圈等标准配件，其品种、规格、性能等应符合现行国家产品标准和设计要求。高强度大六角头螺栓连接副和扭剪型高强度螺栓连接副出厂时应分别随箱带有扭矩系数和坚固轴力（预拉力）的检验报告。

检查数量：全数检查。

检验方法：检查产品的质量合格证明文件、中文标志及检验报告等。

（2）高强度大六角头螺栓连接副应按规范附录 B 的规定检验其扭矩系数，其检验结果应符合规范附录 B 的规定。

检查数量：见规范附录 B。

检验方法：检查复验报告。

（3）扭剪型高强度螺栓连接副应按本规范附录 B 的规定检验预拉力，其检验结果应符合规范附录 B 的规定。

检查数量：见规范附录 B。

检验方法：检查复验报告。

（4）钢结构制作和安装单位应按规范附录 B 的规定分别进行高强度螺栓连接摩擦面的抗滑移系数试验和复验，现场处理的构件摩擦面应单独进行摩擦面抗滑移系数试验，其结果应符合设计要求。

检查数量：见规范附录 B。

检验方法：检查摩擦面抗滑移系数试验报告和复验报告。

（5）高强度大六角头螺栓连接副终拧完成 1h 后、48h 内应进行终拧扭矩检查，检查结果应符合规范附录 B 的规定。

检查数量：按节点数抽查 10%，且不应少于 10 个；每个被抽查节点按螺栓数据抽查 10%，且不应少于 2 个。

检查方法：见规范附录 B。

（6）扭剪型高强度螺栓连接副终拧后，除因构造原因无法使用专用扳手终拧掉梅花头者外，未在终拧中拧掉梅花头的螺栓数不应大于该节点螺栓数的 5%。对所有梅花头未拧掉的扭剪型高强度螺栓连接副应采用扭矩法或转角法进行终拧并作标记，且按规范的规定进行终拧扭矩检查。

检查数量：按节点数抽查 10%，但不应少于 10 个节点，被抽查节点中梅花头未拧掉的扭剪型高强度螺栓连接副全数进行终拧扭矩检查。

检验方法：观察检查及规范附录 B。

2）一　般　项　目

（7）高强度螺栓连接副，应按包装箱配套供货，包装箱上应标明批号、规格、数量及生产日期。螺栓、螺母、垫圈外观表面应涂油保护，不应出现生锈和沾染赃物，螺纹不应损伤。

检查数量：按包装箱数抽查 5%，且不应少于 3 箱。

检验方法：观察检查。

（8）对建筑结构安全等级为一级，跨度 40m 及以上的螺栓球节点钢网架结构，其连接高强度螺栓应进行表面硬度试验，对 8.8 级的高强度螺栓其硬度应为 HRC21～29；10.9 级高强度螺栓其硬度应为 HRC32～36，且不得有裂纹或损伤。

检查数量：按规格抽查 8 只。

检验方法：硬度计、10 倍放大镜或磁粉探伤。

（9）高强度螺栓连接副的施拧顺序和初拧、复拧扭矩应符合设计要求和国家现行行业标准《钢结构高强度螺栓连接技术规程》（JGJ 82—2011）的规定。

检查数量：全数检查资料。

检验方法：检查扭矩扳手标定记录和螺栓施工记录。

（10）高强度螺栓连接副终拧后，螺栓丝扣外露应为 2～3 扣，其中允许有 10％的螺栓丝扣外露 1 扣或 4 扣。

检查数量：按节点数抽查 5％，且不应少于 10 个。

检验方法：观察检查。

（11）高强度螺栓连接摩擦面应保持干燥、整洁，不应有飞边、毛刺、焊接飞溅物、焊疤、氧化铁皮、污垢等，除设计要求外摩擦面不应涂漆。

检查数量：全数检查。

检验方法：观察检查。

（12）高强度螺栓应自由穿入螺栓孔。高强度螺栓孔不应采用气割扩孔，扩孔数量应征得设计同意，扩孔后的孔径不应超过 $1.2d$（d 为螺栓直径）。

检查数量：被扩螺栓孔全数检查。

检验方法：观察检查及用卡尺检查。

（13）螺栓球节点网架总拼完成后，高强度螺栓与球节点应紧固连接，高强度螺栓拧入螺栓球内的螺纹长度不应小于 $1.0d$（d 为螺栓直径），连接处不应出现有间隙、松动等未拧紧情况。

检查数量：按节点数抽查 5％，且不应少于 10 个。

检验方法：普通扳手及尺量检查。

注：本表由施工项目专业质量检查员同专业工长共同填写，专业监理工程师（建设单位项目
    专业技术负责人）组织项目专业质量（技术）负责人等进行验收。

园林绿化工程
钢结构（零件及部件加工）分项工程检验批质量验收记录

《钢结构工程施工质量验收规范》（GB 50205—2001）表　　　　　　　　　　　园建 43

单位工程名称			分项工程名称		验收部位	
施工单位			专业工长		项目负责人	
施工执行标准 名称及编号						
分包施工单位			分包施工单位负责人		施工班组长	

	主 控 项 目			合格质量标准 （按本规范）		施工单位检查评定结果	监理（建设） 单位验收记录
1	材料进场			见说明（1）			
2	钢材复验			见说明（2）			
3	切面质量			见说明（3）			
4	矫正和成型			见说明（4）和（5）			
5	边缘加工			见说明（6）			
6	螺栓球、焊接球加工			见说明（7）和（8）			
7	制孔 （A、B级 螺栓孔）	螺栓公称 直径 （mm）	10～18	螺栓直径 允许偏差 （mm）	0.00，−0.21		
			18～30		0.00，−0.21		
			30～50		0.00，−0.25		
		螺栓孔 直径 （mm）	10～18	螺栓孔径 允许偏差 （mm）	+0.18，0.00		
			18～30		+0.21，0.00		
			30～50		+0.25，0.00		
	制孔 （C级螺 栓孔）	直　径		允许偏差 （mm）	+1.0，0.0		
		圆　度			2.0		
		垂直度			0.03t，且不 应大于2.0		

一般项目			合格质量标准（按本规范）	施工单位检查评定结果										监理（建设）单位验收记录
1	材料规格尺寸		见说明（10）和（11）											
2	钢材表面质量		见说明（12）											
3	切割精度	气割允许偏差（mm）	零件宽度、长度	±3.0										
			切割面平面度	0.05t，且不应大于2.0										
			割纹深度	0.3										
			局部缺口深度	1.0										
		机械剪切允许偏差（mm）	零件宽度、长度	±3.0										
			边缘缺棱	1.0										
			型钢端部垂直度	2.0										
4	矫正质量		见说明（15）、（16）、（17）											
5	边缘加工精度及允许偏差（mm）		零件宽度、长度	±1.0										
			加工边直线宽	$l/3000$，且不应大于2.0										
			相邻两边夹角	±6′										
			加工面垂直度	0.025t，且不应大于0.5										
			加工面表面粗糙度	50										

431

		项 目		允许偏差	施工单位检查评定结果							监理（建设）单位验收记录
6	螺栓球加工精度	圆度	$d \leqslant 120$	1.5mm								
			$d > 120$	2.5mm								
		同一轴线上两铣平面平行度	$d \leqslant 120$	0.2mm								
			$d > 120$	0.3mm								
		铣平面距球中心距离		±0.2mm								
		相邻两螺栓孔中心线夹角		±30′								
		两铣平面与螺栓孔轴线垂直度		0.05r								
		球毛坯直径	$d \leqslant 120$	+2.0，−1.0								
			$d > 120$	+3.0，−1.5								
	焊接球加工精度	直 径		±0.005d，±2.5								
		圆 度		2.5								
		壁厚减薄量		0.13t，且不应大于1.5								
		两半球对口错边		1.0								
7	管件加工精度			见说明（21）								
8	制孔精度			见说明（22）和（23）								

施工单位检查评定结果	项目专业质量检查员：	年 月 日
监理（建设）单位验收结论	监理工程师： （建设单位项目专业技术负责人）	年 月 日

说 明

园林绿化工程钢结构（零件及部件加工）分项工程检验批质量验收记录

1）主 控 项 目

（1）钢材、钢铸件的品种、规格、性能等应符合现行国家产品标准和设计要求。进口钢材产品的质量应符合设计和合同规定标准的要求。

检查数量：全数检查。

检验方法：检查质量合格证明文件、中文标志及检验报告等。

（2）对属于下列情况之一的钢材，应进行抽样复验，其复验结果应符合现行国家产品标准和设计要求。

①国外进口钢材；

②钢材混批；

③板厚等于或大于40mm，且设计有Z向性能要求的厚板；

④建筑结构安全等级为一级，大跨度钢结构中主要受力构件所采用的钢材；

⑤设计有复验要求的钢材；

⑥对质量有疑义的钢材。

检查数量：全数检查。

检验方法：检查复验报告。

（3）钢材切割面或剪切面应无裂纹、夹渣、分层和大于1mm的缺棱。

检查数量：全数检查。

检验方法：观察或用放大镜及百分尺检查，有疑义时作渗透、磁粉或超声波探伤检查。

（4）碳素结构钢在环境温度低于−16℃、低合金结构钢在环境温度低于−12℃时，不应进行冷矫正和冷弯曲。碳素结构钢和低合金结构钢在加热矫正时，加热温度不应超过900℃。低合金结构钢在加热矫正后应自然冷却。

检查数量：全数检查。

检验方法：检查制作工艺报告和施工记录。

（5）当零件采用热加工成型时，加热温度应控制在900～1000℃；碳素结构钢和低合金结构钢在温度分别下降到700℃和800℃之前，应结束加工；低合金结构钢应自然冷却。

检查数量：全数检查。

检验方法：检查制作工艺报告和施工记录。

（6）气割或机械剪切的零件，需要进行边缘加工时，其刨削量不应小于2.0mm。

检查数量：全数检查。

检验方法：检查工艺报告和施工记录。

（7）螺栓球成型后，不应有裂纹、褶皱、过烧。

检查数量：每种规格抽查10%，且不应少于5个。

检验方法：10倍放大镜观察检查或表面探伤。

（8）缝表面应打磨平整。

检查数量：每种规格抽查10%，且不应少于5个。

检验方法：10倍放大镜观察检查或表面探伤。

（9）A、B级螺栓孔（Ⅰ类孔）应具有H12的精度，孔壁表面粗糙度Ra不应大于12.5μm。

其孔径的允许偏差应符合表（9）-1的规定。C级螺栓孔（Ⅱ类孔），孔壁表面精糙度 Ra 不应大于 $25\mu m$，其允许偏差应符合表（9）-2的规定。

　　检查数量：按钢构件数量检查10％，且不应少于3件。

　　检验方法：用游标卡尺或孔径量规检查。

A、B级螺栓孔径的允许偏差（mm）　　　　表（9）-1

序　号	螺栓公称直径、螺栓孔直径	螺栓公称直径允许偏差	螺栓孔直径允许偏差
1	10～18	0.00，0.21	+0.18，0.00
2	18～30	0.00，−0.21	+0.21，0.00
3	30～50	0.00，−0.25	+0.25，0.00

C级螺栓孔的允许偏差（mm）　　　　表（9）-2

项　目	允　许　偏　差
直　径	+1.0 0.0
圆　度	2.0
垂直度	0.03t，且不应大于2.0

2）一　般　项　目

（10）钢板厚度及允许偏差应符合其产品标准的要求。

　　检查数量：每一品种、规格的钢板抽查5处。

　　检验方法：用游标卡尺量测。

（11）型钢的规格尺寸及允许偏差符合其产品标准的要求。

　　检查数量：每一品种、规格的型钢抽查5处。

　　检验方法：用钢尺和游标卡尺量测。

（12）钢材的表面外观质量除应符合国家现行有关标准的规定外，尚应符合下列规定：

　　1）当钢材的表面有锈蚀、麻点或划痕等缺陷时，其深度不得大于该钢材厚度负允许偏差值的1/2；

　　2）钢材表面的锈蚀等级应符合现行国家标准《涂覆涂料前钢材表面处理　表面清洁度的目视评定　第1部分：未涂覆过的钢材表面和全面清除原有涂层后的钢材表面的锈蚀等级和处理等级》（GB/T 8923.1—2011）规定的C级及C级以上；

　　3）钢材端边或断口处不应有分层、夹渣等缺陷。

　　检查数量：全数检查。

　　检验方法：观察检查。

（13）气割的允许偏差应符合表（13）的规定。

　　检查数量：按切割面数抽查10％，且不应少于3个。

　　检验方法：观察检查或用钢尺、塞尺检查。

气 割 的 允 许 偏 差（mm）　　　　　　　　　　　　表（13）

项　目	允许偏差
零件宽度、长度	±3.0
切割面平面度	$0.05t$，且不应大于 2.0
割纹深度	0.3
局部缺口深度	1.0

注：t 为切割面厚度。

（14）机械剪切的允许偏差应符合表（14）的规定。

检查数量：按切割面数抽查 10%，且不应少于 3 个。

检验方法：观察检查或用钢尺、塞尺检查。

机械剪切的允许偏差（mm）　　　　　　　　　　　　表（14）

项　目	允许偏差
零件宽度、长度	±3.0
边缘缺棱	1.0
型钢端部垂直度	2.0

（15）矫正后的钢材表面，不应有明显的凹面或损伤，划痕深度不得大于 0.5mm，且不应大于该钢材厚度负允许偏差的 1/2。

检查数量：全数检查。

检验方法：观察检查和实测检查。

（16）冷矫正和冷弯曲的最小曲率半径和最大弯曲矢高应符合规范的规定。

检查数量：按冷矫正和冷弯曲的件数抽查 10%，且不应少于 3 个。

检验方法：观察检查和实测检查。

（17）钢材矫正后的允许偏差，应符合规范的规定。

检查数量：按矫正件数抽查 10%，且不应少于 3 件。

检验方法：观察检查和实测检查。

（18）边缘加工允许偏差应符合表（18）的规定。

检查数量：按加工面数抽查 10%，且不应少于 3 件。

检验方法：观察检查和实测检查。

边缘加工的允许偏差（mm）　　　　　　　　　　　　表（18）

项　目	允许偏差
零件宽度、长度	±1.0
加工边直线度	$L/3000$，且不应大于 2.0
相邻两边夹角	±6′
加工面垂直度	$0.025t$，且不应大于 0.5
加工面表面粗糙度	$\overset{50}{\bigtriangledown}$

（19）螺栓球加工的允许偏差应符合表（19）的规定。

检查数量：每种规格抽查 10%，且不应少于 5 个。

检验方法：见表（19）。

螺栓球加工的允许偏差（mm）　　　　　　　　　　　　表（19）

项　目		允许偏差	检验方法
圆度	$d \leqslant 120$	1.5	用卡尺和游标卡尺检查
	$d > 120$	2.5	

续表

项　目		允许偏差		检验方法
同一轴线上两铣平面平行度	$d\leqslant120$		0.2	用百分表 V 形块检查
	$d>120$		0.3	
铣平面距球中心距离		±0.2		用游标卡尺检查
相邻两螺栓孔中心线夹角		$\pm30'$		用分度头检查
两铣平面与螺栓孔轴线垂直度		$0.005r$		用百分表检查
球毛坯直径	$d\leqslant120$		$+2.0，-1.0$	用卡尺和游标卡尺检查
	$d>120$		$+3.0，-1.5$	

（20）焊接球加工的允许偏差应符合表（20）的规定。

检查数量：每种规格抽查 10%，且不应少于 5 个。

检验方法：见表（20）。

焊接球加工的允许偏差（mm）　　　　　　　　　　表（20）

项　目	允许偏差	检验方法
直径	$\pm0.005d，\pm2.5$	用卡尺和游标卡尺检查
圆度	2.5	用卡尺和游标卡尺检查
壁厚减薄量	$0.13t$，且不应大于 1.5	用卡尺和测厚仪检查
两半球对口错边	1.0	用套模和游标卡尺检查

（21）钢网架（桁架）用钢管杆件加工的允许偏差应符合表（21）的规定。

检查数量：每种规格抽查 10%，且不应少于 5 根。

检验方法：见表（21）。

钢网架（桁架）用钢管杆件加工的允许偏差（mm）　　　　表（21）

项　目	允许偏差	检验方法
长　度	±1.0	用钢尺和百分表检查
端面对管轴的垂直度	$0.005r$	用百分表 V 形块检查
管口曲线	1.0	用套模和游标卡尺检查

（22）螺栓孔孔距的允许偏差应符合表（22）的规定。

检查数量：按钢构件数量抽查 10%，且不应少于 3 件。

检验方法：用钢尺检查。

螺栓孔孔距允许偏差（mm）　　　　　　　　　　表（22）

螺栓孔孔距范围	$\leqslant500$	$501\sim1200$	$1201\sim3000$	>3000
同一组内任意两孔间距离	±1.0	±1.5	—	—
相邻两组的端孔间距离	±1.5	±2.0	±2.5	±3.0

注：1. 在节点中连接板与一根杆件相连的所有螺栓孔为一组；

　　2. 对接接头在拼接板一侧的螺栓孔为一组；

　　3. 在两相邻节点或接头间的螺栓孔为一组，但不包括上述两款所规定的螺栓孔；

　　4. 受弯构件翼缘上的连接螺栓孔，每米长度范围内的螺栓孔为一组。

（23）螺栓孔孔距的允许偏差超过本规范表 7.6.2 规定的允许偏差时，应采用与母材材质相匹配的焊条补焊后重新制孔。

检查数量：全数检查。

检验方法：观察检查。

注：本表由施工项目专业质量检查员同专业工长共同填写，专业监理工程师（建设单位项目专业技术负责人）组织项目专业质量（技术）负责人等进行验收。

园林绿化工程
钢结构（构件组装）分项工程检验批质量验收记录

《钢结构工程施工质量验收规范》（GB 50205—2001）表　　　　　　　　　　　　　园建44

单位 工程名称		分项 工程名称		验收部位	
施工单位		专业工长		项目负责人	
施工执行标准名称 及编号					
分包施工单位		分包施工单位负责人		施工班组长	

	主控项目	合格质量标准 （按本规范）		施工单位检查评定结果	监理（建设） 单位验收记录
1	吊车梁（桁架）	见说明（1）			
2	端部铣平精度 的允许偏差	两端铣平时构件长度	±2.0mm		
		两端铣平时零件长度	±0.5mm		
		铣平面的平面度	0.3mm		
		铣平面对轴线的垂直度	L/1500		
3	外形尺寸的 允许偏差	单层柱、梁、衍架受力支托 （支承面）表面至第一个安装孔 距离	±1.0mm		
		多节柱铣平面至第一个安装孔 距离	±1.0mm		
		实腹梁两端最外侧安装孔距离	±3.0mm		
		构件连接处的截面几何尺寸	±3.0mm		
		柱、梁连接处的腹板中心线 偏移	2.0mm		
		受压构件（杆件）弯曲矢高	L/1000， 且不应大 于10.0mm		

	一般项目	合格质量标准 （按本规范）		施工单位检查评定结果	监理（建设） 单位验收记录
1	焊接H型钢接缝	见说明（4）			
2	焊接H型钢精度	见说明（5）			
3	焊接组装精度	见说明（6）			
4	顶紧接触面	见说明（7）			
5	轴线交点错位	见说明（8）			
6	焊缝坡口精度 的允许偏差	坡口角度	±5°		
		钝边	±1.0mm		
7	铣平面保护	见说明（10）			
8	外形尺寸	见说明（11）			

施工单位 检查评定结果	项目专业质量检查员： 　　　　　　　　　　　　　　　　　　年　月　日
监理（建设） 单位验收结论	监理工程师： （建设单位项目专业技术负责人）　　　　年　月　日

说　明

园林绿化工程钢结构（构件组装）分项工程检验批质量验收记录

1）主控项目

（1）吊车梁和吊车桁架不应下挠。

检查数量：全数检查。

检验方法：构件直立，在两端支承后，用水准仪和钢尺检查。

（2）端部铣平的允许偏差应符合表（2）的规定。

检查数量：按铣平面数量抽查 10％，且不应少于 3 个。

检验方法：用钢尺、角尺、塞尺等检查。

端部铣平的允许偏差（mm）　　　　　　　　　　　　　表（2）

项　目	允许偏差
两端铣平时构件长度	±2.0
两端铣平时零件长度	±0.5
铣平面的平面度	0.3
铣平面对轴线的垂直度	$L/1500$

（3）钢构件外形尺寸主控项目的允许偏差应符合表（3）的规定。

检查数量：全数检查。

检验方法：用钢尺检查。

钢构件外形尺寸主控项目的允许偏差（mm）　　　　　　　　表（3）

项　目	允许偏差
单层柱、梁、桁架受力支托（支承面）表面至第一个安装孔距离	±1.0
多节柱铣平面至第一个安装孔距离	±1.0
实腹梁两端最外侧安装孔距离	±3.0
构件连接处的截面几何尺寸	±3.0
柱、梁连接处的腹板中心线偏移	2.0
受压构件（杆件）弯曲矢高	$L/1000$，且不应大于 10.0

2）一般项目

（4）焊接 H 型钢的翼缘板拼接缝和腹板拼接缝的间距不应小于 200mm。翼缘板拼接长度不应小于 2 倍板宽；腹板拼接宽度不应小于 300mm，长度不应小于 600mm。

检查数量：全数检查。

检验方法：观察和用钢尺检查。

（5）焊接 H 型钢的允许偏差应符合规范附录 C 中表 C.0.1 的规定。

检查数量：按钢构件数抽查 10％，宜不应少于 3 件。

检验方法：用钢尺、角尺、塞尺等检验。

（6）焊接连接组装的允许偏差应符合规范附录 C 中表 C.0.2 的规定。

检查数量：按构件数抽查 10％，且不应少于 3 个。

检验方法：用钢尺检验。

（7）顶紧接触面应有 75％以上的面积紧贴。

检查数量：按接触面的数量抽查 10％，且不应少于 10 个。

检验方法：用 0.3mm 塞尺检查，其塞入面积应小于 25％，边缘间隙不应大于 0.8mm。

（8）桁架结构杆件轴线交点错位的允许偏差不得大于 3.0mm，允许偏差不得大于 4.0mm。

检查数量：按构件数抽查 10％，且不应少于 3 个，每个抽查构件按节点数抽查 10％，且不应少于 3 个节点。

检验方法：尺量检查。

（9）安装焊缝坡口的允许偏差应符合表（9）的规定。

检查数量：按坡口数量抽查 10％，且不应少于 3 条。

检验方法：用焊缝量规检查。

安装焊缝坡口的允许偏差

表（9）

项　目	允许偏差
坡口角度	±5°
钝　边	±1.0mm

（10）外露铣平面应作防锈保护。

检查数量：全数检查。

检验方法：观察检查。

（11）钢构件外形尺寸一般项目的允许偏差应符合规范附录 C 中表 C.0.3～表 C.0.9 的规定。

检查数量：按构件数量抽查 10％，且不应少于 3 件。

检验方法：见规范附录 C 中表 C.0.3～表 C.0.9。

注：本表由施工项目专业质量检查员同专业工长共同填写，专业监理工程师（建设单位项目专业技术负责人）组织项目专业质量（技术）负责人等进行验收。

园林绿化工程
钢结构（预拼装）分项工程检验批质量验收记录

《钢结构工程施工质量验收规范》（GB 50205—2001）表 园建 45

单位 工程名称			分项 工程名称		验收部位	
施工单位			专业工长		项目负责人	
施工执行标准名称 及编号						
分包施工单位			分包施工单位负责人		施工班组长	
质量验收规范的规定			施工单位检查评定结果		监理（建设） 单位验收记录	
主控项目	1	多层板叠螺栓孔	见说明（1）			
一般项目	1	预拼装精度	见说明（2）			
施工单位 检查评定结果		项目专业质量检查员：　　　　　　　　　　年　月　日				
监理（建设） 单位验收结论		监理工程师： （建设单位项目专业技术负责人）　　　　　　年　月　日				

说　明

园林绿化工程钢结构（预拼装）分项工程检验批质量验收记录

1）主　控　项　目

（1）高强度螺栓和普通螺栓连接的多层板叠，应采用试孔器进行检查，并应符合下列规定：
①当采用比孔公称直径小 1.0mm 的试孔器检查时，每组孔的通过率不应小于 85%；
②当采用比螺栓公称直径大 0.3mm 的试孔器检查时，通过率应为 100%。
检查数量：按预拼装单元全数检查。
检验方法：采用试孔器检查。

2）一　般　项　目

（2）预拼装的允许偏差应符合规范附录 D 表 D 的规定。
检查数量：按预拼装单元全数检查。
检验方法：见规范附录 D 表 D。

注：本表由施工项目专业质量检查员同专业工长共同填写，专业监理工程师（建设单位项目专业技术负责人）组织项目专业质量（技术）负责人等进行验收。

园林绿化工程
钢结构（单层结构安装）分项工程检验批质量验收记录

《钢结构工程施工质量验收规范》（GB 50205—2001）表 　　　　　　　　　　　　　　园建 46

单位 工程名称				分项 工程名称			验收部位	
施工单位				专业工长			项目负责人	
施工执行标准名称 及编号								
分包施工单位				分包施工单位负责人			施工班组长	
主控项目			合格质量标准（按本规范）			施工单位检查评定结果		监理（建设） 单位验收记录
1	基础验收及允许偏差（mm）	支承面、地脚螺栓（锚栓）位置	见说明（1）					
			支承面	标高	± 3.0			
				水平度	$L/1000$			
			地脚螺栓（锚栓）	螺栓中心偏移	5.0			
			预留孔中心偏移		10.0			
		坐浆垫板	顶面标高		0.0，−3.0			
			水平度		$L/1000$			
			位　置		20.0			
		杯口尺寸	底面标高		0.0，−5.0			
			杯口深度 H		± 5.0			
			杯口垂直度		$H/100$，且不 应大于 10.0			
			位　置		10.0			

主控项目		合格质量标准（按本规范）		施工单位检查评定结果	监理（建设）单位验收记录
2	构件验收	见说明（5）			
3	顶紧接触面	见说明（6）			
4	垂直度和侧弯曲	见说明（7）			
5	主体结构尺寸	见说明（8）			
一般项目		合格质量标准（按本规范）		施工单位检查评定结果	监理（建设）单位验收记录
1	地脚螺栓精度及允许偏差（mm）	螺栓（锚栓）露出长度	+30.0, 0.0		
		螺纹长度	+30.0, 0.0		
2	标记	见说明（10）			
3	桁架、梁安装精度	见说明（11）			
4	钢柱安装精度	见说明（12）			
5	吊车梁安装精度	见说明（13）			
6	檩条等安装精度	见说明（14）			
7	平台等安装精度	见说明（15）			
8	现场焊缝组对间隙允许偏差（mm）	无垫板间隙	+3.0, 0.0		
		有垫板间隙	+3.0, −2.0		
9	结构表面	见说明（17）			
施工单位检查评定结果		项目专业质量检查员：　　　　　　　　　　　　　年　月　日			
监理（建设）单位验收结论		监理工程师： （建设单位项目专业技术负责人）　　　　　　　　年　月　日			

说　明

园林绿化工程钢结构（单层结构安装）分项工程检验批质量验收记录

1）主　控　项　目

（1）建筑物的定位轴线、基础轴线和标高、地脚螺栓的规格及其紧固应符合设计要求。

检查数量：按柱基数抽查10%，且不应少于3个。

检验方法：用经纬仪、水准仪、全站仪和钢尺现场实测。

（2）基础顶面直接作为柱的支承面和基础顶面预埋钢板或支座作为柱的支承面时，其支承面、地脚螺栓（锚栓）位置的允许偏差应符合表（2）的规定。

检查数量：按柱基数抽查10%，且不应少于3个。

检验方法：用经纬仪、水准仪、全站仪、水平尺和钢尺实测。

支承面、地脚螺栓（锚栓）位置的允许偏差（mm）　　　　　　表（2）

项　目		允许偏差
支承面	标　高	±3.0
	水平度	$L/1000$
地脚螺栓（锚栓）	螺栓中心偏移	5.0
预留孔中心偏移		10.0

（3）采用坐浆垫板时，坐浆垫板的允许偏差应符合表（3）的规定。

检查数量：资料全数检查。按柱基数抽查10%，且不应少于3个。

检验方法：用水准仪、全站仪、水平尺和钢尺现场实测。

坐浆垫板的允许偏差（mm）　　　　　　表（3）

项　目	允许偏差
顶面标高	0.0，−3.0
水平度	$L/1000$
位　置	20.0

（4）采用杯口基础时，杯口尺寸的允许偏差应符合表（4）的规定。

检查数量：按基础数抽查10%，且不应少于4处。

检验方法：观察及尺量检查。

杯口尺寸的允许偏差（mm）　　　　　　表（4）

项　目	允许偏差
底面标高	0.0，−5.0
杯口深度 H	±5.0
杯口垂直度	$H/100$，且不应大于10.0
位　置	10.0

（5）钢构件应符合设计要求和本规范的规定。运输、堆放和吊装等造成的钢构件变形及涂层脱落，应进行矫正和修补。

检查数量：按构件数抽查10%，且不应少于3个。

检验方法：用拉线、钢尺现场实测或观察。

（6）设计要求顶紧的节点，接触面不应少于70%紧贴，且边缘最大间隙不应大于0.8mm。

检查数量：按节点数抽查10%，且不应少于3个。

检验方法：用钢尺及 0.3mm 和 0.8mm 厚的塞尺现场实测。

（7）钢屋（托）架、桁架、梁及受压杆件的垂直度和侧向弯曲矢高的允许偏差应符合相关规定。

检查数量：按同类构件数抽查 10%，且不应少于 3 个。

检验方法：用吊线、拉线、经纬仪和钢尺现场实测。

（8）单层钢结构主体结构的整体垂直度和整体平面弯曲的允许偏差应符合相关规定。

检查数量：对主要立面全部检查。对每个所检查的立面，除两列角柱外，尚应至少选取一列中间柱。

检验方法：采用经纬仪、全站仪等测量。

2）一 般 项 目

（9）地脚螺栓（锚栓）尺寸的偏差应符合表（9）的规定。地脚螺栓（锚栓）的螺纹应受到保护。

检查数量：按柱基数抽查 10%，且不应少于 3 个。

检验方法：用钢尺现场实测。

地脚螺栓（锚栓）尺寸的允许偏差（mm）　　　　　　　　　　表（9）

项　　目	允许偏差
螺栓（锚栓）露出长度	+30.0, 0.0
螺纹长度	+30.0, 0.0

（10）钢柱等主要构件的中心线及标高基准点等标记应齐全。

检查数量：按同类构件数抽查 10%，且不应少于 3 件。

检验方法：观察检查。

（11）当钢桁架（或梁）安装在混凝土柱上时，其支座中心对定位轴线的偏差不应大于 10mm；当采用大型混凝土屋面板时，钢桁架（或梁）间距的偏差不应大于 10mm。

检查数量：按同类构件数抽查 10%，且不应少于 3 榀。

检验方法：用拉线和钢尺现场实测。

（12）钢柱安装的允许偏差应符合本规范附录 E 中表 E.0.1 的规定。

检查数量：按钢柱数抽查 10%，且不应少于 3 件。

检验方法：见本规范附录 E 中表 E.0.1。

（13）钢吊车梁或直接承受动力荷载的类似构件，其安装的允许偏差应符合本规范附录 E 中表 E.0.2 的规定。

检查数量：按钢吊车梁数抽查 10%，且不应少于 3 榀。

检验方法：见本规范附录 E 中表 E.0.2。

（14）檩条、墙架等次要构件安装的允许偏差应符合本规范附录 E 中表 E.0.3 的规定。

检查数量：按同类构件数抽查 10%，且不应少于 3 件。

检验方法：见本规范附录 E 中表 E.0.3。

（15）钢平台、钢梯、栏杆安装应符合现行国家标准《固定式钢梯及平台安全要求　第 1 部分：钢直梯》（GB 4053.1—2009）、《固定式钢梯及平台安全要求　第 2 部分：钢斜梯》（GB 4053.2—2009）、《固定式钢梯及平台安全要求　第 3 部分：工业防护栏杆及钢平台》的规定。钢平台、钢梯和防护栏杆安装的允许偏差应符合本规范附录 E 中表 E.0.4 的规定。

检查数量：按钢平台总数抽查 10%，栏杆、钢梯按总长度各抽查 10%，但钢平台不应少于

1个，栏杆不应少于5m，钢梯不应少于1跑。

检验方法：见本规范附录E中表E.0.4。

(16) 现场焊缝组对间隙的允许偏差应符合表（16）的规定。

检查数量：按同类节点数抽查10%，且不应少于3个。

检验方法：尺量检查。

现场焊缝组对间隙的允许偏差（mm）　　　　　　　　　　　　表（16）

项　目	允许偏差
无垫板间隙	+3.0，0.0
有垫板间隙	+3.0，−2.0

(17) 钢结构表面应干净，结构主要表面不应有疤痕、泥沙等污垢。

检查数量：按同类构件数抽查10%，且不应少于3件。

检验方法：观察检查。

注：本表由施工项目专业质量检查员同专业工长共同填写，专业监理工程师（建设单位项目专业技术负责人）组织项目专业质量（技术）负责人等进行验收。

园林绿化工程
钢结构（网架结构安装）分项工程检验批质量验收记录

《钢结构工程施工质量验收规范》（GB 50205—2001）表　　　　　　　　　　园建 47

单位工程名称				分项工程名称			验收部位		
施工单位				专业工长			项目负责人		
施工执行标准名称及编号									
分包施工单位				分包施工单位负责人			施工班组长		

	主控项目			合格质量标准（按本规范）			施工单位检查评定结果	监理（建设）单位验收记录
1	焊接球			见说明（1）和（2）				
2	螺栓球			见说明（3）和（4）				
3	封板、锥头、套筒			见说明（5）和（6）				
4	橡胶垫			见说明（7）				
5	基础验收及允许偏差（mm）			见说明（8）				
		支承面顶板、支座螺栓位置	支承面顶板	位置	15.0			
				顶面标高	0，−3.0			
				顶面水平度	$L/1000$			
			支座锚栓	中心偏移	±5.0			
6	支座			第 12.2.3 条、第 12.2.4 条				
7	拼装精度及允许偏差（mm）注：L_1 为杆件长度；L 为跨长	小拼单元		节点中心偏移	2.0			
				焊接球节点与钢管中心的偏移	1.0			
				杆件轴线的弯曲矢高	$L_1/1000$，且不应大于 5.0			
			锥体型小拼单元	弦杆长度	±2.0			
				锥体高度	±2.0			
				上弦杆对角线长度	±3.0			
			平面桁架型小拼单元	跨长 ≤24m	+3.0，−7.0			
				跨长 >24m	+5.0，−10.0			
				跨中高度	±3.0			
				跨中拱度 设计要求起拱	$L/5000$			
				跨中拱度 设计未要求起拱	+10.0			
			中拼单元	单元长度≤20m，拼接长度 单跨	±10.0			
				多跨连接	±5.0			
				单元长度>20m，拼接长度 单跨	±20.0			
				多跨连接	±10.0			
8	节点承载力试验			见说明（14）				
9	结构挠度			见说明（15）				

	一般项目		合格质量标准 （按本规范）			施工单位检查评定结果							监理（建设） 单位验收记录
1	焊接球精度		见说明（16）和（17）										
2	螺栓球精度		见说明（19）										
3	螺栓球螺纹精度		见说明（18）										
4	锚栓精度		见说明（20）										
5	结构表面		见说明（21）										
6	安装精度及允许偏差（mm） 注：L为纵向、横向长度；L_1为相邻支座间距	钢网架结构安装	纵向、横向长度	$L/2000$，且不应大于30.0；$-L/2000$，且不应小于-30.0	用钢尺实测								
			支座中心偏移	$L/3000$，且不应大于30.0	用钢尺和经纬仪实测								
			周边支承网架相邻支座高差	$L/400$，且不应大于15.0	用钢尺和水准仪实测								
			支座最大高差	30.0									
			多点支承网架相邻支座高差	$L_1/800$，且不应大于30.0									

施工单位 检查评定结果	项目专业质量检查员：　　　　　　　　　　　　　　　　　年 月 日
监理（建设） 单位验收结论	监理工程师： （建设单位项目专业技术负责人）　　　　　　　　　年 月 日

说　明

园林绿化工程钢结构（网架结构安装）分项工程检验批质量验收记录

1）主　控　项　目

（1）焊接球及制造焊接球所采用原材料，其品种、规格、性能等应符合现行国家产品标准和设计要求。

检查数量：全数检查。

检验方法：检查产品的质量合格证明文件、中文标志及检验报告等。

（2）焊接球焊缝应进行无损检验，其质量应符合设计要求，当设计无要求时应符合本规范中规定的二级质量标准。

检查数量：每一规格按数量抽查5％，且不应少于3个。

检验方法：超声波探伤或检查检验报告。

（3）螺栓球及制造螺栓球节点所采用的原材料，其品种、规格、性能等应符合现行国家产品标准和设计要求。

检查数量：全数检查。

检验方法：检查产品的质量合格证明文件、中文标志及检验报告等。

（4）螺栓球不得有过烧、裂纹及褶皱。

检查数量：每种规格抽查5％，且不应少于5只。

检验方法：用10倍放大镜观察和表面探伤。

（5）封板、锥头和套筒及制造封板、锥头和套筒所采用的原材料，其品种、规格、性能等应符合现行国家产品标准和设计要求。

检查数量：全数检查。

检验方法：检查产品的质量合格证明文件、中文标志及检验报告等。

（6）封板、锥头、套筒外观不得有裂纹、过烧及氧化皮。

检查数量：每种抽查5％，且不应少于10只。

检验方法：用放大镜观察检查和表面探伤。

（7）钢结构用橡胶垫的品种、规格、性能等应符合现行国家产品标准和设计要求。

检查数量：全数检查。

检验方法：检查产品的质量合格证明文件、中文标志及检验报告等。

（8）钢网架结构支座定位轴线的位置、支座锚栓的规格应符合设计要求。

检查数量：按支座数抽查10％，且不应少于4处。

检验方法：用经纬仪和钢尺实测。

（9）支承面顶板的位置、标高、水平度以及支座锚栓位置的允许偏差应符合表（9）的规定。

支承面顶板、支座锚栓位置的允许偏差（mm）　　　　　　　　　　　　　　表（9）

项　　目		允许偏差
支承面顶板	位　置	15.0
	顶面标高	0，－3.0
	顶面水平度	$L/1000$
支座锚栓	中心偏移	±5.0

检查数量：按支座数抽查10％，且不应少于4处。

检验方法：用经纬仪、水准仪、水平尺和钢尺实测。

（10）支承垫块的种类、规格、摆放位置和朝向，必须符合设计要求和国家现行有关标准的规定。橡胶垫块与刚性垫块之间或不同类型刚性垫块之间不得互换使用。

检查数量：按支座数抽查 10％，且不应少于 4 处。

检验方法：观察和用钢尺实测。

（11）网架支座锚栓的紧固应符合设计要求。

检查数量：按支座数抽查 10％，且不应少于 4 处。

检验方法：观察检查。

（12）小拼单元的允许偏差应符合表（12）的规定。

检查数量：按单元数抽查 5％，且不应少于 5 个。

检验方法：用钢尺和拉线等辅助量具实测。

小拼单元的允许偏差（mm）　　　　　　　　表（12）

项　目			允许偏差
节点中心偏移			2.0
焊接球节点与钢管中心的偏移			1.0
杆件轴线的弯曲矢高			$L_1/1000$，且不应大于 5.0
锥体型小拼单元	弦杆长度		±2.0
	锥体高度		±2.0
	上弦杆对角线长度		±3.0
平面桁架型小拼单元	跨　长	≤24m	+3.0 / −7.0
		>24m	+5.0 / −10.0
	跨中高度		±3.0
	跨中拱度	设计要求起拱	±$L/5000$
		设计未要求起拱	+10.0

注：1. L_1 为杆件长度；2. L 为跨长。

（13）中拼单元的允许偏差应符合表（13）的规定。

检查数量：全数检查。

检验方法：用钢尺和辅助量具实测。

中拼单元的允许偏差（mm）　　　　　　　　表（13）

项　目		允许偏差
单元长度≤20m，拼接长度	单　跨	±10.0
	多跨连续	±5.0
单元长度>20m，拼接长度	单　跨	±20.0
	多跨连续	±10.0

（14）对建筑结构安全等级为一级，跨度 40m 及以上的公共建筑钢网架结构，且设计有要求时，应按下列项目进行节点承载力试验，其结果应符合以下规定：

①焊接球节点应按设计指定规格的球及其匹配的钢管焊接成试件，进行轴心拉、压承载力试验，其试验破坏荷载值大于或等于 1.6 倍设计承载力为合格。

②螺栓球节点应按设计指定规格的球最大螺栓孔螺纹进行抗拉强度保证荷载试验，当达到螺栓的设计承载力时，螺孔、螺纹及封板仍完好无损为合格。

检查数量：每项试验做 3 个试件。

检验方法：在万能试验机上进行检验，检查试验报告。

(15) 钢网架结构总拼完成后及屋面工程完成后应分别测量其挠度值，且所测的挠度值不应超过相应设计值的 1.15 倍。

检查数量：跨度 24m 及以下钢网架结构测量下弦中央一点；跨度 24m 以上钢网架结构测量下弦中央一点及各向下弦跨度的四等分点。

检验方法：用钢尺和水准仪实测。

2) 一 般 项 目

(16) 焊接球直径、圆度、壁厚减薄量等尺寸及允许偏差应符合本规范的规定。

检查数量：每一规格按数量抽查 5%，且不应少于 3 个。

检验方法：用卡尺和测厚仪检查。

(17) 焊接球表面应无明显波纹及局部凹凸不平不大于 1.5mm。

检查数量：每一规格按数量抽查 5%，且不应少于 3 个。

检验方法：用弧形套模、卡尺和观察检查。

(18) 螺栓球螺纹尺寸应符合现行国家标准《普通螺纹 基本尺寸》（GB/T 196—2003）中粗牙螺纹的规定，螺纹公差必须符合现行国家标准《普通螺纹 公差》（GB/T 197—2003）中 6H 级精度的规定。

检查数量：每种规格抽查 5%，且不应少于 5 只。

检验方法：用标准螺纹规。

(19) 螺栓球直径、圆度、相邻两螺栓孔中心线夹角等尺寸及允许偏差应符合本规范的规定。

检查数量：每一规格按数量抽查 5%，且不应少于 3 个。

检验方法：用卡尺和分度头仪检查。

(20) 支座锚栓尺寸的允许偏差应符合本规范表 10.2.5 的规定。支座锚栓的螺纹应受到保护。

检查数量：按支座数抽查 10%，且不应少于 4 处。

检验方法：用钢尺实测。

(21) 钢网架结构安装完成后，其节点及杆件表面应干净，不应有明显的疤痕、泥沙和污垢。螺栓球节点应将所有接缝用油腻子填嵌严密，并应将多余螺孔封口。

检查数量：按节点及杆件数量抽查 5%，且不应少于 10 个节点。

检验方法：观察检查。

(22) 钢网架结构安装完成后，其安装的允许偏差应符合表（22）的规定。

检查数量：除杆件弯曲矢高按杆件数抽查 5%外，其余全数检查。

检验方法：见表（22）。

钢网架结构安装的允许偏差（mm）   表（22）

项　　目	允许偏差	检验方法
纵向、横向长度	$L/2000$，且不应大于 30.0； $-L/2000$，且不应小于 -30.0	用钢尺实测
支座中心偏移	$L/3000$，且不应大于 30.0	用钢尺和经纬仪实测
周边支承网架相邻支座高差	$L/400$，且不应大于 15.0	用钢尺和水准仪实测
支座最大高差	30.0	
多点支承网架相邻支座高差	$L_1/800$，且不应大于 30.0	

注：1. L 为纵向、横向长度；2. L_1 为相邻支座间距。

注：本表由施工项目专业质量检查员同专业工长共同填写，专业监理工程师（建设单位项目专业技术负责人）组织项目专业质量（技术）负责人等进行验收。

园林绿化工程
钢结构（压型金属板）分项工程检验批质量验收记录

《钢结构工程施工质量验收规范》（GB 50205—2001）表　　　　　　　　　　　　　园建 48

单位 工程名称				分项 工程名称			验收部位		
施工单位				专业工长			项目负责人		
施工执行标准名称 及编号									
分包施工单位				分包施工单位负责人			施工班组长		
主控项目			合格质量标准 （按本规范）			施工单位检查评定结果		监理（建设） 单位验收记录	
1	压型金属板 进场		见说明（1）和（2）						
2	基板裂纹		见说明（3）						
3	涂层缺陷		见说明（4）						
4	现场安装		见说明（5）						
5	搭　接		见说明（6）						
6	端部锚固		见说明（7）						
一般项目			合格质量标准 （按本规范）			施工单位自检 评定记录或结果		监理（建设） 单位验收记录	
1	压型金属 板精度		见说明（8）						
2	轧制 精度 及允 许偏 差 （mm）	压型 金属 板的 尺寸	波距		±2.0				
			波高	压型钢板	截面高度≤70	±1.5			
					截面高度＞70	±2.0			
			侧向 弯曲	在测量长度 L_1 的 范围内	20.0				
		压型 金属 板的 施工 现场 制作	压型金属板 的覆盖宽度	截面高度≤70	+10.0, −2.0				
				截面高度＞70	+6.0, −2.0				
			板长		±9.0				
			横向剪切偏差		6.0				
			泛水板、包 角板尺寸	板长	±6.0				
				折弯面宽度	±3.0				
				折弯面夹角	2°				

续表

一般项目			合格质量标准 （按本规范）		施工单位自检 评定记录或结果	监理（建设） 单位验收记录
3	表面质量		见说明（10）			
4	安装质量		见说明（12）			
5	压型金属板安装精度及允许偏差（mm）	屋面	檐口与屋脊的平行度	12.0		
			压型金属板波纹纸对屋脊的垂直度	$H/800$，且不应大于25.0		
			檐口相邻两块压型金属板端部错位	6.0		
			压型金属板卷边板件最大浪高	4.0		
		墙面	墙板波纹纸的垂直度	$H/800$，且不应大于25.0		
			墙板包角板的垂直度	$H/800$，且不应大于25.0		
			相邻两块压型金属板的下端错位	6.0		
施工单位 检查评定结果			项目专业质量检查员：			年　月　日
监理（建设） 单位验收结论			监理工程师： （建设单位项目专业技术负责人）			年　月　日

说　明

园林绿化工程钢结构（压型金属板）分项工程检验批质量验收记录

1）主　控　项　目

（1）金属压型板及制造金属压型板所采用的原材料，其品种、规格、性能等应符合现行国家产品标准和设计要求。

检查数量：全数检查。

检验方法：检查产品的质量合格证明文件、中文标志及检验报告等。

（2）压型金属泛水板、包角板和零配件的品种、规格以及防水密封材料的性能应符合现行国家产品标准和设计要求。

检查数量：全数检查。

检验方法：检查产品的质量合格证明文件、中文标志及检验报告等。

（3）压型金属板成型后，其基板不应有裂纹。

检查数量：按计件数抽查5％，且不应少于10件。

检验方法：观察和用10倍放大镜检查。

（4）有涂层、镀层压型金属板成型后，涂、镀层不应有肉眼可见的裂纹、剥落和擦痕等缺陷。

检查数量：按计件数抽查5％，且不应少于10件。

检验方法：观察检查。

（5）压型金属板、泛水板和包角板等应固定可靠、牢固，防腐涂料涂刷和密封材料敷设应完好，连接件数量、间距应符合设计要求和国家现行有关标准规定。

检查数量：全数检查。

检验方法：观察检查及尺量。

（6）压型金属板应在支承构件上可靠搭接，搭接长度符合设计要求，且不小于表（6）所规定的数值。

检查数量：按搭接部位长度抽查10％，且不应少于10m。

检验方法：观察和用钢尺检查。

压型金属板在支承构件上的搭接长度（mm）　　　　　　　　　　表（6）

项　　目		搭接长度
截面高度＞70		375
截面高度≤70	屋面坡度＜1/10	250
	屋面坡度≥1/10	200
墙　面		120

（7）组合楼板中压型钢板与主体结构（梁）的锚固支承长度应符合设计要求，且不应小于50mm，端部锚固件连接应可靠，设置位置应符合设计要求。

检查数量：沿连接纵向长度抽查10％，且不应少于10m。

检验方法：观察和用钢尺检查。

2) 一 般 项 目

(8) 压型金属板的规格尺寸及允许偏差、表面质量、涂层质量等应符合设计要求和规范的规定。

检查数量：每种规格抽查 5%，且不应少于 3 件。

检验方法：观察和用 10 倍放大镜检查及尺量。

(9) 压型金属板的尺寸允许偏差应符合表（9）的规定。

压型金属板的尺寸允许偏差（mm）　　　　　　表（9）

项　目			允许偏差
波　距			±2.0
波　高	压型钢板	截面高度≤70	±1.5
		截面高度>70	±2.0
侧向弯曲	在测量长度 L_1 的范围内		20.0

注：L_1 为测量长度，指板长扣除两端各 0.5m 后的实际长度（小于 10m）或扣除后任选的 10m 长度。

检查数量：按计件数抽查 5%，且不应少于 10 件。

检验方法：用拉线和钢尺检查。

(10) 压型金属板成型后，表面应干净，不应有明显凹凸和皱褶。

检查数量：按计件数抽查 5%，且不应少于 10 件。

检验方法：观察检查。

(11) 压型金属板施工现场制作的允许偏差应符合表（11）的规定。

检查数量：按计件数抽查 5%，且不应少于 10 件。

检验方法：用钢尺、角尺检查。

压型金属板施工现场制作的允许偏差（mm）　　　　　　表（11）

项　目		允许偏差
压型金属板的覆盖宽度	截面高度≤70	+10.0，-2.0
	截面高度>70	+6.0，-2.0
板　长		±9.0
横向剪切偏差		6.0
泛水板、包角板尺寸	板　长	±6.0
	折弯面宽度	±3.0
	折弯面夹角	2°

(12) 压型金属板安装应平整、顺直，板面不应有施工残留物和污物。檐口和墙在下端应呈直线，不应有未经处理的错钻孔洞。

检查数量：按面积抽查 10%，且不应少于 10m²。

检验方法：观察检查。

(13) 压型金属板安装的允许偏差应符合表（13）的规定。

检查数量：檐口与屋脊的平行度：按长度抽查 10%，且不应少于 10m。其他项目：每 20m 长度应抽查 1 处，不应少于 2 处。

检验方法：用拉线、吊线和钢尺检查。

压型金属板安装的允许偏差（mm）   表（13）

项 目		允许偏差
屋面	檐口与屋脊的平行度	12.0
	压型金属板波纹线对屋脊的垂直度	$L/800$，且不应大于 25.0
	檐口相邻两块压型金属板端部错位	6.0
	压型金属板卷边板件最大波浪高	4.0
墙面	墙板波纹线的垂直度	$H/800$，且不应大于 25.0
	墙板包角板的垂直度	$H/800$，且不应大于 25.0
	相邻两块压型金属板的下端错位	6.0

注：1. L 为屋面半坡或单坡长度；2. H 为墙面高度。

注：本表由施工项目专业质量检查员同专业工长共同填写，专业监理工程师（建设单位项目专业技术负责人）组织项目专业质量（技术）负责人等进行验收。

园林绿化工程
钢结构（防腐涂料涂装）分项工程检验批质量验收记录

《钢结构工程施工质量验收规范》（GB 50205—2001）表 　　　　　　　　　　　　　　　　　　园建 49

单位 工程名称		分项 工程名称		验收部位	
施工单位		专业工长		项目负责人	
施工执行标准名称 及编号					
分包施工单位		分包施工单位负责人		施工班组长	

	主控项目	合格质量标准 （按本规范）	施工单位检查评定结果	监理（建设） 单位验收记录
1	产品进场	见说明（1）		
2	表面处理	见说明（2）		
3	涂层厚度	见说明（3）		

	一般项目	合格质量标准 （按本规范）	施工单位检查评定结果	监理（建设） 单位验收记录
1	产品进场	见说明（4）		
2	表面质量	见说明（5）		
3	附着力测试	见说明（6）		
4	标　志	见说明（7）		

施工单位 检查评定结果	项目专业质量检查员：　　　　　　　　　　　　　　　　　年　月　日
监理（建设） 单位验收结论	监理工程师： （建设单位项目专业技术负责人）　　　　　　　　　年　月　日

说　明

园林绿化工程钢结构（防腐涂料涂装）分项工程检验批质量验收记录

1）主控项目

（1）钢结构防腐涂料、稀释剂和固化剂等材料的品种、规格、性能等应符合现行国家产品标准和设计要求。

检查数量：全数检查。

检验方法：检查产品的质量合格证明文件、中文标志及检验报告等。

（2）涂装前钢材表面除锈应符合设计要求和国家现行有关标准的规定。处理后的钢材表面不应有焊渣、焊疤、灰尘、油污、水和毛刺等。当设计无要求时，钢材表面除锈等级应符合表（2）的规定。

检查数量：按构件数抽查 10%，且同类构件不应少于 3 件。

检验方法：用铲刀检查和用现行国家标准《涂覆涂料前钢材表面处理　表面清洁度的目视评定　第 1 部分：未涂覆过的钢材表面和全面清除原有涂层后的钢材表面的锈蚀等级和处理等级》（GB/T 8923.1—2011）规定的图片对照观察检查。

各种底漆或防锈漆要求最低的除锈等级　　　　　　　表（2）

涂 料 品 种	除锈等级
油性酚醛、醇酸等底漆或防锈漆	St2
高氯化聚乙烯、氯化橡胶、氯磺化聚乙烯、环氧树脂、聚氨酯等底漆或防锈漆	Sa2
无机富锌、有机硅、过氯乙烯等底漆	Sa2$\frac{1}{2}$

（3）涂料、涂装遍数、涂层厚度均应符合设计要求。当设计对涂层厚度无要求时，涂层干漆膜总厚度：

室外应为 $150\mu m$，室内应为 $125\mu m$，其允许偏差为（$25\mu m$。每遍涂层干漆膜厚度的允许偏差为 $-5\mu m$。

检查数量：按构件数抽查 10%，且同类构件不应少于 3 件。

检验方法：用干漆膜测厚仪检查。每个构件检测 5 处，每处的数值为 3 个相距 50mm 测点涂层干漆膜厚度的平均值。

2）一般项目

（4）防腐涂料和防火涂料的型号、名称、颜色及有效期应与其质量证明文件相符。开启后，不应存在结皮、结块、凝胶等现象。

检查数量：按桶数抽查 5%，且不应少于 3 桶。

检验方法：观察检查。

（5）构件表面不应误涂、漏涂，涂层不应脱皮和返锈等。涂层应均匀，无明显皱皮、流坠、针眼和气泡等。

检查数量：全数检查。

检验方法：观察检查。

（6）当钢结构处在有腐蚀介质环境或外露且设计有要求时，应进行涂层附着力测试，在检测处范围内，当涂层完整程度达到 70％以上时，涂层附着力达到合格质量标准的要求。

检查数量：按构件数抽查 1‰，且不应少于 3 件，每件测 3 处。

检验方法：按照现行国家标准《漆膜附着力测定法》（GB 1720—1979）或《色漆和清漆漆膜的划格试验》（GB/T 9286—1998）执行。

（7）涂装完成后，构件的标志、标记和编号应清晰完整。

检查数量：全数检查。

检验方法：观察检查。

注：本表由施工项目专业质量检查员同专业工长共同填写，专业监理工程师（建设单位项目
　　专业技术负责人）组织项目专业质量（技术）负责人等进行验收。

园林绿化工程

钢结构（防火涂料涂装）分项工程检验批质量验收记录

《钢结构工程施工质量验收规范》（GB 50205—2001）表　　　　　　　　　园建 50

单位 工程名称		分项 工程名称		验收部位	
施工单位		专业工长		项目负责人	
施工执行标准名称 及编号					
分包施工单位		分包施工单位负责人		施工班组长	
主控项目		合格质量标准 （按本规范）	施工单位检查评定结果	监理（建设） 单位验收记录	
1	产品进场	见说明（1）			
2	涂装基层验收	见说明（2）			
3	强度试验	见说明（3）			
4	涂层厚度	见说明（4）			
5	表面裂纹	见说明（5）			
一般项目		合格质量标准 （按本规范）	施工单位检查评定结果	监理（建设） 单位验收记录	
1	产品进场	见说明（6）			
2	基层表面	见说明（7）			
3	涂层表面质量	见说明（8）			
施工单位 检查评定结果		项目专业质量检查员：　　　　　　　　　　　　　　　　年　月　日			
监理（建设） 单位验收结论		监理工程师： （建设单位项目专业技术负责人）　　　　　　　　　　　年　月　日			

459

说 明

园林绿化工程钢结构（防火涂料涂装）分项工程检验批质量验收记录

1）主 控 项 目

（1）钢结构防火涂料的品种和技术性能应符合设计要求，并应经过具有资质的检测机构检测，符合国家现行有关标准的规定。

检查数量：全数检查。

检验方法：检查产品的质量合格证明文件、中文标志及检验报告等。

（2）防火涂料涂装前钢材表面除锈及防锈底漆涂装应符合设计要求和国家现行有关标准的规定。

检查数量：按构件数抽查 10%，且同类构件不应少于 3 件。

检验方法：表面除锈用铲刀检查和用现行国家标准《涂覆涂料前钢材表面处理 表面清洁度的目视评定 第 1 部分：未涂覆过的钢材表面和全面清除原有涂层后的钢材表面的锈蚀等级和处理等级》（GB/T 8923.1—2011）规定的图片对照观察检查。底漆涂装用干漆膜测厚仪检查，每个构件检测 5 处，每处的数值为 3 个相距 50mm 测点涂层干漆膜厚度的平均值。

（3）钢结构防火涂料的粘结强度、抗压强度应符合国家现行标准《钢结构防火涂料应用技术规范》（CECS 24—1990）的规定。检验方法应符合现行国家标准《建筑构件耐火试验方法 第 1 部分：通用要求》（GB/T 9978.1—2008）的规定。

检查数量：每使用 100t 或不足 100t 薄涂型防火涂料应抽检一次粘结强度；每使用 500t 或不足 500t 厚涂型防火涂料应抽检一次粘结强度和抗压强度。

检验方法：检查复检报告。

（4）薄涂型防火涂料的涂层厚度应符合有关耐火极限的设计要求。厚涂型防火涂料涂层的厚度，80% 及以上面积应符合有关耐火极限的设计要求，且最薄处厚度不应低于设计要求的 85%。

检查数量：按同类构件数抽查 10%，且均不应少于 3 件。

检验方法：用涂层厚度测量仪、测针和钢尺检查。测量方法应符合国家现行标准《钢结构防火涂料应用技术规范》（CECS 24—1990）的规定及本规范附录 F。

（5）薄涂型防火涂料涂层表面裂纹宽度不应大于 0.5mm；厚涂型防火涂料涂层表面裂纹宽度不应大于 1mm。

检查数量：按同类构件数抽查 10%，且均不应少于 3 件。

检验方法：观察和用尺量检查。

2）一 般 项 目

（6）防腐涂料和防火涂料的型号、名称、颜色及有效期应与其质量证明文件相符。开启后，不应存在结皮、结块、凝胶等现象。

检查数量：按桶数抽查 5%，且不应少于 3 桶。

检验方法：观察检查。

（7）防火涂料涂装基层不应有油污、灰尘和泥砂等污垢。

检查数量：全数检查。

检验方法：观察检查。

（8）防火涂料不应有误涂、漏涂，涂层应闭合，无脱层、空鼓、明显凹陷、粉化松散和浮浆等外观缺陷，乳突已剔除。

　　检查数量：全数检查。

　　检验方法：观察检查。

　　注：本表由施工项目专业质量检查员同专业工长共同填写，专业监理工程师（建设单位项目专业技术负责人）组织项目专业质量（技术）负责人等进行验收。

园林绿化工程
方木和圆木结构检验批质量验收记录

《木结构工程施工质量验收规范》（GB 50206—2002）表　　　　　　　　　　　　　园建 51

单位工程名称				分项工程名称			验收部位		
施工单位				专业工长			项目负责人		
施工执行标准名称及编号									
分包施工单位				分包施工单位负责人			施工班组长		

质量验收规范的规定				施工单位检查评定结果								监理（建设）单位验收记录
主控项目	1	应根据木构件的受力情况，按表说明（1）规定的等级检查方木、板材及原木构件的木材缺陷限值		见说明（1）								
	2	应按规定控制木构件的含水率。①原木或方木结构不大于25%；②板材结构及受拉构件的连接板不大于18%；③通风条件较差的木构件不大于20%		见说明（2）								
一般项目		木桁架、梁、柱制作的允许偏差		见说明（3）								
		项　目		允许偏差（mm）								
	1	构件截面尺寸	方木构件高度、宽度	−3								
			板材厚度、宽度	−2								
			原木构件梢径	−5								
	2	结构长度	长度不大于15m	±10								
			长度大于15m	±15								
	3	桁架高度	跨度不大于15m	±10								
			跨度大于15m	±15								
	4	受压或压弯构件纵向弯曲	方木构件	$L/500$								
			原木构件	$L/200$								
	5	弦杆节点间距		±5								
	6	齿连接刻槽深度		±2								
	7	支座节点受剪面	长度	−10								
			宽度　方木	−3								
			宽度　原木	−4								
	8	螺栓中心间距	进孔处	±0.2d								
			出孔处　垂直木纹方向	±0.5d且不大于4B/100								
			顺木纹方向	±1d								

质量验收规范的规定			施工单位检查评定结果							监理（建设）单位验收记录
	项　目	允许偏差（mm）								
9	钉进孔处的中心间距	$\pm 1d$								
10	桁架起拱	$+20,-10$								
一般项目	木框架、梁、柱安装的允许偏差	见说明（4）								
	1　结构中心线的间距	± 20								
	2　垂直度	$H/200$ 且不大于 15								
	3　受压或压弯构件纵向弯曲	$L/300$								
	4　支座轴线对支承面中心位移	10								
	5　支座标高	± 5								
	屋面木骨架的安装允许偏差	见说明（5）								
	1　檩条、椽条　方木截面	-2								
	原木梢径	-5								
	间　距	-10								
	方木上表面平直	4								
	原木上表面平直	7								
	2　油毡搭接宽度	-10								
	3　挂瓦条间距	± 5								
	4　封山、封檐板平直　下边缘	5								
	表　面	8								
木屋盖上弦平面横向支撑设置的完整性应符合设计文件要求		见说明（6）								

施工单位检查评定结果	项目专业质量检查员：　　　　　　　　　　　　　　　　　　　　年　月　日
监理（建设）单位验收结论	监理工程师： （建设单位项目专业技术负责人）　　　　　　　　　　　　　　年　月　日

说 明

园林绿化工程方木和圆木结构检验批质量验收记录

1）主 控 项 目

（1）应根据木构件的受力情况，按表（1）-1～（1）-3规定的等级检查方木、板材及原木构件的木材缺陷限值。

承重木结构方木材质标准   表（1）-1

项次	缺 陷 名 称	木材等级		
		Ⅰ_a	Ⅱ_a	Ⅲ_a
		受拉构件或拉弯构件	受弯构件或压弯构件	受压构件
1	腐朽	不允许	不允许	不允许
2	木节： 在构件任一面任何150mm长度上所有木节尺寸的总和，不得大于所在面宽的	1/3 （连接部位为1/4）	2/5	1/2
3	斜纹：斜率不大于（%）	5	8	12
4	裂缝： （1）在连接的受剪面上 （2）在连接部位的受剪面附近，其裂缝深度（有对面裂缝时用两者之和）不得大于材宽的	不允许 1/4	不允许 1/3	不允许 不限
5	髓心	应避开受剪面	不限	不限

注：①Ⅰ_a等材不允许有死节，Ⅱ_a、Ⅲ_a等材允许有死节（不包括发展中的腐朽节），对于Ⅱ_a等材直径不应大于20mm，且每延米中不得多于1个，对于Ⅲ_a等材直径不应大于50mm，每延米中不得多于2个。

②Ⅰ_a等材不允许有虫眼，Ⅱ_a、Ⅲ_a等材允许有表层的虫眼。

③木节尺寸按垂直于构件长度方向测量。木节表现为条状时，在条状的一面不量（参见图1）；直径小于10mm的木节不计。

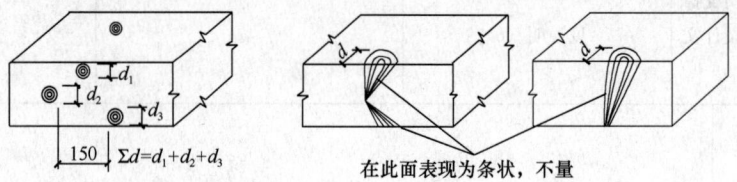

图1 木节量法

检查数量：每检验批分别按不同受力的构件全数检查。

检查方法：用钢尺或量角器量测。

注：检查裂缝时，木构件的含水率必须达到第2条的要求。

承重木结构板材材质标准   表（1）-2

项次	缺陷名称	木材等级		
		Ⅰ_a	Ⅱ_a	Ⅲ_a
		受拉构件或拉弯构件	受弯构件或压弯构件	受压构件
1	腐朽	不允许	不允许	不允许

项次	缺陷名称	木材等级		
		Ⅰₐ	Ⅱₐ	Ⅲₐ
		受拉构件或拉弯构件	受弯构件或压弯构件	受压构件
2	木节： 在构件任一面任何 150mm 长度上所有木节尺寸的总和，不得大于所在面宽的	1/4 （连接部位为 1/5）	1/3	2/5
3	斜纹：斜率不大于（%）	5	8	12
4	裂缝： 连接部位的受剪面及其附近	不允许	不允许	不允许
5	髓心	不允许	不限	不限

注：同表（1）-1。

承重木结构原木材质标准　　　　　　　　　　　　　　表（1）-3

项次	缺陷名称	木材等级		
		Ⅰₐ	Ⅱₐ	Ⅲₐ
		受拉构件或拉弯构件	受弯构件或压弯构件	受压构件
1	腐朽	不允许	不允许	不允许
2	木节： （1）在构件任何 150mm 长度上沿圆周所有木节尺寸的总和，不得大于所测部位原来周长的 （2）每个木节的最大尺寸，不得大于所测部位原木周长的	1/4 1/10 （连接部位为 1/12）	1/3 1/6	不限 1/6
3	扭纹：斜率不大于（%）	8	12	15
4	裂缝： （1）在连接的受剪面上 （2）在连接部位的受剪面附近，其裂缝深度（有对面裂缝时用两者之和）不得大于原木直径的	不允许 1/4	不允许 1/3	不允许 不限
5	髓心	应避开受剪面	不限	不限

注：①Ⅰₐ、Ⅱₐ等材不允许有死节，Ⅲₐ等材允许有死节（不包括发展中的腐朽节），直径不应大于原木直径的 1/5，且每 2m 长度内不得多于 1 个。
②同表（1）-1 注 2。
③木节尺寸按垂直于构件长度方向测量。直径小于 10mm 的木节不量。

（2）应按下列规定检查木构件的含水率：

①原木或方木结构应不大于 25%；

②板材结构及受拉构件的连接板应不大于 18%；

③通风条件较差的木构件应不大于 20%。

注：本条中规定的含水率为木构件全截面的平均值。

检查数量：每检验批检查全部构件。

检查方法：按国家标准《木材物理力学试材采集方法》（GB/T 1927—2009）的规定测定木构件全截面的平均含水率。

2）一 般 项 目

（3）木桁架、木梁（含檩条）及木柱制作的允许偏差应符合表（3）的规定。

木桁架、梁、柱制作的允许偏差   表（3）

项次	项 目		允许偏差（mm）	检 验 方 法
1	构件截面尺寸	方木构件高度、宽度，板材厚度、宽度，原木构件梢径	-3 -2 -5	钢尺量
2	结构长度	长度不大于15m	±10	钢尺量桁架支座节点中心间距，梁、柱全长（高）
		长度大于15m	±15	
3	桁架高度	跨度不大于15m	±10	钢尺量脊节点中心与下弦中心距离
		跨度大于15m	±15	
4	受压或压弯构件纵向弯曲	方木构件	$L/500$	拉线，钢尺量
		原木构件	$L/200$	
5	弦杆节点间距		±5	钢尺量
6	齿连接刻槽深度		±2	
7	支座节点受剪面	长度	-10	钢尺量
		宽度　方木	-3	
		原木	-4	
8	螺栓中心间距	进孔处	$\pm0.2d$	钢尺量
		出孔处　垂直木纹方向	$\pm0.5d$ 且不大于$4B/100$	
		顺木纹方向	$\pm1d$	
9	钉进孔处的中心间距		$\pm1d$	钉进孔处的中心间距
10	桁架起拱		$+20，-10$	以两支座节点下弦中心线为准，拉一水平线，用钢尺量跨中下弦中心线与拉线之间距离

注：d 为螺栓或钉的直径；L 为构件长度；B 为板束总厚度。检查数量：检验批全数。

（4）木桁架、梁、柱安装的允许偏差应符合表（4）的规定。

木桁架、梁、柱安装的允许偏差   表（4）

项次	项 目	允许偏差（mm）	检验方法
1	结构中心线的间距	±20	钢尺量
2	垂直度	$H/200$且不大于15	吊线，钢尺量
3	受压或压弯构件纵向弯曲	$L/300$	吊（拉）线，钢尺量
4	支座轴线对支承面中心位移	10	钢尺量
5	支座标高	±5	用水准仪

注：H 为桁架、柱的高度；L 为构件长度。

（5）屋面木骨架的安装允许偏差应符合表（5）的规定。

检查数量：检验批全数。

屋面木骨架的安装允许偏差　　　　　　　　　　　　　　表（5）

项次	项　　目		允许偏差（mm）	检验方法
1	檩条、椽条	方木截面	−2	钢尺量
		原木梢径	−5	钢尺量，椭圆时取大小径的平均值
		间距	−10	钢尺量
		方木上表面平直	4	沿坡拉线，钢尺量
		原木上表面平直	7	
2	油毡搭接宽度		−10	钢尺量
3	挂瓦条间距		±5	
4	封山、封檐板平直	下边缘	5	拉10m线，不足10m拉通线，钢尺量
		表　面	8	

（6）木屋盖上弦平面横向支撑设置的完整性应按设计文件检查。

检查数量：整个横向支撑。

检查方法：按施工图检查。

注：①d 为螺栓或钉的直径；L 为构件长度；B 为板束总厚度。②本表由施工项目专业质量检查员填写，专业监理工程师（建设单位项目专业技术负责人）组织项目专业质量（技术）负责人等进行验收。

园林绿化工程
胶合木结构检验批质量验收记录

《木结构工程施工质量验收规范》（GB 50206—2002）表　　　　　　　　　　　　　　园建 52

单位 工程名称			分项 工程名称		验收部位	
施工单位			专业工长		项目负责人	
施工执行标准名称 及编号						
分包施工单位			分包施工单位负责人		施工班组长	

		质量验收规范的规定		施工单位检查评定结果	监理（建设） 单位验收记录
主控项目	1	胶合木结构应符合对层板目测等级的要求	见说明（1）		
	2	胶缝应符合完整性，每个试件的脱胶面积所占的百分率应小于说明（2）中表（2）-2 所列限值	见说明（2）		
	3	对每个工作班应从每个流程或每10m³ 的产品中随机抽取 1 个全截面试件，对胶缝完整性进行常规检验，满足说明（3）要求	见说明（3）		
	4	按规定检查木材缺陷和加工缺陷	见说明（4）		
	5	层板接长的指接弯曲强度应符合规定	见说明（5）		
一般项目	1	胶合板宽度方向的厚度偏差不超过	±0.2mm		
		每块木板的长度方向的厚度，偏差不超过	±0.3mm		
	2	表面加工的截面偏差　宽度	±2.0mm		
		高度	±6.0mm		
	3	胶合木构件的外观质量应符合要求	见说明（8）		
	胶合木构件外观C级的允许偏差和错位	截面的高度或宽度（h 或 b）<100	偏差±2		
			错位 4		
		100≤（h 或 b）<300	偏差±3		
			错位 5		
		300≤（h 或 b）	偏差±6		
			错位 6		

施工单位 检查评定结果	项目专业质量检查员：　　　　　　　　　　　　　　　　　年　月　日
监理（建设） 单位验收结论	监理工程师： （建设单位项目专业技术负责人）　　　　　　　　　　　年　月　日

说　明

园林绿化工程胶合木结构检验批质量验收记录

1）主　控　项　目

（1）应根据胶合木构件对层板目测等级的要求，按表（1）-1、（1）-2 的规定检查木材缺陷的限值。

检查数量：在层板接长前应根据每一树种，截面尺寸按等级随机取样 100 片木板。

检查方法：用钢尺或量角器量测。

当采用弹性模具与目测配合定级时，除检查目测等级外，尚应按附录 A 第 A.4.1 条检测层板的弹性模量。应在每个工作班的开始、结尾和在生产过程中每间隔 4h 各选取 1 片木板。目测定级合格后测定弹性模量。

层板材质标准　　　　　　　　　　　　　　　　表（1）-1

项次	缺　陷　名　称	材　质　等　级		
		I_b 与 I_{bt}	II_b	III_b
1	腐朽，压损严重的压应木，大量含树脂的木板，宽面上的漏刨	不允许	不允许	不允许
2	木节： （1）突出于板面的木节 （2）在层板较差的宽面任何 200mm 长度上所有木节尺寸的总和不得大于构件面宽的	不允许 1/3	不允许 2/5	不允许 1/2
3	斜纹：斜率不大于（%）	5	8	15
4	裂缝： （1）含树脂的振裂 （2）窄面的裂缝（有对面裂缝时，用两者之和）深度不得大于构件面宽的 （3）宽面上的裂缝（含劈裂、振裂）深 $b/8$，长 $2b$，若贯穿板厚而平行于板边长 $L/2$	不允许 1/4 允许	不允许 1/3 允许	不允许 不限 允许
5	髓心	不允许	不允许	不允许
6	翘曲、顺弯或扭曲≤4/1000，横弯≤2/1000，树脂条纹宽≤$b/12$，长≤L/b，干树脂囊宽 3mm，长 ＜b，木板侧边漏刨长 3mm，刃具撕伤木纹，变色但不变质，偶尔的小虫眼或分散的针孔状虫眼，最后加工能修整的微小损棱	允许	允许	允许

注：①木节是指活节、健康节、紧节、松节及节孔。
　　②b——木板（或拼合木板）的宽度；L——木板的长度。
　　③I_{bt} 级层板位于梁受拉区外层时在较差的宽面任何 200mm 长度上所有木节尺寸的总和不得大于构件面宽的 1/4，在表面加工后距板边 13mm 的范围内，不允许存在尺寸大于 10mm 的木节或撕伤木纹。
　　④构件截面宽方向由两块木板拼合时，应按拼合后的宽度定级。

边翘材横向翘曲的限值（mm）　　　　　　　　　表（1）-2

木板厚度	木板宽度（mm）		
	≤100	150	≥200
20	1.0	2.0	3.0
30	0.5	1.5	2.5
40	0	1.0	2.0
45	0	0	1.0

强 制 性 条 文

（2）胶缝应检验完整性，并应按照表（2）-1规定的胶缝脱胶试验方法进行。对于每个树种、胶种、工艺过程至少应检验5个全截面试件。脱胶面积与试验方法及循环次数有关，每个试件的脱胶面积所占的百分率应小于表（2）-2所列限值。

胶缝脱胶试验方法　　　　　　　　　　　　　　　　表（2）-1

使用条件类别①	1		2		3
胶的型号②	Ⅰ	Ⅱ	Ⅰ	Ⅱ	Ⅰ
试验方法	A	C	A	C	A

注：①层板胶合木的使用条件根据气候环境分为3类：

Ⅰ类——空气温度达到20℃，相对湿度每年有2～3周超过65%，大部分软质树种木材的平均平衡含水率不超过12%；

Ⅱ类——空气温度达到20℃，相对湿度每年有2～3周超过85%，大部分软质树种木材的平均平衡含水率不超过20%；

Ⅲ类——导致木材的平均平衡含水率超过20%的气候环境，或木材处于室外无遮盖的环境中。

②胶的型号有Ⅰ型和Ⅱ型两种：

Ⅰ型：可用于各类使用条件下的结构构件（当选用间苯二酚树脂或酚醛间苯二酚树脂胶时，结构构件温度应低于85℃）。

Ⅱ型：只能用于Ⅰ类或Ⅱ类使用条件，结构构件温度应经常低于50℃（可选用三聚氰胺脲醛树脂胶）。

胶缝脱胶率（%）　　　　　　　　　　　　　　　　表（2）-2

试验方法	胶的型号	循 环 次 数		
		1	2	3
A	Ⅰ		5	10
C	Ⅱ	10		

（3）对于每个工作班应从每个流程或每10m³的产品中随机抽取1个全截面试件，对胶缝完整性进行常规检验，并应按照表（3）-1规定的胶缝完整性试验方法进行。结构胶的型号与使用条件应满足表（3）-2的要求。脱胶面积与试验方法及循环次数有关，每个试件的脱胶面积所占的百分率应小于表（3）-1和表（3）-2所列限值。

常规检验的胶缝完整性试验方法　　　　　　　　　　表（3）-1

使用条件类别	1	2	3
胶的型号	Ⅰ和Ⅱ	Ⅰ和Ⅱ	Ⅰ
试验方法	脱胶试验方法C或胶缝抗剪试验	脱胶试验方法C或脱缝抗剪试验	脱胶试验方法A或B

胶缝脱胶率（%）　　　　　　　　　　　　　　　　表（3）-2

试验方法	胶的类型	循 环 次 数	
		1	2
B	Ⅰ	4	8

每个全截面试件胶缝抗剪试验所求得的抗剪强度和木材破坏百分率应符合下列要求：

①每条胶缝的抗剪强度平均值应不小于6.0N/mm²，对于针叶材和杨木当木材破坏达到100%时，其抗剪强度达到4.0N/mm²也被认可。

②与全截面试件平均抗剪强度相应的最小木材破坏百分率及与某些抗剪强度相应的木材破坏百分率列于表（3）-3。

与抗剪强度相应的最小木材破坏百分率（%）　　　　　　　　表（3）-3

抗剪强度 f_v（N/mm²）	平均值			个别数值		
	6	8	≥11	4～6	6	≥10
最小木材破坏百分率	90	70	45	100	75	20

注：中间值可用插入法求得。

（4）应按下列规定检查指接范围内的木材缺陷和加工缺陷：

①不允许存在裂缝、涡纹及树脂条纹；

②木节距指端的净距不应小于木节直径的 3 倍；

③Ⅰ$_c$ 和 Ⅱ$_{ct}$ 级木板不允许有缺指或坏指，Ⅱ$_c$ 和 Ⅲ$_c$ 级木板的缺指或坏指的宽度不得超过允许木节尺寸的 1/3；

④在指长范围内及离指根 75mm 的距离内，允许存在钝棱或边缘缺损，但不得超过两个角，且任一角的钝棱面积不得大于木板正常截面面积的 1%。

检查数量：应在每个工作班的开始、结尾和在生产过程中每间隔 4h 各选取 1 块木板。

检查方法：用钢尺量和辨认。

（5）层板接长的指接弯曲强度应符合规定。

①见证试验：当新的指接生产线试运转或生产线发生显著的变化（包括指形接头更换剖面）时，应进行弯曲强度试验。

试件应取生产中指接的最大截面。

根据所用树种、指接几何尺寸、胶种、防腐剂或阻燃剂处理等不同的情况，分别取至少 30 个试件。

凡属因木材缺陷引起破坏的试验结果应剔除，并补充试件进行试验，以取得至少 30 个有效试验数据，据此进行统计分析，求得指接弯曲强度标准值 f_{mk}。

②常规试验：从一个生产工作班至少取 3 个试件，尽可能在工作班内按时间和截面尺寸均匀分布。从每一生产批料中至少选一个试件，试件的含水率应与生产的构件一致，并应在试件制成后 24h 内进行试验。其他要求与见证试验相同。

常规试验合格的条件是 15 个有效指接试件的弯曲强度标准值大于等于 f_{mk}。

2）一般项目

（6）胶合时木板宽度方向的厚度允许偏差应不超过 ±0.2mm，每块木板长度方向的厚度允许偏差应不超过 ±0.3mm。

检查数量：每检验批 100 块。

检查方法：用钢尺量。

（7）表面加工的截面允许偏差：

①宽度：±2.0mm；②高度：±6.0mm；

③规方：以承载处的截面为准，最大的偏离为 1/200。

检查数量：每检验批 10 个。

检查方法：用钢尺量。

（8）胶合木构件的外观质量：

①A 级——构件的外观要求很重要而需油漆，所有表面空隙均需封填或用木料修补。表面

471

需用砂纸打磨达到粒度为 60 的要求。下列空隙应用木料修补。

　　a 直径超过 30mm 的孔洞。

　　b 尺寸超过 40mm×20mm 的长方形孔洞。

　　c 宽度超过 3mm 的侧边裂缝长度为 40～100mm。

注：填料应为不收缩的材料，符合构件表面加工的要求。

　　②B 级——构件的外观要求表面用机具刨光并加油漆。表面加工应达到相应的要求。表面允许有偶尔的漏刨，允许有细小的缺陷、空隙及生产中的缺损。最外的层板不允许有松软节和空隙。

　　③C 级——构件的外观要求不重要，允许有缺陷和空隙，构件胶合后无须表面加工。构件的允许偏差和层板左右错位限值示于图（8）及表（8）之中。

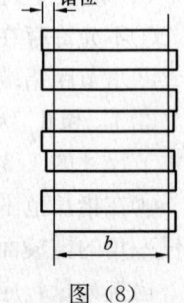

图（8）

胶合木构件外观 C 级的允许偏差和错位　　　　表（8）

截面的高度或宽度（mm）	截面高度或宽度的允许偏差（mm）	错位的最大值（mm）
(h 或 b)＜100	±2	4
100≤(h 或 b)＜300	±3	5
300≤(h 或 b)	±6	6

　　检查数量：每检验批当要求为 A 级时，应全数检查，当要求为 B 或 C 级时，要求检查 10 个。

　　检查方法：用钢尺量。

注：本表由施工项目专业质量检查员填写，专业监理工程师（建设单位项目专业技术负责人）组织项目专业质量（技术）负责人等进行验收。

园林绿化工程
轻型木结构检验批质量验收记录

《木结构工程施工质量验收规范》（GB 50206—2002）表   园建 53

单位 工程名称			分项 工程名称		验收部位	
施工单位			专业工长		项目负责人	
施工执行标准名称 及编号						
分包施工单位			分包施工单位负责人		施工班组长	

质量验收规范的规定				施工单位检查评定结果	监理（建设） 单位验收记录
主控项目	1	规格材的应力等级应满足 要求	见说明（1）		
	2	应根据设计要求的树种、等 级按规定检查材质和木材，含 水率≤18％	见说明（2）		
	3	用作楼面板或屋面板的木基 结构板材应进行集中静载与冲 击荷载和均布荷载试验	见说明（3）		
	4	普通圆钉的最小屈服强度应 符合设计要求	见说明（4）		
一般项目	1	木框架各种构件的钉连接、墙面板和屋面板与 框架构件的钉连接及屋脊梁无支座时椽条与搁栅 的钉连接均应符合设计要求			
施工单位 检查评定结果		项目专业质量检查员： 			年 月 日
监理（建设） 单位验收结论		监理工程师： （建设单位项目专业技术负责人）			年 月 日

473

说 明

园林绿化工程轻型木结构检验批质量验收记录

1）主控项目

（1）规格材的应力等级检验应满足下列要求：

①对于每个树种、应力等级、规格尺寸至少应随机抽取 15 个足尺试件进行侧立受弯试验，测定抗弯强度。

②根据全部试验数据统计分析后求得的抗弯强度设计值应符合规定。

（2）应根据设计要求的树种、等级按相应的规定检查规格材的材质和木材含水率（≤18％）。

检查数量：每检验批随机取样 100 块。

检查方法：用钢尺或量角器测，按国家标准《木材物理力学试材采集方法》（GB/T 1927—2009）的规定测定规格材全截面的平均含水率，并对照规格材的标识。

（3）用作楼面板或屋面板的木基结构板材应进行集中静载与冲击荷载试验和均布荷载试验，其结果应分别符合表（3）-1 和表（3）-2 的规定。

此外，结构用胶合板每层单板所含的木材缺陷不应超过表（3）-3 中的规定，并对照木基结构板材的标识。

（4）普通圆钉的最小屈服强度应符合设计要求。

检查数量：每种长度的圆钉至少随机抽取 10 枚。

检查方法：进行受弯试验。

木基结构板材在集中静载和冲击荷载作用下应控制的力学指标① 　　　　表（3）-1

用途	标准跨度（最大允许跨度）（mm）	试验条件	冲击荷载（N·m）	最小极限荷载②（kN）		0.89kN 集中静载作用下的最大挠度③（mm）
				集中静载	冲击后集中静载	
楼面板	400（410）	干态及湿态重新干燥	102	1.78	1.78	4.8
	500（500）	干态及湿态重新干燥	102	1.78	1.78	5.6
	600（610）	干态及湿态重新干燥	102	1.78	1.78	6.4
	800（820）	干态及湿态重新干燥	122	2.45	1.78	5.3
	1200（1220）	干态及湿态重新干燥	203	2.45	1.78	8.0
屋面板	400（410）	干态及湿态	102	1.78	1.33	11.1
	500（500）	干态及湿态	102	1.78	1.33	11.9
	600（610）	干态及湿态	102	1.78	1.33	12.7
	800（820）	干态及湿态	122	1.78	1.33	12.7
	1200（1220）	干态及湿态	203	1.78	1.33	12.7

注：①单个试验的指标。

②100％的试件应能承受表中规定的最小极限荷载值。

③至少90％的试件的挠度不大于表中的规定值。在干态及湿态重新干燥试验条件下，楼面板在静载和冲击荷载后静载的挠度，对于屋面板只考虑静载的挠度，对于湿态试验条件下的屋面板，不考虑挠度指标。

木基结构板材在均布荷载作用下应控制的力学指标 表 (3) -2

用途	标准跨度（最大允许跨度）(mm)	试验条件	性能指标①	
			最小极限荷载② (kPa)	最大挠度③ (mm)
楼面板	400（410）	干态及湿态重新干燥	15.8	1.1
	500（500）	干态及湿态重新干燥	15.8	1.3
	600（610）	干态及湿态重新干燥	15.8	1.7
	800（820）	干态及湿态重新干燥	15.8	2.3
	1200（1220）	干态及湿态重新干燥	10.8	3.4
屋面板	400（410）	干态	7.2	1.7
	500（510）	干态	7.2	2.0
	600（610）	干态	7.2	2.5
	800（820）	干态	7.2	3.4
	1000（1020）	干态	7.2	4.4
	1200（1220）	干态	7.2	5.1

注：①单个试验的指标。

②100%的试件应能承受表中规定的最小极限荷载值。

③每批试件的平均挠度应不大于表中的规定值。4.79kPa均布荷载作用下的楼面最大挠度；或 1.68kPa 均布荷载作用下的屋面最大挠度。

结构胶合板每层单板的缺陷限值 表 (3) -3

缺陷特征	缺陷尺寸 (mm)
实心缺陷：木节	垂直木纹方向不得超过 76
空心缺陷：节孔或其他孔眼	垂直木纹方向不得超 76
劈裂、离缝、缺损或钝棱	$L<400$，垂直木纹方向不得超过 40 $400\leqslant L\leqslant 800$，垂直木纹方向不得超过 30 $L>800$，垂直木纹方向不得超过 25
上、下面板过窄或过短	沿板的某一侧边或某一端头不超过 4，其长度不超过板材的长度或宽度的一半
与上、下面板相邻的总板过窄或过短	$\leqslant 4\times 200$

注：L——缺陷长度。

注：本表由施工项目专业质量检查员填写，专业监理工程师（建设单位项目专业技术负责人）组织项目专业质量（技术）负责人等进行验收。

园林绿化工程
木结构的防护检验批质量验收记录

《木结构工程施工质量验收规范》（GB 50206—2002）表　　　　　　　　　　园建 54

单位 工程名称			分项 工程名称		验收部位	
施工单位			专业工长		项目负责人	
施工执行标准名称 及编号						
分包施工单位			分包施工单位负责人		施工班组长	

质量验收规范的规定				施工单位检查评定结果	监理（建设） 单位验收记录
主控项目	1	木结构防腐的构造措施应符合设计要求	说明（1）		
	2	木结构防护剂的保持量和透入度应符合规定	说明（2）		
	3	木结构防火的构造措施应符合设计文件的要求	说明（3）		

施工单位 检查评定结果	项目专业质量检查员：　　　　　　　　　　　　　　　　　　　年 月 日
监理（建设） 单位验收结论	监理工程师： （建设单位项目专业技术负责人）　　　　　　　　　　　　　年 月 日

说 明

园林绿化工程木结构的防护检验批质量验收记录

1）主 控 项 目

（1）木结构防腐的构造措施应符合设计要求。

检查数量：以一幢木结构房屋或一个木屋盖为检验批全面检查。

检查方法：根据规定和施工图逐项检查。

（2）木构件防护剂的保持量和透入度应符合下列规定。

①根据设计文件的要求，需要防护剂加压处理的木构件，包括锯材、层板胶合木、结构复合木材及结构胶合板制作的构件。

②木麻黄、马尾松、云南松、桦木、湿地松、杨木等易腐或易虫蛀木材制作的构件。

③在设计文件中规定与地面接触或埋入混凝土、砌体中及处于通风不良而经常潮湿的木构件。

检查数量：以一幢木结构房屋或一个木屋盖为检验批。属于本条第（1）和第（2）款列出的木构件，每检验批油类防护剂处理的 20 个木心，其他防护剂处理的 48 个木心；属于本条第（3）款列出的木构件，检验批全数检查。

检查方法：采用化学试剂显色反应或 X 光衍射检测。

（3）木结构防火的构造措施，应符合设计文件的要求。

检查数量：以一幢木结构房屋或一个木屋盖为检验批全面检查。

检查方法：根据规定和施工图逐项检查。

注：本表由施工项目专业质量检查员填写，专业监理工程师（建设单位项目专业技术负责人）组织项目专业质量（技术）负责人等进行验收。

园林绿化工程
网架和入索膜结构工程质量验收记录

质控表   园建 55

工程名称			结构类型	
验收部位			层　数	
网架平面尺寸		施工日期		验收日期	
施工单位		技术部门负责人		质量部门负责人	
分包施工单位		分包施工单位负责人		分包施工技术负责人	

序号	分项工程名称	检验批数	施工单位检查评定结果	监理（建设）单位验收记录
1	网架制作			
2	网架安装			
3	索膜安装			
4	网架防火			
5	防腐涂料			
	质量控制资料			
	安全和功能检验（检测）报告			
	观感质量验收			
	验收意见			

验收单位	分包单位（公章）	项目经理：　　　　　　　　　　　　　　　　　年　月　日
	施工单位（公章）	项目经理：　　　　　　　　　　　　　　　　　年　月　日
	设计单位（公章）	项目负责人：　　　　　　　　　　　　　　　　年　月　日
	监理（建设）单位（公章）	总监理工程师： （建设单位项目专业技术负责人） 　　　　　　　　　　　　　　　　　　　　年　月　日

说　明

园林绿化工程网架和入索膜结构工程质量验收记录

膜结构工程验收标准

一、膜结构制作、安装分项工程应按具体情况划分为一个或若干个检验批，按本章的规定进行工程质量验收。与膜结构制作、安装相关的钢结构分项工程的验收，应按现行国家标准《钢结构工程施工质量验收规划》（GB 50205—2001）执行。其他相关分项工程的验收，应按有关的施工质量验收标准执行。

二、膜结构的支承结构和各项连接构造应符合以下标准：

1. 保证连接的安全、合理、美观。

2. 连接件应具有足够的强度、刚度和耐久性，应不先于所连接的膜材、拉索或钢构件破坏，并不产生影响结构受力性能的变形。连接处的膜材应不先于其他部位的膜材破坏。

3. 连接件应传力可靠，并减少连接处应力集中。

4. 节点构造应符合计算假定。应考虑节点构造偏心对拉索、膜材产生的影响，施加预张力的方式、结构安装允许偏差，以及进行二次张拉的可能性。

5. 在膜材连接处应保持高度水密性，应采取一定的构造措施防止膜材磨损和撕裂。

6. 对金属连接件应采用可靠的防腐蚀措施。

7. 在支承构件与膜材的连接处不得有毛刺、尖角、尖点。

三、膜面外观应全面进行检查。膜面排水坡度、排水槽、天沟、檐口等做法应符合设计要求。表面应无积水坑，可采用自然或人工淋水试验检查排水是否顺畅。

四、膜面外观应全面进行检查。膜面应无污渍、串色现象，无破损、划伤，无褶皱。

五、工程完工后宜检查膜面的张力值是否符合设计和预张力。

六、膜结构工程验收时，应具备下列文件和记录，并经检查符合相关规定的质量要求：

1. 膜结构（含钢、索结构）施工图、竣工图、设计变更文件；

2. 技术交底记录、施工组织设计；

3. 膜材、钢材、索及其材料的产品质量保证书和检测报告；

4. 膜单元、钢构件、索和其他部件制作过程的质量检验记录；

5. 膜单元安装和施加预张力过程的质量检验记录；

6. 专业操作人员上岗证书；

7. 其他有关文件和记录。

七、空气支承膜结构在验收前应进行充气系统测试。经测试应确认：气流损失不大于设计值；最大静内压不大于最大工作内压设计值；压力控制系统按设计运行。有条件时，尚可进行除雪系统和紧急后备系统的测试。

八、空气支承膜结构工程验收时，除第六条所规定的文件外，尚应提供下列文件：设计条件说明；充气设备的合格证明；结构在常规和紧急情况下的操作和维护手册。

九、膜结构工程检验批准的施工质量验收，当符合下列各项规定时，应判定为合格：

1. 有关分项工程的施工质量，按本规程第一条的规定验收合格；

2. 膜结构的支承结构和连接构造符合本规程第二条的规定；

3. 工程排水、防水功能的检验结果符合本规程第三条的规定；

4. 工程观感质量的检验结果符合本规程第四条的规定；

5. 工程质量控制资料和文件的检查结果符合本规定第六条的规定。

十、膜结构制作、安装分项工程所含检验批的质量经验收均判定为合格时，该分项工程应判定为合格。

十一、当膜结构制作、安装工程验收批的质量经验收不合格，应按下列规定进行处理：

①经查清原因并返工、返修不合格的连接构件和排水、防水措施或更换不合格的构件、部件后，检验批可重新进行验收；②经对不合格的观感质量进行修补处理并达到设计要求后，检验批可重新进行验收；③当膜材性能、连接构件、制作安装达不到原设计要求，但经设计单位核算并确认仍可满足结构的安全和使用功能时，该检验批可予以验收；④对不合格的检验批进行结构加固处理后，如能满足安全使用要求，可按技术处理方案和协商文件进行验收。

十二、膜结构制作、安装检验批和分项工程应由监理工程师（建设单位项目专业技术负责人）组织设计单位和施工单位项目专业质量（技术）负责人等进行验收和处理。

十三、膜结构制作、安装检验批和分项工程的质量验收记录，应参照采用现行国家标准《建筑工程施工质量验收统一标准》（GB 50300—2001）中附录 D、附录 E 的格式。

参照《北京市膜结构施工质量验收规范》（DB11/T 743—2010）

园林绿化工程
木门窗安装分项工程检验批质量验收记录

《建筑装饰装修工程质量验收规范》（GB 50210—2001）表　　　　　　　　　　　　　　园建56

单位 工程名称			分项 工程名称			验收部位	
施工单位			专业工长			项目负责人	
施工执行标准名称 及编号							
分包施工单位			分包施工单位负责人			施工班组长	

		质量验收规范的规定				施工单位检查评定结果	监理（建设） 单位验收记录
主控项目	1	木门窗品种、类型与连接方式			见说明（1）		
	2	木门窗框的安装			见说明（2）		
	3	木门窗扇的安装			见说明（3）		
	4	木门窗配件安装			见说明（4）		
一般项目	1	安装时与墙体间缝隙处理			见说明（5）		
	2	批水、盖口、压缝、密封条			见说明（6）		
	3	安装的留缝限值， 允许偏差项目 （5.2.18条）	留缝限值（mm） 普通／高级	允许偏差（mm） 普通／高级	实 测 值			
		门窗槽口对角线长度差	—／—	3／2				
		门窗框的正、侧面垂直度	—／—	2／1				
		框与扇、扇与扇接缝高低差	—／—	2／1				
		门窗扇对口缝	1～2.5／1.5～2	—／—				
		工业厂房双扇大门对口缝	2～5	—／—				
		门窗扇与上框间留缝	1～2／1～1.5	—／—				
		门窗扇与侧框间留缝	1～2.5／1～1.5	—／—				
		窗扇与下框间留缝	2～3／2～2.5	—／—				
		门扇与下框间留缝	3～5／3～4	—／—				
		双层门窗内外框间距	—／—	4／3				
		无下框时门扇与地面间面缝　外门	4～7／5～6	—／—				
		内门	5～8／6～7	—／—				
		卫生间门	8～12／8～10	—／—				
		厂房大门	10～20／—	—／—				

施工单位 检查评定结果	项目专业质量检查员：　　　　　　　　　　　　　　　　　年　月　日
监理（建设） 单位验收结论	监理工程师： （建设单位项目专业技术负责人）　　　　　　　　　年　月　日

说 明

园林绿化工程木门窗安装分项工程检验批质量验收记录

建筑外门窗的安装必须牢固。在砌体上安装门窗时严禁用射钉固定。

1) 主 控 项 目

（1）木门窗的品种、类型、规格、开启方向、安装位置及连接方式应符合设计要求。

检验方法：观察；尺量检查；检查成品门的产品合格证书。

（2）木门窗框的安装必须牢固。预埋木砖的防腐处理、木门窗框固定点的数量、位置及固定方法应符合设计要求。

检验方法：观察；手扳检查；检查隐蔽工程验收记录和施工记录。

（3）木门窗扇必须安装牢固，并应开关灵活，关闭严密，无倒翘。

检验方法：观察；开启和关闭检查；手扳检查。

（4）木门窗配件的型号、规格、数量应符合设计要求，安装牢固，位置正确，功能满足使用要求。

检验方法：观察；开启和关闭检查；手扳检查。

2) 一 般 项 目

（5）木门窗与墙体间缝隙的填嵌材料应符合设计要求，填嵌应饱满。寒冷地区外门窗（或门窗框）与砌体间的空隙应填充保温材料。

检验方法：轻敲门窗框检查；检查隐蔽工程验收记录和施工记录。

（6）木门窗批水、盖口条、压缝条、密封条的安装应顺直，与门窗结合应牢固、严密。

检验方法：观察；手扳检查。

（7）木门窗安装的留缝限值、允许偏差和检验方法应符合表（7）的规定。

木门窗安装的留缝限值、允许偏差和检验方法 表（7）

项次	项 目		留缝限值（mm）		允许偏差（mm）		检验方法
			普通	高级	普通	高级	
1	门窗槽口对角线长度差		—	—	3	2	用钢尺检查
2	门窗框的正、侧面垂直度		—	—	2	1	用1m垂直检测尺检查
3	框与扇、扇与扇接缝高低差		—	—	2	1	用钢直尺和塞尺检查
4	门窗扇对口缝		1～2.5	1.5～2	—	—	用塞尺检查
5	工业厂房双扇大门对口缝		2～5	—	—	—	
6	门窗扇与上框间留缝		1～2	1～1.5	—	—	
7	门窗扇与侧框间留缝		1～2.5	1～1.5	—	—	
8	窗扇与下框间留缝		2～3	2～2.5	—	—	
9	门扇与下框间留缝		3～5	3～4	—	—	
10	双层门窗内外框间距		—	—	4	3	用钢尺检查
11	无下框时门扇与地面间留缝	外门	4～7	5～6	—	—	用塞尺检查
		内门	5～8	6～7	—	—	
		卫生间门	8～12	8～10	—	—	
		厂房大门	10～20	—	—	—	

注：本表由施工项目专业质量检查员填写，专业监理工程师（建设单位项目专业技术负责人）组织项目专业质量（技术）负责人等进行验收。

园林绿化工程
金属门窗安装工程检验批质量验收记录

《建筑装饰装修工程质量验收规范》（GB 50210—2001）表　　　　　　　　　园建 57

单位 工程名称			分项 工程名称			验收部位				
施工单位			专业工长			项目负责人				
施工执行标准名称 及编号										
分包施工单位			分包施工单位负责人			施工班组长				
质量验收规范的规定						施工单位检查评定结果				监理（建设） 单位验收记录
主控项目	1	金属门窗品种、类型、性能、型材壁厚、防腐、密封等				见说明（1）				
	2	门窗框和副框的安装质量				见说明（2）				
	3	门窗扇的安装质量				见说明（3）				
	4	金属门窗配件的安装质量				见说明（4）				
一般项目	1	门窗外观质量				见说明（5）				
	2	推拉铝合金门窗开关力应≤100N				见说明（6）				
	3	缝隙填嵌、密封				见说明（7）				
	4	门窗扇密封条安装				见说明（8）				
	5	金属门窗的排水孔				见说明（9）				
	6	金属门窗的允许偏差、留缝限值项目（mm）		钢门窗	铝合金	涂色镀锌钢板	实测值				
		门窗槽口宽度、高度	≤1500	2.5	1.5	2					
			>1500	3.5	2	3					
		门窗槽口对角线长度差	≤2000	5	3	4					
			>2000	6	4	5					
		门窗框的正、侧面垂直度		3	2.5	3					
		门窗横框的水平度		3	2	3					
		门窗横框标高		5	5	3					
		门窗竖向偏高中心		4	5	5					
		双层门窗内外框间距		5	4	4					
		推拉门窗扇与框搭接量		—	1.5	2					
		门窗框、扇配合间隙的留缝限值		≤2	—	—					
		无下框时门扇与地面留缝限值		4～8	—	—					
施工单位 检查评定结果			项目专业质量检查员： 年　月　日								
监理（建设） 单位验收结论			监理工程师： （建设单位项目专业技术负责人） 年　月　日								

说 明

园林绿化工程金属门窗安装工程检验批质量验收记录

建筑外门窗的安装必须牢固。在砌体上安装门窗时严禁用射钉固定。

1）主 控 项 目

（1）金属门窗的品种、类型、规格、尺寸、性能、开启方向、安装位置、连接方式及铝合金门窗的型材壁厚应符合设计要求。金属门窗的防腐处理及填嵌、密封处理应符合设计要求。

检验方法：观察；尺量检查；检查产品合格证书、性能检测报告、进场验收记录和复验报告；检查隐蔽工程验收记录。

（2）金属门窗框和副框的安装必须牢固。预埋件的数量、位置、埋设方式、与框的连接方式必须符合设计要求。

检验方法：手扳检查；检查隐蔽工程验收记录。

（3）金属门窗扇必须安装牢固，并应开关灵活、关闭严密，无倒翘。推拉门窗扇必须有防脱落措施。

检验方法：观察；开启和关闭检查；手扳检查。

（4）金属门窗配件的型号、规格、数量应符合设计要求，安装应牢固，位置应正确，功能应满足使用要求。

检验方法：观察；开启和关闭检查；手扳检查。

2）一 般 项 目

（5）金属门窗表面应洁净、平整、光滑、色泽一致，无锈蚀。大面应无划痕、碰伤。漆膜或保护层应连续。

检验方法：观察。

（6）铝合金门窗推拉门窗扇开关力应不大于100N。

检验方法：用弹簧秤检查。

（7）金属门窗框与墙体之间的缝隙应填嵌饱满，并采用密封胶密封。密封胶表面应光滑、顺直，无裂纹。

检验方法：观察；轻敲门窗框检查；检查隐蔽工程验收记录。

（8）金属门窗扇的橡胶密封条或毛毡密封条应安装完好，不得脱槽。

检验方法：观察；开启和关闭检查。

（9）有排水孔的金属门窗，排水孔应畅通，位置和数量应符合设计要求。

检验方法：观察。

（10）金属门窗安装的留缝限值和允许偏差应符合本表中第（6）项的规定。

注：本表由施工项目专业质量检查员填写，专业监理工程师（建设单位项目专业技术负责人）组织项目专业质量（技术）负责人等进行验收。

园林绿化工程
塑料门窗安装检验批质量验收记录

《建筑装饰装修工程质量验收规范》（GB 50210—2002）表　　　　　　　　　　　　　　　　园建 58

单位 工程名称			分项 工程名称			验收部位	
施工单位			专业工长			项目负责人	
施工执行标准名称 及编号							
分包施工单位			分包施工单位负责人			施工班组长	

		质量验收规范的规定			施工单位检查评定结果	监理（建设） 单位验收记录
主控项目	1	门窗的品种、类型、安装、密封处理等		见说明(1)		
	2	框、副框和扇的安装、固定		见说明(2)		
	3	门窗拼樘料内衬		见说明(3)		
	4	门窗扇使用性能及配件		见说明(4)和(5)		
	5	门窗框与墙间隙处理		见说明(6)		
一般项目	1	表面质量和扇的密封条		见说明(7)和(8)		
	2	门窗扇的开关力		见说明(9)		
	3	玻璃密封条及排水孔		见说明(10)和(11)		
	4	允许偏差项目		允许偏差（mm）	实 测 值	
		门窗槽口宽度、 高度	≤1500mm	2		
			>1500mm	3		
		门窗槽口对角线 长度差	≤2000mm	3		
			>2000mm	5		
		门窗框的正、侧面垂直度		3		
		门窗横框的水平度		3		
		门窗横框的标高		5		
		门窗竖向偏离中心		5		
		双层门窗内外框间距		4		
		同樘平开门窗相邻扇高度差		2		
		平开门窗铰链部位配合间隙		+2，−1		
		推拉门窗扇与框搭接量		+1.5，−2.5		
		推拉门窗扇与竖框平行度		2		

施工单位 检查评定结果	项目专业质量检查员： 　　　　　　　　　　　　　　　　　　　　年　月　日
监理（建设） 单位验收结论	监理工程师： （建设单位项目专业技术负责人） 　　　　　　　　　　　　　　　　　　　　年　月　日

说 明

园林绿化工程塑料门窗安装检验批质量验收记录

建筑外门窗的安装必须牢固。在砌体上安装门窗时严禁用射钉固定。

1）主 控 项 目

（1）塑料门窗的品种、类型、规格、尺寸、开启方向、安装位置、连接方式及填嵌密封处理应符合设计要求，内衬增强型钢的壁厚及设置应符合国家现行产品标准的质量要求。

检验方法：观察；尺量检查；检查产品合格证书、性能检测报告、进场验收记录和复验报告；检查隐蔽工程验收记录。

（2）塑料门窗框、副框和扇的安装必须牢固。固定片或膨胀螺栓的数量与位置应正确，连接方式应符合设计要求。固定点应距窗角、中横框、中竖框 150～200mm，固定点间距不大于 600mm。

检验方法：观察；手扳检查；检查隐蔽工程验收记录。

（3）塑料门窗拼樘料内衬增强型钢的规格、壁厚必须符合设计要求，型钢应与型材内腔紧密吻合，其两端必须与洞口固定牢固。窗框必须与拼樘料连接紧密，固定点间距应不大于 600mm。

检验方法：观察；手扳检查；尺量检查；检查进场验收记录。

（4）塑料门窗扇应开关灵活、关闭严密，无倒翘。推拉门窗扇必须有防脱落措施。

检验方法：观察；开启和关闭检查；手扳检查。

（5）塑料门窗配件的型号、规格、数量应符合设计要求，安装应牢固，位置应正确，功能应满足使用要求。

检验方法：观察；手扳检查；尺量检查。

（6）塑料门窗框与墙体间缝隙应采用闭孔弹性材料填嵌饱满，表面应采用密封胶密封。密封胶应粘结牢固，表面应光滑、顺直、无裂纹。

检验方法：观察；检查隐蔽工程验收记录。

2）一 般 项 目

（7）塑料门窗表面应洁净、平整、光滑，大面应无划痕、碰伤。

检验方法：观察。

（8）塑料门窗扇的密封条不得脱槽。旋转窗间隙应基本均匀。

（9）塑料门窗扇的开关力应符合下列规定：

平开门窗扇平铰链的开关力应不大于 80N；滑撑铰链的开关力应不大于 80N，并不小于 30N。

推拉门窗扇的开关力应不大于 100N。

检验方法：观察；用弹簧秤检查。

（10）玻璃密封条与玻璃及玻璃槽口的接缝应平整，不得卷边、脱槽。

检验方法：观察。

（11）排水孔应畅通，位置和数量应符合设计要求。

检验方法：观察。

（12）塑料门窗安装的允许偏差和检验方法应符合表（12）的规定。

塑料门窗安装的允许偏差和检验方法 表（12）

项次	项　目		允许偏差（mm）	检　验　方　法
1	门窗槽口宽度、高度	≤1500mm	2	用钢尺检查
		>1500mm	3	
2	门窗槽口对角线长度差	≤2000mm	3	用钢尺检查
		>2000mm	5	
3	门窗框的正、侧面垂直度		3	用1m垂直检测尺检查
4	门窗横框的水平度		3	用1m水平尺和塞尺检查
5	门窗横框标高		5	用钢尺检查
6	门窗竖向偏离中心		5	用钢直尺检查
7	双层门窗内外框间距		4	用钢尺检查
8	同樘平开门窗相邻扇高度差		2	用钢直尺检查
9	平开门窗铰链部位配合间隙		+2，−1	用塞尺检查
10	推拉门窗扇与框搭接量		+1.5，−2.5	用钢直尺检查
11	推拉门窗扇与竖框平行度		2	用1m水平尺和塞尺检查

注：本表由施工项目专业质量检查员填写，专业监理工程师（建设单位项目专业技术负责人）组织项目专业质量（技术）负责人等进行验收。

园林绿化工程
特种门安装工程检验批质量验收记录

《建筑装饰装修工程质量验收规范》（GB 50210—2002）表　　　　　　　　　园建 59

单位 工程名称				分项 工程名称			验收部位		
施工单位				专业工长			项目负责人		
施工执行标准名称 及编号									
分包施工单位				分包施工单位负责人			施工班组长		

		质量验收规范的规定			施工单位检查评定结果		监理（建设） 单位验收记录		
主控项目	1	特种门的质量和各项性能应符合设计要求			见说明（1）				
	2	特种门的品种、类型、规格、防腐处理等应符合要求			见说明（2）				
	3	机械、自动、智能化装置符合要求			见说明（3）				
	4	特种门安装必须牢固			见说明（4）				
	5	特种门的配件应齐全，安装正确牢固			见说明（5）				
一般项目	1	表面装饰应符合要求			见说明（6）				
	2	表面应洁净，无划痕、碰伤			见说明（7）				
	3	推拉自动门的感应时间符合表（9）			见说明（9）				
	4	允许偏差项目		允偏值（mm）		实 测 值				
		推拉自动门	门槽口宽度、高度	≤1500mm	1.5				
				>1500mm	2				
			门槽口对角线长度差	≤2000mm	2				
				>2000mm	2.5				
			门框的正侧面垂直度		1				
			门构件装配间隙		0.3				
			门梁导轨水平度		1				
			下导轨与门梁导轨平行度		1.5				
			门扇与侧框间留缝		1.2~1.8				
			门扇对口缝		1.2~1.8				
		旋转门	门扇正、侧面垂直		金：1.5　木：1.5				
			门扇对角线长度差		金：1.5　木：1.5				
			相邻扇高低差		金：1　木：1				
			扇与圆弧边留缝		金：1.5　木：2				
			扇与上顶留缝		金：2　木：2.5				
			扇与地面留缝		金：2　木：2.5				
施工单位 检查评定结果		项目专业质量检查员：							年　月　日
监理（建设） 单位验收结论		监理工程师： （建设单位项目专业技术负责人）							年　月　日

说　明

园林绿化工程特种门安装工程检验批质量验收记录

建筑外门窗的安装必须牢固。在砌体上安装门窗时严禁用射钉固定。

1）主 控 项 目

（1）特种门的质量和各项性能应符合设计要求。

检验方法：检查生产许可证、产品合格证书和性能检测报告。

（2）特种门的品种、类型、规格、尺寸、开启方向、安装位置及防腐处理应符合设计要求。

检验方法：观察；尺量检查；检查进场验收记录和隐蔽工程验收记录。

（3）带有机械装置、自动装置或智能化装置的特种门，其机械装置、自动装置或智能化装置的功能应符合设计要求和有关标准的规定。

检验方法：启动机械装置、自动装置或智能化装置，观察。

（4）特种门的安装必须牢固。预埋件的数量、位置、埋设方式、与框的连接方式必须符合设计要求。

检验方法：观察；手扳检查；检查隐蔽工程验收记录。

（5）特种门的配件应齐全，位置应正确，安装应牢固，功能应满足使用要求和特种门的各项性能要求。

检验方法：观察；手扳检查；检查产品合格证书、性能检测报告和进场验收记录。

2）一 般 项 目

（6）特种门的表面装饰应符合设计要求。

检验方法：观察。

（7）特种门的表面应洁净，无划痕、碰伤。

检验方法：观察。

（8）推拉自动门安装的留缝限值、允许偏差和检验方法应符合表（8）的规定。

推拉自动门安装的留缝限值、允许偏差和检验方法　　　　　　表（8）

项次	项　　目		留缝限值（mm）	允许偏差（mm）	检 验 方 法
1	门槽口宽度、高度	≤1500mm	—	1.5	用钢尺检查
		>1500mm	—	2	
2	门槽口对角线长度差	≤2000mm	—	2	用钢尺检查
		>2000mm	—	2.5	
3	门框的正、侧面垂直度		—	1	用1m垂直检测尺检查
4	门构件装配间隙		—	0.3	用塞尺检查
5	门梁导轨水平度		—	1	用1m水平尺和塞尺检查
6	下导轨与门梁导轨平行度		—	1.5	用钢尺检查
7	门扇与侧框间留缝		1.2～1.8	—	用塞尺检查
8	门扇对口缝		1.2～1.8	—	用塞尺检查

（9）推拉自动门的感应时间限值和检验方法应符合表（9）的规定。

推拉自动门的感应时间限值和检验方法　　　　　　　　表（9）

项次	项　目	感应时间限值（s）	检验方法
1	开门响应时间	≤0.5	用秒表检查
2	堵门保护延时	16～20	用秒表检查
3	门扇全开启后保持时间	13～17	用秒表检查

（10）旋转门安装的允许偏差和检验方法应符合表（10）的规定。

旋转门安装的允许偏差和检验方法　　　　　　　　表（10）

项次	项　目	允许偏差（mm）		检　验　方　法
		金属框架玻璃旋转门	木质旋转门	
1	门扇正、侧面垂直度	1.5	1.5	用1m垂直检测尺检查
2	门扇对角线长度差	1.5	1.5	用钢尺检查
3	相邻扇高度差	1	1	用钢尺检查
4	扇与圆弧边留缝	1.5	2	用塞尺检查
5	扇与上顶间留缝	2	2.5	用塞尺检查
6	扇与地面间留缝	2	2.5	用塞尺检查

注：本表由施工项目专业质量检查员填写，专业监理工程师（建设单位项目专业技术负责人）组织项目专业质量（技术）负责人等进行验收。

园林绿化工程
门窗玻璃安装工程检验批质量验收记录

《建筑装饰装修工程质量验收规范》（GB 50210—2001）表　　　　　　园建60

单位工程名称		分项工程名称		验收部位	
施工单位		专业工长		项目负责人	
施工执行标准名称及编号					
分包施工单位		分包施工单位负责人		施工班组长	

质量验收规范的规定			施工单位检查评定结果	监理（建设）单位验收记录
主控项目	1	材料要求	见说明（1）	
	2	裁割要求	见说明（2）	
	3	安装方法	见说明（3）	
	4	木压条安装	见说明（4）	
	5	密封条安装	见说明（5）	
	6	带密封条的压条安装允许偏差（mm）	0.5	
一般项目	1	表面观感	见说明（7）	
	2	玻璃安装要求	见说明（8）	
	3	腻子填抹要求	见说明（9）	

施工单位检查评定结果	项目专业质量检查员：　　　　　　　　　　　　年 月 日
监理（建设）单位验收结论	监理工程师： （建设单位项目专业技术负责人）　　　　　　年 月 日

491

说 明

园林绿化工程门窗玻璃安装工程检验批质量验收记录

1）主 控 项 目

（1）玻璃的品种、规格、尺寸、色彩、图案和涂膜朝向应符合设计要求。单块玻璃大于 1.5m² 时应使用安全玻璃。

检验方法：观察；检查产品合格证书、性能检测报告和进场验收记录。

（2）门窗玻璃裁割尺寸应正确。安装后的玻璃应牢固，不得有裂纹、损伤和松动。

检验方法：观察；轻敲检查。

（3）玻璃的安装方法应符合设计要求。固定玻璃的钉子或钢丝卡的数量、规格应保证玻璃安装牢固。

检验方法：观察；检查施工记录。

（4）镶钉木压条接触玻璃处，应与裁口边缘平齐。木压条应互相紧密连接，并与裁口边缘紧贴，割角应整齐。

检验方法：观察。

（5）密封条与玻璃、玻璃槽口的接触应紧密、平整。密封胶与玻璃、玻璃槽口的边缘应粘结牢固、接缝平齐。

检验方法：观察。

（6）带密封条的玻璃压条，其密封必须与玻璃全部贴紧，压条与型材之间应无明显缝隙，压条接缝应不大于 0.5mm。

检验方法：观察；尺量检查。

2）一 般 项 目

（7）玻璃表面应洁净，不得有腻子、密封胶、涂料等污渍。中空玻璃内外表面均应洁净，玻璃中空层内不得有灰尘和水蒸气。

检验方法：观察。

（8）门窗玻璃不应直接接触型材。单面镀膜玻璃的镀膜层及磨砂玻璃的磨砂面应朝向室内。中空玻璃的单面镀膜玻璃应在最外层，镀膜层应朝向室内。

检验方法：观察。

（9）腻子应填抹饱满、粘结牢固；腻子边缘与裁口应平齐。固定玻璃的卡子不应在腻子表面显露。

检验方法：观察。

注：本表由施工项目专业质量检查员填写，专业监理工程师（建设单位项目专业技术负责人）组织项目专业质量（技术）负责人等进行验收。

园林绿化工程
一般抹灰工程检验批质量验收记录

《建筑装饰装修工程质量验收规范》（GB 50210—2001）表　　　　　　　　　　　　园建 61

单位 工程名称			分项 工程名称			验收部位			
施工单位			专业工长			项目负责人			
施工执行标准名称 及编号									
分包施工单位			分包施工单位负责人			施工班组长			

质量验收规范的规定					施工单位自检记录		监理（建设） 单位验收记录
主控项目	1	基层处理		见说明（3）			
	2	材料要求		见说明（4）			
	3	加强措施		见说明（5）			
	4	面层粘结要求		见说明（6）			
一般项目	1	表面质量	普通抹灰	见说明（7）①			
			高级抹灰	见说明（7）②			
	2	护角、孔洞、槽、盒周围的抹灰表面质量		见说明（8）			
	3	抹灰层要求		见说明（9）			
	4	分格缝设置		见说明（10）			
	5	滴水线（槽）设置		见说明（11）			
	6	允许偏差 mm	立面垂直度	高级抹灰	3			
				普通抹灰	4			
			表面平整度	高级抹灰	3			
				普通抹灰	4			
			阴阳角方正	高级抹灰	3			
				普通抹灰	4			
			分格条（缝）直线度	高级抹灰	3			
				普通抹灰	4			
			墙裙、勒脚上口直线度	高级抹灰	3			
				普通抹灰	4			

施工单位 检查评定结果	
	项目专业质量检查员：　　　　　　　　　　　　　　　　　年　月　日

监理（建设） 单位验收结论	
	监理工程师： （建设单位项目专业技术负责人）　　　　　　　　　年　月　日

说　明

园林绿化工程一般抹灰工程检验批质量验收记录

（1）施工单位应遵守有关环境保护的法律法规，并应采取有效措施控制施工现场的各种粉尘、废气、废弃物、噪声、振动等对周围环境造成的污染和危害。

（2）外墙和顶棚的抹灰层与基层之间及各抹灰层之间必须粘结牢固。

（3）抹灰前基层表面的尘土、污垢、油渍等应清除干净，并应洒水润湿。

检验方法：检查施工记录。

（4）一般抹灰所用材料的品种和性能应符合设计要求。水泥的凝结时间和安定性复验应合格。砂浆的配合比应符合设计要求。

检验方法：检查产品合格证书、进场验收记录、复验报告和施工记录。

（5）抹灰工程应分层进行。当抹灰总厚度大于或等于 35mm 时，应采取加强措施。不同材料基体交接处表面的抹灰，应采取防止开裂的加强措施，当采用加强网时，加强网与各基体的搭接宽度不应小于 100mm。

检验方法：检查隐蔽工程验收记录和施工记录。

（6）抹灰层与基层之间及各抹灰层之间必须粘结牢固，抹灰层应无脱层、空鼓，面层应无爆灰和裂缝。

检验方法：观察；用小锤轻击检查；检查施工记录。

（7）一般抹灰工程的表面质量应符合下列规定：

①普通抹灰表面应光滑、洁净、接槎平整，分格缝应清晰。

②高级抹灰表面应光滑、洁净、颜色均匀、无抹纹，分格缝和灰线应清晰美观。

检验方法：观察；手摸检查。

（8）护角、孔洞、槽、盒周围的抹灰表面应整齐、光滑；管道后面的抹灰表面应平整。

检验方法：观察。

（9）抹灰层的总厚度应符合设计要求；水泥砂浆不得抹在石灰砂浆层上；罩面石膏灰不得抹在水泥砂浆层上。

检验方法：检查施工记录。

（10）抹灰分格缝的设置应符合设计要求，宽度和深度应均匀，表面应光滑，棱角应整齐。

检验方法：观察；尺量检查。

（11）有排水要求的部位应做滴水线（槽）。滴水线（槽）应整齐顺直，滴水线应内高外低，滴水槽的宽度和深度均不应小于 10mm。

检验方法：观察；尺量检查。

（12）一般抹灰工程质量的允许偏差和检验方法应符合表12的规定。

一般抹灰的允许偏差和检验方法　　　　　　　　（表12）

项次	项　目	允许偏差（mm）		检　验　方　法
		普通抹灰	高级抹灰	
1	立面垂直度	4	3	用2m垂直检测尺检查
2	表面平整度	4	3	用2m靠尺和塞尺检查

项次	项　　目	允许偏差（mm）		检 验 方 法
		普通抹灰	高级抹灰	
3	阴阳角方正	4	3	用直角检测尺检查
4	分格条（缝）直线度	4	3	拉5m线，不足5m拉通线，用钢直尺检查
5	墙裙、勒脚上口直线度	4	3	拉5m线，不足5m拉通线，用钢直尺检查

注：1　普通抹灰，本表第3项阴角方正可不检查；

　　2　顶棚抹灰，本表第2项表面平整度可不检查，但应平顺。

园林绿化工程
饰面板安装工程检验批质量验收记录

《建筑装饰装修工程质量验收规范》（GB 50210—2001）表 　　　　　　　　　　　　　园建 62

单位 工程名称		分项 工程名称		验收部位	
施工单位		专业工长		项目负责人	
施工执行标准名称 及编号					
分包施工单位		分包施工单位负责人		施工班组长	

		质量验收规范的规定		施工单位检查评定结果	监理（建设） 单位验收记录
主控项目	1	材料要求	见说明（1）		
	2	孔、槽设置	见说明（2）		
	3	预埋件、连接件（或后置埋件）	见说明（3）		
一般项目	1	表面质量	见说明（4）		
	2	嵌缝	见说明（5）		
	3	湿作业石材施工防碱背涂处理	见说明（6）		
	4	孔洞套割	见说明（7）		

		饰面板安装（8.2.9条）		允许偏差 （mm）	实 测 值
一般项目	5	立面垂直度	石材 光面	2	
			石材 剁斧石	3	
			石材 蘑菇石	3	
			瓷板	2	
			木材	1.5	
			塑料	2	
			金属	2	
	6	表面平整度	石材 光面	2	
			石材 剁斧石	3	
			石材 蘑菇石		
			瓷板	1.5	
			木材	1	
			塑料	3	
			金属	3	
	7	阴阳角方正	石材 光面	2	
			石材 剁斧石	4	
			石材 蘑菇石	4	
			瓷板	2	
			木材	1.5	
			塑料	3	
			金属	3	

质量验收规范的规定				施工单位检查评定结果	监理（建设）单位验收记录
一般项目	8 接缝直线度	石材	光面	2		
			剁斧石	4		
			蘑菇石	4		
		瓷板		2		
		木材		1		
		塑料		1		
		金属		1		
	9 墙裙勒脚上口直线度	石材	光面	2		
			剁斧石	3		
			蘑菇石	3		
		瓷板		2		
		木材		2		
		塑料		2		
		金属		2		
	10 接缝高低差	石材	光面	0.5		
			剁斧石	3		
			蘑菇石	—		
		瓷板		0.5		
		木材		0.5		
		塑料		1		
		金属		1		
	11 接缝宽度	石材	光面	1		
			剁斧石	2		
			蘑菇石	2		
		瓷板		1		
		木材		1		
		塑料		1		
		金属		1		

施工单位检查评定结果	
	项目专业质量检查员：　　　　　　　　　　　　　年　月　日
监理（建设）单位验收结论	
	监理工程师： （建设单位项目专业技术负责人）　　　　　　　　年　月　日

说　明

园林绿化工程饰面板安装工程检验批质量验收记录

1）主　控　项　目

（1）饰面板的品种、规格、颜色和性能应符合设计要求，木龙骨、木饰面板和塑料面板的燃烧性能等级应符合设计要求。

检验方法：观察；检查产品合格证书、进场验收记录和性能检测报告。

（2）饰面板孔、槽的数量、位置和尺寸应符合设计要求。

检验方法：检查进场验收记录和施工记录。

（3）饰面板安装工程预埋件（或后置埋件）、连接件的数量、规格、位置、连接方法和防腐处理必须符合设计要求。后置埋件的现场拉拔强度必须符合设计要求。饰面板安装必须牢固。

检验方法：手板检查；检查进场验收记录、现场拉拔检测报告、隐蔽工程验收记录和施工记录。

2）一　般　项　目

（4）饰面板表面应平整、洁净、色泽一致，无裂痕和缺损。石材表面应无泛碱等污染。

检验方法：观察。

（5）饰面板嵌缝应密实、平直，宽度和深度应符合设计要求，嵌填材料色泽应一致。

检验方法：观察；尺量检查。

（6）采用湿作业法施工的饰面板工程，石材应进行防碱背涂处理。饰面板与基体之间的灌注材料应饱满、密实。

检验方法：用小锤轻击检查；检查施工记录。

（7）饰面板上的孔洞应套割吻合，边缘应整齐。

检验方法：观察。

（8）饰面板安装的允许偏差和检验方法应符合表（8）的规定。

饰面板安装的允许偏差和检验方法　　　　　　　　　　　　表（8）

项次	项目	允许偏差（mm）							检验方法
		石材			瓷板	木材	塑料	金属	
		光面	剁斧石	蘑菇石					
1	立面垂直度	2	3	3	2	1.5	2	2	用2m垂直检测尺检查
2	表面平整度	2	3	—	1.5	1	3	3	用2m靠尺和塞尺检查
3	阴阳角方正	2	4	4	2	1.5	3	3	用直角检测尺检查
4	接缝直线度	2	4	4	2	1	1	1	拉5m线，不足5m拉通线，用钢直尺检查
5	墙裙、勒脚上口直线度	2	3	3	2	2	2	2	拉5m线，不足5m拉通线，用钢直尺检查
6	接缝高低差	0.5	3	—	0.5	0.5	1	1	用钢直尺和塞尺检查
7	接缝宽度	1	2	2	1	1	1	1	用钢直尺检查

注：本表由施工项目专业质量检查员填写，专业监理工程师（建设单位项目专业技术负责人）组织项目专业质量（技术）负责人等进行验收。

园林绿化工程
饰面砖粘贴工程检验批质量验收记录

《建筑装饰装修工程质量验收规范》（GB 50210—2011）表 　　　　　　　　　　　　园建63

单位工程名称			分项工程名称			验收部位	
施工单位			专业工长			项目负责人	
施工执行标准名称及编号							
分包施工单位			分包施工单位负责人			施工班组长	

		质量验收规范的规定				施工单位检查评定结果						监理（建设）单位验收记录
主控项目	1	材料要求			见说明（1）							
	2	找平、防水、粘结、勾缝			见说明（2）							
	3	粘贴必须牢固			见说明（3）							
	4	无空鼓、裂缝			见说明（4）							
一般项目	1	表面质量			见说明（5）							
	2	阴阳角处搭接方式、非整砖使用部位			见说明（6）							
	3	墙面突出物、墙裙、贴脸			见说明（7）							
	4	接缝			见说明（8）							
	5	滴水线			见说明（9）							
	6	允许偏差（第8.3.11条）（mm）	立面垂直度	外墙面砖	3							
				内墙面砖	2							
			表面平整度	外墙面砖	4							
				内墙面砖	3							
			阴阳角方正	外墙面砖	3							
				内墙面砖	3							
			接缝直线度	外墙面砖	3							
				内墙面砖	2							
			接缝高低差	外墙面砖	1							
				内墙面砖	0.5							
			接缝宽度	外墙面砖	1							
				内墙面砖	1							
施工单位检查评定结果		项目专业质量检查员：									年 月 日	
监理（建设）单位验收结论		监理工程师： （建设单位项目专业技术负责人）									年 月 日	

说　明

园林绿化工程饰面砖粘贴工程检验批质量验收记录

1）主　控　项　目

（1）饰面砖的品种、规格、图案、颜色和性能应符合设计要求。

检验方法：观察；检查产品合格证书、进场验收记录、性能检测报告和复验报告。

（2）饰面砖粘贴工程的找平、防水、粘结和勾缝材料及施工方法应符合设计要求及国家现行产品标准和工程技术标准的规定。

检验方法：检查产品合格证书、复验报告和隐蔽工程验收记录。

（3）饰面砖粘贴必须牢固。

检验方法：检查样板件粘结强度检测报告和施工记录。

（4）满粘法施工的饰面砖工程应无空鼓、裂缝。

检验方法：观察；用小锤轻击检查。

2）一　般　项　目

（5）饰面砖表面应平整、洁净、色泽一致，无裂痕和缺损。

检验方法：观察。

（6）阴阳角处搭接方式、非整砖使用部位应符合设计要求。

检验方法：观察。

（7）墙面突出物周围的饰面砖应整砖套割吻合，边缘应整齐。墙裙、贴脸突出墙面的厚度应一致。

检验方法：观察；尺量检查。

（8）饰面砖接缝应平直、光滑，填嵌应连续、密实；宽度和深度应符合设计要求。

检验方法：观察；尺量检查。

（9）有排水要求的部位应做滴水线（槽）。滴水线（槽）应顺直，流水坡向应正确，坡度应符合设计要求。

（10）饰面砖粘贴的允许偏差和检验方法应符合表（10）的规定。

饰面砖粘贴的允许偏差和检验方法　　　　　　　表（10）

项　次	项　目	允许偏差（mm）		检　验　方　法
		外墙面砖	内墙面砖	
1	立面垂直度	3	2	用2m垂直检测尺检查
2	表面平整度	4	3	用2m靠尺和塞尺检查
3	阴阳角方正	3	3	用直角检测尺检查
4	接缝直线度	3	2	拉5m线，不足5m拉通线，用钢直尺检查
5	接缝高低差	1	0.5	用钢直尺和塞尺检查
6	接缝宽度	1	1	用钢直尺检查

注：本表由施工项目专业质量检查员填写，专业监理工程师（建设单位项目专业技术负责人）组织项目专业质量（技术）负责人等进行验收。

园林绿化工程
水性涂料涂饰工程（薄涂料）检验批质量验收记录

《建筑装饰装修工程质量验收规范》（GB 50210—2001）表　　　　　　　　　园建 64

单位 工程名称			分项 工程名称		验收部位	
施工单位			专业工长		项目负责人	
施工执行标准名称 及编号						
分包施工单位			分包施工单位负责人		施工班组长	

		质量验收规范的规定			施工单位检查评定结果	监理（建设） 单位验收记录
主控项目	1	材料质量		见说明（1）		
	2	涂饰的颜色、图案		见说明（2）		
	3	涂饰的综合质量		见说明（3）		
	4	基层处理		见说明（4）		
一般项目	1	薄涂料涂饰质量（第10.2.6条）	颜　色 普通	均匀一致		
			高级	均匀一致		
			泛碱、咬色 普通	允许少量轻微		
			高级	不允许		
			流坠、疙瘩 普通	允许少量轻微		
			高级	不允许		
			砂眼、刷纹 普通	允许少量轻微 砂眼、刷纹通顺		
			高级	无砂眼、无刷纹		
			装饰线、分色线直线度 普通	2mm		
			高级	1mm		
	2	衔接处、界面		衔接处吻合，界面清晰		

施工单位 检查评定结果	
	项目专业质量检查员：　　　　　　　　　　　　　　　　年 月 日
监理（建设） 单位验收结论	
	监理工程师： （建设单位项目专业技术负责人）　　　　　　　　　年 月 日

说 明

园林绿化工程水性涂料涂饰工程（薄涂料）检验批质量验收记录

1）主 控 项 目

（1）水性涂料涂饰工程所用涂料的品种、型号和性能应符合设计要求。

检验方法：检查产品合格证书、性能检测报告和进场验收记录。

（2）水性涂料涂饰工程的颜色、图案应符合设计要求。

检验方法：观察。

（3）水性涂料涂饰工程应涂饰均匀、粘结牢固，不得漏涂、透底、起皮和掉粉。

检验方法：观察；手摸检查。

（4）水性涂料涂饰工程的基层处理应符合本规范第 4 条的要求。

检验方法：观察；手摸检查；检查施工记录。

2）一 般 项 目

（5）薄涂料的涂饰质量和检验方法应符合表（5）的规定。

薄涂料的涂饰质量和检验方法 表（5）

项次	项 目	普通涂饰	高级涂饰	检验方法
1	颜色	均匀一致	均匀一致	观 察
2	泛碱、咬色	允许少量轻微	不允许	
3	流坠、疙瘩	允许少量轻微	不允许	
4	砂眼、刷纹	允许少量轻微砂眼，刷纹通顺	无砂眼，无刷纹	
5	装饰线、分色线直线度允许偏差（mm）	2	1	拉 5m 线，不足 5m 拉通线，用钢直尺检查

（6）涂层与其他装修材料和设备衔接处应吻合，界面应清晰。

检验方法：观察。

注：本表由施工项目专业质量检查员填写，专业监理工程师（建设单位项目专业技术负责人）组织项目专业质量（技术）负责人等进行验收。

园林绿化工程
水性涂料涂饰工程（厚涂料）检验批质量验收记录

《建筑装饰装修工程质量验收规范》（GB 50210—2001）表　　　　园建65

单位工程名称		分项工程名称		验收部位	
施工单位		专业工长		项目负责人	
施工执行标准名称及编号					
分包施工单位		分包施工单位负责人		施工班组长	

		质量验收规范的规定			施工单位检查评定结果	监理（建设）单位验收记录
主控项目	1	材料质量		见说明（1）		
	2	涂饰的颜色、图案		见说明（2）		
	3	涂饰的综合质量		见说明（3）		
	4	基层处理		见说明（4）		
一般项目	1	厚涂料涂饰质量（第10.2.7条）	颜色	普通	均匀一致	
				高级	均匀一致	
			泛碱、咬色	普通	允许少量轻微	
				高级	不允许	
			点状分布	普通	—	
				高级	疏密均匀	
	2	衔接处、界面（第10.2.9条）		衔接处吻合，界面清晰		

施工单位检查评定结果	项目专业质量检查员：　　　　　　　　　　　年 月 日
监理（建设）单位验收结论	监理工程师： （建设单位项目专业技术负责人）　　　　　　年 月 日

503

说　明

园林绿化工程水性涂料涂饰工程（厚涂料）检验批质量验收记录

1）主　控　项　目

（1）水性涂料涂饰工程所用涂料的品种、型号和性能应符合设计要求。

检验方法：检查产品合格证书、性能检测报告和进场验收记录。

（2）水性涂料涂饰工程的颜色、图案应符合设计要求。

检验方法：观察。

（3）水性涂料涂饰工程应涂饰均匀、粘结牢固，不得漏涂、透底、起皮和掉粉。

检验方法：观察；手摸检查。

（4）水性涂料涂饰工程的基层处理应符合规范的要求。

检验方法：观察；手摸检查；检查施工记录。

2）一　般　项　目

（5）厚涂料的涂饰质量和检验方法应符合表（5）的规定。

厚涂料的涂饰质量和检验方法　　　　　　　　　　　　　　　表（5）

项次	项　目	普通涂饰	高级涂饰	检验方法
1	颜色	均匀一致	均匀一致	观　察
2	泛碱、咬色	允许少量轻微	不允许	
3	点状分布	—	疏密均匀	

（6）涂层与其他装修材料和设备衔接处应吻合，界面应清晰。

检验方法：观察。

注：本表由施工项目专业质量检查员填写，专业监理工程师（建设单位项目专业技术负责人）组织项目专业质量（技术）负责人等进行验收。

园林绿化工程

水性涂料涂饰工程（复层涂料）检验批质量验收记录

《建筑装饰装修工程质量验收规范》（GB 50210—2001）表　　　　　　园建 66

单位 工程名称				分项 工程名称		验收部位	
施工单位				专业工长		项目负责人	
施工执行标准名称 及编号							
分包施工单位				分包施工单位负责人		施工班组长	
质量验收规范的规定					施工单位检查评定结果		监理（建设） 单位验收记录
主 控 项 目	1	材料质量		见说明（1）			
	2	涂饰的颜色、图案		见说明（2）			
	3	涂饰的综合质量		见说明（3）			
	4	基层处理		见说明（4）			
一 般 项 目	1	复层涂料涂饰质量 （第 10.2.8 条）	颜色	均匀一致			
			泛碱、咬色	不允许			
			喷点疏密程度	均匀，不允许连片			
	2	衔接处、界面（第 10.2.9 条）		衔接处吻合， 界面清晰			

施工单位 检查评定结果	项目专业质量检查员：　　　　　　　　　　　　　　　　　　　　　　年　月　日
监理（建设） 单位验收结论	监理工程师： （建设单位项目专业技术负责人）　　　　　　　　　　　　　　年　月　日

说　明

园林绿化工程水性涂料涂饰工程（复层涂料）检验批质量验收记录

1）主 控 项 目

（1）水性涂料涂饰工程所用涂料的品种、型号和性能应符合设计要求。

检验方法：检查产品合格证书、性能检测报告和进场验收记录。

（2）水性涂料涂饰工程的颜色、图案应符合设计要求。

检验方法：观察。

（3）水性涂料涂饰工程应涂饰均匀、粘结牢固，不得漏涂、透底、起皮和掉粉。

检验方法：观察；手摸检查。

（4）水性涂料涂饰工程的基层处理应符合规范的要求。

检验方法：观察；手摸检查；检查施工记录。

2）一 般 项 目

（5）复层涂料的涂饰质量和检验方法应符合表（5）的规定。

复层涂料的涂饰质量和检验方法　　　　　　　　　　　表（5）

项 次	项 目	质量要求	检验方法
1	颜色	均匀一致	观　察
2	泛碱、咬色	不允许	
3	喷点疏密程度	均匀，不允许连片	

（6）涂层与其他装修材料和设备衔接处应吻合，界面应清晰。

检验方法：观察。

注：本表由施工项目专业质量检查员填写，专业监理工程师（建设单位项目专业技术负责人）组织项目质量（技术）负责人等进行验收。

园林绿化工程
溶剂型涂料涂饰工程（色漆）检验批质量验收记录

《建筑装饰装修工程质量验收规范》（GB 50210—2001）表　　　　　　　　　　　　园建 67

单位 工程名称				分项 工程名称			验收部位	
施工单位				专业工长			项目负责人	
施工执行标准名称 及编号								
分包施工单位				分包施工单位负责人			施工班组长	

		质量验收规范的规定			施工单位检查评定结果	监理（建设） 单位验收记录
主控项目	1	材料质量		见说明（1）		
	2	颜色、光泽、图案		见说明（2）		
	3	涂饰的综合质量		见说明（3）		
	4	基层处理		见说明（4）		
一般项目	1	颜色	普通	均匀一致		
			高级	均匀一致		
	2	光泽、光滑	普通	光泽基本均匀， 光滑，无挡手感		
			高级	光泽均匀一致、 光滑		
	3	刷纹	普通	刷纹通顺		
			高级	无刷纹		
	4	裹棱、流坠、皱皮	普通	明显处不允许		
			高级	不允许		
	5	装饰线、分色线 直线度	普通	2mm		
			高级	1mm		
	6	涂层衔接、界面 （第 10.3.8 条）		吻合、界面清晰		

施工单位 检查评定结果	
	项目专业质量检查员：　　　　　　　　　　　　　　　　　　　年　月　日
监理（建设） 单位验收结论	监理工程师： （建设单位项目专业技术负责人）　　　　　　　　　　　　年　月　日

说　明

园林绿化工程溶剂型涂料涂饰工程（色漆）检验批质量验收记录

1）主 控 项 目

（1）溶剂型涂料涂饰工程所选用涂料的品种、型号和性能应符合设计要求。

检验方法：检查产品合格证书、性能检测报告和进场验收记录。

（2）溶剂型涂料涂饰工程的颜色、光泽、图案应符合设计要求。

检验方法：观察。

（3）溶剂型涂料涂饰工程应涂饰均匀、粘结牢固，不得漏涂、透底、起皮和反锈。

检验方法：观察；手摸检查。

（4）溶剂型涂料涂饰工程的基层处理应符合规范的要求。

检验方法：观察；手摸检查；检查施工记录。

2）一 般 项 目

（5）色漆的涂饰质量和检验方法应符合表（5）的规定。

色漆的涂饰质量和检验方法　　　　　　　　　　　　　　表（5）

项次	项　目	普通涂饰	高级涂饰	检验方法
1	颜　色	均匀一致	均匀一致	观　察
2	光泽、光滑	光泽基本均匀，光滑，无挡手感	光泽均匀一致，光滑	观察、手摸检查
3	刷　纹	刷纹通顺	无刷纹	观　察
4	裹棱、流坠、皱皮	明显处不允许	不允许	观　察
5	装饰线、分色线直线度允许偏差（mm）	2	1	拉5m线，不足5m拉通线，用钢直尺检查

注：无光色漆不检查光泽。

（6）涂层与其他装修材料和设备衔接处应吻合，界面应清晰。

检验方法：观察。

注：本表由施工项目专业质量检查员填写，专业监理工程师（建设单位项目专业技术负责人）组织项目专业质量（技术）负责人等进行验收。

园林绿化工程

溶剂型涂料涂饰工程（清漆）检验批质量验收记录

《建筑装饰装修工程质量验收规范》（GB 50210—2001）表　　　　　　　　　　　　园建 68

单位 工程名称		分项 工程名称		验收部位	
施工单位		专业工长		项目负责人	
施工执行标准名称 及编号					
分包施工单位		分包施工单位负责人		施工班组长	

质量验收规范的规定				施工单位检查评定结果	监理（建设） 单位验收记录
主控项目	1	材料质量		见说明（1）	
	2	颜色、光泽、图案		见说明（2）	
	3	涂饰的综合质量		见说明（3）	
	4	基层处理		见说明（4）	
一般项目	1	颜色	普通	基本一致	
			高级	均匀一致	
	2	木纹	普通	棕眼刮平、木纹清楚	
			高级	棕眼刮平、木纹清楚	
	3	光泽、光滑	普通	光泽基本均匀， 光滑，无挡手感	
			高级	光泽均匀一致，光滑	
	4	刷纹	普通	无刷纹	
			高级	无刷纹	
	5	裹棱、流坠、 皱皮	普通	明显处不允许	
			高级	不允许	
	6	涂层衔接及界面处 （第10.3.8条）		吻合、界面清晰	

施工单位 检查评定结果	
	项目专业质量检查员： 　　　　　　　　　　　　　　　　　　　年　月　日
监理（建设） 单位验收结论	
	监理工程师： （建设单位项目专业技术负责人） 　　　　　　　　　　　　　　　　　　　年　月　日

说 明

园林绿化工程溶剂型涂料涂饰工程（清漆）检验批质量验收记录

1）主 控 项 目

（1）溶剂型涂料涂饰工程所选用的品种、型号和性能应符合设计要求。

检验方法：检查产品合格证性能检测报告和进场验收记录。

（2）溶剂型涂料涂饰工程的颜色、光泽、图案应符合设计要求。

检验方法：观察。

（3）溶剂型涂料涂饰工程应涂饰均匀、粘结牢固，不得漏涂、透底、起皮和反锈。

检验方法：观察；手摸检查。

（4）溶剂型涂料涂饰工程的基层处理应符合规范的要求。

检验方法：观察；手摸检查；检查施工记录。

2）一 般 项 目

（5）清漆的涂饰质量和检验方法应符合表（5）的规定。

清漆的涂饰质量和检验方法 表（5）

项次	项 目	普通涂饰	高级涂饰	检验方法
1	颜色	基本一致	均匀一致	观察
2	木纹	棕眼刮平、木纹清楚	棕眼刮平、木纹清楚	观察
3	光泽、光滑	光泽基本均匀，光滑，无挡手感	光泽均匀一致，光滑	观察、手摸检查
4	刷纹	无刷纹	无刷纹	观察
5	裹棱、流坠、皱皮	明显处不允许	不允许	观察

（6）涂层与其他装修材料和设备衔接处应吻合，界面应清晰。

检验方法：观察。

注：本表由施工项目专业质量检查员填写，专业监理工程师（建设单位项目专业技术负责人）组织项目专业质量（技术）负责人等进行验收。

园林绿化工程
美术涂饰工程检验批质量验收记录

《建筑装饰装修工程质量验收规范》（GB 50210—2001）表　　　　　　　　园建69

单位工程名称			分项工程名称		验收部位	
施工单位			专业工长		项目负责人	
施工执行标准名称及编号						
分包施工单位			分包施工单位负责人		施工班组长	

		质量验收规范的规定		施工单位检查评定结果	监理（建设）单位验收记录
主控项目	1	所用材料的品种、型号和性能应符合设计要求	见说明（1）		
	2	美术涂饰工程应涂饰均匀，粘结牢固，不得漏涂、透底等	见说明（2）		
	3	基层处理应符合第10.1.5条的要求	见说明（3）		
	4	套色、花纹和图案应符合设计要求	见说明（4）		
一般项目	1	表面应洁净，不得有流坠现象	见说明（5）		
	2	饰面应具有被模仿材料的纹理	见说明（6）		
	3	图案不得移位，纹理和轮廓应清晰	见说明（7）		

施工单位检查评定结果	项目专业质量检查员：　　　　　　　　　　　年　月　日
监理（建设）单位验收结论	监理工程师： （建设单位项目专业技术负责人）　　　　　　年　月　日

说　明

园林绿化工程美术涂饰工程检验批质量验收记录

1）主　控　项　目

（1）美术涂饰所用材料的品种、型号和性能应符合设计要求。

检验方法：观察；检查产品合格证书、性能检测报告和进场验收记录。

（2）美术涂饰工程应涂饰均匀、粘结牢固，不得漏涂、透底、起皮、掉粉和反锈。

检验方法：观察；手摸检查。

（3）美术涂饰工程的基层处理应符合规范的要求。

检验方法：观察；手摸检查；检查施工记录。

（4）美术涂饰的套色、花纹和图案应符合设计要求。

检验方法：观察。

2）一　般　项　目

（5）美术涂饰表面应洁净，不得有流坠现象。

检验方法：观察。

（6）仿花纹涂饰的饰面应具有被模仿材料的纹理。

检验方法：观察。

（7）套色涂饰的图案不得移位，纹理和轮廓应清晰。

检验方法：观察。

注：本表由施工项目专业质量检查员填写，专业监理工程师（建设单位项目专业技术负责人）组织项目专业质量（技术）负责人等进行验收。

园林绿化工程
屋面找平层检验批质量验收记录

《屋面工程质量验收规范》（GB 50207—2012）表　　　　　　　　　　　　园建 70

单位 工程名称			分项 工程名称		验收部位	
施工单位			专业工长		项目负责人	
施工执行标准名称 及编号						
分包施工单位			分包施工单位负责人		施工班组长	

		质量验收规范的规定	施工单位检查评定结果	监理（建设） 单位验收记录
主控项目	1	找平层的材料质量及配合比，必须符合设计要求	见说明（1）	
	2	屋面（含天沟、檐沟）找平层的排水坡度，必须符合设计要求	见说明（2）	
一般项目	1	基层与突出屋面结构的交接处和基层的转角处，均应做成圆弧形，且整齐平顺	见说明（3）	
	2	水泥砂浆、细石混凝土找平层应平整、压光，不得有酥松、起砂、起皮现象；沥青砂浆找平层不得有拌合不匀、蜂窝现象	见说明（4）	
	3	找平层分格缝的位置和间距应符合设计要求	见说明（5）	
	4	找平层表面平整度的允许偏差为 5mm	见说明（6）	

施工单位 检查评定结果	
	项目专业质量检查员：　　　　　　　　　年　月　日

监理（建设） 单位验收结论	
	监理工程师： （建设单位项目专业技术负责人）　　　　　年　月　日

513

说 明

园林绿化工程屋面找平层检验批质量验收记录

1）主 控 项 目

（1）找平层的材料质量及配合比，必须符合设计要求。

检验方法：检查出厂合格证、质量检验报告和计量措施。

（2）屋面（含天沟、檐沟）找平层的排水坡度，必须符合设计要求。

检验方法：用水平仪（水平尺）、拉线和尺量检查。

2）一 般 项 目

（3）基层与突出屋面结构的交接处和基层的转角处，均应做成圆弧形，且整齐平顺。

检验方法：观察和尺量检查。

（4）水泥砂浆、细石混凝土找平层应平整、压光，不得有酥松、起砂、起皮现象；沥青砂浆找平层不得有拌合不匀、蜂窝现象。

检验方法：观察检查。

（5）找平层分格缝的位置和间距应符合设计要求。

检验方法：观察和尺量检查。

（6）找平层表面平整度的允许偏差为 5mm。

检验方法：用 2m 靠尺和楔形塞尺检查。

注：本表由施工项目专业质量检查员填写，专业监理工程师（建设单位项目专业技术负责人）组织项目专业质量（技术）负责人等进行验收。

园林绿化工程
屋面保温层检验批质量验收记录

《屋面工程质量验收规范》（GB 50207—2012）表　　　　　　　　　　　　　　　　　园建 71

单位 工程名称			分项 工程名称		验收部位			
施工单位			专业工长		项目负责人			
施工执行标准名称 及编号								
分包施工单位			分包施工单位负责人		施工班组长			
质量验收规范的规定			施工单位检查评定结果		监理（建设） 单位验收记录			
主控项目	1	保温材料的堆积密度或表观密度、导热系数以及板材的强度、吸水率，必须符合设计要求	见说明（1）					
	2	保温层的含水率必须符合设计要求	见说明（2）					
一般项目	1	保温层（松散保温材料；板状保温材料；整体现浇保温层）的铺设应符合要求	见说明（3）					
	2	厚度的允许偏差	松散保温材料	＋10％，－5％				
			整体现浇保温层	＋10％，－5％				
			板状保温材料	±5％且≤4mm				
	3	当倒置式屋面保护层采用卵石铺压时，卵石应分布均匀，卵石的质（重）量应符合设计要求	见说明（5）					
施工单位 检查评定结果		项目专业质量检查员：　　　　　　　　　　　　　　　　　　　　　　年　月　日						
监理（建设） 单位验收结论		监理工程师： （建设单位项目专业技术负责人）　　　　　　　　　　　　　　年　月　日						

说　　明

园林绿化工程屋面保温层检验批质量验收记录

屋面工程所采用的防水、保温隔热材料应有产品合格证书和性能检测报告，材料的品种、规格、性能等应符合现行国家产品标准和设计要求。

1）主 控 项 目

（1）保温材料的堆积密度或表观密度、导热系数以及板材的强度、吸水率，必须符合设计要求。

检验方法：检查出厂合格证、质量检验报告和现场抽样复验报告。

（2）保温层的含水率必须符合设计要求。

检验方法：检查现场抽样检验报告。

2）一 般 项 目

（3）保温层的铺设应符合下列要求：

①松散保温材料：分层铺设，压实适当，表面平整，找坡正确。

②板状保温材料：紧贴（靠）基层，铺平垫稳，拼缝严密，找坡正确。

③整体现浇保温层：拌合均匀，分层铺设，压实适当，表面平整，找坡正确。

检验方法：观察检查。

（4）保温层厚度的允许偏差：松散保温材料和整体现浇保温层为＋10％，－5％；板状保温材料为±5％，且不得大于4mm。

检验方法：用钢针插入和尺量检查。

（5）当倒置式屋面保护层采用卵石铺压时，卵石应分布均匀，卵石的质（重）量应符合设计要求。

检验方法：观察检查和按堆积密度计算其质（重）量。

注：本表由施工项目专业质量检查员填写，专业监理工程师（建设单位项目专业技术负责人）组织项目专业质量（技术）负责人等进行验收。

园林绿化工程
屋面卷材防水层检验批质量验收记录

《屋面工程质量验收规范》（GB 50207—2012）表　　　　　　　　　　　　园建 72

单位 工程名称			分项 工程名称		验收部位	
施工单位			专业工长		项目负责人	
施工执行标准名称 及编号						
分包施工单位			分包施工单位负责人		施工班组长	

		质量验收规范的规定		施工单位检查评定结果	监理（建设） 单位验收记录
主控项目	1	卷材防水层所用卷材及其配套材料必须符合设计要求	见说明（1）		
	2	卷材防水层不得有渗漏或积水现象	见说明（2）		
	3	卷材防水层的细部防水构造必须符合设计要求	见说明（3）		
一般项目	1	卷材防水层的搭接缝和收头	见说明（4）		
	2	卷材防水层上的保护层	见说明（5）		
	3	排汽屋面的排汽道和排气管	见说明（6）		
	4	卷材搭接宽度的允许偏差为－10mm	见说明（7）		
	5	卷材的铺贴方向应正确			

施工单位 检查评定结果	
	项目专业质量检查员：　　　　　　　　　　　　　　　　年　月　日

监理（建设） 单位验收结论	
	监理工程师： （建设单位项目专业技术负责人）　　　　　　　　　　年　月　日

说　明

园林绿化工程屋面卷材防水层检验批质量验收记录

屋面工程所采用的防水、保温隔热材料应有产品合格证书和性能检测报告，材料的品种、规格、性能等应符合现行国家产品标准和设计要求。

1）主 控 项 目

（1）卷材防水层所用卷材及其配套材料，必须符合设计要求。

检验方法：检查出厂合格证、质量检验报告和现场抽样复验报告。

（2）卷材防水层不得有渗漏或积水现象。

检验方法：雨后或淋水、蓄水检验。

（3）卷材防水层在天沟、檐沟、檐口、水落口、泛水、变形缝和伸出屋面管道的防水构造，必须符合设计要求。

检验方法：观察检查和检查隐蔽工程验收记录。

2）一 般 项 目

（4）卷材防水层的搭接缝应粘（焊）结牢固，密封严密，不得有皱折、翘边和鼓泡等缺陷；防水层的收头应与基层粘结并固定牢固，缝口封严，不得翘边。

检验方法：观察检查。

（5）卷材防水层上的撒布材料和浅色涂料保护层应铺撒或涂刷均匀，粘结牢固；水泥砂浆、块材或细石混凝土保护层与卷材防水层间应设置隔离层；刚性保护层的分格缝留置应符合设计要求。

检验方法：观察检查。

（6）排汽屋面的排汽道应纵横贯通，不得堵塞。排汽管应安装牢固，位置正确，封闭严密。

检验方法：观察检查。

（7）卷材的铺贴方向应正确，卷材搭接宽度的允许偏差为－10mm。

检验方法：观察和尺量检查。

注：本表由施工项目专业质量检查员填写，专业监理工程师（建设单位项目专业技术负责人）组织项目专业质量（技术）负责人等进行验收。

园林绿化工程
屋面工程细部构造检验批质量验收记录

《屋面工程质量验收规范》（GB 50207—2012）表　　　　　　　　　　　　园建 73

单位 工程名称		分项 工程名称		验收部位	
施工单位		专业工长		项目负责人	
施工执行标准名称 及编号					
分包施工单位		分包施工单位负责人		施工班组长	
质量验收规范的规定			施工单位检查评定结果	监理（建设） 单位验收记录	

主控项目	1	天沟、檐沟的排水坡度，必须符合设计要求	见说明（1）		
	2	天沟、檐沟、檐口、水落口、泛水、变形缝和伸出屋面管道的防水构造，必须符合设计要求	见说明（2）		

施工单位 检查评定结果	
	项目专业质量检查员：　　　　　　　　　　　　　　　　　年　月　日

监理（建设） 单位验收结论	
	监理工程师： （建设单位项目专业技术负责人）　　　　　　　　　　　年　月　日

说 明

园林绿化工程屋面工程细部构造检验批质量验收记录

1）主 控 项 目

（1）天沟、檐沟的排水坡度，必须符合设计要求。

检验方法：用水平仪（水平尺）、拉线和尺量检查。

（2）天沟、檐沟、檐口、水落口、泛水、变形缝和伸出屋面管道的防水构造，必须符合设计要求。

检验方法：观察检查和检查隐蔽工程验收记录。

注：本表由施工项目专业质量检查员填写，专业监理工程师（建设单位项目专业技术负责人）组织项目专业质量（技术）负责人等进行验收。

园林绿化工程

屋面涂膜防水层检验批质量验收记录

《屋面工程质量验收规范》（GB 50207—2012）表　　　　　　　　　　　　　　　　园建 74

单位 工程名称			分项 工程名称		验收部位	
施工单位			专业工长		项目负责人	
施工执行标准名称 及编号						
分包施工单位			分包施工单位负责人		施工班组长	
质量验收规范的规定				施工单位检查评定结果	监理（建设） 单位验收记录	
主控项目	1	防水涂料和胎体增强材料必须符合设计要求		见说明（1）		
	2	涂膜防水层不得有渗漏或积水现象		见说明（2）		
	3	涂膜防水层在天沟、檐沟、檐口、水落口、泛水、变形缝和伸出屋面管道的防水构造，必须符合设计要求		见说明（3）		
一般项目	1	涂膜防水层的平均厚度应符合设计要求，最小厚度不应小于设计厚度的80％		见说明（4）		
	2	涂膜防水层与基层应粘结牢固，表面平整，涂刷均匀，无流淌、皱折、鼓泡、露胎体和翘边等缺陷		见说明（5）		
	3	涂膜防水层上的撒布材料或浅色涂料保护层应铺撒或涂刷均匀，粘结牢固，水泥砂浆、块材或细石混凝土保护层与涂膜防水层间应设置隔离层，刚性保护层的分格缝留置应符合设计要求		见说明（6）		
施工单位 检查评定结果		项目专业质量检查员： 年　月　日				
监理（建设） 单位验收结论		监理工程师： （建设单位项目专业技术负责人） 年　月　日				

521

说　明

园林绿化工程屋面涂膜防水层检验批质量验收记录

屋面工程所采用的防水、保温隔热材料应有产品合格证书和性能检测报告，材料的品种、规格、性能等应符合现行国家产品标准和设计要求。

1）主　控　项　目

（1）防水涂料和胎体增强材料必须符合设计要求。

检验方法：检查出厂合格证、质量检验报告和现场抽样复验报告。

（2）涂膜防水层不得有渗漏或积水现象。

检验方法：雨后或淋水、蓄水检验。

（3）涂膜防水层在天沟、檐沟、檐口、水落口、泛水、变形缝和伸出屋面管道的防水构造，必须符合设计要求。

检验方法：观察和检查隐蔽工程验收记录。

2）一　般　项　目

（4）涂膜防水层的平均厚度应符合设计要求，最小厚度不应小于设计厚度的80%。

检验方法：针测法或取样量测。

（5）涂膜防水层与基层应粘结牢固，表面平整，涂刷均匀，无流淌、皱折、鼓泡、露胎体和翘边等缺陷。

检验方法：观察检查。

（6）涂膜防水层的撒布材料或浅色涂料保护层应铺撒或涂刷均匀，粘结牢固；水泥砂浆、块材或细石混凝土保护层与涂膜防水泥层间应设置隔离层；刚性保护层的分格缝留置应符合设计要求。

检验方法：观察检查。

涂膜厚度选用表　　　　　　　　　　　　　　　　表（6）

屋面防水等级	设防道数	高聚物改性沥青防水涂料	合成高分子防水涂料
Ⅰ级	三道或三道以上设防	—	不应小于1.5mm
Ⅱ级	二道设防	不应小于3mm	不应小于1.5mm
Ⅲ级	一道设防	不应小于3mm	不应小于2mm
Ⅳ级	一道设防	不应小于2mm	—

注：①主控项目第（3）条中为"细部构造"节。

②本表由施工项目专业质量检查员填写，专业监理工程师（建设单位项目专业技术负责人）组织项目专业质量（技术）负责人等进行验收。

园林绿化工程
屋面细石混凝土防水层检验批质量验收记录

《屋面工程质量验收规范》（GB 50207—2012）表　　　　　　　　　　　　　　园建 75

单位工程名称			分项工程名称		验收部位	
施工单位			专业工长		项目负责人	
施工执行标准名称及编号						
分包施工单位			分包施工单位负责人		施工班组长	

		质量验收规范的规定	施工单位检查评定结果	监理（建设）单位验收记录
主控项目	1	细石混凝土的原材料及配合比必须符合设计要求	见说明（1）	
	2	细石混凝土防水层不得有渗漏或积水现象	见说明（2）	
	3	细石混凝土防水层在天沟、檐口、水落口、泛水、变形缝和伸出屋面管道的防水构造，必须符合设计要求	见说明（3）和（4）	
	4	天沟、檐沟的排水坡度，必须符合设计要求	见说明（4）	
一般项目	1	细石混凝土防水层应表面平整，压实抹光，不得有裂缝、起砂等缺陷	见说明（5）	
	2	细石混凝土防水层的厚度和钢筋位置应符合设计要求	见说明（6）	
	3	细石混凝土分格线的位置和间距应符合设计要求	见说明（7）	
	4	细石混凝土防水层表面平整度的允许偏差为 5mm	见说明（8）	

施工单位检查评定结果	项目专业质量检查员：　　　　　　　　　　　年　月　日
监理（建设）单位验收结论	监理工程师： （建设单位项目专业技术负责人）　　　　　　年　月　日

说 明

园林绿化工程屋面细石混凝土防水层检验批质量验收记录

1）主 控 项 目

（1）细石混凝土的原材料及配合比必须符合设计要求。

检验方法：检查出厂合格证、质量检验报告、计量措施和现场抽样复验报告。

（2）细石混凝土防水层不得有渗漏或积水现象。

检验方法：雨后或淋水、蓄水检验。

（3）细石混凝土防水层在天沟、檐沟、檐口、水落口、泛水、变形缝和伸出屋面管道的防水构造，必须符合设计要求。

检验方法：观察检查和检查隐蔽工程验收记录。

（4）天沟、檐沟、檐口、水落口、泛水、变形缝和伸出屋面管道的防水构造，必须符合设计要求。

检验方法：观察检查和检查隐蔽工程验收记录。

2）一 般 项 目

（5）细石混凝土防水层应表面平整、压实抹光，不得有裂缝、起壳、起砂等缺陷。

检验方法：观察检查。

（6）细石混凝土防水层的厚度和钢筋位置应符合设计要求。

检验方法：观察和尺量检查。

（7）细石混凝土分格缝的位置和间距应符合设计要求。

检验方法：观察和尺量检查。

（8）细石混凝土防水层表面平整度的允许偏差为5mm。

检验方法：用2m靠尺和楔形塞尺检查。

注：①主控项目第（3）、（4）条为"细部构造"节。

②本表由施工项目专业质量检查员填写，专业监理工程师（建设单位项目专业技术负责人）组织项目专业质量（技术）负责人等进行验收。

园林绿化工程
屋面密封材料嵌缝检验批质量验收记录

《屋面工程质量验收规范》（GB 50207—2012）表　　　　　　　　　　　　　园建 76

单位工程名称			分项工程名称		验收部位	
施工单位			专业工长		项目负责人	
施工执行标准名称及编号						
分包施工单位			分包施工单位负责人		施工班组长	

质量验收规范的规定			施工单位检查评定结果	监理（建设）单位验收记录
主控项目	1	密封材料的质量必须符合设计要求	见说明（1）	
	2	密封材料嵌填必须密实、连续、饱满，粘结牢固，无气泡、开裂、脱落等缺陷	见说明（2）	
一般项目	1	嵌填密封材料的基层应牢固、干净、干燥，表面应平整、密实	见说明（3）	
	2	密封防水接缝宽度的允许偏差为±10%，接缝深度为宽度的 0.5～0.7 倍	见说明（4）	
	3	嵌填的密封材料表面应平滑，缝边应顺直，无凹凸不平现象	见说明（5）	

施工单位检查评定结果	项目专业质量检查员：　　　　　　　　　　　　　　　　年 月 日
监理（建设）单位验收结论	监理工程师： （建设单位项目专业技术负责人）　　　　　　　　　年 月 日

说　明

园林绿化工程屋面密封材料嵌缝检验批质量验收记录

1）主　控　项　目

（1）密封材料的质量必须符合设计要求。

检验方法：检查产品出厂合格证、配合比和现场抽样复验报告。

（2）密封材料嵌填必须密实、连续、饱满，粘结牢固，无气泡、开裂、脱落等缺陷。

检验方法：观察检查。

2）一　般　项　目

（3）嵌填密封材料的基层应牢固、干净、干燥，表面应平整、密实。

检验方法：观察检查。

（4）密封防水接缝宽度的允许偏差为±10％，接缝深度为宽度的 0.5～0.7 倍。

检验方法：尺量检查。

（5）嵌填的密封材料表面应平滑，缝边应顺直，无凹凸不平现象。

检验方法：观察检查。

注：本表由施工项目专业质量检查员填写，专业监理工程师（建设单位项目专业技术负责人）组织项目专业质量（技术）负责人等进行验收。

园林绿化工程
（油毡瓦）平瓦屋面检验批质量验收记录

《屋面工程质量验收规范》（GB 50207—2012）表 　　　　　　　　　　园建 77

单位工程名称			分项工程名称		验收部位	
施工单位			专业工长		项目负责人	
施工执行标准名称及编号						
分包施工单位			分包施工单位负责人		施工班组长	

		质量验收规范的规定		施工单位检查评定结果	监理（建设）单位验收记录
主控项目	平瓦 7.1	平瓦及其脊瓦质量必须符合设计要求	见说明（1）		
		平瓦必须铺置牢固。地震设防地区或坡度大于50%的屋面，应采取固定加强措施	见说明（2）		
	油毡瓦 7.2	油毡瓦的质量必须符合设计要求	见说明（6）		
		油毡瓦所用固定钉必须钉平、钉牢，严禁钉帽外露油毡瓦表面	见说明（7）		
一般项目	平瓦 7.1	挂瓦条应分档均匀，铺钉平整、牢固，瓦面平整，行列整齐，搭接紧密，檐口平直	见说明（3）		
		脊瓦应搭盖正确，间距均匀，封固严密；屋脊和斜脊应顺直，无起伏现象	见说明（4）		
		泛水做法应符合设计要求，顺直整齐，结合严密，无渗漏	见说明（5）		
	油毡瓦 7.2	油毡瓦的铺设方法应正确；油毡瓦之间的对缝，上下层不得重合	见说明（8）		
		油毡瓦应与基层紧贴，瓦面平整，檐口顺直	见说明（9）		
		泛水做法应符合设计要求，顺直整齐，结合严密，无渗漏	见说明（10）		
施工单位检查评定结果	项目专业质量检查员：				年 月 日
监理（建设）单位验收结论	监理工程师： （建设单位项目专业技术负责人）				年 月 日

527

说　明

园林绿化工程（油毡瓦）平瓦屋面检验批质量验收记录

　　屋面工程所采用的防水、保温隔热材料应有产品合格证书和性能检测报告，材料的品种、规格、性能等应符合现行国家产品标准和设计要求。

1）主　控　项　目

（1）平瓦及其脊瓦的质量必须符合设计要求。
检验方法：观察检查和检查出厂合格证或质量检验报告。
（2）平瓦必须铺置牢固。地震设防地区或坡度大于50％的屋面，应采用固定加强措施。
检验方法：观察和手扳检查。

2）一　般　项　目

（3）挂瓦条应分档均匀，铺钉平整、牢固；瓦面平整，行列整齐，搭接紧密，檐口平直。
检验方法：观察检查。
（4）脊瓦应搭盖正确，间距均匀，封固严密；屋脊和斜脊应顺直，无起伏现象。
检验方法：观察或手扳检查。
（5）泛水做法应符合设计要求，顺直整齐，结合严密，无渗漏。
检验方法：观察检查和雨后或淋水检验。

3）主　控　项　目

（6）油毡瓦的质量必须符合设计要求。
检验方法：检查出厂合格证和质量检验报告。
（7）油毡瓦所用固定钉必须钉平、钉牢，严禁钉帽外露油毡瓦表面。
检验方法：观察检查。

4）一　般　项　目

（8）油毡瓦的铺设方法应正确；油毡瓦之间的对缝，上下层不得重合。
检验方法：观察检查。
（9）油毡瓦应与基层紧贴，瓦面平整，檐口平直。
检验方法：观察检查。
（10）泛水做法应符合设计要求，顺直整齐，结合严密，无渗漏。
检验方法：观察检查和雨后或淋水检验。

　　注：本表由施工项目专业质量检查员填写，专业监理工程师（建设单位项目专业技术负责人）组织项目专业质量（技术）负责人等进行验收。

园林绿化工程
金属板材屋面检验批质量验收记录

《屋面工程质量验收规范》(GB 50207—2012)表 园建 78

单位工程名称				分项工程名称		验收部位	
施工单位				专业工长		项目负责人	
施工执行标准名称及编号							
分包施工单位				分包施工单位负责人		施工班组长	

质量验收规范的规定			施工单位检查评定结果	监理（建设）单位验收记录
主控项目	1	金属板材及辅助材料的规格和质量必须符合设计要求	见说明（1）	
	2	金属板材的连接和密封处理必须符合设计要求，不得有渗漏现象	见说明（2）	
一般项目	1	金属板材屋面应安装平整，固定方法正确，密封完整；排水坡度应符合设计要求	见说明（3）	
	2	金属板材屋面的搭檐口线，泛水段应顺直，无起伏现象	见说明（4）	

施工单位检查评定结果	项目专业质量检查员： 年 月 日
监理（建设）单位验收结论	监理工程师： （建设单位项目专业技术负责人） 年 月 日

说 明

园林绿化工程金属板材屋面检验批质量验收记录

1）主 控 项 目

（1）金属板材及辅助材料的规格和质量，必须符合设计要求。

检验方法：检查出厂合格证和质量检验报告。

（2）金属板材的连接和密封处理必须符合设计要求，不得有渗漏现象。

检验方法：观察检查和雨后或淋水检验。

2）一 般 项 目

（3）金属板材屋面应安装平整，固定方法正确，密封平整；排水坡度应符合设计要求。

检验方法：观察和尺量检查。

（4）金属板材屋面的檐口线、泛水段应顺直，无起伏现象。

检验方法：观察检查。

注：本表由施工项目专业质量检查员填写，专业监理工程师（建设单位项目专业技术负责人）组织项目专业质量（技术）负责人等进行验收。

园林绿化工程
架空、蓄水、种植屋面工程检验批质量验收记录

《屋面工程质量验收规范》（GB 50207—2012）表　　　　　　　　　　　　　园建 79

单位工程名称				分项工程名称		验收部位	
施工单位				专业工长		项目负责人	
施工执行标准名称及编号							
分包施工单位				分包施工单位负责人		施工班组长	

		质量验收规范的规定	施工单位检查评定结果	监理（建设）单位验收记录
主控项目	1	架空隔热制品的质量必须符合设计要求，严禁有断裂和露筋等缺陷	见说明（1）	
	2	蓄水屋面上设置的溢水口、过水孔、排水管、溢水管，其大小、位置、标高的留设必须符合设计要求	见说明（4）	
	3	蓄水屋面防水层施工必须符合设计要求，不得有渗漏现象	见说明（5）	
	4	种植屋面挡墙泄水孔的留设必须符合设计要求，并不得堵塞	见说明（6）	
	5	种植屋面防水层施工必须符合设计要求，不得有渗漏现象	见说明（7）	
一般项目	1	架空隔热制品的铺设应平整、稳固，缝隙勾填应密实；架空隔热制品距山墙或女儿墙不得小于250mm，架空层中不得堵塞，架空高度及变形缝做法应符合设计要求	见说明（2）	
	2	架空隔热制品相邻两块的高低差不得大于3mm	见说明（3）	

施工单位检查评定结果	项目专业质量检查员：　　　　　　　　　　　　　　　　　　年　月　日
监理（建设）单位验收结论	监理工程师： （建设单位项目专业技术负责人）　　　　　　　　　　年　月　日

531

说 明

园林绿化工程架空、蓄水、种植屋面工程检验批质量验收记录

架 空 屋 面

1) 主 控 项 目

（1）架空隔热制品的质量必须符合设计要求，严禁有断裂和露筋等缺陷。

检验方法：观察检查和检查构件合格证或试验报告。

2) 一 般 项 目

（2）架空隔热制品的铺设应平整、稳固，缝隙勾填应密实；架空隔热制品距山墙或女儿墙不得小于 250mm，架空层中不得堵塞，架空高度及变形缝做法应符合设计要求。

检验方法：观察和尺量检查。

（3）相邻两块制品的高低差不得大于 3mm。

检验方法：用直尺和楔形塞尺检查。

蓄 水 屋 面

1) 主 控 项 目

（4）蓄水屋面上设置的溢水口、过水孔、排水管、溢水管，其大小、位置、标高的留设必须符合设计要求。

检验方法：观察和尺量检查。

（5）蓄水屋面防水层施工必须符合设计要求，不得有渗漏现象。

检验方法：蓄水至规定高度观察检查。

种 植 屋 面

1) 主 控 项 目

（6）种植屋面挡墙泄水孔的留设必须符合设计要求，并不得堵塞。

检验方法：观察和尺量检查。

（7）种植屋面防水层施工必须符合设计要求，不得有渗漏现象。

检验方法：蓄水至规定高度观察检查。

注：本表由施工项目专业质量检查员填写，专业监理工程师（建设单位项目专业技术负责人）组织项目专业质量（技术）负责人等进行验收。

2) 给 水 排 水

园林绿化工程给水管道安装工程质量验收记录 ···················· 园建 80
园林绿化工程给水管沟及井室工程质量验收记录 ···················· 园建 81
园林绿化工程排水管道安装工程质量验收记录 ···················· 园建 82

园林绿化工程收水井分项工程检验批质量验收记录 ······························· 园建 83

园林绿化工程小型排水沟分项工程检验批质量验收记录 ·················· 园建 84

园林绿化工程
给水管道安装工程质量验收记录

园建 80

单位工程名称				分项工程名称					验收部位			
施工单位				专业工长					项目负责人			
施工执行标准名称及编号				《建筑给水排水及采暖工程施工质量验收规范》（GB 50242—2002）								
分包施工单位				分包施工单位负责人					施工班组长			

		质量验收规范的规定				施工单位检查评定结果										监理（建设）单位验收记录
主控项目	1	见说明（1）	埋地管道覆土深度													
	2	见说明（2）	给水管道不得穿越污染源													
	3	见说明（3）	管道上可拆和易腐件，不得埋在土壤中													
	4	见说明（4）	管井内操作距离													
	5	见说明（5）	管道的水压试验													
	6	见说明（6）	埋地管道的防腐													
一般项目	1	见说明（7）	阀门、水表位置													
	2	见说明（8）	检查内容			允许偏差（mm）	1	2	3	4	5	6	7	8	9	10	
			坐标	铸铁管	埋地	100											
					敷设在沟槽内	50											
				钢管、塑料管、复合管	埋地	100											
					敷设在沟槽内或架空	40											
			标高	铸铁管	埋地	650											
					敷设在沟槽内	630											
				钢管、塑料管、复合管	埋地	650											
					敷设在沟槽内或架空	630											
	3		水平管纵横向弯曲	铸铁管	直段（25m以上）起点、终点	40											
				钢管、塑料管、复合管	直段（25m以上）起点、终点	30											

施工单位检查评定结果	项目专业质量检查员：　　　　　　　　　　　　　　　　　　　　　年　月　日
监理（建设）单位验收结论	监理工程师： （建设单位项目专业技术负责人）　　　　　　　　　年　月　日

说 明

园林绿化工程给水管道安装工程质量验收记录

1）主 控 项 目

（1）给水管道在埋地敷设时，应在当地的冰冻线以下，如必须在冰冻线以上铺设时，应有可靠的保湿防潮措施。在无冰冻地区，埋地敷设时，管顶的覆土埋深不得小于 500mm，穿越道路部位的埋深不得小于 700mm。

（2）给水管道不得直接穿越污水井、化粪池、公共厕所等污染源。

（3）管道接口法兰、卡扣、卡箍等应安装在检查井或地沟内，不应埋在土壤中。

（4）给水系统各种井室内的管道安装，如设计无要求，井壁距法兰或承口的距离：管径小于或等于 450mm 时，不得小于 250mm；管径大于 450mm 时，不得小于 300mm。

（5）管网必须进行水压试验，试验压力为工作压力的 1.5 倍，但不得小于 0.6MPa。

检验方法：管材为钢管、铸铁管时，试验压力下 10min 内压力降不应大于 0.05MPa，然后降至工作压力进行检查，压力应保持不变，不渗不漏；管材为塑料管时，试验压力下，稳压 1h 压力降不大于 0.05MPa，然后降至工作压力进行检查，压力应保持不变，不渗不漏。

（6）镀锌钢管、钢管的埋地防腐必须符合设计要求，如设计无规定时，可按下表规定执行。卷材与管材之间应粘贴牢固，无空鼓、滑移、接口不严等。

防腐层层次（从金属表面起）	正常防腐层	加强防腐层	特加强防腐层
1	冷底子油	冷底子油	冷底子油
2	沥青涂层	沥青涂层	沥青涂层
3	外包保护层	加强包扎层（封闭层）	加强保护层（封闭层）
4		沥青涂层	沥青涂层
5		外保护层	加强包扎层
6			（封闭层）
7			外包保护层
防腐层厚度（mm）	3	3	9

2）一 般 项 目

（7）管道连接应符合工艺要求，阀门、水表等安装位置应正确。塑料给水管道上的水表、阀门等设施其重量或启闭位置的扭矩不得作用于管道上，当管径不小于 50mm 时，必须设独立的支承位置。

（8）管道的坐标、标高、坡度应符合设计要求。

园林绿化工程
给水管沟及井室工程质量验收记录　　　　　　　　　园建 81

单位工程名称			分项工程名称		验收部位	
施工单位			专业工长		项目负责人	
施工执行标准名称及编号		《建筑给水排水及采暖工程施工质量验收规范》（GB 50242—2002）				
分包施工单位			分包施工单位负责人		施工班组长	

质量验收规范的规定				施工单位检查评定结果	监理（建设）单位验收记录
主控项目	1	见说明（1）	管沟的基层处理和井室的地基		
	2	见说明（2）	各类井盖的标识应清楚，使用正确		
一般项目	1	见说明（3）	管沟及各类井室的坐标、沟底标高		
	2	见说明（4）	管沟的回填符合规范要求		
	3	见说明（5）			
	4	见说明（6）	井室内应严密，不透水		
	5	见说明（7）			

施工单位检查评定结果	项目专业质量检查员：　　　　　　　　　　　　　　　　　　　　　年　月　日
监理（建设）单位验收结论	监理工程师： （建设单位项目专业技术负责人）　　　　　　　　　　　　　　年　月　日

说　明

园林绿化工程给水管沟及井室工程质量验收记录

1) 主 控 项 目

（1）管沟的层次处理和井室的地基必须符合设计要求。

（2）各类井室的井盖应符合设计要求，要有明显的文字标识，各种井盖不得混用。

2) 一 般 项 目

（3）管沟的坐标、位置、沟底标高应符合设计要求。

（4）管沟的沟底层应为原土层，或是夯实的回填土，沟底应平整，坡度应顺畅，不得有尖硬的物体、石块等。

（5）管沟回填土，管顶上部 200mm 以内应用砂子或无块石及冻土块的土，并不得用机械回填；管顶上部 500mm 以内不得回填直径大于 100mm 的块石和冻土块；500mm 以上部分回填土中的块石或冻土块不得集中。上部用机械回填时，机械不得在管沟上行走。

（6）井室的砌筑应按设计或给定的标准图施工。井室的底标高在地下水位以上时，基层应为素土夯实；在地下水位以下时，基层应打 100mm 厚的混凝土底板。砌筑应采用水泥砂浆，内表面抹灰后应严密、不透水。

（7）管道穿过井壁处，应用水泥砂浆分两次填塞严密、抹平，不得渗漏。

园林绿化工程
排水管道安装工程质量验收记录 　　　　　　　　　　　园建 82

单位工程名称				分项工程名称						验收部位				
施工单位				专业工长						项目负责人				
施工执行标准名称及编号				《建筑给水排水及采暖工程施工质量验收规范》（GB 50242—2002）										
分包施工单位				分包施工单位负责人						施工班组长				

质量验收规范的规定									施工单位检查评定结果					监理（建设）单位验收记录
主控项目	1	见说明（1）	管道严禁铺设在冻土上和未经处理的松土上											
	2	见说明（2）	管道坡度符合设计要求，严禁无坡或倒坡											
	3	见说明（3）	灌水试验和通水试验											
一般项目	1	见说明（4）	排水铸铁管采用水泥捻口											
	2	见说明（5）	排水铸铁管除锈、涂漆											
	3	见说明（6）	承插接口安装方向											
	4		混凝土管或钢筋混凝土管抹带接口应符合规范要求											

一般项目	5	见说明（7）	检查内容		允许偏差（mm）	1	2	3	4	5	6	7	8	9	10
			坐标	埋地	100										
				敷设在沟槽内	50										
			标高	埋地	620										
				敷设在沟槽内	620										
			水平管纵横向弯曲	每5m长	10										
				全长（两井间）	30										

施工单位检查评定结果	项目专业质量检查员： 　　　　　　　　　　　　　　　　　　　　年　月　日
监理（建设）单位验收结论	监理工程师： （建设单位项目专业技术负责人） 　　　　　　　　　　　　　　年　月　日

说　明

园林绿化工程排水管道安装工程质量验收记录

1）主　控　项　目

（1）管道及管道支墩，严禁铺设在冻土或未经处理的松土上。

（2）排水管道的坡度必须符合设计要求，严禁无坡或倒坡。

（3）管道埋设前必须作灌水试验和通水试验，排水应顺畅，无堵塞，管接口无渗漏。

检验方法：按排水检查井分段试验；试验水头应以试验段上游管顶加 1m，时间不少于 30min，逐段观察。

2）一　般　项　目

（4）排水铸铁管采用水泥捻口时，油麻填塞应密实，接口水泥应密实饱满，其接口面凹入承口边缘且深度不得大于 2mm。

（5）排水铸铁管外壁在安装前应除锈，涂两遍石油沥青漆。

（6）承插接口的排水管道安装时，管道和管件的承口应与水流方向相反。

（7）混凝土管或钢筋混凝土管采用抹带接口时，应符合下列规定：

①抹带前应将管口的外壁凿毛扫净，当管径小于或等于 500mm 时，抹带可一次完成；当管径大于 500mm 时，应分两次抹成，抹带不得有裂纹。

②钢丝网应在管道就位前放入下方，抹压砂浆时应将钢丝网抹压牢固，钢丝网不得外露。

③抹带厚度不得小于管壁的厚度，宽度宜为 80～100mm。

园林绿化工程
收水井分项工程检验批质量验收记录　　　　　园建83

单位工程名称			分项工程名称			验收部位	
施工单位			专业工长			项目负责人	
施工执行标准名称及编号							
分包施工单位			分包施工单位负责人			施工班组长	

		质量验收规范的规定		施工单位检查评定结果										监理（建设）单位验收记录
一般项目	1	井内壁抹面												
	2	井框、井算												
	3	垃圾、杂物												
	4	回填												
	5	支管												
	6	收水井、支管	井框与井壁吻合	≤10mm										
			井框与路面吻合	0～10mm										
			雨水口边线与路边线间距	≤20mm										
			井内尺寸	+20mm，0mm										
其他项目	1													
	2													

施工单位检查评定结果	项目专业质量检查员：　　　　　　　　　　　　　　　　　　　　　　　　　年　月　日
监理（建设）单位验收结论	监理工程师： （建设单位项目专业技术负责人）　　　　　　　　　　　　　　　　　年　月　日

园林绿化工程

小型排水沟分项工程检验批质量验收记录

园建 84

单位工程名称			分项工程名称		验收部位	
施工单位			专业工长		项目负责人	
施工执行标准名称及编号						
分包施工单位			分包施工单位负责人		施工班组长	

质量验收规范的规定			施工单位检查评定结果								监理（建设）单位验收记录
一般项目	1	砂浆饱和度									
	2	垃圾、杂物									
	3	基础									
	4	沟内壁外观有无错口									
	5	沟内是否直顺									
	6	明沟	沟断面尺寸								
			沟底标高								
			墙面垂直度								
			前面平整度								
			边线直顺度								
			盖板压墙长度								
其他项目	1										
	2										

施工单位检查评定结果	项目专业质量检查员：　　　　　　　　　　　　　　　　　　　　年　月　日
监理（建设）单位验收结论	监理工程师： （建设单位项目专业技术负责人）　　　　　　　　　年　月　日

3）电 气 照 明

园林绿化工程电线导管、电缆导管和线槽敷设安装检验批质量验收记录（Ⅰ）…… 园建 85

园林绿化工程电线导管、电缆导管和线槽敷设安装检验批质量验收记录（Ⅱ）…… 园建 86

园林绿化工程电线、电缆穿管和线槽敷线检验批质量验收记录 ………… 园建 87

园林绿化工程电缆头制作、接线和线路绝缘测试检验批质量验收记录 ………… 园建 88

园林绿化工程成套配电柜、控制柜（屏、台）和动力、照明配电箱（盘）

　安装检验批质量验收记录（Ⅰ）………… 园建 89

园林绿化工程成套配电柜、控制柜（屏、台）和动力、照明配电箱（盘）

　安装检验批质量验收记录（Ⅱ）………… 园建 90

园林绿化工程开关、插座、风扇安装检验批质量验收记录 ………… 园建 91

园林绿化工程接地装置安装检验批质量验收记录 ………… 园建 92

园林绿化工程建筑物照明通电试运行检验批质量验收记录 ………… 园建 93

园林绿化工程电缆导管及电缆敷设工程质量验收记录 ………… 园建 94

园林绿化工程景观灯、水下灯、庭院灯安装工程质量验收记录 ………… 园建 95

园林绿化工程直埋电缆敷设工程质量验收记录 ………… 园建 96

园林绿化工程
电线导管、电缆导管和线槽敷设安装检验批质量验收记录（Ⅰ）

《建筑电气工程施工质量验收规范》（GB 50303—2002）表　　　　　　　　　　园建 85

单位工程名称			分项工程名称		验收部位	
施工单位			专业工长		项目负责人	
施工执行标准名称及编号						
分包施工单位			分包施工单位负责人		施工班组长	

		质量验收规范的规定		施工单位检查评定结果	监理（建设）单位验收记录
主控项目	1	金属导管、金属线槽的接地或接零	见说明（1）		
	2	金属导管的连接	见说明（2）		
	3	防爆导管的连接	见说明（3）		
	4	绝缘导管在砌体上剔槽埋设	见说明（4）		
一般项目	1	电缆导管的弯曲半径	见说明（5）		
	2	金属导管的防腐	见说明（6）		
	3	柜、台、箱、盘内导管管口高度	见说明（7）		
	4	暗配管的埋设深度，明配管的固定	见说明（8）		
	5	线槽固定及外观检查	见说明（9）		
	6	防爆导管的连接、接地、固定和防腐	见说明（10）		
	7	绝缘导管的连接和保护	见说明（11）		
	8	柔性导管的长度、连接和接地	见说明（12）		
	9	导管和线槽在建筑物变形缝处的处理	见说明（13）		

施工单位检查评定结果	项目专业质量检查员：　　　　　　　　　　　年　月　日
监理（建设）单位验收结论	监理工程师： （建设单位项目专业技术负责人）　　　　　　　年　月　日

说　明

园林绿化工程电线导管、电缆导管和线槽敷设安装检验批质量验收记录（Ⅰ）

1）主　控　项　目

（1）金属的导管和线槽必须接地（PE）或接零（PEN）可靠，并符合下列规定：①镀锌的钢导管、可挠性导管和金属线槽不得熔焊跨接接地线，以专用接地卡跨接的两卡间连线为铜芯软导线，截面积不小于 4mm²。②当非镀锌钢导管采用螺纹连接时，连接处的两端焊跨接接地线；当镀锌钢导管采用螺纹连接时，连接处的两端用专用接地卡固定跨接接地线。③金属线槽不作设备的接地导体，当设计无要求时，金属线槽全长不少于 2 处与接地（PE）或接零（PEN）干线连接。④非镀锌金属线槽间连接板的两端跨接铜芯接地线，镀锌线槽间连接板的两端不跨接接地线，但连接板两端不少于 2 个有防松螺母或防松垫圈的连接固定螺栓。

（2）金属导管严禁对口熔焊连接；镀锌和壁厚小于等于 2mm 的钢导管不得套管熔焊连接（第 14.1.2 条）。

（3）防爆导管不应采用倒扣连接；当连接有困难时，应采用防爆活接头，其接合面应严密。

（4）当绝缘导管在砌体上剔槽埋设时，应采用强度等级不小于 M10 的水泥砂浆抹面保护，保护层厚度大于 15mm。

2）一　般　项　目

（5）电缆导管的弯曲半径不应小于电缆最小允许弯曲半径，电缆最小允许弯曲半径符合规范表 12.2.1-1 的规定。

（6）金属导管内外壁应作防腐处理；埋设于混凝土内的导管内壁应作防腐处理，外壁可不作防腐处理。

（7）室内进入落地式柜、台、箱、盘内的导管管口，应高出柜、台、箱、盘的基础面 50～80mm。

（8）暗配的导管，埋设深度与建筑物、构筑物表面的距离不应小于 15mm；明配的导管应排列整齐，固定点间距均匀，安装牢固；在终端、弯头中点或柜、台、箱、盘等边缘的距离 150～500mm 范围内设有管卡，中间直线段管卡间的最大距离应符合表 14.2.6 的规定。

（9）线槽应安装牢固，无扭曲变形，紧固件的螺母应在线槽外侧。

（10）防爆导管敷设应符合下列规定：①导管间及与灯具、开关、线盒等的螺纹连接处紧密牢固，除设计有特殊要求外，连接处不跨接接地线，在螺纹上涂以电力复合酯或导电性防锈酯；②安装牢固顺直，镀锌层锈蚀或剥落处作防腐处理。

（11）绝缘导管敷设应符合下列规定：①管口平整光滑：管与管、管与盒（箱）等器件采用插入法连接时，连接处结合面涂专用胶合剂，接口牢固密封；②直埋于地下或楼板内的刚性绝缘导管，在穿出地面或楼板易受机械损伤的一段，采取保护措施；③当设计无要求时，埋设在墙内或混凝土内的绝缘导管，采用中型以上的导管；④沿建筑物、构筑物表面和在支架上敷设的刚性绝缘导管，按设计要求装设温度补偿装置。

（12）金属、非金属柔性导管敷设应符合下列规定：①刚性导管经柔性导管与电气设备、器具连接，柔性导管的长度在动力工程中不大于 0.8m，在照明工程中不大于 1.2m。②可挠金属管或其他柔性导管与刚性导管或电气设备、器具间的连接采用专用接头；复合型可挠金属管或其他柔性导管的连接处密封良好，防液覆盖层完整无损。③可挠性金属导管和金属柔性导管不能作接地（PE）或接零（PEN）的接续导体。

（13）导管和线槽，在建筑物变形缝处，应设补偿装置。

检查数量：主控项目抽查 10%，少于 10 处，全数检查。

一般项目（9）全数检查；（3）、（5）抽查 10%，少于 5 处，全数检查；（1）、（2）、（4）、（6）～（8）按不同导管种类、敷设方式各抽查 10%，少于 5 处，全数检查。

检验方法：见规范第 28.0.7 条。

判定：应检数量全部符合规范规定判为合格。

注：本表由施工项目专业质量检查员填写，专业监理工程师（建设单位项目专业技术负责人）组织项目专业质量（技术）负责人等进行验收。

园林绿化工程
电线导管、电缆导管和线槽敷设安装检验批质量验收记录（Ⅱ）

《建筑电气工程施工质量验收规范》（GB 50303—2002）表　　　　　　　　　　　　　园建 86

单位工程名称		分项工程名称		验收部位	
施工单位		专业工长		项目负责人	
施工执行标准名称及编号					
分包施工单位		分包施工单位负责人		施工班组长	

质量验收规范的规定				施工单位检查评定结果	监理（建设）单位验收记录
主控项目	1	金属导管的接地或接零	见说明（1）		
	2	金属导管的连接	见说明（2）		
一般项目	1	埋地导管的选择和埋设深度	见说明（3）		
	2	导管的管口设置和处理	见说明（4）		
	3	电缆导管的弯曲半径	见说明（5）		
	4	金属导管的防腐	见说明（6）		
	5	绝缘导管的连接和保护	见说明（7）		
	6	柔性导管的长度、连接和接地	见说明（8）		

施工单位检查评定结果	项目专业质量检查员：　　　　　　　　　　　　　　　　　年　月　日
监理（建设）单位验收结论	监理工程师： （建设单位项目专业技术负责人）　　　　　　　　　　　年　月　日

说　明

园林绿化工程电线导管、电缆导管和线槽敷设安装检验批质量验收记录（Ⅱ）

1）主控项目

（1）金属的导管和线槽必须接地（PE）或接零（PEN）可靠，并符合下列规定：①镀锌的钢导管、可挠性导管和金属线槽不得熔焊跨接接地线，以专用接地卡跨接的两卡间连线为铜芯软导线，截面积不小于 4mm²。②当非镀锌钢导管采用螺纹连接时，连接处的两端焊跨接接地线；当镀锌钢导管采用螺纹连接时，连接处的两端用专用接地卡固定跨接接地线。③金属线槽不作设备的接地导体，当设计无要求时，金属线槽全长不少于 2 处与接地（PE）或接零（PEN）干线连接。④非镀锌金属线槽间连接板的两端跨接铜芯接地线，镀锌线槽间连接板的两端不跨接接地线，但连接板两端不少于 2 个有防松螺母或防松垫圈的连接固定螺栓。

（2）金属导管严禁对口熔焊连接；镀锌和壁厚小于等于 2mm 的钢导管不得套管熔焊连接（第 14.1.2 条）。

2）一　般　项　目

（3）室外埋地敷设的电缆导管，埋深不应小于 0.7m。壁厚小于等于 2mm 的钢电线导管不应埋设于室外土壤内。

（4）室外导管的管口应设置在盒、箱内。在落地式配电箱内的管口，箱底无封板的，管口应高出基础面 50～80mm。所有管口在穿入电线、电缆后应作密封处理。由箱式变电所或落地式配电箱引向建筑物的导管，建筑物一侧的导管管口应设在建筑物内。

（5）电缆导管的弯曲半径不应小于电缆最小允许弯曲半径，电缆最小允许弯曲半径符合规范表 12.2.1-1 的规定。

（6）金属导管内外壁应作防腐处理；埋设于混凝土内的导管内壁应作防腐处理，外壁可不作防腐处理。

（7）绝缘导管敷设应符合下列规定：①管口平整光滑；管与管、管与盒（箱）等器件采用插入法连接时，连接处结合面涂专用胶合剂，接口牢固密封；②直埋于地下或楼板内的刚性绝缘导管，在穿出地面或楼板易受机械损伤的一段，采取保护措施；③当设计无要求时，埋设在墙内或混凝土内的绝缘导管，采用中型以上的导管；④沿建筑物、构筑物表面和在支架上敷设的刚性绝缘导管，按设计要求装设温度补偿装置。

（8）金属、非金属柔性导管敷设应符合下列规定：①刚性导管经柔性导管与电气设备、器具连接，柔性导管的长度在动力工程中不大于 0.8m，在照明工程中不大于 1.2m。②可挠金属管或其他柔性导管与刚性导管或电气设备、器具间的连接采用专用接头；复合型可挠金属管或其他柔性导管的连接处密封良好，防液覆盖层完整无损。③可挠性金属导管和金属柔性导管不能作接地（PE）或接零（PEN）的接续导体。

检查数量：主控项目抽查 10%，少于 10 处，全数检查。

一般项目（1）、（2）抽查 10%，少于 5 处，全数检查；（3）～（6）按不同导管种类、敷设方式各抽查 10%，少于 5 处，全数检查。

检验方法：见规范第 28.0.7 条。

判定：应检数量全部符合规范规定判为合格。

注：本表由施工项目专业质量检查员填写，专业监理工程师（建设单位项目专业技术负责人）组织项目专业质量（技术）负责人等进行验收。

园林绿化工程
电线、电缆穿管和线槽敷线检验批质量验收记录

《建筑电气工程施工质量验收规范》（GB 50303—2002）表　　　　　　　　　园建 87

单位工程名称		分项工程名称		验收部位	
施工单位		专业工长		项目负责人	
施工执行标准名称及编号		《建筑电气工程施工质量验收规范》（GB 50303—2002）			
分包施工单位		分包施工单位负责人		施工班组长	

		施工质量验收规范的规定		施工单位检查评定结果	监理（建设）单位验收记录
主控项目	1	交流单芯电缆不得单独穿于钢导管内	见说明（1）		
	2	电线穿管	见说明（2）		
	3	爆炸危险环境照明线路和电线、电缆选用和穿管	见说明（3）		
一般项目	1	电线、电缆管内清扫和管口处理	见说明（4）		
	2	同一建筑物、构筑物内电线绝缘层颜色的选择	见说明（5）		
	3	线槽敷线	见说明（6）		

施工单位检查评定结果	项目专业质量检查员： 　　　　　　　　　　　　　　　　　　　　　年　月　日
监理（建设）单位验收结论	监理工程师： （建设单位项目专业技术负责人） 　　　　　　　　　　　　　　　　　　　　　年　月　日

说　明

园林绿化工程电线、电缆穿管和线槽敷线检验批质量验收记录

1）主 控 项 目

（1）三相或单相的交流单芯电缆，不得单独穿于钢导管内。

（2）不同回路、不同电压等级和交流与直流的电线，不应穿于同一导管内；同一交流回路的电线应穿于同一金属导管内，且管内电线不得有接头。

（3）爆炸危险环境照明线路的电线和电缆额定电压不得低于 750V，且电线必须穿于钢导管内。

2）一 般 项 目

（4）电线、电缆穿管前，应清除管内杂物和积水。管口应有保护措施，不进入接线盒（箱）的垂直管口穿入电线、电缆后，管口应密封。

（5）当采用多相供电时，同一建筑物、构筑物的电缆绝缘层颜色选择应一致，即保护地线（PE线）应是黄绿相间色，零线用淡蓝色；相线用 A 相—黄色、B 相—绿色、C 相—红色。

（6）线槽敷设应符合下列规定：①电线在线槽内有一定余量，不得有接头。电线接回路编号分段绑扎，绑扎点间距不应大于 2m。②同一回路的相线和零线，敷设于同一金属线槽内。③同一电源的不同回路无抗干扰要求的线路可敷设于同一线槽内；敷设于同一线槽内有抗干扰要求的线路用隔板隔离，或采用屏蔽电线且屏蔽护套一端接地。

检查数量：主控项目抽查 10%，少于 10 处，全数检查。

一般项目抽查 10%，少于 5 处（回路），全数检查。

检验方法：见本规范第 28.0.7 条。

判定：应检数量全部符合规范规定判为合格。

园林绿化工程
电缆头制作、接线和线路绝缘测试检验批质量验收记录

《建筑电气工程施工质量验收规范》（GB 50303—2002）表　　　　　　　　　　　园建 88

单位工程名称			分项工程名称		验收部位	
施工单位			专业工长		项目负责人	
施工执行标准名称及编号			《建筑电气工程施工质量验收规范》（GB 50303—2002）			
分包施工单位			分包施工单位负责人		施工班组长	

		施工质量验收规范的规定		施工单位检查评定结果	监理（建设）单位验收记录
主控项目	1	高压电力电缆直流耐压试验	见说明（1）		
	2	低压电线和电缆绝缘电阻测试	见说明（2）		
	3	铠装电力电缆头的接地线	见说明（3）		
	4	电线、电缆连接	见说明（4）		
一般项目	1	芯线与电气设备的连接	见说明（5）		
	2	电线、电缆的芯线连接金具	见说明（6）		
	3	电线、电缆回路标记、编号	见说明（7）		

施工单位检查评定结果	项目专业质量检查员：　　　　　　　　　　　　　　　　　　　　　年　月　日
监理（建设）单位验收结论	监理工程师： （建设单位项目专业技术负责人）　　　　　　　　　　　　　　　年　月　日

说　明

园林绿化工程电缆头制作、接线和线路绝缘测试检验批质量验收记录

1) 主 控 项 目

（1）高压电力电缆直流耐压试验必须按规范第 3.1.8 条的规定交接试验合格。

（2）低压电线和电缆，线间和线对地间的绝缘电阻值必须大于 0.5MΩ。

（3）铠装电力电缆头的接地线应采用铜绞线或镀锡铜编织线，截面积不应小于表 18.1.3 的规定。

（4）电线、电缆接线必须准确，并联运行电线或电缆的型号、规格、长度、相位应一致。

2) 一 般 项 目

（5）芯线与电气设备的连接应符合下列规定：①截面积在 10mm^2 及以下的单股铜芯线和单股铝芯线直接与设备、器具的端子连接。②截面积在 2.5mm^2 及以下的多股铜芯线拧紧搪锡或接续端子后与设备、器具的端子连接。③截面积大于 2.5mm^2 的多股铜芯线，除设备自带播接式端子外，接续端子后与设备或器具的端子连接；多股铜芯线与插接式端子连接前，端部拧紧搪锡。④多股铝芯线连接端子后与设备、器具的端子连接。⑤每个设备和器具的端子接线不多于 2 根电线。

（6）电线、电缆的芯线连接金具（连接管和端子），规格应与芯线的规格适配，且不得采用开口端子。

（7）电线、电缆的回路标记应清晰，编号准确。

检查数量：主控项目（1）全数检查；（2）、（3）抽查 10％，少于 5 个回路的，全数检查；（4）抽查 10 个回路。

一般项目（1）、（2）抽查 10％，少于 10 处的，全数检查；（3）抽查 5 个回路。

检查方法：见本规范第 28.0.7 条。

判定：应检数量全部符合规范规定判为合格。

园林绿化工程
成套配电柜、控制柜（屏、台）和动力、照明配电箱（盘）安装
检验批质量验收记录（Ⅰ）

《建筑电气工程施工质量验收规范》（GB 50303—2002）表　　　　　　　　　园建 89

单位工程名称				分项工程名称			验收部位	
施工单位				专业工长			项目负责人	
施工执行标准名称及编号				《建筑电气工程施工质量验收规范》（GB 50303—2002）				
分包施工单位				分包施工单位负责人			施工班组长	

		施工质量验收规范的规定				施工单位检查评定结果									监理（建设）单位验收记录
主控项目	1	金属框架的接地或接零			见说明（1）										
	2	手车式柜的推拉和动、静触头检查			见说明（2）										
	3	成套配电柜的交接试验			见说明（3）										
	4	柜间线路绝缘电阻测试			见说明（4）										
	5	柜间二次回路耐压试验			见说明（5）										
一般项目	1	柜间或与基础型钢的连接			见说明（6）										
	2	柜间安装接缝、成列安装盘面偏差检查			见说明（7）										
	3	柜内部检查试验			见说明（8）										
	4	柜间配线			见说明（9）										
	5	柜与其面板间可动部位的配线			见说明（10）										
	6	基础型钢安装允许偏差	不直度	（mm/m）	≤1										
				（mm/全长）	≤5										
			水平度	（mm/m）	1										
				（mm/全长）	≤5										
			不平行度	（mm/全长）	≤5										
	7	柜、盘等垂直度允许偏差			第6.2.8条，≤1.5‰										

施工单位检查评定结果	
项目专业质量检查员：	年　月　日

监理（建设）单位验收结论	
监理工程师： （建设单位项目专业技术负责人）	年　月　日

说　明

园林绿化工程
成套配电柜、控制柜（屏、台）和动力、照明配电箱（盘）安装检验批质量验收记录（Ⅰ）

1）主 控 项 目

（1）柜、屏、台、箱、盘的金属框架及基础型钢必须接地（PE）或接零（PEN）可靠；装有电器的可开启门，门和框架的接地端子间应用裸编织铜线连接，且有标识。

（2）手车、抽出式成套配电柜推拉灵活，无卡阻碰撞现象。动触头与静触头的中心线应一致，且触头接触紧密，投入时，接地触头先于主触头接触；退出时接地触头后于主触头脱开。

（3）高压成套配电柜必须按规范第 3.1.8 条的规定交接试验合格，且应符合下列规定：①继电保护元器件、逻辑元件、变送器和控制用计算机等单体校验合格，整组试验动作正确，整定参数符合设计要求；②凡经法定程序批准，进入市场投入使用的新高压电气设备和继电保护装置，按产品技术文件要求交接试验。

（4）柜、屏、台、箱、盘间路线的线间和线对地间绝缘电阻值，馈电线路必须大于 0.5MΩ；二次回路必须大于 1MΩ。

（5）柜、屏、台、箱、盘间二次回路交流工频耐压试验，当绝缘电阻值大于 10MΩ 时，用 2500V 兆欧表遥测 1min，应无闪络击穿现象；当绝缘电阻值在 1～10MΩ 间时，作 1000V 交流工频耐压试验，时间 1min，应无闪络击穿现象。

2）一 般 项 目

（6）柜、屏、台、箱、盘相互间或与基础型钢应用镀锌螺栓连接，且防松零件齐全。

（7）柜、屏、台、箱、盘安装垂直度允许偏差为 1.5‰，相互间接缝不应大于 2mm，成列盘面偏差不应大于 5mm。

（8）柜、屏、台、箱、盘内检查试验应符合下列规定：①控制开关及保护装置的规格、型号符合设计要求。②闭锁设置动作准确、可靠。③主开关的辅助开关切换动作与主开关动作一致。④柜、屏、台、箱上的标识器件标明被控设备编号及名称，或操作位置；接线端子有编号，且清晰、工整、不易脱色。⑤回路中的电子元件不应参加交流工频耐压试验；48V 及以下回路可不作交流工频耐压试验。

（9）柜、屏、台、箱、盘间配线：电流回路应采用额定电压不小于 750V、芯线截面积不小于 2.5mm² 的铜芯绝缘电线或电缆；除电子元件回路或类似回路外，其他回路的电线应采用额定电压不小于 750V、芯线截面积不小于 1.5mm² 的铜芯绝缘电线或电缆。

二次回路连线应成束绑扎，不同电压等级、交流、直流线路及计算机控制线路分别绑扎，且有标识；固定后不应妨碍手车开关或抽出式部件的拉出或推入。

（10）连接柜、屏、台、箱、盘面板上的电器及控制台、板等可动部位的电线应符合下列规定：①采用多股铜芯软电线，敷设长度留有适当裕量；②线束外套塑料管等加强绝缘保护层；③与电气连接时，端部绑紧，且有不开口的终端子或搪锡，不松散、断股；④可转动部位的两端用卡子固定。

检查数量：主控项目（1）、（3）全数检查；（2）、（4）、（5）抽查 10%，少于 5 回路（台），全数检查。

一般项目（6）全数检查；（1）～（5）、（7）抽查 10%，少于 5 处（台），全数检查。

检查方法：见本规范第 28.0.7 条。

判定：应检数量全部符合规范规定判为合格。

园林绿化工程

成套配电柜、控制柜（屏、台）和动力、照明配电箱（盘）安装

检验批质量验收记录（Ⅱ）

《建筑电气工程施工质量验收规范》（GB 50303—2002）表　　　　　　　　　园建 90

单位工程名称			分项工程名称			验收部位		
施工单位			专业工长			项目负责人		
施工执行标准名称及编号			《建筑电气工程施工质量验收规范》（GB 50303—2002）					
分包施工单位			分包施工单位负责人			施工班组长		

施工质量验收规范的规定					施工单位检查评定结果	监理（建设）单位验收记录
主控项目	1	金属框架的接地或接零		见说明（1）		
	2	电击保护和保护导体的截面积		见说明（2）		
	3	抽查式柜的推拉和动、静触头检查		见说明（3）		
	4	成套配电柜的交接试验		见说明（4）		
	5	柜（屏、盘、台等）间线路绝缘电阻值测试		见说明（5）		
	6	柜（屏、盘、台等）间二次回路耐压试验		见说明（6）		
	7	直流屏试验		见说明（7）		
一般项目	1	柜（屏、盘、台等）间或与基础型钢的连接		见说明（8）		
	2	柜（屏、盘、台等）间接缝、成列安装盘偏差		见说明（9）		
	3	柜（屏、盘、台等）内部检查试验		见说明（10）		
	4	低压电器组合		见说明（11）		
	5	柜（屏、盘、台等）间配线		见说明（12）		
	6	柜（台）与其面板间可动位的配线		见说明（13）		
	7	型钢安装允许偏差	不直度（mm/m）	≤1		
			水平度（mm/全长）	≤5		
			不平行度（mm/全长）	≤5		
	8	柜、盘等垂直度允许偏差		≤1.5‰		
施工单位检查评定结果	项目专业质量检查员：					年 月 日
监理（建设）单位验收结论	监理工程师： （建设单位项目专业技术负责人）					年 月 日

说　明

园林绿化工程成套配电柜、控制柜（屏、台）和动力、照明配电箱（盘）安装检验批质量验收记录（Ⅱ）

1）主控项目

（1）柜、屏、台、箱、盘的金属框架及基础型铜必须接地（PE）或接零（PEN）可靠；装有电器的可开启门，门和框架和接地端子间用裸编制铜钱连接，且有标识。

（2）低压成套配电柜、控制柜（屏、台）和动力、照明配电箱（盘）应有可靠的电击保护，柜（屏、台、箱、盘）内保护导体应有裸露的连接外部保护导体的端子。当设计无要求时，柜（屏、台、箱、盘）内保护导体最小截面积 S_p 不应小于表 6.1.2 的规定。

（3）手车、抽出式成套配电柜推拉应灵活，无卡阻碰撞现象，动触头与静触头的中心线应一致，且触头接触紧密，投入时，按地触头先于主触头接触；退出时，接地触头脱开。

（4）低压成套配电柜交接试验，必须符合规范第 4.1.5 条的规定。

（5）柜、屏、台、箱、盘间线路的线间和线对地间绝缘电阻值，馈电线路必须大于 0.5MΩ；二次回路必须大于 1MΩ。

（6）柜、屏、台、箱、盘间二次回路交流工频耐压试验，当绝缘电阻值大于 10MΩ 时，用 2500V 兆欧表遥测 1min，应无闪击穿现象；当绝缘电阻值在 1～10MΩ 时，作 1000V 交流工频耐压试验，时间 1min，应无闪络击穿现象。

（7）直流屏试验，应将屏内电子器件从线路上退出，检测主回路线间对地间绝缘电阻值大于 0.5MΩ，直流屏所附蓄电池组的充、放电应符合产品技术文件要求；整流器的控制调整和输出特性试验应符合产品技术文件要求。

2）一般项目

（8）柜、屏、台、箱、盘相互间或与基础型钢应用镀锌螺栓连接，且防松零件齐全。

（9）柜、屏、台、箱、盘安装垂直度允许偏差为 1.5‰，相互间接缝不应大于 2mm，或列盘面偏差不应大于 5mm。

（10）柜、屏、台、箱、盘内检查试验应符合规范：①控制开关及保护装置的规格、型号符合设计要求；②闭锁装置动作准确、可靠；③主开关的辅助开关切换动作一致；④柜、屏、台、箱、盘上的标识器标明被控制设备编号及名称，或操作位置，接线端子有编号，且清晰、工整、不易脱色；⑤回路中的电子元件不应参加交流工频耐压试验；48V 及以下回路可不作交流工频耐压试验。

（11）低压电器组合应符合下列规定：①发热元件安装在散热良好的位置；②熔断器的熔体规格、自动开关的整定值符合设计要求；③切换压板接触良好，相邻压板间有安全距离，切换时，不触及相邻的压板；④信号回路的信号灯、按钮、光字牌，电铃，电笛，事故电钟等动作和信号显示准确；⑤外壳需接地（PE）或接零（FEN）的，连接可靠；⑥端子排安装牢固，端子有序号，强电、弱电端子隔离布置，端子规格与芯线截面积大小适配。

（12）柜、屏、台、箱、盘间配线：电流回路应采用额定电压不低于 750V、芯线截面积不小于 2.5mm² 的铜芯绝缘电线或电缆；除电子元件回路或类似回路外，其他电线应采用额定电压不低于 750V、芯线截面积不小于 1.5mm² 的铜芯绝缘电线或电缆。

二次回路应成束绑扎，不同电压等级、交流、直流线路及计算机控制线路应分别绑扎，且有标识；固定后不应妨碍手车开关或抽出式部件的拉出或推入。

（13）连接柜、屏、台、箱、盘面板上的电器及控制台、板等可动部位的电线应符合下列规定：①采用多股钢芯软电线，敷设长度留有适当余量；②线束有外套塑料管等加强绝缘保护层；③与电器连接时，端部绞紧，且有不开口的终端子或搪锡，不松散、断股；④可转动部位的两端用卡子固定。

检查数量：主控项目（1）、（4）、（7）全数检查；（2）抽查 20%，少于 5 台时，全数检查；（3）、（5）、（6）抽查 10%，少于 5 台时，全数检查。一般项目（7）全数检查：（1）～（6）、（8），抽查 10%，少于 5 处（台）时，全数检查。

检验方法：见规范第 28.0.7 条。

判定：应检数量全部符合规范规定判为合格。

园林绿化工程
开关、插座、风扇安装检验批质量验收记录

《建筑电气工程施工质量验收规范》（GB 50303—2002）表 　　　　　　　　　　　园建 91

单位工程名称			分项工程名称			验收部位	
施工单位			专业工长			项目负责人	
施工执行标准名称及编号			《建筑电气工程施工质量验收规范》（GB 50303—2002）				
分包施工单位			分包施工单位负责人			施工班组长	

施工质量验收规范的规定				施工单位检查评定结果	监理（建设）单位验收记录
主控项目	1	交流、直流或不同电压等级在同一场所的插座应有区别	见说明（1）		
	2	插座的接线	见说明（2）		
	3	特殊情况下的插座安装	见说明（3）		
	4	照明开关的选用、开关的通断位置	见说明（4）		
	5	吊扇的安装高度、挂钩选用和吊扇的组装及试运转	见说明（5）		
	6	壁扇、防护罩的固定及试运转	见说明（6）		
一般项目	1	插座安装和外观检查	见说明（7）		
	2	照明开关的安装位置、控制顺序	见说明（8）		
	3	吊扇的吊杆、开关和表面检查	见说明（9）		
	4	壁扇的高度和表面检查	符合规范规定		

施工单位检查评定结果	项目专业质量检查员：　　　　　　　　　　　　　　　年　月　日
监理（建设）单位验收结论	监理工程师： （建设单位项目专业技术负责人）　　　　　　　　　年　月　日

说　明

园林绿化工程开关、插座、风扇安装检验批质量验收记录

1）主 控 项 目

（1）当交流、直流或不同电压等级的插座安装在同一场所时，应有明显的区别，且必须选择不同结构、不同规格和不能互换的插座；配套的插头应按交流、直流或不同电压等级区别使用。

（2）插座连接应符合下列规定：①单相两孔插座，面对插座的右孔与相线连接，左孔或下孔与零线连接；单相三孔插座，面对插座的右孔或上孔与相线连接，左孔与零线连接。②单相三孔、三相四孔及三相五孔插座的接地（PE）或接零（PEN）线接在上孔。插座的接地端子不与零线端子连接。同一场所的三相插座，接线的相序一致。③接地（PE）或接零（PEN）线在插座间不串联连接。

（3）特殊情况下插座安装应符合下列规定：①当接插有触电危险的家用电器的电源时，采用能断开电源的带开关插座，开关断开相线；②潮湿场所采用密封型并带保护地线触头的保护型插座，安装高度不低于 1.5m。

（4）照明开关安装应符合下列规定：①同一建筑物、构筑物的开关采用同一系列的产品，开关的通断位置一致，操作灵活，接触可靠；②相线经开关控制；民用住宅用软线引至床边的床头开关。

（5）吊扇安装应符合下列规定：①吊扇挂钩安装牢固，吊扇挂钩的直径不小于吊扇刮销直径，且不小于 8mm；有防振橡胶垫；挂销的防松零件齐全、可靠。②吊扇扇叶距地面不小于 2.5m。③吊扇组装不改变扇叶角度，扇叶固定螺栓防松零件齐全。④吊杆间、吊杆与电机间螺纹连接，啮合长度不小于 20mm，且防松零件齐全紧固。⑤吊扇接线正确，当运转时扇叶无明显颤动和异常声响。

（6）壁扇安装应符合下列规定：①壁扇底座采用尼龙塞或膨胀螺栓固定；尼龙塞或膨胀螺栓的数量不少于 2 个，且直径不小于 8mm。固定牢固、可靠。②壁扇防护罩扣紧，固定可靠，当运转时扇叶和防护罩无明显颤动和异常声响。

2）一 般 项 目

（7）插座安装应符合下列规定：①当不采用安全型插座时，托儿所、幼儿园及小学等儿童活动场所安装高度不小于 1.8m。②安装的插座面板紧贴墙面，四周无缝隙，安装牢固，表面光滑整洁，无碎裂、划伤，装饰帽齐全。③车间及（试）实验的插座安装高度距离地面不小于 0.3m；特殊场所安装的插座不小于 0.15m；同一室内插座安装高度一致。④地插座面板与地面齐平或贴地面，盖板固定牢固，密封良好。

（8）照明开关安装应符合下列规定：①开关安装位置便于操作，开关边缘距门框边缘的距离 0.15～0.2m，开关距地面高度 1.3m；拉线开关距地面高度 2～3m，层高小于 3m 时，拉线开关距顶板不小于 100mm，拉线出口垂直向下。②相同型号并列安装及同一室内开关安装高度一致，且控制有序、不错位。并列安装的拉线开关的相邻间距不小于 20mm。③暗装的开关面板应紧贴墙面，四周无缝隙，安装牢固，表面光滑、整洁，无碎裂、划伤，装饰帽齐全。

（9）吊扇安装应符合下列规定：①图层完整，表面无划痕，无污染，吊杆上下扣椀安装牢固到位；②同一室内并列安装的吊扇开关高度一致，且控制有序，不错位。

园林绿化工程
接地装置安装检验批质量验收记录

《建筑电气工程施工质量验收规范》（GB 50303—2002）表 　　　　　　　　园建92

单位工程名称		分项工程名称		验收部位	
施工单位		专业工长		项目负责人	
施工执行标准名称及编号		《建筑电气工程施工质量验收规范》（GB 50303—2002）			
分包施工单位		分包施工单位负责人		施工班组长	

	施工质量验收规范的规定			施工单位检查评定结果	监理（建设）单位验收记录
主控项目	1	接地装置测试点的设置	见说明（1）		
	2	接地电阻值测试	见说明（2）		
	3	防雷接地的人工接地装置的接地干线埋设	见说明（3）		
	4	接地模块的埋设深度、间距和基坑尺寸	见说明（4）		
	5	接地模块设置应垂直或水平就位	见说明（5）		
一般项目	1	接地装置埋设深度、间距和搭接长度	见说明（6）		
	2	接地装置的材质和最小允许规格	见说明（7）		
	3	接地模块与干线的连接和干线材质选用	见说明（8）		

施工单位检查评定结果	项目专业质量检查员： 　　　　　　　　　　　　　　　年 月 日
监理（建设）单位验收结论	监理工程师： （建设单位项目专业技术负责人） 　　　　　　　　　　　　　　　年 月 日

说　明

园林绿化工程接地装置安装检验批质量验收记录

1）主 控 项 目

（1）人工接地装置或利用建筑物基础钢筋的接地装置必须在地面以上按设计要求位置设测试点。

（2）测试接地装置的接地电阻值必须符合设计要求。

（3）防雷接地的人工接地装置的接地干线埋设，经人行通道处埋地深度不应小于1m，且应采取均压措施或在其上方铺设卵石或沥青地面。

（4）接地模块顶面埋深不应小于0.6m，接地模块间距不应小于模块长度的3～5倍。接地模块埋设基坑，一般为模块外形尺寸的1.2～1.4倍，且在开挖深度内详细记录地层情况。

（5）接地模块应垂直或水平就位，不应倾斜设置，保持与原土层接触良好。

2）一 般 项 目

（6）当设计无要求时，接地装置顶面埋设深度不应小于0.6m。圆钢、角钢及钢管接地极应垂直埋入地下，间距不应小于5m。接地装置的焊接应采用搭焊接，搭接长度应符合下列规定：

①扁钢与扁钢搭接为扁钢宽度的2倍，不少于三面施焊；②圆钢与圆钢搭接为圆钢直径的6倍，双面施焊；③圆钢与扁钢搭接为圆钢直径的6倍，双面施焊；④扁钢与钢管，扁钢与角钢焊接，紧贴角钢外侧两面，或紧贴3/4钢管表面，上下两侧施焊；⑤除埋设在混凝土中的焊接接头外，有防腐措施。

（7）当设计无要求时，接地装置的材料采用钢材，作热浸镀锌处理，最小允许规格、尺寸应符合规范表24.2.2的规定。

（8）接地模块应集中引线，用干线把接地模块并联焊接成一个环路，干线的材质与接地模块焊接点的材质应相同，钢制的采用热浸镀锌扁钢，引出线不少于2处。

检查数量：主控项目全数检查。

一般项目（1）、（2）抽查10处，少于10处时，全数检查；（3）全数检查。

检验方法：见规范第28.0.7条。

判定：应检数量全部符合规范规定判为合格。

园林绿化工程
建筑物照明通电试运行检验批质量验收记录

《建筑电气工程施工质量验收规范》（GB 50303—2002）表　　　　　　　　　　　园建 93

单位工程名称		分项工程名称		验收部位	
施工单位		专业工长		项目负责人	
施工执行标准名称及编号		《建筑电气工程施工质量验收规范》（GB 50303—2002）			
分包施工单位		分包施工单位负责人		施工班组长	

施工质量验收规范的规定			施工单位检查评定结果	监理（建设）单位验收记录
主控项目	1	灯具回路控制与照明箱及回路的标识一致，开关与灯具控制顺序相对应	见说明（1）	
	2	照明系统全负荷通电连续试运行无故障	见说明（2）	

施工单位检查评定结果	
	项目专业质量检查员：　　　　　　　　　　　　　　　年　月　日

监理（建设）单位验收结论	
	监理工程师： （建设单位项目专业技术负责人）　　　　　　　　　年　月　日

560

说　明

园林绿化工程建筑物照明通电试运行检验批质量验收记录

1）主　控　项　目

（1）照明系统通电，灯具回路控制应与照明配电箱及回路的标识一致；开关与灯具控制顺序相对应，风扇的转向及调速开关应正常。

（2）公用建筑照明系统通电连续试运行时间应为24h，民用住宅照明系统通电连续试运行时间应为8h。所有照明灯具均应开启，且每24h记录运行状态一次，连续试运行时间无故障。

检查数量：全数检查。

检验方法：见规范第28.0.7条。

判定：应检数量全部符合规范规定判为合格。

园林绿化工程
电缆导管及电缆敷设工程质量验收记录

园建 94

单位工程名称		分项工程名称		验收部位	
施工单位		专业工长		项目负责人	
施工执行标准名称及编号		《建筑电气工程施工质量验收规范》（GB 50303—2002）			
分包施工单位		分包施工单位负责人		施工班组长	

<table>
<tr><th colspan="3">质量验收规范的规定</th><th>施工单位检查评定结果</th><th>监理（建设）单位验收记录</th></tr>
<tr><td rowspan="4">主控项目</td><td>1</td><td>金属的导管、金属线槽的接地或接零</td><td>见说明（1）</td><td></td></tr>
<tr><td>2</td><td>金属导管的连接</td><td>见说明（2）</td><td></td></tr>
<tr><td>3</td><td>电缆穿管</td><td>见说明（3）</td><td></td></tr>
<tr><td>4</td><td>电线穿管</td><td>见说明（4）</td><td></td></tr>
<tr><td rowspan="6">一般项目</td><td>1</td><td>电缆导管的室外埋地敷设</td><td>见说明（5）</td><td></td></tr>
<tr><td>2</td><td>室外导管管口的设置、处理</td><td>见说明（6）</td><td></td></tr>
<tr><td>3</td><td>电缆导管的弯曲半径</td><td>见说明（7）</td><td></td></tr>
<tr><td>4</td><td>金属导管内外壁的防腐处理</td><td>见说明（8）</td><td></td></tr>
<tr><td>5</td><td>绝缘导管的敷设</td><td>见说明（9）</td><td></td></tr>
<tr><td>6</td><td>电线、电缆穿管线</td><td>见说明（10）</td><td></td></tr>
<tr><td colspan="3">施工单位检查评定结果

项目专业质量检查员：</td><td colspan="2">年　月　日</td></tr>
<tr><td colspan="3">监理（建设）单位验收结论

监理工程师：
（建设单位项目专业技术负责人）</td><td colspan="2">年　月　日</td></tr>
</table>

说　明

园林绿化工程电缆导管及电缆敷设工程质量验收记录

1）主　控　项　目

（1）金属的导管和线槽必须接地或接零可靠，并符合下列规定：

①镀锌的钢导管、可挠性导管和线槽不得熔焊跨接接地线，以专用接地卡跨接的两卡间连线为铜芯软导线，截面积不小于 $4mm^2$。

②当非镀锌钢导管采用螺纹连接时，连接处的两端焊跨接接地线。

③金属线槽不作设备的接地导体，当设计无要求时，金属线槽全长不少于 2 处与接地或接零干线连接。

④非镀锌金属线槽间连接板的两端跨接铜芯接地线，镀锌线槽间连接板的两端不跨接接地线，但连接板两端不少于 2 个有防松螺母或防松垫圈的连接固定螺栓。

（2）金属导管严禁对口熔焊连接；镀锌和壁厚小于等于 2mm 的钢导管不得套管熔焊连接。

（3）三相或单相的交流单芯电缆，不得单独穿于钢导管内。

（4）不同回路、不同电压等级和交流与直流的电线，不应穿于同一导管内；同一交流回路的电线应穿于同一金属导管内，且管内电线不得有接头。

2）一　般　项　目

（5）室外埋地敷设的电缆导管，埋深不应小于 0.7m，壁厚小于等于 2mm 的钢电线导管不应埋设于室外土壤内。

（6）室外导管的管口应设置在盒、箱内。在落地式配电箱内的管口，箱底无封板的，管口应高出基础面 50～80mm。所有管口在穿入电线、电缆后应作密封处理。由箱式变电所或落地式配电箱引向建筑物的导管，建筑物一侧的导管管口应设在建筑物内。

（7）电缆导管的弯曲半径不应小于电缆最小允许弯曲半径，电缆最小允许弯曲半径应符合规范。

（8）金属导管内外壁应作防腐处理；埋设在混凝土内的导管内壁应作防腐处理，外壁可不作防腐处理。

（9）绝缘导管敷设应符合下列规定：

①管口平整光滑；管与管、管与盒等器件采用插入法连接时，连接处结合面涂专用胶合剂，接口牢固密封。

②直埋于地下或楼板内的刚性绝缘导管，在穿出地面或楼板易受机械损伤的一段，采取保护措施。

③当设计无要求时，埋设在墙内或混凝土内的绝缘导管，采用中型以上的导管。

④沿建筑物、构筑物表面和在支架上敷设的刚性绝缘导管，按设计要求装设温度补偿装置。

（10）电线、电缆穿管线，应清除管内杂物的积水。管口应有保护措施，不进入接线盒的垂直管口穿入电线、电缆后，管口应密封。

园林绿化工程
景观灯、水下灯、庭院灯安装工程质量验收记录

单位工程名称			分项工程名称		验收部位	
施工单位			专业工长		项目负责人	
施工执行标准名称及编号			《建筑电气工程施工质量验收规范》（GB 50303—2002）			
分包施工单位			分包施工单位负责人		施工班组长	

质量验收规范的规定			施工单位检查评定结果	监理（建设）单位验收记录
主控项目	1	游泳池和类似场所灯具安装	见说明（1）	
	2	建筑物彩灯安装	见说明（2）	
	3	建筑物景观照明灯具安装	见说明（3）	
	4	庭院灯安装	见说明（4）	
一般项目	1	建筑物彩灯安装	见说明（5）	
	2	建筑物景观照明灯具安装	见说明（6）	
	3	庭院灯安装	见说明（7）	

施工单位检查评定结果	项目专业质量检查员：　　　　　　　　　　　　　　　年 月 日
监理（建设）单位验收结论	监理工程师： （建设单位项目专业技术负责人）　　　　　　　　　　年 月 日

说　明

园林绿化工程景观灯、水下灯、庭院灯安装工程质量验收记录

1）主 控 项 目

（1）游泳池和类似场所灯具等电位联合应可靠，且有明显标识，其电源的专用漏电保护装置应全部检测合格。自电源引入灯具的导管必须采用绝缘导管，严禁采用金属或有金属保护层的导管。

（2）建筑物彩灯安装应符合下列要求：

①建筑物顶部彩灯采用有防雨功能的专用灯具，灯罩要拧紧。

②彩灯配线管路按明配管敷设，且有防雨功能。管路间、管路与灯头盒尖螺纹连接，金属导管及彩灯的构架、钢索等可接近裸露导体接地或接零可靠。

③垂直彩灯悬挂挑臂采用不小于 10 号的槽钢。端部吊挂钢索用的吊钩螺栓直径不小于 10mm，螺栓在槽钢上固定，两侧有螺母，且加平垫及弹簧垫圈紧固。

④悬挂钢丝绳直径不小于 4.5mm，底把圆钢直径不小于 16mm，地锚采用架空外线用控线盘，埋设深度大于 1.5m。

⑤垂直彩灯采用防水吊线灯头，下端灯头距地面高于 3m。

（3）建筑物景观照明灯具安装应符合下列规定：

①每套灯具的导电部分对地绝缘电阻值大于 2MΩ。

②在人行道等人员来往密集场所安装的落地式灯具无围栏保护，安装高度距地面 2.5m 以上。

③金属框架和灯具的可接近裸露导体及金属软管的接地或接零可靠，且有标识。

（4）庭院灯安装应符合下列规定：

①每套灯具的导电部分对地绝缘电阻值大于 2MΩ。

②立柱式路灯、落地式路灯、特种园艺灯等灯具与基础固定可靠，地脚螺栓备帽齐全。灯具的接线盒或熔断器盒，合盖的防水密封垫完整。

③金属立柱及灯具可接近裸露导体接地或接零可靠。接地线单设干线，干线沿庭院灯布置位置形成环网状，且不少于两处与接地装置引出线连接。由干线引出支线与金属灯柱及灯具的接地端子连接，且有标识。

2）一 般 项 目

（5）建筑物彩灯安装应符合下列规定：

①建筑物顶部彩灯灯罩完整，无碎裂。

②彩灯电线导管防腐完好。敷设平整、顺直。

（6）建筑物景观照明灯具构架应固定可靠，地脚螺栓拧紧，备帽齐全；灯具的螺栓紧固，无遗漏。灯具外露的电线或电缆应具有柔性金属导管保护。

（7）庭院灯安装应符合下列规定：

①灯具的自动通、断电源控制装置动作准确，每套灯具熔断器盒内熔丝齐全，规格与灯具适配。

②架空线路电杆上的路灯，固定可靠，紧固件齐全、拧紧，等位正确；每套灯具配有熔断器保护。

园林绿化工程
直埋电缆敷设工程质量验收记录

单位工程名称			分项工程名称			验收部位	
施工单位			专业工长			项目负责人	
施工执行标准名称及编号			《城市道路照明工程施工及验收规程》(CJJ 89—2012)				
分包施工单位			分包施工单位负责人			施工班组长	

质量验收规范的规定				施工单位检查评定结果	监理（建设）单位验收记录
主控项目	1	电缆敷设弯曲半径	见说明（1）		
	2	电缆敷设接头	见说明（2）		
	3	电缆敷设外观	见说明（3）		
	4	电缆在灯杆两侧预留量	见说明（4）		
	5	电缆敷设的规格	见说明（5）		
	6	电缆敷设的标志设置	见说明（6）		
	7	电缆埋设深度	见说明（7）		
一般项目	1	机械敷设电缆	见说明（8）		
	2	电缆接头和终端头	见说明（9）		
	3	电缆芯线的连接	见说明（10）		
	4	电缆敷设标示牌的设置	见说明（11）		
	5	架空的电缆	见说明（12）		
	6	电缆敷设的保护管	见说明（13）		

施工单位检查评定结果	
	项目专业质量检查员：　　　　　　　　　　　　　　　　　　年　月　日
监理（建设）单位验收结论	
	监理工程师： （建设单位项目专业技术负责人）　　　　　　　　　　　年　月　日

说　明

园林绿化工程直埋电缆敷设工程质量验收记录

1) 主 控 项 目

(1) 电缆在任何敷设及其全部路径条件的上、下、左、右改变部位，其弯曲半径应符合下列规定：

①聚氯乙烯绝缘电缆为电缆外径的 10 倍；

②聚氯乙烯铠装电缆为电缆外径的 20 倍。

(2) 电缆直埋或保护管中不得有接头。

(3) 电缆敷设时，应从盘的上端引出，不应是电缆在支架上及地面摩擦拖拉。电缆外观应无损伤，绝缘良好，不得有铠装压扁、电缆胶拧、护层折裂等机械损伤。电缆在敷设前应用 500V 兆欧表进行绝缘电阻测量，电阻值不得小于 10MΩ。

(4) 电缆在灯杆两侧预留量不应小于 0.5m。

(5) 三相四线制应采用四芯等截面电力电缆，不应采用三芯电缆，另用电缆金属护套作中性线。三相五线制应采用五芯电力电缆。PE 线芯截面可小一等级，但不应小于 $16mm^2$。

(6) 电缆在直线段，每隔 50～100m，转弯处、进入建筑物等处应设置固定明显的标志。

(7) 电缆埋设深度应符合下列规定：

①绿地、车行道下不应小于 0.7m。

②人行道下不应小于 0.5m。

③在不能满足上述要求的地段应按设计要求敷设。

2) 一 般 项 目

(8) 机械敷设电缆时，电力电缆最大允许牵引强度：铜芯电缆不宜大于 $70N/mm^2$；铝芯电缆不宜大于 $40N/mm^2$。严禁用汽车牵引。

(9) 电缆接头和终端头整个绕包过程应保持清洁和干燥。绕包绝缘前，应用汽油浸过的白布将线芯及绝缘表面擦干净，塑料电缆宜采用自粘带、粘胶带、粘沾剂、收缩管等材料密封，塑料护套表面应打毛，粘结表面应用溶剂除去油污，粘结应良好。

(10) 电缆芯线的连接宜采用压接方式，压接面应满足电气和机械强度要求。

(11) 在有多路电缆通过的地段及电缆井内应有明显的标示牌。

(12) 采用架空的电缆应符合下列规定：

①架空电缆承力钢绞线截面不宜小于 $35mm^2$，线路两端应有良好接地和重复接地，接地电阻不得大于 4Ω。

②电缆在承力钢绞线上固定应自然、松弛，在每一电杆处应留一定的余量，长度不应小于 0.5m。

③承力钢绞线上电缆固定点的间距不应小于 0.75m，电缆固定件应进行热镀锌处理，并应加软垫保护。

(13) 电缆从地下或电缆沟引出地面时应加保护管，保护管的长度不得小于 2.5m，并应采用抱箍固定，固定点不得少于 2 处；电缆上杆应加固支架，支架间距不得大于 2m。

4. 园林绿化工程质量验收统一用表

园林绿化工程＿＿＿＿＿检验批质量验收记录 ·· 园质 1

园林绿化工程＿＿＿＿＿分项工程质量验收记录 ·· 园质 2

园林绿化工程＿＿＿＿＿分部（子分部）工程质量验收记录 ·························· 园质 3

园林绿化工程＿＿＿＿＿单位（子单位）工程质量竣工验收表 ······················ 园质 4

园林绿化工程工程物资进场报验表 ···　园质 5

园林绿化工程＿＿＿＿＿材料汇总表 ··· 园质 6

园林绿化工程＿＿＿＿＿检（试）验报告汇总表 ·· 园质 7

园林绿化工程基坑（槽）工程施工验收记录 ·· 园质 8

园林绿化工程地基触（钎）探记录 ·· 园质 9

园林绿化工程地基处理工程验收记录 ··· 园质 10

园林绿化工程桩基工程施工验收记录 ··· 园质 11

园林绿化工程复合地基工程施工验收记录 ·· 园质 12

园林绿化工程隐蔽工程检查验收记录 ··· 园质 13

园林绿化工程钢筋隐蔽工程检查验收记录 ·· 园质 14

园林绿化工程结构实体钢筋保护层厚度验收记录 ··· 园质 15

园林绿化工程工程质量事故报告 ··· 园质 16

园林绿化工程工程质量事故调查处理结果 ·· 园质 17

园林绿化工程施工记录 ··· 园质 18

园林绿化工程
_____检验批质量验收记录

园质1

单位工程名称		分项工程名称		验收部位	
施工单位		专业工长		项目负责人	
施工执行标准名称及编号					
分包施工单位		分包施工单位负责人		施工班组长	

质量验收规范的规定		施工单位检查评定结果									监理（建设）单位验收记录
主控项目	1										
	2										
	3										
	4										
	5										
	6										
	7										
	8										
一般项目	1										
	2										
	3										
	4										

施工单位检查评定结果	项目专业质量检查员： 年 月 日
监理（建设）单位验收结论	监理工程师： （建设单位项目专业技术负责人） 年 月 日

园林绿化工程
＿＿＿＿分项工程质量验收记录

园质 2

单位工程名称				检验批数	
施工单位		项目负责人		项目技术负责人	
分包施工单位		分包施工单位负责人		分包施工项目负责人	

序号	检验批部位、单项、区段	施工单位检查评定结果	监理（建设）单位验收结论
1			
2			
3			
4			
5			
6			
7			
8			
9			
10			
11			
12			
13			
14			
15			

检查结论	项目专业 技术负责人： 年 月 日	验收结论	监理工程师： （建设单位项目专业技术负责人） 年 月 日

园林绿化工程

_____分部（子分部）工程质量验收记录

园质 3

工程名称					
施工单位		技术部门负责人		质量部门负责人	
分包施工单位		分包施工单位负责人		分包施工单位技术负责人	
序号	分项工程名称	施工单位检查意见		验收意见	
1					
2					
3					
4					
5					
6					
质量控制资料					
结构实体检验报告					
观感质量验收					
验收单位	分包单位	项目经理			年 月 日
	施工单位	项目经理			年 月 日
	设计单位	项目负责人			年 月 日
	监理（建设）单位	总监理工程师（建设单位项目专业技术负责人）			年 月 日

园林绿化工程
_____单位（子单位）工程质量竣工验收表

单位（子单位）工程质量竣工验收报告

工程名称：_____

施工单位：_____

开工日期：_____年____月____日

竣工验收日期：_____年____月____日

单位（子单位）工程概况

工 程 概 况				
工程造价 工作量		万元	构筑物面积	m²
			绿化面积	m²
本次竣工验收工程概况描述：				

单位（子单位）工程质量竣工验收记录表　　　　　　　　园质 4-2

工程名称					
施工单位		技术负责人		开工日期	
项目负责人		项目技术负责人		竣工日期	
序号	项　目	验　收　记　录			验收结论
1	分部工程	共　分部，经查　分部，符合标准及设计要求 分部			
2	质量控制资料核查	共　项，经审查符合要求　项，经核定符合规范要求 项			
3	安全和主要使用功能及涉及植物成活要素核查及抽查结果	共核查　项，符合要求　项， 共抽查　项，符合要求　项， 经返工处理符合要求　项			
4	观感质量验收	共抽查　项，符合要求　项，不符合要求　项			
5	植物成活率	共抽查　项，符合要求　项，不符合要求　项			
6	综合验收结论				
参加验收单位	建设单位（公章） 单位（项目）负责人： 年　月　日	监理单位（公章） 总监理工程师： 年　月　日		施工单位（公章） 单位负责人： 年　月　日	设计单位（公章） 单位（项目）负责人： 年　月　日

单位（子单位）工程质量控制资料核查记录表

工程名称			施工单位		
序号	项目	资 料 名 称	份数	核查意见	核查人
1	绿化栽植	图纸会审、设计变更、洽商记录、定点放线记录			
2		园林植物进场检验记录以及材料、配件出厂合格证书和进场检验记录			
3		隐蔽工程验收记录及相关材料检测试验记录			
4		施工记录			
5		分项、分部工程质量验收记录			
1	园林附属工程及景观构筑物	图纸会审、设计变更、洽商记录			
2		工程定位测量、放线记录			
3		原材料出厂合格证书及进场检（试）验报告			
4		施工试验报告及见证检测报告			
5		隐蔽工程验收记录			
6		施工记录			
7		预制构件、预拌混凝土合格证			
8		地基基础、主体结构检验及抽样检测资料			
9		分项、分部工程质量验收记录			
10		工程质量事故及事故调查处理资料			
11		新材料、新工艺施工记录			
1	园林铺地	图纸会审、设计变更、洽商记录			
2		工程定位测量、放线记录			
3		原材料出厂合格证书及进场检（试）验报告			
4		施工试验报告及见证检测报告			
5		隐蔽工程验收记录			
6		施工记录			
7		地基基础检验及抽样检测资料			
8		分项、分部工程质量验收记录			
1	园林给水排水	图纸会审、设计变更、洽商记录			
2		材料、配件出厂合格证书及进场检验（试验）报告			
3		管道、设备强度试验、严密性试验记录			
4		隐蔽工程验收记录			
5		系统清洗、灌水、通水试验记录			
6		施工记录			
7		分项、分部工程质量验收记录			
1	园林用电	图纸会审、设计变更、洽商记录			
2		材料、配件出厂合格证书及进场检（试）验报告			
3		设备调试记录			
4		接地、绝缘电阻测试记录			
5		隐蔽工程验收记录			
6		施工记录			
7		分项、分部工程质量验收记录			

结论：

施工单位项目负责人：　　　　　　　　　　总监理工程师：
　　　　　　　　　　　　　年　月　日　　（建设单位项目负责人）　　　　　　　年　月　日

单位（子单位）工程安全功能和植物成活要素检验资料核查
及主要功能抽查记录

园质 4-4

工程名称			施工单位			
序号	安全和功能检查项目	份数	核查意见	抽查结果	核（抽）查人	
1	有防水要求的淋（蓄）水试验记录					
2	园林景观构筑物沉降观测测量记录					
3	园林景观桥荷载通行实验记录					
4	山石牢固性检查记录					
5	喷泉水景效果检查记录					
6	给水管道通水试验记录					
7	排水管道的通球实验记录					
8	照明全负荷实验记录					
9	夜景灯光效果检查记录					
10	大型灯具牢固性试验记录					
11	避雷接地电阻值测试记录					
12	线路、插座、开关接地检验记录					
13	系统试运行记录					
14	系统电源及接地检测报告					
15	土壤理化性质检测报告					
16	水理化性质检测报告					
17	种子发芽试验记录					

结论：

施工单位项目负责人：　　　　　　　　　　　总监理工程师：

　　　　　　　　　　　　　　　　　　　　　（建设单位项目负责人）

　　　年　月　日　　　　　　　　　　　　　　　年　月　日

注：抽查项目由验收组协商确定。

单位（子单位）工程观感质量检查记录 园质 4-5

序号	项目		抽查质量状况	质量评价		
	工程名称		**施工单位**			
				好	一般	差
1	种植工程	绿地的平整度及造型				
2		生长势				
3		植株形态				
4		定位、朝向				
5		植物配置				
6		外观效果				
1	园林工程景观构筑物及其他造景	色彩				
2		协调				
3		层次				
4		整洁度				
5		效果				
1	园林铺地	整洁度				
2		协调性				
3		色泽				
1	园林给水排水	管道接口、坡度、支架				
2		井室				
3		配件安装				
1	园林用电	配电箱、盘、板、接线盒				
2		开关、插座				
3		防雷、接地				

观感质量综合评价	
检查结论	施工单位项目负责人签字： 年 月 日	总监理工程师签字： （建设单位项目负责人） 年 月 日

注：质量评价为差的项目，应进行返修。

单位（子单位）工程植物成活覆盖率统计记录　　　　　　　　　　园质 4-6

工程名称			施工单位		
序号	植物类型	种植数量	成活覆盖率	抽查结果	核（抽）查人
1	常绿乔木				
2	常绿灌木				
3	绿篱				
4	落叶乔木				
5	落叶灌木				
6	色块（带）				
7	花卉				
8	攀缘植物				
9	水生植物				
10	竹子				
11	草坪				
12	地被				
13					

结论：

施工单位项目负责人签字：　　　　　　　　　　　总监理工程师签字：
　　　　　　　　　　　　　　　　　　　　　　　（建设单位项目负责人）

　　年 月 日　　　　　　　　　　　　　　　　　　　　　年 月 日

注：树木花卉按株统计；草坪按覆盖率统计。抽查项目由验收组协商确定。

园林绿化工程
工程物资进场报验表　　　　　　　　　　园质 5

工程名称			编号	
工程地点			日期	

现报上关于_____工程的物资进场检验记录，该批物资经我方检验符合设计、规范及合同的要求，请予以批准使用。

物资名称	主要规格	单位	数量	使用部位

附件：　　　　　　　名称　　　　　　　页数　　　　　　　编号
1　　　　　□出厂合格证　　　　　_____页
2　　　　　□厂家质量检验报告　　_____页
3　　　　　□厂家质量保证书　　　　_____页
4　　　　　□商验证　　　　　　　　_____页
5　　　　　□进场检查记录　　　　　_____页
6　　　　　□进场复试报告　　　　　_____页

申报单位名称：　　　　　　　　　　　　　　　　申报人（签字）：

施工单位检验意见：

施工单位：　　　　　　　　　技术负责人（签字）：　　　　　审核日期：

验收意见：

审定结论：　　□同意　　　　□补报材料　　　　□重新检验　　　　□进场

监理单位名称：　　　　　　　　　监理工程师（签字）：　　　　　验收日期：

园林绿化工程

_____材料汇总表

工程名称：   施工单位：

序号	类别名称 （品种、规格、型号、等级）	进场批量	出厂合格证、 质量证明文件编号	抽样、复验 报告编号	备注

说明：津资 K-3（通用）用于现场材料抽样、复验的汇总，每种材料应单独进行汇总（各别材料较少时可以在一起汇总，
如：装饰、装修材料）。

园林绿化工程

_____检（试）验报告汇总表　　　　　　　　　　园质7

工程名称			施工单位		

序号	连接形式、种类名称、报告编号	抽、取样部位	规格、型号	代表数量	结论	备注

说明：津资 K-4（通用）用于现场检（试）验报告，无专用汇总表时使用（钢材焊接、机械连接、钢结构、土壤试验、装饰、装修等）。

园林绿化工程
基坑（槽）工程施工验收记录

园质 8

工程名称		施工单位	
部　位		验槽依据	
放坡比例		验收时间	

序号	检查内容	检 查 结 果
1	位置及几何尺寸	
2	槽底标高	
3	土质情况	
4	地下水情况	
5	槽底是否有异物	
6	排降水方式	
7	支护位移情况	

附基坑（槽）平面、剖面示意图

建设单位验收结论：	设计单位验收结论：	勘察单位验收结论：	施工单位检查结果：	监理单位验收结论：
项目专业负责人：	设计专业负责人：	项目专业负责人：	项目负责人：	监理工程师：
年 月 日	年 月 日	年 月 日	年 月 日	年 月 日

园林绿化工程
地基触（钎）探记录

园质 9

工程名称		施工单位		
槽底标高		触（钎）探工具	工具	
			规格	
基槽尺寸			重量	
布点间距		触（钎）探时间		

序号	触（钎）探步数（mm）							备注	序号	触（钎）探步数（mm）							备注
	0～300	300～600	600～900	900～1200	1200～1500	1500～1800	1800～2100			0～300	300～600	600～900	900～1200	1200～1500	1500～1800	1800～2100	

附触（钎）探点布置图：

施工单位项目负责人：

年　月　日

园林绿化工程
地基处理工程验收记录

园质 10

工程名称		验收日期	年 月 日
施工单位			

处理原因	
处理方法	
处理范围示意图	

建设单位验收结论：	勘察单位验收结论：	设计单位验收结论：	施工单位检查结果：	监理单位验收结论：
项目负责人： 年 月 日	项目负责人： 年 月 日	设计负责人： 年 月 日	项目负责人： 年 月 日	监理工程师： 年 月 日

园林绿化工程
桩基工程施工验收记录

园质 11

工程名称		分包单位	
施工单位		设计承载力	
桩基种类		规格、数量	

序号	检查内容	检 查 结 果
1	桩顶标高	
2	桩位偏移	
3	桩体质量或混凝土强度	
4	承载力检验	
5	成桩质量情况	
6		

建设单位验收结论： 项目专业负责人： 年　月　日	勘察单位验收结论： 项目专业负责人： 年　月　日	设计单位验收结论： 设计负责人： 年　月　日
施工单位检查结果： 项目专业负责人： 年　月　日	分包单位检查结果： 项目专业负责人： 年　月　日	监理单位验收结论： 监理工程师： 年　月　日

园林绿化工程
复合地基工程施工验收记录

园质 12

工程名称		施工单位	
复合地基 种 类		分包单位	

序号	检查内容	检 查 结 果
1	原材料	
2	桩径	
3	桩长	
4	桩体强度、干密度	
5	地基承载力	
6	桩孔垂直度	
7	桩顶标高	
8	桩体偏移	
9	嵌固层	
10	灌砂量	

建设单位验收结论： 项目专业负责人： 年 月 日	勘察单位验收结论： 项目专业负责人： 年 月 日	设计单位验收结论： 设计负责人： 年 月 日
施工单位检查结果： 项目专业负责人： 年 月 日	分包施工单位检查结果： 项目专业负责人： 年 月 日	监理单位验收结论： 监理工程师： 年 月 日

园林绿化工程
隐蔽工程检查验收记录

工程名称		施工单位	
图　号		分包施工单位	
隐蔽项目部位			

隐蔽内容	

施工单位检查结果：	分包施工单位检查结果：	监理（建设）单位验收结论：
		监理工程师：
项目专业负责人：	项目专业负责人：	（建设单位项目专业负责人）
年　月　日	年　月　日	年　月　日

园林绿化工程
钢筋隐蔽工程检查验收记录

园质 14

工程名称			施工单位	
隐蔽部位			图　号	

隐检内容	受力钢筋品种、规格、数量、位置等	
	箍筋、构造钢筋品种、规格、数量、间距等	
	钢筋连接方式、接头位置数量、接头面积百分率	
	预埋件规格、数量、位置	
	除锈和油污钢筋代用、其他	

钢材试验、连接试验报告编号

名　　称									
出厂编号									
复试编号									
连接试验编号									

施工单位检查结果：	监理（建设）单位验收结论：
	监理工程师：
项目专业负责人：　　　　　　年　月　日	（建设单位项目专业负责人）　　　　　年　月　日

园林绿化工程
结构实体钢筋保护层厚度验收记录

园质 15

工程名称					施工单位							
检验方法			钢筋保护层设计值		梁				板			
结构部位	位置	构件代表数量	钢筋数量		钢筋保护层厚度实测值（mm）							
梁												
板												
梁合格点率			评定结果									
板合格点率			评定结果									

施工单位检查结果：	监理（建设）单位验收结论：
	监理工程师：
	（建设单位项目专业负责人）
项目专业负责人：	
年 月 日	年 月 日

589

园林绿化工程
工程质量事故报告

园质 16

工程名称		建设地点	
建设单位		结构类型	框架结构
设计单位		建筑面积	
施工单位		事故部位	
监理单位		事故名称	
事故发生时间		报告时间	

现场事故证据资料：

事故发生后要采取的措施：

事故责任单位、责任人及处理意见：

负责人		报告人		日期	年　月　日

园林绿化工程
工程质量事故调查处理结果

园质 17

工程名称		事故名称	
事故部位		发生日期	年 月 日
施工单位		监理单位	
建设单位		设计单位	
勘察单位		鉴定单位	

事故情况（事故经过、后果与原因分析）：

处理情况：

建设单位：	设计单位：	勘察单位：	施工单位：	监理单位：
项目专业负责人：	项目专业负责人：	项目专业负责人：	项目专业负责人：	监理工程师：
年 月 日	年 月 日	年 月 日	年 月 日	年 月 日

园林绿化工程施工记录

工程名称		分项工程名称	

施工内容：

施工单位项目负责人：	记录人：
年　月　日	年　月　日

使用说明：本表为通用的施工记录，无专用施工记录表时采用本表进行记录。

5. 单位（子单位）工程安全和功能及植物成活要素检验资料

园林绿化工程屋面/地面防水工程试水检查记录 ⋯⋯⋯⋯⋯⋯⋯⋯⋯⋯⋯ 园控 1

园林绿化工程＿＿＿＿防水工程试水检查记录 ⋯⋯⋯⋯⋯⋯⋯⋯⋯⋯⋯ 园控 2

园林绿化工程沉降观测记录 ⋯⋯⋯⋯⋯⋯⋯⋯⋯⋯⋯⋯⋯⋯⋯⋯⋯⋯⋯ 园控 3

园林绿化工程沉降量汇总表 ⋯⋯⋯⋯⋯⋯⋯⋯⋯⋯⋯⋯⋯⋯⋯⋯⋯⋯⋯ 园控 4

园林绿化工程假山叠石工程牢固性检查记录 ⋯⋯⋯⋯⋯⋯⋯⋯⋯⋯⋯⋯ 园控 5

园林绿化工程喷泉、喷灌调试记录 ⋯⋯⋯⋯⋯⋯⋯⋯⋯⋯⋯⋯⋯⋯⋯⋯ 园控 6

园林绿化工程承压管道/阀门水压试验记录 ⋯⋯⋯⋯⋯⋯⋯⋯⋯⋯⋯⋯⋯ 园控 7

园林绿化工程排水/雨水管道灌水试验记录 ⋯⋯⋯⋯⋯⋯⋯⋯⋯⋯⋯⋯⋯ 园控 8

园林绿化工程配电接地（零）系统及线路接线安装检查验收记录 ⋯⋯⋯⋯ 园控 9

园林绿化工程低压电气线路、照明配电箱绝缘电阻测试记录 ⋯⋯⋯⋯⋯⋯ 园控 10

园林绿化工程景观、水下灯、庭院灯绝缘电阻测试记录 ⋯⋯⋯⋯⋯⋯⋯⋯ 园控 11

园林绿化工程直埋、缆沟电缆隐蔽工程验收记录 ⋯⋯⋯⋯⋯⋯⋯⋯⋯⋯⋯ 园控 12

园林绿化工程照明线路、灯具、开关、插座、接线、接地检查记录 ⋯⋯⋯⋯ 园控 13

园林绿化工程种植土理化性质检测记录 ⋯⋯⋯⋯⋯⋯⋯⋯⋯⋯⋯⋯⋯⋯⋯ 园控 14

园林绿化工程浇灌水质检测记录 ⋯⋯⋯⋯⋯⋯⋯⋯⋯⋯⋯⋯⋯⋯⋯⋯⋯⋯ 园控 15

园林绿化工程草坪、地被种子发芽率检测报告 ⋯⋯⋯⋯⋯⋯⋯⋯⋯⋯⋯⋯ 园控 16

园林绿化工程
屋面/地面防水工程试水检查记录

园控 1

工程名称			
试样编号		试水日期	
试 水 方 法			
施工 单位 检查 结果	项目专业技术负责人（签字）：_____ 日　　期：_____		
监理 单位 验收 结论	监理工程师（签字）：_____ 日　　期：_____		

全数检查

园林绿化工程

_____防水工程试水检查记录　　　　　　园控 2

工程名称			
施工单位		分包单位	
防水种类		防水等级	
试水部位		试水日期	年　月　日
试水方法			
检查结果			

建设单位验收结论：	施工单位检查结果：	分包施工单位检查结果：	监理单位验收结论：
项目负责人： 　　年　月　日	项目专业负责人： 　　年　月　日	项目专业负责人： 　　年　月　日	监理工程师： 　　年　月　日

园林绿化工程沉降观测记录

园控 3

工程名称					施工单位					
观察点编号	第		次	第		次	第		次	第	次
	年　月　日			年　月　日			年　月　日			年　月　日	
	标高(m)	沉降量(mm)		标高(m)	沉降量(mm)		标高(m)	沉降量(mm)		标高(m)	沉降量(mm)
		本次	累计		本次	累计		本次	累计		本次	累计
工程部位											
观测人员											
监测人员											
施工单位项目负责人											

园控 4

园林绿化工程沉降量汇总表

工程名称		设计允许沉降量		mm
观测点编号	总沉降量（mm）		备　注	

沉降观测点布置示意图：

说明：用于建筑物竣工总沉降量的汇总统计。

园林绿化工程
假山叠石工程牢固性检查记录

园控 5

工程名称					
施工单位			监理单位		
验收部位			验收时间		年　月　日

检查内容	1 石材强度等级符合设计要求
	2 砂浆强度等级符合设计要求
	3 砂浆饱满度
	4 石料堆叠稳固安全

检查方法	

施工单位检查结果评定	
	项目质量负责人：　　　　　　　　　　　　　年　月　日

监理（建设）单位验收结论	
	总监理工程师（建设单位项目负责人）：　　　　　年　月　日

园林绿化工程
喷泉、喷灌调试记录　　　　　　　　　　　　　　　园控 6

工程名称		所在部位	
施工单位		调试日期	年　月　日
设备名称及标准测试要点			
测试过程情况			
评定意见			
参加人员	监理（建设）单位		施工单位

园林绿化工程
承压管道/阀门水压试验记录

园控 7

工程名称					子分部工程			
管道规格		管道类型			连接形式		试验介质	
阀门类型		阀门规格			阀门抽查率			
序号	试验日期	试验内容及部位	标准依据	工作压力	试验压力	持续时间	实测压降	渗漏检查
施工单位自检结论		项目技术负责人： 年 月 日						
监理单位验收结论		总监理工程师： 年 月 日						

園林綠化工程
排水/雨水管道灌水试验记录　　　　　　园控 8

工程名称				分部工程		
子分部名称		分项工程		检验批		试验介质
管道类型		规格范围		数量		连接形式

序号	试验日期	试验部位	标准依据	灌水高度	持续时间（min/h）	页面检查	渗漏检查	备注

施工单位自检结果	项目技术负责人（签字）_____ 日期
监理单位验收结论	总监理工程师（签字）_____ 日期

园林绿化工程
配电接地（零）系统及线路接线安装检查验收记录

园控 9

工程名称			部位		保护方式	
承包单位					图号	

接地（零）干线	敷设位置	引入（出）部位	连接方法	导通情况
	变配电室（箱）			
	电气竖井			

配电线路接地、接线	配电干线		分支（接线）数量	接地连接、导通情况	线路去向、相序、接线核实情况
	名称	编号			

施工单位检查结果	项目技术负责人： 年 月 日	监理单位验收结论	总监理工程师： 年 月 日

园林绿化工程
低压电气线路、照明配电箱绝缘电阻测试记录

工程名称							部位					
施工单位			图号				测试人					
线路额定电压			仪表型号				仪表电压等级					
天气情况			各相之间绝缘电阻测试值（MΩ）				环境温度					

线路及装置名称	系统编号	AB	BC	CA	AN	BN	CN	APD	BPD	CPD	NPD	测试结果	备注

施工单位检查结果	项目技术负责人： 年 月 日	监理单位验收结论	总监理工程师： 年 月 日

603

园林绿化工程
景观、水下灯、庭院灯绝缘电阻测试记录

园控 11

工程名称			施工单位			
图号			环境温度		测试人	
线路额定电压			仪表型号		仪表电压等级	
灯具名称		灯具位置编号及导电部位对地绝缘电阻值				
	位置编号					
	电阻值					
	位置编号					
	电阻值					
	位置编号					
	电阻值					
	位置编号					
	电阻值					
	位置编号					
	电阻值					
	位置编号					
	电阻值					
	位置编号					
	电阻值					
施工单位检查结果	项目技术负责人： 年 月 日			监理单位验收结论	总监理工程师： 年 月 日	

园林绿化工程
直埋、缆沟电缆隐蔽工程验收记录

园控 12

工程名称					分部（子分部）工程		图号	
施工单位					分包施工单位		埋（沟）深（m）	
隐检内容	电缆型号种类							
	线路编号							
	电缆敷设检查							
	弯曲半径（D）							
	保护套管种类规格（mm）							
	过路套管种类规格（mm）							
	敷设截面图							

施工单位检查结果：	分包施工单位检查结果：	监理（建设）单位验收结论：
项目负责人：	项目专业负责人：	总监理工程师： （建设单位项目专业负责人）：
年　月　日	年　月　日	年　月　日

605

园林绿化工程
照明线路、灯具、开关、插座、接线、接地检查记录

园控 13

工程名称			施工单位	
系统名称及编号			检验人	

检验项目	数量	检查方法及结果	存在问题、部位、数量	复验情况
线路去向、相序	（回路）			
线路接地	（回路）			
漏电保护装置	（个）			
开关控制相线	（个）			
插座接地、接线	（个）			
螺灯口接线	（个）			

	灯具名称	数量（盏）	连接及导通情况	存在问题部位、数量	复验情况
灯具接地					

施工单位检查结果	项目技术负责人： 年 月 日	监理（建设）单位验收结论	总监理工程师： （建设单位项目专业技术负责人） 年 月 日

园林绿化工程
种植土理化性质检测记录

园控 14

工程名称			
施工单位		监理单位	
验收部位		验收时间	年　月　日

检查内容：

1. 土壤 pH 应符合本地区栽植土标准或按 pH5.6～8.0 进行选择。

2. 土壤全盐含量应为 0.1‰ ～ 0.3‰。

3. 土壤密度应为 1.0～1.35g/cm³。

4. 检查频率：每 500m³ 或 2000m² 为一检验批，随机取样 5 处，每处 100g 组成一组试样。500m³ 或 2000m² 以下，取样不少于 3 处。

5. 检验方法：理化性质经有资质检测单位测试，土层厚度尺量。

检测情况：

结论

施工单位：	监理单位：
施工单位项目负责人： 　　　　　　　　年　月　日	总监理工程师： （建设单位项目负责人） 　　　　　　　　年　月　日

607

园林绿化工程
浇灌水质检测记录

园控 15

工程名称			
施工单位		监理单位	
验收部位		验收时间	年　月　日

检查内容：

1. 浇灌水检测理化指标主要有 pH 值、总磷、总氮、全盐含量。

2. 检查数量：同一水源为一个检验批，随机取样 3 次，每次取样 100g，经混合后组成一组试样。

3. 检查方法：查看水质检测报告。

检测情况：

结论	
施工单位：	监理单位：
施工单位项目负责人： 　　　　　　　　　年　月　日	总监理工程师： （建设单位项目负责人） 　　　　　　　　　年　月　日

园林绿化工程
草坪、地被种子发芽率检测报告

工程名称			
施工单位		监理单位	
验收部位		验收时间	年 月 日

检查内容：

1. 种子发芽率取样方法：每 100kg 为一检验批，共取 50g 组成一组试样。

2. 发芽率＝发芽粒数/试样粒数×100％。

3. 注明种子名称、产地、纯净度。

检测情况：

结论	

施工单位：	监理单位：
施工单位项目负责人： 年 月 日	总监理工程师： （建设单位项目负责人） 年 月 日

中华人民共和国行业标准

园林绿化工程施工及验收规范

Code for construction and acceptance of
landscaping engineering

CJJ 82—2012

批准部门：中华人民共和国住房和城乡建设部
施行日期：2 0 1 3 年 5 月 1 日

中华人民共和国住房和城乡建设部
公　告

第 1559 号

住房城乡建设部关于发布行业标准
《园林绿化工程施工及验收规范》的公告

现批准《园林绿化工程施工及验收规范》为行业标准，编号为 CJJ 82 - 2012，自 2013 年 5 月 1 日起实施。其中，第 4.1.2、4.3.2、4.4.3、4.10.2、4.10.5、4.12.3、4.15.3、5.2.4 条为强制性条文，必须严格执行。原《城市绿化工程施工及验收规范》CJJ/T 82 - 99 同时废止。

本规范由我部标准定额研究所组织中国建筑工业出版社出版发行。

中华人民共和国住房和城乡建设部
2012 年 12 月 24 日

前　言

根据住房和城乡建设部《关于印发〈2008 年工程建设标准规范制订、修订计划（第一批）〉的通知》（建标［2008］102 号）的要求，规范编制组经广泛调查研究，认真总结实践经验，并在广泛征求意见的基础上，修订了本规范。

本规范的主要技术内容是：1. 总则；2. 术语；3. 施工准备；4. 绿化工程；5. 园林附属工程；6. 工程质量验收。

本次修订的主要内容包括：

1　工程施工准备阶段增加了施工现场建立健全质量保证体系，加强质量和技术管理，使工程质量事前进行控制。

2　增加了水湿生植物栽植、设施空间绿化、坡面绿化、重盐碱及重黏土土壤改良、施工期的植物养护以及园林附属工程的施工、验收要求。

3　提出了园林绿化工程项目的划分以及分项工程质量验收的主控项目和一般项目的质量要求。

4　统一了园林绿化工程施工质量、验收方法、质量标准和验收程序、检验批质量检验的抽样方案要求。

本规范中以黑体字标志的条文为强制性条文，必须严格执行。

本规范由住房和城乡建设部负责管理和对强制性条文的解释，由天津市市容和园林管理委员会负责具体技术内容的解释。执行过程中如有意见和建议，请寄送天津市市容和园林管理委员会（地址：天津市南开区宾水西道 10 号，邮政编码：300381）

本 规 范 主 编 单 位：天津市市容和园林管理委员会

本 规 范 参 编 单 位：北京市绿化园林局

　　　　　　　　　　上海市绿化和市容管理局

　　　　　　　　　　杭州市园林文物管理局

　　　　　　　　　　沈阳市城建局绿化管理处

　　　　　　　　　　天津市园林建设工程监理有限公司

　　　　　　　　　　天津市城市绿化服务中心

本规范主要起草人员：袁东升　陈召忠　王和祥　林广勋　陈　动　陈　林　张文生

　　　　　　　　　　李晓波　孙义干　张启俊　刘　林　徐建军

本规范主要审查人员：张树林　高国华　王磐岩　张乔松　贾祥云　方新阶　贾　虎

　　　　　　　　　　丁学军　戴　亮　胡卫军　荆晓梅

目　次

1　总则 ……………………………………………………………… 615
2　术语 ……………………………………………………………… 616
3　施工准备 ………………………………………………………… 617
4　绿化工程 ………………………………………………………… 618
　4.1　栽植基础 …………………………………………………… 618
　4.2　栽植穴、槽的挖掘 ………………………………………… 620
　4.3　植物材料 …………………………………………………… 620
　4.4　苗木运输和假植 …………………………………………… 621
　4.5　苗木修剪 …………………………………………………… 622
　4.6　树木栽植 …………………………………………………… 623
　4.7　大树移植 …………………………………………………… 623
　4.8　草坪及草本地被栽植 ……………………………………… 625
　4.9　花卉栽植 …………………………………………………… 626
　4.10　水湿生植物栽植 ………………………………………… 627
　4.11　竹类栽植 ………………………………………………… 628
　4.12　设施空间绿化 …………………………………………… 629
　4.13　坡面绿化 ………………………………………………… 631
　4.14　重盐碱、重黏土土壤改良 ……………………………… 631
　4.15　施工期的植物养护 ……………………………………… 632
5　园林附属工程 …………………………………………………… 633
　5.1　园路、广场地面铺装工程 ………………………………… 633
　5.2　假山、叠石、置石工程 …………………………………… 635
　5.3　园林理水工程 ……………………………………………… 636
　5.4　园林设施安装工程 ………………………………………… 637
6　工程质量验收 …………………………………………………… 639
　6.1　一般规定 …………………………………………………… 639
　6.2　质量验收 …………………………………………………… 639
　6.3　质量验收的程序和组织 …………………………………… 640

Contents

1 General Provisions ·· 615

2 Terms ··· 616

3 Preparation of Construction ··· 617

4 Landscaping Engineering ··· 618

  4.1 Basis Engineering of Planting ·· 618

  4.2 Digging Hole for Planting ·· 620

  4.3 Plants ··· 620

  4.4 Transporting and Temporarily Storage for Plants ························ 621

  4.5 Tree Pruning before Planting ··· 622

  4.6 Trees Planting ·· 623

  4.7 Big Trees Transplantation ·· 623

  4.8 Lawn and Ground Cover Planting ·· 625

  4.9 Flower Planting ·· 626

  4.10 Aquatic Plants Planting ·· 627

  4.11 Bamboo Planting ··· 628

  4.12 Greening Space of Construction in Urban ································· 629

  4.13 Slope Greening ··· 631

  4.14 Improved for Extremely Saline and Clay ································· 631

  4.15 Plants Maintain in Construction Time ····································· 632

5 Ancillary Projects of Landscape ··· 633

  5.1 Pavementing Project of Square Ground in Landscape ·················· 633

  5.2 Engineering for Rockery and Piling up and Putting Stone ············· 635

  5.3 Waterscape Engineering of Landscape ······································ 636

  5.4 Installation Project of Landscape Facility ·································· 637

6 Projects acceptance ··· 639

  6.1 General Requirements ·· 639

  6.2 Quality Acceptance ·· 639

  6.3 Processes and Institutions of Project Acceptance ······················· 640

1 总　则

1.0.1　为加强园林绿化工程施工质量管理，规范工程施工技术，统一园林绿化工程施工质量检验、验收标准，确保工程质量，制订本规范。

1.0.2　本规范适用于公园绿地、防护绿地、附属绿地及其他绿地的新建、扩建、改建的各类园林绿化工程施工及质量验收。

1.0.3　园林绿化工程的施工及验收除应符合本规范外，尚应符合国家现行有关标准的规定。

2 术 语

2.0.1 栽植土 planting soil
理化性状良好，适宜于园林植物生长的土壤。

2.0.2 客土 improved soil imported from other places
更换适合园林植物栽植的土壤。

2.0.3 地形造型 terrain modeling
一定的园林绿地范围内植物栽植地的起伏状况。

2.0.4 栽植穴、槽 planting hole（slot）
栽植植物挖掘的坑穴。坑穴为圆形或方形的称为栽植穴，长条形的称为栽植槽。

2.0.5 裸根苗木 bare root seedlings
挖掘时根部不带土或仅带护心土的苗木。

2.0.6 容器苗 seedling in container
将苗木种入软容器（软容器为可降解的材料）中，掩入土中常规养护，移植时连同软容器一起埋入土中。

2.0.7 分枝点高度 height of trunk
乔木从地表面至树冠第一个分枝点的高度。

2.0.8 胸径 diameter at breast height
乔木主干高度在 1.3m 处的树干直径。

2.0.9 地径 ground diameter
树木的树干贴近地面处的直径。

2.0.10 茎密度 stem density
草坪单位面积内向上生长茎的数量。

2.0.11 设施空间绿化 greening space of construction in urban
建筑物、地下构筑物的顶面、壁面及围栏等处的绿化。

2.0.12 栽植基层 plants growth space
非绿地绿化方式的植物栽植基础结构，它包括耐根穿刺防水层、排蓄水层、过滤层、栽植土层等。

2.0.13 栽植工程养护 maintain of planting projects
园林植物栽植后至竣工验收移交期间的养护管理。

2.0.14 观感质量 quality of appearance
园林绿化工程通过观察和必要的量测所反映的工程外在质量。

3 施 工 准 备

3.0.1 施工单位应依据合同约定，对园林绿化工程进行施工和管理，并应符合下列规定：

　　1 施工单位及人员应具备相应的资格、资质。

　　2 施工单位应建立技术、质量、安全生产、文明施工等各项规章管理制度。

　　3 施工单位应根据工程类别、规模、技术复杂程度，配备满足施工需要的常规检测设备和工具。

3.0.2 施工单位应熟悉图纸，掌握设计意图与要求，应参加设计交底，并应符合下列规定：

　　1 施工单位对施工图中出现的差错、疑问，应提出书面建议，如需变更设计，应按照相应程序报审，经相关单位签证后实施。

　　2 施工单位应编制施工组织设计（施工方案），应在工程开工前完成并与开工申请报告一并报予建设单位和监理单位。

3.0.3 施工单位进场后，应组织施工人员熟悉工程合同及与工程项目有关的技术标准。了解现场的地上地下障碍物、管网、地形地貌、土质、控制桩点设置、红线范围、周边情况及现场水源、水质、电源、交通情况。

3.0.4 施工测量应符合下列要求：

　　1 应按照园林绿化工程总平面或根据建设单位提供的现场高程控制点及坐标控制点，建立工程测量控制网。

　　2 各个单位工程应根据建立的工程测量控制网进行测量放线。

　　3 施工测量时，施工单位应进行自检、互检双复核，监理单位应进行复测。

　　4 对原高程控制点及控制坐标应设保护措施。

4 绿 化 工 程

4.1 栽 植 基 础

4.1.1 绿化栽植或播种前应对该地区的土壤理化性质进行化验分析,采取相应的土壤改良、施肥和置换客土等措施,绿化栽植土壤有效土层厚度应符合表4.1.1规定。

表4.1.1 绿化栽植土壤有效土层厚度

项次	项目	植被类型		土层厚度(cm)	检验方法
1	一般栽植	乔木	胸径≥20cm	≥180	挖样洞,观察或尺量检查
			胸径<20cm	≥150(深根) ≥100(浅根)	
		灌木	大、中灌木、大藤本	≥90	
			小灌木、宿根花卉、小藤本	≥40	
		棕榈类		≥90	
		竹类	大径	≥80	
			中、小径	≥50	
		草坪、花卉、草本地被		≥30	
2	设施顶面绿化	乔木		≥80	
		灌木		≥45	
		草坪、花卉、草本地被		≥15	

4.1.2 栽植基础严禁使用含有害成分的土壤,除有设施空间绿化等特殊隔离地带,绿化栽植土壤有效土层下不得有不透水层。

4.1.3 园林植物栽植土应包括客土、原土利用、栽植基质等,栽植土应符合下列规定:

1 土壤pH值应符合本地区栽植土标准或按pH值5.6~8.0进行选择。

2 土壤全盐含量应为0.1%~0.3%。

3 土壤容重应为1.0g/cm³~1.35g/cm³。

4 土壤有机质含量不应小于1.5%。

5 土壤块径不应大于5cm。

6 栽植土应见证取样,经有资质检测单位检测并在栽植前取得符合要求的测试结果。

7 栽植土验收批及取样方法应符合下列规定:

1) 客土每500m³或2000m²为一检验批,应于土层20cm及50cm处,随机取样5处,每处100g经混合组成一组试样;客土500m³或2000m²以下,随机取样不得少于3处;

2) 原状土在同一区域每2000m²为一检验批,应于土层20cm及50cm处,随机取样5处,每处取样100g,混合后组成一组试样;原状土2000m²以下,随机取样不得少于3处;

3) 栽植基质每200m³为一检验批,应随机取5袋,每袋取100g,混合后组成一组试样;栽植基质200m³以下,随机取样不得少于3袋。

4.1.4 绿化栽植前场地清理应符合下列规定:

1 有各种管线的区域、建(构)筑物周边的整理绿化用地,应在其完工并验收合格后进行。

2 应将现场内的渣土、工程废料、宿根性杂草、树根及其有害污染物清除干净。

3 对清理的废弃构筑物、工程渣土、不符合栽植土理化标准的原状土等应做好测量记录、签认。

4 场地标高及清理程度应符合设计和栽植要求。

5 填垫范围内不应有坑洼、积水。

6 对软泥和不透水层应进行处理。

4.1.5 栽植土回填及地形造型应符合下列规定：

1 地形造型的测量放线工作应做好记录、签认。

2 造型胎土、栽植土应符合设计要求并有检测报告。

3 回填土壤应分层适度夯实，或自然沉降达到基本稳定，严禁用机械反复碾压。

4 回填土及地形造型的范围、厚度、标高、造型及坡度均应符合设计要求。

5 地形造型应自然顺畅。

6 地形造型尺寸和高程允许偏差应符合表4.1.5的规定。

表4.1.5 地形造型尺寸和高程允许偏差

项次	项 目		尺寸要求	允许偏差（cm）	检验方法
1	边界线位置		设计要求	±50	经纬仪、钢尺测量
2	等高线位置		设计要求	±10	经纬仪、钢尺测量
3	地形相对标高（cm）	≤100	回填土方自然沉降以后	±5	水准仪、钢尺测量每1000m² 测定一次
		101～200		±10	
		201～300		±15	
		301～500		±20	

4.1.6 栽植土施肥和表层整理应符合下列规定：

1 栽植土施肥应按下列方式进行：

　1）商品肥料应有产品合格证明，或已经过试验证明符合要求；

　2）有机肥应充分腐熟方可使用；

　3）施用无机肥料应测定绿地土壤有效养分含量，并宜采用缓释性无机肥。

2 栽植土表层整理应按下列方式进行：

　1）栽植土表层不得有明显低洼和积水处，花坛、花境栽植地30cm深的表土层必须疏松；

　2）栽植土的表层应整洁，所含石砾中粒径大于3cm的不得超过10%，粒径小于2.5cm不得超过20%，杂草等杂物不应超过10%；土块粒径应符合表4.1.6的规定；

表4.1.6 栽植土表层土块粒径

项次	项 目	栽植土粒径（cm）
1	大、中乔木	≤5
2	小乔木、大中灌木、大藤本	≤4
3	竹类、小灌木、宿根花卉、小藤本	≤3
4	草坪、草花、地被	≤2

　3）栽植土表层与道路（挡土墙或侧石）接壤处，栽植土应低于侧石3cm～5cm；栽植土与边口线基本平直；

　4）栽植土表层整地后应平整略有坡度，当无设计要求时，其坡度宜为0.3%～0.5%。

4.2 栽植穴、槽的挖掘

4.2.1 栽植穴、槽挖掘前，应向有关单位了解地下管线和隐蔽物埋设情况。

4.2.2 树木与地下管线外缘及树木与其他设施的最小水平距离，应符合相应的绿化规划与设计规范的规定。

4.2.3 栽植穴、槽的定点放线应符合下列规定：

1 栽植穴、槽定点放线应符合设计图纸要求，位置应准确，标记明显。

2 栽植穴定点时应标明中心点位置。栽植槽应标明边线。

3 定点标志应标明树种名称（或代号）、规格。

4 树木定点遇有障碍物时，应与设计单位取得联系，进行适当调整。

4.2.4 栽植穴、槽的直径应大于土球或裸根苗根系展幅 40cm～60cm，穴深宜为穴径的 3/4～4/5。穴、槽应垂直下挖，上口下底应相等。

4.2.5 栽植穴、槽挖出的表层土和底土应分别堆放，底部应施基肥并回填表土或改良土。

4.2.6 栽植穴、槽底部遇有不透水层及重黏土层时，应进行疏松或采取排水措施。

4.2.7 土壤干燥时应于栽植前灌水浸穴、槽。

4.2.8 当土壤密实度大于 $1.35 \mathrm{g/cm^3}$ 或渗透系数小于 $10^{-4} \mathrm{cm/s}$ 时，应采取扩大树穴、疏松土壤等措施。

4.3 植 物 材 料

4.3.1 植物材料种类、品种名称及规格应符合设计要求。

4.3.2 严禁使用带有严重病虫害的植物材料，非检疫对象的病虫害危害程度或危害痕迹不得超过树体的 5%～10%。自外省市及国外引进的植物材料应有植物检疫证。

4.3.3 植物材料的外观质量要求和检验方法应符合表 4.3.3 的规定。

表 4.3.3 植物材料外观质量要求和检验方法

项次	项 目		质 量 要 求	检 验 方 法
1	乔木灌木	姿态和长势	树干符合设计要求，树冠较完整，分枝点和分枝合理，生长势良好	检查数量：每100株检查10株，每株为1点，少于20株全数检查。检查方法：观察、量测
		病虫害	危害程度不超过树体的 5%～10%	
		土球苗	土球完整，规格符合要求，包装牢固	
		裸根苗根系	根系完整，切口平整，规格符合要求	
		容器苗木	规格符合要求，容器完整、苗木不徒长、根系发育良好不外露	
2	棕榈类植物		主干挺直，树冠匀称，土球符合要求，根系完整	
3	草卷、草块、草束		草卷、草块长宽尺寸基本一致，厚度均匀，杂草不超过 5%，草高适度，根系好，草芯鲜活	检查数量：按面积抽查 10%，4m² 为一点，不少于 5 个点。≤30m² 应全数检查。检查方法：观察
4	花苗、地被、绿篱及模纹色块植物		株型苗壮，根系基本良好，无伤苗，茎、叶无污染，病虫害危害程度不超过植株的 5%～10%	检查数量：按数量抽查 10%，10 株为 1 点，不少于 5 个点。≤50 株应全数检查。检查方法：观察
5	整型景观树		姿态独特，曲虬苍劲，质朴古拙，株高不小于 150cm，多干式桩景的叶片托盘不少于 7 个～9 个，土球完整	检查数量：全数检查。检查方法：观察、尺量

4.3.4 植物材料规格允许偏差和检验方法有约定的应符合约定要求，无约定的应符合表4.3.4规定。

表4.3.4 植物材料规格允许偏差和检验方法

项次	项	目		允许偏差（cm）	检查频率 范围	点数	检验方法
1	乔木	胸径	≤5cm	−0.2	每100株检查10株，每株为1点，少于20株全数检查	10	量测
			6cm～9cm	−0.5			
			10cm～15cm	−0.8			
			16cm～20cm	−1.0			
		高度	—	−20			
		冠径	—	−20			
2	灌木	高度	≥100cm	−10	每100株检查10株，每株为1点，少于20株全数检查	10	量测
			<100cm	−5			
		冠径	≥100cm	−10			
			<100cm	−5			
3	球类苗木	冠径	<50cm	0	每100株检查10株，每株为1点，少于20株全数检查	10	量测
			50cm～100cm	−5			
			110cm～200cm	−10			
			>200cm	−20			
		高度	<50cm	0			
			50cm～100cm	−5			
			110cm～200cm	−10			
			>200cm	−20			
4	藤本	主蔓长	≥150cm	−10			
		主蔓径	≥1cm	0			
5	棕榈类植物	株高	≤100cm	0	每100株检查10株，每株为1点，少于20株全数检查	10	量测
			101cm～250cm	−10			
			251cm～400cm	−20			
			>400cm	−30			
		地径	≤10cm	−1			
			11cm～40cm	−2			
			>40cm	−3			

4.4 苗木运输和假植

4.4.1 苗木装运前应仔细核对苗木的品种、规格、数量、质量。外地苗木应事先办理苗木检疫手续。

4.4.2 苗木运输量应根据现场栽植量确定，苗木运到现场后应及时栽植，确保当天栽植完毕。

4.4.3 运输吊装苗木的机具和车辆的工作吨位，必须满足苗木吊装、运输的需要，并应制订相应的安全操作措施。

4.4.4 裸根苗木运输时,应进行覆盖,保持根部湿润。装车、运输、卸车时不得损伤苗木。

4.4.5 带土球苗木装车和运输时排列顺序应合理,捆绑稳固,卸车时应轻取轻放,不得损伤苗木及散球。

4.4.6 苗木运到现场,当天不能栽植的应及时进行假植。

4.4.7 苗木假植应符合下列规定:

    1 裸根苗可在栽植现场附近选择适合地点,根据根幅大小,挖假植沟假植。假植时间较长时,根系应用湿土埋严,不得透风,根系不得失水。

    2 带土球苗木的假植,可将苗木码放整齐,土球四周培土,喷水保持土球湿润。

4.5 苗 木 修 剪

4.5.1 苗木栽植前的修剪应根据各地自然条件,推广以抗蒸腾剂为主体的免修剪栽植技术或采取以疏枝为主,适度轻剪,保持树体地上、地下部位生长平衡。

4.5.2 乔木类修剪应符合下列规定:

    1 落叶乔木修剪应按下列方式进行:

        1）具有中央领导干、主轴明显的落叶乔木应保持原有主尖和树形,适当疏枝,对保留的主侧枝应在健壮芽上部短截,可剪去枝条的 1/5~1/3;

        2）无明显中央领导干、枝条茂密的落叶乔木,可对主枝的侧枝进行短截或疏枝并保持原树形;

        3）行道树乔木定干高度宜 2.8m~3.5m,第一分枝点以下枝条应全部剪除,同一条道路上相邻树木分枝高度应基本统一。

    2 常绿乔木修剪应按下列方式进行:

        1）常绿阔叶乔木具有圆头形树冠的可适量疏枝;枝叶集生树干顶部的苗木可不修剪;具有轮生侧枝,作行道树时,可剪除基部 2 层~3 层轮生侧枝;

        2）松树类苗木宜以疏枝为主,应剪去每轮中过多主枝,剪除重叠枝、下垂枝、内膛斜生枝、枯枝及机械损伤枝;修剪枝条时基部应留 1cm~2cm 木橛;

        3）柏类苗木不宜修剪,具有双头或竞争枝、病虫枝、枯死枝应及时剪除。

4.5.3 灌木及藤本类修剪应符合下列规定:

    1 有明显主干型灌木,修剪时应保持原有树型,主枝分布均匀,主枝短截长度宜不超过 1/2。

    2 丛枝型灌木预留枝条宜大于 30cm。多干型灌木不宜疏枝。

    3 绿篱、色块、造型苗木,在种植后应按设计高度整形修剪。

    4 藤本类苗木应剪除枯死枝、病虫枝、过长枝。

4.5.4 苗木修剪应符合下列规定:

    1 苗木修剪整形应符合设计要求,当无要求时,修剪整形应保持原树形。

    2 苗木应无损伤断枝、枯枝、严重病虫枝等。

    3 落叶树木的枝条应从基部剪除,不留木橛,剪口平滑,不得劈裂。

    4 枝条短截时应留外芽,剪口应距留芽位置上方 0.5cm。

    5 修剪直径 2cm 以上大枝及粗根时,截口应削平应涂防腐剂。

4.5.5 非栽植季节栽植落叶树木,应根据不同树种的特性,保持树型,宜适当增加修剪量,可剪去枝条的 1/2~1/3。

4.6 树 木 栽 植

4.6.1 树木栽植应符合下列规定：

1 树木栽植应根据树木品种的习性和当地气候条件，选择最适宜的栽植期进行栽植。

2 栽植的树木品种、规格、位置应符合设计规定。

3 带土球树木栽植前应去除土球不易降解的包装物。

4 栽植时应注意观赏面的合理朝向，树木栽植深度应与原种植线持平。

5 栽植树木回填的栽植土应分层踏实。

6 除特殊景观树外，树木栽植应保持直立，不得倾斜。

7 行道树或行列栽植的树木应在一条线上，相邻植株规格应合理搭配。

8 绿篱及色块栽植时，株行距、苗木高度、冠幅大小应均匀搭配，树形丰满的一面应向外。

9 树木栽植后应及时绑扎、支撑、浇透水。

10 树木栽植成活率不应低于95％；名贵树木栽植成活率应达到100％。

4.6.2 树木浇灌水应符合下列规定：

1 树木栽植后应在栽植穴直径周围筑高10cm～20cm围堰，堰应筑实。

2 浇灌树木的水质应符合现行国家标准《农田灌溉水质标准》GB 5084的规定。

3 浇水时应在穴中放置缓冲垫。

4 每次浇灌水量应满足植物成活及生长需要。

5 新栽树木应在浇透水后及时封堰，以后根据当地情况及时补水。

6 对浇水后出现的树木倾斜，应及时扶正，并加以固定。

4.6.3 树木支撑应符合下列规定：

1 应根据立地条件和树木规格进行三角支撑、四柱支撑、联排支撑及软牵拉。

2 支撑物的支柱应埋入土中不少于30cm，支撑物、牵拉物与地面连接点的连接应牢固。

3 连接树木的支撑点应在树木主干上，其连接处应衬软垫，并绑缚牢固。

4 支撑物、牵拉物的强度能够保证支撑有效；用软牵拉固定时，应设置警示标志。

5 针叶常绿树的支撑高度应不低于树木主干的2/3，落叶树支撑高度为树木主干高度的1/2。

6 同规格同树种的支撑物、牵拉物的长度、支撑角度、绑缚形式以及支撑材料宜统一。

4.6.4 非种植季节进行树木栽植时，应根据不同情况采取下列措施：

1 苗木可提前环状断根进行处理或在适宜季节起苗，用容器假植，带土球栽植。

2 落叶乔木、灌木类应进行适当修剪并应保持原树冠形态，剪除部分侧枝，保留的侧枝应进行短截，并适当加大土球体积。

3 可摘叶的应摘去部分叶片，但不得伤害幼芽。

4 夏季可采取遮荫、树木裹干保湿、树冠喷雾或喷施抗蒸腾剂，减少水分蒸发；冬季应采取防风防寒措施。

5 掘苗时根部可喷布促进生根激素，栽植时可加施保水剂，栽植后树体可注射营养剂。

6 苗木栽植宜在阴雨天或傍晚进行。

4.6.5 干旱地区或干旱季节，树木栽植应大力推广抗蒸腾剂、防腐促根、免修剪、营养液滴注等新技术，采用土球苗，加强水分管理等措施。

4.6.6 对人员集散较多的广场、人行道、树木种植后，种植池应铺设透气铺装，加设护栏。

4.7 大 树 移 植

4.7.1 树木的规格符合下列条件之一的均应属于大树移植。

1 落叶和阔叶常绿乔木：胸径在 20cm 以上。

2 针叶常绿乔木：株高在 6m 以上或地径在 18cm 以上。

4.7.2 大树移植的准备工作应符合下列规定：

1 移植前应对移植的大树生长、立地条件、周围环境等进行调查研究，制定技术方案和安全措施。

2 准备移植所需机械、运输设备和大型工具必须完好，确保操作安全。

3 移植的大树不得有明显的病虫害和机械损伤，应具有较好观赏面。植株健壮、生长正常的树木，并具备起重及运输机械等设备能正常工作的现场条件。

4 选定的移植大树，应在树干南侧做出明显标识，标明树木的阴、阳面及出土线。

5 移植大树可在移植前分期断根、修剪，做好移植准备。

4.7.3 大树的挖掘及包装应符合下列规定：

1 针叶常绿树、珍贵树种、生长季移植的阔叶乔木必须带土球（土台）移植。

2 树木胸径 20cm～25cm 时，可采用土球移栽，进行软包装。当树木胸径大于 25cm 时，可采用土台移栽，用箱板包装，并应符合下列要求：

1）挖掘高大乔木前应先立好支柱，支稳树木；

2）挖掘土球、土台应先去除表土，深度接近表土根；

3）土球规格应为树木胸径的 6 倍～10 倍，土球高度为土球直径的 2/3，土球底部直径为土球直径的 1/3；土台规格应上大下小，下部边长比上部边长少 1/10；

4）树根应用手锯锯断，锯口平滑无劈裂并不得露出土球表面；

5）土球软质包装应紧实无松动，腰绳宽度应大于 10cm；

6）土球直径 1m 以上的应作封底处理；

7）土台的箱板包装应立支柱，稳定牢固，并应符合下列要求：

①修平的土台尺寸应大于边板长度 5cm，土台面平滑，不得有砖石等突出土台；

②土台顶边应高于边板上口 1cm～2cm，土台底边应低于边板下口 1cm～2cm；边板与土台应紧密严实；

③边板与边板、底板与边板、顶板与边板应钉装牢固无松动；箱板上端与坑壁、底板与坑底应支牢、稳定无松动。

3 休眠期移植落叶乔木可进行裸根带护心土移植，根幅应大于树木胸径的 6 倍～10 倍，根部可喷保湿剂或蘸泥浆处理。

4 带土球的树木可适当疏枝；裸根移植的树木应进行重剪，剪去枝条的 1/2～2/3。针叶常绿树修剪时应留 1cm～2cm 木橛，不得贴根剪去。

4.7.4 大树移植的吊装运输，应符合下列规定：

1 大树吊装、运输的机具、设备应符合本规范第 4.4.3 条的规定。

2 吊装、运输时，应对大树的树干、枝条、根部的土球、土台采取保护措施。

3 大树吊装就位时，应注意选好主要观赏面的方向。

4 应及时用软垫层支撑、固定树体。

4.7.5 大树移栽时应符合下列规定：

1 大树的规格、种类、树形、树势应符合设计要求。

2 定点放线应符合施工图规定。

3 栽植穴应根据根系或土球的直径加大 60cm～80cm，深度增加 20cm～30cm。

4 种植土球树木，应将土球放稳，拆除包装物；大树修剪应符合本规范第 4.5.4 条的要求。

5 栽植深度应保持下沉后原土痕和地面等高或略高，树干或树木的重心应与地面保持垂直。

6 栽植回填土壤应用种植土,肥料应充分腐熟,加土混合均匀,回填土应分层捣实、培土高度恰当。

7 大树栽植后设立支撑应牢固,并进行裹干保湿,栽植后应及时浇水。

8 大树栽植后,应对新植树木进行细致的养护和管理,应配备专职技术人员做好修剪、剥芽、喷雾、叶面施肥、浇水、排水、搭荫棚、包裹树干、设置风障、防台风、防寒和病虫害防治等管理工作。

4.8 草坪及草本地被栽植

4.8.1 草坪和草本地被播种应符合下列规定:

1 应选择适合本地的优良种子;草坪、草本地被种子纯净度应达到95%以上;冷地型草坪种子发芽率应达到85%以上,暖地型草坪种子发芽率应达到70%以上。

2 播种前应做发芽试验和催芽处理,确定合理的播种量,不同草种的播种量可按照表4.8.1进行播种。

表 4.8.1 不同草种播种量

草坪种类	精细播种量(g/m²)	粗放播种量(g/m²)
剪股颖	3~5	5~8
早熟禾	8~10	10~15
多年生黑麦草	25~30	30~40
高羊茅	20~25	25~35
羊胡子草	7~10	10~15
结缕草	8~10	10~15
狗牙根	15~20	20~25

3 播种前应对种子进行消毒,杀菌。

4 整地前应进行土壤处理,防治地下害虫。

5 播种时应先浇水浸地,保持土壤湿润,并将表层土耧细耙平,坡度应达到0.3%~0.5%。

6 用等量沙土与种子拌匀进行撒播,播种后应均匀覆细土0.3cm~0.5cm并轻压。

7 播种后应及时喷水,种子萌发前,干旱地区应每天喷水1~2次,水点宜细密均匀,浸透土层8cm~10cm,保持土表湿润,不应有积水,出苗后可减少喷水次数,土壤宜见湿见干。

8 混播草坪应符合下列规定:

1)混播草坪的草种及配合比应符合设计要求;

2)混播草坪应符合互补原则,草种叶色相近,融合性强;

3)播种时宜单个品种依次单独撒播,应保持各草种分布均匀。

4.8.2 草坪和草本地被植物分栽应符合下列规定:

1 分栽植物应选择强匍匐茎或强根茎生长习性草种。

2 各生长期均可栽植。

3 分栽的植物材料应注意保鲜,不萎蔫。

4 干旱地区或干旱季节,栽植前应先浇水浸地,浸水深度应达10cm以上。

5 草坪分栽植物的株行距,每丛的单株数应满足设计要求,设计无明确要求时,可按丛的组行距15cm~20cm×15cm~20cm,成品字形;或以1m²植物材料可按1:3~1:4的系数进行栽植。

6 栽植后应平整地面,适度压实,立即浇水。

4.8.3 铺设草块、草卷应符合下列规定:

1 掘草块、草卷前应适量浇水,待渗透后掘取。

2 草块、草卷运输时应用垫层相隔、分层放置,运输装卸时应防止破碎。

3 当日进场的草卷、草块数量应做好测算并与铺设进度相一致。

4 草卷、草块铺设前应先浇水浸地细整找平,不得有低洼处。

5 草地排水坡度适当,不应有坑洼积水。

6 铺设草卷、草块应相互衔接不留缝,高度一致,间铺缝隙应均匀,并填以栽植土。

7 草块、草卷在铺设后应进行滚压或拍打与土壤密切接触。

8 铺设草卷、草块,应及时浇透水,浸湿土壤厚度应大于10cm。

4.8.4 运动场草坪的栽植应符合下列规定:

1 运动场草坪的排水层、渗水层、根系层、草坪层应符合设计要求。

2 根系层的土壤应浇水沉降,进行水夯实,基质铺设细致均匀,整体紧实度适宜。

3 根系层土壤的理化性质应符合本规范第4.1.3条的规定。

4 铺植草块,大小厚度应均匀,缝隙严密,草块与表层基质结合紧密。

5 成坪后草坪层的覆盖度应均匀,草坪颜色无明显差异,无明显裸露斑块,无明显杂草和病虫害症状,茎密度应为2枚/cm^2~4枚/cm^2。

6 运动场根系层相对标高、排水坡降、厚度、平整度允许偏差应符合表4.8.4的规定。

表4.8.4 运动场根系层相对标高、排水坡降、厚度、平整度允许偏差

项次	项目	尺寸要求(cm)	允许偏差(cm)	检查数量		检验方法
				范围	点数	
1	根系层相对标高	设计要求	+2,0	500m^2	3	测量(水准仪)
2	排水坡降	设计要求	≤0.5%	500m^2	3	测量(水准仪)
3	根系层土壤块径	运动型	≤1.0	500m^2	3	观察
4	根系层平整度	设计要求	≤2	500m^2	3	测量(水准仪)
5	根系层厚度	设计要求	±1	500m^2	3	挖样洞(或环刀取样)量取
6	草坪层草高修剪控制	4.5~6.0	±1	500m^2	3	观察、检查剪草记录

4.8.5 草坪和草本地被的播种、分栽,草块、草卷铺设及运动场草坪成坪后应符合下列规定:

1 成坪后覆盖度应不低于95%。

2 单块裸露面积应不大于25cm^2。

3 杂草及病虫害的面积应不大于5%。

4.9 花 卉 栽 植

4.9.1 花卉栽植应按照设计图定点放线,在地面准确画出位置、轮廓线。花卉栽植面积较大时,可用方格线法,按比例放大到地面。

4.9.2 花卉栽植应符合下列规定:

1 花苗的品种、规格、栽植放样、栽植密度、栽植图案均应符合设计要求。

2 花卉栽植土及表层土整理应符合本规范第4.1.3条和第4.1.6条的规定。

3 株行距应均匀,高低搭配应恰当。

4 栽植深度应适当，根部土壤应压实，花苗不得沾泥污。

5 花苗应覆盖地面，成活率不应低于95%。

4.9.3 花卉栽植的顺序应符合下列规定：

1 大型花坛，宜分区、分规格、分块栽植。

2 独立花坛，应由中心向外顺序栽植。

3 模纹花坛应先栽植图案的轮廓线，后栽植内部填充部分。

4 坡式花坛应由上向下栽植。

5 高矮不同品种的花苗混植时，应先高后矮的顺序栽植。

6 宿根花卉与一、二年生花卉混植时，应先栽植宿根花卉，后栽一、二年生花卉。

4.9.4 花境栽植应符合下列规定：

1 单面花境应从后部栽植高大的植株，依次向前栽植低矮植物。

2 双面花境应从中心部位开始依次栽植。

3 混合花境应先栽植大型植株，定好骨架后依次栽植宿根、球根及一、二年生的草花。

4 设计无要求时，各种花卉应成团成丛栽植，各团、丛间花色、花期搭配合理。

4.9.5 花卉栽植后，应及时浇水，并应保持植株茎叶清洁。

4.10 水湿生植物栽植

4.10.1 主要水湿生植物最适栽培水深应符合表4.10.1的规定。

表4.10.1 主要水湿生植物最适栽培水深

序号	名　称	类别	栽培水深（cm）
1	千屈菜	水湿生植物	5～10
2	鸢尾（耐湿类）	水湿生植物	5～10
3	荷花	挺水植物	60～80
4	菖蒲	挺水植物	5～10
5	水葱	挺水植物	5～10
6	慈菇	挺水植物	10～20
7	香蒲	挺水植物	20～30
8	芦苇	挺水植物	20～80
9	睡莲	浮水植物	10～60
10	芡实	浮水植物	<100
11	菱角	浮水植物	60～100
12	荇菜	漂浮植物	100～200

4.10.2 水湿生植物栽植地的土壤质量不良时，应更换合格的栽植土，使用的栽植土和肥料不得污染水源。

4.10.3 水景园、水湿生植物景点、人工湿地的水湿生植物栽植槽工程应符合下列规定：

1 栽植槽的材料、结构、防渗应符合设计要求。

2 槽内不宜采用轻质土或栽培基质。

3 栽植槽土层厚度应符合设计要求，无设计要求的应大于50cm。

4.10.4 水湿生植物栽植的品种和单位面积栽植数应符合设计要求。

4.10.5 水湿生植物的病虫害防治应采用生物和物理防治方法，严禁药物污染水源。

4.10.6 水湿生植物栽植后至长出新株期间应控制水位，严防新生苗（株）浸泡窒息死亡。

4.10.7 水湿生植物栽植成活后单位面积内拥有成活苗（芽）数应符合表4.10.7的规定。

表4.10.7 水湿生植物栽植成活后单位面积内拥有成活苗（芽）数

项次	种类、名称		单位	每 m^2 内成活苗（芽）数	地下部、水下部特征
1	水湿生类	千屈菜	丛	9～12	地下具粗硬根茎
		鸢尾（耐湿类）	株	9～12	地下具鳞茎
		落新妇	株	9～12	地下具根状茎
		地肤	株	6～9	地下具明显主根
		萱草	株	9～12	地下具肉质短茎
2	挺水类	荷花	株	不少于1	地下具横生多节根状茎
		雨久花	株	6～8	地下具匍匐状短茎
		石菖蒲	株	6～8	地下具硬质根茎
		香蒲	株	4～6	地下具粗壮匍匐根茎
		菖蒲	株	4～6	地下具较偏肥根茎
		水葱	株	6～8	地下具横生粗壮根茎
		芦苇	株	不少于1	地下具粗壮根状茎
		茭白	株	4～6	地下具匍匐茎
		慈姑、荸荠、泽泻	株	6～8	地下具根茎
3	浮水类	睡莲	盆	按设计要求	地下具横生或直立块状根茎
		菱角	株	9～12	地下根茎
		大漂	丛	控制在繁殖水域以内	根浮悬垂水中

4.11 竹类栽植

4.11.1 竹苗选择应符合下列规定：

1 散生竹应选择一、二年生、健壮无明显病虫害、分枝低、枝繁叶茂、鞭色鲜黄、鞭芽饱满、根鞭健全、无开花枝的母竹。

2 丛生竹应选择竿基芽眼肥大充实、须根发达的1年～2年生竹丛；母竹应大小适中，大竿竹竿径宜为3cm～5cm；小竿竹竿径宜为2cm～3cm；竿基应有健芽4个～5个。

4.11.2 竹类栽植最佳时间应根据各地区自然条件确定。

4.11.3 竹苗的挖掘应符合下列规定：

1 散生竹母竹挖掘：

1）可根据母竹最下一盘枝杈生长方向确定来鞭、去鞭走向进行挖掘；

2）母竹必须带鞭，中小型散生竹宜留来鞭20cm～30cm，去鞭30cm～40cm；

3）切断竹鞭截面应光滑，不得劈裂；

4）应沿竹鞭两侧深挖40cm，截断母竹底根，挖出的母竹与竹鞭结合应良好，根系完整。

2 丛生竹母竹挖掘：

1）挖掘时应在母竹25cm～30cm的外围，扒开表土，由远至近逐渐挖深，应严防损伤竿基部芽眼，竿基部的须根应尽量保留；

2）在母竹一侧应找准母竹竿柄与老竹竿基的连接点，切断母竹竿柄，连蔸一起挖起，切断操作时，不得劈裂竿柄、竿基；

3）每蔸分株根数应根据竹种特性及竹竿大小确定母竹竿数，大竹种可单株挖蔸，小竹种可 3 株～5 株成墩挖掘。

4.11.4 竹类的包装运输应符合下列规定：

1 竹苗应采用软包装进行包扎，并应喷水保湿。

2 竹苗长途运输应篷布遮盖，中途应喷水或于根部置放保湿材料。

3 竹苗装卸时应轻装轻放，不得损伤竹竿与竹鞭之间的着生点和鞭芽。

4.11.5 竹类修剪应符合下列规定：

1 散生竹竹苗修剪时，挖出的母竹宜留枝 5 盘～7 盘，将顶梢剪去，剪口应平滑；不打尖修剪的竹苗栽后应进行喷水保湿。

2 丛生竹竹苗修剪时，竹竿应留枝 2 盘～3 盘，应靠近节间斜向将顶梢截除；切口应平滑呈马耳形。

4.11.6 竹类栽植应符合下列规定：

1 竹类材料品种、规格应符合设计要求。

2 放样定位应准确。

3 栽植地应选择土层深厚、肥沃、疏松、湿润、光照充足，排水良好的壤土（华北地区宜背风向阳）。对较黏重的土壤及盐碱土应进行换土或土壤改良并符合本规范第 4.1.3 条的要求。

4 竹类栽植地应进行翻耕，深度宜 30cm～40cm，清除杂物，增施有机肥，并做好隔根措施。

5 栽植穴的规格及间距可根据设计要求及竹蔸大小进行挖掘，丛生竹的栽植穴宜大于根蔸的 1 倍～2 倍；中小型散生竹的栽植穴规格应比鞭根长 40cm～60cm，宽 40cm～50cm，深 20cm～40cm。

6 竹类栽植，应先将表土填于穴底，深浅适宜，拆除竹苗包装物，将竹蔸入穴，根鞭应舒展，竹鞭在土中深度宜 20cm～25cm；覆土深度宜比母竹原土痕高 3cm～5cm，进行踏实及时浇水，渗水后覆土。

4.11.7 竹类栽植后的养护应符合下列规定：

1 栽植后应立柱或横杆互连支撑，严防晃动。

2 栽后应及时浇水。

3 发现露鞭时应进行覆土并及时除草松土，严禁踩踏根、鞭、芽。

4.12 设施空间绿化

4.12.1 建筑物、构筑物设施的顶面、地面、立面及围栏等的绿化，均应属于设施空间绿化。

4.12.2 设施顶面绿化施工前应对顶面基层进行蓄水试验及找平层的质量进行验收。

4.12.3 设施顶面绿化栽植基层（盘）应有良好的防水排灌系统，防水层不得渗漏。

4.12.4 设施顶面栽植基层工程应符合下列规定：

1 耐根穿刺防水层按下列方式进行：

1）耐根穿刺防水层的材料品种、规格、性能应符合设计及相关标准要求；

2）耐根穿刺防水层材料应见证抽样复验；

3）耐根穿刺防水层的细部构造、密封材料嵌填应密实饱满，粘结牢固无气泡、开裂等缺陷；

4）卷材接缝应牢固、严密符合设计要求；

5）立面防水层应收头入槽，封严；

6）施工完成应进行蓄水或淋水试验，24h 内不得有渗漏或积水；

7）成品应注意保护，检查施工现场不得堵塞排水口。

   2 排蓄水层按下列方式进行：

     1）凹凸形塑料排蓄水板厚度、顺槎搭接宽度应符合设计要求，设计无要求时，搭接宽度应大于 15cm；

     2）采用卵石、陶粒等材料铺设排蓄水层的其铺设厚度应符合设计要求；

     3）卵石大小均匀；屋顶绿化采用卵石排水的，粒径应为 3cm～5cm；地下设施覆土绿化采用卵石排水的，粒径应为 8cm～10cm；

     4）四周设置明沟的，排蓄水层应铺至明沟边缘；

     5）挡土墙下设排水管的，排水管与天沟或落水口应合理搭接，坡度适当。

   3 过滤层按下列方式进行：

     1）过滤层的材料规格、品种应符合设计要求；

     2）采用单层卷状聚丙烯或聚酯无纺布材料，单位面积质量必须大于 $150g/m^2$，搭接缝的有效宽度应达到 10cm～20cm；

     3）采用双层组合卷状材料：上层蓄水棉，单位面积质量应达到 $200g/m^2$～$300g/m^2$；下层无纺布材料，单位面积质量应达到 $100g/m^2$～$150g/m^2$；卷材铺设在排（蓄）水层上，向栽植地四周延伸，高度与种植层齐高，端部收头应用胶粘剂粘结，粘结宽度不得小于 5cm，或用金属条固定。

   4 栽植土层应符合本规范第 4.1.1 条和第 4.1.3 条的规定。

4.12.5 设施面层不适宜做栽植基层的障碍性层面栽植基盘工程应符合下列规定：

   1 透水、排水、透气、渗管等构造材料和栽植土（基质）应符合栽植要求。

   2 施工做法应符合设计和规范要求。

   3 障碍性层面栽植基盘的透水、透气系统或结构性能良好，浇灌后无积水，雨期无沥涝。

4.12.6 设施顶面栽植工程植物材料的选择和栽培方式应符合下列规定：

   1 乔灌木应首选耐旱节水、再生能力强、抗性强的种类和品种。

   2 植物材料应首选容器苗、带土球苗和苗卷、生长垫、植生带等全根苗木。

   3 草坪建植、地被植物栽植宜采用播种工艺。

   4 苗木修剪应适应抗风要求，修剪应符合本规范第 4.5.4 条的规定。

   5 栽植乔木的固定可采用地下牵引装置，栽植乔木的固定应与栽植同时完成。

   6 植物材料的种类、品种和植物配置方式应符合设计要求。

   7 自制或采用成套树木固定牵引装置、预埋件等应符合设计要求，支撑操作使栽植的树木牢固。

   8 树木栽植成活率及地被覆盖度应符合本规范第 4.6.1 条第 10 款和第 4.8.5 条第 1 款的规定。

   9 植物栽植定位符合设计要求。

   10 植物材料栽植，应及时进行养护和管理，不得有严重枯黄死亡、植被裸露和明显病虫害。

4.12.7 设施的立面及围栏的垂直绿化应根据立地条件进行栽植，并符合下列规定：

   1 低层建筑物、构筑物的外立面、围栏前为自然地面，符合栽植土标准时，可进行整地栽植。

   2 建筑物、构筑物的外立面及围栏的立地条件较差，可利用栽植槽栽植，槽的高度宜为 50cm～60cm，宽度宜为 50cm，种植槽应有排水孔；栽植土应符合本规范第 4.1.3 条的规定。

   3 建筑物、构筑物立面较光滑时，应加设载体后再进行栽植。

   4 垂直绿化栽植的品种、规格应符合设计要求。

5 植物材料栽植后应牵引、固定、浇水。

4.13 坡 面 绿 化

4.13.1 土壤坡面、岩石坡面、混凝土覆盖面的坡面等，进行绿化栽植时，应有防止水土流失的措施。

4.13.2 陡坡和路基的坡面绿化防护栽植层工程应符合下列规定：

1 用于坡面栽植层的栽植土（基质）理化性状应符合本规范第4.1.3条的规定。

2 混凝土格构、固土网垫、格栅、土工合成材料、喷射基质等施工做法应符合设计和规范要求。

3 喷射基质不应剥落；栽植土或基质表面无明显沟蚀、流失；栽植土（基质）的肥效不得少于3个月。

4.13.3 坡面绿化采取喷播种植时，应符合下列规定：

1 喷播宜在植物生长期进行。

2 喷播前应检查锚杆网片固定情况，清理坡面。

3 喷播的种子覆盖料、土壤稳定剂的配合比应符合设计要求。

4 播种覆盖应均匀无漏，喷播厚度均匀一致。

5 喷播应从上到下依次进行。

6 在强降雨季节喷播时应注意覆盖。

4.14 重盐碱、重黏土土壤改良

4.14.1 土壤全盐含量大于或等于0.5%的重盐碱地和土壤重黏地区的绿化栽植工程应实施土壤改良。

4.14.2 重盐碱、重黏土地土壤改良的原理和工程措施基本相同，也可应用于设施面层绿化。土壤改良工程应有相应资质的专业施工单位施工。

4.14.3 重盐碱、重黏土地的排盐（渗水）、隔淋（渗水）层工程应符合下列规定：

1 排盐（渗水）管沟、隔淋（渗水）层开槽按下列方式进行：

1）开槽范围、槽底高程应符合设计要求，槽底应高于地下水标高；

2）槽底不得有淤泥、软土层；

3）槽底应找平和适度压实，槽底标高和平整度允许偏差应符合表4.14.3的规定。

2 排盐管（渗水管）敷设按下列方式进行：

1）排盐管（渗水管）敷设走向、长度、间距及过路管的处理应符合设计要求；

2）管材规格、性能符合设计和使用功能要求，并有出厂合格证；

3）排盐（渗水）管应通顺有效，主排盐（渗水）管应与外界市政排水管网接通，终端管底标高应高于排水管管中15cm以上；

4）排盐（渗水）沟断面和填埋材料应符合设计要求；

5）排盐（渗水）管的连接与观察井的连接末端排盐管的封堵应符合设计要求；

6）排盐（渗水）管、观察井允许偏差符合表4.14.3规定。

3 隔淋（渗水）层按下列方式进行：

1）隔淋（渗水）层的材料及铺设厚度应符合设计要求；

2）铺设隔淋（渗水）层时，不得损坏排盐（渗水）管；

3）石屑淋层材料中石粉和泥土含量不得超过10%，其他淋（渗水）层材料中也不得掺杂黏土、石灰等粘结物；

4）排盐（渗水）隔淋（渗水）层铺设厚度允许偏差应符合表 4.14.3 的要求。

表 4.14.3　排盐（渗水）隔淋（渗水）层铺设厚度允许偏差

项次	项　　目		尺寸要求（cm）	允许偏差（cm）	检查数量		检验方法
					范围	点数	
1	槽底	槽底高程	设计要求	±2	1000m²	5～10	测量
		槽底平整度	设计要求	±3		5～10	
2	排盐管（渗水管）	每100m坡度	设计要求	≤1	200m	5	测量
		水平移位	设计要求	±3	200m	3	量测
		排盐(渗水)管底至排盐(渗水)沟底距离	12cm	±2	200m	3	量测
3	隔淋（渗水）层	厚度	16～20	±2	1000m²	5～10	量测
			11～15	±1.5			
			≤10	±1			
4	观察井	主排盐(渗水)管入井管底标高	设计要求	0 −5	每座	3	测量 量测
		观察井至排盐(渗水)管底距离		±2			
		井盖标高		±2			

4.14.4　排盐（渗水）管的观察井的管底标高、观察井至排盐（渗水）管底距离、井盖标高允许偏差应符合表 4.14.3 的规定。

4.14.5　排盐隔淋（渗水）层完工后，应对观察井主排盐（渗水）管进行通水检查，主排盐（渗水）管应与市政排水管网接通。

4.14.6　雨后检查积水情况。对雨后 24h 仍有积水地段应增设渗水井与隔淋层沟通。

4.15　施工期的植物养护

4.15.1　园林植物栽植后到工程竣工验收前，为施工期间的植物养护时期，应对各种植物精心养护管理。

4.15.2　绿化栽植工程应编制养护管理计划，并按计划认真组织实施，养护计划应包括下列内容：

1　根据植物习性和墒情及时浇水。

2　结合中耕除草，平整树台。

3　加强病虫害观测，控制突发性病虫害发生，主要病虫害防治应及时。

4　根据植物生长情况应及时追肥、施肥。

5　树木应及时剥芽、去蘖、疏枝整形。草坪应适时进行修剪。

6　花坛、花境应及时清除残花败叶，植株生长健壮。

7　绿地应保持整洁；做好维护管理工作，及时清理枯枝、落叶、杂草、垃圾。

8　对树木应加强支撑、绑扎及裹干措施，做好防强风、干热、洪涝、越冬防寒等工作。

4.15.3　园林植物病虫害防治，应采用生物防治方法和生物农药及高效低毒农药，严禁使用剧毒农药。

4.15.4　对生长不良、枯死、损坏、缺株的园林植物应及时更换或补栽，用于更换及补栽的植物材料应和原植株的种类、规格一致。

5 园林附属工程

5.1 园路、广场地面铺装工程

5.1.1 地面工程基层、面层所用材料的品种、质量、规格，各结构层纵横向坡度、厚度、标高和平整度应符合设计要求；面层与基层的结合（粘结）必须牢固，不得空鼓、松动，面层不得积水。园路的弧度应顺畅自然。

5.1.2 碎拼花岗岩面层（包括其他不规则路面面层）应符合下列要求：

1 材料边缘呈自然碎裂形状，形态基本相似，不宜出现尖锐角及规则形。

2 色泽及大小搭配协调，接缝大小、深浅一致。

3 表面洁净，地面不积水。

5.1.3 卵石面层应符合下列规定：

1 卵石面层应按排水方向调坡。

2 面层铺贴前应对基础进行清理后刷素水泥砂浆一遍。

3 水泥砂浆厚度不应低于4cm，强度等级不应低于M10。

4 卵石的颜色搭配协调、颗粒清晰、大小均匀、石粒清洁，排列方向一致（特殊拼花要求除外）。

5 露面卵石铺设应均匀，窄面向上，无明显下沉颗粒，并达到全铺设面70%以上，嵌入砂浆的厚度为卵石整体的60%。

6 砂浆强度达到设计强度的70%时，应冲洗石子表面。

7 带状卵石铺装大于6延长米时，应设伸缩缝。

5.1.4 嵌草地面面层应符合下列规定：

1 块料不应有裂纹、缺陷，铺设平稳，表面清洁。

2 块料之间应填种植土，种植土厚度不宜小于8cm，种植土填充面应低于块料上表面1cm~2cm。

3 嵌草平整，不得积水。

5.1.5 水泥花砖、混凝土板块、花岗岩等面层应符合下列规定：

1 在铺贴前，应对板块的规格尺寸、外观质量、色泽等进行预选，浸水湿润晾干待用。

2 勾缝和压缝应采用同品种、同强度等级、同颜色的水泥，并做好养护和保护。

3 面层的表面应洁净，图案清晰，色泽一致，接缝平整，深浅一致，周边顺直，板块无裂缝、掉角和缺楞等缺陷。

5.1.6 冰梅面层应符合下列规定：

1 面层的色泽、质感、纹理、块体规格大小应符合设计要求。

2 石质材料要求强度均匀，抗压强度不小于30MPa；软质面层石材要求细滑、耐磨，表面应洗净。

3 板块面宜五边以上为主，块体大小不宜均匀，符合一点三线原则，不得出现正多边形及阴角（内凹角）、直角。

4 垫层应采用同品种、同强度等级的水泥，并做好养护和保护。

5 面层的表面应洁净，图案清晰，色泽一致，接缝平整，深浅一致，留缝宽度一致，周边顺直，大小适中。

5.1.7 花街铺地面层应符合下列规定:

　1 纹样、图案、线条大小长短规格应统一、对称。

　2 填充料宜色泽丰富,镶嵌应均匀,露面部分不应有明显的锋口和尖角。

　3 完成面的表面应洁净,图案清晰,色泽统一,接缝平整,深浅一致。

5.1.8 大方砖面层应符合下列规定:

　1 大方砖色泽应一致,棱角齐全,不应有隐裂及明显气孔,规格尺寸符合设计要求。

　2 方砖铺设面四角应平整,合缝均匀,缝线通直,砖缝油灰饱满。

　3 砖面桐油涂刷应均匀,涂刷遍数应符合设计规定,不得漏刷。

5.1.9 压模面层应符合下列规定:

　1 压模面层不得开裂,基层设计有要求的,按设计处理,设计无要求的,应采用双层双向钢筋混凝土浇捣。

　2 路面每隔10m,应设伸缩缝。

　3 完成面应色泽均匀、平整,块体边缘清晰,无翘曲。

5.1.10 透水砖面层应符合下列规定:

　1 透水砖的规格及厚度应统一。

　2 铺设前必须先按铺设范围排砖,边沿部位形成小粒砖时,必须调整砖块的间距或进行两边切割。

　3 面砖块间隙应均匀,色泽一致,排列形式应符合设计要求,表面平整不应松动。

5.1.11 小青砖(黄道砖)面层应符合下列规定:

　1 小青砖(黄道砖)规格、色泽应统一,厚薄一致不应缺棱掉角,上面应四角通直均为直角。

　2 面砖块间排列应紧密,色泽均匀,表面平整不应松动。

5.1.12 自然块石面层应符合下列规定:

　1 铺设区域基底土应预先夯实、无沉陷。

　2 铺设用的自然块石应选用具有较平坦大面的石块,块体间排列紧密,高度一致,踏面平整,无倾斜、翘动。

5.1.13 水洗石面层应符合下列要求:

　1 水洗石铺装的细卵石(混合卵石除外)应色泽统一、颗粒大小均匀,规格符合设计要求。

　2 路面的石子表面色泽应清晰洁净,不应有水泥浆残留、开裂。

　3 酸洗液冲洗彻底,不得残留腐蚀痕迹。

5.1.14 园路、广场地面铺装工程的允许偏差和检验方法应符合表5.1.14的规定。

表5.1.14　园路、广场地面铺装工程的允许偏差和检验方法

项次	项目	允许偏差(mm)																		检验方法
		基层		面层																
		土	混凝土、炉渣	砂、碎石	块石	碎拼花岗石	卵石	嵌草地面	水泥花砖	混凝土板块	花岗岩	侧石	冰梅	花街铺地	大方砖	压模	透水砖	小青砖(黄道砖)	自然块石	水洗石	
1	表面平整度	15	10	15	15	3	4	5	5	4	1	—	3	5	4	3	4	5	10	3	用2m靠尺和楔形塞尺检查
2	厚度	在个别地方不大于设计厚度的1/10		—10%												3	8	3		3	尺量检查

续表 5.1.14

项次	项目	基层 土	基层 混凝土、炉渣	砂/碎石	块石	碎拼花岗石	卵石	嵌草地面	水泥花砖	混凝土板块	花岗岩	侧石	冰梅	花街铺地	大方砖	压模	透水砖	小青砖(黄道砖)	自然块石	水洗石	检验方法
		允许偏差（mm）																			
3	标高	+0 −50	±10	±20	±30	—	—	—	—	—	—	—	—	—	—	—	—	—	—	—	用水准仪检查
4	缝格平直	—	—	—	—	—	3	3	3	2	—	3	3	—	3	3	—	3	3	8	拉5m线和尺量检查
5	接缝高低差	—	—	—	—	—	4	3	0.5	1.5	0.5	3	—	2	1	—	1	2	—	1	尺量和楔形塞尺检查
6	板块（卵石）间隙宽度	—	—	—	—	—	5	3	2	6	1	2	—	2	3	3	—	—	—	—	尺量检查
7	尺量偏差	—	—	—	—	—	—	—	—	—	—	—	—	—	—	—	3	3	3	—	尺量检查

5.1.15 侧石安装应符合下列规定：

1 底部和外侧应坐浆，安装稳固。

2 顶面应平整、线条应顺直。

3 曲线段应圆滑无明显折角。

4 侧石安装允许偏差应符合表 5.1.14 的规定。

5.2 假山、叠石、置石工程

5.2.1 假山叠石或在重要位置堆砌的峰石、瀑布，宜由设计单位或委托施工单位制作 1∶25 或 1∶50 的模型，经建设单位及有关专家评审认可后再进行施工。

5.2.2 假山叠石选用的石材质地应一致，色泽相近，纹理统一。石料应坚实耐压，无裂缝、损伤、剥落现象；峰石应形态完美，具有观赏价值。

5.2.3 施工放样应按设计平面图，经复核无误后，方可施工。无具体设计要求时，景石堆置和散置，可由施工人员用石灰在现场放样示意，并经有关单位现场人员认可。

5.2.4 假山叠石的基础工程及主体构造应符合设计和安全规定，假山结构和主峰稳定性应符合抗风、抗震强度要求。

5.2.5 假山叠石的基础应符合下列规定：

1 假山地基基础承载力应大于山石总荷载的 1.5 倍；灰土基础应低于地平面 20cm，其面积应大于假山底面积，外沿宽出 50cm。

2 假山设在陆地上，应选用 C20 以上混凝土制作基础；假山设在水中，应选用 C25 混凝土或不低于 M7.5 的水泥砂浆砌石块制作基础。根据不同地势、地质有特殊要求的可做特殊处理。

5.2.6 假山石拉底施工应做到统筹向背、曲折错落、断续相间、连接互咬；拉底石材应坚实、耐压，不得用风化石块做基石。

5.2.7 假山、叠石主体工程应符合下列规定：

1 主体山石应错缝叠压，纹理统一。叠石或景石放置时，应注意主面方向，掌握重心。山体最外侧的峰石底部应灌注 1∶2 水泥砂浆。每块叠石的刹石不应少于 4 个受力点，刹石不应外露。每层之间应补缝填陷，并灌 1∶2 水泥砂浆。

2 假山、叠石和景石布置后的石块间缝隙，应先填塞、连接、嵌实，用 1：2 的水泥砂浆进行勾缝。勾缝应做到自然平整、无遗漏。明缝不应超过 2cm 宽，暗缝应凹入石面 1.5cm～2cm，砂浆干燥后色泽应与石料色泽相近。

3 跌水、山洞的山石长度不应小于 150cm，整块大体量山石应稳定不得倾斜。横向挑出的山石后部配重不小于悬挑重量的 2 倍，压脚石应确保牢固，粘结材料应满足强度要求。辅助加固构件（银锭扣、铁爬钉、铁扁担、各类吊架等）承载力和数量应保证达到山体的结构安全及艺术效果要求，铁件表面应做防锈处理。

4 假山山洞的洞壁凹凸面不得影响游人安全，洞内应有采光，不得积水。

5 假山、叠石、布置临路侧、山洞洞顶和洞壁的岩面应圆润，不得带锐角。

6 登山道的走向应自然，踏步铺设应平整、牢固，高度以 14cm～16cm 为宜，除特殊位置外，高度不得大于 25cm，宽度不应小于 30cm。

7 溪流景石的自然驳岸的布置，应体现溪流的自然感，并与周边环境协调。汀步安置应稳固，面平整。设计无要求时，汀步边到边距不应大于 30cm，高差不宜大于 5cm。

8 壁峰不宜过厚，应采用嵌入墙体为主，与墙体脱离部分应有可靠排水措施。墙体内应预埋铁件钩托石块，保证稳固。

9 假山、叠石、外形艺术处理应石不宜杂、纹不宜乱、块不宜匀、缝不宜多，形态自然完整。

5.2.8 假山收顶工程应符合下列要求：

1 收顶的山石应选用体量较大、轮廓和体态富于特征的山石。

2 收顶施工应自后向前、由主及次、自上而下分层作业。每层高度宜为 30cm～80cm，不得在凝固期间强行施工，影响胶结料强度。

3 顶部管线、水路、孔洞应预埋、预留，事后不得凿穿。

4 结构承重受力用石必须有足够强度。

5.2.9 置石的主要形式有特置、对置、散置、群置、山石器设等。置石工程应符合下列规定：

1 置石石材、石种应统一，整体协调。

2 置石的材质、色泽、造型应符合设计要求。

3 特置山石应符合下列要求：

　1）应选择体量较大、色彩纹理奇特、造型轮廓突出、具有动势的山石；

　2）石高与观赏距离应保持 1：2～1：3 之间；

　3）单块高度大于 120cm 的山石与地坪、墙基贴接处应用混凝土窝脚，亦可采用整形基座或坐落在自然的山石面上。

4 对置山石应以两块山石为组合，互相呼应。宜立于建筑门前两侧或道路入口两侧。

5 散置山石应有疏有密，远近结合，彼此呼应，不可众石纷杂，凌乱无章。

6 群置山石应石之大小不等、石之间距不等、石之高低不等，应主从有别，宾主分明，搭配适宜。

5.3 园林理水工程

5.3.1 水景水池应按设计要求预埋各种预埋件，穿过池壁和池底的管道应采取防渗漏措施，池体施工完成后，应进行灌水试验。灌水试验方法应符合现行国家标准《给水排水构筑物工程施工及验收规范》GB 50141 的规定。

5.3.2 水景管道安装应符合下列规定：

1 管道安装宜先安装主管，后安装支管，管道位置和标高应符合设计要求。

2 配水管网管道水平安装时,应有 2‰～5‰的坡度坡向泄水点。

3 管道下料时,管道切口应平整,并与管中心垂直。

4 各种材质的管材连接应保证不渗漏。

5.3.3 水景潜水泵规格应符合设计规定,安装应符合下列规定:

1 潜水泵应采用法兰连接。

2 同组喷泉用的潜水水泵应安装在同一高程。

3 潜水泵轴线应与总管轴线平行或垂直。

4 潜水泵淹没深度小于 50cm 时,在泵吸入口处应加装防护网罩。

5 潜水泵电缆应采用防水型电缆,控制开关应采用漏电保护开关。

5.3.4 水景喷泉工程应符合安全使用要求,喷头规格和射程及景观艺术效果应符合设计规定。

5.3.5 浸入水中的电缆应采用 24V 低压水下电缆,水下灯具和接线盒应满足密封防渗要求。

5.3.6 瀑布、跌水工程的出水量应符合设计要求,下水应形成瀑布状,出水应均匀分布于出水周边,水流不得渗漏其他叠石部位,不得冲击种植槽内的植物,并应符合设计的景观艺术效果。

5.3.7 水景喷泉的喷头安装应符合下列规定:

1 管网应在安装完成试压合格并进行冲洗后,方可安装喷头。

2 喷头前应有长度不小于 10 倍喷头公称尺寸的直线管段或设整流装置。

3 确定喷头距水池边缘的合理距离,溅水不得溅至水池外面的地面上或收水线以内。

4 同组喷泉用喷头的安装形式宜相同。

5 隐蔽安装的喷头,喷口出流方向水流轨迹上不应有障碍物。

5.3.8 水景水池表面颜色、纹理、质感应协调统一,吸水率、反光度等性能良好,表面不易被污染,色彩与块面布置应均匀美观。

5.3.9 园林驳岸工程应符合下列规定:

1 园林驳岸地基应相对稳定,土质应均匀一致,防止出现不均匀沉降。持力层标高应低于水体最低水位标高 50cm。基础垫层按设计要求施工,设计未提出明确要求时,基础垫层应为10cm 厚 C15 混凝土。其宽度应大于基础底宽度 10cm。

2 园林驳岸基础的宽度应符合设计要求,设计未提出明确要求的,基础宽度应是驳岸主体高度的 3/5～4/5,压顶宽度最低不得小于 36cm,砌筑砂浆应采用 1:3 水泥砂浆。

3 园林驳岸视其砌筑材料不同,应执行不同的砌筑施工规范。采用石材为砌筑主体的石材应配重合理、砌筑牢固,防止水托浮力使石材产生移位。

4 驳岸后侧回填土不得采用黏性土,并应按要求设置排水盲沟与雨水排水系统相连。

5 较长的园林驳岸,应每隔 20m～30m 设置变形缝,变形缝宽度应为 1cm～2cm;园林驳岸顶部标高出现较大高程差时,应设置变形缝。

6 以石材为主体材料的自然式园林驳岸,其砌筑应曲折蜿蜒、错落有致、纹理统一,景观艺术效果符合设计规定。

7 规则式园林驳岸压顶标高距水体最高水位标高不宜小于 50cm。

8 园林驳岸溢水口的艺术处理,应与驳岸主体风格一致。

5.4 园林设施安装工程

5.4.1 座椅(凳)、标牌、果皮箱的安装应符合下列规定:

1 座椅(凳)、标牌、果皮箱的质量应符合相关产品标准的规定,并应通过产品检验合格。

2 座椅(凳)、标牌、果皮箱材质、规格、形状、色彩、安装位置应符合设计要求,标牌的指示方向应准确无误。

3 座椅（凳）、标牌、果皮箱的安装方法应按照产品安装说明或设计要求进行。

4 安装基础应符合设计要求。

5 座椅（凳）、果皮箱应安装牢固无松动，标牌支柱安装应直立不倾斜，支柱表面应整洁无毛刺，标牌与支柱连接、支柱与基础连接应牢固无松动。

6 金属部分及其连接件应做防锈处理。

5.4.2 园林护栏应符合下列规定：

1 竹木质护栏、金属护栏、钢筋混凝土护栏、绳索护栏等均应属于维护绿地及具有一定观赏效果的隔栏。

2 护栏高度、形式、图案、色彩应符合设计要求。

3 金属护栏和钢筋混凝土护栏应设置基础，基础强度和埋深应符合设计要求；设计无明确要求时，高度在 1.5m 以下的护栏，其混凝土基础尺寸不应小于 30cm×30cm×30cm；高度在 1.5m 以上的护栏，其混凝土基础尺寸不应小于 40cm×40cm×40cm。

4 园林护栏基础采用的混凝土强度不应低于 C20。

5 现场加工的金属护栏应做防锈处理。

6 栏杆之间、栏杆与基础之间的连接应紧实牢固。金属栏杆的焊接应符合国家现行相关标准的要求。

7 竹木质护栏的主桩下埋深度不应小于 50cm。主桩的下埋部分应做防腐处理。主桩之间的间距不应大于 6m。

8 栏杆空隙应符合设计要求，设计未提出明确要求的，宜为 15cm 以下。

9 护栏整体应垂直、平顺。

10 用于攀援绿化的园林护栏应符合植物生长要求。

5.4.3 绿地喷灌的喷头安装和调试应符合下列规定：

1 管网应在安装完成试压合格并进行冲洗后，方可安装喷头，喷头规格和射程应符合设计要求，洒水均匀，并符合设计的景观艺术效果。

2 绿地喷灌工程应符合安全使用要求，喷洒到道路上的喷头应进行调整。

3 喷头定位应准确，埋地喷头的安装应符合设计和地形的要求。

4 喷头高低应根据苗木要求调整，各接头无渗漏，各喷头达到工作压力。

6 工 程 质 量 验 收

6.1 一 般 规 定

6.1.1 园林绿化工程的质量验收，应按检验批、分项工程、分部（子分部）工程、单位（子单位）工程的顺序进行。园林绿化工程的分项、分部、单位工程可按附录 A 进行划分。

6.1.2 园林绿化工程施工质量验收应符合下列规定：

1 参加工程施工质量验收的各方人员应具备规定的资格。

2 园林绿化工程的施工应符合工程设计文件的要求。

3 园林绿化工程施工质量应符合本规范及国家现行相关专业验收标准的规定。

4 工程质量的验收均应在施工单位自行检查评定的基础上进行。

5 隐蔽工程在隐蔽前应由施工单位通知有关单位进行验收，并应形成验收文件。

6 分项工程的质量应按主控项目和一般项目验收。

7 关系到植物成活的水、土、基质，涉及结构安全的试块、试件及有关材料，应按规定进行见证取样检测。

8 承担见证取样检测及有关结构安全检测的单位应具有相应资质。

6.1.3 园林绿化工程物资的主要原材料、成品、半成品、配件、器具和设备必须具有质量合格证明文件，规格型号及性能检测报告，应符合国家现行技术标准及设计要求。植物材料、工程物资进场时应做检查验收，并经监理工程师核查确认，形成相应的检查记录。

6.1.4 工程竣工验收后，建设单位应将有关文件和技术资料归档。

6.2 质 量 验 收

6.2.1 本规范的分项、分部、单位工程质量等级均应为"合格"。

6.2.2 检验批质量验收应符合下列规定：

1 主控项目和一般项目的质量经抽样检验应合格。

2 应具有完整的施工操作依据、质量检查记录。

6.2.3 分项工程质量验收应符合下列规定：

1 分项工程质量验收的项目和要求，应符合本规范附录 B 的规定。

2 分项工程所含的检验批，均应符合合格质量的规定。

3 分项工程所含的检验批的质量验收记录应完整。

6.2.4 分部（子分部）工程质量验收应符合下列规定：

1 分部（子分部）工程所含分项工程的质量均应验收合格。

2 质量控制资料应完整。

3 栽植土质量、植物病虫害检疫，有关安全及功能的检验和抽样检测结果应符合有关规定。

4 观感质量验收应符合要求。

6.2.5 单位（子单位）工程质量验收应符合下列规定：

1 单位（子单位）工程所含分部（子分部）工程的质量均应验收合格。

2 质量控制资料应完整。

3 单位（子单位）工程所含分部工程有关安全和功能的检测资料应完整。

4 观感质量验收应符合要求。

5 乔灌木成活率及草坪覆盖率应不低于 95%。

6.2.6 园林绿化工程的检验批、分项工程、分部（子分部）工程的质量验收记录应符合本规范附录 C 的规定。

6.2.7 园林绿化单位（子单位）工程质量竣工验收报告应符合本规范附录 D 的规定。

6.2.8 当园林绿化工程质量不符合要求时，应按下列规定进行处理：

1 经返工或整改处理的检验批应重新进行验收。

2 经有资质的检测单位检测鉴定能够达到设计要求的检验批，应予以验收。

3 经有资质的检测单位检测鉴定达不到设计要求，但经原设计单位和监理单位认可能够满足植物生长要求、安全和使用功能的检验批，可予以验收。

4 经返工或整改处理的分项、分部工程，虽然降低质量或改变外观尺寸但仍能满足安全使用、基本的观赏要求并能保证植物成活，可按技术处理方案和协商文件进行验收。

6.2.9 通过返修或整改处理仍不能保证植物成活、基本的观赏和安全要求的分部工程、单位（子单位）工程，严禁验收。

6.3 质量验收的程序和组织

6.3.1 检验批和分项工程的验收，应符合下列规定：

1 施工单位首先应对检验批和分项工程进行自检。自检合格后填写检验批和"分项工程质量验收记录"，施工单位项目机构专业质量检验员和项目专业技术负责人应分别在验收记录相关栏目签字后向监理单位或建设单位报验。

2 监理工程师组织施工单位专业质检员和项目专业技术负责人共同按规范规定进行验收并填写验收结果。

6.3.2 分部（子分部）工程的验收，应符合下列规定：

1 分部（子分部）工程验收应在各检验批和所有分项工程验收完成后进行验收；应在施工单位项目专业技术负责人签字后，向监理单位或建设单位进行报验。

2 总监理工程师（建设单位项目负责人）应组织施工单位项目负责人和项目技术、质量负责人及有关人员进行验收。

3 勘察、设计单位项目负责人，应参加园林建构筑的地基基础、主体结构工程分部（子分部）工程验收。

6.3.3 单位工程的验收，应在分部工程验收完成后，施工单位依据质量标准、设计文件等组织有关人员进行自检、评定，并确认下列要求：

1 已完成工程设计文件和合同约定的各项内容。

2 工程使用的主要材料、构配件和设备有进场试验报告。

3 工程施工质量符合规范规定。分项、分部工程检查评定合格符合要求后，施工单位向监理单位或建设单位提交工程质量竣工验收报告和完整质量资料，由监理单位或建设单位组织预验收。

6.3.4 单位工程竣工验收，应由建设单位负责人或项目负责人组织设计、施工单位负责人或项目负责人及施工单位的技术、质量负责人和监理单位总监理工程师均应参加验收，有质量监督要求的，应请质量监督部门参加，并形成验收文件。

6.3.5 单位工程有分包单位施工时，分包单位对所承包的工程项目，应按本规范规定的程序验收，总包单位派人参加。分包工程完成后，应将有关资料交总包单位。

6.3.6 在一个单位工程中，其中子单位工程已经完工，且满足生产要求或具备使用条件，施工单位、监理单位已经预验收合格，对该子单位工程，建设单位可组织验收；由几个施工单位负责施工的单位工程，其中的施工单位负责的子单位工程已按设计文件完成并自检及监理预验收合格，也可按规定程序组织验收。

6.3.7 当参加验收各方对工程质量验收意见不一致时，可请当地园林绿化工程建设行政主管部门或园林绿化工程质量监督机构协调处理。

6.3.8 单位工程验收合格后，建设单位应在规定时间内将工程竣工验收报告和有关文件，报园林绿化行政主管部门备案。

参 考 文 献

[1] 简玉强，钱昆润等．建设监理工程师手册[M]．北京：中国建筑工业出版社．
[2] 岳永铭等．园林工程监理一本通[M]．北京：地震出版社．
[3] 王泽民等．园林工程施工问答实录[M]．北京：机械工业出版社．
[4] 张东林，王泽民等．园林绿化工程施工技术[M]．北京：中国建筑工业出版社．
[5] 田建林主编．园林假山与水体景观小品施工细节[M]．北京：机械工业出版社．
[6] 岳永铭等．园林工程施工一本通[M]．北京：地震出版社．
[7] 北京建工集团总公司编．建筑分项工程施工工艺标准[M]．北京：中国建筑工业出版社．
[8] 贺训珍等．园林工程施工员一本通[M]．北京：中国建材工业出版社．
[9] 杨静林等．园林工程监理员一本通[M]．北京：中国建材工业出版社．
[10] 高国华等．园林建设工程施工监理手册[M]．北京：中国林业出版社．
[11] 耿琦，王莉莉．建筑工程质量解答[M]．天津：天津社会科学院出版社．
[12] 梁伊任，杨永胜．园林建设工程[M]．北京：中国城市出版社．
[13] 陈威等．城市绿化工程施工及验收规范[M]．北京：中国建筑工业出版社．
[14] 鲁东和等．城市绿化和园林绿地用植物材料木本苗．CJ/T 34—91．
[15] 陈明松等．城市绿化和园林绿化用植物材料球根花卉种球[M]．北京：中国标准出版社．
[16] 北京市园林绿化工程施工及验收规范(DB11/T 212—2009)[S]．
[17] 天津市市政工程施工技术规范(道路工程部分)(DB29-74—2004)[S]．
[18] 建筑地基基础工程施工质量验收规范．
[19] 地下防水工程质量验收规范．
[20] 混凝土结构工程施工质量验收规范．
[21] 建筑地面工程施工质量验收规范．
[22] 砌体工程施工质量验收规范．
[23] 钢结构工程施工质量验收规范．
[24] 建筑装饰装修工程质量验收规范．
[25] 屋面工程质量验收规范．
[26] 建筑给水排水及采暖工程施工质量验收规范．
[27] 建筑给水聚乙烯类管道工程技术规程．
[28] 建筑电气工程施工质量验收规范．
[29] 城市道路照明工程施工及验收规程．
[30] 建筑工程施工质量验收统一标准．